U0051185

工程數學(第三版)

姚賀騰　編著

全華圖書股份有限公司

國家圖書館出版品預行編目資料

工程數學/姚賀騰編著. -- 三版. -- 新北市 :
全華圖書股份有限公司, 2022.06
面 ; 公分
ISBN 978-626-328-230-8(平裝)
1.CST: 工程數學
440.11 111008773

工程數學(第三版)

作者 / 姚賀騰
發行人 / 陳本源
執行編輯 / 李劭勉
封面設計 / 盧怡瑄
出版者 / 全華圖書股份有限公司
郵政帳號 / 0100836-1 號
印刷者 / 宏懋打字印刷股份有限公司
圖書編號 / 0623702
三版一刷 / 2022 年 06 月
定價 / 新台幣 680 元
ISBN / 978-626-328-230-8
全華圖書 / www.chwa.com.tw
全華網路書店 Open Tech / www.opentech.com.tw
若您對本書有任何問題，歡迎來信指導 book@chwa.com.tw

臺北總公司(北區營業處)
地址：23671 新北市土城區忠義路 21 號
電話：(02) 2262-5666
傳真：(02) 6637-3695、6637-3696

南區營業處
地址：80769 高雄市三民區應安街 12 號
電話：(07) 381-1377
傳真：(07) 862-5562

中區營業處
地址：40256 臺中市南區樹義一巷 26 號
電話：(04) 2261-8485
傳真：(04) 3600-9806(高中職)
(04) 3601-8600(大專)

版權所有・翻印必究

序
PREFACE

前言

「工程數學」是全球各大學中工學與電資領域相關系所必修的一門學科，亦是各相關系所專業科目共同通用之數學分析基礎，所以它是工學與電資學科所有學生的基礎學能，也是成為一位工程師必備基本知識。但由於其內容的包含相當廣泛，從基礎的工程問題建模(Modelling)、化簡(Sampling)、分析(Analyzing)到求解(Solving)，教材內容橫跨好幾大數學主題，是一門充滿挑戰性且不易學習的學科，因此導致很多唸工學與電資領域相關科系的學生對它充滿畏懼，進而害怕學習，甚至放棄該學科，誠屬可惜。然而學好「工程數學」這一學科，可讓您一窺工學與電資領域相關專業領域之奧秘與原理，同時也是繼續深造就讀碩博士班做好論文研究的基石。**本書在眾多讀者的支持下已進入第三版，此次改版最大特色是透過更詳盡文字串連，增加本書的閱讀性；並引入更多的「工程」與「電資」相關物理觀念讓本書的理論觀念更容易了解與融會貫通。**

教材內容

本教材內容相當豐富，在建立為工程與電資領域所用之數學為基礎的前提下分成「常微分方程式」、「線性代數」、「向量函數分析」、「傅立葉分析與偏微分方程式」及「複變分析」等五大部分，適合四年制大學部學生一學年上下兩學期各三學分，共六學分之工程數學課程，其重點分別簡介如下。

第一部分：常微分方程式(第一到四章)

幾乎所有大學中工程與電資領域相關系所在工程數學第一學期的教材內容都是以「常微分方程式」為主要內容，其內容包含有「一階常微分方程式」、「高階線性常微分方程式」、「拉氏轉換」與「常微分方程式之冪級數解」等四大主題重點。

第二部分：線性代數(第五到七章)

此部分教材內容包含了「向量運算與向量空間」、「矩陣分析」及「線性微分方程式系統」等三大重點。

第三部分：向量函數分析(第八章)

此部分內容包含向量微分、Del 運算、線積分、面積分與積分三大定理(格林定理、高斯散度定理與史托克定理)，其觀念與計算被大量應用在電磁學(電資領域)與流體力學(工程領域)，是非常重要的單元。

第四部分：傅立葉分析與偏微分方程式(第九到十章)

本書中第九章介紹了正交函數集合與傅立葉分析，此單元在工程領域會用來求解第十章的偏微分方程式，除此之外，電資領域更大量應用到訊號分析與處理上。

第五部分：複變分析(第十一章)

本章共包含複數運算、複變函數與微分、複變函數積分、泰勒與洛朗展開式、留數定理及實變函數定積分等單元，本章節在工程與電資領域會用在一般物理學、熱力學、流體力學、自動控制、電路(子)學、訊號與系統與電機機械與控制等專業課程中。

本書特點

本書乃筆者嘔心瀝血之重要著作，其特點可以歸納如下：

1. 內容講述詳細且淺顯易懂，對於工程數學初學者容易引起興趣。
2. 內文編排井然有序且 Highlight 提醒，對於工程數學初學者容易一目瞭然。
3. 觀念例題豐富且深淺適中，對於工程數學初學者容易建立信心。
4. 解題過程詳盡且複習微積分技巧，對於工程數學初學者容易破題上手。
5. 習題演練充實且兼顧各題型，對於工程數學初學者容易熟記觀念與公式。
6. 工學與電資相關領域知識適當引入且表達詳細，對於工程數學初學者容易應用到其他專業課程。

使用方法

影音建模　工程、物理或電機等建模問題概念引導，搭配影音講解觀念更清楚。

https://www.youtube.com/htyauiem

1-4-2　可線性化一階 ODE（Reduction to First order linear ODE）

某些 ODE 長得跟線性 ODE 很像，但可能在 $P(x)$、$Q(x)$或微分項 y' 混合了其他的函數，此時我們可以利用變數變換的手法，將這些「雜物」做些整併，從而使原方程式變成線性 ODE，以便求解。我們先以羅吉斯成長模型（Logistic growth model）來說明此類 ODE 的產生，涉某族群的數目大小為 $y(x)$，x 表示時間，且該族群的極限大小 A，而族群大小的變化率與當時族群的數目大小及剩餘可成長空間的乘積成正比，換句話說，其族群數目大小的函數 $y(x)$，其變化率必滿足。

$$\frac{dy}{dx}=ky(A-y)$$

表格整理　重要公式表格化，隨時查找應用。

3-4-2　拉氏反轉換的基本公式與定理

拉氏反轉換既然是拉氏轉換的逆運算，我們只要知道參閱拉氏轉換的結果，自然就知道當初它是由哪個函數轉換而來，也就是拉氏反轉換要求的。因此參閱本章開頭的幾節公式，我們可以自然寫下表 1。我們將以此為基礎來求解各類函數之拉氏反轉換。至於一些較不常見函數之拉氏反轉換可查閱附錄二。另外，讀者在了解第 11 章複變函數的內容後，可以試著直接以定義計算，先跳過這部分。

▼表 1

函數	拉氏轉換	拉氏反轉換
$u(t)$	$\mathscr{L}\{u(t)\}=\frac{1}{s}$	$\mathscr{L}^{-1}\{\frac{1}{s}\}=u(t)$ 或 1
e^{at}	$\mathscr{L}\{e^{at}\}=\frac{1}{s-a}$	$\mathscr{L}^{-1}\{\frac{1}{s-a}\}=e^{at}$
$\sin wt$	$\mathscr{L}\{\sin wt\}=\frac{w}{s^2+w^2}$	$\mathscr{L}^{-1}\{\frac{1}{s^2+w^2}\}=\frac{1}{w}\sin wt$
$\cos wt$	$\mathscr{L}\{\cos wt\}=\frac{s}{s^2+w^2}$	$\mathscr{L}^{-1}\{\frac{s}{s^2+w^2}\}=\cos wt$

難易有別　習題以基礎與進階區分，由淺入深增加熟練度。

6-1 習題演練

基礎題

1. 求參數 α 與 β 之值（α、$\beta \in \mathrm{R}$），使得下列兩矩陣相等。

(1) $\begin{bmatrix} 2 & \alpha-4 \\ \beta+3 & 1 \end{bmatrix}$，$\begin{bmatrix} 2 & 3\alpha+8 \\ 7 & 1 \end{bmatrix}$。

(2) $\begin{bmatrix} 9 & -2 \\ \beta^3 & 5 \end{bmatrix}$，$\begin{bmatrix} \alpha^2 & -2 \\ 8 & 5 \end{bmatrix}$。

2. 寫出下列矩陣 $\boldsymbol{A}$ 與 $\boldsymbol{B}$ 的階數，使得其乘積有意義。

(1) $\begin{bmatrix} -4 & -6 \\ 2 & 8 \\ 14 & 4 \end{bmatrix} \boldsymbol{A} \begin{bmatrix} 1 & 2 & 4 \\ -1 & 2 & 1 \\ 5 & 0 & 7 \\ 2 & -1 & 3 \end{bmatrix} = \boldsymbol{B}$。

5. 有 $\boldsymbol{A}$，$\boldsymbol{B}$ 兩矩陣分別爲 $\boldsymbol{A}=\begin{bmatrix} -2 & -4 \\ -3 & 1 \end{bmatrix}$，$\boldsymbol{B}=\begin{bmatrix} 6 & 8 \\ 1 & -3 \end{bmatrix}$，求下列計算

(1) $2\boldsymbol{A}+3\boldsymbol{B}$。(2) $\boldsymbol{AB}$。(3) $\boldsymbol{BA}$。(4) $tr(\boldsymbol{BA})$。

進階題

1. $\boldsymbol{A}=\begin{bmatrix} 1 & 2 & 3 \\ 4 & 5 & 6 \\ 7 & 8 & 9 \end{bmatrix}$，$\boldsymbol{B}=\begin{bmatrix} 1 & 2 & 1 \\ 2 & 3 & 2 \\ 3 & 4 & 3 \end{bmatrix}$，$\boldsymbol{C}=\begin{bmatrix} 1 & 2 \\ 3 & 4 \\ 5 & 6 \end{bmatrix}$，$\boldsymbol{D}=\begin{bmatrix} 1 & 2 & 3 \\ 4 & 5 & 6 \end{bmatrix}$，試求

影音教學　章首附有經典範例作者課堂影音 QR code，課本書變成行動教室。

一階常微分方程

後記

本書中適當引入範例作為工程數學各重點觀念之建立與釐清，亦收集了豐富的習題演練做為老師於課後指派學生作業練習之用，並附有所有習題演練之詳解於教師手冊中提供授課老師做為解題參考。**另外，筆者亦將其於課堂上課影音內容上傳到 Youtube（https://www.youtube.com/c/htyauiem，或參本書封底 QRcdoe），歡迎讀者可以訂閱該頻道，配合本書觀看您需要的影音內容。**

姚賀騰博士　謹誌

推薦序㊀
FOREWORD

在成功大學機械系教書超過 40 年，大學部「工程數學」與研究所「工程分析」這兩個科目關係到學生是否有足夠能力進行相關專業科目學習與未來研究所論文主題研究之理論分析基石，是非常重要的課程，尤其是工程數學這一門課，更是進入研究所研習「工程分析」(高等工程數學)的基礎。

然而採用原文書授課，原文書內容過於繁雜，教材內容過於冗長，導致很多大學老師常常為了想要完整呈現教材課程內容而疲於奔命上課趕進度，學生則因為消化不良而導致學習士氣低落，畢竟學生在修習工程數學這一門課的同時，也要修習好幾門其他專業課程，容易造成學生因為工程數學原文書課本太厚、太雜、太艱深，且老師進度太快，進而選擇放棄學習，造成教授專業科目的老師必須重新複習該專業科目中必須用到的工程數學內容，嚴重影響專業課程的學習進度與內容，對國內大學工程與電資相關課程之老師授課與學生學習影響甚鉅。

此次姚博士將其多年來教授該課程的所有精華集結成冊出版了這一本「工程數學」，其內容以淺顯易懂的方式講授工程數學中繁雜的理論公式推導，再加上姚博士具有機電整合之專長，將機與電中相關專業知識帶入到工程數學中，內容由常微分方程、矩陣分析、向量函數分析、傅立葉分析、偏微分方程式到複變分析，涵蓋範圍之廣已經包含了絕大部分原文書的內容，範例配合觀念講解詳細，習題演練內容亦相當豐富，可以看出姚博士投入甚多，所以是一本非常值得推薦的好書，我樂於推薦姚博士的「工程數學」教科書給全國所有一般普通大學與科技大學的老師與學生。我相信姚博士的這一本工程數學一定可以讓教授工程數學的老師在一學年內輕鬆教授工程數學，讓學生在上下學期中容易吸收學習工程數學，未來在專業領域中容易應用工程數學，本書絕對是您的最佳選擇。

國立成功大學機械工程學系國家講座教授
陳朝光博士真心推薦

推薦序㈡
FOREWORD

對於唸電機、電子、資工及相關工學院科系的學生而言，想要對電磁特性、電機電子元件系統以及系統工程特性有進一步的認識，就必須借助工程數學的求解或推導，方能深究其中奧秘。近年來，人工智慧(AI)的發展成為全球科技領域的焦點，在 AI 的相關技術與應用中，更是需要大量用到工程數學的各種知識來分析與求解。

工程數學是一個非常廣泛的領域，一本大學用的教科書如果要介紹所有主題，其內容勢必非常繁多，要在一學年六學分的有限時間內完整介紹所有主題是非常困難的，其不僅造成老師授課的壓力與困擾，也影響學生的學習成效，所以作者姚賀騰博士以較精簡的角度切入，完整介紹電資與工學領域專業科目會用到的主題數學，讀者可以輕鬆從這本書中得到自己在專業課程中所需的數學基礎，而其內容分量的安排對於一般普通大學的老師應該可以在一學年內完整介紹所有內容，對於科技大學電機電子科系的老師建議可以挑其中最常用的部分詳細介紹，應該可以提升學生的數學程度，也足夠在一般專業科目使用或是未來進研究所做論文時使用了。

對於電機電子領域的學生，你也不要小看這一本書，作者從微分方程切入，然後介紹線性代數中基本的矩陣運算，為同學繼續研讀線性代數做準備，然後介紹向量函數分析，讓同學可以輕鬆達到進入電磁學的門檻。而後介紹傅立葉分析與偏微分方程，讓同學對於訊號處理與電磁學理論推導的數學工具有基本的認識。最後介紹到複變分析，此概念可以用在電子電路學、通訊系統與控制工程的頻域響應分析。如此的安排剛好可以讓所有電機電子的同學順利接續研讀各個電機電子領域的專業課程，確實是一本非常適合各大學電機電子科系學生使用的好書，本人在此強力推薦。

國立中興大學電機工程學系終身特聘教授
蔡清池博士真心推薦

推薦序㊂
FOREWORD

對於唸化學工程、材料科學與環境工程相關科系的老師與學生都知道工程數學的內容大量用在單元操作與輸送現象、熱力學與流體力學中，是非常重要的基礎學科。坊間各大出版社出版的工程數學從原文書、中譯本到中文書的工程數學課本非常多，讓老師與學生眼花撩亂，不知選擇那一本書作為教科書。

本人在化工與材料工程科系教書超過三十年，對於該科系相關專業科目所需的工程數學內容相當熟知，然而坊間出版的工程數學內容在觀念講解時往往忽略引用化工與材料工程相關專業概念到工程數學內容中，導致無法引起化學工程、材料科學與環境工程相關科系的學生學習工程數學的興趣，所以學習成效不彰。然而，畢竟化學工程、材料科學與環境工程相關科系的專業學科中通常會有些工程數學的推導與觀念，學生如果無法瞭解其公式推導的由來，往往只學會帶公式計算，無法掌握其中精隨，這對於學校老師與學生會造成雞同鴨講無法溝通，而學生更會產生很大學習挫折感。

姚博士的這一本工程數學內容完全涵蓋了化學工程、材料科學與環境工程相關科系所需的工程數學內容。學校老師只要按照該書內容進度授課，而學生只要按照課本內容按部就班學習，課後加強各章節習題演練，一定可以學好工程數學，輕鬆應付各專業科目中的工程數學推導與觀念。

本人擔任國立勤益科技大學校長期間，承蒙本書作者姚博士協助擔任學校研發長一職，其在擔任一級主管期間，認真負責有創意，對於做事的品質自我要求甚嚴，是一位難得的好主管，也是我一路非常信任與倚重的好同事，以他的做事態度與精神，相信這一本「工程數學」絕對是非常有品質保證的一本書，本人強力推薦。

國立勤益科技大學前校長
趙敏勳博士極力推薦

目錄
CONTENTS

CONTENTS

第 8 章　向量函數分析

第 9 章　正交函數與傅立葉分析

第 10 章　偏微分方程

第 11 章　複變分析

附　錄

一階常微分方程

範例影音

惠更斯
（Huygens, 1629～1695, 荷蘭）

為了精確描述天體運動與其他物理現象，微分方程與微積分同時都在十七世紀末左右發源，其中常微分方程一般相信是由惠更斯（Huygens，1629～1695）在 1693 年所提出，而到十八世紀中期，在很多數學家的鑽研之下，成為一個獨立的學科且在如今的數學、工程等領域具有廣泛應用。

學習目標

1-1 微分方程總論

1-1-1 一 從應用問題了解微分方程的由來
1-1-2 一 了解微分方程基本名詞
1-1-3 一 能夠區分通解、特解與異解
1-1-4 一 能夠區分初始值與邊界值問題

1-2 分離變數型一階 ODE

1-2-1 一 掌握分離變數法
1-2-2 一 掌握透過變數變換化簡為分離變數型

1-3 正合ODE與積分因子

1-3-1 一 學會正合 ODE 的判別式與求特解
1-3-2 一 學會推導、使用積分因子

1-4 線性ODE

1-4-1 一 掌握一階線性 ODE 的求解技巧
1-4-2 一 學會求解幾種可線性化的一階 ODE
1-4-3 一 掌握求解白努利與雷卡笛方程式

1-5 合併法求解一階 ODE

1-5-1 一 學會使用常見的全微分公式進行求解
1-5-2 一 了解一階 ODE 求解框架

1-6 工程上常見一階 ODE之應用

1-6-1 一 了解常見的一階 ODE 工程、物理建模及解

在工程問題上，如何利用數學建模來描述一個物理現象是一種非常有用的研究方法，其中最常見的就是透過微分方程（Differential Equation）。微分方程根據要求解的函數是單變數或多變數，可以大略分為：常微分方程（Ordinary Differential Equation）與偏微分方程（Partial Differential Equation）這兩大類。

本章節先介紹微分方程的整體概念，然後討論其解的表示式與幾何意義，接著進入本章節的重心，研究如何求解各類一階常微分方程。

1-1 微分方程總論

1-1-1　物理問題建模與微分方程的產生

一般物理問題的數學建模，常常是利用函數的導數與偏導數，以及相應的物理性質與定理，建立該模型的數學方程式，例如，在物理課本中，我們學到了拋物線運動，在幾何上我們可利用微分，從曲線的切線來建模原本的曲線；可利用牛頓第二運動定律來建模彈簧系統，見如下詳述。

1. 拋物線運動的建模

若某一物體由某人的手上往上拋，設其上升高度為 $y(t)$，其為時間函數，則由運動學可知加速度 $a(t)=y''(t)=-g$，又若此物體在手上一開始距離地面的高度為 y_0，初始的上拋速度為 v_0，在不考慮空氣阻力下，則此物理問題可以微分方程建模為

$$\begin{cases} y''+g=0 \\ y(0)=y_0 \text{，} y'(0)=v_0 \end{cases}$$

如圖 1-1 所示。

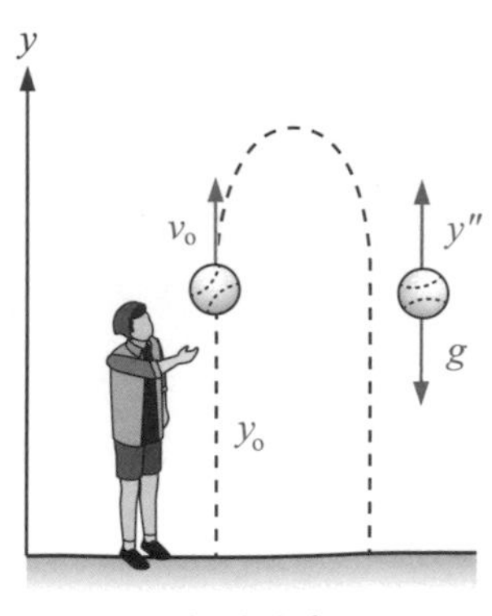

▲圖 1-1

2. 切線斜率的建模

若我們想利用微分來建模在 xy 平面上通過點$(1, 2)$且斜率爲 $\frac{y}{x}$ 之曲線。則由微積分中，函數的一階導數代表該函數曲線斜率，因此根據題意，切線斜率 $\frac{dy}{dx} = y' = \frac{y}{x}$，其中 y 爲 x 的函數。又因曲線通過點$(1, 2)$，所以我們可建模如下：

$$\begin{cases} \dfrac{dy}{dx} = y' = \dfrac{y}{x} & \cdots\text{微分方程} \\ y(1) = 2 & \cdots\text{限制條件} \end{cases}$$

圖 1-2(a)是此方程式解的示意圖，其中藍色直線代表所有滿足 $y' = \frac{y}{x}$ 的切線。而黑色的斜線則表示滿足通過$(1, 2)$的曲線，詳細的求解方法將在後面章節介紹。

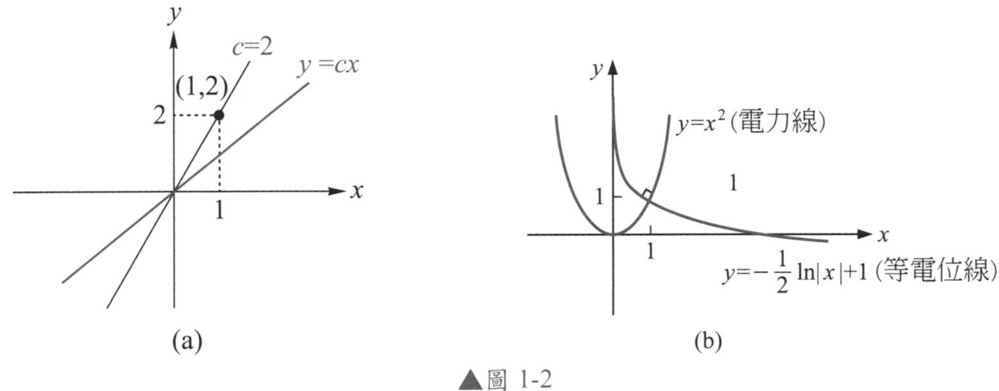

▲圖 1-2

3. 正交曲線族的建模

在電磁學中，我們知道電力線與等電位線會呈現正交曲線，若我們想建模 xy 平面上通過點$(1, 1)$且與電力線 $y = x^2$ 正交之曲線，則因爲 $y = x^2$ 之切線爲 $y' = 2x$，而我們知道，兩垂直線斜率相乘爲-1。因此根據題意，這兩條曲線的切線斜率相乘爲-1，所以 $y = x^2$ 之正交曲線斜率爲 $\frac{dy}{dx} = y' = \frac{-1}{2x}$，配合限制條件，我們可建模如下：

$$\begin{cases} \dfrac{dy}{dx} = -\dfrac{1}{2x} & \cdots\text{微分方程} \\ y(1) = 1 & \cdots\text{限制條件} \end{cases}$$

圖 1-2(b)是這兩條正交曲線的示意圖。

4. **力學系統的建模**

圖 1-3 代表一個不考慮摩擦力的彈簧系統，其中外力 $f(t)$作用在質量為 m 的物體上、彈簧彈性係數為 k、物體初始位置為原點、初始速度為 V_0，此彈簧系統如何建模？以 $y(t)$表示此彈簧系統之位移，則由題意知外力總合 ΣF 為 $f(t)-k\cdot y$ 。因物體的加速度為 $\dfrac{d^2y}{dt^2}=y''$ ，根據牛頓第二運動定律 $\Sigma F = ma$，得此彈簧系統之動態方程式為 $f(t)-k\cdot y = my''$ 即 $my''+k\cdot y=f(t)$ ，配合初始條件 $y(0) = 0$；$y'(0)=V_0$，我們可建模如下：

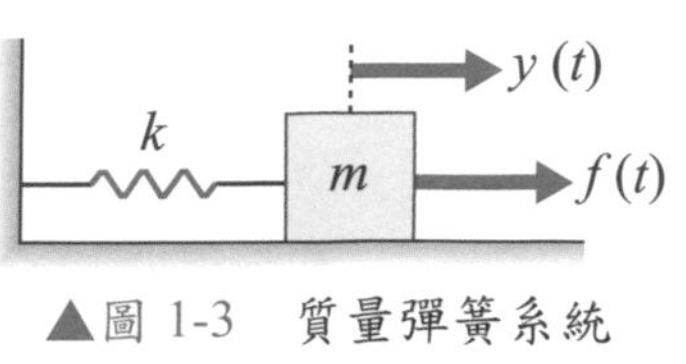

▲圖 1-3　質量彈簧系統

$$\begin{cases} my''+k\cdot y=f(t) & \cdots\text{微分方程} \\ y(0)=0\text{；}\ y'(0)=V_0 & \cdots\text{限制條件} \end{cases}$$

1-1-2　微分方程的定義與分類

我們在前面介紹了物理系統可用微分方程來建模，例子中的未知函數都是單變數函數，但物理系統中也大量存在未知函數為多變數的函數，例如，某間房間中溫度分佈 T 會跟位置的不同及時間的變化而有所不同，此時的物理量溫度即為多變數函數 T（位置, 時間）。所以在接下來，我們將對微分方程式進行詳細定義及分類。

定義 1-1-1　微分方程式(Differential Equation, DE)

凡是描述某未知函數及其導數與自變數間關係的方程式，稱為微分方程式。

例如前面力學系統的建模中，未知函數位移 $y(t)$，則其方程式 $my''+ky=f(t)$ 即是描述未知函數 $y(t)$及其導數 $y''(t)$與自變數間的關係，此即為微分方程。

1. 分類

一般微分方程就未知函數中自變數的數目可分爲表 1 所列兩種：

▼表 1

方程式	未知函數	符號	舉例
常微分方程（Ordinary Differential Equation, ODE）	單變數	$y=y(t)$	$my''+cy'+ky=f(t)$
偏微分方程（Partial Differential Equation, PDE）	多變數	$u=u(x,t)$	$\frac{\partial^2 u}{\partial x^2}=c^2\frac{\partial^2 u}{\partial t^2}$

2. 基本名詞

在完整描述一個微分方程時，其常見名詞有下列幾種：

(1) **階數（Order）**：微分方程式中最高階導數的次數，即爲微分方程式的階數。

(2) **次數（Degree）**：微分方程式中的次數均爲整數（非負整數）時，最高階導數的次數，即爲微分方程式的次數。

(3) **線性（Linear）**：未知函數及其導數皆滿足下列特性時稱此微分方程式爲線性。

① 次數爲 1 次。

② 不能有互乘項。

③ 不能有非線性函數，例如：三角函數、指數函數等。

依照上面的概念，我們知道 $\frac{dy}{dx}=y'=2x$ 中，未知函數 $y(x)$爲單變數，其最高階導數爲一階，且最高階導數爲一次函數，其變數次數均爲一次，且沒有互乘項，也沒有非線性函數，所以其爲一階一次線性常微分方程。

接下來是一些微分方程式的例子，及其相關資訊，如表 2 所示。

▼表 2

方程式	常微或偏微	階數	次數	線性或非線性
$(y''')^2+(y')^3+y'=t$	ODE	三	二	非線性
$y''+y'+4y=\cos x$	ODE	二	一	線性
$y''+3y'+4y=\cos y$	ODE	二	一	非線性
$xy'+(y'')^2=xy^2$	ODE	二	二	非線性

方程式	常微或偏微	階數	次數	線性或非線性
$\frac{\partial u}{\partial x}+\frac{\partial u}{\partial y}+8x^5+\sin y=u^2$	PDE	一	一	非線性
$\frac{\partial^2 u}{\partial x^2}+\frac{\partial^2 u}{\partial y^2}=0$	PDE	二	一	線性
$\frac{dy}{dx}=\sqrt{1+y}$ [1]	ODE	一	二	非線性

1-1-3　常微分方程式的解

定義 1-1-2　常微分方程式的解

滿足常微分方程 $f(x,y,y',y'',\cdots,y^{(n)})=0$ 的函數 y，稱爲此 ODE 的解。

舉例來說，$y_1=\cos x$ 滿足 $y_1''+y_1=-\cos x+\cos x=0$，所以 y_1 是方程式 $y''+y=0$ 的解同理也可證明 $y_2=\sin x$ 、 $y_3(x)=3\cos x+\sin x$ 均爲 $y''+y=0$ 之解。

如果我們進一步研究會發現，其實所有可以寫成 $y_4(x)=c_1\cos x+c_2\sin x$ 之形式均爲 $y''+y=0$ 之解，此處的 c_1、c_2 爲任意獨立常數，而且此 ODE 爲二階 ODE，而解 $y_4(x)=c_1\cos x+c_2\sin x$ 中的任意獨立常數恰爲兩個，而對於解 $y_1=\cos x$ 、 $y_2=\sin x$ 與 $y_3=3\cos x+\sin x$ 則均是適當給予 c_1 與 c_2 的值可以得到的解。由此概念，我們將在下面對 ODE 之解進行分類介紹。

此處我們將依上述觀念先對解做分類，設 ODE 爲 $f(x,y,y',\cdots,y^{(n)})$，其解和對應的幾何意義大致可分爲三大類，如下詳述。

1. 解的種類

(1) 通解（General Solution）

ODE 解中任意獨立常數個數與 ODE 的階數相同。

(2) 特解（Particular Solution）

由通解中，給定任意常數值所得的解。

---

[1] 此式需化成 $(\frac{dy}{dx})^2=1+y$ 後再判斷。

(3) **異解（Singular Solution）**

通解中無法表示，但仍爲 ODE 之解稱爲異解。

所以在 $y''+y=0$ 中，解 $y_4(x)=c_1\cos x+c_2\sin x$ 爲通解，而 $y_1(x)=\cos x$ 、 $y_2(x)=\sin x$ 與 $y_3(x)=3\cos x+\sin x$ 則均爲特解，如圖 1-4 所示。而這些解的幾何意義介紹如下：

2. 解的幾何意義

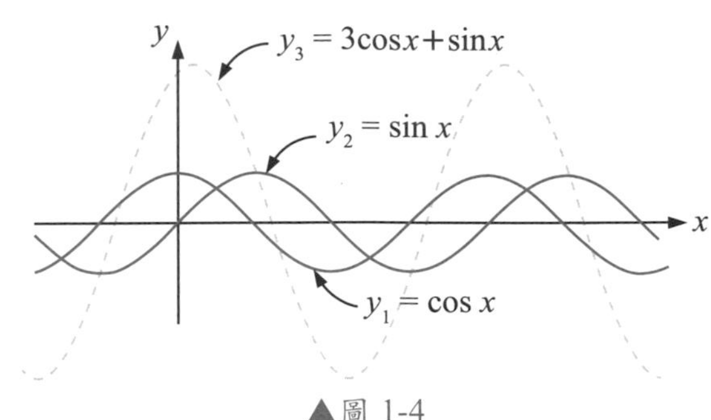

▲圖 1-4

(1) **通解**

$x-y$ 平面的某一個曲線族。

(2) **特解**

通解之曲線族中的某一曲線。

(3) **異解**

通解的包絡線或公切線。[2]

在一般的 ODE 中較不容易看到異解，經由下列範例的了解將可以看出異解的特性，並且更清楚了解通解與特解的幾何意義。

範例 1

請確認 $y=x^2$ 與 $y=cx-\frac{1}{4}c^2$（c 爲任意常數）可以滿足同一個微分方程式 $\frac{1}{4}(y')^2-xy'+y=0$，並且在 xy 平面上畫出這兩個解，然後討論兩者之關係。

解 (1) 直接代入原微分方程驗證，可確認 $y=x^2$ 與 $y=cx-\frac{1}{4}c^2$ 爲 ODE 的解。

(2) 原微分方程式爲一階 ODE，而 $y=cx-\frac{1}{4}c^2$ 中只含有一個任意常數 c，所以 $y=cx-\frac{1}{4}c^2$ 是通解。而 $y=x^2$ 無法由通解求得，所以是異解。而異解是通解的包絡線，如右圖所示。

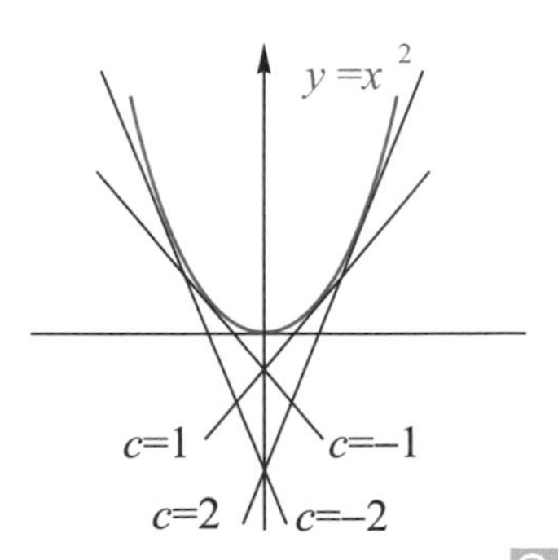

Q.E.D.

---

[2] 一般在非線性 ODE 中，才有出現異解的可能。

範例 2

求以 $y(x)=ce^{\frac{x^2}{2}}$ 爲通解之微分方程式，其中 c 爲任意常數。

解 先微分看看 $y(x)$滿足什麼方程式：$y'(x)=x\cdot ce^{\frac{x^2}{2}}=x\cdot y$，所以 y 滿足 $y'-xy=0$
現在，y 只含有一個任意常數，故從解的分類知道以此爲通解的微分方程階數是 1，故原方程爲 $y'-xy=0$。 Q.E.D.

範例 3

求以 $y(x)=A\cos x+B\sin x$ 爲通解之微分方程式，其中 A、B 爲任意常數。

解 仿上題，一樣先透過對 y 微分看看他滿足何關係式。

$$y(x)'=-A\cdot\sin x+B\cdot\cos x$$

$$y(x)''=-A\cdot\cos x-B\cdot\sin x=-y(x)$$

所以 y 滿足 $y''+y=0$。題目要求以 y 爲通解，而 y 又只含有兩個任意常數，
因此根據解的分類原方程應爲二次 ODE，
故原方程爲

$$y''+y=0$$

Q.E.D.

1-1-4　微分方程式的問題分類

如同章首開頭所述，微分方程起源自物理及天文問題，所以在建模之初，都一定帶著系統的某些條件，例如初始條件，以質量彈簧運動系統 $my''+ky=f(t)$爲例，彈簧系統的初始條件（$t=0$）可以爲速度 $y'(0)=0$ 爲靜止、初始位置 $y(0)=0$ 爲原點。而在利用波動方程建模小提琴弦的震動時，弦的兩端點一定假設隨著時間往前進，他們的位移是 0（因爲琴弦綁在琴身上），這稱爲邊界值，意思是邊界的條件。據此將微分方程分爲以下兩類：

1. **初始值問題**（Initial Value Problem, **簡稱** IVP）
   微分方程式中針對同一個自變數給值（條件值），我們稱其爲 IVP。
   例如：上述的質量彈簧系統 $my''+ky=f(t), y(0)=0, y'(0)=0$。

2. **邊界值問題**（Boundary Value Problem, 簡稱 BVP）

微分方程式中針對兩個以上不同的自變數給值（條件值），我們稱其為 BVP。

例如：上述的弦震動 $y'' + y = 0, y(0) = 0, y(l) = 0$，其中 l 為弦長。

在微分方程的初始值問題中，若給定的初始條件足夠，則該微分方程的解存在且唯一。以圖 1-1 中的拋物線運動方程 $y'' + g = 0$ 為例，當我們已知初始高度為 y_0 與初始上拋速度 v_0，並配合加速度為 $-g$，則由牛頓運動學可知其整個物體的完整運動軌跡 $y(t)$，亦即 $y'' + g = 0$，$y(0) = y_0$，$y'(0) = v_0$ 之 ODE 的解必存在且唯一。但是對於微分方程的邊界值問題，其解若存在，則不一定唯一，相關的觀念在本書第九章 9-1 節中會有介紹。

範例 4

決定下列 ODE 為初始值問題或邊界值問題。

(1) $y''(x) + y(x) = 0$，$\begin{cases} y(0) = 1 \\ y'(0) = -1 \end{cases}$　　(2) $y''(x) + y(x) = 0$，$\begin{cases} y(0) = 1 \\ y(\frac{\pi}{2}) = 1 \end{cases}$。

解 (1) 此題為針對同一個自變數 $x = 0$ 給 y 的值，所以為 IVP。

(2) 此題為針對同兩個不同自變數 $x = 0$ 與 $x = \frac{\pi}{2}$ 給 y 的值，所以為 BVP。　Q.E.D.

事實上，邊界、初始條件告訴我們 ODE 的通解中何者是特解，以範例 4 的(1)而言，因為範例 3 已經告訴我們 $y(x) = A\cos x + B\sin x$ 為該方程式之通解，而初始條件 $y(0) = 1$ 算得 $A = 1$；$y'(0) = -1$ 算得 $B = -1$，所以該微分方程之特解為 $y(x) = \cos x - \sin x$ 同理你也可以利用邊界條件得到第(2)小題中的特解為 $y = \cos x + \sin x$。

1-1　習題演練

基礎題

1. 判斷下列微分方程式的階數、次數、是否線性以及是 ODE 或 PDE。

(1) $y'' + y' + 4y = \cos x$。

(2) $y' + 2y^4 + 3\sin x = x^5$。

2. 試就 ODE $y'' + 2y' + 3y = \sin x$，回答下列兩小題：

(1) 為幾階 ODE？
(A)一階　(B)二階
(C)三階　(D)四階。

(2) 此 ODE 的次數？
(A)一次　(B)二次
(C)三次　(D)四次。

3. 下列何者為線性 ODE？
(A) $yy' + 1 = \sin x$　(B) $y'' + \sin(y) = 0$
(C) $y''' + 3y' = \cos x$　(D) $y' + e^y = x$。

4. 求以 $y = ce^y$ 為通解的 ODE。

5. 請描述通過點(2, 3)，且斜率為 x 之曲線的數學模型。

6. 將一物體拿在初始高度為 1 公尺的半空中，並向上拋，則此物體距離地面的高度隨時間的變化為 $y(t)$。假設向上拋的初始速度為 5（公尺／秒），若不計算摩擦力的情況下，試描述此數學模型。

進階題

1. 判別下列微分方程式的階數、次數、是否線性以及是 ODE 或 PDE，

(1) $(1 + x^3)(4dy + 5dy) = 10xydx$。

(2) $\left[1+(y')^2\right]^{1/2} = 5y''$。

(3) $x^2(y'')^2 + x(y')^3 + y = x^5$。

(4) $d(yx) = y^2dx$。

(5) $\dfrac{\partial u}{\partial x} + \dfrac{\partial u}{\partial y} + 8x^5 + \sin y = u^2$。

(6) $\dfrac{\partial^2 u}{\partial x^2} \cdot \dfrac{\partial u}{\partial y} = \sin x$。

2. 請建立通過(1, 1)且切線斜率為 $-\dfrac{x}{y}$ 之曲線的數學模型。

3. 建立 $y - cx^2 = 0$ 正交曲線的數學模型。

4. 建立 $y = \dfrac{cx}{x+1}$ 正交曲線的數學模型。

5. 建立 $x^2 + y^2 = c^2$ 正交曲線的數學模型。

6. 有一蛋糕剛從烤箱拿出來時的溫度是 300°F，當時室溫為 70°F，請利用牛頓冷卻定律之概念，即物體之溫度變化率與物體和當時環境溫度差成正比，建立其數學模型，其中假設時間 t 時，蛋糕的溫度為 T。

7. 有一封閉 RL 電路，其中 $R = 10\Omega$，$L = 2\text{H}$，且電動勢 $E = 100\text{V}$，$t = 0$ 時電流爲 0，假設時間 t 時，電流大小爲 $I(t)$，請建立此電路之數學模型。

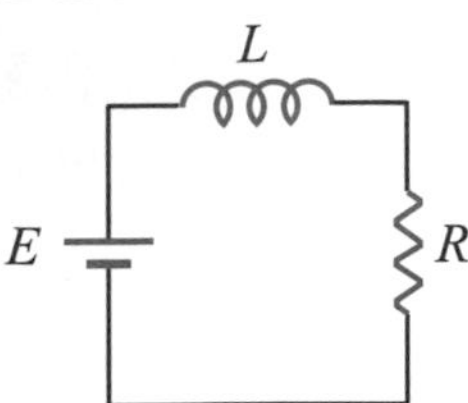

8. 若 ^{14}C 的衰減與其當下質量成正比，有一個化石骨頭，其 ^{14}C 的含量 $M(t)$，且 ^{14}C 的半衰期是 5600 年，請建立其數學模型。

9. 水箱內原有 60 公升的純水，從時間 $t = 0$ 開始，有鹽水（濃度爲 $0.5\text{kg}/\ell$）以 $2\ell/\text{min}$ 注入，假設注入之鹽水即刻與箱內的水完全混合，而混合的鹽水同時又以 $3\ell/\text{min}$ 流出，因此 60 min 後，水箱的水完全流出，請建立水箱中含鹽量隨時間變化之數學模型。

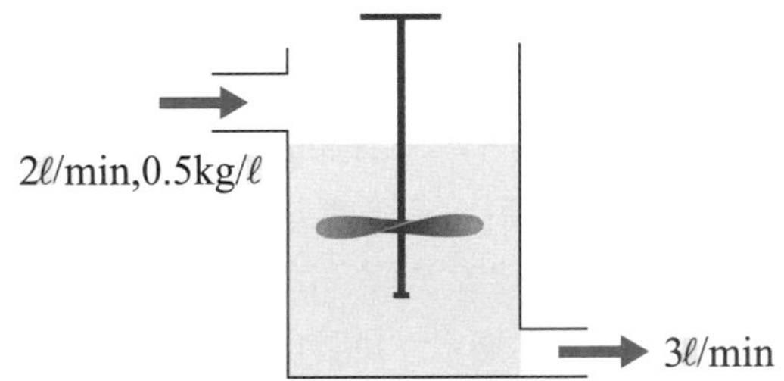

10. 如下圖之質量、彈簧與阻尼系統，假設彈簧初始位移與速度均爲 0，請建立其數學模型。

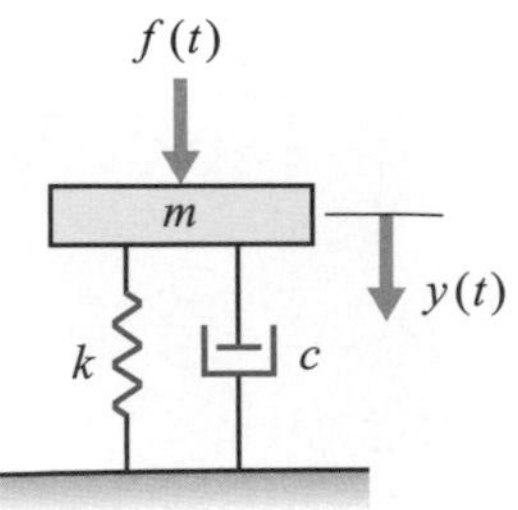

11. 有一封閉單迴路 RLC 電路，其中 $R = 50\Omega$，$L = 30\text{H}$，$C = 0.025\text{F}$ 且電動勢 $E(t) = 200 \cdot \sin(4t)\text{V}$，令電容器兩端電量爲 $q(t)$，在 $t = 0$ 時電量爲 0 且電流爲 0，請建立此電路之數學模型。

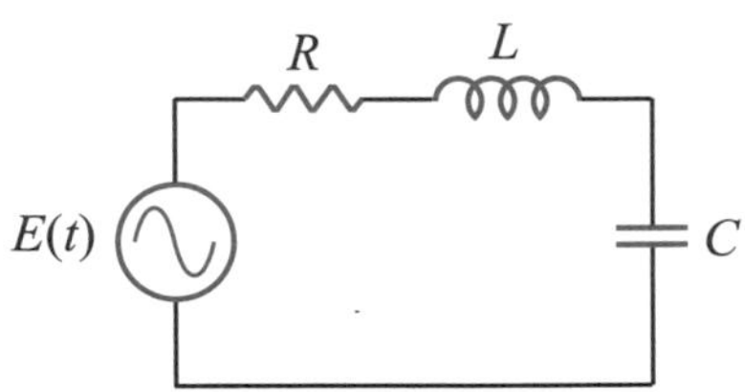

12. 試尋找以下列爲通解之常微分方程式

(1) $y = c_1e^{3x} + c_2e^{-3x}$

(2) $y = c_1\cos 2x + c_2 \sin 2x$

(3) $y = c_1e^{5x} + c_2xe^{5x}$

(4) $y = e^{-2x}(c_1\cos x + c_2 \sin x)$

(5) $y = c_1x + c_2x^2$

(6) $y = c_1x + c_2x \cdot \ln x$

1-2 分離變數型一階 ODE

我們從最基本的一階 ODE 的解法開始，萊布尼茲（Leibniz）在 1691 年發現利用微積分基本定理即可簡單求解某些特殊形態的一階 ODE，現稱爲「分離變數型」，但還有稍微弱化一點的「可分離變數型」，稱後者較爲「弱化」，是因爲它需要我們動些手腳後才能整理成「分離變數型」。

在物理系統中，「指數型成長問題」會出現分離變數型 ODE，其主要描述某一物種的變化量與總量之間會呈現固定比率的關係。假設某物種的總量爲 $y(t)$，則 $\frac{dy}{dt}=k\cdot y$，若 $k>0$ 則爲指數型成長，$k<0$ 則爲指數型衰減。其中指數型成長如將錢存到銀行，本金（y）與利息所得（$\frac{dy}{dt}$），$k>0$ 表示利率；而指數型衰減則例如玻璃照度 $y(t)$ 與玻璃吸收之照度 $\frac{dy}{dt}$，$k<0$ 表示吸收率。則 $\frac{dy}{dt}=ky$，可整理成 $\frac{1}{y}dy=kdt$，等式左側爲 y 的函數，右側則爲 t 的函數。如此即可進行積分求解，其解法詳細介紹如下。

1-2-1　分離變數（Separation of variables）

若一階 ODE 具有 $\frac{dy}{dx}=f_1(x)f_2(y)$ 的形式，則稍加整理可得

$$\int F_2(y)dy=\int f_1(x)dx+c$$ [3]

其中 $F_2(y)=\frac{1}{f_2(y)}$、c 是特定常數，此時只需要利用微積分基本定理，將等號兩端積分算出即可求得通解[4]，若同時手上又有邊界、初始條件，則可求得特解。

回到 $\frac{dy}{dx}=ky$，則 $\int\frac{1}{y}dy=\int kdx$，依上面觀念可得 $\ln|y|=kx+c_1$，$y=ce^{kx}$（$c=e^{c_1}$），若物種的初始量 $y(0)=y_0$，則 $c=y_0$，則解爲 $y=y_0\cdot e^{kx}$，如圖 1-5 所示。

---

[3] 兩端不定積分時應該在等號兩端都會產生一個積分常數，但是移項後可以合併成一個常數，所以求解時只要加一邊的積分常數即可。

[4] ODE 若為 $\frac{dy}{dx}=f'(x)$，則其通解為 $y=\int f(x)dx+c$。

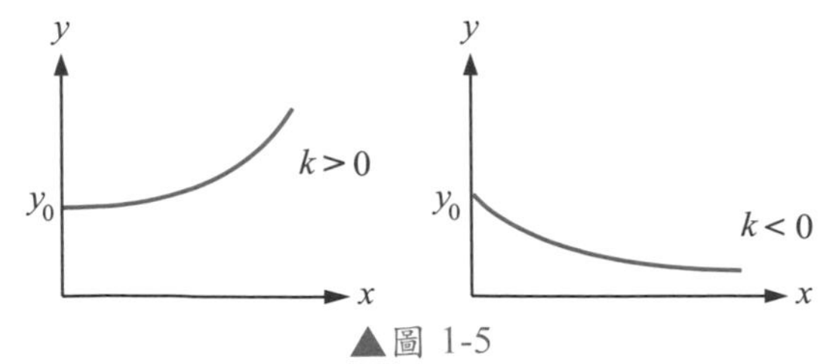

▲圖 1-5

以下幾個例子讓大家熟悉利用分離變數法求解一階 ODE。

範例 1

試求 $y' = x^2 + 2x + 3$ 的通解。

解 $\dfrac{dy}{dx} = x^2 + 2x + 3 \Rightarrow dy = (x^2 + 2x + 3)dx$

$\Rightarrow \int dy = \int (x^2 + 2x + 3)dx \Rightarrow y = \dfrac{1}{3}x^3 + x^2 + 3x + c$，

其中 c 是一個和邊界或初始條件有關的常數。 Q.E.D.

範例 2

$y' = y^2 e^x$，$y(0) = 1$。

解 對原方程稍加整理後可得 $\int y^{-2} dy = \int e^x dx$

對等號兩邊使用微積分基本定理，

則 $$y = \frac{1}{c - e^x}$$

其中 c 是一個和邊界或初始條件有關的常數，由初始條件 $y(0) = 1$

則 $$1 = \frac{1}{c-1} \Rightarrow c = 2$$

所以解爲 $$y(x) = \frac{1}{2 - e^x}$$

備註：此時的解 $y = \dfrac{1}{2 - e^x}$，即 $y = f(x)$，稱爲顯函數解(explicit solution)，若解寫成 $y(2 - e^x) - 1 = 0$，即 $F(x, y) = 0$，稱爲隱函數解(implicit solution)。 Q.E.D.

範例 3

試求 $y' = -\dfrac{2xy}{1+x^2}$ 的通解。

解 一樣對原式稍加整理，

可得　$\displaystyle\int \frac{1}{y}dy = \int \frac{-2x}{1+x^2}dx$

則微積分基本定理告訴我們

$$\ln|y| + \ln|1+x^2| = c$$

現在因爲對數「相加變相乘」

上式化成 $\ln|y(1+x^2)| = c$

即　$y = \dfrac{k}{1+x^2}$

其中 k 是一個和邊界或初始條件有關的常數。 Q.E.D.

範例 4

$e^y \sin x dx + 3dy = 0$ 。

解 原式整理並兩端積分

得　$\displaystyle\int \sin x dx + \int 3e^{-y} dy = -c$

即　$-\cos x - 3e^{-y} = -c$

得通解　$\cos x + 3e^{-y} = c$ Q.E.D.

範例 4 中的一階 ODE 可以整理爲下列一般型態

$$M_1(x)M_2(y)dx = N_1(x)N_2(y)dy$$

對等號兩端同除 $M_2(y)N_1(x)$ 並積分得

$$\int \frac{M_1(x)}{N_1(x)}dx = \int \frac{N_2(y)}{M_2(y)}dy + c$$

其中 c 是一個和邊界或初始條件有關的常數。

範例 5

$(y^2+1)dx = y\sec^2 x dy$。

解 在上述的形式中令 $M_1(x)=1$、$M_2(y)=y^2+1$，$N_1(x)=\sec^2 x$、$N_2(y)=y$，

$$\int \frac{M_1(x)}{N_1(x)}dx = \int \frac{N_2(y)}{M_2(y)}dy + c$$

可得

$$\Rightarrow \int \cos^2 x dx = \int \frac{y}{y^2+1}dy + c$$

$$\Rightarrow \int \frac{1+\cos 2x}{2}dx = \frac{1}{2}\ln\left|y^2+1\right| + c$$

$$\Rightarrow \frac{1}{2}x + \frac{1}{4}\sin 2x = \frac{1}{2}\ln\left|y^2+1\right| + c$$ 。

Q.E.D.

1-2-2 可化簡成分離變數型（Reduction to Separation of Variables）

有些一階 ODE 並不能直接使用分離變數法，但經過適當的變數變換後可以化成直接分離變數型，以下我們以「齊次型」ODE 與「函數型」ODE 來說明。

1. 齊次型 ODE（Homogeneous）

定義 1-2-1 一階齊次型 ODE

如果對任意定義域中的序對(x, y)和一個常數λ，$f(x, y)$滿足 $f(\lambda x, \lambda y) = \lambda^k f(x,y)$，則$f(x, y)$稱爲 k 次的齊次函數。若 $k = 0$，即$f(x, y)$爲 0 次齊次函數，則常微分方程 $y' = f(x,y)$ 稱爲一階齊次 ODE。

舉例而言：

(1) $f(x,y) = x^2 + xy$ 滿足 $f(\lambda x, \lambda y) = \lambda^2(x^2+xy)$，故爲二次齊次函數。

(2) $f(x,y) = \dfrac{x-y}{x+y}$ 滿足 $f(\lambda x, \lambda y) = \lambda^0 \dfrac{x-y}{x+y}$ 爲 0 次齊次函數。

對於一個一般形式的微分方程 $M(x,y)dx+N(x,y)dy=0$ 而言，若 $M(x,y)$ 與 $N(x,y)$ 均為 k 次的齊次函數（Homogeneous function of degree k），則 $M(x,y)dx+N(x,y)dy=0$ 可化成 $y'=-\dfrac{M(x,y)}{N(x,y)}=\dfrac{x^k M_1(\frac{y}{x})}{x^k N_1(\frac{y}{x})}=f(x,y)=f(\frac{y}{x})$ 為一階齊次 ODE，其中 $f(x,y)=f(\frac{y}{x})$ 為零次齊次函數，接下來我們透過變數變換求解此類方程。

令 $v=\dfrac{y}{x}$，則可知　$dy=vdx+xdv$

故　$$y'=\frac{dy}{dx}=\frac{vdx+xdv}{dx}=v+x\cdot\frac{dv}{dx}=f(v)$$

稍微整理，

得到　$$\int\frac{dv}{f(v)-v}=\int\frac{dx}{x}+c\cdots\text{（公式①）}$$

（若是令 $v=\dfrac{x}{y}$，則由類似的計算可得 $\displaystyle\int\frac{f(v)}{1-vf(v)}dv=\int\frac{dy}{y}+c$），此時在上式中代入原邊界條件的函數 f 即可得通解。見接下來範例 6、7。

範例 6

$y'=\dfrac{y}{x+y}$。

解 對任意的實數 r 而言，函數 $f(x,y)=\dfrac{y}{x+y}$

滿足　$$f(rx,ry)=\frac{ry}{rx+ry}=\frac{y}{x+y}=f(x,y)$$

因此 f 是一個 0 次齊次函數，透過變數變換 $v=\dfrac{y}{x}$

得　$$f(v)=\frac{v}{1+v}$$

即　$$\frac{1}{f(v)-v}=-\frac{1}{v^2}-\frac{1}{v}$$

代入公式①式

得通解　$\ln|y|-\dfrac{x}{y}=c$。

Q.E.D.

範例 7

$y^2dx+(x^2+xy)dy=0$。

解 對原式稍加整理

得 $\frac{dy}{dx}=\frac{-y^2}{x^2+xy}$

如範例 6，可驗證函數 $f(x,y)=\frac{-y^2}{x^2+xy}=\frac{-(\frac{y}{x})^2}{1+\frac{y}{x}}$ 爲齊次函數，

因此由變數變換 $v=\frac{y}{x}$，

可得 $f(v)=\frac{-v^2}{1+v}$，代入公式①

得通解 $\frac{1}{2}\ln|\frac{2y}{x}+1|-\ln|y|=c$

Q.E.D.

2. 函數型 ODE

若 ODE 具有 $y'=\frac{dy}{dx}=f(ax+by+c)$ 的形式，則稱其爲函數型 ODE。

由變數變換 $t=ax+by+c$ 兩邊微分得 $dt=adx+bdy$，即

$$\frac{dt-adx}{b}=dy$$

代入原式並積分得

$$\int\frac{1}{a+bf(t)}dt=\int dx+c\cdots③$$

此時將邊界條件 f 代入並算出不定積分即可得通解，請看接下來的範例。

範例 8

$\dfrac{dy}{dx}=(x+y+1)^2$ 。

解 觀察原式得知，可令 $x+y+1=t$，則 $f(t)=t^2$ 、 $a=b=c=1$，一併代入③

得 $\int\dfrac{1}{1+t^2}dt=\int dx+c$，

積分得 $\tan^{-1}(x+y+1)=\tan^{-1}t=x+c$ [5]

即通解 $x+y+1=\tan(x+c)$ 。 Q.E.D.

範例 9

$y'=y-x-1+\dfrac{1}{x-y+2}$ 。

解 原式等號的右邊等於 $-(x-y+2)+1+\dfrac{1}{x-y+2}$，

因此，可在公式③式中令 $f(t)=-t+1+\dfrac{1}{t}a=1b=-1c=2$，

得 $\int\dfrac{t}{t^2-1}dt=\int dx$

積分得 $\ln|t^2-1|=2x+k$

得通解 $\ln|(x-y+2)^2-1|=2x+k$ Q.E.D.

---

5 $\dfrac{d}{dt}\tan^{-1}t=\dfrac{1}{1+t^2}$ 。

1-2 習題演練

基礎題

求解下列 ODE：

1. $y' = x + 1$。
2. $y' = \sin x$。
3. $y' = e^x$。
4. $dx + e^{3y} dy = 0$。
5. $e^y y' = x + x^3$。
6. $y' = x^2 + 1$，$y(0) = 1$。
7. $y' = \cos x$，$y(\frac{\pi}{2}) = 2$。
8. $y' = e^y$，$y(1) = 0$。
9. $y' = -4xy^2$，$y(0) = 1$。
10. $(\csc x)dy + e^{-y}dx = 0$，$y(0) = 0$。

進階題

求解下列一階 ODE

1. $\frac{dy}{dx} = \sin 5x$。
2. $\frac{dy}{dx} = (x+1)^2$。
3. $y' + y^2 = xy^2$。
4. $y^3(2x^2 - 3x - 1)dx + 3y^2 dy = 0$。
5. $2xy' - y^2 + 2y + 8 = 0$。
6. $(1+x^2)(1+y^2)dx - xydy = 0$。
7. $4yy' = e^{x-y^2}$，$y(1) = 2$。
8. $(3xy + y^2) + (x^2 + xy)y' = 0$。
9. $y' - (\frac{y}{x})^2 + 2(\frac{y}{x}) = 0$。
10. $2xyy' - y^2 + x^2 = 0$。
11. $y' = (x + y - 2)^2$。
12. $y' = \frac{x - y}{2x - 2y + 1}$。
13. $\frac{dp}{dt} = p - p^2$。
14. $\frac{dy}{dx} = (\frac{2y+3}{4x+5})^2$。
15. $(2y^2 - 6xy)dx + (3xy - 4x^2)dy = 0$。
16. $\frac{dy}{dx} + xy^3 \sec(\frac{1}{y^2}) = 0$。
17. $y' = \frac{y - x}{y + x}$

    （Hint：$\int \frac{1}{1+x^2} dx = \tan^{-1}(x) + c$）。
18. $xy' = y^2 - y$。
19. $(1+x^2)(1+y^2)dx - xydy = 0$。
20. $\csc y dx + \sec^2 x dy = 0$。

求解下列一階 ODE 之初始值問題。

21. $\frac{dy}{dx} = xye^{-x^2}$，$y(4) = 1$。
22. $x^2 \frac{dy}{dx} = y - xy$，$y(-1) = -1$。
23. $\frac{dy}{dx} = \frac{y^2 - 1}{x^2 - 1}$，$y(2) = 2$。
24. $\frac{dy}{dx} + 2y = 1$，$y(0) = \frac{5}{2}$。

1-3 正合 ODE 與積分因子

對於一階 ODE 最容易找出通解的有兩種型態，其中一種就是前一節所介紹的分離變數法，另一種就是本節要介紹的正合型 ODE，以下將介紹正合 ODE 的定義與解法，而對於非正合 ODE，將介紹如何找出積分因子，將其化成正合後再求解。

1-3-1　一階正合 ODE（Exact ODE）

定義 1-3-1　正合微分方程式（Exact ODE）

對 $M(x, y)dx + N(x, y)dy = 0$ 而言，若存在一個平滑函數[6] ϕ ：$R \times R \to R$

使得 $d\phi = M(x, y)dx + N(x, y)dy$ ，則稱此 ODE 為正合（Exact）

如果沒有任何工具在手，想要去確認一個 ODE 是否正合，等於要從原 ODE 去憑空猜測函數 ϕ 是否存在，這自然有點不切實際。接下來的定理給我們一個迅速確認一個 ODE 是否正合的條件。當確認原 ODE 為正合時，它同時也提供了一條找到 ϕ 的途徑。

定理 1-3-1　正合條件

$M(x, y)dx + N(x, y)dy = 0$ 正合若且唯若 $\dfrac{\partial M}{\partial y} = \dfrac{\partial N}{\partial x}$ 。

證明（選讀）

【充分條件】

若 ODE 為正合，則根據定義

我們有　$d\phi = \dfrac{\partial \phi}{\partial x}dx + \dfrac{\partial \phi}{\partial y}dy = M(x, y)dx + N(x, y)dy$

因此得　$\dfrac{\partial \phi}{\partial x} = M(x, y)$ 、 $\dfrac{\partial \phi}{\partial y} = N(x, y)$

根據假設，ϕ 是平滑的，因此二階導數存在且連續，

---

[6] 平滑函數（smooth function）：指該函數之任意階導數均連續。

而且偏微分的先後順序不影響導函數的值，

所以 $\dfrac{\partial}{\partial x}N(x,y)=\dfrac{\partial^2\phi}{\partial x\partial y}=\dfrac{\partial^2\phi}{\partial y\partial x}=\dfrac{\partial}{\partial y}M(x,y)$

【必要條件】

在 $M(x,y)dx+N(x,y)dy=0$ 中假設 $\dfrac{\partial M}{\partial y}=\dfrac{\partial N}{\partial x}$。

根據我們原先想要的結論，

不妨取 $\phi(x,y)=\int M(x,y)dx+\int N(x,y)dy$

則由假設知：$\dfrac{\partial\phi}{\partial x}=M$、$\dfrac{\partial\phi}{\partial y}=N$，

$\therefore\exists\phi$：$R\times R\to R$ 使得 $d\phi=\dfrac{\partial\phi}{\partial x}dx+\dfrac{\partial\phi}{\partial y}dy=0$。

因此，當一個一階 ODE 爲正合時，會存在一個平滑函數 $\phi(x,y)$ 使得 $d\phi=0$，也就是說 $\phi(x,y)=c$ 爲原 ODE 的通解。此處 $\dfrac{\partial M}{\partial y}=\dfrac{\partial N}{\partial x}$ 稱爲判別式，事實上，在「必要條件」的論述中，也已經演示了如何從判別式來求得函數 ϕ，從而找到 $\phi(x,y)$：基本上就是把 M、N 分別對 x、y 偏積分之後再把結果相加，只不過技術上會取共同項，請看接下來的幾個實例。

範例 1

$(y^2+x)dx+(2xy+5)dy=0$，$y(0)=1$。

解 取 $M=y^2+x$、$N=2xy+5$，則 $\dfrac{\partial M}{\partial y}=2y=\dfrac{\partial N}{\partial x}$，故原 ODE 爲正合。

因爲 $\begin{cases}M=y^2+x\\N=2xy+5\end{cases}\xrightarrow{\text{偏積分}}\begin{cases}\phi(x,y)=xy^2+\dfrac{1}{2}x^2+g(y)\\\phi(x,y)=xy^2+5y+f(x)\end{cases}$

比較上列兩式可取 $f(x)=\dfrac{1}{2}x^2$、$g(y)=5y$，

通解 $\phi(x,y)=xy^2+\dfrac{1}{2}x^2+5y=c$，

代入給定條件 $y(0)=1$，得 $c=5$，

故特解爲 $xy^2+\dfrac{1}{2}x^2+5y=5$。

Q.E.D.

範例 2

$(2y+e^y+6x^2)y'+4+12xy=0$。

解 取 $M=4+12xy$、$N=2y+e^y+6x^2$，則 $\dfrac{\partial M}{\partial y}=12x=\dfrac{\partial N}{\partial x}$，故原 ODE 爲正合。

因爲 $\begin{cases} M=4+12xy \\ N=2y+e^y+6x^2 \end{cases} \xrightarrow{\text{偏積分}} \begin{cases} \phi(x,y)=4x+6x^2y+g(y) \\ \phi(x,y)=y^2+e^y+6x^2y+f(x) \end{cases}$

比較上列兩式可取 $g(y)=y^2+e^y$、$f(x)=4x$，

得通解　$\phi(x,y)=6x^2y+4x+y^2+e^y+c$　Q.E.D.

1-3-2　積分因子（Integration factor）

當一階 ODE 非正合時，我們可以適當的乘上某些函數來讓 ODE 成爲正合，具體而言其實就是先假設此函數 I 存在，然後以判別式 $\dfrac{\partial(IM)}{\partial y}=\dfrac{\partial(IN)}{\partial x}$ 來求解 I，於是乘上 I 的原 ODE 便成爲正合 ODE，請看以下詳述。

定義 1-3-2　積分因子

在 $M(x,y)dx+N(x,y)dy=0$，若存在一函數 $I(x,y)$ 使得 $IM(x,y)dx+IN(x,y)dy=0$ 爲正合，則稱此函數爲積分因子。

1. 積分因子的求法

如同引言所述，我們假設乘上 I 之後爲正合，則判別式告訴我們 $\dfrac{\partial IM}{\partial y}=\dfrac{\partial IN}{\partial x}$，而從微分的乘法規則將判別式展開得 $N\dfrac{\partial I}{\partial x}-M\dfrac{\partial I}{\partial y}=I(\dfrac{\partial M}{\partial y}-\dfrac{\partial N}{\partial x})$（稱①式），換句話說，只要能求解此 PDE，就能得到想要的積分因子。但問題是此 PDE 未必有解，因此，我們需要在 I 上做點限制以簡化此 PDE，例如，假設 $I(x,y)$ 爲單變數：

(1) **假設** $I(x,y)=I(x)$

則①式化簡爲 $N\dfrac{dI}{dx}=I(\dfrac{\partial M}{\partial y}-\dfrac{\partial N}{\partial x})$，整理並積分得

$\ln|I|=\displaystyle\int\frac{dI}{I}=\int\frac{\frac{\partial M}{\partial y}-\frac{\partial N}{\partial x}}{N}dx$，若 $\dfrac{\frac{\partial M}{\partial y}-\frac{\partial N}{\partial x}}{N}=f(x)$，則積分因子 $I=e^{\int f(x)dx}$。

(2) **假設** $I(x, y) = I(y)$

則①式化簡為 $-M\dfrac{dI}{dy} = I(\dfrac{\partial M}{\partial y} - \dfrac{\partial N}{\partial x})$，整理並積分得

$$\ln|I| = \int \frac{dI}{I} = \int \frac{\frac{\partial M}{\partial y} - \frac{\partial N}{\partial x}}{-M} dy$$，若 $\dfrac{\frac{\partial M}{\partial y} - \frac{\partial N}{\partial x}}{-M} = f(y)$，則積分因子 $I = e^{\int f(y)dy}$。

事實上除了上述兩種積分因子外，尚有兩類積分因子可用類似方法求解，解出這兩種積分因子的過程在此省略，我們將常用的四個積分因子統整為表 3[7、8]。

▼表 3

Mdx + *Ndy* = 0 條件	$\dfrac{\frac{\partial M}{\partial y} - \frac{\partial N}{\partial x}}{N} = f(x)$	$\dfrac{\frac{\partial M}{\partial y} - \frac{\partial N}{\partial x}}{-M} = f(y)$	$\dfrac{\frac{\partial M}{\partial y} - \frac{\partial N}{\partial x}}{N-M} = f(x+y)$	$\dfrac{\frac{\partial M}{\partial y} - \frac{\partial N}{\partial x}}{yN-xM} = f(xy)$
積分因子	$e^{\int f(x)dx}$	$e^{\int f(y)dy}$	$e^{\int f(x+y)d(x+y)}$	$e^{\int f(xy)d(xy)}$

範例 3

$(2x + y^2)dx + xydy = 0$。

解 令 $M = 2x + y^2$、$N = xy$，則 $\dfrac{\partial M}{\partial y} = 2y \neq \dfrac{\partial N}{\partial x} = y$，故原 ODE 非正合，需要尋找積分因子，採用 $I(x, y) = I(x)$的假設，

則 $$\frac{\frac{\partial M}{\partial y} - \frac{\partial N}{\partial x}}{N} = \frac{2y - y}{xy} = \frac{1}{x}$$

因此由表 3 積分因子 $I = e^{\int \frac{1}{x}dx} = e^{\ln|x|} = x$，則原 ODE 同乘以 x

得 $(2x^2 + xy^2)dx + x^2ydy = 0$（正合 ODE）

現在，如範例 1 正合 ODE 的解法，

得通解 $\phi(x, y) = \dfrac{1}{2}x^2y^2 + \dfrac{2}{3}x^3 = c$ Q.E.D.

7 積分因子為①式的通解，若存在則有無窮多個。

8 微分是線性的運算，故積分因子 I 的常數倍仍為積分因子。

範例 4

$ydx + (2x + 5 + \sin y)dy = 0$。

解 令 $M = y$、$N = 2x + 5 + \sin y$，則 $\dfrac{\partial M}{\partial y} = 1 \neq \dfrac{\partial N}{\partial x} = 2$，故原 ODE 非正合，需要尋找積分因子，採用 $I(x, y) = I(y)$的假設，

則 $$\frac{\dfrac{\partial M}{\partial y} - \dfrac{\partial N}{\partial x}}{-M} = \frac{1-2}{-y} = \frac{1}{y}$$

故得 $$I = e^{\int \frac{1}{y} dy} = e^{\ln|y|} = y$$

原 ODE 同乘上積分因子 $I = y$ 後，$y^2dx + (2yx + 5y + y\sin y)dy = 0$為正合 ODE，由正合 ODE 的解法

得通解 $$\phi(x, y) = xy^2 + \frac{5}{2}y^2 - y\cos y + \sin y = c$$ [9]

Q.E.D.

[9] 範例 4 解方程的過程中，最後需以部份積分計算 $\int y \sin y dy$。

此處我們回憶部份積分的公式為

$$\int f'(x)g(x)dx = f(x)g(x) - \int f(x)g'(x)dx$$

亦可利用快速解法，如圖 1-6 所示。

得 $$\int y \sin y dy = -y\cos y + \sin y + k$$

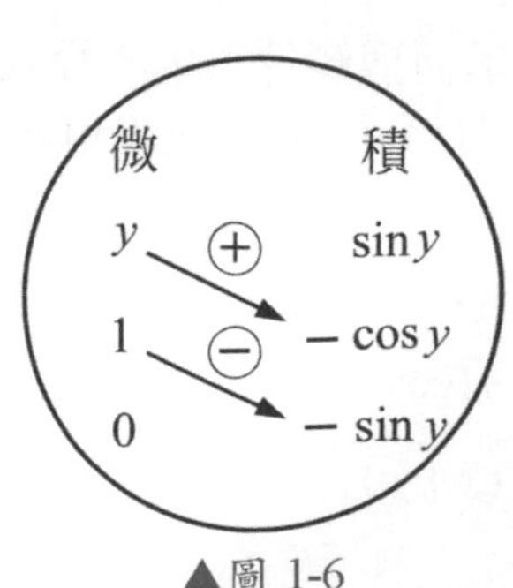

▲圖 1-6

1-3 習題演練

基礎題

1. 以下哪一個數學式是正合微分？

   (1) $2xydx+(x^2-1)dy$ 。

   (2) $(3x^2+y^2+1)dx+(x^3+2xy^2-1)dy$ 。

   (3) $(2+x^2y)dy+xy^2dx$ 。

求解下列 2～8 題之一階 ODE

2. $(5x+4y)dx+(4x-8y^3)dy=0$。
3. $(2xy^2-3)dx+(2x^2y+4)dy=0$ 。
4. $(2x^2+3x)dx+2xydy=0$ 。
5. $(x^2-2xy)dx+(\sin y-x^2)dy=0$ 。
6. $(2+x^2y)y'+xy^2=0$ ，$y(1)=2$ 。
7. $(3x+2y)dx+xdy=0$ 。
8. $ydx+(2x+4)dy=0$ 。

進階題

1. 以下那一數學式是正合微分？

   (1) $(\ln x+y)dx+(\ln x+x)dy$ 。

   (2) $(\cos x\sin x-xy^2)dx+y(1-x^2)dy$ 。

   (3) $(\tan x-y)dx-(\sec x+y^2)dy$ 。

   (4) $(1+\ln x+\frac{y}{x})dx-(1-\ln x+y)dy$ 。

   (5) $(\tan x-\sin x\sin y)dx+\cos x\cos ydy$ 。

2. $[f(x)+g(y)]dx+[h(x)+p(y)]dy=0$ ，何種條件下，ODE 正合。
3. 求何種條件下，方程式 $f(x)g(y)dx+h(x,y)dy=0$ 正合。

求解下列 4～12 題之一階 ODE，

4. $(\sin y-y\sin x)dx$ $+(\cos x+x\cos y-y)dy=0$ 。
5. $(x+y)^2dx+(2xy+x^2-1)dy=0$ 。
6. $(e^x+y)dx+(2+x+ye^y)dy=0$ ，$y(0)=1$ 。
7. $xdx+(x^2y+4y)dy=0$ ，$y(4)=0$ 。
8. $xy^4+e^x+2x^2y^3y'=0$ 。
9. $3y^4-1+12xy^3\frac{dy}{dx}=0$ ，$y(1)=2$ 。
10. $(x^2y^3-\frac{1}{1+9x^2})dx+x^3y^2dy=0$ 。
11. $2y^2+ye^{xy}+(4xy+xe^{xy}+2y)y'=0$ 。
12. $(\cos x\cdot\sin x-xy^2)dx+y(1-x^2)dy=0$ 。
13. 求 k 值使方程式 $\frac{dx}{dy}=\frac{1+y^2+kx^2y}{1-2xy^2-x^3}$ 正合，請求解它。
14. 對一階微分方程式 $y-xy'=0$，

    (1) 求證上述方程式非正合。

    (2) 求一積分因子 $\mu(x)$ 。

    (3) 求一積分因子 $v(y)$。

15. 判別 $(4xy+2x^2y)+(2x^2+3y^2)y'=0$ 是否正合？
16. 求解α 使 ODE 正合，並求解此 ODE $2xy^3-3y-(3x+\alpha x^2y^2-2\alpha y)y'=0$ 。

求解下列 17～22 題之一階 ODE

17. $(y^4+2y)dx+(xy^3-4x+2y^4)dy=0$ 。
18. $(3x-2y)y'=3y$ 。
19. $x^2+y^2+x+xyy'=0$ 。
20. $1+(3x-e^{-2y})y'=0$ 。
21. $(y-x+1)dx-(y-x+5)dy=0$ ，且 $y(0)=4$ 。
22. $(3y^2+x+1)dx+2y(x+1)dy=0$ ，且 $y(0)=1$ 。

1-4 線性 ODE

若一個 ODE 具有 $y'+P(x)y=Q(x)$ 的形式，則我們稱其爲一階線性 ODE。此種 ODE 普遍出現在許多實際的建模中，如電路、物體運動、化學稀釋、放射性物質與熱力學系統等等。基本上可分爲兩大類：1.$Q=0$，稱爲齊次（Homogeneous）、2.$Q\neq 0$，稱爲非齊次（nonhomogeneous）。此類 ODE 的求解，基本上是延續非正合 ODE 轉爲求解積分因子的做法。

我們先用一個簡單的藥物反應來說明如何建構一階線性 ODE，某個藥物經人體服用後，在體內的分解速率爲 kx，假設 $y(x)$爲體內在時間 x 時之藥物含量濃度，而人體的吸收速率爲 $\frac{1}{x}y(x)$，則該藥物在人體內之濃度變化爲 $y'(x)=kx-\frac{1}{x}y(x)$，即 $y'(x)+\frac{1}{x}y(x)=kx$，此時 $P(x)=\frac{1}{x}$、$Q(x)=kx$，此 ODE 即爲一階線性 ODE，接著介紹其求解。

1-4-1　一階線性 ODE（First order linear ODE）

定理 1-4-1　非正合求通解

$y'+P(x)y=Q(x)$ 的通解爲 $y=\frac{1}{I(x)}\int I(x)Q(x)dx+\frac{c}{I(x)}$ 其中 $I(x)$爲積分因子。

證明

將原式稍加整理得$[P(x)y-Q(x)]dx+dy=0$，令 $M(x,y)=P(x)y-Q(x)$、$N(x,y)=1$，發現 $\frac{\partial M}{\partial y}=P(x)\neq\frac{\partial N}{\partial x}=0$，故原 ODE 非正合，爲了找到通解，我們採用積分因子的做法，

令 $I(x,y)=I(x)$，

得
$$\frac{\frac{\partial M}{\partial y}-\frac{\partial N}{\partial x}}{N}=\frac{P(x)-0}{1}=P(x)$$

故由 1-2 節的表 3 得積分因子 $I=\exp[\int P(x)dx]$，

得
$$Iy'+IP(x)y=IQ(x)\text{（正合 ODE）}\cdots①$$

根據微分乘法規則及鏈鎖律，①式的左邊等於 $(e^{\int P(x)dx}y)'$，故①式會變成 $(Iy)'=IQ(x)$，則由微積分基本定理知對兩邊積分後

得 $Iy=\int IQ(x)dx+c$，

即通解為 $y=\dfrac{1}{I(x)}\int IQ(x)dx+\dfrac{c}{I(x)}$

注意在上述通解中，$\dfrac{c}{I(x)}$ 滿足 $y'+P(x)y=0$，換句話說 $\dfrac{c}{I(x)}$ 是原 ODE 的齊性解；$\dfrac{1}{I(x)}\int IQ(x)dx$ 滿足原 ODE，故為一個特解。換句話說這個通解還同時給了我們齊性解及特解的公式。

範例 1

若前面介紹的藥物反應模型中，$k=3$，且時間 $x=1$ 時之濃度為 2，求其藥物濃度函數。

解 此 ODE 為 $y'+\dfrac{1}{x}y=3x$，$y(1)=2$，

在原式中令 $P(x)=\dfrac{1}{x}$、$Q(x)=3x$，

計算積分因子 $I=\exp(\int\dfrac{1}{x}dx)=\exp(\ln|x|)=x$

得通解 $y=\dfrac{1}{x}\int x\times 3xdx+\dfrac{c}{x}=x^2+\dfrac{c}{x}$

再代入條件 $y(1)=2$ 得 $c=1$，

故得解為 $y=x^2+\dfrac{1}{x}$ Q.E.D.

我們可步驟式的記憶解此類 ODE 的方法如下：

Step1 確認 $P(x)$、$Q(x)$。

Step2 計算 $I=e^{\int P(x)dx}$。

Step3 代入 $y=\dfrac{1}{I(x)}\int IQ(x)dx+\dfrac{c}{I(x)}$。

Step4 代入條件求得特解。

範例 2

$y' + y\tan x = \sin 2x$，$y(0) = 1$。

解 **Step1** 在原式中令 $P(x) = \tan x$、$Q(x) = \sin 2x$，

Step2 計算積分因子 $I = \exp(\int \tan x dx) = \exp(-\ln|\cos x|) = \dfrac{1}{\cos x}$

Step3 得通解 $y = -2\cos^2 x + c\cos x$

Step4 再代入條件 $y(0) = 1$ 得 $c = 3$，

故得解為 $y = -2\cos^2 x + 3\cos x$ Q.E.D.

若 x 與 y 的角色對調，我們一樣可以套用上述步驟 1～4。

範例 3

$dx + (3x - e^{2y})dy = 0$。

解 原 ODE 可化成 $\dfrac{dx}{dy} + 3x = e^{2y}$，

Step 1 $P(y) = 3$、$Q(y) = e^{2y}$

Step 2 $I = e^{\int P(y)dy} = e^{\int 3dy} = e^{3y}$

Step 3 $x = \dfrac{1}{e^{3y}}\int e^{3y}e^{2y}dy + \dfrac{c}{e^{3y}} = \dfrac{1}{5}e^{2y} + ce^{-3y}$ Q.E.D.

1-4-2 可線性化一階 ODE（Reduction to First order linear ODE）

某些 ODE 長得跟線性 ODE 很像，但可能在 $P(x)$、$Q(x)$或微分項 y' 混合了其他的函數，此時我們可以利用變數變換的手法，將這些「雜物」做些整併，從而使原方程式變成線性 ODE，以便求解。我們先以羅吉斯成長模型（Logistic growth model）來說明此類 ODE 的產生，設某族群的數目大小為 $y(x)$，x 表示時間，且該族群的極限大小 A，而族群大小的變化率與當時族群的數目大小及剩餘可成長空間的乘積成正比，換句話說，其族群數目大小的函數 $y(x)$，其變化率必滿足。

$$\frac{dy}{dx} = ky(A - y)$$

$0 < y < A$。其中 k 為正比的比例大小，即 $y' - kAy = -ky^2$，此 ODE 與一階線性 ODE 很像，就差別在 y 項是多出來的。這小節我們以「白努利方程」、「函數微分型」與「雷卡笛方程」為例說明求解手法。

1. **白努利方程式（Bernoulli's equation）**

白努利在 1695 年針對具有拖曳力（drag force）作用的一維運動模型做了數學建模並分析了其對應 ODE 的解法。現代我們統一將具有如下形式的一階 ODE 稱為白努利方程：

$$y' + P(x)y = Q(x)y^n$$

其中 $n \neq 0$、1。現在，他的「雜物」純粹由 y 所構成，因此不妨在等號兩邊同除 y^n，此時原式成為

$$y^{-n}y' + P(x)y^{1-n} = Q(x)$$

很巧的，鏈鎖律告訴我們 y^{1-n} 的微分是 $(1-n)y^{-n}y'$，於是令 $u = y^{1-n}$，則原式變成

$$u' + (1-n)P(x)u = (1-n)Q(x)$$

是一個一階線性 ODE，此解法是發明微積分的大師萊布尼茲（Leibnitz，1646～1716）想出來的。接下來照我們已經知道的線性 ODE 求解即可，見如下範例。

範例 4

在羅吉斯成長模型中，若 $k = 1$，$A = 1$，且 $y(0) = 2$，求方程式解 $y(x)$。

解 原 ODE 為 $y' - y = -y^2$，可知 $P(x) = -1$，$Q(x) = -1$，$n = 2$，

則原式可化為 $u' + u = 1$

由線性 ODE 的解法（積分因子 $I = e^{\int 1dx} = e^x$），

得通解為 $u = y^{-1} = 1 + ce^{-x}$

所以 $y = \dfrac{1}{1+ce^{-x}}$，則由 $y(0) = 2$ 得 $c = -\dfrac{1}{2}$，

故得解為 $y = \dfrac{1}{1-\dfrac{1}{2}e^{-x}}$

Q.E.D.

範例 5

$3xy' + y + x^2y^4 = 0$。

解 同除 $3x$ 並對照一般形式知，可令 $P(x) = \frac{1}{3x}$、$Q(x) = \frac{-x}{3}$、$n = 4$，

則原式化為　$u' - \frac{1}{x}u = x$

則由線性 ODE 的解法（積分因子 $I = e^{\int -\frac{1}{x}dx} = \frac{1}{x}$），

得通解為　$\frac{1}{xy^3} = x + c$

Q.E.D.

2. **函數微分型**

考慮具有如下形式的一階 ODE：

$$(\frac{dv}{dy})y' + P(x)v(y) = Q(x) \cdots ①$$

觀察等號左邊的兩項，鏈鎖律告訴你 $v(y)$的微分（對 x）等於 $(\frac{dv}{dy})y'$。

這提示我們選擇 $v(y)$為新的變數，事實上：若令 $u = v(y)$，則原式變成

$$u' + P(x)u = Q(x)$$

我們回到了標準型線性 ODE。

範例 6

$(2\cosh y + 3x)dx + (x\sinh y)dy = 0$。

解 先把原式整理成①的樣子，對原式同除 xdx 並整理

得　$\sinh(y)y' + \frac{2}{x}\cosh y = -3$

因此，在①中令 $u = \cosh y$，

則原式成為　$u' + \frac{2}{x}u = -3$

於是從一階線性 ODE 的解法（積分因子 $I = e^{\int \frac{2}{x}dx} = x^2$），

得通解　$x^2\cosh(y) = -x^3 + c$

Q.E.D.

1-4-3 雷卡笛方程式（Riccati equation）（選讀）

我們把具有以下形式的方程稱爲雷卡迪方程：

$$y' = P(x)y^2 + Q(x)y + R(x)$$

數學家雷卡迪（Riccati，1676～1754，義大利）、白努利都對這個方程做過深入的研究。在實際求解前，我們不妨做點觀察。原式中最麻煩的便是 $P(x)y^2$ 的存在，少了它，我們便又回到線性的情況，問題在於要如何消除 $P(x)y^2$？

此處我們借用一個有趣的想法，回想本章最開頭所提到最簡單的 ODE：$y' = c$。其解的意義是斜率爲 c 的直線，而一條斜率爲 c 的直線經過平移斜率仍然爲 c，因此所有解可由某條直線的平移得到，我們稱這種現象爲解的平移不變性，那麼，雷卡迪方程有沒有平移不變性呢？

假設 y_p 是一特解，則作一個平移 $y_p + c$ 後代入原式，得到

$$2P(x)y_p(x) + cP(x) + Q(x) = 0 \qquad \cdots②$$

意外的消除了 $P(x)y^2$。因此要消除 $P(x)y^2$ 只需要對特解作平移即可，有兩種選擇：

(1) 令 $y = y_p + \frac{1}{u}$，則會回到線性 ODE，

(2) 令 $y = y_p + u$，則會得到白努利方程。

見如下範例

範例 7

$y' = \frac{1}{x^2}y^2 - \frac{1}{x}y + 1$；$y(1) = 3$。

解 在②式中令 $c = 0$，且令特解爲 kx 的型態，代入原式得 $k^2 - 2k + 1 = 0$，解得 $k = 1$。因此取特解爲 $y_p(x) = x$，接下來，採用第一種選擇的做法，令 $y = x + \frac{1}{u}$ 將原式化爲一階線性 ODE：$u' + \frac{1}{x}u = \frac{-1}{x^2}$，則透過 1-2 節表 3 得積分因子 $I = e^{\int \frac{1}{x}dx} = x$，

得通解 $$y = x + \frac{x}{c - \ln|x|}$$

再代入給定條件得 $c = \frac{1}{2}$，

故得解爲 $$y = x + \frac{x}{\frac{1}{2} - \ln|x|}$$

Q.E.D.

1-4 習題演練

基礎題

求解下列一階 ODE：

1. $\dfrac{dy}{dx}+y=e^{3x}$。
2. $y'-2xy=x$，$y(0)=1$。
3. $y'+3x^2y=x^2$。
4. $y'-xy=x^3$，$y(0)=0$。
5. $y'-y=e^{2x}$。
6. $y'+3y=3$，$y(\frac{1}{3})=2$。
7. $y'+xy=xy^{-1}$。
8. $y'-\dfrac{1}{x}y=-xy^2$。
9. $y\dfrac{dx}{dy}-x=2y^2$，$y(1)=5$。
10. $y'+\dfrac{1}{x}y=2$

進階題

求解下列一階 ODE，

1. $x\dfrac{dy}{dx}-y=x^2\sin x$。
2. $(x+1)\dfrac{dy}{dx}+y=\ln x$，$y(1)=10$。
3. $y'+(\tan x)y=\cos^2 x$，$y(0)=1$。
4. $y'+y\tan x=\sin x$，$y(0)=1$。
5. $y'+y\tan x=\sec x$。
6. $y'\cos y+2x\sin y=2x$。
7. $y'+y(\dfrac{2}{t}-\dfrac{t}{4})=\dfrac{1}{t}$。
8. $y'=\dfrac{1}{6e^y-2x}$。
9. $e^y y'-e^y=x-1$。
10. $xy'+(1+x)y=e^x$。
11. $x\dfrac{dy}{dx}+2y=3$。
12. $\dfrac{dr}{d\theta}+r\sec\theta=\cos\theta$。
13. $x\dfrac{dy}{dx}+4y=x^3-x$。
14. $\cos x\dfrac{dy}{dx}+(\sin x)y=1$。
15. $dy+2xydx=xe^{-x^2}y^3dx$。
16. $y'+\dfrac{1}{x}y=3x^2y^3$。
17. $y^2dx+(x^3y+xy)dy=0$。
18. $y'-\dfrac{2}{x}y=\dfrac{-1}{x}y^2$。

1-5 合併法求解一階 ODE

1-5-1 全微分公式

上面幾節我們整理了可以透過變數變換等手法化爲線性 ODE 的方程，而後便能透過積分因子來求解。本節將談到許多更複雜的非線性一階 ODE，而解決他們的方法與前幾節迥然不同：全微分公式。數學上，全微分是一個具有以下形式的算子：

$$d(\phi)=\frac{\partial(\phi)}{\partial x}dx+\frac{\partial(\phi)}{\partial y}dy$$

你可以將 ϕ 代入任何可微分函數（雙變數）得到一個全微分公式（當然你也可以推廣上式成爲多變數的情況）。表 4 整理了一些常用的全微分公式。讀者不妨自行將函數代入上述全微分定義中，依微分的四則運算、鏈鎖律等微分公式驗證。

▼表 4

序號	函數	全微分	函數特徵
①	$x\pm y$	$dx\pm dy$	多項式
②	$x^2\pm y^2$	$xdx\pm ydy$	
③	xy	$ydx+xdy$	
④	x^my^n	$x^{m-1}y^{n-1}[mydx+nxdy]$ [10]	
⑤-1	$\frac{x}{y}$	$\frac{ydx-xdy}{y^2}$	全微分與 $ydx-xdy$ 有關
⑤-2	$\frac{y}{x}$	$-\frac{ydx-xdy}{x^2}$	
⑤-3	$\ln(\frac{x}{y})$	$\frac{ydx-xdy}{xy}$	
⑤-4	$\tan^{-1}(\frac{x}{y})$	$\frac{ydx-xdy}{x^2+y^2}$	

---

10 $mydx+nxdy=\frac{d(x^my^n)}{x^{m-1}y^{n-1}}$

我們在正合 ODE 的章節，便是透過積分因子讓原方程式化成一個全微分，從而找到通解。但若直接透過全微分公式，許多甚至不是線性的 ODE 也可直接求解。以 $(3y^2+3y)dx+(4xy+3x)dy=0$ 爲例，我們將總次數（total degree）相同的多項式合併一起得到：

$$y(3ydx+4xdy)+3(ydx+xdy)=0$$

因此參考表 4 中的公式，此式可化爲

$$\frac{d(x^3y^4)}{x^2y^2}+3d(xy)=0$$

故通分後對等號兩端積分得通解爲 $x^3y^4+x^3y^3=c$。事實上 x^2y^2 便是原式的積分因子，因此全微分公式有時也可幫助我們找到原式的積分因子，但若能化爲全微分，則已無需走回線性化的老路了。

範例 1

$\dfrac{dy}{dx}=\dfrac{x-y}{x+y}$。

解 原式整理得$(xdy+ydx)-xdx+ydy=0$，則由表 4 公式③知 $d(xy)=ydx+xdy$，

故原式等於　$d(xy)-xdx+ydy=0$

兩端積分　$\int d(xy)-\int xdx+\int ydy=\int 0$

得通解爲　$xy-\frac{1}{2}x^2+\frac{1}{2}y^2=c$　Q.E.D.

範例 2

$\cos ydx-2(x-y)\sin ydy-\cos ydy=0$。

解 原式整理得 $\cos y(dx-dy)-2(x-y)\sin ydy=0$，由公式①知 $d(x-y)=dx-dy$，

故原式等於　$\cos yd(x-y)-2(x-y)\sin ydy=0$

兩端積分　$\int\frac{1}{(x-y)}d(x-y)=\int 2\frac{\sin y}{\cos y}dy$

得通解爲　$(x-y)\cos^2 y=c$　Q.E.D.

範例 3

$y' = \dfrac{2 + y\cos(xy)}{-x\cos(xy)}$。

解 原式整理得 $\cos(xy)[xdy + ydx] + 2dx = 0$，由公式③知 $d(xy) = ydx + xdy$，

故原式等於 $\cos(xy)d(xy) + 2dx = 0$

兩端積分 $\int \cos(xy)d(xy) + \int 2dx = \int 0$

得通解為 $\sin(xy) + 2x = c$ Q.E.D.

範例 4

求解 $y' + \dfrac{1}{x}y = 3x^2y^3$。

解 同乘 xdx，則原式可整理為 $xdy + ydx = 3x^3y^3dx$，則由表 4 公式③知

$$d(xy) = 3(x^3y^3)dx$$

兩端積分 $\int \dfrac{1}{x^3y^3} \cdot d(xy) = \int 3dx$

得通解為 $-\dfrac{1}{2}\dfrac{1}{(xy)^2} = 3x + c$ Q.E.D.

範例 5

求解 $y^2 + (x^2 - xy)y' = 0$。

解 將原式整理得 $y(ydx - xdy) + x^2dy = 0$，同除 yx^2 得 $\dfrac{ydx - xdy}{x^2} + \dfrac{1}{y}dy = 0$，現在由表 4 公式⑤-2 得知 $d(\dfrac{y}{x}) = -\dfrac{ydx - xdy}{x^2}$，

因此有 $-d(\dfrac{y}{x}) + \dfrac{1}{y}dy = 0$

兩端積分 $-\int d(\dfrac{y}{x}) + \int \dfrac{1}{y}dy = \int 0$

得通解為 $-\dfrac{y}{x} + \ln|y| = c$ Q.E.D.

範例 6

$(6x^2-3xy)\dfrac{dy}{dx}+9xy-2y^2=0$。

解 原式整理得 $3x(3ydx+2xdy)-y(2ydx+3xdy)=0$，現在，表 4 公式④告訴我們 $\dfrac{d(x^m y^n)}{x^{m-1}y^{n-1}}=(my)dx+(nx)dy$，在這當中令 $m=3$、$n=2$（及 $m=2$、$n=3$）

則公式④整理為　$3\dfrac{d(x^3y^2)}{xy}-\dfrac{d(x^2y^3)}{xy}=0$

同乘(xy)並對等號兩端作積分，

得通解　　$3x^3y^2-x^2y^3=c$

Q.E.D.

1-5-2　一階 ODE 解法整理

前面我們已經學過各種一階 ODE 的解法，簡單的說，便是首先判斷是否線性，若不是線性，再觀察可不可以化成線性（1-1～1-4 節），如果積分因子難找，甚至可以直接以全微分公式求解，則可跳過線性化的過程（1-5 節），我們將這些解法的判讀整理為圖 1-7，幫助大家快速找到適合的方法。

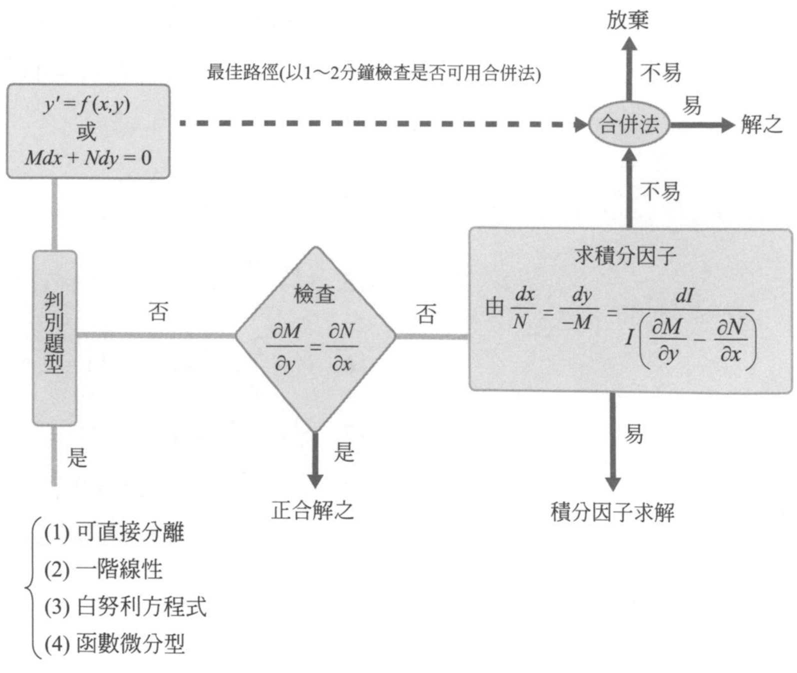

▲圖 1-7　一階一次 ODE 之解法流程圖

1-5 習題演練

基礎題

試利用合併法求解下列 ODE

1. $xdy + ydx = 0$。

2. $xdx + ydy + (x^2 + y^2)dy = 0$。

3. $xdy + ydx - xydy = 0$。

4. $4ydx + 3xdy = 0$。

5. $xy' = x + y$，$y(1) = 1$。

6. $y' + \dfrac{1}{x}y = xy^2$。

7. $xy' + 2y = e^{x^2}$。

8. $xy' + y + 4 = 0$。

9. $(y + x^2)dx - xdy = 0$。

10. $y'[2 - x\cos(xy)] - y\cos(xy) = 0$。

進階題

請利用合併法求解下列 ODE，

1. $x^3y' + 3x^2y + x^2 - 1 = 0$，$y(1) = 1$。

2. $(2x^3 - y^3 - 3x)dx + 3xy^2dy = 0$。

3. $y^2(3ydx - 6xdy) = x(ydx + 2xdy)$。

4. $y' - \dfrac{1}{x}y = x^2 + 2$。

5. $x^3y' = x^2y - y^3$。

6. $xy' = \dfrac{2y^2}{x} + y$。

7. $3x^2y' - y^2 - 3xy = 0$。

8. $(x^2 + 3y^2)dx - 2xydy = 0$。

9. $ye^{xy}\dfrac{dx}{dy} + xe^{xy} = 12y^2$，$y(0) = -1$。

10. $(3x^2 - y^2)y' - 2xy = 0$。

11. $y = (y^4 + 3x)y'$。

12. $(2y^2 - 6xy)dx + (3xy - 4x^2)dy = 0$。

13. $y' - 2xy = x^2 + y^2$。

14. $xy' - y = \dfrac{y}{\ln y - \ln x}$。

15. $y' + \dfrac{y}{x} = (\ln x)\cdot y^2$，$y(1) = 1$。

16. $y' - \dfrac{2}{x}y = 4x$，$y(1) = 2$。

17. $x^2y' - xy = y^3$。

18. $1 + x^2y^2 + y + xy' = 0$。

19. $(x^2 + y^2 + x)dx + xydy = 0$。

20. $y' - \dfrac{y}{x} = x^3y^2$。

21. $x\cdot\dfrac{dy}{dx} - y = \dfrac{x^3}{y}\cdot e^{\frac{y}{x}}$。

1-6 工程上常見一階 ODE 之應用

ODE 本就起源於現實生活中的問題，本節以若干實際生活或物理系統中的建模來展示 ODE 的由來，並透過求解對應的 ODE 回頭來解釋當初的物理、工程、或幾何現象。

1. 正交曲線圖（Orthogonal trajectories）

考慮函數 $F(x, y) = c$，他的圖形是平面上的一群曲線族，而當 c 在變動時，便會產生不同的曲線，如圖 1-8 所示。我們想問的是要如何求出他的正交曲線族？

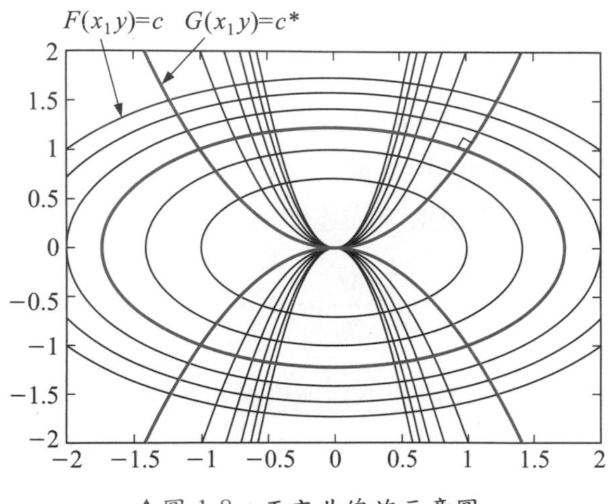

▲圖 1-8　正交曲線族示意圖

首先，我們知道兩垂直直線相乘斜率為−1，因此我們只要先求出 F 的切線斜率，便可依此來列出方程式並求解。在 $F(x, y) = c$ 兩端對 x 微分得 $\frac{\partial F}{\partial x}+\frac{\partial F}{\partial y}\frac{dy}{dx}=0$，故

$\frac{dy}{dx}=-\frac{\frac{\partial F}{\partial x}}{\frac{\partial F}{\partial y}}$ 為 $F(x, y) = c$ 的切線斜率。故正交曲線的斜率為

$$\frac{dy}{dx}=+\frac{F_y}{F_x}$$

求解此 ODE 即可得正交曲線族。常見的正交曲線工程問題，例如：我們在 1-1 節中所說的電磁學中電力線與等電位線會呈現正交曲線族等相關問題。見如下範例

範例 1

求 $x^2+2xy-y^2+4x-4y=c$ 的正交曲線族，並驗證此正交曲線爲雙曲線[11]。

解 令 $F(x,y)=x^2+2xy-y^2+4x-4y$，

得正交曲線斜率 $\dfrac{dy}{dx}=\dfrac{F_y}{F_x}=\dfrac{2x-2y-4}{2x+2y+4}$

整理得 $(2x+2y+4)dy=(2x-2y-4)dx$，利用前面所介紹的解法

得通解 $x^2-2xy-y^2-4x-4y=k$。

由圓錐曲線判別式 $(-2)^2-4\cdot 1(-1)=8>0$ 知圖形爲雙曲線。 Q.E.D.

2. **碳的年代判別（Radiocarbon dating）**

科學家發現，C^{14} 質量的衰減率與質量大小成正比，表示 C^{14} 的質量 $M(t)$ 與其變化率的比值爲一個固定的常數，以 ODE 來表達即爲

$$\frac{dM}{dt}=-\alpha M$$

其中 α 爲比例常數。例如，可據此來判斷恐龍的年代。

---

[11] 在圓錐曲線 $Ax^2+Bxy+Cy^2+Dx+Ey+F=0$ 中，可根據 $\Delta=B^2-4AC$ 的值來判斷圖形：(1) $\Delta>0$ 雙曲線 (2) $\Delta=0$ 拋物線 (3) $\Delta<0$ 橢圓

範例 2

侏羅紀中恐龍用 C^{14} 來推估其年紀，若已知一恐龍的 C^{14} 僅剩下當初的 $\frac{1}{2000}$，試問恐龍的年紀約是多少？（C^{14} 的半衰期爲 5000 年）。

解 設 C^{14} 的質量 $M(t)$，則 $\frac{dM}{dt}=-\alpha M$，利用前面一階 ODE 解法得 $M(t)=ke^{-\alpha t}$。

設初始質量 $M(0)=M_0$，則代入初始條件 $M(0)=M_0$，告訴我們 $k=M_0$，即 $M(t)=M_0e^{-\alpha t}$，由 C^{14} 的半衰期爲 5000 年得知：$M(5000)=\frac{1}{2}M_0$，

即　$\frac{1}{2}M_0=M_0e^{-5000\alpha}$

解得　$\alpha=\frac{\ln 2}{5000}$

並得 $M(t)$ 公式　$M(t)=M_0\cdot\exp[-\frac{\ln 2}{5000}t]$

由題意知　$\frac{1}{2000}M_0=M_0\cdot\exp[-\frac{\ln 2}{5000}t]$

解得此恐龍約生活在距今 54829 年。　Q.E.D.

3. **濃度的混合（Mixing Problem）**

如圖 1-9 所示。若在一個均勻混合的溶液中，同時有部分溶液流出與流入容器，則溶質的變化率 = 流入率-流出率，我們現在設法寫下此現象的模型。假設一容器內裝有 T_0 公升濃度爲 C_0（kg/ℓ）的鹽水，現以每分鐘 V_i 公升，濃度爲 C_i（kg/ℓ）的鹽水注入容器內，充分混合後，並以每分鐘 V_0 公升的速度自容器中抽出，假設容器內剩下的鹽含量爲 $x(t)$，我們知道，濃度爲鹽含量與體積的比值故我們可列式如下：

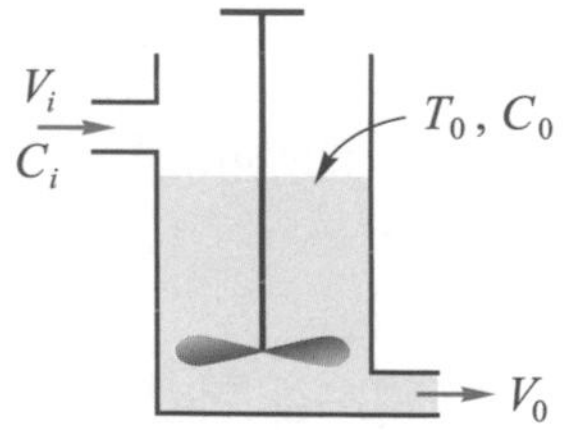

▲圖 1-9　溶液攪拌槽

$$\frac{dx}{dt}=\text{Input rate}-\text{Output rate}=V_iC_i-\frac{V_ox}{(T_0+(V_i-V_o)t)}$$

且 $x(0)=T_0\cdot C_0$，解上式 ODE 即可求出 $x(t)$。

範例 3

兩種不同濃度食鹽水的混合問題中，混合器中食鹽的總量可以用一階 ODE 來描述。有一混合容器內含 300 gal 的食鹽水，且有每分鐘 3 gal 的另一食鹽水被注入此混合容器中，經由充分混合後以相同的速率流出此混合容器。

(1) 若流入此混合容器之溶液濃度為 2 lb/gal，請建立混合容器內食鹽含量在任一時間之模型。

(2) 假設一開始有 60 lb 的食鹽溶在初始 300 gal 的混合容器中，則在經過很長的時間之後，此混合容器內有多少食鹽？

解 (1) 設時間 t 時，桶內的含鹽量為 $x(t)$，

故 $$\frac{dx}{dt}=2\times 3-\frac{x(t)}{300}\times 3$$

即 $$\frac{dx}{dt}+\frac{1}{100}x(t)=6$$

(2) 鹽含量 $x(t)$與時間的關聯在求解上式後即可得知，由線性 ODE 的解法（積分因子 $I(t)=e^{\frac{t}{100}}$）

得通解為 $x(t) = 600 + ce^{-t/100}$，

由初始條件 $x(0) = 60 = 600 + c$ 得 $c = -540$，

因此 $$x(t) = 600 - 540e^{-t/100}$$

且 $$\lim_{t\to\infty} x(t)=600$$

即時間很長時，桶內含鹽量為 600 lb。 Q.E.D.

4. **物體冷卻問題（Law of cooling）**

要了解流體溫度對其所接觸的物體溫度之影響，可採用牛頓發現的**牛頓冷卻定律**（Newton's law of cooling），即一物體之溫度變化率與該物體的瞬時溫度和物體所接觸的流體溫度之差成正比。若我們用數學符號來表達這個現象，設物體在時間 t 時的溫度為 T，而且在 $t=0$ 時，物體的溫度為 T_1，流體（一般為空氣）之溫度為 T_0，故由牛頓冷卻定律可得物體溫度變化與時間的關係為

$$\frac{dT}{dt}=k(T-T_0)$$

其中 k 為比例常數且 $T(0) = T_1$。

範例 4

有一個蛋糕剛從烤箱中拿出來時的溫度是 300°F，三分鐘後溫度變成 200°F，當時的室溫是 70°F。請問需要多久（從烤箱中拿出來時開始算起），蛋糕的溫度會降到最接近 70.5°F。

解 設在時間 t 時蛋糕的溫度為 T，

由牛頓冷卻定律知 $\frac{dT}{dt}=k(T-70)$（k 為常數）

分離變數可得 $\int\frac{dT}{T-70}=\int kdt$

得通解為 $T(t)=70+ce^{kt}$

現由已知條件：

① $t=0$ 時，$T(0)=300$，解得 $c=230$，即 $T(t)=70+230e^{kt}$

② $t=3$ 時，$T(3)=200$，解得 $e^k=(\frac{130}{230})^{\frac{1}{3}}$

故得溫度與時間關係為 $T(t)=70+230(\frac{130}{230})^{\frac{1}{3}t}$，令 $70.5=70+230(\frac{130}{230})^{\frac{t}{3}}$，

解得 $t\approx 32.238$ 分時

此時蛋糕溫度最接近 70.5°F。 Q.E.D.

5. **一階電路問題（First order circuit）**

首先我們介紹幾個常見的電路元件的電壓降單位（Voltage drop）

(1) **電阻（resistor）**

$ER=RI$（R 為電阻，單位 ohms；I 為電流，單位 ampere）

(2) **電感（inductance）**

$E_L=L\frac{dI}{dt}$（L 為電感，單位 henrys）。

(3) **電容（capacitance）**

$E_C=\frac{1}{C}Q=\frac{1}{C}\int_0^t I(\tau)d\tau$

其中 Q 為電荷量（單位 coulombs）；C 為電容（單位 farads）。

6. 電路的性質

則根據**克希荷夫電壓定律**（Kirchhoff's voltage law），我們知道在封閉迴路之電壓降總和爲 0，則可得下列關係：

(1) 在 RL（如圖 1-10）電路中，電流與時間的關係滿足：

$$L\frac{dI}{dt}+RI=E(t)$$

(2) 在 RC 電路中（如圖 1-11），電流與電容的關係滿足：

$$RI+\frac{1}{C}\int_0^t I(\tau)d\tau=E(t) \text{ 或 } R\frac{dI}{dt}+\frac{1}{C}I=\frac{dE}{dt}$$

在上面三個方程式中，$E(t)$代表電動勢。

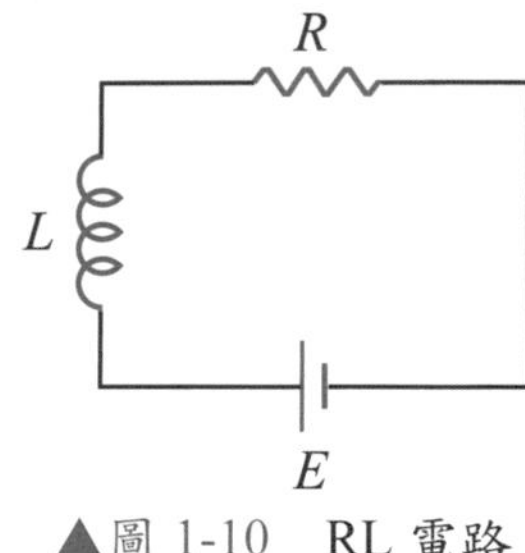

▲圖 1-10 RL 電路

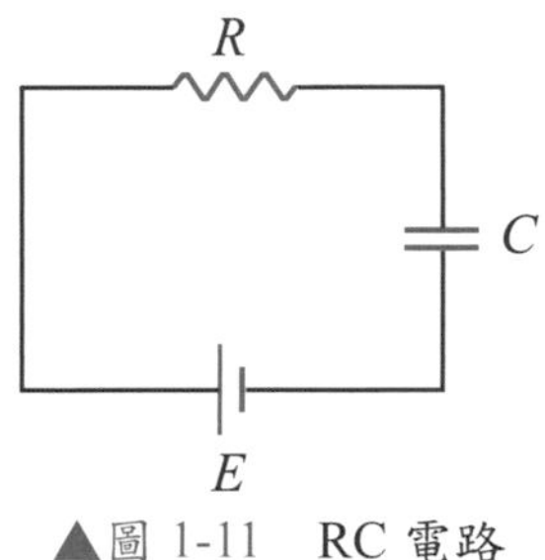

▲圖 1-11 RC 電路

範例 5

有一單迴路之封閉 RL 電路，其中 $R=10\Omega$、$L=2\text{H}$ 且供電電源爲 100V，若初始電流爲 0，請求在 $t=0.2$ 秒之電流？

解 由克希荷夫電壓定律可知 $2\frac{dI}{dt}+10I=100$ 且 $I(0)=0$，

上式爲一階線性 ODE，其積分因子爲 e^{5t}，

所以 $e^{5t}\frac{dI}{dt}+5e^{5t}I=50e^{5t}$ 爲正合，

即 $e^{5t}I=\int 50e^{5t}dt+k$，由 $I(0)=0$ 可得 $k=-10$，

所以 $I(t)=10-10e^{-5t}$，

則 $I(0.2)=10-10e^{-1}$ 爲在 $t=0.2$ 時的電流。 Q.E.D.

1-6 習題演練

基礎題

1. 已知一曲線的斜率爲 $x+1$，且通過 $(2, 5)$，求該曲線。
2. 已知一個曲線族爲 $x^2+y^2=c$，求其正交曲線族。
3. 設 $F(x, y, a)=0$、$G(x, y, b)=0$ 爲二組相互正交之曲線，若 $F(x, y, a)=x^2-y^2-a^2$，求 $G(x, y, b)=$？
4. 一水槽中裝有 200 公升含鹽之水溶液，鹽之濃度爲 1.0 克／公升，現以每分鐘 2 公升之速率加入清水，同時水槽亦以同樣之速率排水，假設在加水及排水的過程中水溶液皆均勻攪拌，請問使水溶液鹽之濃度成爲原來的 1%所需時間？
5. 物理學指出電力線與其等電位線互爲正交曲線，今有等強度之兩異號點電荷分別位於$(-1, 0)$及$(1, 0)$，實驗證實此兩電荷在其周遭所建立之電場電力線方程式爲 $x^2+(y-c)^2=1+c^2$（c 爲常數）。試求其等電位線曲線之方程式。

進階題

1. 求曲線族 $x^2+y^2=cx$ 之正交曲線族，其中 c 爲常數。
2. 求曲線族 $x^2+cy^2=4$ 之正交曲線族，其中 c 爲常數。
3. 求曲線族 $F(x, y, k)=2x^2-3y=k$ 正交曲線族，其中 k 爲常數。
4. 有一單迴路之封閉 RC 電路，其中 $R=10\Omega$、$C=10^{-3}\text{F}$ 且供電電源爲 100 V，若初始電流爲 5，且電容器之電量爲 $q(t)$，若 $i(t)=\dfrac{dq(t)}{dt}$，請求該電路任意時間之電流？
5. 實驗證實一物體的溫度之時間變化率與當時該物體溫度和其周遭環境溫度之差成正比（忽略物體之溫度梯度效應）。今有一試樣由 1000℃直接置於 25℃之大氣冷卻，一小時後測得試樣溫度爲 80℃。
   (1) 試根據題意設各變數，並賦予各變數（及常數）之物理意義，註明其單位。
   (2) 依題意列出該試樣冷卻行爲之微分方程式，並解之。
   (3) 試由解函數求試樣冷卻至 25℃（以 25.01℃計算）所需時間。
6. 有一個化石骨頭，其 C_{14} 含量是原始含量的千分之一，請問此化石年代爲多久？（已知 C_{14} 半衰期 5600 年）
7. 容量爲 400 加侖之混合容器，其初始裝半滿且有 50 gm 的食鹽溶解其中，若有另一每加侖 2 gm 之溶液以每分鐘 10 加侖之速率注入該混合容器，經充分混合後以每分鐘 4 加侖之速率流出，請問當混合容器內之溶液溢出時，混合容器內食鹽量是多少？

NOTE

高階線性常微分方程

範例影音

尤拉
（Euler, 1707～1783，瑞士）

尤拉是 18 世紀最傑出的數學家之一，不僅在曲面幾何上有很大貢獻，在微分方程、力學、數論、代數、初等函數與複變函數均有影響深遠的工作。而尤拉是第一個系統化研究高階微分方程的人，並提出了特性方程式（characteristic equation），從根本上提供了線性微分方程解的一般形式。

學習目標

2-1 基本理論

2-1-1－學會使用微分算子
2-1-2－學會使用 Wronskian 行列式
2-1-3－學會求解正規 ODE

2-2 降階法求解二階齊性ODE

不分節－掌握降階法

2-3 高階ODE齊性解

2-3-1－學會使用特性方程式求齊性解

2-4 待定係數法求特解

2-4-1－了解待定係數法的假設原則
2-4-2－從範例掌握待定係數法的使用

2-5 參數變異法求特解

不分節－掌握參數變異法求特解

2-6 逆運算子法求特解

2-6-1－認識逆運算子
2-6-2－掌握常用逆運算子的公式與應用

2-7 等維線性ODE

2-7-1－學會求解尤拉-柯西等維 ODE
2-7-2－學會求解雷建德等維 ODE

2-8 高階ODE在工程上的應用

2-8-1－掌握「質量-阻尼-彈簧」系統的建模與求解
2-8-2－掌握單（多）迴路電路系統的建模與求解
2-8-3－掌握具有回授之溶液混合系統的建模與求解

在本書的第一章中我們已經討論了一階 ODE 之解法及其在工程上之應用，然而在物理系統中，包括：質量－彈簧－阻尼系統、RLC 電路、具有回授之溶液攪拌混合、樑的變形等問題，均需要更高階的微分方程式才能描述，所以本章節將介紹高階線性 ODE 之解法，並利用它來解決一些常見的工程問題。**由於高階線性 ODE 的求解，需要用到比較多的理論，如果讀者是以求解爲目標，則可以忽略 2-1 節與 2-2 節，直接進入 2-3 節，直接學習如何求解高階線性 ODE。**

2-1 基本理論

高階 ODE 中包含了高階線性與高階非線性，然而大部分的高階非線性問題都要使用數値方法與模擬軟體（如：Matlab、Mathematica）才有辦法求解，而且其動態行爲與現象相當複雜，甚至可能出現混沌現象（Chaos），其是一門相當複雜的科學。所以本章節只針對工程上很多理想化的物理系統進行研究，其方程式絕大部分都可以簡化成高階線性 ODE。在此將先研究高階線性 ODE 其解的形式，考慮如何利用線性獨立解來形成其解空間，如何求解線性齊性與線性非齊性 ODE 等。我們將具有如下形式的 ODE 稱爲高階線性 ODE：

$$a_n(x)y^{(n)} + a_{n-1}(x)y^{(n-1)} + \cdots + a_1(x)y' + a_0(x)y = R(x)$$

而它的求解，不再像一階 ODE 那樣可以用許多的微積分技巧來處理（例如化成全微分形式等等），因此我們需要轉而用一點抽象的方法來詮釋高階 ODE：「算子」

從前在學微積分時，我們知道微分對加減乘除是具有分配律的，換句話說，若對任意一個常數 c 而言，我們都有

$$\frac{d}{dx}[f(x) \pm cg(x)] = \frac{d}{dx}f(x) \pm c\frac{d}{dx}g(x)$$

若是抽離一點來看，$\frac{d}{dx}$ 便像是一個在函數空間上的「作用」一般，爲方便使用，定義 $D = \frac{d}{dx}$。我們把這樣的觀念稱爲「算子」，更進一步的，我們若以第一章中的一階 ODE 來看，$\frac{d}{dx}y + P(x)y = Q(x)$ 也可以看做是 $\frac{d}{dx} + P(x) = D + P(x)$ 作用在 y 上得到 $Q(x)$。接下來我們進一步將這觀念抽象化並應用到高階 ODE 的求解上。

2-1-1 微分算子

定義 2-1-1 n 階線性微分運算子

我們將如下一連串同時包含微分 $\frac{d^i}{dx^i}$ 與乘上函數 $a_i(x)$的表達式稱爲 n 階線性微分運算子 $a_n(x)\frac{d^n}{dx^n}+a_{n-1}(x)\frac{d^{n-1}}{dx^{n-1}}+\cdots+a_1(x)\frac{d}{dx}+a_0(x)$

上面的算子我們用符號 $L(D)$來表示，其中 $D=\frac{d}{dx}$ 、 $D^2=\frac{d^2}{dx^2}$ 、⋯、 $D^n=\frac{d^n}{dx^n}$ ，你可以將第一章中任何的線性 ODE 都改寫成引言中的例子的樣子，事實上，高階線性 ODE 可以直接用 $L(D)y=R(x)$來表示。在這裡，我們要特別區分：

1. $R(x)=0$
   原式 $L(D)y=0$ 稱爲**齊次**或**齊性**（Homogeneous）

2. $R(x)\neq 0$
   原式 $L(D)y=R(x)$稱爲**非齊次**或**非齊性**（Non-Homogeneous）

這與之後的求解有關連，此處讀者先建立觀念：齊次是解決非齊次的基石。

範例 1

請將下列 ODE 改寫成 $L(D)y=R(x)$之微分運算子形式，其中 $D=\frac{d}{dx}$ ，

(1) $y''-3y'+2y=0$ 。

(2) $5y'''+2y''-3y'+2y=5\sin x$ 。

(3) $x^2y''-3xy'+2y=0$ 。

(4) $(x+1)^2y''-3(x+1)y'+2y=5(x+1)$ 。

解 (1) $y''-3y'+2y=(D^2-3D+2)y$ ；二階線性齊次常係數 ODE。

(2) $5y'''+2y''-3y'+2y=(5D^3+2D^2-3D+2)y=5\sin x$ ；三階線性非齊次常係數 ODE。

(3) $x^2y''-3xy'+2y=(x^2D^2-3xD+2)y=0$ ；二階線性齊次變係數 ODE。

(4) $[(x+1)^2D^2-3(x+1)D+2]y=5(x+1)$ ；二階非齊性線性變係數 ODE。 Q.E.D.

2-1-2　函數的線性獨立（Linear independence)與線性相依 (Linear dependence)

回想高中在學直角坐標時，R^3 上任一坐標軸的向量並無法被其他軸的向量所取代，例如 x 軸上 $i = (0, 0, 1)$無法用 y 軸上 $j = (0, 1, 0)$所取代，這種無法被取代的特性，便是我們要談的「線性獨立」(反之則稱爲「線性相依」)。事實上，函數之間也存在這種關係。在 ODE 求解之前，我們先談談函數的獨立與相依，這將幫助我們瞭解齊次 ODE 的解空間。在本章我們先以函數來定義線性相依或獨立，抽象的定義到線性代數的章節我們再深究。

定義 2-1-2　函數的線性獨立與線性相依

設 $S = \{u_1, u_2, \cdots, u_n\}$爲定義在區間 I 上的函數集合，

(1) 若 S 中的某一個函數 u_k 可以用其他$(n-1)$個函數的線性組合來表示，
則稱 $S = \{u_1, u_2, \cdots, u_n\}$在區間 I 上爲線性相依（Linear Dependence）。

(2) 若 S 中的任意函數 u_k 都無法用其他$(n-1)$個函數來表示，
則稱 $S = \{u_1, u_2, \cdots, u_n\}$在區間內爲線性獨立（Linear Independece）。

用線性組合的符號，上述定義等價於下面這個定義的形式，事實上，這也是我們比較常使用的操作型定義。

定義 2-1-3　函數的線性獨立與線性相依

設 $S = \{u_1, u_2, \cdots, u_n\}$定義在區間 I 上的函數集合，若線性組合 $c_1u_1 + c_2u_2 + \cdots + c_nu_n$（稱①式）是零函數時，即 $c_1u_1 + c_2u_2 + \cdots + c_nu_n = 0$，我們有 $c_1 = c_2 = c_3 = \cdots = c_n = 0$，則稱 S 在 I 上爲線性獨立（Linear Independece）；反之，若存在一個 $c_i \neq 0$ 也可使①式爲零函數，則稱 S 在 I 上爲線性相依（Linear Dependence）。

範例 2

請判別下列函數集合爲線性獨立或線性相依。

(1) $S=\{x, x^2\}$，$x\in[0,\infty)$。

(2) $S=\{1, x, 2x+1\}$，$x\in[0,\infty)$。

解 (1) 令 $u_1(x)=x$、$u_2(x)=x^2$，$x\in[0,\infty)$，若 $c_1x+c_2x^2=0$（零函數），

則分別代入 $x=1$、$x=2$，後解聯立方程式可得 $c_1=c_2=0$

$\therefore\{x, x^2\}$ 在 $[0,\infty)$ 爲線性獨立。

(2) 令 $u_1(x)=1$、$u_2(x)=x$、$u_3(x)=2x+1$，$x\in[0,\infty)$

若 $c_1\cdot 1+c_2x+c_3(2x+1)=0\Rightarrow(c_1+c_3)+(c_2+2c_3)x=0$（零函數）

我們知道唯一的線性函數同時爲零函數只有 $f(x)=0$，

所以 $c_1=-c_3$、$c_2=-2c_3$，可得 c_1、c_2、c_3 不須全爲零，

可取 $c_1=-c_3=-1$、$c_2=-2$、$c_3=1$，$\therefore\{1, x, 2x+1\}$ 在 $[0,\infty)$ 爲線性相依。Q.E.D.

由上述範例可以發現，在 $S=\{x, x^2\}$ 中，函數 x 無法用 x^2 線性組合表示，x^2 亦無法用 x 的線性組合來表示。而在 $S=\{1, x, 2x+1\}$ 中，可發現函數 $2x+1$ 可用 1 與 x 的線性組合表示，所以其驗證了定義中有關線性獨立與線性相依的定義。

然而並不是所有的函數集合都像上述範例那樣容易判斷彼此相依或獨立，在較爲複雜的情況，不太可能使用原始定義，我們在這裡不妨借用一點矩陣的想法。首先在某點 $x=a$ 上對線性組合 $c_1u_1+c_2u_2+\cdots+c_nu_n=0$ 微分 $n-1$ 次，會得到如下方程組（稱爲方程組②）

$$\begin{bmatrix} u_1(a) & u_2(a) & \cdots & u_n(a) \\ u_1'(a) & u_2'(a) & \cdots & u_n'(a) \\ \vdots & & & \\ u_1^{(n-1)}(a) & u_2^{(n-1)}(a) & \cdots & u_n^{(n-1)}(a) \end{bmatrix}\begin{bmatrix} c_1 \\ c_2 \\ \vdots \\ c_n \end{bmatrix}=\begin{bmatrix} 0 \\ 0 \\ \vdots \\ 0 \end{bmatrix} \quad \cdots②$$

在往後線性代數的章節會看到，在一個齊次聯立方程組 $AX=0$ 中，其中 $\boldsymbol{X}=\begin{bmatrix} c_1 \\ c_2 \\ \vdots \\ c_n \end{bmatrix}$，若係數矩陣 A 的行列式不爲零，則 $X=0$。這等於告訴我們函數集合 $\{u_1, u_2, \cdots, u_n\}$ 線性獨立；反之，若函數集合 $\{u_1, u_2, \cdots, u_n\}$ 線性相依，則方程組②的係數矩陣行列式爲零。因此我們得到如下的重要工具，稱爲 Wronskian 行列式，利用它判斷一組函數線性相依或獨立，會遠比使用原始定義來的方便。

定義 2-1-4　Wronskian 行列式

設 $S = \{u_1, u_2, \cdots, u_n\}$為定義在$[a, b]$上的函數集合，若所有的函數皆可微分至少 $n-1$ 次，則我們稱行列式

$$\begin{vmatrix} u_1 & u_2 & \cdots & u_n \\ u_1' & u_2' & \cdots & u_n' \\ \vdots & & & \\ u_1^{(n-1)} & u_2^{(n-1)} & \cdots & u_n^{(n-1)} \end{vmatrix}$$

為函數集合 S 的 Wronskian 行列式，並以符號 $W(u_1, u_2, \cdots, u_n)$表示。

注意在上述定義 2-1-4 中，$W(u_1, u_2, \cdots, u_n)$是一個函數，因此

$$W(u_1, u_2, \cdots, u_n)(x) = \det\begin{bmatrix} u_1(x) & u_2(x) & \cdots & u_n(x) \\ u_1'(x) & u_2'(x) & \cdots & u_n'(v) \\ \vdots & \vdots & \ddots & \vdots \\ u_1^{(n-1)}(x) & u_2^{(n-1)}(x) & \cdots & u_n^{(n-1)}(x) \end{bmatrix}$$

$$= \begin{vmatrix} u_1(x) & \cdots & u_n(x) \\ u_1'(x) & \cdots & u_n'(x) \\ \vdots & \ddots & \vdots \\ u_1^{(n-1)}(x) & \cdots & u_n^{(n-1)}(x) \end{vmatrix}$$

定理 2-1-1　Wronskian 行列式與線性獨立或線性相依的關係

延續定義 2-1-4 中的符號

① 若存在 $x \in [a,b]$ 使得 $W(u_1, u_2, \cdots, u_n)(x) \neq 0$，則 $S = \{u_1, u_2, \cdots, u_n\}$線性獨立。

② 若 $S = \{u_1, u_2, \cdots, u_n\}$在區間$[a, b]$上線性相依，則 $W(u_1, u_2, \cdots, u_n) = 0$。

我們可以利用這個定理來檢查函數集合 $S = \{1, x, x^2\}$在 $0 \le x < \infty$的獨立性。由

$W(1,x,x^2) = \begin{vmatrix} 1 & x & x^2 \\ 0 & 1 & 2x \\ 0 & 0 & 2 \end{vmatrix} = 2 \neq 0$，故由定理 2-1-1 可知 S 為線性獨立集合。

範例 3

求 $y_1 = e^{-x}\cos wx$ 與 $y_2 = e^{-x}\sin wx$ 之 Wronskian 行列式，並且討論 y_1 與 y_2 是否線性獨立？

解 這裡自然假設 $w \neq 0$，則對所有 $x \in \mathrm{R}$ 而言，我們有

$$W(y_1, y_2) = \begin{vmatrix} y_1 & y_2 \\ y_1' & y_2' \end{vmatrix}$$

$$= \begin{vmatrix} e^{-x}\cos wx & e^{-x}\sin wx \\ (-e^{-x}\cos wx - we^{-x}\sin wx) & (-e^{-x}\sin wx + we^{-x}\cos wx) \end{vmatrix}$$

$$= w \cdot e^{-2x} \neq 0 \text{，}$$

由定理 2-1-1①知 $\{y_1, y_2\}$ 線性獨立。 Q.E.D.

範例 4

下列各函數在所示區間內爲線性相依或線性獨立？並說明原因。

(1) e^{2x}、e^{-2x}（$-\infty < x < \infty$）

(2) $x+1$、$x-1$（$0 < x < 1$）

(3) $\ln x$、$\ln x^2$（$x > 0$）

解 (1) 對所有 $x \in \mathrm{R}$ 而言，$W(e^{2x}, e^{-2x}) = \begin{vmatrix} e^{2x} & e^{-2x} \\ 2e^{2x} & -2e^{-2x} \end{vmatrix} = -4 \neq 0$，

故由定理 2-1-1 知 $\{e^{2x}, e^{-2x}\}$ 線性獨立。

(2) 同上理由，因 $W(x+1, x-1) = \begin{vmatrix} x+1 & x-1 \\ 1 & 1 \end{vmatrix} = 2 \neq 0$，

故由定理 2-1-1 知 $\{x+1, x-1\}$ 線性獨立。

(3) 因 $\ln x^2 = 2\ln x$，故 $\ln x$、$\ln x^2$ 在 $x > 0$ 爲線性相依。 Q.E.D.

2-1-3 正規 ODE（Normal ODE）之解

n 階線性 ODE 的解會跟其係數函數 $a_i(x)$，$i = 0, 1, 2, \cdots, n$ 有很大的關係，其甚至會發生無解或解不唯一的特殊情形，但這些在實際工程上並不常見，在此我們從解的特性較爲單純的情況開始，此情況下之 ODE 的解存在且唯一。

定義 2-1-5　正規 ODE

若在 n 階線性 ODE　$a_n(x)y^{(n)}+a_{n-1}(x)y^{(n-1)}+\cdots+a_1(x)y'+a_0(x)y=R(x)$ 中，變係數 $a_n(x)$、$a_{n-1}(x)$、⋯、$a_1(x)$、$a_0(x)$，$R(x)$ 皆爲在 I 上的連續函數，則稱此 ODE 爲正規（Normal）。

舉例而言 $y''+2y'+y=\sin x$，$-\infty<x<\infty$ 爲正規 ODE。而在 $y''+\frac{2}{x}y'+y=\sin x$，$-\infty<x<\infty$ 則非正規（因在原點 $x=0$ 處 $\frac{2}{x}$ 不連續）。

範例 5

正規 ODE　$y''+xy=0$ 之兩個解可以寫成級數形式如下：

$y_1=1-\frac{1}{6}x^3+\frac{1}{180}x^6-\frac{1}{12960}x^9+\cdots$，

$y_2=x-\frac{1}{12}x^4+\frac{1}{504}x^7-\frac{1}{45360}x^{10}+\cdots$，

請判別此 ODE 爲正規 ODE，並驗證此兩解爲線性獨立。

解 本題中 $a_2(x)=1$、$a_1(x)=0$、$a_0(x)=x$ 在區間 $-\infty<x<\infty$ 爲連續函數，故 $y''+xy=0$ 爲正規 ODE，又

$$W(y_1,y_2)(0)=\begin{vmatrix} y_1 & y_2 \\ y_1' & y_2' \end{vmatrix}(0)=\begin{vmatrix} 1-\frac{1}{6}x^3+\cdots & x-\frac{1}{12}x^4+\cdots \\ -\frac{1}{2}x^2+\cdots & 1-\frac{1}{3}x^3+\cdots \end{vmatrix}(0)=\begin{vmatrix} 1 & 0 \\ 0 & 1 \end{vmatrix}=1\neq 0$$

因此由定理 2-1-1 知，$\{y_1,y_2\}$ 線性獨立。　Q.E.D.

如同在本章開頭所言，齊性方程是解非齊性方程的基石，其實，這個觀念在第一章你已經遇過，考慮一階 ODE

$$(\frac{d}{dx}+1)y(x)=\frac{d}{dx}y(x)+y(x)=r(x)$$

試想在你還不知道積分因子時，簡化此問題最直接的方式就是假設 $r(x)=0$（齊次方程），原式變成一個可以用微積分基本定理回答的問題。如果現在 $r(x)\neq 0$，那很自然先將齊性解 $u(x)$（滿足 $\frac{d}{dx}u+u=0$）做平移：$u(x)+p(x)$，代入原方程得到 $\frac{d}{dx}p(x)+p(x)=r(x)$，換句話說，只要能先求得原方程的一個特解 $p(x)$，那麼加上齊性解，便是原方程的一大類解了。接下來我們將此想法實現在高階的情況，從齊性解開始。

定理 2-1-2　齊性 ODE 的解空間

若 $a_n(x)y^{(n)}+a_{n-1}y^{(n-1)}+\cdots+a_1(x)y'+a_0(x)y=0$ 爲一正規 ODE，且 $y_1(x), y_2(x),\cdots, y_n(x)$ 爲其 n 個線性獨立解，則通解(general solution)爲齊性解的線性組合

$$y(x)=c_1y_1(x)+c_2y_2(x)+\cdots+c_ny_n(x)$$

此通解所成的集合亦稱爲該齊性 ODE 的解空間（solution space）。

範例 6

請檢查 e^{-x} 與 e^{-2x} 爲 ODE　$y''+3y'+2y=0$ 之解，並確定其是否爲該 ODE 之線性獨立解？若是，請寫出此 ODE 的通解。

解 兩指數函數分別代入可驗證均爲解。現由 Wronskian 行列式

$$W(y_1,y_2)=\begin{vmatrix} y_1 & y_2 \\ y_1' & y_2' \end{vmatrix}=\begin{vmatrix} e^{-x} & e^{-2x} \\ -e^{-x} & -2e^{-2x} \end{vmatrix}=-e^{-3x}\neq 0 \text{（對所有 } x\in \mathrm{R}\text{）}$$

知 $\{e^{-x}, e^{-2x}\}$ 線性獨立。故由定理 2-1-2

得通解爲　$y(x)=c_1e^{-x}+c_2e^{-2x}$　Q.E.D.

範例 7

請檢查 e^{-x} 與 xe^{-x} 爲 ODE　$y''+2y'+y=0$ 之解，並確定其是否爲該 ODE 之線性獨立解？若是，請寫出此 ODE 的通解。

解 兩函數代入原式後可驗證爲解。現由 Wronskian 行列式

$$W(y_1,y_2)=\begin{vmatrix} y_1 & y_2 \\ y_1' & y_2' \end{vmatrix}=\begin{vmatrix} e^{-x} & xe^{-x} \\ -e^{-x} & e^{-x}-xe^{-x} \end{vmatrix}=e^{-2x}\neq 0 \text{（對所有 } x\in \mathrm{R}\text{）}$$

知 $\{e^{-x}, xe^{-x}\}$ 線性獨立。故由定理 2-1-2

得齊性解　$y(x)=c_1e^{-x}+c_2xe^{-x}$　Q.E.D.

定理 2-1-3　非齊性 ODE 的通解

對於在 $x \in [a,b]$ 爲正規的 n 階線性非齊性方程

$$a_n(x)y^{(n)} + a_{n-1}(x)y^{(n-1)} + \cdots + a_1(x)y' + a_0(x)y = R(x)$$

若 $y_p(x)$ 爲其一特解，且 $y_1(x), y_2(x), \cdots, y_n(x)$ 爲其 n 個線性獨立齊性解，則非齊性 ODE 的通解爲

$$y(x) = c_1y_1(x) + c_2y_2(x) + \cdots + c_ny_n(x) + y_p(x)\text{。}$$

範例 8

給定 ODE　$y'' + y = x$，

(1) 請檢查 x 爲該 ODE 之一特解　(2) 請確定 $c_1\cos x + c_2\sin x$ 爲 ODE 之齊性解

(3) 請寫出此 ODE 的通解。

解 (1) 將 x 代入原 ODE 中滿足，所以 x 爲原非齊性 ODE 之一特解。

(2) 將 $\cos x$、$\sin x$ 代入齊性 ODE $y'' + y = 0$ 中滿足，所以 $\cos x$、$\sin x$ 爲兩個齊性解，

現由 Wronskian 行列式可知　$W(y_1, y_2) = \begin{vmatrix} y_1 & y_2 \\ y_1' & y_2' \end{vmatrix} = \begin{vmatrix} \cos x & \sin x \\ -\sin x & \cos x \end{vmatrix} = 1 \neq 0$

（對所有 $x \in \mathbb{R}$）知，$\{\cos x, \sin x\}$ 線性獨立，故由定理 2-1-2

得齊性解爲　$y(x) = c_1\cos x + c_2\sin x$

(3) 由定理 2-1-3 知　$y = y_h + y_p = c_1\cos x + c_2\sin x + x$ 爲通解。　Q.E.D.

此時，讀者應該會發現，一個高階線性 ODE 能不能順利求解，跟能否找到特解有關，這部分從本章的 2-4～2-6 節有系統化的介紹，但在此處不妨有些嘗試。

重疊原理

延續微分算子的符號，若在 $L(D)y = R(x)$ 中，$R(x) = R_1(x) + R_2(x)$，且 y_{p_1} 爲 $L(D)y = R_1(x)$ 之一特解、y_{p_2} 爲 $L(D)y = R_2(x)$ 之一特解，則 $L(D)y = R(x)$ 之特解爲 $y_p = y_{p_1} + y_{p_2}$。

範例 9

若 $y_{p_1}=-1$ 爲 $y''-y=1$ 之特解且 $y_{p_2}=\frac{1}{3}e^{2x}$ 爲 $y''-y=e^{2x}$ 之一特解，

請驗證 $y_p=y_{p_1}+y_{p_2}=-1+\frac{1}{3}e^{2x}$ 爲 $y''-y=1+e^{2x}$ 之特解。

解 將 y_{p_1} 、 y_{p_2} 分別代入驗證均爲所對應方程的特解。

故由重疊原理得 $y_{p_1}+y_{p_2}=-1+\frac{1}{3}e^{2x}$ 爲原式的特解。 Q.E.D.

2-1 習題演練

基礎題

1. 在下列各小題中，試判斷 $y_1(x)$, $y_2(x)$是否互相線性獨立。

(1) $y_1(x) = x, y_1(x) = 2x$。

(2) $y_1(x) = \sin x, y_2(x) = 3\sin x$。

(3) $y_1(x) = e^x, y_2(x) = e^{2x}$。

在下列各題中，請驗證 $y(x)$為 ODE 的解。

2. $y'' - y = 0$，$y(x) = c_1e^x + c_2e^{-x}$。

3. $y'' + 3y' + 2y = 0$，$y(x) = c_1e^{-x} + c_2e^{-2x}$。

4. $\dfrac{d^2y}{dx^2} + 9y = 0$，$y(x) = c_1\cos 3x + c_2\sin 3x$。

5. $x^2\dfrac{d^2y}{dx^2} - 2x\dfrac{dy}{dx} + 2y = 0$，

$y(x) = c_1x + c_2x^2$。

進階題

1. 假設函數集合$\{y_1(x),\ y_2(x)\}$如下列所示，判斷在怎樣的限制條件下，為線性獨立之函數集合。

(1) e^x、x。(2) x、x^2。(3) $\sin x$、$\cos x$。

(4) x、$\sin x$。(5) $\cos x$、$\cos 3x$。

2. 請證明函數集合$\{1,\ 2x,\ 3x^2\}$為線性獨立。

下列 3～12 題，請驗證 $y(x)$為 ODE 之通解：

3. $\dfrac{d^2y}{dx^2} - 10\dfrac{dy}{dx} + 25y = 0$，

$y(x) = c_1e^{5x} + c_2xe^{5x}$。

4. $y'' - 2y' + 2y = 0$，

$y(x) = e^x(c_1\cos x + c_2\sin x)$。

5. $x^2\dfrac{d^2y}{dx^2} + x\dfrac{dy}{dx} - y = 0$，

$y(x) = c_1x + c_2\dfrac{1}{x}$。

6. $\dfrac{d^2y}{dx^2} - 2\dfrac{dy}{dx} + y = 4e^x$，

$y(x) = c_1e^x + c_2xe^x + 2x^2e^x$。

7. $\dfrac{d^2y}{dx^2} + 4y = -12\sin 2x$，

$y(x) = c_1\cos 2x + c_2\sin 2x + 3x\cos 2x$。

8. $y'' - 2y' + y = 1 + x + e^x$，

$y(x) = c_1e^x + c_2xe^x + \dfrac{1}{2}x^2e^x + x + 3$。

9. $y'' - 3y' = 8e^{3x} + 4\sin x$，

$$y(x) = c_1 + c_2e^{3x} + \frac{8}{3}xe^{3x} + \frac{2}{5}(3\cos x - \sin x)$$ 。

10. $x^2y'' - 2xy' + 2y = 2x^3\cos x$，

$y(x) = c_1x + c_2x^2 - 2x\cos x$。

11. $x^2y'' + 5xy' - 12y = 12\ln x$，

$y(x) = c_1x^{-6} + c_2x^2 - \ln x - \dfrac{1}{3}$。

12. $xy'' - y' = (3 + x)x^2e^x$，

$y(x) = c_1 + c_2x^2 + x^2e^x$。

2-2 降階法求解二階齊性 ODE

除了將原 ODE 簡化為「齊次解、特解」的方法外，對於二階齊性 ODE 我們也可利用降階的方法來求解，此方法歸功於偉大的法國數學家拉格朗日（Joseph Lagrange, 1736 - 1813），所提出的重要高階 ODE 降階求解的重要觀念。底下我們以 $a_2(x)y''+a_1(x)y'+a_0(x)y=0$（二階）降到 $y'+p(x)y=0$（一階）的例子來說明：

定理 2-2-1　已知一齊次解求另一個齊次解

若對二階 ODE $a_2(x)y''+a_1(x)y'+a_0(x)y=0$，已知一齊性解為 $y_1(x)$，則另一線性獨立齊性解為

$$y_2(x)=y_1\int\frac{e^{-\int p(x)dx}}{{y_1}^2}dx$$

證明

回顧在 1-4 節雷卡迪方程的做法，原則上就是將已知的解做平移，而後代入原式作測試。在這裡，我們再一次利用這個方法，只不過這次我們透過「伸縮」來修正已知的解。若 $y_2(x)$是另一個線性獨立的齊性解，則 $\frac{y_2(x)}{y_1(x)}$ 不能是常數，換句話說，存在一個非零函數 $u(x)$使得 $\frac{y_2(x)}{y_1(x)}=u(x)$，

u 可看成是修正 y_1 的伸縮倍率。將 $y_2(x)=y_1(x)u(x)$代入原式並整理

得　　$y_1u''+(2y_1'+p(x)y_1)u'=0$

此處 $p(x)=\frac{a_1(x)}{a_2(x)}$。現在原式已轉為線性方程，只不過是二階，因此令 $z=u'(x)$ 來讓上式降到一階得 $y_1z'+(2y_1'+p(x)y_1)z=0$。從第一章我們已知的線性方程解法

（積分因子 $I={y_1}^2e^{\int p(x)dx}$）得 $u(x)=c\int\frac{e^{-\int p(x)dx}}{{y_1}^2}dx$，即 $y_2(x)=y_1\int\frac{e^{-\int p(x)dx}}{{y_1}^2}dx$

（其中 c 為任意常數，在此取 $c=1$）再由 Wronskian 行列式

可知　　$W(y_1(x),y_2(x))=\begin{vmatrix}y_1 & y_2\\ y_1' & y_2'\end{vmatrix}\neq 0$

所以 $y_1(x)$、$y_2(x)$互為線性獨立，故得證。

範例 1

對 $y''-y=0$，若已知 e^x 爲一齊性解，求此 ODE 之通解。

解 在定理 2-2-1 的公式中，$p_1(x)=0$，

故
$$y_2(x)=y_1\int\frac{e^{-\int p(x)dx}}{y_1^2}dx=e^x\int\frac{e^{-\int 0dx}}{(e^x)^2}dx=e^x\int ce^{-2x}dx=\frac{-k}{2}e^{-x}$$

不妨取 $y_2(x)=e^{-x}$（即取 $k=-2$），

故通解爲　$y(x)=c_1e^x+c_2e^{-x}$　Q.E.D.

範例 2

對 $y''-6y'+9y=0$，若已知 e^{3x} 爲一齊性解，求此 ODE 之通解。

解 在定理 2-2-1 的公式中，$p(x)=-6$，

故
$$y_2(x)=y_1\int\frac{e^{-\int p(x)dx}}{y_1^2}dx=e^{3x}\int\frac{e^{-\int(-6)dx}}{(e^{3x})^2}dx=e^{3x}\int 1dx=xe^{3x}$$

取 $y_2(x)=xe^{3x}$。

故通解爲　$y(x)=c_1e^{3x}+c_2xe^{3x}$　Q.E.D.

範例 3

對 $x^2y''-4xy'+6y=0,\ \forall x>0$，若已知 x^2 爲一齊性解，求此 ODE 之通解。

解 在定理 2-2-1 的公式中，$p(x)=\dfrac{-4x}{x^2}=-\dfrac{4}{x}$，故

$$y_2(x)=y_1\int\frac{e^{-\int p(x)dx}}{y_1^2}dx=x^2\int\frac{e^{-\int(-\frac{4}{x})dx}}{(x^2)^2}dx=x^2\int 1dx=x^3$$

取 $y_2(x)=x^3$。

故通解爲　$y(x)=c_1x^2+c_2x^3$　Q.E.D.

2-2 習題演練

基礎題

下列 ODE 中，若已知 ODE 之一齊性解 $y_1(x)$，求 ODE 之通解

1. $y''+y'-2y=0, y_1(x)=e^x$ 。
2. $y''+3y'+2y=0, y_1(x)=e^{-x}$ 。
3. $y''-4y'+3y=0, y_1(x)=e^x$ 。
4. $y''+y=0, y_1(x)=\cos x$ 。
5. $x^2y''-2xy'+2y=0, y_1(x)=x$ 。

進階題

下列 ODE 中，若已知 ODE 之一齊性解 $y_1(x)$，求 ODE 之通解

1. $y''-4y'+4y=0, y_1(x)=e^{2x}$ 。
2. $y''+6y'+9y=0, y_1(x)=e^{-3x}$ 。
3. $y''+4y=0, y_1(x)=\sin 2x$ 。
4. $x^2y''-3xy'+4y=0, y_1(x)=x^2$ 。
5. $xy''+y'=0, y_1(x)=\ln|x|$ 。

2-3 高階 ODE 齊性解

線性 ODE 包含了常係數與變係數兩大類，其中又以常係數最爲常見，其主要是因爲物理系統中大部分的參數值是不會隨著時間改變的。延續我們在本章開頭的構想，本節先針對齊性常係數方程說明一套系統化的求解方法，從 2-4 到 2-6 節再介紹特解的重要方法，如此一來，我們便得到通解的系統化求解法。

我們從一階開始，整理 $a_1y'+a_0y=0$ 得到 $\int\frac{dy}{y}=\frac{a_0^*}{a_1}\int dx$，因此 $e^{\frac{a_0^*}{a_1}x+\frac{a_0^*}{a_1}c}=y$，換句話說，一階常係數 ODE 的解有如下的形式：

$$y=ke^{mx}$$

在更高階的情況，是否解也具有這種形式呢？下面我們以二階爲例說明

2-3-1 齊性解

在二階方程 $a_2y''+a_1y'+a_0y=0$ 中令 $y(x)=e^{mx}$ 代入，則得 $(a_2m^2+a_1m+a_0)e^{mx}=0$，因爲 $e^{mx}\neq 0$，我們得到

$$f(m):=a_2m^2+a_1m+a_0=0$$

這個一元二次方程式，稱爲輔助方程式（Auxiliary equation）或特性方程式（Characteristic equation）。我們知道一元二次方程式的判別式 $\Delta=a_1^2-4a_0a_2$ 決定解的存在與否，底下我們分開陳述。

1. $\Delta>0$

   此時 $f(m)$恰有兩相異實根，稱 m_1、m_2，考慮 $S=\{e^{m_1x},e^{m_2x}\}$ 上的 Wronskian 行列式，則 $\det\begin{bmatrix} e^{m_1x} & e^{m_2x} \\ m_1e^{m_1x} & m_2e^{m_2x}\end{bmatrix}=(m_2-m_1)e^{m_1x}e^{m_2x}\neq 0$ 故 S 爲線性獨立集合，則由定理 2-1-1 知通解爲

$$y(x)=c_1e^{m_1x}+c_2e^{m_2x}$$

2. $\Delta = 0$

此時$f(m)$有一重覆實根，稱 m_0，則先有一解 $y_1 = e^{m_0 x}$ ，對於另一解，不妨參考 2-1 節中範例 7 的作法，令 $y_2 = xe^{m_0 x}$ ，此時代入原式可驗證確實爲解。再由 Wronskian 行列式得知 $\det\begin{bmatrix} e^{m_0 x} & xe^{m_0 x} \\ m_0 e^{m_0 x} & e^{m_0 x} + m_0 xe^{m_0 x} \end{bmatrix} = e^{2m_0 x} \neq 0$ ，所以 $e^{m_0 x}$ 與 $xe^{m_0 x}$ 線性獨立，故通解爲

$$y(x) = c_1 e^{m_0 x} + c_2 xe^{m_0 x}$$

3. $\Delta < 0$

此時有一對共軛虛根 $m = \alpha \pm i\beta$ ，則將兩根代入 $y = e^{mx}$ 並配合尤拉公式整理得 $y = e^{\alpha x}[a\cos\beta x + b\sin\beta x]$，現在 $\{e^{\alpha x}\cos\beta x, e^{\alpha x} sin\beta x\}$ 上的 Wronskian 行列式告訴我們 $\det\begin{bmatrix} e^{\alpha x}\cos\beta x & e^{\alpha x}\sin\beta x \\ \alpha e^{\alpha x}\cos\beta x - \beta e^{\alpha x}\sin\beta x & \alpha e^{\alpha x}\sin\beta x + \beta e^{\alpha x}\cos\beta x \end{bmatrix} = 2\beta e^{2\alpha x} \neq 0$ ，因此通解爲

$$y(x) = c_1 e^{\alpha x}\cos\beta x + c_2 e^{\alpha x}\sin\beta x$$

三階以上，因爲實根與複數根有可能同時出現，所以這會形成二階所沒有的混合型通解，具體而言，n 階齊性解有如下的結果

定理 2-3-1 高階 ODE 齊性解形式

從特性方程式 $f(x) = a_n x^n + a_{n-1}x^{n-1} + \cdots + a_1 x + a_0$ 解的情形，齊性解有下面四種分類

(1) $f(x)$有 n 個相異實根 m_1、m_2、$\cdots$、m_n。則通解爲

$$y(x) = c_1 e^{m_1 x} + c_2 e^{m_2 x} + \cdots + c_n e^{m_n x}$$

(2) $f(x)$有 k 個相等實根 m。則通解爲

$$y(x) = c_1 \times 1 \cdot e^{mx} + c_2 xe^{mx} + c_3 x^2 e^{mx} + c_4 x^3 e^{mx} + \cdots + c_k x^{k-1} e^{mx}$$

(3) $f(x)$的根全爲共軛複數重根$\alpha \pm i\beta$ 。則通解爲

$$y(x) = e^{\alpha x}[(c_1 + c_2 x + c_3 x^2 + \cdots + c_n x^{n-1})\cos\beta x + (d_1 + d_2 x + d_3 x^2 + \cdots + d_n x^{n-1})\sin\beta x\ ]$$

(4) $f(x)$的根有共軛複數也有實根。則此時通解形式爲(1)(2)(3)三種形式的和。

範例 1

$y''-3y'-4y=0$。

解 令特性方程式

$$f(m)=m^2-3m-4=(m-4)(m+1)=0\text{，}$$

$\therefore m=4,-1$，故由定理 2-3-1 論述中 1 的情況知

通解爲　$y(x)=c_1e^{4x}+c_2e^{-x}$。

Q.E.D.

範例 2

$4y''+4y'+y=0$，$y(0)=-2$、$y'(0)=1$。

解 (1) 令 $f(m)=4m^2+4m+1=(2m+1)^2=0$

故得　$m=-\dfrac{1}{2},-\dfrac{1}{2}$

故由定理 2-3-1 論述中(2)的情況知

$$y(x)=c_1e^{-\frac{1}{2}x}+c_2xe^{-\frac{1}{2}x}$$

(2) 現在由 $y(0)=-2$，得 $c_2=-2$，

故得　$y(x)=-2e^{-\frac{1}{2}x}+c_2xe^{-\frac{1}{2}x}$

另由　$y'(x)=e^{-\frac{1}{2}x}+c_2e^{-\frac{1}{2}x}-\dfrac{1}{2}c_2xe^{-\frac{1}{2}x}$

得　$y'(0)=1=1+c_2+0\Rightarrow c_2=0$

$\therefore$　$y(x)=-2e^{-\frac{1}{2}x}$

Q.E.D.

範例 3

$y''-2y'+2y=0$，$y(0)=-3$、$y(\frac{1}{2}\pi)=0$。

解 (1) 令特性方程 $f(m)=m^2-2m+2=0$，

得 $m=\frac{2\pm\sqrt{4-8}}{2}=1\pm i$

故由定理 2-3-1 論述中(3)的情況

知 $y(x)=e^x(c_1\cos x+c_2\sin x)$

(2) $y(0)=-3\Rightarrow c_1=-3$，

$y(\frac{\pi}{2})=0\Rightarrow y(\frac{\pi}{2})=e^{\frac{\pi}{2}}\cdot c_2=0\Rightarrow c_2=0$，

$\therefore y(x)=-3e^x\cos x$。

Q.E.D.

範例 4

$y'''+3y''+y'+3y=0$。

解 令特性方程式 $f(m)=(m^3+3m^2+m+3)=(m^2+1)(m+3)=0$，

得 $m=-3,\pm i$

故由定理 2-3-1 的論述中(4)的情況知

通解為 $y(x)=c_1e^{-3x}+c_2\cos x+c_3\sin x$

Q.E.D.

2-3 習題演練

基礎題

1. 求解下列齊性 ODE 之通解

(1) $y''+y'-2y=0$。

(2) $y'+6y'+9y=0$。

(3) $-y''-36y=0$。

(4) $-y''-y'-6y=0$。

(5) $-y''-3y'+2y=0$。

(6) $y''+8y'+16y=0$。

下列 2～4 題，求解 ODE 之初始值問題

2. $y''+3y'+2y=0$，$y(0)=1$，$y'(0)=0$。

3. $y''-4y'+3y=0$，$y(0)=4$，$y'(0)=0$。

4. $y''-4y'+3y=0$，$y(0)=-1y'(0)=3$。

進階題

1. 求解下列齊性 ODE 之通解

(1) $y''-y'+10y=0$。

(2) $4y''+y'=0$。

(3) $y''-10y'+25y=0$。

(4) $y''+9y=0$。

(5) $y''-4y'+5y=0$。

(6) $12y''-5y'-2y=0$。

(7) $2y''+2y'+y=0$。

(8) $y'''+3y''+y'+3y=0$。

(9) $\dfrac{d^4y}{dx^4}-y=0$

下列 2～3 題，求解 ODE 之初始值問題

2. $y''+2y'+17y=0$，$y(0)=1$，$y'(0)=0$。

3. $y''+8y'+16y=0$，$y(0)=3$，$y'(0)=3$。

4. 求以 $e^x\cos x$，$e^x\sin x$ 爲兩個線性獨立解之二階線性齊性 ODE。

5. 若有一個九階常係數線性齊性 ODE 之特性方程式的根爲 $2, 2, 2, 3\pm 4i, 3\pm 4i, 3\pm 4i$ 請寫出此 ODE 之通解形式。

6. 求對 y 之最小階數線性微分運算子 L，使得 $L(D)y=0$，其中

$$y=\cos 2x+x^3e^{7x}+x+1+\sin 4x+\sin 9x。$$

2-4 待定係數法求特解

從本節開始到 2-6 節，我們介紹求：

$$a_n y^{(n)}(x) + a_{n-1} y^{(n-1)}(x) + \cdots + a_1 y'(x) + a_0 y(x) = R(x)$$

特解的常用方法，首先是待定係數法（Method of undetermined coefficients）。這個方法簡單的來說，便是觀察一個 ODE 中等號右邊的非齊次項（來源函數，Source function）$R(x)$，參考它的組成，然後以類似的形式加入未知參數後，代入原式求出這些參數。

例如：方程式

$$y'' - 2y' - 3y = e^x$$

等號右邊 $R(x)$的組成是指數函數，於是我們假設特解為

$$y_p(x) = Ae^x$$

代入原式得到 $Ae^x - 2Ae^x - 3Ae^x = e^x$，也就是說 $A = -\dfrac{1}{4}$，故得特解

$$y_p(x) = -\frac{1}{4}e^x$$

仿照這樣的構想，我們可以在不同的非齊次項（Source function）做不同的特解假設。

2-4-1 待定係數法的假設原則

表 1 列出了待定係數法最常見的適用情況，注意到 $R(x)$須為 c（常數）、e^{ax}、$\sin bx$、$\cos bx$、x^n（n 為正整數），或其線性組合；若 $y_p(x)$的假設項中，出現與 $y_h(x)$相同項，則做假設時，必須在相同項乘上 x^m 來修正，其中 m 為使特解 $y_p(x)$與齊性解 $y_h(x)$不重覆的最小正整數。

▼表 1

序號	$R(x)$（source function）	$y_p(x)$（特解）
①	c	k
②	e^{ax}	ke^{ax}
③	$\sin bx$、$\cos bx$	$A\cos bx + B\sin bx$
④	x^n	$A_n x^n + A_{n-1}x^{n-1} + \cdots + A_1 x + A_0$
⑤	$e^{ax}\sin bx$、$e^{ax}\cos bx$	$e^{ax}(c_1\cos bx + c_2\sin bx)$
⑥	$x^n e^{ax}$	$e^{ax}\cdot(c_n x^n + c_{n-1}x^{n-1} + \cdots + c_1 x + c_0)$
⑦	$x^n\sin bx$、$x^n\cos bx$	$(c_n x^n + c_{n-1}x^{n-1} + \cdots + c_1 x + c_0)\cos bx$ $+(d_n x^n + d_{n-1}x^{n-1} + \cdots + d_1 x + d_0)\sin bx$

2-4-2　範例說明

接下來我們以三角函數、多項式、多項式與指數函數混合項分別舉例說明。

範例 1

求解下列 ODE，其中特解請用待定係數法。

$y'' - 2y' - 3y = e^{2x}$。

解 **齊性解**

解特性方程 $f(m) = m^2 - 2m - 3 = 0$ 得 $m = 3, -1$，

故齊性解為　$y_h(x) = c_1 e^{3x} + c_2 e^{-x}$

特解

用待定係數法（參表 1 ②），令 $y_p(x) = Ae^x$ 代入原式，得 $A = -\dfrac{1}{3}$，

故特解為　$y_p(x) = -\dfrac{1}{3}e^{2x}$

通解

$y(x) = y_h(x) + y_p(x) = c_1 e^{3x} + c_2 e^{-x} - \dfrac{1}{3}e^{2x}$。

Q.E.D.

範例 2

求解下列 ODE，其中特解請用待定係數法。
$y''-2y'-3y=\cos 2x$ 。

解 **齊性解**

同範例 1， $y_h(x)=c_1e^{3x}+c_2e^{-x}$ 。

特解

用待定係數法（參表 1③），令 $y_p(x)=A\cos 2x+B\sin 2x$ ，代入 ODE

得 $\begin{cases}-7A-4B=1\\-7B+4A=0\end{cases}$

解得 $A=-\dfrac{7}{65}$ 、 $B=-\dfrac{4}{65}$

故 $y_p(x)=-\dfrac{7}{65}\cos 2x-\dfrac{4}{65}\sin 2x$

通解

$y(x)=y_h(x)+y_p(x)=c_1e^{3x}+c_2e^{-x}-\dfrac{7}{65}\cos 2x-\dfrac{4}{65}\sin 2x$ 。 Q.E.D.

範例 3

求解下列 ODE，其中特解請用待定係數法。
$y''-2y'-3y=x+1$ 。

解 **齊性解**

同範例 1， $y_h(x)=c_1e^{3x}+c_2e^{-x}$ 。

特解

參表 1 中④的情形，令 $y_p(x)=Ax+B$ 代入原式

得 $\begin{cases}-2A-3B=1\\-3A=1\end{cases}$

解得 $A=-\dfrac{1}{3}$ 、 $B=-\dfrac{1}{9}$

所以 $y_p(x)=-\dfrac{1}{3}x-\dfrac{1}{9}$

通解

$y(x)=y_h(x)+y_p(x)=c_1e^{3x}+c_2e^{-x}-\dfrac{1}{3}x-\dfrac{1}{9}$ 。 Q.E.D.

範例 4

求解下列 ODE，其中特解請用待定係數法。

$y''-2y'+y=x^2e^x$。

解 **齊性解**

解特性方程式 $f(m)=m^2-2m+1=0$，$m=1$、1，所以齊性解為 $y_h(x)=c_1e^x+c_2xe^x$。

特解

參表 1 中⑥的情形，令 $y_p(x)=x^2(A+Bx+Cx^2)e^x$，其中乘上 x^2 項可使其與 $y_h(x)$不重覆，代入原式得 $\begin{cases}A=0\\B=0\\C=\dfrac{1}{12}\end{cases}$，所以 $y_p(x)=\dfrac{1}{12}x^4e^x$

通解

$y(x)=y_h(x)+y_p(x)=c_1e^x+c_2xe^x+\dfrac{1}{12}x^4e^x$。

Q.E.D.

2-4 習題演練

基礎題

在下列各題利用待定係數法求其特解

1. $y''-2y'-3y=1$。
2. $y''-2y'-3y=e^x$。
3. $y''-2y'-3y=x+1$。
4. $y''-3y'+2y=\cos 3x$。
5. $y''+3y'+2y=6$。
6. $y''+y'-6y=2x$。

進階題

1. 對 $y''-2y'+y=4e^x$，請驗證該 ODE 之解為 $y(x)=c_1e^x+c_2xe^x+2x^2e^x$。
2. 利用待定係數法解微分方程式：
$y''-6y'+9y=6x^2+2-12e^{3x}$，
其特殊解 y_p 應設為那種形式較恰當。
(1) $Ax^3+Bx^2+Cx+E+Fe^{3x}$
(2) $Ax^2+Bx+C+Ee^{3x}$
(3) $Ax^2+Bx+C+Exe^{3x}$
(4) $Ax^2+Bx+C+Ex^2e^{3x}$
(5) $Ax^2+Bx+C+Ex^{3x}+Fxe^{3x}$
3. 以待定係數法求解下列 ODE 之通解
(1) $y''-5y'+4y=8e^x$。
(2) $y''-2y'+y=e^x$。
(3) $y''+3y'+2y=x^3+x$。
(4) $y''-2y'+10y=20x^2+2x-8$。
(5) $y''-16y=2e^{4x}$。
(6) $y''+4y=3\sin 2x$。
(7) $y''+4y'+5y=35e^{-4x}$
$y(0)=-3$，$y'(0)=1$。
(8) $y''-4y'+4y=e^{3x}-1$。
4. 以待定係數法求解
$y''-2y'+5y+4\cos t-8\sin t=0$
$y(0)=1$、$y'(0)=3$。
5. $y''-4y'+4y=3t^2+5te^{2t}+t\cos t$，以待定係數法，假設出 $y_p(t)$即可，不須求解。

2-5 參數變異法求特解

待定係數法雖然容易計算，但適用範圍較窄，原因是如果想要使用此法，Source function $R(x)$必須具有某種程度上的微分週期性（例如$\frac{d}{dx}e^x = e^x$、三角函數微分還是三角函數等等）。想不依賴$R(x)$微分的行為，一個直接的方法是從齊性解（此時$R(x) = 0$）來「拼貼」出特解。

定理 2-5-1　參數變異法通解二階 ODE

給定二階常微分方程$a_2(x)y'' + a_1(x)y' + a_0(x)y = R(x)$。若$y(x)$、$y_1(x)$、$y_2(x)$為此 ODE 的齊性解（其中$y_1(x)$、$y_2(x)$互相線性獨立）且$W(y_1, y_2)$為此兩解的 Wronskian 行列式，則通解為

$$y(x) = y_h(x) + y_1 \times \int \frac{-[R(x)/a_2(x)]y_2}{W(y_1, y_2)}dx + y_2 \times \int \frac{[R(x)/a_2(x)]y_1}{W(y_1, y_2)}dx$$

證明

齊性解的線性組合仍然是齊性解，因此若要得到特解，不妨把線性組合時的係數換成變係數，以二階方程

$$a_2(x)y'' + a_1(x)y' + a_0(x)y = R(x)$$

為例，令$y_p(x) = y_1(x)\phi_1(x) + y_2(x)\phi_2(x)$

則 $$y_p'(x) = \phi_1 y_1' + \phi_2 y_2' + y_1\phi_1' + y_2\phi_2'$$

在這裡，特別假設$y_1\phi_1' + y_2\phi_2' = 0$（稱①式）接著進行二次微分

得 $$y_p''(x) = \phi_1 y_1'' + \phi_2 y_2'' + y_1'\phi_1' + y_2'\phi_2'$$

代入原式得 $$y_1'\phi_1' + y_2'\phi_2' = \frac{R(x)}{a_2(x)}$$

所以透過式①的假設，我們將原始問題轉換為線性代數的問題，即求解：

$\begin{bmatrix} y_1 & y_2 \\ y_1' & y_2' \end{bmatrix}\begin{bmatrix} \phi_1' \\ \phi_2' \end{bmatrix} = \begin{bmatrix} 0 \\ \dfrac{R(x)}{a_2(x)} \end{bmatrix}$，注意在此處，因為$\{y_1, y_2\}$線性獨立，所以

$W(y_1, y_2) = \det\begin{bmatrix} y_1 & y_2 \\ y_1' & y_2' \end{bmatrix} \neq 0$，故由克拉瑪公式

得　$$\phi_1' = \frac{\begin{vmatrix} 0 & y_2 \\ R(x)/a_2(x) & y_2' \end{vmatrix}}{W(y_1, y_2)} = \frac{-[R(x)/a_2(x)]y_2}{W(y_1, y_2)}$$

同理會得到　$\phi_2' = \dfrac{\begin{vmatrix} y_1 & 0 \\ y_1' & R(x)/a_2(x) \end{vmatrix}}{W(y_1, y_2)} = \dfrac{[R(x)/a_2(x)]y_1}{W(y_1, y_2)}$，對 ϕ_1'、ϕ_2' 分別積分，

得　$\phi_1 = \displaystyle\int \frac{-[R(x)/a_2(x)]y_2}{W(y_1, y_2)}dx$、$\phi_2 = \displaystyle\int \frac{[R(x)/a_2(x)]y_1}{W(y_1, y_2)}dx$

再代回原式中得通解。

事實上，在一般 3 階以上的情況，我們也可以逐步透過形如①的假設，一面化簡各階微分，一面構造線性微分方程組，並在最後以克拉瑪法則求得特解。具體論述留給讀者自行練習。

範例 1

$y'' - y = xe^x$。

解 首先利用特性方程求得齊性解 $y_h = k_1e^x + k_2e^{-x}$，因此由定理 2-5-1 可知 $y_1 = e^x$、$y_2 = e^{-x}$、$R(x) = xe^x$、$a_2 = 1$、$a_1 = 0$、$a_0 = -1$，

計算得　$\phi_1(x) = \displaystyle\int \frac{-\frac{xe^x}{1}\cdot e^{-x}}{W(e^x, e^{-x})}dx = \frac{1}{4}x^2$、$\phi_2(x) = \displaystyle\int \frac{\frac{xe^x}{1}\cdot e^{x}}{W(e^x, e^{-x})}dx = -\frac{1}{4}xe^{2x} + \frac{1}{8}e^{2x}$

所以　$y_p = \phi_1 y_1 + \phi_2 y_2 = \dfrac{1}{4}x^2e^x - \dfrac{1}{4}xe^x + \dfrac{1}{8}e^x$

故通解爲　$y = y_h + y_p = c_1e^x + c_2e^{-x} + \dfrac{1}{4}x^2e^x - \dfrac{1}{4}xe^x$

（其中 $(k_1 + \frac{1}{8}) = c_1$，$k_2 = c_2$）

Q.E.D.

範例 2

$y'' + y = \sec x$。

解 首先利用特性方程求得齊性解 $y_h(x) = c_1\cos x + c_2\sin x$，

因此由定理 2-5-1 可知

$y_1 = \cos x$、$y_2 = \sin x$、$R(x) = \sec x$、$a_2 = 1$、$a_1 = 0$、$a_0 = 1$，

計算得 $\phi_1(x) = \int \dfrac{-\dfrac{\sec x}{1}\cdot\sin x}{W(\cos x, \sin x)}dx = \ln|\cos x|$、$\phi_2(x) = \int \dfrac{\dfrac{\sec x}{1}\cdot\cos x}{W(\cos x, \sin x)}dx = x$

所以 $y_p = \phi_1 y_1 + \phi_2 y_2 = (\ln|\cos x|)\cos x + x\sin x$

故通解為 $y = y_h + y_p = c_1\cos x + c_2\sin x + \cos x(\ln|\cos x|) + x\sin x$ Q.E.D.

2-5 習題演練

基礎題

求解下列 ODE，其中特解請用參數變異法求解。

1. $y'' - 3y' + 2y = e^{3x}$。
2. $y'' - 3y' + 2y = e^{x}$，$y(0) = 0$，$y'(0) = 1$。
3. $y'' + y = \cos x$。
4. $y'' - 6y' + 9y = e^{3x}$。
5. $y'' + 9y = \sec 3x$。

進階題

求解下列 ODE，其中特解請用參數變異法求解：

1. $y'' + 2y' + 5y = e^{-x}\sin 2x$。
2. $4y'' + 36y = \csc 3x$。
3. $y'' + y = \sin x$。
4. $y'' + y = \cos^2 x$。
5. $y'' - 9y = \dfrac{9x}{e^{3x}}$。
6. $y'' + 3y' + 2y = \sin e^{x}$。
7. $y'' + 4y = \sin 2t$。
8. $y'' + y = \tan x$。

2-6 逆運算子法求特解

我們來到求特解的最後一個常用方法，不妨先回顧一下，在 2-4 節中，我們透過分析 $R(x)$的組成來假設特解的形式，在 2-5 節則是透過齊性解來迴避掉假設特解形式時需要依賴 $R(x)$的行爲，而實際的計算上，則是透過微分佈置了聯立方程組，從而使問題降解到線性代數能處理的情況，這兩種方法，或多或少都有點「代數運算」的味道，但壞處是，一旦 ODE 的階數超過 2，這些方法使用起來效率並不高。

而本節所要介紹的逆運算子方法（Method of Inverse Differential Operators），則是將微分看成一種在函數空間上的代數運算，直接規定了何謂微分算子 $L(D)$的逆運算，從而使抽象的代數方法（例如多項式長除法等等）可以直接運用到求特解上。好處是，我們可以在高階的線性 ODE 上輕易求得特解。

很自然的，我們先從 $y'-\lambda y=R(x)$開始做點觀察。由積分因子 $I=e^{-\lambda x}$ 可得

$$y=c\cdot e^{\lambda x}+e^{\lambda x}\int e^{-\lambda x}R(x)dx$$

其中特解 $y_p(x)=e^{\lambda x}\int e^{-\lambda x}R(x)dx$，而 $y_p{}'-\lambda y_p=R(x)$ 改寫成算子形式爲 $(D-\lambda)y_p=R(x)$，因此可寫成

$$y_p=\frac{R(x)}{D-\lambda}=e^{\lambda x}\int e^{-\lambda x}R(x)dx$$

而當 $\lambda=0$ 時，$\dfrac{R(x)}{D}=\int R(x)dx$，因此 $\dfrac{1}{D}$ 就像積分一樣。

2-6-1 逆運算子

定義 2-6-1　逆運算子

對所有連續函數 $R(x)$，定義（微分）逆運算子爲

$$(D-\lambda)^{-1}R(x)\equiv\frac{R(x)}{D-\lambda}\equiv e^{\lambda x}\int e^{-\lambda x}R(x)dx$$

定理 2-6-1 逆運算子分解

若微分算子 $L(D)$能夠分解成 $(D-\lambda_1)(D-\lambda_2)\cdots(D-\lambda_n)$，則

(1) $\dfrac{1}{L(D)}R(x)=\left[\dfrac{A_1}{D-\lambda_1}+\dfrac{A_2}{D-\lambda_2}+\cdots+\dfrac{A_n}{D-\lambda_n}\right]R(x)$ [1]

(2) $\dfrac{1}{L(D)}R(x)=\dfrac{1}{(D-\lambda_1)(D-\lambda_2)\cdots(D-\lambda_n)}R(x)$

$=\dfrac{1}{(D-\lambda_1)}[\dfrac{1}{(D-\lambda_2)}[\cdots[\dfrac{1}{(D-\lambda_n)}R(x)]]]$ [2]

範例 1

$y''-y'-2y=e^{-x}$，利用微分逆運算子法求其特解。

解 令 $L(D)=D^2-D-2$，

則 $y_p=\dfrac{1}{D^2-D-2}e^{-x}=\dfrac{1}{(D-2)(D+1)}e^{-x}=[\dfrac{\frac{1}{3}}{(D-2)}+\dfrac{-\frac{1}{3}}{(D+1)}]e^{-x}$

現在根據定義 2-6-1，

可得 $\dfrac{1}{D-2}e^{-x}=e^{2x}\int e^{-2x}e^{-x}dx=\dfrac{-1}{3}e^{-x}$、$\dfrac{1}{D+1}e^{-x}=e^{-x}\int e^{x}e^{-x}dx=xe^{-x}$

代入原式得 $y_p=-\dfrac{1}{9}e^{-x}-\dfrac{1}{3}xe^{-x}$ Q.E.D.

---

1 稱為部分分式法。

2 稱重積分法。

範例 2

$y''-y'-2y=\sin(e^{-x})$，利用微分逆運算子法求其特解。

解 令 $L(D)=D^2-3D+2$，則由定理 2-6-1 的(2)

$$y_p=\frac{1}{D^2-3D+2}\sin(e^{-x})=\frac{1}{(D-2)(D-1)}\sin(e^{-x})$$

$$=\frac{1}{(D-2)}\cdot\frac{1}{(D-1)}\cdot\sin(e^{-x})=\frac{1}{D-2}\cdot e^{x}\int e^{-x}\sin(e^{-x})dx$$

$$=\frac{1}{D-2}e^{x}\cdot\int -\sin(e^{-x})d(e^{-x})=\frac{1}{D-2}e^{x}\cos(e^{-x})$$

$$=e^{2x}\cdot\int e^{-2x}\cdot e^{x}\cdot\cos(e^{-x})dx=-e^{2x}\sin(e^{-x})$$ 。

Q.E.D.

2-6-2　常用逆運算子公式

在 2-6-1 逆運算子定義中，我們可將 $R(x)$代入不同的函數便會得到不同的逆運算子公式，我們將這些公式整理如表 2（若沒有特別指明，$L(D)$ 是指能夠分解成 $(D-\lambda_1)(D-\lambda_2)\cdots(D-\lambda_n)$ 形式的微分算子）

▼表 2

序號	$R(x)$	$L(D)$	$L(D)^{-1}[R(x)]=\dfrac{R(x)}{L(D)}$
①	e^{ax}	$L(a)\neq 0$	$\dfrac{1}{L(a)}e^{ax}$
②	$e^{ax}Q(x)$		$e^{ax}\dfrac{1}{L(D+a)}Q(x)$
③	e^{ax}	$(D-a)^m$	$e^{ax}\dfrac{1}{D^m}(1)=e^{ax}\dfrac{x^m}{m!}$
④	e^{ax}	$(D-a)^mF(D)$，其中 $F(a)\neq 0$	$\dfrac{1}{(D-a)^m}\dfrac{1}{F(D)}e^{ax}=\dfrac{1}{F(a)}e^{ax}\cdot\dfrac{x^m}{m!}$
⑤a	$\cos(ax+b)$	$L(D)$化成 $L(D^2)$，其中 $L(-a^2)\neq 0$	$\dfrac{1}{L(-a^2)}\cos(ax+b)$
⑤b	$\sin(ax+b)$		$\dfrac{1}{L(-a^2)}\sin(ax+b)$

序號	$R(x)$	$L(D)$	$L(D)^{-1}[R(x)]=\dfrac{R(x)}{L(D)}$
⑥a	$\cos ax$	D^2+a^2	$\dfrac{x}{2a}\sin ax$
⑥b	$\sin ax$		$\dfrac{-x}{2a}\cos ax$
⑦a	$\cosh(ax+b)$	$L(D)$化成 $L(D^2)$ 其中 $L(a^2)\neq 0$	$\dfrac{1}{L(a^2)}\cosh(ax+b)$
⑦b	$\sinh(ax+b)$		$\dfrac{1}{L(a^2)}\sinh(ax+b)$
⑧a	$\cosh ax$	D^2-a^2	$\dfrac{x}{2a}\sinh ax$
⑧b	$\sinh ax$		$\dfrac{x}{2a}\cosh ax$
⑨	$a_0+a_1x+a_2x^2$ $+\cdots+a_nx^n$	$b_0+b_1D+\cdots+b_nD^n$	$(c_0+c_1D+c_2D^2+\cdots+b_nD^n+\cdots)\times$ $(a_0+a_1x+\cdots+a_nx^n)$， 其中透過長除法可得 $\dfrac{1}{b_0+b_1D+\cdots+b_nD^n}=c_0+c_1D+c_2D^2+\cdots$

表 2 中，公式⑥的微分算子 D^2+a^2 在實數是不可約的，為了使用其他的公式來了解這個微分（逆）算子，我們在複數上考慮這個算子的因式分解 $D^2+a^2=(D+ai)(D-ai)$ 若出現 $R(x)$為底下①、②或③三種形式之一，

$$\begin{cases} e^{ax}\sin bx,\ e^{ax}\cos bx & \cdots① \\ x^n e^{ax} & \cdots② \\ x^n\sin bx,\ x^n\cos bx & \cdots③ \end{cases}$$

則我們可利用表格中的公式依序化簡問題如下：

1. $\dfrac{1}{L(D)}e^{ax}\sin bx=e^{ax}\cdot\dfrac{1}{L(D+a)}\sin bx$，再利用公式⑤b 或⑥化簡

2. $\dfrac{1}{L(D)}x^n e^{ax}=e^{ax}\cdot\dfrac{1}{L(D+a)}x^n$，再利用公式⑨化簡

3. 從尤拉定理（$e^{ibx}=\cos bx+i\sin bx$），也可得到：

$$\frac{1}{L(D)}x^n\sin bx=\text{Im}[\frac{1}{L(D)}(x^n e^{ibx})]\text{，}\frac{1}{L(D)}x^n\cos bx=\text{Re}[\frac{1}{L(D)}(x^n e^{ibx})]$$

底下範例示範如何從表中所列公式求得特解，並配合 2-3 節的內容求得齊性解後將原方程通解求出，通解爲齊性解與特解的和，解析中不再多加描述，讀者可自行練習。

範例 3

$y''-4y'+4y=e^{3x}-1$，求此 ODE 之通解。

解 **齊性解**

由特性方程 $m^2-4m+4=0$ 得 $m=2$、2（重根），

故 $\quad y_h(x)=c_1e^{2x}+c_2xe^{2x}$ 。

特解

令 $L(D)=D^2-4D+4$，由表 6 公式①

得特解

$$\begin{aligned}y_p(x)&=\frac{1}{D^2-4D+4}(e^{3x}-1)\\&=\frac{1}{D^2-4D+4}e^{3x}-\frac{1}{D^2-4D+4}e^{0x}\\&=\frac{1}{3^2-4\cdot3+4}e^{3x}-\frac{1}{0^2-4\cdot0+4}e^{0x}\\&=e^{3x}-\frac{1}{4}\text{ 。}\end{aligned}$$

通解

$$y(x)=y_h(x)+y_p(x)=c_1e^{2x}+c_2e^{2x}+e^{3x}-\frac{1}{4}\text{ 。}$$

Q.E.D.

範例 4

$y''-2y'+y=xe^x$，求此 ODE 之通解。

解 **齊性解**

由特性方程 $m^2-2m+1=0$ 得 $m=1$、1，

故 $y_h(x)=(c_1+c_2x)e^x$。

特解

令 $L(D)=D^2-2D+1$，由表 2 公式②（$Q(x)=x$）

得特解 $y_p(x)=\dfrac{1}{D^2-2D+1}(xe^x)=\dfrac{1}{(D-1)^2}xe^x=e^x\dfrac{1}{(D+1-1)^2}x$

$$=e^x\frac{1}{(D)^2}x=e^x\int[\int xdx]dx=e^x(\frac{1}{6}x^3)=\frac{1}{6}x^3e^x$$

通解

$y(x)=y_h(x)+y_p(x)=c_1e^x+c_2xe^x+\dfrac{1}{6}x^3e^x$。 Q.E.D.

範例 5

$y'''-y''-8y'+12y=7e^{2x}$，求此 ODE 之通解。

解 **齊性解**

考慮特性方程 $m^3-m^2-8m+12=0$，由牛頓一次因式檢驗法可先觀察出一根 $m=2$，再由長除法得 $m^3-m^2-8m+12=(m-2)(m+3)(m-2)=0$，$m=2, 2, -3$，

故 $y_h(x)=(c_1+c_2x)e^{2x}+c_3e^{-3x}$

特解

令 $L(D)=D^3-D^2-8D+12$，由表 2 公式④（$F(D)=D+3$）

得特解 $y_p(x)=\dfrac{1}{(D-2)^2(D+3)}7e^{2x}=7\times\dfrac{1}{(D-2)^2}\times\dfrac{1}{5}e^{2x}=\dfrac{7}{5}e^{2x}\cdot\dfrac{1}{D^2}(1)$

$$=\frac{7}{10}x^2e^{2x}$$ （公式③）

通解

$y(x)=y_h(x)+y_p(x)=c_1e^{2x}+c_2xe^{2x}+c_3e^{-3x}+\dfrac{7}{10}x^2e^{2x}$。 Q.E.D.

範例 6

$y''-5y'+6y=-3\sin 2x$，求此 ODE 之通解。

解 **齊性解**

由特性方程 $m^2-5m+6=0$ 得 $m=2, 3$，

故　$y_h(x)=c_1e^{2x}+c_2e^{3x}$

特解

令 $L(D)=D^2-5D+6$，由表 2 公式⑤

得特解 $y_p=\dfrac{1}{(D^2-5D+6)}(-3\sin 2x)=-3\dfrac{1}{-2^2-5D+6}\sin 2x$（由公式⑤）

$=-3\dfrac{(2+5D)}{(4-25D^2)}\sin 2x=-3\dfrac{2+5D}{4-25\times(-2^2)}\sin 2x$（由公式⑤）

$=-3\dfrac{2+5D}{104}\sin 2x=-\dfrac{3}{104}(2\sin 2x+5\times 2\cos 2x)=-\dfrac{3}{52}(\sin 2x+5\cos 2x)$

通解

$y(x)=y_h(x)+y_p(x)=c_1e^{2x}+c_2e^{3x}-\dfrac{3}{52}(\sin 2x+5\cos 2x)$。　Q.E.D.

範例 7

$y''+4y=\cos 2x+\cos 4x$，求此 ODE 之通解。

解 **齊性解**

由特性方程 $m^2+4=0$，得 $m=\pm 2i$，

故　$y_h(x)=c_1\cos 2x+c_2\sin 2x$

特解

令 $L(D)=D^2+2^2$，由表 2 公式⑥與公式⑤

得特解 $y_p=\dfrac{1}{(D^2+4)}(\cos 2x+\cos 4x)=\dfrac{1}{(D^2+2^2)}\cos 2x+\dfrac{1}{(D^2+4)}\cos 4x$

$=\dfrac{x}{2\times 2}\sin 2x+\dfrac{1}{-4^2+4}\cos 4x=\dfrac{x}{4}\sin 2x-\dfrac{1}{12}\cos 4x$

通解

$y(x)=y_h(x)+y_p(x)=c_1\cos 2x+c_2\sin 2x+\dfrac{x}{4}\sin 2x-\dfrac{1}{12}\cos 4x$。　Q.E.D.

範例 8

$y''-6y'+9y=6x^2+2-12e^{3x}$，求此 ODE 之通解。

解 **齊性解**

由特性方程 $m^2-6m+9=0$，得 $m=3,3$，

故 $$y_h(x)=c_1e^{3x}+c_2xe^{3x}$$

特解

令 $L(D)=D^2-6D+9$，

則 $$y_p=\frac{1}{(D^2-6D+9)}6x^2+\frac{2}{(D^2-6D+9)}e^{0x}-12\frac{1}{(D^2-6D+9)}e^{3x}$$

等號右邊的三個逆運算子中，最後兩項是表 2 中公式①與公式③的應用，至於剩下的這一項逆運算子，則參考公式⑨，先以長除法將逆運算子化爲微分算子，如附圖所示。故

$$\frac{1}{(D^2-6D+9)}=\frac{1}{9}+\frac{2}{27}D+\frac{1}{27}D^2+\cdots$$

$$\begin{array}{r|l} & \frac{1}{9}+\frac{2}{27}D+\frac{1}{27}D^2+\cdots \\ \hline 9-6D+D^2 & 1 \\ & 1-\frac{2}{3}D+\frac{1}{9}D^2 \\ \hline & \frac{2}{3}D-\frac{1}{9}D^2 \\ & \frac{2}{3}D-\frac{4}{9}D^2+\frac{2}{27}D^3 \\ \hline & \frac{1}{3}D^2-\frac{2}{27}D^3 \\ & \frac{1}{3}D^2-\frac{6}{27}D^3+\frac{1}{27}D^4 \\ \hline & \cdots\cdots \end{array}$$

將以上的公式運用全數代入 y_p 中，

得 $$y_p=\frac{2}{3}x^2+\frac{8}{9}x+\frac{6}{9}-6x^2e^{3x}$$

通解

$$y(x)=y_h(x)+y_p(x)=c_1e^{3x}+c_2xe^{3x}+\frac{2}{3}x^2+\frac{8}{9}x+\frac{6}{9}-6x^2e^{3x}$$ 。

Q.E.D.

範例 9

$y''+9y=x\cos x$，求此 ODE 之通解。

解 **齊性解**

由特性方程 $m^2+9=0$ 得 $m=\pm 3i$，

故　　$y_h(x)=c_1\cos 3x+c_2\sin 3x$

特解

令 $L(D)=D^2+9$，

得特解　$y_p=\dfrac{1}{(D^2+9)}x\cos x$

$=\mathrm{Re}\{\dfrac{1}{(D^2+9)}x\cdot e^{ix}\}$（從尤拉公式）

$=\mathrm{Re}\{e^{ix}\dfrac{1}{((D+i)^2+9)}x\}$（公式②）

$=\mathrm{Re}\{e^{ix}\dfrac{1}{8+i2D+D^2}x\}$

$=\mathrm{Re}\{e^{ix}(\dfrac{1}{8}-\dfrac{1}{32}iD+\cdots)x\}$（長除法，如附圖所示）

$=\mathrm{Re}\{(\cos x+i\sin x)(\dfrac{1}{8}x-\dfrac{1}{32}i)\}$

$=\dfrac{1}{8}x\cos x+\dfrac{1}{32}\sin x$

$$
\begin{array}{r|l}
 & \frac{1}{8}-i\frac{D}{32}+\cdots \\
8+i2D+D^2 & 1 \\
 & 1+i\frac{D}{4}+\frac{D^2}{8} \\ \hline
 & -i\frac{D}{4}-\frac{D^2}{8} \\
 & -i\frac{D}{4}+\frac{D^2}{16}-i\frac{D^3}{32} \\ \hline
 & -\frac{3}{16}D^2+i\frac{D^3}{32}
\end{array}
$$

通解

$y(x)=y_h(x)+y_p(x)=c_1\cos 3x+c_2\sin 3x+\dfrac{1}{8}x\cos 2x+\dfrac{1}{32}\sin x$。　Q.E.D.

2-6 習題演練

基礎題

求解下列 ODE，其中特解請用逆運算子法求解。

1. $y'' - 3y' + 2y = e^{3x}$。
2. $y'' - 3y' + 2y = e^{2x}$。
3. $y'' - 4y' = \cos 3x$。
4. 求解下列三小題
   (1) $y'' + 3y' + 2y = e^{x}$。
   (2) $y'' - 2y' + y = e^{x} \cdot x^{-3}$。
   (3) $y'' - y' - 2y = 2e^{-x}$。
5. 求解下列兩小題
   (1) $y' + y = \sin x$。
   (2) $y'' - 4y' + 4y = e^{3x} - 1$。
6. $y'' - 3y' + 2y = x + 2$。

進階題

求解下列 ODE，其中特解請用逆運算子法求解。

1. $y'' + 4y' + 13y = 26e^{-4t}$，$y(0) = 5$、$y'(0) = -29$。
2. $y'' + 2y' + 5y = e^{-x} \sin 2x$。
3. $y'' + 4y' + 4y = 7x - 3\cos 2x + 5e^{-2x}$。
4. $y'' + 4y = \cos^2 x$。
5. $y'''' + 2y''' + 2y'' = x + 1$。
6. $y'' + 5y' = e^{-x} \sin 3x$。
7. $y'' + 4y = 6x \sin 2x$。
8. $(D^2 - D - 2)y = \sin x$。
9. $y'' + \lambda^2 y = \cos \lambda x$；$\lambda > 0$。
10. $y''' - 2y'' + y' = x^3 + 2e^{x}$。
11. $y'' - 2y' - 8y = 40 \sin 2x$。
12. $y'' - 2y' + 2y = 2e^{x} \cos x$。
13. $\dfrac{d^2x}{dt^2} + 2\dfrac{dx}{dt} + 2x = 10\cos 2t$，$x(0) = 1$、$x'(0) = 0$。
14. $y'' + w^2 y = r(t)$，$r(t) = \cos \alpha t + \cos \beta t$，$w^2 \neq \alpha^2$ 或 β^2 且 $w > 0$。
15. $y' - y = e^{2x} + x^2$。
16. $y'' + 2y' + y = 3e^{-x} + x$。
17. $y'' + y = x \cos x - \cos x$。
18. $y'''' + 2y'' + y = \cos x$。
19. $y'' - 4y = e^{2x} + 2x$。
20. $y'' - 3y' - 4y = 4x^2 + 2 \sin x$。
21. $y'' + 9y = x \cos x$。
22. $y'' + 5y' + 7y = \cos 3x$。
23. $y''' - 6y'' + 11y' - 6y = e^{2x} \cos x$。
24. $y'' - 6y' + 9y = e^{3x}$。
25. $y'' + 3y' = 28\cosh 4x$。
26. $y'' - y' - 12y = 2\sinh^2 x$。
27. $y'' + 4y' + 13y = \dfrac{1}{3}e^{-2t} \sin 3t$。

2-7 等維線性 ODE

我們前面已經討論了 n 階常係數線性 ODE 之求解，接下來要介紹 n 階線性變係數 ODE 之求解，其實變係數（Variable Coefficients）ODE 的求解是相當不容易的，解法也很多，包括(1) 等維 ODE、(2) 高階正合 ODE、(3) 因變數變換 $\Rightarrow$ 降階法（已知一齊性解，求 ODE 之通解）、(4) 自變數變換、(5) 因式分解法與 (6) 級數解。其中又以等維（Equidimensional）ODE 出現的機率最高，也是比較容易求解，所以本節將針對此類型 ODE 求解。

2-7-1　尤拉-柯西（Euler-Cauchy）等維 ODE

我們將具有以下形式的方程稱為尤拉－柯西標準式

$$a_n x^n y^{(n)} + a_{n-1} x^{n-1} y^{(n-1)} + \cdots + a_1 x y' + a_0 y = R(x)$$

求解

我們不妨先考慮 $n = 1$ 時的情形，再從中推敲出一般 n 階時的狀態。方程式

$$a_1 x y'(x) + a_0 y(x) = R(x)$$

中，若我們做變數變換 $x = e^t$，$t = \ln x$，則得 $\frac{dt}{dx} = \frac{1}{x}$，因此鏈鎖律告訴我們

$$y' = \frac{dy}{dx} = \frac{dy}{dt} \cdot \frac{dt}{dx} = \frac{1}{x}\frac{dy}{dt} \Rightarrow xy' = \frac{d}{dt} y$$

代回原式得到一個線性常係數 ODE $a_1 \frac{dy}{dt} + a_1 y = R(t)$。

同樣經由鏈鎖律，我們可以陸續得到更高階微分的公式

$$x^2 y'' = \frac{d}{dt}\left(\frac{d}{dt} - 1\right) y$$

$$x^3 y''' = \frac{d}{dt}\left(\frac{d}{dt} - 1\right)\left(\frac{d}{dt} - 2\right) y$$

$$x^4 y'''' = \frac{d}{dt}\left(\frac{d}{dt} - 1\right)\left(\frac{d}{dt} - 2\right)\left(\frac{d}{dt} - 3\right) y$$

$$\vdots$$

將上列各微分代入原式後，可逐項將變係數化爲常係數，則此時利用前幾小節的知識即可先求得特解；若假設 $R(x)=0$，則可令 $y_h(x)=e^{mt}=x^m$ 代入（此處 $e^t=x$），求出 m 值，即爲齊性解，若重根時，則可取另一齊性解爲 $y_h(x)=te^{mt}=\ln x\cdot x^m$。便可得通解 $y=y_h+y_p$。接下來的範例，我們將化爲常係數的微分 $\dfrac{d}{dt}$ 記爲 D，以便利用前幾節所學知識。

範例 1

$x^2y''-4xy'+6y=2x^4+x^2$，求此 ODE 之通解。

解 化變係數爲常係數（令 $x=e^t$），將上述一階、二階微分公式代入原式

得 $$(D^2-5D+6)y=2e^{4t}+e^{2t}$$

齊性解

由特性方程式 $m^2-5m+6=0$，解得 $m=2,3$，

故得 $$y_h(t)=c_1e^{2t}+c_2e^{3t}=c_1x^2+c_2x^3$$

亦可令 $y_h(x)=x^m$ 代入，

可得 $$m(m-1)-4m+6=0\Rightarrow m=2,3$$

所以 $$y_h(x)=c_1x^2+c_2x^3$$

特解

令 $L(D)=D^2-5D+6$，則由 2-6 表 2 公式②及③

得特解
$$\begin{aligned}y_p&=\frac{1}{D^2-5D+6}(2e^{4t}+e^{2t})\\&=\frac{1}{(D-2)(D-3)}2e^{4t}+\frac{1}{(D-2)(D-3)}e^{2t}\\&=e^{4t}-e^{2t}\cdot t\\&=e^{4t}-te^{2t}\\&=x^4-x^2\ln x\end{aligned}$$

通解

$y=y_h+y_p=c_1x^2+c_2x^3+x^4-x^2\ln x$。 Q.E.D.

範例 2

$x^3y''' - 3x^2y'' + 6xy' - 6y = x^4\ln x$；$x > 0$，求此 ODE 之通解。

解 化變係數爲常係數（令 $x = e^t$），將一階、二階與三階微分公式代入原式

得 $$(D-1)(D-2)(D-3)y = te^{4t}$$

齊性解

由上一步驟中已經知道，特性方程解爲 $m = 1$、2、3，

故 $$y_h(t) = c_1e^t + c_2e^{2t} + c_3e^{3t} = c_1x + c_2x^2 + c_3x^3$$

特解

令 $L(D) = (D-1)(D-2)(D-3)$，則由 2-6 表 2 公式②及⑨

得特解 $$y_p(t) = \frac{1}{(D-1)(D-2)(D-3)}te^{4t}$$

$$= e^{4t}\frac{1}{(D+3)(D+2)(D+1)}t \text{（公式②）}$$

$$= e^{4t}\times\frac{1}{D^3 + 6D^2 + 11D + 6}t$$

$$= e^{4t}(\frac{1}{6} - \frac{11}{36}D + \cdots)t \text{（公式⑨）}$$

$$= e^{4t}(\frac{1}{6}t - \frac{11}{36}) = x^4(\frac{1}{6}\ln x - \frac{11}{36})$$

通解

$$y(t) = y_h(t) + y_p(t) = c_1e^t + c_2e^{2t} + c_3e^{3t} + e^{4t}(\frac{1}{6}t - \frac{11}{36})$$

$$= c_1x + c_2x^2 + c_3x^3 + x^4(\frac{1}{6}\ln x - \frac{11}{36})$$ 。

Q.E.D.

2-7-2 雷建德（Legendre）等維 ODE

將具有如下形式的 ODE 稱爲雷建德方程

$$a_n(bx+c)^n y^{(n)} + a_{n-1}(bx+c)^{n-1} y^{(n-1)} + \cdots + a_1(bx+c)y' + a_0 y = R(x)$$

求解

比較雷建德與尤拉-柯西方程，會發現 y 前的係數項類似的一次式，因此做變數變換 $bx+c=e^t$（稱①式）則仿尤拉-柯西方程的情況我們會有

$$(bx+c)y' = b\frac{dy}{dt} = b\frac{d}{dt}y$$

$$(bx+c)^2 y'' = b^2\frac{d}{dt}(\frac{d}{dt}-1)y$$

$$(bx+c)^3 y''' = b^3\frac{d}{dt}(\frac{d}{dt}-1)(\frac{d}{dt}-2)y$$

$$(bx+c)^4 y^{(4)} = b^4\frac{d}{dt}(\frac{d}{dt}-1)(\frac{d}{dt}-2)(\frac{d}{dt}-3)y$$

$$\vdots$$

同樣我們將 $\frac{d}{dt}$ 記爲 D，可將原變係數 ODE 化成常係數 ODE。

範例 3

$(x^2+2x+1)\frac{d^2y}{dx^2}+(5x+5)\frac{dy}{dx}+5y=0$ 。

解 首先我們察覺到原式等於 $(x+1)^2y''+5(x+1)y'+5y=0$ ，於是在①式的變數變換中令 $b=1$、$c=1$，即 $x+1=e^t$ ，套用論述中的微分公式 $[D(D-1)+5D+5]y=0$ ，我們回到了齊性方程，於是從 2-2 節的方法

得 $y_h(t)=e^{-2t}(c_1\cos t+c_2\sin t)$

即通解 $y(x)=\frac{1}{(x+1)^2}[c_1\cos(\ln|x+1|)+c_2\sin(\ln|x+1|)]$ Q.E.D.

範例 4

$(3x+2)^2 y'' + 3(3x+2)y' - 36y = 3x^2 + 4x + 1$ 。

解 觀察原式可化爲 $(3x+2)^2 y'' + 3(3x+2)y' - 36y = \frac{1}{3}(3x+2)^2 - \frac{1}{3}$，因此仿範例 3 的作法（令 $b = 3$、$c = 2$，$3x + 2 = e^t$）將原式化爲 $(D^2 - 4)y = \frac{1}{27}(e^{2t} - 1)$ 現在，從特性方程式 $m^2 - 4 = 0$，所以從 2-6 節表 2

得齊性解　$y_h(t) = c_1 e^{2t} + c_2 e^{-2t} = c_1(3x+2)^2 + c_2(3x+2)^{-2}$

再從 2-4 表 1 中公式②

得特解　$y_p(t) = \frac{1}{108}(te^{2t} + 1) = \frac{1}{108}\left[1 + (3x+2)^2 \ln(3x+2)\right]$

故通解爲　$y(x) = c_1(3x+2)^2 + c_2(3x+2)^{-2} + \frac{1}{108} \cdot \left[1 + (3x+2)^2 \ln|3x+2|\right]$

Q.E.D.

2-7 習題演練

基礎題

求解下列等維 ODE。

1. $x^2y'' + xy' - 4y = x^{-2}$，$x > 0$。
2. $x^2y'' - 2xy' + 2y = \dfrac{4}{x^2}$。
3. $x^2y'' - 3xy' + 4y = x^6 + 1$。
4. $x^2y'' - 3xy' - 5y = 6x^5$。
5. $x^2y'' + 2xy' - 2y = 6x$。

進階題

求解下列等維 ODE

1. $xy'' - y' = 2x^2e^x$。
2. $x^2y'' + xy' + 4y = \cos(2\ln x)$。
3. $x^3y''' - 3x^2y'' + 6xy' - 6y = 0$。
4. $x^2y'' - 3xy' + 3y = 2x^4e^x$。
5. $y'' - \dfrac{5}{x}y' + \dfrac{8}{x^2}y = \dfrac{2\ln x}{x^2}$。
6. $x^2y'' - 2xy' + 2y = x^2$。
7. $x^3y''' + 2xy' - 2y = x^2\ln x + 3x$。
8. $x^3y''' - 5x^2y'' + 18xy' - 26y = 0$，$x > 0$。
9. $x^2y'' - 7xy' + 15y = 15\ln x$。
10. $t^2y'' + 10ty' + (t + 8) = 0$。
11. $x^2y'' - 4xy' + 4y = x^4 + x^2$。
12. $x^2y'' - 4xy' + 6y = 6x + 12$。
13. $(4x^2 + 12x + 9)y'' + (12x + 18)y' + 4y = 0$。

2-8 高階 ODE 在工程上的應用

我們在第一章中已經學習了如何利用一階 ODE 對工程上問題進行建模與求解，然而工程上更多的物理問題是需要二階以上之高階 ODE 才能完整建模，所以本章節將利用高階 ODE 對常見工程問題建模，並利用前面介紹的高階 ODE 之解法進行求解，以求可以深入了解其物理意義。

2-8-1 質量、阻尼與彈簧之振動系統 (Mass-damping-spring vibration system)

由牛頓第二定律 $\vec{F} = m\vec{a}$ 可推出系統的控制方程式，有以下兩種：

1. **單自由度的振動系統**

$$m\frac{d^2y}{dt^2} + c\frac{dy}{dt} + ky = F(t)$$

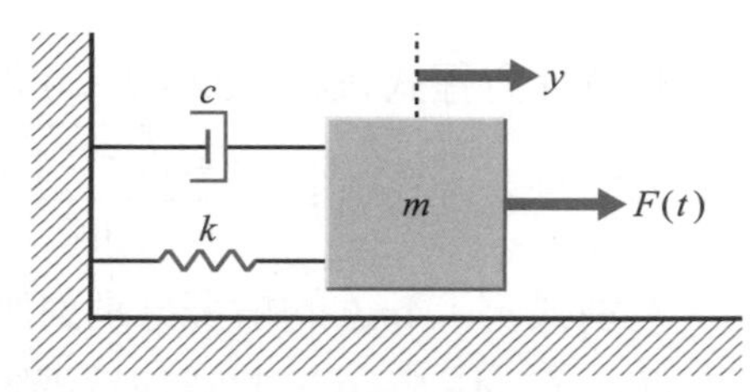

▲圖 2-1　單自由度 mck 振動系統示意圖

2. **多自由度的振動系統**

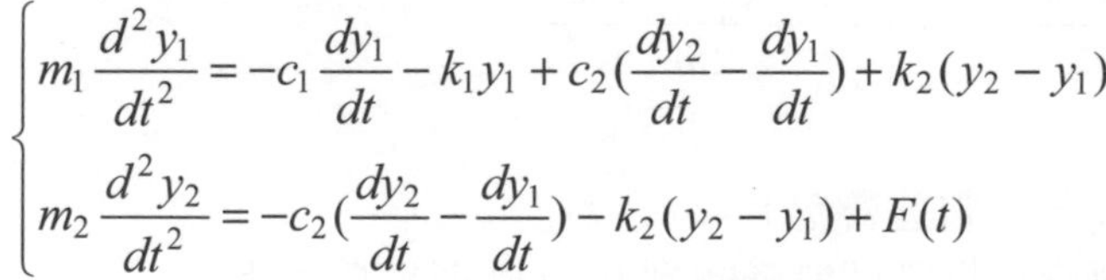

$$\begin{cases} m_1\dfrac{d^2y_1}{dt^2} = -c_1\dfrac{dy_1}{dt} - k_1y_1 + c_2(\dfrac{dy_2}{dt} - \dfrac{dy_1}{dt}) + k_2(y_2 - y_1) \\ m_2\dfrac{d^2y_2}{dt^2} = -c_2(\dfrac{dy_2}{dt} - \dfrac{dy_1}{dt}) - k_2(y_2 - y_1) + F(t) \end{cases}$$

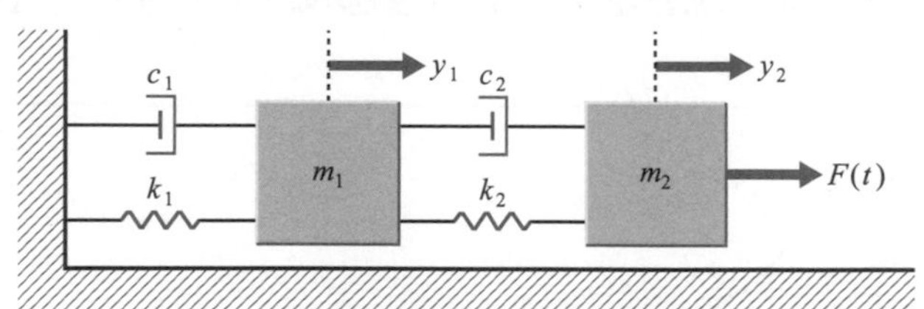

▲圖 2-2　多自由度 mck 振動系統示意圖

範例 1

有一質量、阻尼與彈簧之振動系統如下圖所示，請利用微分方程式建立其動態方程式（其中系統參數 m、c、k 均為正的常數），並討論當外力 $f(t)=0$ 或外力 $f(t)=A\cos\omega t$ 之系統的解。

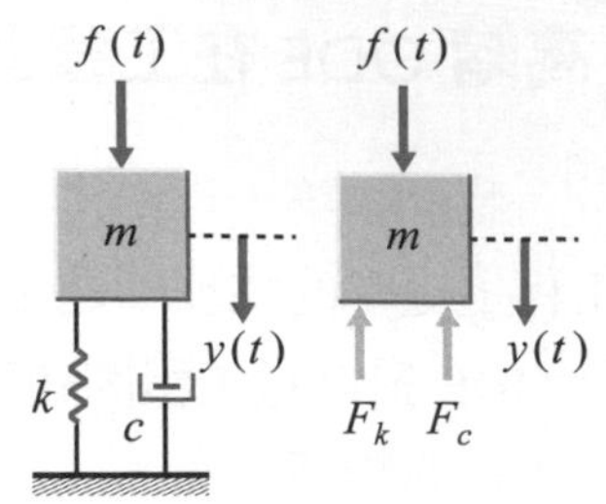

解 由牛頓第二運動定律可知，$f(t)-F_k-F_c=m\dfrac{d^2y}{dt^2}$，其中 $F_k=ky$，$F_c=c\dfrac{dy}{dt}$，所以此系統之動態方程式為 $m\dfrac{d^2y}{dt^2}+c\dfrac{dy}{dt}+ky=f(t)$，且

【無外力作用（$f(t)=0$）】

此時也稱為稱為無外力運動（Unforced motion），原方程變成 $m\dfrac{d^2y}{dt^2}+c\dfrac{dy}{dt}+ky=0$。

其特性方程式 $m\lambda^2+c\lambda+k=0$ 告訴我們

$$\lambda_1=\frac{-c+\sqrt{c^2-4mk}}{2m}\text{、}\lambda_2=\frac{-c-\sqrt{c^2-4mk}}{2m}$$

判別式 c^2-4mk 的情況分別對應不同的物理現象如下：

(1) $c^2-4mk>0$，此時稱為**過阻尼運動（Overdamping motion）**，

此時 $\lambda_1=\dfrac{-c+\sqrt{c^2-4mk}}{2m}$、$\lambda_2=\dfrac{-c-\sqrt{c^2-4mk}}{2m}$

且 λ_1、λ_2 均為負的實數，

得解 $y_h(t)=c_1e^{\lambda_1t}+c_2e^{\lambda_2t}$（暫態響應）

且 $\lim\limits_{t\to\infty}y_h(t)=0$，即系統響應會指數穩態遞減到 0。（圖形模擬如下）

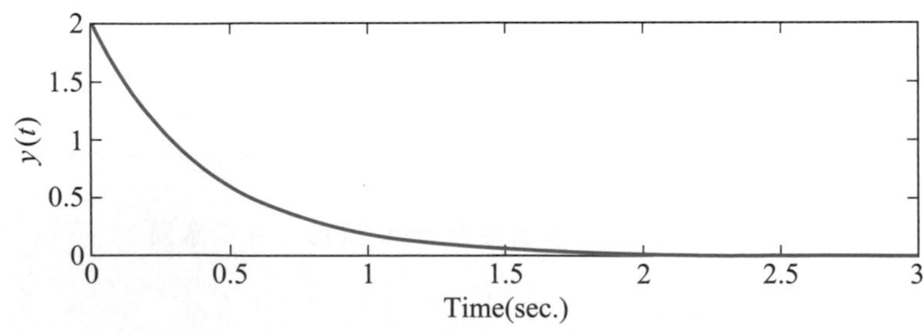

(2) $c^2-4mk=0$，此時稱爲**臨界阻尼運動**（**Critical damping motion**），

此時　$\lambda_1=\dfrac{-c}{2m}$、$\lambda_2=\dfrac{-c}{2m}$，且 λ_1、λ_2 爲相等之負實數根

得解爲　$y_h(t)=(c_1+c_2t)e^{-\frac{c}{2m}t}$（暫態響應）

因爲 $\lim\limits_{t\to\infty}y_h(t)=0$，系統響應仍會遞減到 0，但其遞減形式與過阻尼運動不同。

（圖形模擬如下）

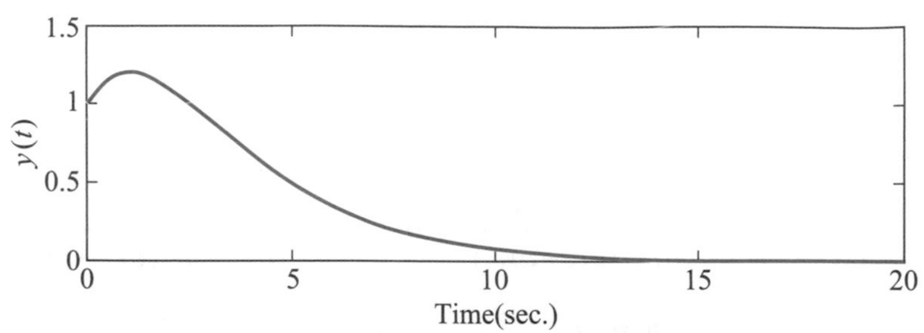

(3) $c^2-4mk<0$，此時稱爲**欠阻尼運動**（**Underdamping motion**），

此時　$\lambda_1=\dfrac{-c+i\sqrt{-(c^2-4mk)}}{2m}$、$\lambda_2=\dfrac{-c-i\sqrt{-(c^2-4mk)}}{2m}$

且 x_1、λ_2 爲實部爲負的共軛負數根，令 $\beta=\dfrac{\sqrt{-(c^2-4mk)}}{2m}>0$，

得爲　$y_h(t)=e^{-\frac{c}{2m}t}(c_1\cos\beta t+c_2\sin\beta t)$（暫態響應）

因爲 $\lim\limits_{t\to\infty}y_h(t)=0$，系統響應會出現穩態遞減到 0 的三角函數震盪波形。

（圖形模擬如下）

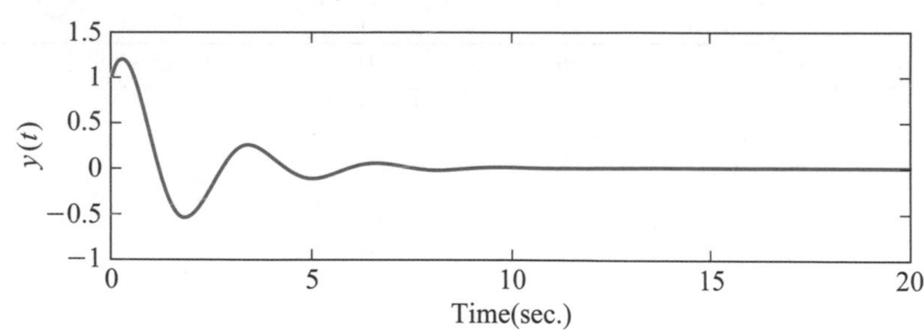

【有外力作用（ $f(t)=A\cos\omega$)】

此時也稱爲有外力運動（Forced motion），此時原式成爲 $m\dfrac{d^2y}{dt^2}+c\dfrac{dy}{dt}+ky=A\cos\omega t$，

由前面可知齊性解 $y_h(t)$滿足 $\lim\limits_{t\to\infty}y_h(t)=0$，所以齊性 ODE 在 $t\to\infty$ 時只剩特解 $y_p(t)$，

此時特解 $y_p(t)$稱爲系統穩態響應，以下討論 $y_p(t)$之求解。

原式可化爲 $(mD^2+cD+k)y=A\cos\omega t$

$$y_p(t)=\frac{1}{mD^2+cD+k}(A\cos\omega t)=\frac{1}{m\cdot(-\omega^2)+cD+k}(A\cos\omega t)$$

$$=\frac{1}{cD+k-m\omega^2}(A\cos\omega t)=\frac{cD+(m\omega^2-k)}{c^2D^2-(m\omega^2-k)^2}(A\cos\omega t)$$

$$=\frac{cD}{c^2(-\omega^2)-(m\omega^2-k)^2}(A\cos\omega t)+\frac{m\omega^2-k}{c^2(-\omega^2)-(m\omega^2-k)^2}(A\cos\omega t)$$

$$=\frac{mA(\omega^2-k/m)}{c^2(-\omega^2)-(m\omega^2-k)^2}(\cos\omega t)+\frac{-cA\omega}{c^2(-\omega^2)-(m\omega^2-k)^2}(\sin\omega t)$$

$$=\frac{mA(k/m-\omega^2)}{c^2(\omega^2)+m^2(\omega^2-k/m)^2}(\cos\omega t)+\frac{cA\omega}{c^2(\omega^2)+m^2(\omega^2-k/m)^2}(\sin\omega t)$$

$$=\frac{mA({\omega_0}^2-\omega^2)}{c^2\omega^2+m^2(\omega^2-{\omega_0}^2)^2}(\cos\omega t)+\frac{cA\omega}{c^2\omega^2+m^2(\omega^2-{\omega_0}^2)^2}(\sin\omega t)$$

其中 $\omega_0=\sqrt{\dfrac{k}{m}}$ 稱爲自然頻率。

故得 $\lim\limits_{t\to\infty}y(t)=y_p(t)$

$$=\frac{mA({\omega_0}^2-\omega^2)}{c^2\omega^2+m^2(\omega^2-{\omega_0}^2)^2}(\cos\omega t)+\frac{cA\omega}{c^2\omega^2+m^2(\omega^2-{\omega_0}^2)^2}(\sin\omega t)$$

（圖形模擬如下）

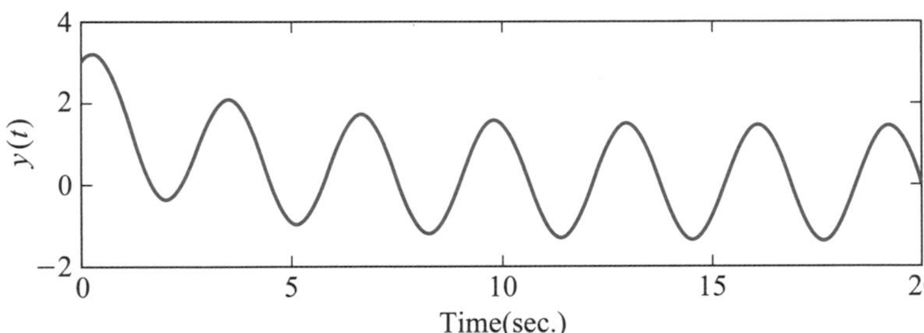

Q.E.D.

範例 2

在上題質量、阻尼與彈簧之振動系統中，若 $c=0$，請討論當外力 $f(t)=A\cos\omega t$ 之系統的解。

解 此系統之動態方程式為 $m\dfrac{d^2y}{dt^2}+ky=A\cos\omega t$，解特性方程式 $m\lambda^2+k=0$ 得

$\lambda_{1,2}=\pm i\sqrt{\dfrac{k}{m}}=\pm i\omega_0$，

得齊性解 $y_h(t)=c_1\cos\omega_0 t+c_2\sin\omega_0 t$

求特解方面則應用逆運算子法，因為 $(mD^2+k)y=A\cos\omega t$，

故
$$y_p(t)=\frac{1}{m\cdot D^2+k}(A\cos\omega t)=\frac{A}{m}\frac{1}{D^2+{\omega_0}^2}\cos\omega t$$

上式中 ω 的情況分別對應不同的現象：

(1) $\boldsymbol{\omega\neq\omega_0}$

此時外激頻率 ω 不等於自然頻率 ω_0，

則
$$y_p(t)=\frac{A}{m}\frac{1}{{\omega_0}^2-\omega^2}\cos\omega t$$

得通解
$$y(t)=c_1\cos\omega_0 t+c_2\sin\omega_0 t+\frac{A}{m}\frac{1}{{\omega_0}^2-\omega^2}\cos\omega t$$

此時系統不產生共振，解呈現震盪，但不會發散。(圖形模擬如下)

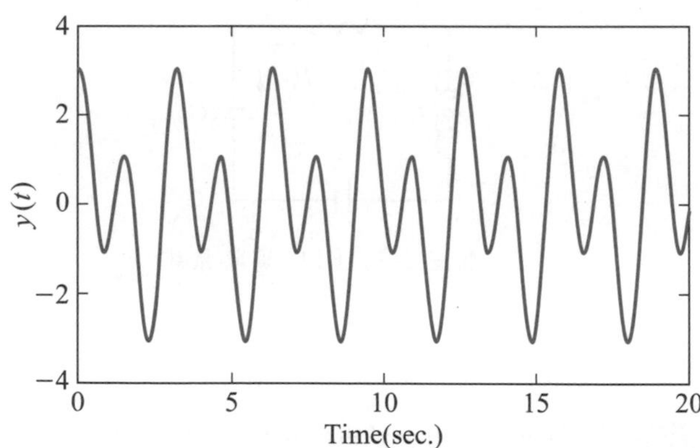

(2) $\boldsymbol{\omega=\omega_0}$

外激頻率 ω 等於自然頻率 ω_0，則特解 $y_p(t)=\dfrac{A}{m}\dfrac{t}{2\omega_0}\sin\omega t$，

得通解
$$y(t)=c_1\cos\omega_0 t+c_2\sin\omega_0 t+\frac{A}{m}\frac{t}{2\omega_0}\sin\omega t$$

此時系統產生共振 (resonance)，此時的解呈現震盪，但會發散。即 $\lim\limits_{t\to\infty}y(t)=\infty$。

(圖形模擬如下)

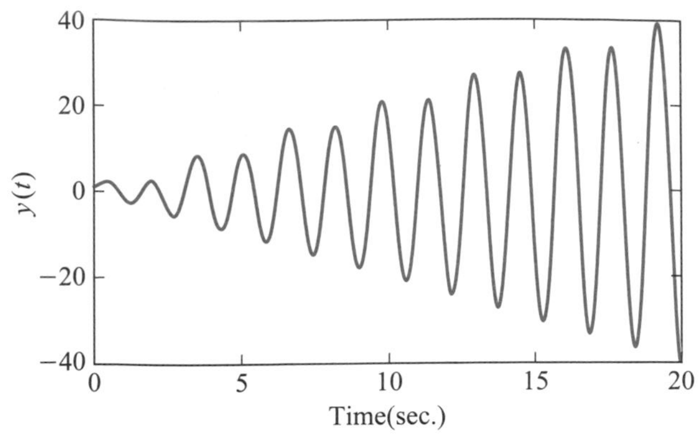

Q.E.D.

2-8-2 RLC 電路系統（RLC Electric circuit system）

RLC 電路系統可分爲「單迴路」與「多迴路」，介紹如下：

1. **單迴路系統**

利用克希荷夫（Kirchhoff's）電壓定律即可推出系統的控制方程式。令迴路中電流爲 $I(t)$，且電容器電量爲 $Q(t)$，

則 $L\dfrac{d^2Q(t)}{dt^2}+R\dfrac{dQ(t)}{dt}+\dfrac{1}{C}Q(t)=E(t)$ 或 $L\dfrac{d^2I(t)}{dt^2}+R\dfrac{dI(t)}{dt}+\dfrac{1}{C}I(t)=\dfrac{dE(t)}{dt}$。

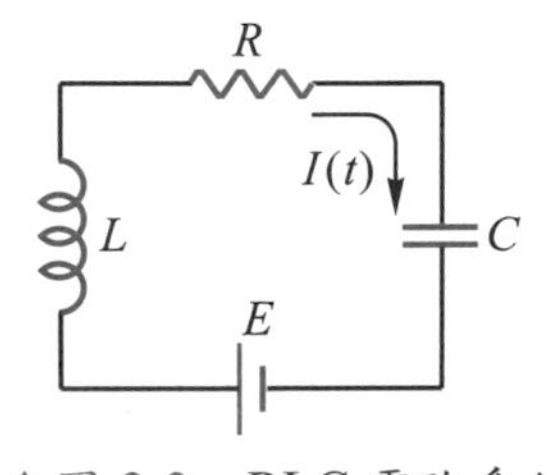

▲圖 2-3 RLC 電路系統

2. **多迴路系統**

(1) 克希荷夫電壓定律（Kirchhoff's Voltage Law, KVL）

沿著任意封閉電路之所有電壓降的代數和爲零，稱爲克希荷夫電壓定律。

(2) 克希荷夫電流定律（Kirchhoff's Current Law, KCL）

流經網路中一接點之電流的代數和爲零，稱爲克希荷夫電流定律。

即可推出系統的控制方程式。RLC 系統與 mck 系統之比較如表 3 所示。

▼表 3

RLC 系統	電感 L	電阻 R	電容的倒數 $\frac{1}{C}$	電動勢的導數 $E'(t)$	電流 $I(t)$
mck 系統	質量 m	阻尼常數 c	彈簧常數 k	外力 $F(t)$	位移 $y(t)$

範例 3

如圖所示之單迴路 RLC 電路，假設電容器的電量爲 $q(t)$，電流爲 $i(t)$，若 $L = 1\text{H}$，$R = 20\Omega$，$C = 0.01\text{F}$，供壓源爲 $E(t) = 120 \sin 10t$ 伏特，且 $q(0) = 0$，$i(0) = 0$，求此電路之穩態電流？

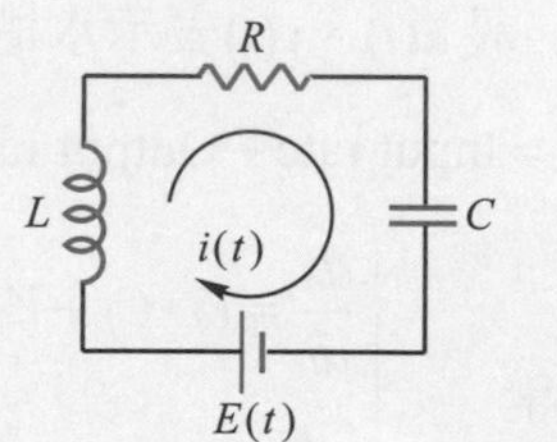

解 原電路之動態方程式爲 $L\dfrac{d^2q}{dt^2} + R\dfrac{dq}{dt} + \dfrac{1}{C}q = E(t)$，將參數值代入可得

$\dfrac{d^2q}{dt^2} + 20\dfrac{dq}{dt} + 100q = 120\sin 10t$，則 ODE 之解爲 $q(t) = c_1e^{-10t} + c_2te^{-10t} - \dfrac{3}{5}\cos 10t$，

又
$$i(t) = \frac{dq}{dt} = -10c_1e^{-10t} + c_2e^{-10t} - 10c_2te^{-10t} + 6\sin 10t$$

由 $q(0) = 0$，$i(0) = 0$ 可得 $c_1 - \dfrac{3}{5} = 0 \Rightarrow c_1 = \dfrac{3}{5}$，$-10c_1 + c_2 = 0 \Rightarrow c_2 = 6$，$c_1 = \dfrac{3}{5}$、$c_2 = 6$，

$i(t) = -60te^{-10t} + 6\sin 10t$，

得穩態電流　$\lim\limits_{t\to\infty} i(t) = 6\sin 10t$

Q.E.D.

2-8-3　具有回授之溶液混合系統（Mixing system with feedback）

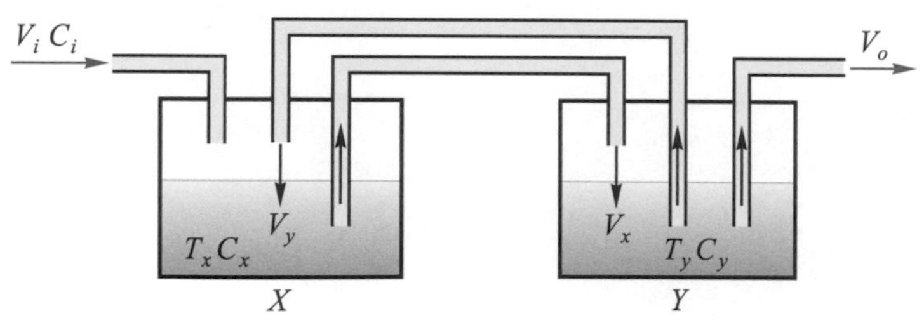

▲圖 2-4　溶液混合系統示意圖

設水槽 X 內含有 T_x 公升 (ℓ) 濃度爲 $C_x(g/\ell)$ 的鹽水，而水槽 Y 內含有 T_y 公升濃度爲 $C_y(g/\ell)$ 的鹽水。若濃度 $C_i(g/\ell)$ 的鹽水以 $V_i(\ell/\text{min})$ 的流速流入 X 槽中，而且水槽 X 的混合物又以 $V_x(\ell/\text{min})$ 的流速流入 Y 槽中。同時水槽 Y 以 $V_y(\ell/\text{min})$ 的流速泵回水槽 X 中（建立回授），並且又以 $V_o(\ell/\text{min})$ 的流速流出 Y 槽（如圖 2-4 所示）。試求兩水槽在時間 t 時鹽的含量。利用質量守恆即可求出系統的控制方程式：

建模

設 $x(t)$、$y(t)$表示水槽 X 及 Y 在時間 t 時的含鹽量。由

$\frac{dx}{dt}$ = Input rate − Output rate = 單位時間流入食鹽量 − 單位時間流出的食鹽量，

可得
$$\begin{cases} \dfrac{dx}{dt} = V_i \cdot C_i + V_y \cdot \dfrac{y}{T_y + (V_x - V_y - V_o)t} - V_x \cdot \dfrac{x}{T_x + (V_i + V_y - V_x)t} \\ \dfrac{dy}{dt} = V_x \cdot \dfrac{x}{T_x + (V_i + V_y - V_x)t} - (V_y + V_o) \cdot \dfrac{y}{T_y + (V_x - V_y - V_o)t} \end{cases},$$

且
$$\begin{cases} x(0) = T_x \cdot C_x \\ y(0) = T_y \cdot C_y \end{cases}$$

解上式聯立 ODE 即可得 $x(t)$、$y(t)$。

範例 4

設水槽 X 內含有 10 公升 (ℓ) 濃度爲 $1.0(g/\ell)$ 的鹽水，而水槽 Y 內含有 20 公升的純水。若現用流速爲 $2.0(\ell/\text{min})$ 的純水加入到 X 槽中，且水槽 X 的混合物又以 $4.0(\ell/\text{min})$ 的流速流入 Y 槽中。同時再由水槽 Y 以 $2.0(\ell/\text{min})$ 的流速泵回水槽 X 中，並且又以 $2.0(\ell/\text{min})$ 的流速流出 Y 槽。試求兩水槽在時間 t 時鹽的含量。

解 由建模得
$$\begin{cases} \dot{x} = -\dfrac{2}{5}x + \dfrac{1}{10}y & \cdots① \\ \dot{y} = \dfrac{2}{5}x - \dfrac{1}{5}y & \cdots② \end{cases}$$

由①可知 $y = 10\dot{x} + 4x$ 代入②中可得 $\dot{y} = -\dfrac{2}{5}x - 2\dot{x}$，

又 $\ddot{x} = -\dfrac{2}{5}\dot{x} + \dfrac{1}{10}\dot{y} \Rightarrow \ddot{x} + \dfrac{3}{5}\dot{x} - \dfrac{1}{25}x = 0$。

得通解　$x(t) = c_1 e^{\frac{-3+\sqrt{5}}{10}t} + c_2 e^{\frac{-3-\sqrt{5}}{10}t}$

由 $y = 10\dot{x} + 4x$ 可得 $y(t) = (1+\sqrt{5})c_1 e^{\frac{-3+\sqrt{5}}{10}t} + (1-\sqrt{5})c_2 e^{\frac{-3-\sqrt{5}}{10}t}$；由 $x(0) = 10$，$y(0) = 0$，可得 $c_1 = 5-\sqrt{5}$、$c_2 = 5+\sqrt{5}$，

得系統解　$x(t) = (5-\sqrt{5})e^{\frac{-3+\sqrt{5}}{10}t} + (5+\sqrt{5})e^{\frac{-3-\sqrt{5}}{10}t}$，$y(t) = 4\sqrt{5}e^{\frac{-3+\sqrt{5}}{10}t} - 4\sqrt{5}e^{\frac{-3-\sqrt{5}}{10}t}$

Q.E.D.

2-8 習題演練

基礎題

1. 在 mck 震動系統中，$m=1, c=5, k=4$，外力項 $F(t)=0$，且初始位置 $y(0)=1$，初始速度 $y'(0)=1$，求其系統反應。
2. 在 RLC 電路中，$R=2\Omega, L=1H$, $C=0.1F$，且 $E(t)=0$，初始電量 $Q(0)=-2$，初始電流 $I(0)=\left.\dfrac{dQ}{dt}\right|_{t=0}=0$ 。求該迴路的電量 $Q(t)$。

進階題

1. 有一 mck 振動系統，其中 $m=1$、$c=2$、$k=6$ 且 $F=\sin 2t+2\cos 2t$，同時初始位移爲 1.0、初始速度爲 0。試求該系統的反應。
2. 單迴路的 RLC 電路，其中 $R=50\Omega$、$L=30\text{H}$、$C=0.025\text{F}$ 且 $E(t)=200\sin 4t$ V，試求該迴路的穩態電流。
3. 設水槽 X 內有 10 公升 (ℓ) 濃度爲 $1.0(g/\ell)$ 的鹽水，而水槽 Y 內含有 20 公升的純水。若現用流速爲 $2.5(\ell/\text{min})$ 的純水加入到 X 槽中，且水槽 X 的混合物又以 $4.0(\ell/\text{min})$ 的流速流入 Y 槽中。同時再由水槽 Y 以 $1.5(\ell/\text{min})$ 的流速泵回水槽 X 中，並且又以 $2.5(\ell/\text{min})$ 的流速流出 Y 槽。何時 Y 槽所含的鹽量爲最大？而此時的鹽含量爲何？

拉氏轉換

拉普拉斯
（Laplace, 1749～1827, 法國）

皮埃爾－西蒙－拉普拉斯（Pierre-Simon Laplace, 1749～1827）在機率論的研究中引入拉氏轉換，而後在物理與工程上，拉氏轉換被大量用來求解微分方程與積分方程，尤其是在線性非時變系統。他對現代數理科學與工程技術的進步有很大貢獻。

學習目標

3-1 拉氏轉換定義	**3-1-1** － 認識指數階函數 **3-1-2** － 了解及判斷拉氏轉換的存在性 **3-1-3** － 從拆解瑕積分了解拉氏轉換的存在性
3-2 基本性質與定理	**3-2-1** － 學會推導常用函數的拉氏轉換 **3-2-2** － 掌握拉氏轉換的常用性質
3-3 特殊函數的拉氏轉換	**3-3-1** － 掌握單位脈衝函數的拉氏轉換 **3-3-2** － 掌握週期函數的拉氏轉換 **3-3-3** － 掌握摺積定理及其應用
3-4 拉氏反轉換	**3-4-1** － 認識拉式反轉換及相關性質 **3-4-2** － 掌握拉式反轉換的常見公式與定理 **3-4-3** － 掌握部分分式的拉氏轉換
3-5 拉氏轉換的應用	**3-5-1** － 學會使用拉氏轉換求解常係數 ODE **3-5-2** － 學會使用拉氏轉換求解變係數 ODE **3-5-3** － 掌握摺積型微分方程的求解

一般工程問題在求解的過程常常會用到微分方程或積分方程進行建模，再利用常用的微分方程式的解法求解，然而微分方程式之求解並沒有代數方程式之求解來的直接，所以如何將微分方程式或積分方程式進行轉換，以及轉換到另一個空間後變成代數方程式再求解就成了一個重要課題。

在 1744 年，瑞士數學家尤拉就已經開始研究解具有 $z=\int X(x)e^{ax}dx$ 、 $z=\int X(x)x^{A}dx$ 等型式的微分方程，但是並沒有將這條路走得很遠。在更以後，法國數學家拉格朗日在研究機率學時開始考慮具有積分形式的機率密度函數：

$$\int X(x)e^{-ax}dx$$

這普遍被視為現代拉氏轉換的由來。而整個拉式轉換的完整性則是由皮埃爾–西蒙–拉普拉斯所完成。

而後在物理與工程上，拉氏轉換被大量用來求解微分方程與積分方程，尤其是在線性非時變系統。本章將拉式轉換的公式及結果作系統性的整理，最後舉例說明其如何應用在求解物理問題上。拉氏轉換在各領域的工程問題上具有廣泛應用，是非常重要的一章。

3-1 拉氏轉換定義

尤拉所定義的積分形式若要能計算，當然積分要先存在，因此我們先將這類函數區別出來。

3-1-1 指數階函數

定義 3-1-1　指數階函數與收斂橫坐標

若函數 $f(t)$ 滿足 $|f(t)|\le Me^{\alpha t}$，$\forall t$，其中 M，α 爲常數，則稱 $f(t)$ 爲指數階函數。若 α_0 爲使得 $|f(t)|\le Me^{\alpha t}$ 之 α 的下界，則稱 α_0 爲收斂橫坐標。

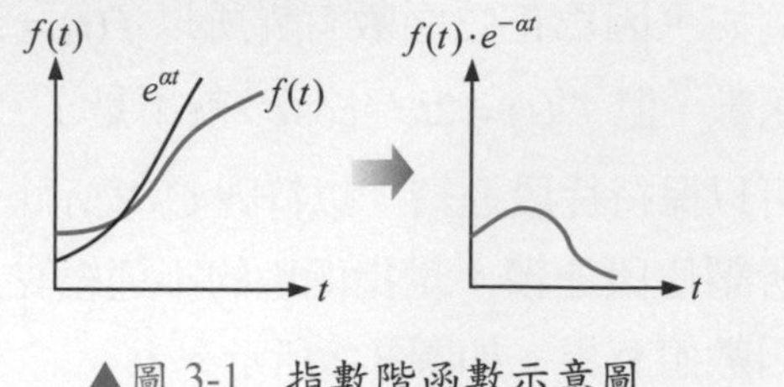

▲圖 3-1　指數階函數示意圖

從指數階函數的定義 3-1-1 可知，它是一個跟指數函數的行爲較爲接近的函數。因此一般來說會計算極限值

$$\lim_{t\to\infty}\frac{|f(t)|}{e^{\alpha t}}$$

以便知道 $f(t)$ 是否爲指數階函數，因此，定義中的橫坐標並不難想像，例如 $f(t)=e^{2t}$，則 α 至少取 2，上述極限才會收斂，故 $\alpha_0=2$；收斂橫坐標爲 2。若 $f(t)=e^{-5t}$，則 α 至少取 -5，上述極限才會收斂，故 $\alpha_0=-5$，即收斂橫坐標爲 -5。

範例 1

下列何者爲指數階函數：

(1) t^n (2) e^{t^2} (3) t^t。

解 對各小題我們計算極限 $\lim\limits_{t\to\infty}\dfrac{|f(t)|}{e^{\alpha t}}$

(1) $$\lim_{t\to\infty}\frac{t^n}{e^{\alpha t}}=\lim_{t\to\infty}t^n\cdot e^{-\alpha t}=\lim_{t\to\infty}\exp[\ln t^n]\cdot e^{-\alpha t}=\lim_{t\to\infty}e^{n\cdot\ln t}\cdot e^{-\alpha t}$$
$$=\lim_{t\to\infty}e^{n\ln t-\alpha t}=0=M$$ ，取 $\alpha>0$，

$\therefore t^n$ 爲指數階函數。

(2) $$\lim_{t\to\infty}\frac{e^{t^2}}{e^{\alpha t}}=\lim_{t\to\infty}e^{t^2}\cdot e^{-\alpha t}=\lim_{t\to\infty}e^{t^2-\alpha t}=\lim_{t\to\infty}e^{t\cdot(t-\alpha)}\to\infty$$ ，

$\therefore e^{t^2}$ 非指數階函數。

(3) $$\lim_{t\to\infty}\frac{t^t}{e^{\alpha t}}=\lim_{t\to\infty}t^t\cdot e^{-\alpha t}=\lim_{t\to\infty}\exp[t\ln t]\cdot e^{-\alpha t}=\lim_{t\to\infty}e^{t\ln t-\alpha t}$$
$$=\lim_{t\to\infty}e^{t\cdot(\ln t-\alpha)}\to\infty$$ ，

$\therefore t^t$ 非指數階函數。 Q.E.D.

值得一提的是，微分運算並不保持指數階函數，例如，因爲正弦函數有界所以 $f(t)=\sin(e^{t^2})$ 是指數階函數，但 $f'(t)=2te^{t^2}\cos e^{t^2}$ 就不是了。然而，積分運算可以保持片段連續（以符號 C_P 表示）的指數階特性，所謂片段連續，是指函數的不連續點只有限個，且其函數值有界，如圖 3-2 所示。

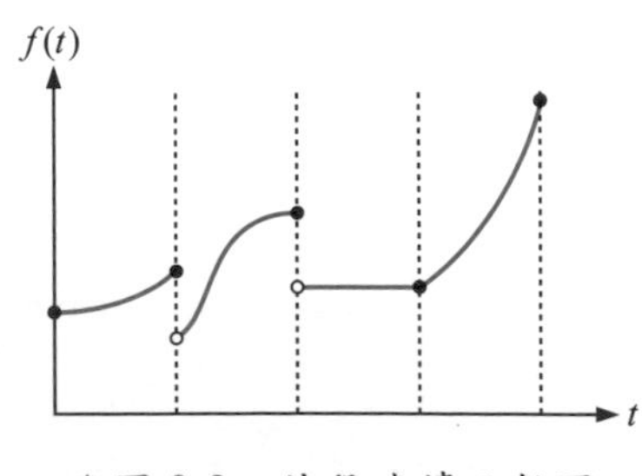

▲圖 3-2 片段連續函數圖

另外可用羅畢達法則驗證：若片段連續的函數 $f(x)$ 同時爲指數階，則其積分 $\int_0^T f(x)dx$ 仍爲指數階函數。有了指數階函數觀念後，接著來定義何謂拉氏轉換。

3-1-2　拉氏轉換

定義 3-1-2　拉氏轉換與反轉換

函數 $f(t)$ 之拉氏轉換（Laplace transform）與反轉換（Inverse transform）分別定義如下：

(1) $\mathscr{L}\{f(t)\} = \int_0^\infty f(t)e^{-st}dt = F(s)$。

(2) $\mathscr{L}^{-1}\{F(s)\} = \dfrac{1}{2\pi i}\int_{a-i\infty}^{a+i\infty} f(s)e^{st}ds$ [1]。

由物理意義來看，若 $f(t)$ 表示其一訊號，則拉氏轉換會將原來在「時域空間」的訊號一對一的進行訊號轉換到另一個 s 空間，而且不會混淆。而此轉換是否能進行，如下列定理 3-1-1 描述。

定理 3-1-1　拉氏轉換存在的條件

若 $f(t)$ 滿足 $\begin{cases} f(t)\text{ 爲片段連續 }(C_P) \\ f(t)\text{ 爲指數階} \end{cases}$，則 $f(t)$ 的拉氏轉換存在，且存在正實數 M、α_0

使得 $\mathscr{L}\{f(t)\} = F(s) \le \dfrac{M}{s-\alpha_0}$

證明

因爲 $f(t)$ 是指數階，可令其收斂橫坐標 α_0，且由定義 3-1-1，存在一個正實數 M

使得　$|f(t)| \le Me^{\alpha_0 t}$

因此　$\mathscr{L}\{f(t)\} = \int_0^\infty f(t)e^{-st}dt \le \int_0^\infty |f(t)|e^{-st}dt \le M\int_0^\infty e^{\alpha_0 t}e^{-st}dt$

$$= M\int_0^\infty e^{-(s-\alpha_0)t}dt = M \times \frac{-1}{(s-\alpha_0)} \times e^{-(s-\alpha_0)t}\Big|_0^\infty = \frac{M}{s-\alpha_0} \quad (s > \alpha_0)$$

所以　$\mathscr{L}\{f(t)\} = F(s) \le \dfrac{M}{s-\alpha_0}$（其中 $s > \alpha_0$）

---

[1] 拉氏反轉換的積分將會在複變函數來談如何求解。

從定理 3-1-1，得到$\begin{cases}(1)\ \lim_{s\to\infty} F(s)=0 \\ (2)\ \lim_{s\to\infty} sF(s)=M=\text{常數}\end{cases}$。

3-1-3 拉氏轉換存在性分析（選讀）

我們現在談談如何分析拉氏轉換的存在性。首先，拉氏轉換 $\int_0^\infty f(t)\,e^{-st}dt$ 本身爲瑕積分（improper integral），我們將積分拆開得

$$\int_0^T f(t)\,e^{-st}dt+\int_T^\infty f(t)\,e^{-st}dt$$

對加號右邊的積分來說，能否收斂在於 f 在$[T,\ \infty]$的上界函數是否存在；而對加號左邊的積分來說，積分存不存在，在於函數在$[0,\ T]$上是否會出現奇異點。因此，由定理 3-1-1 的證明，我們得下列結果

1. 若 $f(t)$爲 C_p，則必存在一個 T，使得 $f(t)$的不連續點落在$[0,\ T]$內，且 $\int_0^T f(t)\,e^{-st}dt$ 存在。
2. 若 $f(t)$爲指數階函數，則拉氏轉換後半段積分 $\int_T^\infty f(t)\,e^{-st}dt$ 必存在。

當上述 1～2 條件同時成立時，拉氏轉換才存在，因此我們在判斷拉氏轉換是否存在時，主要便是找到一個適當的 T 將瑕積分切開，而後分開討論。

範例 2

試判別下列函數之拉氏轉換是否存在。

(1) $f(t)=t^{-3}$　(2) $f(t)=t^{-\frac{1}{2}}$　(3) $f(t)=e^{at}$　(4) $f(t)=t^t$　(5) $f(t)=\dfrac{1}{1+t}$。

解 (1) $f(t)=t^{-3}$ 爲指數階，但 $\int_0^T t^{-3}dt$ 不存在，$\therefore \mathcal{L}\{f(t)\}$ 不存在。

(2) $f(t)=t^{-\frac{1}{2}}$ 爲指數階，雖然 $f(t)$ 非 C_p，但 $\int_0^T t^{-\frac{1}{2}}dt=2\sqrt{t}\,\Big|_0^T$ 存在，$\therefore \mathcal{L}\{f(t)\}$ 存在。

(3) $f(t)=e^{at}$ 爲指數階又爲連續，$\therefore \mathcal{L}\{f(t)\}$ 存在。

(4) $f(t)=t^t$ 不爲指數階，$\therefore \mathcal{L}\{f(t)\}$ 不存在。

(5) $f(t)=\dfrac{1}{1+t}$ 爲指數階且片段連續在$[0,\ \infty)$，$\therefore \mathcal{L}\{f(t)\}$ 存在。 Q.E.D.

3-2 基本性質與定理

本章節將針對常見函數，求其拉氏轉換，對於一些較為複雜之函數的拉氏轉換可以參閱附錄二。

3-2-1　常用函數的 L-T

定理 3-2-1　單位步階函數 L-T（Unit step function）

定義 $u(t)=\begin{cases}1，t\ge 0\\ 0，t<0\end{cases}$，

則 $\mathscr{L}\{u(t)\}=\dfrac{1}{s}$

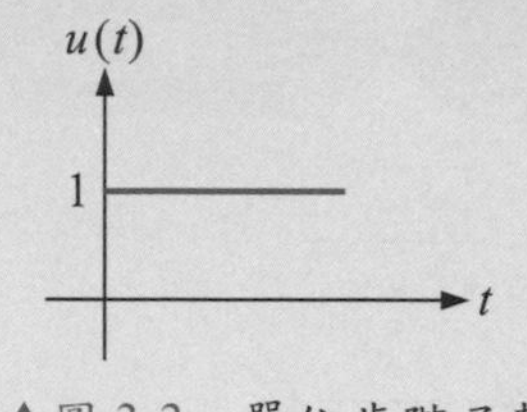

▲圖 3-3　單位步階函數

證明

$\mathscr{L}\{u(t)\}=\int_0^\infty 1\cdot e^{-st}dt=-\frac{1}{s}e^{-st}\Big|_0^\infty=\frac{1}{s}$，取 $s>0$，

$\therefore \mathscr{L}\{u(t)\}=\frac{1}{s}$（$\mathscr{L}^{-1}\{\frac{1}{s}\}=u(t)$ 或 1）[2]。

---

[2] 在拉氏轉換的題目中，我們都是討論 $t\ge 0$，所以單位步階函數 $u(t)$ 亦可直接寫成 1，即 $\mathscr{L}\{1\}=\frac{1}{s}$，$\mathscr{L}^{-1}\{\frac{1}{s}\}=1=u(t)$。

定理 3-2-2　指數函數 L-T（Exponential function）

$$\mathscr{L}\{e^{at}\}=\frac{1}{s-a}$$

證明

$\mathscr{L}\{e^{at}\}=\int_0^{\infty}e^{at}\cdot e^{-st}dt=\int_0^{\infty}e^{-(s-a)t}dt=\frac{-1}{(s-a)}e^{-(s-a)t}\Big|_0^{\infty}=\frac{1}{s-a}$，其中 $s>a$，

$\therefore \mathscr{L}\{e^{at}\}=\frac{1}{s-a}$（$\mathscr{L}^{-1}\{\frac{1}{s-a}\}=e^{at}$）。

定理 3-2-3　三角函數 L-T（Trigonometric function）

$$\mathscr{L}\{\sin wt\}=\frac{w}{s^2+w^2}$$

$$\mathscr{L}\{\cos wt\}=\frac{s}{s^2+w^2}$$

證明

首先回憶尤拉公式：$e^{iwt}=\cos wt+i\sin wt$，

所以　$\mathscr{L}\{e^{iwt}\}=\mathscr{L}\{\cos wt+i\sin wt\}=\mathscr{L}\{\cos wt\}+i\,\mathscr{L}\{\sin wt\}$

現在由指數函數的拉氏變換（定理 3-2-2）

知　$\mathscr{L}\{e^{iwt}\}=\frac{1}{s-iw}=\frac{s+iw}{(s-iw)(s+iw)}=\frac{s+iw}{s^2+w^2}=\frac{s}{s^2+w^2}+i\frac{w}{s^2+w^2}$

比較係數

得　$\mathscr{L}\{\cos wt\}=\frac{s}{s^2+w^2}$（$\mathscr{L}^{-1}\{\frac{s}{s^2+w^2}\}=\cos wt$）

$\mathscr{L}\{\sin wt\}=\frac{w}{s^2+w^2}$（$\mathscr{L}^{-1}\{\frac{w}{s^2+w^2}\}=\sin wt$）

定理 3-2-4　雙曲函數 L-T（Hyperbolic function）

$$\mathcal{L}\{\cosh wt\} = \frac{s}{s^2 - w^2}$$

$$\mathcal{L}\{\sinh wt\} = \frac{w}{s^2 - w^2}$$

證明

因為　$\cosh wt = \dfrac{e^{wt} + e^{-wt}}{2}$，所以由指數函數的拉氏轉換公式

知　$\mathcal{L}\{\cosh wt\} = \dfrac{1}{2}[\dfrac{1}{s-w} + \dfrac{1}{s+w}] = \dfrac{s}{s^2 - w^2}$　（$\mathcal{L}^{-1}\{\dfrac{s}{s^2 - w^2}\} = \cosh wt$）

同理　$\mathcal{L}\{\sinh wt\} = \dfrac{w}{s^2 - w^2}$　（$\mathcal{L}^{-1}\{\dfrac{w}{s^2 - w^2}\} = \sinh wt$）

在討論冪次函數的拉氏變換之前，我們先介紹 Gamma 函數，這是因為在計算的最後我們會需要利用此函數歸納結果。Gamma 函數是尤拉設法將階乘推廣到非整數的狀況時所引用的，後來在高斯、李建德等數學家的研究工作中進一步證實了它的重要性。尤拉當初採用的定義是 $\Gamma(x) = \int_0^1 (-\log t)^{x-1} dt$，透過變數變換 $u = -\log t$ 可以得到如下現代常用的形式。

定義 3-2-1　Gamma 函數

對 $x > 0$，Gamma 函數定義為 $\Gamma(x) = \int_0^\infty e^{-t} t^{x-1} dt$

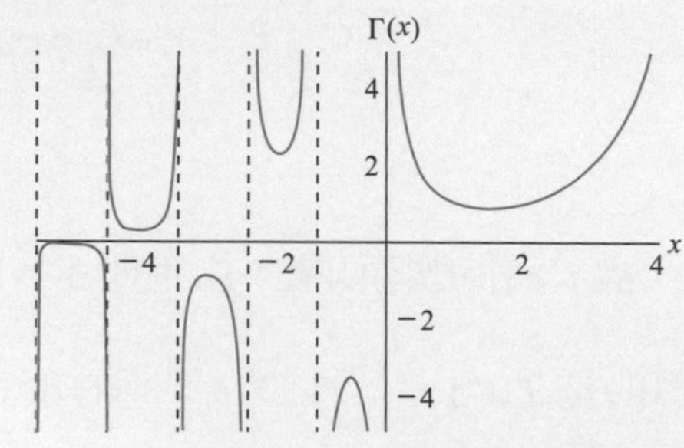

▲圖 3-4　電腦所繪的 Gamma 函數圖形

接下來的定理 3-2-5，讀者可以利用部分積分（Integration by part）證明，唯有在(4)中，需要透過重積分與極坐標變換才能求得結果，此部分的細節可參考一般微積分教科書。

定理 3-2-5 Gamma 函數的性質

(1) $\Gamma(x)=\dfrac{\Gamma(x+n)}{x(x+1)(x+2)\cdots(x+n-1)}$，其中 $x<0$；$x+n>0$，x 不是整數。

(2) $\Gamma(1)=1$。

(3) $\Gamma(x+1)=x\Gamma(x)$，$x>0$。

(4) $\Gamma(\frac{1}{2})=\sqrt{\pi}$。

(5) $\Gamma(k+1)=k!$，k 爲正整數。

範例 1

請計算 (1) $\Gamma(10)$ (2) $\Gamma(\frac{5}{2})$。

解 (1) 由定理 3-2-5 公式(5)得知 $\Gamma(10)=9!$。

(2) 由定理 3-2-5 公式(3)、(4)得知：

$$\Gamma(\frac{5}{2})=\Gamma(1+\frac{3}{2})=\frac{3}{2}\Gamma(\frac{3}{2})=\frac{3}{2}\times\frac{1}{2}\Gamma(\frac{1}{2})=\frac{3}{4}\sqrt{\pi}$$ 。

Q.E.D.

對於冪次函數的拉氏變換，我們先稍微根據定義想像一下，會發現引用 Gamma 函數是很自然的事，而轉換過程會出現額外的係數，只是藉由變數變換作簡化的結果。

定理 3-2-6 冪次函數 L-T（Power function）

對於 $a>-1$，我們有

$$\mathscr{L}\{t^a\}=\frac{\Gamma(a+1)}{s^{a+1}}=\frac{a!}{s^{a+1}}$$

證明

由羅畢達法則知 $\lim\limits_{t\to\infty}\dfrac{t^a}{e^t}=0$，故 t^a 爲指數階函數，由定理 3-1-1 知拉氏轉換存在。

現在根據定義，我們要計算的是 $\mathscr{L}\{t^a\}=\int_0^\infty t^a e^{-st}dt$，這在形式上已經近似 gamma 函數，但變數需要略作簡化，令 $st=\xi$，$t=\dfrac{\xi}{s}$，$dt=\dfrac{1}{s}d\xi$，

故
$$\mathscr{L}\{t^a\}=\int_0^\infty t^a e^{-st}dt=\int_0^\infty(\frac{\xi}{s})^a e^{-\xi}\frac{1}{s}d\xi=\int_0^\infty\frac{\xi^a}{s^a}e^{-\xi}\frac{1}{s}d\xi$$

$$=\frac{1}{s^{a+1}}\int_0^\infty e^{-\xi}\cdot\xi^{(a+1)-1}d\xi=\frac{\Gamma(a+1)}{s^{a+1}}=\frac{a!}{s^{a+1}}\quad(\mathscr{L}^{-1}\{\frac{1}{s^{a+1}}\}=\frac{t^a}{a!})$$

範例 2

求函數 $t^{-\frac{1}{2}}$ 的拉氏轉換。

解 $\mathscr{L}\{t^{-\frac{1}{2}}\}=\dfrac{\Gamma(-\frac{1}{2}+1)}{s^{-\frac{1}{2}+1}}=\dfrac{\Gamma(\frac{1}{2})}{s^{\frac{1}{2}}}=\sqrt{\dfrac{\pi}{s}}$ 。 Q.E.D.

一般來說我們有底下的結果，讀者可試著參考推導冪次函數拉氏轉換的過程寫下證明。

定理 3-2-7　多項式函數 L-T

若 $a=n$ 爲正整數 1、2、3、……，

則 $\begin{cases}\mathscr{L}\{t^n\}=\dfrac{n!}{s^{n+1}}\\ \mathscr{L}^{-1}\{\dfrac{1}{s^{n+1}}\}=\dfrac{t^n}{n!}\end{cases}$

3-2-2　常用的定理

從 3-2-1 小節中，我們發現對常見的函數做拉氏變換後，結果都是有理函數，這便讓我們在解 ODE 上有了重要啓示，因爲即便是線性 ODE，Sorce function 對我們也是一個頭痛的存在，而拉氏變換可以將這些函數換成相對好處理的有理函數，這便推動我們去看整個 ODE 在拉氏變換下的結果。

本小節針對函數的微分、積分等情況的拉氏轉換作推導，並在 3-5 節談到這些結果在求解 ODE 上的應用。

定理 3-2-8　拉氏變換是線性的

$\mathscr{L}\{c_1f(t)\pm c_2g(t)\}=\mathscr{L}\{c_1f(t)\}\pm\mathscr{L}\{c_2g(t)\}=c_1\mathscr{L}\{f(t)\}\pm c_2\mathscr{L}\{g(t)\}$ 。

範例 3

求函數 $3t-5\sin 2t$ 的拉氏轉換。

解 由三角函數及冪次函數的拉氏轉換可知，

$$\mathscr{L}\{3t-5\sin 2t\}=3\,\mathscr{L}\{t\}-5\,\mathscr{L}\{\sin 2t\}=\frac{3}{s^2}-5\times\frac{2}{s^2+2^2}$$ 。 Q.E.D.

定理 3-2-9 微分函數 L-T

若 $f(t)$ 和其微分 $f'(t)$ 均爲指數階連續函數，

則 $\mathscr{L}\{f'(t)\}=s\,\mathscr{L}\{f(t)\}-f(0)$ 。

證明

從部分積分（如圖 3-5）我們有

$$\mathscr{L}\{f'(t)\}=\int_0^\infty f'(t)\,e^{-st}dt=f(t)e^{-st}\Big|_0^\infty+s\int_0^\infty f(t)e^{-st}dt$$

$$=-f(0)+s\,\mathscr{L}\{f(t)\}=s\,\mathscr{L}\{f(t)\}-f(0)$$ 。

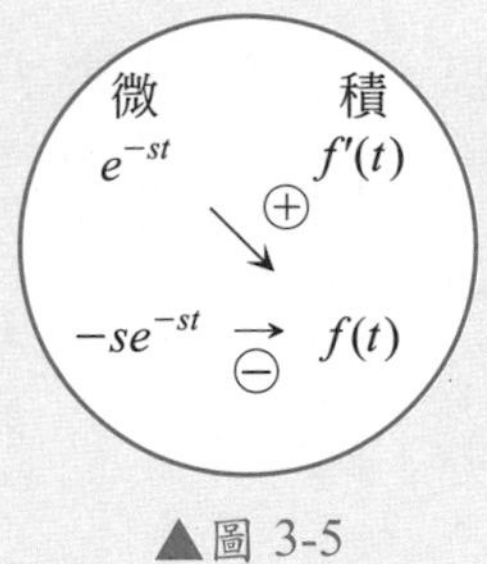

▲圖 3-5

定理 3-2-10 高階微分函數 L-T

$$\mathscr{L}\{f^{(n)}(t)\}=s^nF(s)-s^{n-1}f(0)-s^{n-2}f'(0)-\cdots-f^{(n-1)}(0)$$ 。

證明

在定理 3-2-9 中，以 $f'(t)$ 代替 $f(t)$ 得

$$\mathscr{L}\{f''(t)\}=s\,\mathscr{L}\{f'(t)\}-f(0)=s^2\,\mathscr{L}\{f(t)\}-sf'(0)-f(0)$$

因此由歸納法原式得證。

範例 4

求 $\mathscr{L}\{\sin^2 t\}$。

解 法 1. 利用定理 3-2-10

$f(t)=\sin^2 t$，則 $f'(t)=2\sin t\cos t=\sin 2t$ 且 $f(0)=0$，

則 $\mathscr{L}\{f'(t)\}=s\,\mathscr{L}\{f(t)\}-f(0)$

$\mathscr{L}\{\sin 2t\}=s\,\mathscr{L}\{f(t)\}-f(0)=s\,\mathscr{L}\{\sin^2 t\}$

所以 $\mathscr{L}\{\sin^2 t\}=\dfrac{1}{s}\mathscr{L}\{\sin 2t\}=\dfrac{1}{s}\dfrac{2}{s^2+2^2}=\dfrac{2}{s(s^2+4)}$

法 2. 利用半角公式

$$\mathscr{L}\{\sin^2 t\}=\mathscr{L}\{\frac{1-\cos 2t}{2}\}=\frac{1}{2}(\frac{1}{s}-\frac{s}{s^2+2^2})=\frac{2}{s(s^2+4)}$$ 。

Q.E.D.

為了方便起見，接下來所有函數 $f(t)$ 的拉氏轉換 $\mathscr{L}\{f(t)\}$ 都會以 $F(s)$ 表示。

定理 3-2-11 積分的拉氏轉換

$$\mathscr{L}\{\int_0^t f(\tau)d\tau\}=\frac{F(s)}{s}$$

證明

拉氏轉換本身就是一種積分變換，因此定理要計算的是一個重積分，這時候畫出積分區域並作適當的積分次序對調是一個幫助計算的常用工具，

$$\mathscr{L}\{\int_0^t f(\tau)d\tau\}=\int_0^\infty(\int_0^t f(\tau)d\tau)e^{-st}dt \quad \text{（積分區域如圖 3-6 所示）}$$

$$=\int_{\tau=0}^{\tau=\infty}(\int_{t=\tau}^{t=\infty}e^{-st}dt)f(\tau)d\tau \quad \text{（調換積分次序）}$$

$$=\int_0^\infty -\frac{1}{s}e^{-st}\Big|_\tau^\infty f(\tau)d\tau$$

$$=\int_0^\infty \frac{1}{s}e^{-s\tau}f(\tau)d\tau$$

$$=\frac{1}{s}\int_0^\infty f(\tau)\,e^{-s\tau}d\tau$$

$$=\frac{F(s)}{s}$$ 。

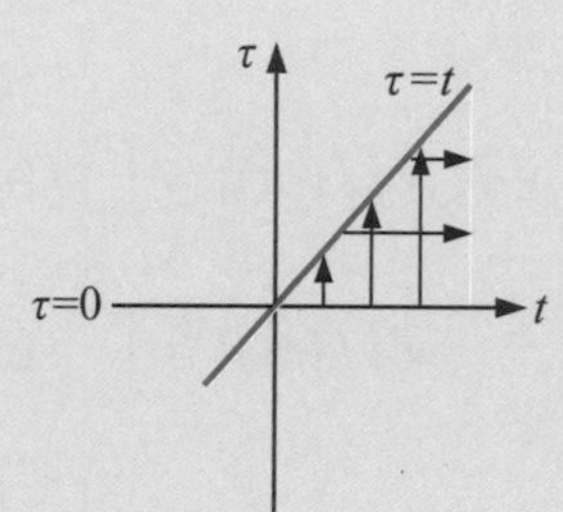

▲圖 3-6 積分區域示意圖

定理 3-2-12 多重積分的拉氏轉換

$$\mathcal{L}\{\int_0^t \int_0^{t_1} \cdots \int_0^{t_{n-1}} f(\tau)d\tau dt_{n-1}\cdots dt_1\} = \frac{F(s)}{s^n}$$

證明

粗略地來說，定理 3-2-11 可以理解成「對積分作拉氏轉換等於被積分函數的拉氏轉換乘一個修正係數 $\frac{1}{s}$ 」，故由拉氏轉換的線性及歸納法原式得證。

範例 5

求 $\mathcal{L}\{\int_0^t \int_0^{\tau}(1-\cos wu)dud\tau\}$ 。

解 由定理 3-2-12$(n=2)$

得
$$\mathcal{L}\{\int_0^t \int_0^{\tau}(1-\cos wu)dud\tau\} = \frac{1}{s^2}\mathcal{L}\{1-\cos wt\}$$
$$= \frac{1}{s^2}(\frac{1}{s} - \frac{s}{s^2+w^2})$$
$$= \frac{w^2}{s^3(s^2+w^2)}$$

Q.E.D.

定理 3-2-13 尺度變換

$$\mathcal{L}\{f(at)\} = \frac{1}{a}F(\frac{s}{a}) = \frac{1}{a}\mathcal{L}\{f(t)\}\Big|_{s\to\frac{s}{a}}$$

證明

根據定義 $\mathcal{L}\{f(at)\} = \int_0^\infty f(at)\,e^{-st}dt$ ，現在令 $at=\xi$，則 $dt = \frac{1}{a}d\xi$ ，

所以
$$\mathcal{L}\{f(at)\} = \int_0^\infty f(at)\,e^{-st}dt = \int_0^\infty f(\xi)\,e^{-s\frac{\xi}{a}}\frac{1}{a}d\xi$$
$$= \frac{1}{a}\int_0^\infty f(\xi)\,e^{-\frac{s}{a}\xi}d\xi = \frac{1}{a}F(\frac{s}{a})$$ 。

範例 6

定義 m 階的 Bessel 函數爲 $J_m(t)=\sum_{n=0}^{\infty}\frac{(-1)^n}{\Gamma(n+1+m)n!}(\frac{t}{2})^{2n+m}$，

且 $\mathscr{L}\{J_0(t)\}=\frac{1}{\sqrt{s^2+1}}$，求 $\mathscr{L}\{J_0(at)\}$。

解 由定理 3-2-13

知 $$\mathscr{L}\{J_0(at)\}=\frac{1}{a}\mathscr{L}\{J_0(t)\}\Big|_{s\to\frac{s}{a}}=\frac{1}{a}\frac{1}{\sqrt{(\frac{s}{a})^2+1}}=\frac{1}{\sqrt{s^2+a^2}}$$

Q.E.D.

定理 3-2-14　初值定理

若 $f(t)$及其微分 $f'(t)$ 均爲指數階連續函數，則 $\lim_{s\to\infty}sF(s)=f(0^+)$。

證明

首先，由前提條件已知存在一個不爲零的正數 M、α，使得$|f'(t)|\le Me^{\alpha t}$，

因此 $$\lim_{s\to\infty}[\mathscr{L}\{f'(t)\}]=\lim_{s\to\infty}[\int_0^{\infty}f'(t)\,e^{-st}dt]$$

$$\le M\lim_{s\to\infty}\int_0^{\infty}e^{\alpha t}\,e^{-st}dt=M\lim_{s\to\infty}\frac{e^{\alpha-s}}{\alpha-s}=0$$

但同時由微分的拉普拉斯轉換公式

知 $$\lim_{s\to\infty}[\mathscr{L}\{f'(t)\}]=\lim_{s\to\infty}[sF(s)-f(0^+)]=0$$

所以 $$\lim_{s\to\infty}sF(s)=f(0^+)$$

定理 3-2-15　廣義初值定理

若 $\mathscr{L}\{f(t)\}=F(s)$、$\mathscr{L}\{g(t)\}=G(s)$，則 $\lim_{s\to\infty}\frac{F(s)}{G(s)}=\frac{f(0^+)}{g(0^+)}$。

證明

由定理 3-2-14

知 $$\lim_{s\to\infty}\frac{F(s)}{G(s)}=\frac{\lim_{s\to\infty}sF(s)}{\lim_{s\to\infty}sG(s)}=\frac{f(0^+)}{g(0^+)}$$

定理 3-2-16 終值定理

若 $f(t)$ 及其微分 $f'(t)$ 均爲指數階連續函數，其收斂橫坐標爲負(即終值存在)，則 $\lim\limits_{s\to 0^+} sF(s) = f(\infty) = \lim\limits_{t\to\infty} f(t)$ 。

證明

因爲 $\mathscr{L}\{f'(t)\} = sF(s) - f(0)$，所以 $\lim\limits_{s\to 0^+}[\mathscr{L}\{f'(t)\}] = \lim\limits_{s\to 0^+}[sF(s) - f(0^+)]$，

$$\begin{aligned}\lim_{s\to 0^+}[\mathscr{L}\{f'(t)\}] &= \lim_{s\to 0^+}\left(\int_0^\infty f'(t)\cdot e^{-st}dt\right)\\ &= \int_0^\infty f'(t)dt\\ &= f(t)\Big|_0^\infty\\ &= \lim_{t\to\infty} f(t) - f(0^+)\end{aligned}$$

所以 $\lim\limits_{s\to 0^+}[sF(s) - f(0^+)] = \lim\limits_{t\to\infty} f(t) - f(0^+)$，

故 $\lim\limits_{s\to 0^+} sF(s) = f(\infty) = \lim\limits_{t\to\infty} f(t)$

定理 3-2-17 廣義終值定理

若 $\mathscr{L}\{f(t)\} = F(s)$ 、 $\mathscr{L}\{g(t)\} = G(s)$，則 $\lim\limits_{s\to 0}\dfrac{F(s)}{G(s)} = \lim\limits_{t\to\infty}\dfrac{f(t)}{g(t)}$ 。

證明

利用終值定理的結果，並仿照廣義初值定理的論述可得結論。

範例 7

若 $Y(s)=\mathscr{L}\{y(t)\}=\dfrac{s+2}{s(s^2+9s+14)}$，

求(1) $y(0)$　(2) $\lim\limits_{t\to\infty} y(t)$ 。

解 (1) 由初值定理可知：$\lim\limits_{s\to\infty} sY(s)=y(0)$，

$$\therefore y(0)=\lim_{s\to\infty} s\times\frac{s+2}{s(s^2+9s+14)}=0 \text{ 。}$$

(2) 由終值定理可知[3]：$\lim\limits_{s\to 0} sY(s)=\lim\limits_{t\to\infty} y(t)$，

$$\therefore \lim_{t\to\infty} y(t)=\lim_{s\to 0} s\times\frac{s+2}{s(s^2+9s+14)}=\frac{1}{7} \text{ 。}$$

Q.E.D.

定理 3-2-18　第一平移定理

$$\mathscr{L}\{f(t)e^{at}\}=F(s-a)=\mathscr{L}\{f(t)\}\big|_{s\to s-a}$$

證明

$$\mathscr{L}\left\{f(t)e^{at}\right\}=\int_0^\infty f(t)\,e^{at}e^{-st}dt=\int_0^\infty f(t)e^{-(s-a)t}dt=F(s-a)=\mathscr{L}\left\{f(t)\right\}\big|_{s\to s-a} \text{ 。}$$

範例 8

求下列函數之拉氏轉換 $\mathscr{L}\{f(t)\}$

(1) $f(t)=e^{-2t}\cos 6t$　(2) $f(t)=t^3e^{4t}$ 。

解 (1) $\mathscr{L}\{e^{-2t}\cos 6t\}=\mathscr{L}\{\cos 6t\}_{s\to s+2}=\dfrac{s+2}{(s+2)^2+6^2}$ 。

(2) $\mathscr{L}\{t^3e^{4t}\}=\mathscr{L}\{t^3\}_{s\to s-4}=\dfrac{3!}{(s-4)^4}=\dfrac{6}{(s-4)^4}$ 。

Q.E.D.

---

[3] 要確認終值定理是否可用，只要檢查 $s\cdot F(s)$ 所有分母的根，實部是否均為負即可，以本題為例：$sY(s)=\dfrac{s+2}{(s+2)(s+7)}$，分母根為 -2 與 -7，實部均為負，所以終值定理可用。

接下來我們推導第二平移定理，回憶先前所說的步階函數 $u(t)=\begin{cases}1, t\geq 0\\ 0, t<0\end{cases}$，將這個函數向右邊平移 a 單位會變成 $u(t-a)=\begin{cases}1, t\geq a\\ 0, t<a\end{cases}$，如圖 3-7 所示。當我們考慮一個函數 $f(t)$ 乘上 $u(t-a)$，直觀上的來說就是擷取 $x\geq a$ 所對應的函數值（或圖形），可由圖 3-8 看出此現象。

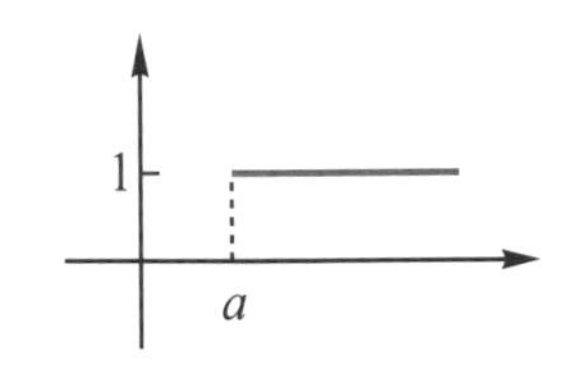

▲圖 3-7　單位步階函數 t 平移

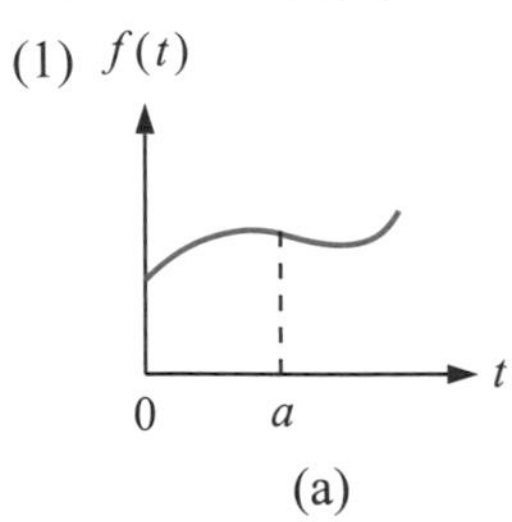

(a)

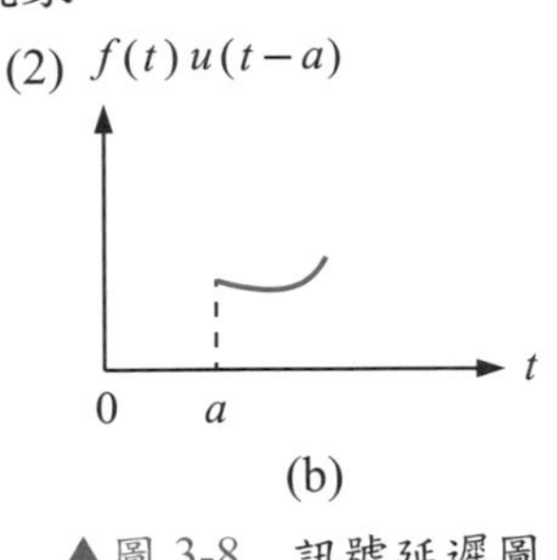

(b)

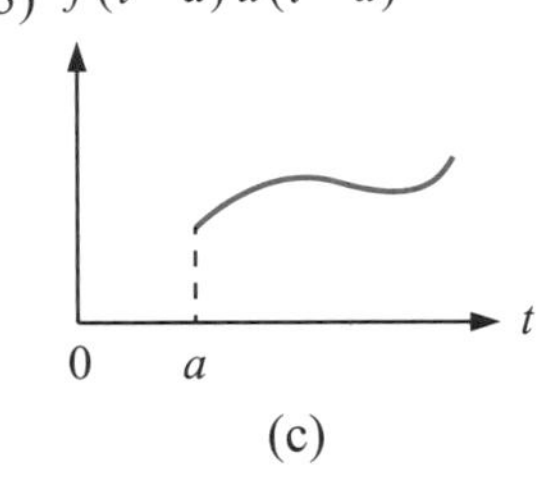

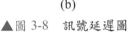

(c)

▲圖 3-8　訊號延遲圖

圖 3-8(a)為訊號函數 $f(t)$的圖形，則如圖 3-8(b) $f(t)\cdot u(t-a)$會將訊號函數由 $t=a$ 開始取值，而 $f(t-a)\cdot u(t-a)$則表示訊號$f(t)$會延遲，由 $t=a$ 開始產生，此種具有延遲效應的函數如何作拉氏轉換？推導如下：

定理 3-2-19　第二平移定理

$$\mathcal{L}\{f(t-a)u(t-a)\}=e^{-as}F(s)=e^{-as}\ \mathcal{L}\{f(t)\}$$

證明

根據拉氏變換的定義，

有　$$\mathcal{L}\{f(t-a)u(t-a)\}=\int_0^\infty f(t-a)\,u(t-a)e^{-st}dt=\int_{t=a}^{t=\infty} f(t-a)e^{-st}dt$$

令 $t-a=\tau$，

得　$$\int_{\tau=0}^{\tau=\infty} f(\tau)\,e^{-s(a+\tau)}d\tau=e^{-as}\int_0^\infty f(\tau)\,e^{-s\tau}d\tau$$
$$=e^{-as}\ \mathcal{L}\{f(t)\}$$
$$=e^{-as}F(s)$$

在上述定理的證明中可看出，若我們將 $f(t-a)$改為 $f(t)$，則會得到如下公式：

$$\mathcal{L}\{f(t)u(t-a)\}=e^{-as}\ \mathcal{L}\{f(t+a)\}$$

實際套用範例之前我們介紹一個數學分析裡常用的技術：以單位步階函數表達分段連續函數。簡單的來說，假設手上有函數 $f(t)=\begin{cases} g_1(t), 0\le t<a \\ g_2(t), a\le t<b \\ g_3(t), b\le t \end{cases}$，如圖 3-9 所示。則由步階函數的定義可知 $f(t)=g_1(t)[u(t-0)-u(t-a)]+g_2(t)[u(t-a)-u(t-b)]+g_3(t)u(t-b)$

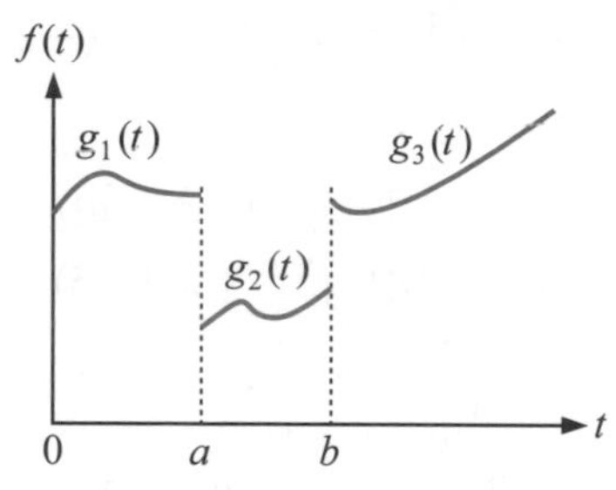

▲圖 3-9　函數區間圖

範例 9

令 $f(t)=\begin{cases} 2t, t<3 \\ 1,\ t\ge 3 \end{cases}$，如圖所示。

試求 $\mathscr{L}\{f(t)\}$。

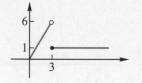

解 仿照上述的函數拆解法，可得 $f(t)=2t[u(t)-u(t-3)]+1\times u(t-3)$，則由拉氏變換的線性性質及第二平移定理

可得

$$\begin{aligned}\mathscr{L}\{f(t)\}&=\mathscr{L}\{2t\times u(t)-2t\times u(t-3)+1\times u(t-3)\}\\&=\mathscr{L}\{2t\}-e^{-3s}\,\mathscr{L}\{2(t+3)\}+e^{-3s}\,\mathscr{L}\{1\}\\&=\frac{2}{s^2}-e^{-3s}(\frac{2}{s^2}+\frac{6}{s})+e^{-3s}(\frac{1}{s})\\&=\frac{2}{s^2}-e^{-3s}(\frac{2}{s^2}+\frac{5}{s})\end{aligned}$$

Q.E.D.

範例 10

若函數 $f(t)=\begin{cases}1, & 0\le t<3\\ -5, & 3\le t<7\\ 1+2t, & t\ge 7\end{cases}$，則 $\mathcal{L}\{f(t)\}=$？

解 首先拆解函數 $f(t)=\big[u(t)-u(t-3)\big]-5\big[u(t-3)-u(t-7)\big]+(1+2t)u(t-7)$，再利用第二平移定理

得

$$\begin{aligned}\mathcal{L}\{f(t)\}&=\mathcal{L}\{[u(t)-u(t-3)]-5[u(t-3)-u(t-7)]+(1+2t)u(t-7)\}\\&=\mathcal{L}\{[u(t)-u(t-3)]\}-5\,\mathcal{L}\{[u(t-3)-u(t-7)]\}+\mathcal{L}\{(1+2t)u(t-7)\}\\&=[\frac{1}{s}-\frac{1}{s}e^{-3s}]-[\frac{5}{s}e^{-3s}-\frac{5}{s}e^{-7s}]+e^{-7s}\,\mathcal{L}\{1+2(t+7)\}\\&=\frac{1}{s}-\frac{6}{s}e^{-3s}+\frac{5}{s}e^{-7s}+e^{-7s}(\frac{15}{s}+\frac{2}{s^2})\\&=\frac{1}{s}-\frac{6}{s}e^{-3s}+\frac{20}{s}e^{-7s}+\frac{2}{s^2}e^{-7s}\end{aligned}$$

Q.E.D.

範例 11

$f(t)=\begin{cases}0, & t<8\\ t^2-4, & t\ge 8\end{cases}$，則 $\mathcal{L}\{e^{-3t}f(t)\}=$？

解 先由步階函數表示 $f(t)=(t^2-4)u(t-8)$，則由第二平移定理

得

$$\begin{aligned}\mathcal{L}\{f(t)\}&=\mathcal{L}\{(t^2-4)u(t-8)\}=e^{-8s}\,\mathcal{L}\{(t+8)^2-4\}\\&=e^{-8s}\,\mathcal{L}\{t^2+16t+60\}\\&=e^{-8s}[\frac{2!}{s^3}+\frac{16}{s^2}+60\times\frac{1}{s}]\\&=e^{-8s}[\frac{2}{s^3}+\frac{16}{s^2}+\frac{60}{s}]\end{aligned}$$

再使用第一平移定理

得

$$\begin{aligned}\mathcal{L}\{e^{-3t}f(t)\}&=\mathcal{L}\{f(t)\}_{s\to s+3}\\&=e^{-8(s+3)}[\frac{2}{(s+3)^3}+\frac{16}{(s+3)^2}+\frac{60}{(s+3)}]\end{aligned}$$

Q.E.D.

定理 3-2-20　拉氏轉換的 1 階微分

$$\mathcal{L}\{t\,f(t)\} = -\frac{dF(s)}{ds}$$

證明

根據定義，$\mathcal{L}\{f(t)\} = \int_0^\infty f(t)\,e^{-st}dt$，

$$\frac{dF(s)}{ds} = \int_0^\infty f(t)\frac{\partial e^{-st}}{\partial s}dt = \int_0^\infty f(t)(-te^{-st})dt$$

$$= -\int_0^\infty [tf(t)]\,e^{-st}dt = -\mathcal{L}\{t\,f(t)\}$$

讀者可以遞迴的使用定理第二平移定理得到底下的推廣版。

定理 3-2-21　拉氏轉換的 n 階微分

$$\mathcal{L}\{t^n f(t)\} = (-1)^n \frac{d^n F(s)}{ds^n}$$

範例 12

$\mathcal{L}\{te^{-3t}\sin 2wt\} = ?$

解 在定理 3-2-20 中令 $f(t) = e^{-3t}\sin 2wt$，

得
$$\mathcal{L}\{te^{-3t}\sin 2wt\}$$
$$= -\frac{d}{ds}\mathcal{L}\{e^{-3t}\sin 2wt\}$$
$$= -\frac{d}{ds}\left[\frac{2w}{(s+3)^2+(2w)^2}\right]$$ （三角函數的 L-T 合併第一平移定理）
$$= \frac{4w(s+3)}{[(s+3)^2+4w^2]^2}$$

Q.E.D.

定理 3-2-22 拉氏轉換的 1 次積分

假設 $\lim_{t\to 0^+}\frac{f(t)}{t}$ 存在，則 $\mathscr{L}\{\frac{f(t)}{t}\}=\int_s^\infty F(u)\,du$ 。

證明

根據定義 $\mathscr{L}\{f(t)\}=\int_0^\infty f(t)e^{-st}dt$ ，

則 $$\int_s^\infty F(u)du=\int_s^\infty[\int_0^\infty f(t)e^{-ut}dt]du=\int_0^\infty f(t)(\int_s^\infty e^{-ut}du)du$$

$$=\int_0^\infty f(t)(-\frac{1}{t}e^{-ut}\Big|_s^\infty)dt=\int_0^\infty \frac{f(t)}{t}e^{-st}dt=\mathscr{L}\{\frac{f(t)}{t}\}$$

故 $$\mathscr{L}\{\frac{f(t)}{t}\}=\int_s^\infty F(u)du$$

定理 3-2-23 拉氏轉換的 n 次積分

$$\mathscr{L}\{\frac{f(t)}{t^n}\}=\int_s^\infty\int_{s_1}^\infty\cdots\int_{s_{n-1}}^\infty F(u)duds_{n-1}\cdots ds_1$$

範例 13

(1) $\mathscr{L}\{\frac{\sin kt}{t}\}=?$　　(2) $\int_0^\infty\frac{\sin t}{t}dt=?$

解 (1) $$\mathscr{L}\{\frac{\sin kt}{t}\}=\int_s^\infty\mathscr{L}\{\sin kt\}du=\int_s^\infty\frac{k}{u^2+k^2}du=\tan^{-1}\frac{u}{k}\Big|_s^\infty$$

$$=\frac{\pi}{2}-\tan^{-1}(\frac{s}{k})=\tan^{-1}(\frac{k}{s})$$ 。

(2) $$\int_0^\infty\frac{\sin t}{t}dt=\int_0^\infty\frac{\sin t}{t}\cdot e^{-st}dt\Big|_{s=0}=\mathscr{L}\{\frac{\sin t}{t}\}_{s=0}$$

$$=(\frac{\pi}{2}-\tan^{-1}\frac{s}{1})\Big|_{s=0}=\frac{\pi}{2}-0=\frac{\pi}{2}$$ 。

Q.E.D.

範例 13 中的第(2)小題告訴我們，當遇到難解的瑕積分，不妨試試看拉氏轉換。但在這裡讀者可能會覺得這是巧合，因為被積分函數的形式恰好符合定理 3-2-23 的結論。到了複變函數的章節，我們會看到應用範圍更廣的瑕積分計算法－柯西主值定理。有興趣的讀者可直接參閱 11 章第 7 節。

3-1 習題演練

基礎題

1. 試判別下列函數，哪些是指數階函數？
(1) e^{at}。(2) $\sin wt$。(3) e^{t^3}。(4) t^2。
(5) $\cosh wt$。(6) $t^{\frac{1}{2}t}$。

進階題

1. 試判別下列函數，哪些可做拉氏轉換？
(1) t^{-2}。(2) t^3。(3) $t^{-\frac{1}{3}}$。(4) e^{3t}。(5) $\sin 2t$。
(6) $\cos 3t$。(7) $\sinh 5t$。(8) e^{t^3}。(9) $t^{\frac{1}{2}t}$。

3-2 習題演練

基礎題

1. 求下列函數的拉氏轉換：
(1) $f(t)=5$　(2) $f(t)=t$　(3) $f(t)=e^{2t}$
(4) $f(t)=\cos 3t$　(5) $f(t)=\sinh(2t)$
(6) $f(t)=t-\sin t$。

2. 求下列函數的拉氏轉換：
(1) $f(t)=t\cdot e^{4t}$　(2) $f(t)=e^{-t}\sin t$
(3) $f(t)=3-2t+4t^2$
(4) $f(t)=-5e^{4t}-6e^{-5t}$
(5) $f(t)=5\sin 2t+3\cos 4t$。

3. $\mathscr{L}\{\int_0^t (4-e^{-3\tau}+2\tau^4)d\tau\}=$？

4. 求 $\mathscr{L}[f(t)]$，
其中 $f(t)=e^{-2t}\int_0^t e^{2\tau}\cos(3\tau)d\tau$。

5. 求 $\mathscr{L}\{g(t)\}$，其中 $g(t)=\begin{cases}0, & t<3\\ t^2, & t\ge 3\end{cases}$。

進階題

1. 求下列各函數之拉氏轉換：
(1) $f(t)=(t+1)^3$。
(2) $f(t)=\cos^2 t$。
(3) $f(t)=\sin^3 t$。
(4) $f(t)=e^{2t}(t+2)^2$。
(5) $f(t)=e^{-2t}(\cos 2t-\sin 2t)$。

2. 求下列各函數之拉氏轉換：
(1) $\mathscr{L}\{\int_0^t\int_0^\tau (ue^{2u})dud\tau\}=$？
(2) $\mathscr{L}\{\int_0^t\int_0^\tau (e^{-3u}\sin^2 u)dud\tau\}=$？

3. 若 $Y(s)=\dfrac{s^2+2}{(s^3+6s^2+11s+6)}$，
且 $\mathscr{L}\{y(t)\}=Y(s)$，求：(1) $y(0)$。
(2) $\lim\limits_{t\to\infty} y(t)$。

4. 求下列各函數之拉氏轉換：
(1) $f(t)=\int_0^t \dfrac{\cos a\tau-\cosh a\tau}{\tau}d\tau$。
(2) $f(t)=\begin{cases}\dfrac{1}{\sqrt{t}}, & t>0\\ 0, & t\le 0\end{cases}$。
(3) $f(t)=\begin{cases}\sin t, & 0\le t<2\pi\\ \sin t+\cos t, & t\ge 2\pi\end{cases}$。

(4) $f(t)=\begin{cases}0, & t<1\\ t^2-2t+2, & t\ge 1\end{cases}$。

(5) $f(t)=\begin{cases}5t, & 0\le t\le 1\\ t, & t>1\end{cases}$。

(6) $f(t)=\int_2^t u^2e^{3u}du$。

5. 求下列函數之拉氏轉換：

(1) $f(t)=t\cos wt$。

(2) $f(t)=t\sin wt$。

(3) $f(t)=t^2\cos wt$。

6. $f(t)=\begin{cases}2, & 0<t<\pi\\ 0, & \pi<t<2\pi\\ \sin t, & t>2\pi\end{cases}$，

求 $\mathscr{L}\{f(t)\}=$？

7. $f(t)=\cos(t-2)\cdot u(t-2)-2u(t-4)\cdot t$，

則 $\mathscr{L}\{f(t)\}=$？

8. 線性函數 $f(t)$ 的圖形如右，

則 $\mathscr{L}\{f(t)\}=$？

$f(t)$
k
a
t

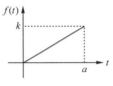

9. 求 $\mathscr{L}\{f(t)\}$，

其中 $f(t)=\begin{cases}1-e^{-t}, & 0<t<\pi\\ 0, & t>\pi\end{cases}$。

10. 求下列拉氏轉換

(1) $f(t)=\begin{cases}2t+1, & 0\le t<1\\ 0, & t\ge 1\end{cases}$

(2) $f(t)=\begin{cases}\sin t, & 0\le t<\dfrac{\pi}{2}\\ 0, & t\ge\dfrac{\pi}{2}\end{cases}$

(3) $f(t)=t\cos t$。

(4) $f(t)=t^2+6t-3$。

(5) $f(t)=\cos 5t+\sin 2t$。

(6) $f(t)=e^t\sinh t$。

(7) $f(t)=\sin 2t\cos 2t$。

11. (1) 求 $\mathscr{L}\{\dfrac{\sin^2 t}{t}\}$。

(2) 計算 $\int_0^\infty \dfrac{e^{-t}\sin^2 t}{t}dt$。

3-3 特殊函數的拉氏轉換

本節主要針對在工程上常用之特殊函數，包含脈衝函數、週期函數與摺積函數等，討論其拉氏轉換的求法。

3-3-1　單位脈衝函數

單位脈衝函數（Unit Impulse function）又稱 Dirac's Delta function，是一個在工程乃至偏微分方程的求解上都極重要的函數，但嚴格地來說，他算一種廣義的函數，因為他是透過步階函數的極限來定義的，我們首先將這個函數定義出來，然後再看看它的拉氏轉換如何計算。

考慮函數 $P_\varepsilon(t)=\begin{cases}\dfrac{1}{\varepsilon}, & 0\le t<\varepsilon\\ 0, & t\ge\varepsilon\end{cases}$，其中 ε 是任意的正實數。換句話說透過調整 ε，我們得到一系列在第一象限圖形下面積為 1 的步階函數，如圖 3-10 所示，稱其為能量函數（Energy function）。接下來透過取極限 $\lim\limits_{\varepsilon\to 0}P_\varepsilon(t)=\begin{cases}\infty, & t=0\\ 0, & t\ne 0\end{cases}$，我們得到一個廣義的函數 $\delta(t)$，稱為單位脈衝函數，可以表示為 $\delta(t-a)=\begin{cases}\infty, & t=a\\ 0, & t\ne a\end{cases}$，如圖 3-11 所示。

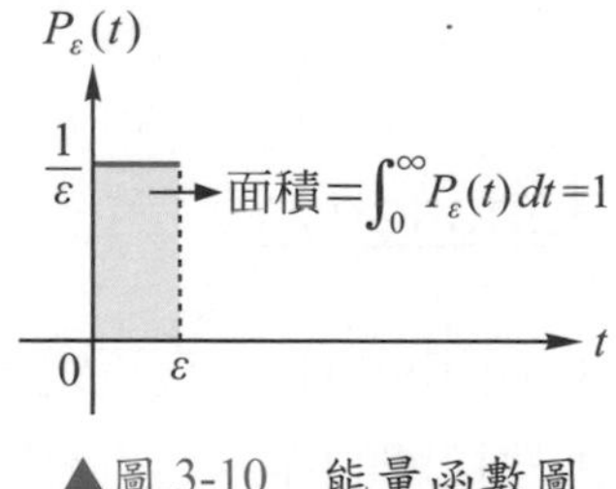

▲圖 3-10　能量函數圖

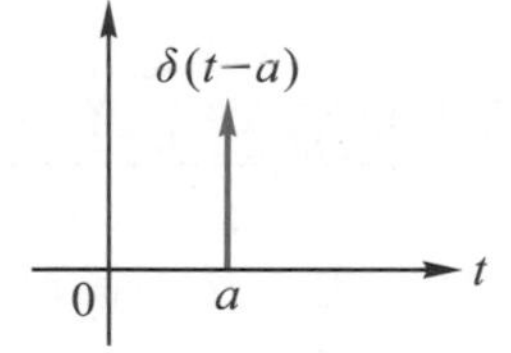

▲圖 3-11　脈衝函數圖

自然地，從脈衝函數被構造的過程我們知道：

$$\int_0^\infty \delta(t)dt=\lim_{a\to 0^+}\int_0^a \delta(t)dt=\lim_{a\to 0^+}\int_0^a \lim_{\varepsilon\to 0}P_\varepsilon(t)dt=\lim_{a\to 0^+}\lim_{\varepsilon\to 0}\int_0^a P_\varepsilon(t)dt=\lim_{a\to 0^+}\lim_{\varepsilon\to 0}1=1$$

而脈衝函數的物理實例，可由一顆球壓在桌面，則球與桌面之接觸點的壓力就是一個脈衝函數。

定理 3-3-1 脈衝函數的拉氏轉換

$\mathscr{L}\{\delta(t)\}=1$，$\mathscr{L}\{\delta(t-a)\}=e^{-as}$

證明

由步階函數的定義可推得 $P_\varepsilon(t)=\dfrac{1}{\varepsilon}[u(t)-u(t-\varepsilon)]$，所以 $\delta(t)=\lim\limits_{\varepsilon\to 0}\dfrac{[u(t)-u(t-\varepsilon)]}{\varepsilon}$，

$$\begin{aligned}\mathscr{L}\{\delta(t)\}&=\mathscr{L}\{\lim_{\varepsilon\to 0}\frac{[u(t)-u(t-\varepsilon)]}{\varepsilon}\}\\&=\lim_{\varepsilon\to 0}\frac{\frac{1}{s}-\frac{e^{-\varepsilon s}}{s}}{\varepsilon}=\lim_{\varepsilon\to 0}\frac{1-e^{-\varepsilon s}}{s\varepsilon}\\&=\lim_{\varepsilon\to 0}\frac{s\cdot e^{-\varepsilon s}}{s}\text{（羅畢達法則）}\\&=1，\end{aligned}$$

所以 $\mathscr{L}\{\delta(t)\}=1$ 且 $\mathscr{L}\{\delta(t-a)\}=e^{-as}$

範例 1

求 $\mathscr{L}\{2u(t-1)-4\delta(t-2)-5\delta(t-3)\}$

解 由定理 3-3-1 知道：

$$\mathscr{L}\{2u(t-1)-4\delta(t-2)-5\delta(t-3)\}=\frac{2}{s}e^{-s}-4e^{-2s}-5e^{-3s}\text{。}$$

Q.E.D.

3-3-2 週期函數的 L-T（L-T of Periodic function）

週期函數在工程系統中是很常見的，例如我們家中所用的 110V 交流電，就是一種有週期的波形函數，又例如工具機在切削時，刀刃與加工件接觸的作用力也會因刀具的旋轉而產生週期切削力。若一個函數 $f(t)$爲週期 T 的函數，其滿足 $f(t)=f(t+T)$，如圖 3-12 所示。我們這裡特別限制$t\geq 0$，是因爲計算拉氏轉換的原故。

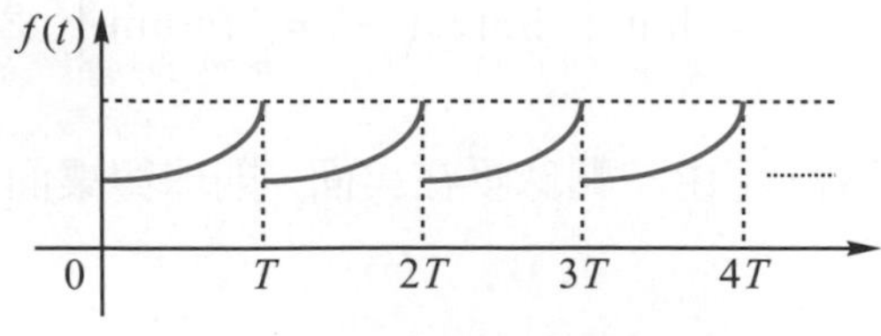

▲圖 3-12 週期函數示意圖

定理 3-3-2　週期函數的拉氏轉換

若 $f(t)$爲片段連續之指數階函數且週期爲 T，則 $f(t)$的拉氏轉換爲

$$\mathscr{L}\{f(t)\}=\frac{\int_0^T f(t)\cdot e^{-st}dt}{1-e^{-Ts}}$$

證明

由拉氏轉換及週期函數的定義可知

$$\mathscr{L}\{f(t)\}=\int_0^\infty f(t)\,e^{-st}dt=\int_0^T f(t)\,e^{-st}dt+\int_T^{2T} f(t)\,e^{-st}dt+\cdots=\sum_{n=0}^{\infty}\int_{nT}^{(n+1)T} f(t)e^{-st}dt$$

現在令 $\xi(t)=t-nT$ ，則積分範圍對應的邊界變換爲 $\begin{array}{c|c|c} \xi & 0 & T \\ \hline t & nT & (n+1)T \end{array}$ ，換句話說，透過上述變數變換我們把所有遠端 1 週期內的積分都「收納」到第 1 段周期變化內，於是從積分技巧中的變數代換法可知：

$$\begin{aligned}\int_0^\infty f(t)\,e^{-st}dt&=\int_0^\infty f(\xi+nT)\,e^{-s(\xi+nT)}d\xi\\&=\sum_{n=0}^{\infty}\int_0^T f(\xi+nT)e^{-s\cdot(\xi+nT)}d\xi\\&=\sum_{n=0}^{\infty}\int_0^T f(\xi)\,e^{-s\xi}e^{-snT}\,d\xi\\&=\sum_{n=0}^{\infty}e^{-nTs}\int_0^T f(\xi)\,e^{-s\xi}d\xi\\&=[\int_0^T f(\xi)e^{-s\xi}d\xi]\sum_{n=0}^{\infty}e^{-nTs}\\&=\frac{\int_0^T f(\xi)e^{-s\xi}d\xi}{1-e^{-Ts}}\end{aligned}$$

$\therefore$週期函數 $f(t)$的拉氏轉換爲 $\mathscr{L}\{f(t)\}=\dfrac{\int_0^T f(t)e^{-st}dt}{1-e^{-Ts}}$ 。

如果我們定義 $f(t)=\begin{cases} g(t), & t\in[0,T] \\ 0, & T<t \end{cases}$，則定理 3-3-2 的公式可改寫爲

$$\mathscr{L}\{f(t)\}=\frac{\mathscr{L}\{g(t)\}}{1-e^{-Ts}}$$

這同時也方便我們做計算，請看接下來的幾題範例。

範例 2

若在[0, 1]上，$f(t)=t$ 且 f 的週期為 1，如圖所示。試計算 $\mathscr{L}\{f(t)\}$。

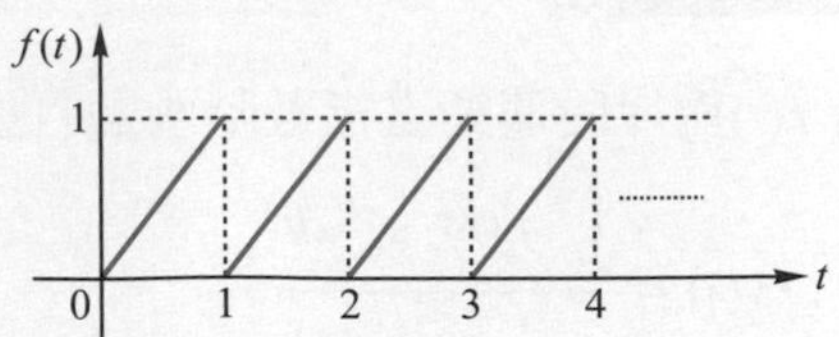

解 現在 $g(t)=t[u(t)-u(t-1)]$，而公式 $\mathscr{L}\{f(t)\}=\dfrac{\mathscr{L}\{g(t)\}}{1-e^{-Ts}}$ 中，

$$\begin{aligned}\mathscr{L}\{g(t)\}&=\mathscr{L}\{tu(t)-tu(t-1)\}\\&=\frac{1}{s^2}-e^{-s}\,\mathscr{L}\{t+1\}\\&=\frac{1}{s^2}-e^{-s}[\frac{1}{s^2}+\frac{1}{s}]\end{aligned}$$

所以 $$\mathscr{L}\{f(t)\}=\frac{\frac{1}{s^2}-e^{-s}[\frac{1}{s^2}+\frac{1}{s}]}{1-e^{-s}}$$

Q.E.D.

範例 3

若在[0, 2c]上，$f(t)=\begin{cases}1, & t\in[0,c)\\-1, & t\in[c,2c]\end{cases}$ 且 f 的週期為 $2c$，如圖所示，試計算 $\mathscr{L}\{f(t)\}$。

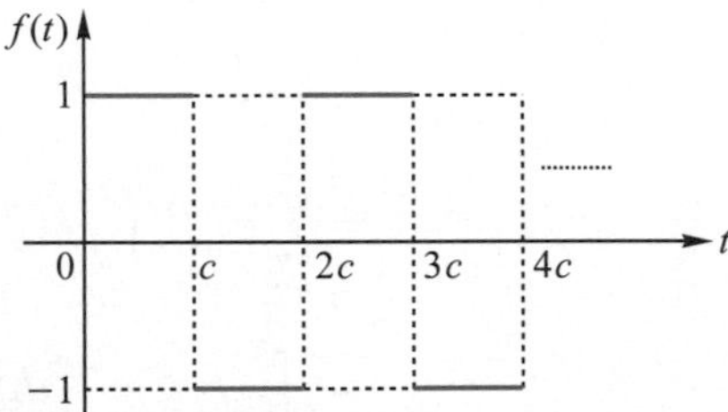

解 因 $g(t)=u(t)-2u(t-c)+u(t-2c)$，因此公式 $\mathscr{L}\{f(t)\}=\dfrac{\mathscr{L}\{g(t)\}}{1-e^{-2cs}}$ 中，

$$\begin{aligned}\mathscr{L}\{g(t)\}&=\mathscr{L}\{u(t)-2u(t-c)+u(t-2c)\}\\&=\frac{1}{s}-e^{-cs}\times\frac{2}{s}+e^{-2cs}\times\frac{1}{s}\end{aligned}$$

所以 $$\mathscr{L}\{f(t)\}=\frac{\frac{1}{s}-\frac{2}{s}e^{-cs}+\frac{1}{s}e^{-2cs}}{1-e^{-2cs}}=\frac{(1-e^{-cs})^2}{s(1-e^{-cs})(1+e^{-cs})}=\frac{1-e^{-cs}}{s(1+e^{-cs})}$$

Q.E.D.

3-3-3　摺積（卷積）定理（Convolution theorem）

近年來在人工智慧（AI）的計算中，為了萃取出圖形或訊號的特徵，會利用摺（卷）積的方式進行計算，其中最有名的就是卷積神經網路（CNN），以下就來介紹何謂卷積。

定義 3-3-1　摺積

函數 $f(t)$與 $g(t)$之摺積（卷積）（Convolution）定義為

$$f(t)*g(t)\triangleq\int_0^t f(\tau)g(t-\tau)d\tau=\int_0^t g(\tau)f(t-\tau)d\tau$$

上面這個摺積的定義 3-3-1 中，若 $t=100$，此積分可利用辛普生（Thomas Simpson，1710～1761）積分公式，將積分區間分成 100 等分，則會看到$f(0)\cdot g(100)$、$f(1)\cdot g(99)$、$f(2)\cdot g(98)$、⋯、$f(100)\cdot g(0)$等，這就像是在坐標軸上回卷摺疊相乘一樣，所以稱為摺積（卷積）。

範例 4

求下列摺積函數

(1)$1*1$。(2)$t*e^{2t}$。

解 (1) $1*1=\int_0^t 1\times 1\,d\tau=\int_0^t 1\,d\tau=\tau\big|_0^t=t$。

(2) $t*e^{2t}=\int_0^t \tau e^{2(t-\tau)}d\tau=e^{2t}\int_0^t \tau e^{-2\tau}d\tau$

$$=e^{2t}[-\frac{1}{2}\tau e^{-2\tau}-\frac{1}{4}e^{-2\tau}]\Big|_0^t \quad（分部積分）$$

$$=-\frac{1}{2}t-\frac{1}{4}+\frac{1}{4}e^{2t}。$$

τ	$e^{-2\tau}$
1	$-\frac{1}{2}e^{-2\tau}$
0	$\frac{1}{4}e^{-2\tau}$

（τ → $-\frac{1}{2}e^{-2\tau}$：⊕；1 → $\frac{1}{4}e^{-2\tau}$：⊖）

Q.E.D.

摺積的計算比較複雜，我們可以透過下列定理將其轉成相乘，這種把複雜的摺積積分轉換成代數相乘的原理即稱為摺積定理，介紹如下：

定理 3-3-3 摺積定理

設函數 $f(t)$、$g(t)$ 之拉氏轉換分別為 $\mathcal{L}\{f(t)\}=F(s)$、$\mathcal{L}\{g(t)\}=G(s)$，
則 $\mathcal{L}\{f(t)*g(t)\}=F(s)\cdot G(s)$

證明

$\mathcal{L}\{f(t)*g(t)\}$

$=\int_0^\infty[\int_0^t f(\tau)g(t-\tau)d\tau]e^{-st}dt$（積分區域如圖 3-13 所示）

$=\int_{\tau=0}^{\tau=\infty}\int_{t=\tau}^{t=\infty} f(\tau)g(t-\tau)e^{-st}dtd\tau$（對調積分次序）

$=\int_0^\infty\int_{x=0}^\infty f(\tau)g(x)e^{-s\cdot(x+\tau)}dxd\tau$（變數變換 $t-\tau=x$）

$=\int_0^\infty f(\tau)\,e^{-s\tau}d\tau\times\int_0^\infty g(x)\,e^{-sx}dx$

$=\mathcal{L}\{f(t)\}\,\mathcal{L}\{g(t)\}=F(s)G(s)$。

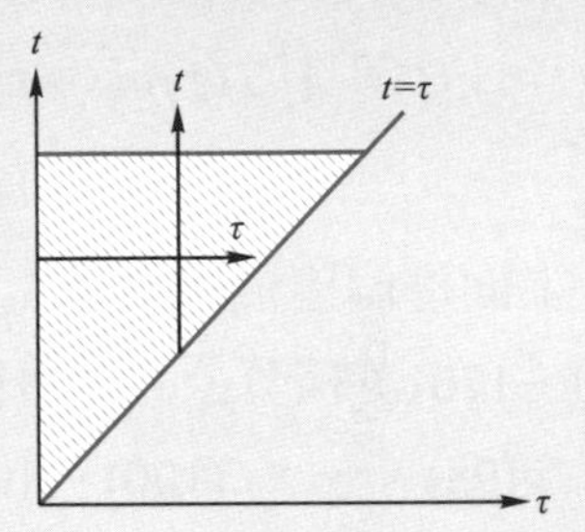

▲圖 3-13 摺積積分區域示意圖

在物理系統中，若我們想知道某一系統 $G(s)$ 的響應，則可以使輸入函數 $f(t)=\delta(t)$ 為單位脈衝函數，則 $\mathcal{L}\{f(t)*g(t)\}=\mathcal{L}\{f(t)\}\cdot\mathcal{L}\{g(t)\}=F(s)\cdot G(s)$，即對該系統 $G(s)$ 輸入一個單位脈衝函數作摺積，其輸出結果即為系統 $G(s)$ 的響應 $g(t)$。

範例 5

求下列函數的拉氏轉換

(1) $1*1$。(2) $t*e^{2t}$。(3) $e^{-2t}*e^{2t}$。(4) $\cos wt*\sin wt$。

解 (1) $\mathcal{L}\{1*1\}=\mathcal{L}\{1\}\,\mathcal{L}\{1\}=\frac{1}{s}\times\frac{1}{s}=\frac{1}{s^2}$。

(2) $\mathcal{L}\{t*e^{2t}\}=\mathcal{L}\{1t\}\,\mathcal{L}\{e^{2t}\}=\frac{1}{s^2}\times\frac{1}{s-2}=\frac{1}{s^2(s-2)}$。

(3) $\mathcal{L}\{e^{-2t}*e^{2t}\}=\mathcal{L}\{e^{-2t}\}\,\mathcal{L}\{e^{2t}\}=\frac{1}{s+2}\times\frac{1}{s-2}=\frac{1}{s^2-4}$。

(4) $\mathcal{L}\{\cos wt*\sin wt\}=\mathcal{L}\{\cos wt\}\,\mathcal{L}\{\sin wt\}=\frac{s}{s^2+w^2}\times\frac{w}{s^2+w^2}=\frac{ws}{(s^2+w^2)^2}$[4]。 Q.E.D.

---

[4] 比較範例 4、5 前兩小題可以發現，先求出摺積積分後再求拉氏轉換之過程會比直接利用摺積定理來的麻煩，但其結果是相同的。

範例 6

求下列函數的拉氏轉換 $e^{-2t}\int_0^t e^{2\tau}\cos 3\tau d\tau$ 。

解 在第一平移定理中令 $f(t)=\int_0^t e^{2\tau}\cos 3\tau d\tau$ ，則

$$\mathscr{L}\{e^{-2t}\int_0^t e^{2\tau}\cos 3\tau d\tau\}=\mathscr{L}\{\int_0^t e^{-2(t-\tau)}\cos 3\tau d\tau\}$$

$$=\mathscr{L}\{e^{-2t}*\cos 3t\}=\mathscr{L}\{e^{-2t}\}\mathscr{L}\{\cos 3t\}\text{（摺積定理）}$$

$$=\frac{1}{s+2}\times\frac{s}{s^2+9}=\frac{s}{(s+2)(s^2+9)}\text{ 。}$$

Q.E.D.

3-3 習題演練

基礎題

1. 求下列函數的拉氏轉換
   (1) $1*t$ 。
   (2) $t*\cos 2t$ 。
   (3) $e^{-2t}*\cos 2t$ 。
   (4) $t*t^2*t^3$ 。
   (5) $\delta(t)*t$ 。
2. 求函數 $\int_0^t \sin 2\tau\cdot\sinh 2(t-\tau)d\tau$ 的拉氏轉換？
3. 求函數 $e^{-3t}\int_0^t e^{3\tau}\tau^3 d\tau$ 的拉氏轉換？
4. 週期函數 $f(t)=\begin{cases}t, & 0<t<2\\ t-2, & 2<t<4\end{cases}$ ，
   $f(t+4)=f(t)$，求其拉氏轉換？

進階題

1. $\sin t$ 的半波整流可以表示為週期函數
   $f(t)=\begin{cases}\sin t, & 0<t<\pi\\ 0, & \pi<t<2\pi\end{cases}$ ，
   $f(t+2\pi)=f(t)$ ，求其拉氏轉換？
2. 求下列週期函數之拉氏轉換？

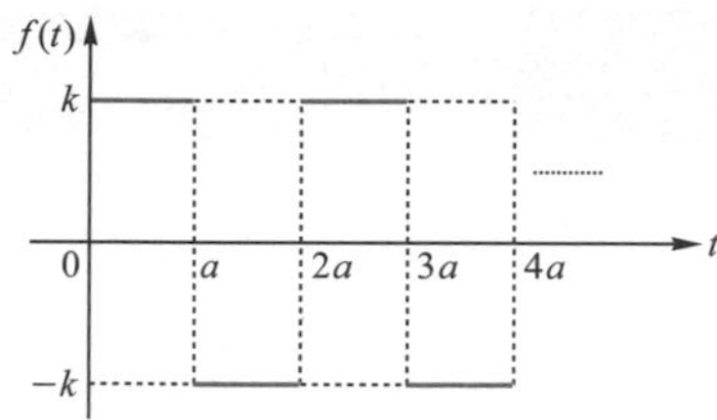

3. 求下列週期函數之拉氏轉換？

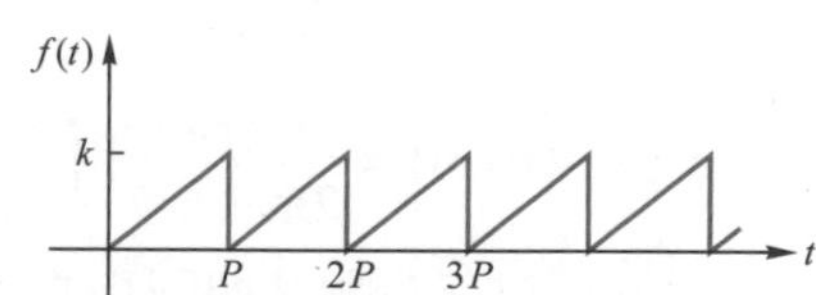

4. $\sin t$ 的全波整流可以表示為週期函數 $f(t)=|\sin t|$，求其拉氏轉換？
5. 求下列週期函數的拉氏轉換。

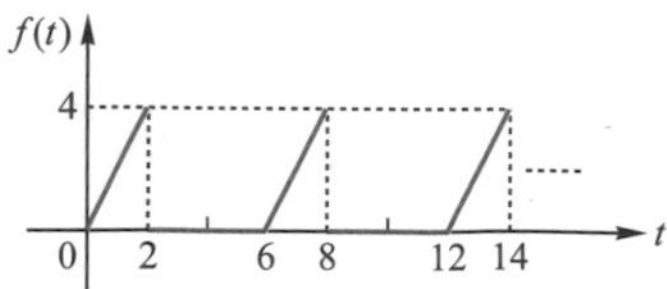

6. 求下列週期函數的拉氏轉換。

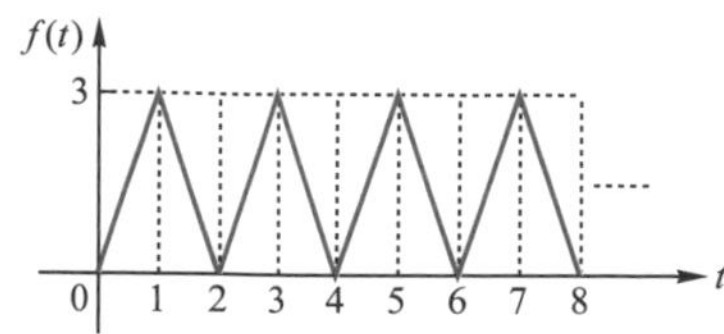

3-4 拉氏反轉換

在實際應用上，拉氏轉換可以將複雜的時域（t domain）訊號，轉換到比較容易分析的頻域（s domain）函數，我們可以在頻域處理完物理問題後，再將其反轉換回原來時域空間，所以本節將探討如何將頻域的函數做拉氏反轉換（Laplace inverse transform）回時域，為下一節利用拉氏轉換求解工程問題做準備。

3-4-1 拉氏反轉換

拉氏變換，是先乘一個指數函數 e^{-st} 後再做積分，自然的，反變換就是先乘 e^{st} 再做積分，因此有了以下的定義。

定義 3-4-1 拉氏反轉換

對函數 $f(t)$ 定義拉氏反轉換為：

$$\mathscr{L}^{-1}\{F(s)\}=\frac{1}{2\pi i}\int_{a-i\infty}^{a+i\infty}F(s)e^{st}ds\ ,$$

其中 a 為實數，且參數 $s>0$

因此，$\mathscr{L}^{-1}\{F(s)\}=\dfrac{1}{2\pi i}\displaystyle\int_{a-i\infty}^{a+i\infty}[\int_0^{\infty}f(t)e^{-st}dt]e^{st}ds=f(t)$ ，問題是，如何判斷一個函數的拉氏反轉換是否存在呢？如同指數階函數的由來，這自然關係到函數的行為，請看接下來的定理。

定理 3-4-1 拉氏反轉換的存在性

若 $\begin{cases}\lim\limits_{s\to\infty}F(s)=0\\ \lim\limits_{s\to\infty}sF(s)\text{ 為有界}\end{cases}$ ，則 $F(s)$ 的反轉換存在。

3-4-2　拉氏反轉換的基本公式與定理

拉氏反轉換既然是拉氏轉換的逆運算，我們只要知道參閱拉氏轉換的結果，自然就知道當初它是由哪個函數轉換而來，也就是拉氏反轉換要求的。因此參閱本章開頭的幾節公式，我們可以自然寫下表 1。我們將以此爲基礎來求解各類函數之拉氏反轉換。至於一些較不常見函數之拉氏反轉換可查閱附錄二。另外，讀者在了解第 11 章複變函數的內容後，可以試著直接以定義計算，先跳過這部分。

▼表 1

函數	拉氏轉換	拉氏反轉換
$u(t)$	$\mathscr{L}\{u(t)\}=\frac{1}{s}$	$\mathscr{L}^{-1}\{\frac{1}{s}\}=u(t)$ 或 1
e^{at}	$\mathscr{L}\{e^{at}\}=\frac{1}{s-a}$	$\mathscr{L}^{-1}\{\frac{1}{s-a}\}=e^{at}$
$\sin wt$	$\mathscr{L}\{\sin wt\}=\frac{w}{s^2+w^2}$	$\mathscr{L}^{-1}\{\frac{1}{s^2+w^2}\}=\frac{1}{w}\sin wt$
$\cos wt$	$\mathscr{L}\{\cos wt\}=\frac{s}{s^2+w^2}$	$\mathscr{L}^{-1}\{\frac{s}{s^2+w^2}\}=\cos wt$
$\sinh wt$	$\mathscr{L}\{\sinh wt\}=\frac{w}{s^2-w^2}$	$\mathscr{L}^{-1}\{\frac{1}{s^2-w^2}\}=\frac{1}{w}\sinh wt$
$\cosh wt$	$\mathscr{L}\{\cosh wt\}=\frac{s}{s^2-w^2}$	$\mathscr{L}^{-1}\{\frac{s}{s^2-w^2}\}=\cosh wt$
t^n	$\mathscr{L}\{t^n\}=\frac{n!}{s^{n+1}}$	$\mathscr{L}^{-1}\{\frac{1}{s^{n+1}}\}=\frac{t^n}{n!}$；$n$ 爲正整數

拉氏轉換中的很多定理，在拉氏反轉換中仍然成立，介紹如下：

定理 3-4-2　拉氏反轉換是線性的

若 $\mathscr{L}\{f(t)\}=F(s)$, $\mathscr{L}\{g(t)\}=G(s)$，

則 $\mathscr{L}^{-1}\{c_1F(s)\pm c_2G(s)\}=c_1\mathscr{L}^{-1}\{F(s)\}\pm c_2\mathscr{L}^{-1}\{G(s)\}$

範例 1

求下列函數之拉氏反轉換：

(1) $F(s)=\dfrac{1}{s}+\dfrac{5}{s^2}-\dfrac{3}{s^4}$。(2) $F(s)=\dfrac{1}{s+3}+\dfrac{s+1}{s^2+9}$。

解 (1) $\mathscr{L}^{-1}\{\dfrac{1}{s}+\dfrac{5}{s^2}-\dfrac{3}{s^4}\}=\mathscr{L}^{-1}\{\dfrac{1}{s}\}+\mathscr{L}^{-1}\{\dfrac{5}{s^2}\}+\mathscr{L}^{-1}\{\dfrac{-3}{s^4}\}$

$$=1+5\frac{t}{1!}-3\frac{t^3}{3!}=1+5t-\frac{1}{2}t^3 \text{。}$$

(2) $\mathscr{L}^{-1}\{\dfrac{1}{s+3}+\dfrac{s}{s^2+9}+\dfrac{1}{s^2+9}\}=\mathscr{L}^{-1}\{\dfrac{1}{s+3}\}+\mathscr{L}^{-1}\{\dfrac{s}{s^2+3^2}\}+\mathscr{L}^{-1}\{\dfrac{1}{s^2+3^2}\}$

$$=e^{-3t}+\cos 3t+\frac{1}{3}\sin 3t \text{。}$$

Q.E.D.

回憶本章開頭時，我們提到要去看整個 ODE 在拉氏變換下的結果，因此推導了定理 3-2-10，也就是 $\mathscr{L}\{f^{(n)}(t)\}=s^nF(s)-s^{n-1}f(0)-s^{n-2}f'(0)-\cdots-f^{(n-1)}(0)$，但處理完拉氏轉換的結果後，還必須知道怎麼還原。在上方公式中令 $f(0)=f'(0)=\cdots\cdots=f^{(n-1)}(0)=0$ 得到

$$\mathscr{L}\{f^{(n)}(t)\}=s^nF(s)$$

定理 3-4-3　乘 s^n 的反轉換

$\mathscr{L}^{-1}\{s^nF(s)\}=f^{(n)}(t)$

從上面這個定理可以看出拉氏反轉換時，一個 s 會對應到 $f(t)$的一次微分。接下來的範例 2 初步嘗試利用拉氏轉換解 ODE，至於系統化的理論將在下節中做討論。

範例 2

求下列 ODE 之解：

$y''+y=0$，$y(0)=1$、$y'(0)=1$。

解 令 $\mathscr{L}\{y(t)\}=Y(s)$，對原 ODE 取拉氏轉換，

則　$\mathscr{L}(y'')+\mathscr{L}(y)=[s^2Y(s)-sy(0)-y'(0)]+Y(s)=\mathscr{L}(0)=0$ 整理得

$(s^2+1)Y(s)=s+1$，即 $Y(s)=\dfrac{s}{s^2+1}+\dfrac{1}{s^2+1}$，現在對等號兩邊做拉氏反轉換，

得　$y(t)=\mathscr{L}^{-1}\{Y(s)\}=\mathscr{L}^{-1}\{\dfrac{s}{s^2+1}\}+\mathscr{L}^{-1}\{\dfrac{1}{s^2+1}\}=\cos t+\sin t$

Q.E.D.

回憶定理 3-2-12 中，我們得到 n 重積分後的拉氏轉換與原函數的關係

$$\mathscr{L}\{\int_0^t\int_0^{t_1}\cdots\int_0^{t_{n-1}} f(\tau)d\tau dt_{n-1}\cdots dt_1\}=\frac{F(s)}{s^n}$$

換句話說，我們有

定理 3-4-4　除 s^n 的反轉換

$$\mathscr{L}^{-1}\{\frac{F(s)}{s^n}\}=\int_0^{\tau}\int_0^{t_1}\cdots\int_0^{t_{n-1}} f(\tau)d\tau dt_{n-1}\cdots dt_1$$

由此定理可知，拉氏反轉換時，一個 $\frac{1}{s}$ 會對應到 $f(t)$的一次積分。

範例 3

求下列之拉氏反轉換：

$$\mathscr{L}^{-1}\{\frac{1}{s(s^2+1)}\}$$

解

$$\begin{aligned}\mathscr{L}^{-1}\{\frac{1}{s(s^2+1)}\}&=\mathscr{L}^{-1}\{\frac{\frac{1}{s^2+1}}{s}\}\\&=\int_0^t\mathscr{L}^{-1}\{\frac{1}{s^2+1}\}d\tau\\&=\int_0^t\sin\tau\, d\tau=-\cos\tau\Big|_0^t\\&=1-\cos t\text{ 。}\end{aligned}$$

Q.E.D.

從第一平移定理知道 $\mathscr{L}\{e^{at}f(t)\}=\mathscr{L}\{f(t)\}_{s\to s-a}=F(s-a)$，因此

定理 3-4-5 s 平移反轉換

$$\mathscr{L}^{-1}\{F(s-a)\}=e^{at}f(t)=e^{at}\,\mathscr{L}^{-1}\{F(s)\}$$

範例 4

求下列之拉氏反轉換：

$\mathscr{L}^{-1}\{\frac{1}{s^2+2s+5}\}$。

解

$$\mathscr{L}^{-1}\{\frac{1}{s^2+2s+5}\}=\mathscr{L}^{-1}\{\frac{1}{(s+1)^2+2^2}\}$$

$$=e^{-t}\,\mathscr{L}^{-1}\{\frac{1}{(s)^2+2^2}\}$$

$$=\frac{1}{2}e^{-t}\sin(2t)$$ 。

Q.E.D.

範例 5

$\mathscr{L}^{-1}\{\frac{6s-4}{s^2-4s+20}\}=$?

解

$$\mathscr{L}^{-1}\{\frac{6s-4}{s^2-4s+20}\}=\mathscr{L}^{-1}\{\frac{6\cdot(s-2)+8}{(s-2)^2+4^2}\}=\mathscr{L}^{-1}\{\frac{6(s-2)}{(s-2)^2+4^2}+2\times\frac{4}{(s-2)^2+4^2}\}$$

$$=6e^{2t}\cos 4t+2e^{2t}\sin 4t$$ 。

Q.E.D.

從第二平移定理知道 $\mathscr{L}\{f(t-a)u(t-a)\}=e^{-as}F(s)$，因此我們得到

定理 3-4-6 t 平移反轉換

$$\mathscr{L}^{-1}\{e^{-as}F(s)\}=\mathscr{L}^{-1}\{F(s)\}_{t\to t-a}\cdot u(t-a)$$

範例 6

求下列之拉氏反轉換：

$\mathscr{L}^{-1}\{\frac{2}{s}-\frac{3e^{-s}}{s^2}+\frac{5e^{-2s}}{s^2}\}$ 。

解 $\mathscr{L}^{-1}\{\frac{2}{s}-\frac{3e^{-s}}{s^2}+\frac{5e^{-2s}}{s^2}\}=\mathscr{L}^{-1}\{\frac{2}{s}\}-\mathscr{L}^{-1}\{\frac{3e^{-s}}{s^2}\}+\mathscr{L}^{-1}\{\frac{5e^{-2s}}{s^2}\}$

$=2-3(t-1)u(t-1)+5(t-2)u(t-2)$ 。　Q.E.D.

從定理 3-2-13 知道定義域的 scale 改變後，對應拉氏變換的公式也跟著改變成滿足 $\mathscr{L}\{f(at)\}=\frac{1}{a}F(\frac{s}{a})$ ，因此得到

定理 3-4-7　尺度變換反轉換

$$\mathscr{L}^{-1}\{F(as)\}=\frac{1}{a}f(\frac{t}{a})$$

範例 7

求下列之拉氏反轉換：

$\mathscr{L}^{-1}\{\frac{1}{4s^2+1}\}$ 。

解 $\mathscr{L}^{-1}\{\frac{1}{4s^2+1}\}=\mathscr{L}^{-1}\{\frac{1}{(2s)^2+1}\}=\frac{1}{2}\mathscr{L}^{-1}\{\frac{1}{s^2+1}\}\Big|_{t\to\frac{t}{2}}=\frac{1}{2}\sin(\frac{t}{2})$ 。　Q.E.D.

如果乘上多項式 t^n 來修正函數 $f(t)$，則定理 3-2-21 告訴我們，修正後的拉氏轉換與原轉換之間存在微分的關係

$$\mathscr{L}\{t^n f(t)\}=(-1)^n\frac{d^nF(s)}{ds^n}$$

因此我們得到如下定理 3-4-8。

定理 3-4-8　乘 t^n 的反轉換

$$t^n f(t)=(-1)^n\mathscr{L}^{-1}\{\frac{d^nF(s)}{ds^n}\}$$

值得一提的是，當待處理的函數不易直接作拉氏反轉換時，可以先微分作化簡後再作拉氏反轉換，諸如：對數、反三角函數等情況，這是一個常用的化簡手段，請看接下來的範例。其常用公式為：

$$f(t)=\frac{(-1)^n}{t^n}\mathscr{L}^{-1}\{\frac{d^nF(s)}{ds^n}\}\text{，}n=1\text{ 時}\Rightarrow f(t)=-\frac{1}{t}\mathscr{L}^{-1}\{\frac{dF(s)}{ds}\}\text{。}$$

範例 8

求下列之拉氏反轉換

$\mathscr{L}^{-1}\{\ln(s^2+1)\}=?$

解 在定理 3-4-8 中令 $n=1$，

$$\mathscr{L}^{-1}\{\ln(s^2+1)\}=-\frac{1}{t}\mathscr{L}^{-1}\{\frac{d}{ds}[\ln(s^2+1)]\}=-\frac{1}{t}\mathscr{L}^{-1}\{\frac{2s}{s^2+1}\}=-\frac{2}{t}\cos t\text{。}$$

Q.E.D.

類似定理 3-4-8 的情況，若乘上 $\frac{1}{t^n}$，則定理 3-2-23 告訴我們，修正後的拉氏轉換與原函數之間存在積分的關係

$$\mathscr{L}\{\frac{f(t)}{t^n}\}=\int_s^\infty\int_{s_1}^\infty\cdots\int_{s_{n-1}}^\infty F(u)duds_{n-1}\cdots ds_1$$

因此我們得到如下定理 3-4-9。

定理 3-4-9 除 t^n 的反轉換

$$\frac{f(t)}{t^n}=\mathscr{L}^{-1}\{\int_s^\infty\int_{s_1}^\infty\cdots\int_{s_{n-1}}^\infty F(u)duds_{n-1}\cdots ds_1\}$$

同樣的，當遇到 $F(s)$ 不易求拉氏反轉換，可以試試將 $F(s)$ 積分後再做拉氏反轉換。

範例 9

求下列之拉氏反轉換：

$\mathcal{L}^{-1}\{\frac{s}{(s^2+1)^2}\}$。

解 在定理 3-4-9 中令 $n=1$，

$$\mathcal{L}^{-1}\{\frac{s}{(s^2+1)^2}\}=t\,\mathcal{L}^{-1}\{\int_s^\infty \frac{u}{(u^2+1)^2}du\}$$，（變數變換 $t=u^2+1$）

$$=t\,\mathcal{L}^{-1}\{\frac{1}{2}\frac{1}{s^2+1}\}$$

$$=\frac{t}{2}\sin t$$ 。

Q.E.D.

定理 3-3-3 表示，先對兩個函數做摺積 $f(t)*g(t)=\int_0^t f(\tau)g(t-\tau)d\tau$ 後再做拉氏轉換，會等於先做拉氏轉換後再相乘，即

$$\mathcal{L}\{f(t)*g(t)\}=F(s)\cdot G(s)$$

於是拉氏反轉換便會將函數相乘對應回去函數摺積。

定理 3-4-10　反轉換的摺積

$\mathcal{L}^{-1}\{F(s)\cdot G(s)\}=f(t)*g(t)$

範例 10

求下列之拉氏反轉換：

$\mathcal{L}^{-1}\{\frac{1}{s(s^2+1)}\}$。

解

$$\mathcal{L}^{-1}\{\frac{1}{s(s^2+1)}\}=\mathcal{L}^{-1}\{\frac{1}{s}\times\frac{1}{s^2+1}\}$$

$$=1*\sin t$$

$$=\int_0^t \sin\tau d\tau=1-\cos t$$ 。

Q.E.D.

3-4-3 部分分式（Partial fractions）

分式函數 $F(s)$要做拉氏反轉換時，若 $F(s)$較爲複雜，無法直接套基本公式，則必須透過部分分式將原式化成相對好處理的函數相乘後，再各別做反轉換，以下列舉幾個較代表性的部分分式情況，基本上便是透過微分、代值等方法，將設想好的部分分式係數求出。

1. 真分式函數分母為一次不重複因子

$$F(s)=\frac{h(s)}{(s-a)(s-b)(s-c)(s-d)}=\frac{A_1}{s-a}+\frac{A_2}{s-b}+\frac{A_3}{s-c}+\frac{A_4}{s-d}$$

2. 拆解

左右同乘$(s-a)$，然後 s 用 a 代入，可得 $A_1=\left.\frac{h(s)}{(s-b)(s-c)(s-d)}\right|_{s\to a}$，

依此類推可得 A_2、A_3、A_4 如下：

$$A_2=\left.\frac{h(s)}{(s-a)(s-c)(s-d)}\right|_{s\to b}，A_3=\left.\frac{h(s)}{(s-a)(s-b)(s-d)}\right|_{s\to c}，A_4=\left.\frac{h(s)}{(s-a)(s-b)(s-c)}\right|_{s\to d}$$

範例 11

求 $\mathscr{L}^{-1}\{\frac{2s^2-5s-7}{(s-1)(s-3)(s-2)(s-5)}\}$。

解 $\mathscr{L}^{-1}\{\frac{2s^2-5s-7}{(s-1)(s-3)(s-2)(s-5)}\}=\mathscr{L}^{-1}\{\frac{\frac{5}{4}}{s-1}+\frac{1}{s-3}+\frac{-3}{s-2}+\frac{\frac{3}{4}}{s-5}\}$

$$=\frac{5}{4}e^{t}+e^{3t}-3e^{2t}+\frac{3}{4}e^{5t}$$ 。

Q.E.D.

3. 真分式函數分母含有一個重複因子

$$F(s)=\frac{h(s)}{(s-a)^nQ(s)}=\frac{A_1}{s-a}+\frac{A_2}{(s-a)^2}+\cdots+\frac{A_n}{(s-a)^n}+R(s)$$，

且$(s-a)$不整除 $Q(s)$。

4. **拆解**

左右同乘$(s-a)^n$後進行微分，可得 A_k，公式如下：

$$A_{n-k}=\lim_{s\to a}\frac{1}{k!}\frac{d^k}{ds^k}\{\frac{h(s)}{Q(s)}\}，k=0,1,2...,n-1，而\ A_n=\lim_{s\to a}\{\frac{h(s)}{Q(s)}\}$$

範例 12

$$\mathscr{L}^{-1}\{\frac{2s+1}{(s+1)(s-2)^2}\}=?$$

解 $\mathscr{L}^{-1}\{\frac{2s+1}{(s+1)(s-2)^2}\}=\mathscr{L}^{-1}\{\frac{B}{(s+1)}+\frac{A_1}{s-2}+\frac{A_2}{(s-2)^2}\}$，

$$B=\frac{2s+1}{(s-2)^2}\Big|_{s\to-1}=-\frac{1}{9}、A_2=\frac{2s+1}{(s+1)}\Big|_{s\to2}=\frac{5}{3}、A_1=\frac{d}{ds}[\frac{2s+1}{(s+1)}]\Big|_{s\to2}=\frac{1}{9}，$$

所以 $\mathscr{L}^{-1}\{\frac{2s+1}{(s+1)(s-2)^2}\}=\mathscr{L}^{-1}\{\frac{\frac{-1}{9}}{(s+1)}+\frac{\frac{1}{9}}{s-2}+\frac{\frac{5}{3}}{(s-2)^2}\}=-\frac{1}{9}e^{-t}+\frac{1}{9}e^{2t}+\frac{5}{3}te^{2t}$。

Q.E.D.

範例 12 中的 A_1 亦可利用取極限的方式求解，在拆解 $\frac{2s+1}{(s+1)(s-2)^2}=\frac{B}{(s+1)}+\frac{A_1}{s-2}+\frac{A_2}{(s-2)^2}$ 中，左右同乘 s 後取 s 趨近於無窮大

可得 $\lim_{s\to\infty}s\times\frac{2s+1}{(s+1)(s-2)^2}=\lim_{s\to\infty}s\times\frac{B}{(s+1)}+\lim_{s\to\infty}s\times\frac{A_1}{s-2}+\lim_{s\to\infty}s\times\frac{A_2}{(s-2)^2}$，

則 $0=B+A_1$，即 $A_1=-B=\frac{1}{9}$

5. **真分式函數的分母含有二次不重複因子**

$$F(s)=\frac{h(s)}{[(s+a)^2+b^2]Q(s)}=\frac{As+B}{(s+a)^2+b^2}+R(s)$$

6. **拆解**

左右用 $s=0$ 代入，可以求出 B。

左右同乘以 s 後，取 s 趨近於無窮大可得 A。

範例 13

$$\mathcal{L}^{-1}\{\frac{18+11s-s^2}{(s^2-1)(s^2+3s+3)}\}=?$$

解 $$\mathcal{L}^{-1}\{\frac{18+11s-s^2}{(s^2-1)(s^2+3s+3)}\}=\mathcal{L}^{-1}\{\frac{18+11s-s^2}{(s+1)(s-1)(s^2+3s+3)}\}$$

$$=\mathcal{L}^{-1}\{\frac{C}{s+1}+\frac{D}{s-1}+\frac{As+B}{s^2+3s+3}\}$$

其中 $$C=\frac{18+11s-s^2}{(s-1)(s^2+3s+3)}\Big|_{s\to-1}=-3$$

$$D=\frac{18+11s-s^2}{(s+1)(s^2+3s+3)}\Big|_{s\to1}=2$$

$s=0$ 代入原式可得 $B=-3$，左、右乘 s 後取 $\lim\limits_{s\to\infty}$ 可得 $0=-3+2+A\Rightarrow A=1$，

所以 $$\mathcal{L}^{-1}\{\frac{18+11s-s^2}{(s^2-1)(s^2+3s+3)}\}=\mathcal{L}^{-1}\{\frac{-3}{s+1}+\frac{2}{s-1}+\frac{s-3}{s^2+3s+3}\}$$

$$=\mathcal{L}^{-1}\{\frac{-3}{s+1}+\frac{2}{s-1}+\frac{(s+\frac{3}{2})-\frac{9}{2}}{(s+\frac{3}{2})^2+(\frac{\sqrt{3}}{2})^2}\}$$

$$=-3e^{-t}+2e^{t}+e^{-\frac{3}{2}t}\cdot[\cos\frac{\sqrt{3}}{2}t-3\sqrt{3}\sin\frac{\sqrt{3}}{2}t]$$ 。Q.E.D.

部分分式除了用上述技巧外，亦可以利用代值法求解，可以對部份分式左右兩側用較簡單的數字，如：$s=0,\pm1,\pm2,\ \cdots$ 代入，解聯立方程式即可。

現在，有了上面部分分式的拆解經驗，接下來我們回到拉氏反轉換的主題中，看看這些部分分式技巧如何化簡問題進而方便計算。

範例 14

$$\mathcal{L}^{-1}\{\frac{3}{s^2+3s-10}\}=?$$

解 參考分母為一次不重複因式相乘的部分分式拆解法，

得 $$\mathcal{L}^{-1}\{\frac{3}{s^2+3s-10}\}=\mathcal{L}^{-1}\{\frac{-\frac{3}{7}}{s+5}+\frac{\frac{3}{7}}{s-2}\}=\frac{3}{7}e^{2t}-\frac{3}{7}e^{-5t}$$ 。Q.E.D.

範例 15

$\mathscr{L}^{-1}\{\frac{1}{s^2\cdot(s-3)}\}=?$

解 參考分母有一個重複一次因式相乘的部分分式拆解法，

得
$$\mathscr{L}^{-1}\{\frac{1}{s^2\cdot(s-3)}\}=\mathscr{L}^{-1}\{\frac{-\frac{1}{9}}{s}+\frac{-\frac{1}{3}}{s^2}+\frac{\frac{1}{9}}{s-3}\}$$
$$=-\frac{1}{9}-\frac{1}{3}t+\frac{1}{9}e^{3t}$$ 。

Q.E.D.

範例 16

$\mathscr{L}^{-1}\{\frac{e^{-2s}}{s^3+4s^2+5s+2}\}=?$

解 因分子有指數函數，參考第二平移定理，令 $F(s)=\frac{1}{s^3+4s^2+5s+2}$

得
$$\mathscr{L}^{-1}\{e^{-as}\cdot F(s)\}=\mathscr{L}^{-1}\{F(s)\}_{t\to t-a}u(t-a)$$

現在參考分母有一個重複一次因式相乘的部分分式拆解法，

得
$$\mathscr{L}^{-1}\{\frac{1}{s^3+4s^2+5s+2}\cdot e^{-2s}\}=\mathscr{L}^{-1}\{\frac{1}{(s+1)^2\cdot(s+2)}e^{-2s}\}$$
$$=\mathscr{L}^{-1}\{[\frac{1}{(s+2)}+\frac{-1}{(s+1)}+\frac{1}{(s+1)^2}]\cdot e^{-2s}\}$$
$$=(e^{-2t}-e^{-t}+te^{-t})\big|_{t\to t-2}\cdot u(t-2)$$
$$=[e^{-2(t-2)}-e^{-(t-2)}+(t-2)e^{-(t-2)}]u(t-2)$$

Q.E.D.

3-4 習題演練

基礎題

1. 求下列函數的拉氏反轉換：

(1) $F(s)=\dfrac{1}{s+2}$ (2) $F(s)=\dfrac{1}{s^4}$

(3) $F(s)=\dfrac{s}{s^2+4}$ (4) $F(s)=\dfrac{1}{s^2+4}$

(5) $F(s)=\dfrac{1}{s^2-4}$ 。

2. 求下列函數的拉式反轉換

(1) $F(s)=\dfrac{s+3}{(s-2)(s+1)}$

(2) $F(s)=\dfrac{1}{s^3-s}$ (3) $F(s)=\dfrac{e^{-2s}}{s^2+s-2}$

(4) $F(s)=\dfrac{e^{-4s}}{s^2}$ (5) $F(s)=\dfrac{1-e^{-2s}}{s^2}$

(6) $F(s)=\dfrac{s}{s^2+2s-3}$

(7) $F(s)=\dfrac{1}{s(s-1)}$ 。

進階題

求下列各函數之拉氏反轉換：

1. $F(s)=\dfrac{1}{(s^2+4)(s+12)}$ 。

2. $F(s)=\dfrac{1}{s^2(s+1)^2}$ 。

3. $F(s)=\dfrac{1}{s^2(s-a)}$ 。

4. $F(s)=\dfrac{ab}{(s^2+a^2)(s^2+b^2)}$ 。

5. $F(s)=\dfrac{2s^2+3s+3}{(s+1)(s+3)^3}$ 。

6. $F(s)=\dfrac{6s-4}{s^2-4s+20}$ 。

7. $F(s)=\dfrac{1}{s^2(s-3)}$ 。

8. $F(s)=\ln(1+\dfrac{1}{s^2})$ 。

9. $F(s)=\dfrac{3e^{-2s}}{(s+1)^2(s^2+2s+10)}$ 。

10. $F(s)=\dfrac{e^{-3s}}{(s-1)^3}$ 。

11. $F(s)=\dfrac{1}{s^3+4s^2+5s+2}$ 。

12. $F(s)=\dfrac{(3s+5)e^{-3s}}{s(s^2+2s+5)}$ 。

13. $F(s)=\ln(1-\dfrac{a^2}{s^2})$ 。

14. $F(s)=\dfrac{\pi}{2}-\tan^{-1}\dfrac{s}{2}$ 。

15. $F(s)=\dfrac{e^{-s}}{s(s+1)(s+2)}$ 。

16. $F(s)=\dfrac{1}{s^2}-\dfrac{48}{s^5}$ 。

17. $F(s)=\dfrac{(s+1)^3}{s^4}$ 。

18. $F(s)=\dfrac{s+1}{s^2+2}$ 。

19. $F(s)=\dfrac{s^2+1}{s(s-1)(s+1)(s-2)}$ 。

20. $F(s)=\dfrac{1}{s^2-6s+10}$ 。

21. $F(s)=\dfrac{2s+5}{s^2+6s+34}$ 。

22. $F(s)=\dfrac{1}{s^2(s-1)}$ 。

23. $F(s)=\dfrac{1}{s^2(s-2)}e^{-2s}$ 。

24. $F(s)=\ln(\dfrac{s^2+1}{s^2+s})$ 。

3-5 拉氏轉換的應用

有了前面 3-1 到 3-4 節的準備，我們已經了解一個線性 ODE 在拉氏變換下的結果，並知道如何透過拉氏反轉換求得原解（見 3-4 範例 2），完整的流程如圖 3-14 所示。

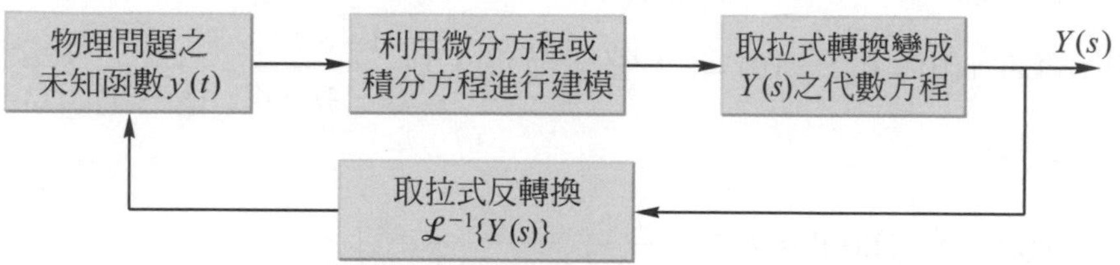

▲圖 3-14　拉氏轉換求解物理問題觀念圖

3-5-1　拉氏變換求解常係數 ODE（Constant Coefficients ODE）

回憶定理 3-2-10，我們有高階微分後的拉氏轉換如下：

$$\mathcal{L}\{y(t)\}=Y(s)$$
$$\mathcal{L}\{y'(t)\}=sY(s)-y(0)$$
$$\mathcal{L}\{y''(t)\}=s^2Y(s)-sy(0)-y'(0)$$
$$\vdots$$
$$\mathcal{L}\{y^{(n)}(t)\}=s^nY(s)-s^{n-1}y(0)-s^{n-2}y'(0)\cdots\cdots-y^{(n-1)}(0)$$

接下來我們看高階線性 ODE 透過拉氏轉換的求解。

範例 1

利用拉氏轉換求解：$y''-4y'+4y=\delta(t-1)$，$y(0)=0$、$y'(0)=1$。

解 令 $\mathscr{L}\{y(t)\}=Y(s)$，現在由一次、二次微分的拉氏變換及脈衝函數的拉氏變換（定理 3-3-1）

知 $$[s^2Y(s)-sy(0)-y'(0)]-4[sY(s)-y(0)]+4Y(s)=e^{-s}$$

加入初始條件 $y(0)=0$、$y'(0)=1$，整理得 $Y(s)=\dfrac{1+e^{-s}}{s^2-4s+4}=\dfrac{1}{(s-2)^2}+\dfrac{e^{-s}}{(s-2)^2}$，

取拉氏反變換

得 $$y(t)=\mathscr{L}^{-1}\{Y(s)\}=\mathscr{L}^{-1}[\frac{1}{(s-2)^2}+\frac{1}{(s-2)^2}e^{-s}]$$

$$=te^{2t}+(t-1)e^{2(t-1)}u(t-1)$$ 。（定理 3-2-18、定理 3-2-19） Q.E.D.

範例 2

利用拉氏轉換求解 $y''+4y=\begin{cases}0, & 0\le t<\pi\\ 3\cos t, & t\ge\pi\end{cases}$，$y(0)=y'(0)=1$。

解 以步階函數表達 Sorce function 得 $f(t)=\begin{cases}0, & 0\le t<\pi\\ 3\cos t, & t\ge\pi\end{cases}=3\cos t\cdot u(t-\pi)$，

由一、二階的微分拉氏變換及三角函數的拉氏變換

得 $$[s^2Y(s)-sy(0)-y'(0)]+4Y(s)=3e^{-\pi s}\cdot\mathscr{L}\{\cos(t+\pi)\}$$

整理得 $$Y(s)=\frac{1}{s^2+2^2}+\frac{s}{s^2+2^2}-[\frac{s}{s^2+1}-\frac{s}{s^2+4}]e^{-\pi s}$$

現在取拉氏反轉換

得 $$y(t)=\mathscr{L}^{-1}\{Y(s)\}=\mathscr{L}^{-1}\{\frac{1}{s^2+2^2}+\frac{s}{s^2+2^2}-\frac{s}{s^2+1}e^{-\pi s}+\frac{s}{s^2+4}e^{-\pi s}\}$$

$$=\frac{1}{2}\sin 2t+\cos 2t-\cos(t-\pi)u(t-\pi)+\cos 2(t-\pi)u(t-\pi)$$ （定理 3-2-19）

$$=\frac{1}{2}\sin 2t+\cos 2t+\cos t\cdot u(t-\pi)+\cos 2t\cdot u(t-\pi)$$ Q.E.D.

3-5-2　求解變係數 ODE（Variable Coefficients ODE）

結合定理 3-2-10 與 3-2-21，我們得到常用公式如下

$$\mathscr{L}\{t^m y^{(n)}(t)\} = (-1)^m \frac{d^m}{ds^m}[\mathscr{L}\{y^{(n)}(t)\}]$$（定理 3-2-21）

$$= (-1)^m \frac{d^m}{ds^m}[s^n Y(s) - s^{n-1} y(0) \cdots\cdots - y^{(n-1)}(0)]$$（定理 3-2-10）

因此，令 $\mathscr{L}\{y(x)\} = Y(s)$，起頭的幾階微分公式可根據上面通式列舉如下

$$\mathscr{L}\{xy\} = -\frac{d}{ds}Y(s)$$

$$\mathscr{L}\{y'\} = sY(s)$$

$$\mathscr{L}\{(xy'')\} = -\frac{d}{ds}[s^2 Y(s) - sy(0) - y'(0)]$$

$$= -(2sY(s) + s^2 \frac{dY(s)}{ds})$$，設其中 $y(0) = 0$，

$y'(0) = c$

⋮

請看接下來實際的應用

範例 3

請利用拉氏轉換求解下列 ODE，$xy'' + 2y' + (2-x)y = 2e^x$，$y(0) = 0$。

解 令 $\mathscr{L}\{y(x)\} = Y(s)$，代入上文中列舉的結果後

得　$$-2sY(s) - s^2 \frac{dY(s)}{ds} + 2sY(s) + 2Y(s) + \frac{d}{ds}Y(s) = \frac{2}{s-1}$$

整理得　$$\frac{dY(s)}{ds} - \frac{2}{s^2-1}Y(s) = \frac{-2}{(s^2-1)(s-1)}$$

上式是一個以拉氏變換 $Y(s)$為未知數的一階線性 ODE，我們回到第一章中，一階線性變係數的求解，則透過積分因子 $I = \exp[\int -\frac{2}{s^2-1} ds] = \frac{s+1}{s-1}$

得通解　$$Y(s) = \frac{1}{s^2-1} + c \times \frac{s-1}{s+1}$$

現在，我們想知道由初始條件所決定的常數 c 要如何求得？這便是在問 $y(0)$與 $Y(s)$ 的關聯。參考初值定理（定理 3-2-14）可知 $\lim_{s\to\infty} sY(s) = \lim_{s\to\infty} s[\frac{1}{s^2-1} + c\frac{s-1}{s+1}] = y(0) = 0$

即 $c = 0$，所以 $Y(s) = \frac{1}{(s+1)(s-1)} = \frac{1}{s^2-1^2}$，現由雙曲函數的拉氏逆變換（參閱表 1）

得　$$y(x) = \mathscr{L}^{-1}\{Y(s)\} = \sinh x$$

Q.E.D.

3-5-3 拉氏變換求解摺積型的積分方程（Integral Equation）

常見之積分方程式爲

$$y(t)=f(t)+\int_0^t y(\tau)k(t-\tau)d\tau=f(t)+y(t)*k(t)\cdots(*)$$

對其取拉氏轉換（合併使用摺積定理）可得 $Y(s)=F(s)+Y(s)K(s)$ 整理得 $Y(s)=\dfrac{F(s)}{1-K(s)}$，接下來取拉氏反轉換得通解

$$y(t)=\mathscr{L}^{-1}\{Y(s)\}=\mathscr{L}^{-1}\{\frac{F(s)}{1-K(s)}\}$$

範例 4

利用拉氏轉換求解 $y(t)=u(t)+\int_0^t e^{-(t-\tau)}y(\tau)d\tau$，其中 $u(t)=\begin{cases}1, & t\geq 0\\ 0, & t<0\end{cases}$。

解 在(*)式中令 $f(t)=u(t)$、$k(t)=e^{-t}$，則由 3-1 節拉氏轉換公式

得 $\mathscr{L}\{f(t)\}=\mathscr{L}\{u(t)\}=\dfrac{1}{s}$、$\mathscr{L}\{k(t)\}=\mathscr{L}\{e^{-t}\}=\dfrac{1}{s+1}$

代入通解公式中

得 $y(t)=\mathscr{L}^{-1}\{Y(s)\}=\mathscr{L}^{-1}\{\dfrac{1}{s}+\dfrac{1}{s^2}\}=u(t)+t=1+t$

Q.E.D.

範例 5

「積分－微分」方程 $x'(t)+3x(t)+2\int_0^t x(\tau)\,d\tau = 5u(t)$，其中 $x(0)=1$。利用拉氏轉換求解 $x(t)$。

解 整理原式成爲 $x(t)=\frac{1}{3}[-x'(t)+5u(t)]+\int_0^t(-\frac{2}{3})x(\tau)\,d\tau$，在(A)式中令 $f(t)=\frac{1}{3}[-x'(t)+5u(t)]$ 、$k(t)=-\frac{2}{3}$，則由 3-1 節中拉氏轉換公式

得
$$\mathscr{L}\{f(t)\}=\frac{1}{3}[-sX(s)+x(0)+\frac{5}{s}]$$
$$\mathscr{L}\{k(t)\}=-\frac{2}{3s}$$

代入通解公式中整理得 $X(s)=\frac{4}{(s+1)}+\frac{-3}{(s+2)}$，再取拉氏逆變換

得通解 $x(t)=\mathscr{L}^{-1}\{\frac{4}{(s+1)}+\frac{-3}{(s+2)}\}=4e^{-t}-3e^{-2t}$

【另法】

令 $\mathscr{L}\{x(t)\}=\hat{x}(s)$，對原積分微分方程作 $L-T$

$$\Rightarrow s\hat{x}(s)-x(0)+3\hat{x}(s)+2\cdot\frac{1}{s}\hat{x}(s)=\frac{5}{s}$$

$$\Rightarrow (s+\frac{2}{s}+3)\hat{x}(s)=1+\frac{5}{s}\Rightarrow(\frac{s^2+3s+2}{s})\hat{x}(s)=\frac{s+5}{s}，$$

$$\therefore \hat{x}(s)=\frac{s+5}{(s+1)(s+2)}=\frac{4}{s+1}+\frac{-3}{s+2}，$$

$$\therefore x(t)=\mathscr{L}^{-1}\{\frac{4}{s+1}+\frac{-3}{s+2}\}=4e^{-t}-3e^{-2t}。$$

Q.E.D.

3-5 習題演練

基礎題

利用拉氏轉換求解下列初始值問題：

1. $y' + 4y = 0, y(0) = 2$。

2. $y'' + 5y' + 4y = 2e^{-2t}, y(0) = 0, y'(0) = 0$。

3. $y'' - y' - 6y = 0, y(0) = 2, y'(0) = 3$。

4. $y'' + 9y = 10e^{-t}, y(0) = 0, y'(0) = 0$。

5. $y'' + 3y' + 2y = f(t)$, 其中

$$f(t) = \begin{cases} 1, & 0 < t < 1 \\ 0, & t > 1 \end{cases}, y(0) = y'(0) = 0$$。

6. $y'' - 2y' + 10y = 0, y(0) = 6, y'(0) = 0$。

7. $y'' - 4y' + 3y = 4e^{3x}, y(0) = -1, y'(0) = 3$。

8. $y'' - 4y' + 4y = \delta(t-1)$,

$y(0) = 0, y'(0) = 1$。

9. $f(t) = ?$

$$f(t) = \int_0^t \sin 2\lambda \cdot \sinh 2(t-\lambda) d\lambda$$。

10. $y'(t) = 1 - \int_0^t y(t-\tau)e^{-2\tau} d\tau$，$y(0) = 1$。

進階題

利用拉氏轉換求解下列方程式或系統，

1. $y'' + 2y' + 5y = \delta(t-1) + \delta(t-3)$，

$y(0) = y'(0) = 0$。

2. $y'' + 9y' = f(t), y'(0) = y(0) = 1$，

$$f(t) = \begin{cases} 0, & 0 \le t < \pi \\ \cos t, & t \ge \pi \end{cases}$$。

3. $y'' - 3y' = 2e^{2x} \sin x, y(0) = 1, y'(0) = 2$。

4. $y'' - 3y' + 2y = 4t + e^{3t}$,

$y(0) = 0, y'(0) = -1$。

5. $y'' + 4y' + 4y = 1 + \delta(t-1)$，

$y(0) = 0, y'(0) = 0.5$。

6. 考慮 LC 電路如下，若其初始電流 $i(0) = i'(0) = 0$，供壓源爲

$$E(t) = \begin{cases} 25t, & 0 \le t \le 4 \\ 100, & t > 4 \end{cases}$$，

$C = 0.04$，$L = 1$，

求 $i(t)$，在 $t > 0$。

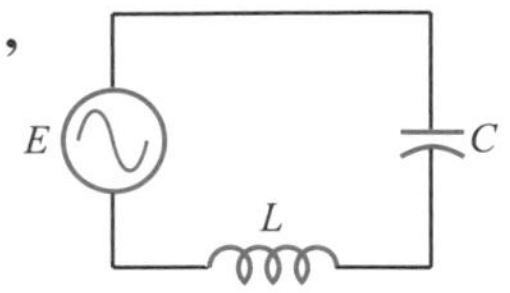

7. $y'' - y = 2\sin t + \delta(t-1)$，

$y(0) = 0$，$y'(0) = 2$。

8. $y'' + 4y' + 13y = 26e^{-4t}$，

$y(0) = 5$，$y'(0) = -29$。

9. $y'' + 4y = f(t)$，$y(0) = 0$，$y'(0) = 1$，

$$f(t) = \begin{cases} 0, & 0 < t < 3 \\ 1, & t > 3 \end{cases}$$。

10. $y'' + y = r(t)$，$y(0) = y'(0) = 0$，

$$r(t) = \begin{cases} t, & 0 < t < 1 \\ 0, & t > 1 \end{cases}$$。

11. $y''' - y'' - y' + y = 0$，$y(0) = 2$，

$y'(0) = 1$，$y''(0) = 0$。

12. $ty'' - ty' - y = 0$，$y(0) = 0$，$y'(0) = 3$。

13. 如圖之 RLC 電路，若在時間 $t = 0$ 時有一大小 10 V，波寬爲 1 秒之方波作用到此電路，且電路無初始電流，電容器亦無初始電量，請求其 $t \ge 0$ 之電流？

$R = 3\Omega$，$L = 1\text{H}$，$C = 0.5\text{F}$

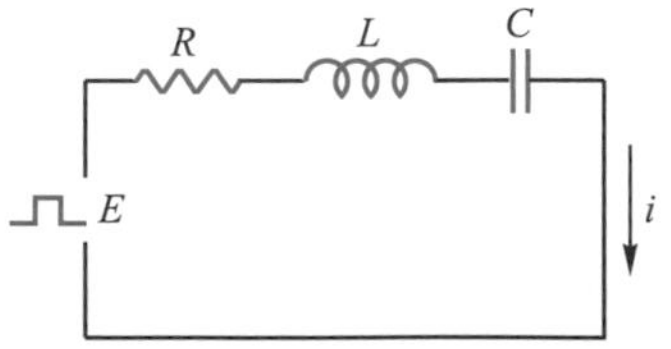

14. $y(t) = \sin 5t - 6\int_0^t y(t-\lambda) \cdot \cos 5\lambda d\lambda$。

15. $y' + \int_0^t y(\alpha) \cdot \cos 2(t-\alpha) d\alpha = \delta(t-3)$，

$y(0) = 1$。

常微分方程式的冪級數解

範例影音

4

弗羅貝尼烏斯
(Frobenius, 1849～1917, 德國)

數學家弗羅貝尼烏斯(Frobenius，1849～1917)提出廣義冪級數解的觀念，克服了 ODE 在不可解析點上無法考慮級數解的問題，解決了很多工程問題上的變係數 ODE，貢獻很大。

學習目標

4-1

常點展開求解ODE

4-1-1－了解冪級數解的存在性：常點、奇點
4-1-2－掌握從常點展開冪級數求解 ODE

4-2

規則奇點展開求解ODE

4-2-1－認識指標方程
4-2-2－掌握不同指標根所對應的 ODE 求解

大多數的常微分方程式不容易有簡單解法，所以數學家轉而透過冪級數來解 ODE，尤其是在變係數 ODE 的求解上，利用解的可解析將解寫成泰勒展開，再代入原 ODE 中求出待定的係數，於是便將分析問題化為遞迴式關係求解的問題進而解決。而對於 ODE 要在不可解析點上考慮求解，本章將引入規則奇點展開之「Frobenius 級數解」，為不易求解之變係數 ODE 打開另一道求解的大門。

4-1 常點展開求解 ODE

首先本節將先定義何謂 ODE 的常點(Regular point)與奇點(Singular point)，然後介紹泰勒級數如何用在常點展開來求解 ODE 之冪級數解(Power series solution)。

4-1-1　冪級數解的存在性

冪級數解，顧名思義，便是方程的解是以冪級數

$$y(x)=\sum_{n=0}^{\infty}a_nx^n$$

的形式呈現，因此，代入原方程後，便將問題轉變成求解係數 a_n 的代數問題。然而，級數有斂散性的問題，必須要在級數收斂的情形下才能使用這個方法。

函數最常用的級數形式是泰勒展開 $f(x)=\sum_{n=0}^{\infty}\frac{f^{(n)}(a)}{n!}(x-a)^n$，因此，我們可用極限求解的方法確定泰勒級數的存在範圍（收斂半徑），自然，我們會在收斂半徑內考慮 ODE 的級數解，然而故事到這裡還沒結束，因爲當遇到變係數 ODE 時，必須也要將係數函數做級數展開，連同假設的解 $y(x)$一併代入原式後才能眞正將問題化爲解係數的問題。我們以二階線性 ODE 爲例，將情況做進一步的分類，考慮

$$y''+P(x)y'+Q(x)y=0\cdots①$$

1. **常點**

若 $P(x)$與 $Q(x)$在 $x=a$ 處解析（Analytic），即 $P(x)$、$Q(x)$在 $x=a$ 處之任意階導數均存在且連續，則 $x=a$ 爲①的常點。

2. **奇點**

(1) **規則奇點**

若 $P(x)$與 $Q(x)$在 $x=a$ 處不解析；但是$(x-a)P(x)$與$(x-a)^2Q(x)$在 $x=a$ 處解析，則稱 $x=a$ 為①的規則奇點（Regular singular point）。

(2) **不規則奇點**

若 $x=a$ 不是①的常點或規則奇點，則稱 $x=a$ 為①的不規則奇點（Irregular singular point）。

範例 1

試判斷下列各 ODE 奇異點的種類

(1) $(1+x)y''+2xy'+5xy=x^2$。

(2) $(x+1)^2y''+2xy'+y=x^2$。

(3) $(x+1)^2y''+2(x+1)y'+5xy=x^2$。

解 (1)令 $P(x)=\dfrac{2x}{1+x}$，$Q(x)=\dfrac{5x}{1+x}$，

因為 $P(x), Q(x)$在 $x=-1$ 處不連續，所以導數不存在，可是

$(1+x)\cdot\dfrac{2x}{1+x}=2x$，$(1+x)^2\cdot\dfrac{5x}{1+x}=5x(1+x)$ 為可解析函數，

所以 $x=-1$ 為 ODE 的規則奇點，其餘為常點。

(2) 令 $P(x)=\dfrac{2x}{(x+1)^2}$、$Q(x)=\dfrac{1}{(x+1)^2}$，

$P(x)$與 $Q(x)$在 $x=-1$ 處不連續，故不可解析，

又 $(x+1)\cdot P(x)=\dfrac{2x}{x+1}$ 在 $x=-1$ 處亦不可解析，

所以 $x=-1$ 為不規則奇點，其餘均為常點。

(3) 令 $P(x)=\dfrac{2}{x+1}$、$Q(x)=\dfrac{5x}{(x+1)^2}$，

$P(x)$與 $Q(x)$在 $x=-1$ 處不可解析，

但$(x+1)P(x)=2$ 與$(x+1)^2Q(x)=5x$ 在 $x=-1$ 處可解析，

所以 $x=-1$ 為規則奇點，其餘均為常點。 Q.E.D.

4-1-2　常點展開求解 ODE

考慮方程 $y''+P(x)y'+Q(x)y=0$，若 $x=a$ 爲其常點，則 $y(x)$在 $x=a$ 處可解析，此處我們將解以泰勒級數展開後代入 ODE 中求解。

(1) 若令 $y(x)=\sum_{n=0}^{\infty}\frac{y^{(n)}(a)}{n!}(x-a)^n$，由初始條件分別求出係數 $y^{(n)}(a)$，代入可得 ODE 之解，稱爲直接代入法。

(2) 若令 $y(x)=\sum_{n=0}^{\infty}a_n(x-a)^n$ 代入 ODE 中，求出係數 a_n，稱爲待定係數法。

1. 直接代入法

以齊性 ODE $y''+P(x)y'+Q(x)y=0$ 爲例，我們現在在常點 $x = a$ 上考慮級數解，因此假設

$$y(x)=\sum_{n=0}^{\infty}\frac{y^{(n)}(a)}{n!}(x-a)^n$$

因此，此解析解能完全確定的前題是所有微分值 $y^{(n)}(a)$全部求出，但這是不可能的，因此我們透過原 ODE 求出前幾項微分：

(1) $y(a)=c_1$、$y'(a)=c_2$

(2) $y''(a)=-P(a)y'(a)-Q(a)y(a)$

(3) $y'''(a)=-P'(a)y'(a)-P(a)y''(a)-Q'(a)y(a)-Q(a)y'(a)$

(4) $y^{(4)}(a)=\cdots\cdots$ 依此類推

(5) 將 $y(a), y'(a), y''(a), y'''(a)\cdots\cdots$ 代入 $y(x)$的泰勒展開式中得 ODE 之近似解

用這個方法的優點是，我們不需要眞的列出與係數有關的代數方程式，即不需要求出通解，也能得到與解析解誤差非常小的近似解。但缺點就是它並不是眞的解。若 ODE 爲非齊性，則很難歸納出泰勒展開式的係數所滿足的方程式，這種情形下，儘量使用直接代入法求解，會比待定係數法求解容易。

範例 2

$y''+(\sin x)y=e^{x^2}$ ，請利用級數解求解。

解 因爲 $x=0$ 爲 ODE 的常點，利用直接代入法求解，令 $y(x)=\sum_{n=0}^{\infty}\frac{y^{(n)}(0)}{n!}x^n$，且 $y(0)=c_1$、$y'(0)=c_2$，

則
$$y''=-(\sin x)y+e^{x^2}\text{，}$$
$$y'''=-(\cos x)y-(\sin x)y'+2xe^{x^2}\text{，}$$
$$y^{(4)}=(\sin x)y-(\cos x)y'-(\cos x)y'-(\sin x)y''+2e^{x^2}+4x^2e^{x^2}\text{，}$$

令 $x=0$ 代入得 $y''(0)=1$，$y'''(0)=-y(0)=-c_1$，$y^{(4)}(0)=-2y'(0)+2=-2c_2+2$，接著代入解 $y(x)$的泰勒展開式中的近似解爲

$$y(x)=\sum_{n=0}^{\infty}\frac{y^{(n)}(0)}{n!}x^n=y(0)+\frac{y'(0)}{1!}x+\frac{y''(0)}{2!}x^2+\frac{y'''(0)}{3!}x^3+\frac{y^{(4)}(0)}{4!}x^4+\cdots$$
$$=c_1+c_2x+\frac{1}{2}x^2-\frac{c_1}{6}x^3+\frac{2-2c_2}{24}x^4+\cdots$$
$$=c_1(1-\frac{x^3}{6}+\cdots)+c_2(x-\frac{1}{12}x^4+\cdots)+(\frac{1}{2}x^2+\frac{1}{12}x^4+\cdots)$$

Q.E.D.

2. **待定係數法**（Power series with unknown coefficients）

如同代入法，我們一樣以齊性 ODE $y''+P(x)y'+Q(x)y=0$ 爲例說明。若 $x=a$ 爲常點，此時令 $y(x)=\sum_{n=0}^{\infty}a_n(x-a)^n$ 代入原 ODE 中，經過分項合併、比較係數，得到各項係數 a_n 之間的關係，並透過這些關係方程式求解出係數，注意此時求出的解不是近似解，是解析解。在求解時，建議把握原則爲

(1) 以 x^n 爲主。 (2) 若下標一致且次冪相同則合併。

範例 3

$y''+xy'+y=0$；$y(0)=2$，$y'(0)=0$，請利用級數解求解。

解 (1) $x=0$ 為 ODE 的常點，令 $y(x)=\sum_{n=0}^{\infty}a_n x^n$，

則 $$y'(x)=\sum_{n=0}^{\infty}na_n x^{n-1}=\sum_{n=1}^{\infty}na_n x^{n-1}$$

$$y''(x)=\sum_{n=1}^{\infty}n\cdot(n-1)a_n x^{n-2}=\sum_{n=2}^{\infty}n\cdot(n-1)a_n x^{n-2}$$

(2) 將上列各式代入原 ODE 中並整理得：$\sum_{n=2}^{\infty}n(n-1)a_n x^{n-2}+\sum_{n=1}^{\infty}n\cdot a_n x^n+\sum_{n=0}^{\infty}a_n x^n=0$，

接下來我們設法將 Σ 的上下標作統一，以便整理出係數方程

① 調次冪：

補齊 $\sum_{n=2}^{\infty}n(n-1)a_n x^{n-2}+\sum_{n=1}^{\infty}na_n x^n+\sum_{n=0}^{\infty}a_n x^n=0$ 中缺少的項，

得 $\sum_{n=0}^{\infty}(n+2)(n+1)a_{n+2}x^n+\sum_{n=1}^{\infty}na_n x^n+\sum_{n=0}^{\infty}a_n x^n=0$，

② 調下標：

補上中間項 $\sum_{n=0}^{\infty}(n+2)(n+1)a_{n+2}x^n+\sum_{n=0}^{\infty}na_n x^n+\sum_{n=0}^{\infty}a_n x^n=0$，

③ 合併：(次冪相同且下標一致者合併)

得 $\sum_{n=0}^{\infty}[(n+2)(n+1)a_{n+2}+(n+1)a_n]x^n=0$，

因此 $(n+2)(n+1)a_{n+2}+(n+1)a_n=0$，整理得到遞迴式

$a_{n+2}=-\frac{1}{n+2}a_n$，其中 $n=0,1,2,\cdots$。

(3) 現在由遞迴式我們可以將所有係數以 a_0 表示：

$n=0\Rightarrow a_2=-\frac{1}{2}a_0$，$n=1\Rightarrow a_3=-\frac{1}{3}a_1$，

$n=2\Rightarrow a_4=-\frac{1}{4}a_2=-\frac{1}{4}\cdot(-\frac{1}{2}a_0)=(-1)^2\frac{1}{2\cdot 4}a_0=\frac{1}{8}a_0$，

$n=3\Rightarrow a_5=-\frac{1}{5}a_3=-\frac{1}{5}\cdot(-\frac{1}{3}a_1)=(-1)^2\frac{1}{3\cdot 5}a_1=\frac{1}{15}a_1$，

同理 $a_6=-\frac{1}{48}a_0$，$a_7=-\frac{1}{105}a_1$，⋯。

(4) 則 $y(x)=a_0+a_1x+a_2x^2+a_3x^3+a_4x^4+a_5x^5+\cdots$

$$=a_0+a_1x-\frac{1}{2}a_0x^2-\frac{1}{3}a_1x^3+\frac{1}{8}a_0x^4+\frac{1}{15}a_1x^5+\cdots$$

$$=a_0(1-\frac{1}{2}x^2+\cdots)+a_1(x-\frac{1}{3}x^3+\cdots)$$ 。

(5) 現在由初始條件 $y(0)=2$ 代入級數表示式中得 $a_0=2$

並由 $y'(0)=0$ 得 $a_1=0$，故 $y(x)=2(1-\frac{1}{2}x^2+\cdots)$ 。 Q.E.D.

範例 4

請利用級數解求解 $y''-xy'+y=0$ 。

解 (1) $x=0$ 爲原 ODE 的常點，令 $y(x)=\sum_{n=0}^{\infty}a_nx^n$，

則 $y'(x)=\sum_{n=1}^{\infty}na_nx^{n-1}$ 、 $y''(x)=\sum_{n=2}^{\infty}n\cdot(n-1)a_nx^{n-2}$

(2) 將上列各式代入原 ODE 中

$$\Rightarrow\sum_{n=2}^{\infty}n\cdot(n-1)a_nx^{n-2}-x\sum_{n=1}^{\infty}n\cdot a_nx^{n-1}+\sum_{n=0}^{\infty}a_nx^n=0$$

$$\Rightarrow\sum_{n=2}^{\infty}n\cdot(n-1)a_nx^{n-2}-\sum_{n=1}^{\infty}n\cdot a_nx^{n}+\sum_{n=0}^{\infty}a_nx^n=0$$

$$\Rightarrow\sum_{n=0}^{\infty}(n+2)(n+1)a_{n+2}x^n-\sum_{n=0}^{\infty}na_nx^n+\sum_{n=0}^{\infty}a_nx^n=0$$

$$\Rightarrow\sum_{n=0}^{\infty}[(n+2)(n+1)a_{n+2}-(n-1)a_n]x^n=0$$

$\Rightarrow(n+2)(n+1)a_{n+2}-(n-1)a_n=0$，

因此 $a_{n+2}=\frac{(n-1)}{(n+2)(n+1)}a_n$ ；$n=0,1,2,\cdots$ 。

(3) 因此奇數項可用 a_0 表示、偶數項可用 a_1 表示，

我們列舉起頭幾個例子如下：

$n=0\Rightarrow a_2=-\frac{1}{2}a_0$ ；$n=1\Rightarrow a_3=\frac{0}{3\cdot2}a_1=0$ ；

$n=2\Rightarrow a_4=\frac{1}{4\cdot3}a_2=\frac{1}{12}a_2=\frac{1}{12}\cdot(-\frac{1}{2}a_0)=-\frac{1}{24}a_0$ ；$n=3\Rightarrow a_5=\frac{2}{5\cdot4}a_3=0$ ；

$n=4\Rightarrow a_6=\frac{3}{6\cdot5}a_4=\frac{3}{6\cdot5}\cdot(-\frac{1}{24}a_0)=-\frac{1}{240}a_0$

$\vdots$

(4) 因此得到解析解（部分通解）如下：

$$y(x)=\sum_{n=0}^{\infty}a_nx^n=a_0+a_1x+a_2x^2+a_3x^3+a_4x^4+a_5x^5+\cdots$$

$$=a_0+a_1x-\frac{1}{2}a_0x^2+0\cdot x^3-\frac{1}{24}a_0x^4+0\cdot x^5-\frac{1}{240}a_0x^6+\cdots$$

$$=a_1x+a_0\cdot[1-\frac{1}{2}x^2-\frac{1}{24}x^4-\frac{1}{240}x^6\cdots]$$ 。 Q.E.D.

範例 5

請利用級數解常點展開求解 $(1-x^2)y'=2xy$ 。

解 (1) $x=0$ 為 ODE 的常點令 $y(x)=\sum_{n=0}^{\infty}a_nx^n$ ，$y'(x)=\sum_{n=1}^{\infty}na_nx^{n-1}$ ，代入原 ODE 中。

(2) $(1-x^2)\sum_{n=1}^{\infty}n\cdot a_nx^{n-1}=2x\sum_{n=0}^{\infty}a_nx^n\Rightarrow\sum_{n=1}^{\infty}na_nx^{n-1}-\sum_{n=0}^{\infty}n\cdot a_nx^{n+1}=2\sum_{n=0}^{\infty}a_nx^{n+1}$

$$\Rightarrow\sum_{n=0}^{\infty}(n+1)a_{n+1}x^n-\sum_{n=1}^{\infty}(n-1)a_{n-1}x^n=2\sum_{n=1}^{\infty}a_{n-1}x^n$$

$$\Rightarrow\sum_{n=0}^{\infty}(n+1)a_{n+1}x^n-\sum_{n=1}^{\infty}(n+1)a_{n-1}x^n=0\Rightarrow a_1+\sum_{n=1}^{\infty}(n+1)a_{n+1}x^n-\sum_{n=1}^{\infty}(n+1)a_{n-1}x^n=0$$

$\Rightarrow a_1+\sum_{n=1}^{\infty}[(n+1)a_{n+1}-(n+1)a_{n-1}]x^n=0$ ，得到 a_n 之間的關係式 $\begin{cases}a_1=0\\a_{n+1}=a_{n-1}\end{cases}$ ，其中 $n=1,2,\cdots$ ，因此偶數項可以用 a_0 表示、奇數項可以用 a_1 表示，

即　$a_{2n}=a_0$ 、$a_{2n+1}=0$ ，$n=1,2,\cdots$ 。

(4) 將係數全部代入 $y(x)=\sum_{n=0}^{\infty}a_nx^n$ 得部分通解，

$$y(x)=\sum_{n=0}^{\infty}a_{2n}x^{2n}+\sum_{n=0}^{\infty}a_{2n+1}x^{2n+1}=\sum_{n=0}^{\infty}a_0x^{2n}=a_0\sum_{n=0}^{\infty}(x^2)^n=\frac{a_0}{1-x^2}$$ 。 Q.E.D.

4-1 習題演練

基礎題

請利用級數解常點展開求解下列 ODE：

1. $y'' + 12y' + x^3y = 0$
(至少到前五項非零解)。

2. $y'' + xy = 0$ (至少到前五項非零解)。

3. $y'' - xy = 1$，若其解可以寫成
$y = c_0(1 + Px^3 + \cdots) + c_1(Qx + Rx^4 + \cdots)$
$+ Sx^2 + Tx^5 + \cdots$，
求 P、Q、R、S、T。

4. $y'' + e^xy' + y = 0$。

5. $y'' - 2y' + x^3y = 0$
(至少到前五項非零解)。

進階題

請利用級數解常點展開求解下列 ODE：

1. $y''(x) - 2xy'(x) + 2y'(x) + 8y(x) = 0$
$y(1) = 3$、$y'(1) = 0$。

2. $y'' + (1 + x^2)y = 0$。

3. $y'' + y' + 2xy = 0$ 在
(1) $y(0) = 0$，$y'(0) = 1$。
(2) $y(0) = 1$，$y'(0) = 0$。

4. $y'' + xy = 0$。

5. $y'' - xy' - x^2y = 0$。

4-2 規則奇點展開求解 ODE（選讀）

很多的物理系統所得到的微分方程在某些重要的點或位置上是不可解析，無法利用泰勒級數展開求解的，本小節特引入弗羅貝尼烏斯(Frobenius)級數解的觀念來求解這一類的變係數 ODE，以彌補常點展開求解變係數 ODE 的不足。

4-2-1　導論

考慮二階線性 ODE $y''+P(x)y'+Q(x)y=0\cdots$①弗羅貝尼烏斯(Frobenius, 1849～1917)在研究微分方程解時發現，若 $x=0$ 爲 ODE 的規則奇點(Regular singular point)，則可知存在一個具有下列形式的解 $y(x)=\sum_{n=0}^{\infty}a_nx^{n+r}=x^r\cdot[a_0+a_1x+a_2x^2+\cdots]$ 現在我們利用這個解來推導通解。根據常點的定義，$xP(x)$、$x^2Q(x)$爲解析，因此其泰勒級數展開式存在，即 $xP(x)=b_0+b_1x+b_2x^2+\cdots$；$x^2Q(x)=c_0+c_1x+c_2x^2+\cdots$ 現在由弗羅貝尼烏斯級數解得到 $y'(x)=a_0rx^{r-1}+a_1(r+1)x^r+\cdots$；$y''(x)=a_0r(r-1)x^{r-2}+a_1r(r+1)x^{r-1}+\cdots$ 將以上這些資訊代入①中（以 $x^2y''+x\cdot xP(x)y'+x^2Q(x)y=0$ 的形式）得到

$$\begin{aligned}&x^2[a_0r(r-1)x^{r-2}+a_1r(r+1)x^{r-1}+\cdots]\\&\quad+x(b_0+b_1x+b_2x^2+\cdots)[a_0rx^{r-1}+a_1(r+1)x^r+\cdots]\\&\quad+[c_0+c_1x+c_2x^2+\cdots]\times x^r\times[a_0+a_1x+a_2x^2+\cdots]=0\end{aligned}$$

整理成爲 $a_0[r(r-1)+b_0r+c_0]x^r+[\cdots]x^{r+1}+\cdots=0$，即 $a_0[r(r-1)+b_0r+c_0]=0$，因爲 $a_0\neq 0$，所以

$$r(r-1)+b_0r+c_0=0$$

上式稱爲弗羅貝尼烏斯(Frobenius)級數解的指標方程式(indicial equation)，他的根稱爲指標根，其中 $b_0=\lim_{x\to 0}xP(x)$、$c_0=\lim_{x\to 0}x^2Q(x)$。

範例 1

求解 ODE，$4xy''+2y'+y=0$ 之指標根。

解 整理原式得成爲 $y''+\frac{1}{2x}y'+\frac{1}{4x}y=0$，因 $x=0$ 爲 ODE 之規則奇點，

故 $b_0=\lim_{x\to 0}x\cdot\frac{1}{2x}=\frac{1}{2}$；$c_0=\lim_{x\to 0}x^2\cdot\frac{1}{4x}=0$，

得指標根方程式：$r\cdot(r-1)+\frac{1}{2}r=0$，解得指標根爲 $r=0$、$\frac{1}{2}$。 Q.E.D.

b_0、c_0 我們可以簡單求得，而要完成 Frobenius 級數解，便是透過 indicial equation 求得 r 後代回原式。本章剩下來的篇幅，將探討 indicial equation 的根的表現對解①式的影響，例如：什麼樣的情況下指標根會直接給我們一組線性獨立解？而什麼樣的情況下，指標根只能給我們一個解，那剩下來的一個解該如何利用已知理論求得？這些都是極重要的問題。

4-2-2 指標根與級數解的關係

假設 $x=a$ 爲 $y''+P(x)y'+Q(x)y=0$ 的規則奇點，在 4-2-1 導論的論述中令 x 爲新變數 $x-a$，則藉由相同論述可推得一樣的指標方程，從此處開始，所有指標根皆以 r_1、r_2 表示。

定理 4-2-1 兩指標根相差不為整數之解

若 $x=0$ 爲規則奇點且兩指標根 r_1 與 r_2 之差(r_1-r_2)不爲整數，則將 r_1 與 r_2 代入後所得之解 $\{y_1(x)=y(x)\big|_{r=r_1}, y_2(x)=y(x)\big|_{r=r_2}\}$ 爲兩個線性獨立解，即原 ODE 之通解爲 $y(x)=c_1y_1(x)+c_2y_2(x)$。

範例 2

利用弗羅貝尼烏斯(Frobenius)級數解求解 $4xy''+2y'+y=0$。

解 由範例 1 得知指標根爲 $r=0$、$\frac{1}{2}$，因此我們得到解的級數解形式

爲 $$y(x)=\sum_{n=0}^{\infty}a_nx^n \quad 或 \quad y(x)=\sum_{n=0}^{\infty}a_nx^{n+\frac{1}{2}}$$

將上述形式分別代入原式，並仿照 4-1 節範例 3 的整理，

得 $$\begin{cases} a_n=\dfrac{-1}{(2n)(2n-1)}a_{n-1},\ r=0 \\ a_n=\dfrac{-1}{(2n)(2n+1)}a_{n-1},\ r=\dfrac{1}{2} \end{cases}$$

其中 $n=1,2,\cdots$，會發現所有的項 a_n 均可用 a_0 表示。於是分爲兩種情況：

① $r=0$，$a_1=-\frac{1}{2}a_0$、$a_2=\frac{1}{24}a_0$、$a_3=-\frac{1}{720}a_0$，……

$$\begin{aligned}\therefore y_1(x)&=\sum_{n=0}^{\infty}a_n\,x^{n+r}\Big|_{r=0}=a_0+a_1x+a_2x^2+a_3x^3+\cdots\\&=a_0-\frac{1}{2}xa_0+\frac{1}{24}x^2a_0-\frac{1}{720}x^3a_0+\cdots\\&=a_0\cdot(1-\frac{1}{2}x+\frac{1}{24}x^2-\frac{1}{720}x^3+\cdots)\end{aligned}$$，

② $r=\frac{1}{2}$，$a_1=-\frac{1}{6}a_0$、$a_2=\frac{1}{120}a_0$、$a_3=-\frac{1}{5040}a_0$、……

$$\begin{aligned}\therefore y_2(x)&=\sum_{n=0}^{\infty}a_n\,x^{n+r}\Big|_{r=\frac{1}{2}}=\sum_{n=0}^{\infty}a_nx^{n+\frac{1}{2}}=x^{\frac{1}{2}}\sum_{n=0}^{\infty}a_nx^n\\&=x^{\frac{1}{2}}\cdot(a_0+a_1x+a_2x^2+a_3x^3+\cdots)\\&=x^{\frac{1}{2}}\cdot a_0(1-\frac{1}{6}x+\frac{1}{120}x^2-\frac{1}{5040}x^3+\cdots)\end{aligned}$$，

③ 故通解

$$\begin{aligned}y(x)&=c_1y_1(x)+c_2y_2(x)\\&=c_1\cdot(1-\frac{1}{2}x+\frac{1}{24}x^2-\frac{1}{720}x^3+\cdots)+c_2x^{\frac{1}{2}}(1-\frac{1}{6}x+\frac{1}{120}x^2-\frac{1}{5040}x^3+\cdots)\end{aligned}$$。

Q.E.D.

其實我們亦可以直接將 $y(x)=\sum_{n=0}^{\infty}a_nx^{n+r}$ 代入 ODE 中，直接利用導論的做法，可得指標根方程式與係數 a_n 的替代關係，如下範例：

範例 3

利用弗羅貝尼烏斯(Frobenius)級數解求解 $4xy''+2y'+y=0$

解 (1) $x=0$ 爲 ODE 之規則奇點，令 $y(x)=\sum_{n=0}^{\infty}a_nx^{n+r}$

則 $\begin{cases} y'(x)=\sum_{n=0}^{\infty}a_n(n+r)x^{n+r-1} \\ y''(x)=\sum_{n=0}^{\infty}a_n(n+r)(n+r-1)x^{n+r-2} \end{cases}$

代入原 ODE 中。

(2) $4x\cdot\sum_{n=0}^{\infty}a_n(n+r)(n+r-1)x^{n+r-2}+2\cdot\sum_{n=0}^{\infty}a_n(n+r)x^{n+r-1}+\sum_{n=0}^{\infty}a_nx^{n+r}=0$

① 削首：

$\Rightarrow\sum_{n=0}^{\infty}4a_n(n+r)(n+r-1)x^{n+r-1}+\sum_{n=0}^{\infty}2a_n(n+r)x^{n+r-1}+\sum_{n=0}^{\infty}a_nx^{n+r}=0$

$\Rightarrow\sum_{n=0}^{\infty}[4(n+r)(n+r-1)+2(n+r)]a_nx^{n+r-1}+\sum_{n=0}^{\infty}a_nx^{n+r}=0$

$\Rightarrow\sum_{n=0}^{\infty}[2(n+r)\cdot(2(n+r-1)+1)]a_nx^{n+r-1}+\sum_{n=0}^{\infty}a_nx^{n+r}=0$

② 調整次冪：以複雜項爲主

$\Rightarrow\sum_{n=0}^{\infty}[(2n+2r)(2n+2r-1)a_n]x^{n+r-1}+\sum_{n=0}^{\infty}a_nx^{n+r}=0$

$\Rightarrow\sum_{n=0}^{\infty}[(2n+2r)(2n+2r-1)a_n]x^{n+r-1}+\sum_{n=1}^{\infty}a_{n-1}x^{n+r-1}=0$

③ 調整下標爲一致：多的須釋出

$\Rightarrow 2r\cdot(2r-1)a_0x^{r-1}+\sum_{n=1}^{\infty}[(2n+2r)(2n+2r-1)a_n]x^{n+r-1}+\sum_{n=1}^{\infty}a_{n-1}x^{n+r-1}=0$

$\Rightarrow 2r\cdot(2r-1)a_0x^{r-1}+\sum_{n=1}^{\infty}[(2n+2r)(2n+2r-1)a_n+a_{n-1}]x^{n+r-1}=0$

$\Rightarrow\begin{cases} 2r\cdot(2r-1)a_0=0\text{，}a_0\neq 0\Rightarrow 2r\cdot(2r-1)=0 \quad \therefore r=0,\dfrac{1}{2} \\ (2n+2r)(2n+2r-1)a_n+a_{n-1}=0\cdots① \end{cases}$

由①式 $\Rightarrow a_n=\dfrac{-1}{(2n+2r)(2n+2r-1)}a_{n-1}$；$n=1,2,\cdots$

$r=0,\dfrac{1}{2}$(兩指標根相差不爲整數)

(3) $n=1 \Rightarrow a_1 = \dfrac{-1}{(2+2r)(2+2r-1)}a_0 = \dfrac{-1}{(2r+2)(2r+1)}a_0$

$n=2 \Rightarrow a_2 = \dfrac{-1}{(4+2r)(4+2r-1)}a_1 = \dfrac{-1}{(2r+4)(2r+3)}a_1$

$= \dfrac{-1}{(2r+4)(2r+3)} \cdot \dfrac{-1}{(2r+2)(2r+1)}a_0$

$= \dfrac{(-1)^2}{(2r+4)(2r+3)(2r+2)(2r+1)}a_0$

$n=3 \Rightarrow a_3 = \dfrac{-1}{(6+2r)(2r+5)}a_2 = \dfrac{(-1)^3}{(2r+1)(2r+2)(2r+3)+\cdots+(2r+6)}a_0$

$\vdots$

① $r=0 \Rightarrow a_1 = -\dfrac{1}{2}a_0$ ， $a_2 = \dfrac{1}{24}a_0$ ， $a_3 = -\dfrac{1}{720}a_0$ ，$\cdots$

$\therefore y_1(x) = \sum_{n=0}^{\infty} a_n x^{n+r}\Big|_{r=0} = a_0 + a_1x + a_2x^2 + a_3x^3 + \cdots$

$= a_0 - \dfrac{1}{2}xa_0 + \dfrac{1}{24}x^2a_0 - \dfrac{1}{720}x^3a_0 + \cdots$

$= a_0 \cdot (1 - \dfrac{1}{2}x + \dfrac{1}{24}x^2 - \dfrac{1}{720}x^3 + \cdots)$

② $r=\dfrac{1}{2} \Rightarrow a_1 = -\dfrac{1}{6}a_0$ ， $a_2 = \dfrac{1}{120}a_0$ ， $a_3 = -\dfrac{1}{5040}a_0$ ，$\cdots$

$\therefore y_2(x) = \sum_{n=0}^{\infty} a_n x^{n+r}\Big|_{r=\frac{1}{2}} = \sum_{n=0}^{\infty} a_n x^{n+\frac{1}{2}} = x^{\frac{1}{2}} \sum_{n=0}^{\infty} a_n x^n$

$= x^{\frac{1}{2}} \cdot (a_0 + a_1x + a_2x^2 + a_3x^3 + \cdots)$

$= x^{\frac{1}{2}} \cdot a_0(1 - \dfrac{1}{6}x + \dfrac{1}{120}x^2 - \dfrac{1}{5040}x^3 + \cdots)$

(4) 故通解爲： $y(x) = c_1y_1(x) + c_2y_2(x)$

也就是 $c_1 \cdot (1 - \dfrac{1}{2}x + \dfrac{1}{24}x^2 - \dfrac{1}{720}x^3 + \cdots) + c_2x^{\frac{1}{2}}(1 - \dfrac{1}{6}x + \dfrac{1}{120}x^2 - \dfrac{1}{5040}x^3 + \cdots)$ 。

Q.E.D.

定理 4-2-2 兩指標根重根的解

若 $x=0$ 爲規則奇點且兩指標根 r_1 與 r_2 重根($r_1=r_2=r_0$)，則將 r_1 與 r_2 代入後所得之解 $y_1(x)=y(x)\big|_{r=r_1}=x^{r_0}\sum_{n=0}^{\infty}a_n(r_0)x^n$，$y_2=(\ln x)\cdot y_1(x)+\sum_{n=1}^{\infty}\frac{\partial a_n}{\partial r}\bigg|_{r=r_0}x^{n+r_0}$ 爲兩線型獨立解。

此時 ODE 之通解爲 $y(x)=c_1y_1(x)+c_2y_2(x)$。

證明

由於 r_1 與 r_2 重根，所以由其中一解 y_1 得另一解：

$$y_2(x)=\frac{\partial y}{\partial r}\bigg|_{r=r_0}=\sum_{n=0}^{\infty}\frac{\partial a_n}{\partial r}\bigg|_{r=r_0}x^{n+r_0}+\sum_{n=0}^{\infty}a_nx^{n+r_0}\cdot\frac{\partial}{\partial r}[(n+r)\ln x]_{r=r_0}$$

$$=\sum_{n=0}^{\infty}\frac{\partial a_n}{\partial r}\bigg|_{r=r_0}x^{n+r_0}+\ln(x)y_1(x)$$ [1]。

定理 4-2-3 兩指標根重根之解的推廣

承定理 4-2-2，若規則奇點爲 $x=a$ 時，兩線性獨立解爲

$y_1(x)=\sum_{n=0}^{\infty}a_n(r_0)(x-a)^{n+r_0}$；$y_2(x)=\ln(x-a)\cdot y_1(x)+\sum_{n=1}^{\infty}\frac{\partial a_n}{\partial r}\bigg|_{r=r_0}(x-a)^{n+r_0}$ [2]。

---

[1] 其實 y_2 亦可以利用第一章所提到的降階法求解，得 $y_2(x)=y_1\cdot\int\frac{e^{-\int P(x)dx}}{y_1^2}dx$。

[2] 指標根重根時，計算 y_2 時常常會需要計算 $\frac{\partial a_n}{\partial r}$，此時經常會用到下列公式，

$$\left(\frac{f_1^{a_1}\cdot f_2^{a_2}}{g_1^{b_1}\cdot g_2^{b_2}}\right)'=\left(\frac{f_1^{a_1}\cdot f_2^{a_2}}{g_1^{b_1}\cdot g_2^{b_2}}\right)\cdot\left[a_1\frac{f_1'}{f_1}+a_2\frac{f_2'}{f_2}-b_1\frac{g_1'}{g_1}-b_2\frac{g_2'}{g_2}\right]$$ 。

範例 4

利用規則奇點展開求解 $4x^2y''+(4x+1)y=0$。

解 因為 $b_0=\lim\limits_{x\to 0}x\times 0=0$、$c_0=\lim\limits_{x\to 0}x^2\times\dfrac{4x+1}{4x^2}=\dfrac{1}{4}$，故指標根方程式為 $(r-\frac{1}{2})^2=0$，解得指標根為重根 $\frac{1}{2}$，因此，仍需知係數 a_n 的規律。現由解的形式 $y(x)=\sum\limits_{n=0}^{\infty}a_nx^{n+\frac{1}{2}}$，代入原方程整理得 $a_n=\dfrac{-1}{n^2}a_{n-1}$，$n=1, 2, 3,\cdots$，因此得到第一個解

$y_1(x)=a_0x^{\frac{1}{2}}\cdot(1-x+\frac{1}{4}x^2-\frac{1}{36}x^3+\cdots)$，現根據定理 4-2-2，

得
$$y_2(x)=\ln x\cdot y_1(x)+\sum_{n=1}^{\infty}\frac{\partial a_n}{\partial r}\cdot x^{n+r}\Big|_{r=\frac{1}{2}}=\ln x\cdot y_1(x)+\sum_{n=1}^{\infty}\frac{\partial a_n}{\partial r}\Big|_{r=\frac{1}{2}}\cdot x^{n+\frac{1}{2}}$$
$$=\ln x\cdot y_1(x)+x^{\frac{1}{2}}\cdot\sum_{n=1}^{\infty}\frac{\partial a_n}{\partial r}\Big|_{r=\frac{1}{2}}x^n$$

其中 $\dfrac{\partial a_0}{\partial r}=0$，

所以
$$\frac{\partial a_1}{\partial r}\Big|_{r=\frac{1}{2}}=-\frac{4a_0}{(2r+1)^2}\cdot(-2\cdot\frac{2}{(2r+1)})\Big|_{r=\frac{1}{2}}=\frac{16a_0}{(2r+1)^3}\Big|_{r=\frac{1}{2}}=2a_0$$
$$\frac{\partial a_2}{\partial r}\Big|_{r=\frac{1}{2}}=\frac{16a_0}{(2r+1)^2(2r+3)^2}\cdot[-2\cdot\frac{2}{2r+1}-2\cdot\frac{2}{2r+3}]_{r=\frac{1}{2}}=-\frac{3}{4}a_0$$

得第二解
$$y_2(x)=\ln x\cdot y_1(x)+x^{\frac{1}{2}}\cdot(\frac{\partial a_1}{\partial r}\Big|_{r=\frac{1}{2}}x+\frac{\partial a_2}{\partial r}\Big|_{r=\frac{1}{2}}x^2+\cdots)$$
$$=\ln x\cdot y_1(x)+x^{\frac{1}{2}}\cdot(2a_0x-\frac{3}{4}a_0x^2+\cdots)$$
$$=\ln x\cdot y_1(x)+a_0x^{\frac{1}{2}}\cdot(x-\frac{3}{4}x^2+\cdots)$$

故通解為：$y(x)=c_1y_1(x)+c_2y_2(x)$。 Q.E.D.

若指標根相差為整數，即 $r_2-r_1\in Z$ 時，大的指標根 r_2 對應的解 $y_1(x)=y(x)\big|_{r=r_2}=(x-a)^{r_2}\sum\limits_{n=0}^{\infty}a_n(t_2)(x-a)^n$ 必存在，但小指標根 r_1 對應的解不一定存在，此時，就必須再細分成

(1) r_2、r_1 非全爲整數。

(2) r_2、r_1 全爲整數，這兩種情況。

定理 4-2-4 小指標根之解存在

設兩指標根 r_1 與 r_2 相差爲整數時$(r_2 > r_1)$，若 $y_2(x) = y(x)\big|_{r=r_1}$ 存在，則此時 $y_1(x) = y(x)\big|_{r=r_2}$，$y_2(x) = y(x)\big|_{r=r_1}$ 爲線性獨立，且 ODE 之通解爲 $y(x) = c_1y_1(x) + c_2y_2(x)$。

範例 5

利用規則奇點展開求解 $x^2y'' + xy' + (x^2 - \frac{1}{4})y = 0$。

解 在這題範例，我們練習以本節開頭的論述來推得答案，在過程中，指標方程式、a_n 之間的關係式會一併出現，令 $y(x) = \sum_{n=0}^{\infty} a_n x^{n+r}$ 代入原 ODE 中，則藉由 4-1 範例 3 的整理技巧，

會得到 $$(r+\frac{1}{2})(r-\frac{1}{2})a_0x^r + (1+r+\frac{1}{2})(1+r-\frac{1}{2})a_1x^{r+1} + \sum_{n=2}^{\infty}[(n+r+\frac{1}{2})(n+r-\frac{1}{2})a_n + a_{n-2}]x^{n+r} = 0$$

因此 $$\begin{cases} (r+\frac{1}{2})(r-\frac{1}{2}) = 0 \\ a_1 = 0 \\ a_n = \dfrac{-a_{n-2}}{(n+r+\frac{1}{2})(n+r-\frac{1}{2})}, n = 2, 3, \cdots \end{cases}$$ ，大括弧中的第一式爲指標方程，解之可

得指標根 $r_2 = \frac{1}{2}$、$r_1 = \frac{-1}{2}$，是相差爲整數，兩指標根均不爲整數的情況，因此根據定理 4-2-4。當 $r = -\frac{1}{2}$ 時，$a_n = -\frac{a_{n-2}}{n(n-1)}$，$n = 2, 3, \cdots$，所對應的解

爲 $$y_2(x) = y(x)\big|_{r=-\frac{1}{2}} = \sum_{n=0}^{\infty} a_n x^{n+r}\Big|_{r=-\frac{1}{2}} = x^{-\frac{1}{2}}(a_0 + a_1x + a_2x^2 + a_3x^3 + \cdots)$$

$$= a_0x^{-\frac{1}{2}} \cdot (1 - \frac{1}{2!}x^2 + \frac{1}{4!}x^4 - \frac{1}{6!}x^6 + \cdots)$$

當 $r = \frac{1}{2}$ 時，$a_n = \frac{-a_{n-2}}{n(n+1)}$，$n = 2, 3, \cdots$，則所對應的解爲

$$y_1(x)=y(x)\Big|_{r=r_2=\frac{1}{2}}=\sum_{n=0}^{\infty}a_n x^{n+r}\Big|_{r=\frac{1}{2}}$$

$$=x^{\frac{1}{2}}\cdot(a_0-\frac{1}{3!}a_0x^2+\frac{1}{5!}a_0x^4-\frac{1}{7!}a_0x^6+\cdots)$$

$$=a_0x^{\frac{1}{2}}(1-\frac{1}{3!}x^2+\frac{1}{5!}x^4-\frac{1}{7!}x^6+\cdots)$$

故通解爲 $y(x)=c_1y_1(x)+c_2y_2(x)$，

也就是 $c_1x^{\frac{1}{2}}(1-\frac{1}{3!}x^2+\frac{1}{5!}x^4-\frac{1}{7!}x^6+\cdots)+c_2x^{-\frac{1}{2}}(1-\frac{1}{2!}x^2+\frac{1}{4!}x^4-\frac{1}{6!}x^6+\cdots)$。 Q.E.D.

當兩指標根均爲整數時，此時小指標根 r_1 所對應的係數 $a_n(r_1)$不一定存在，若 $a_n(r_1)$ 不存在，則無法求出 $y_2(x)$，此時需修正 a_n 項，一般會令 $a_0^*=c(r-r_1)$ 爲新的 a_n 去修正 a_n 項爲 a_0^*，則代入可得 $a_n^*(r)$，即 $y^*=\sum_{n=0}^{\infty}a_n^*(x-a)^{n+r}$ 此時線性獨立解 y_1、y_2 分別爲

$$y_1=y^*\Big|_{r=r_1}=\sum_{n=0}^{\infty}a_n^*(r_1)(x-a)^{n+r_1}$$

$$y_2=\frac{\partial y^*}{\partial r}\Big|_{r=r_1}=\ln(x-a)\cdot y_1+\sum_{n=0}^{\infty}\frac{\partial a_n^*}{\partial r}\Big|_{r=r_1}(x-a)^{n+r_1}$$

以下用一個範例說明如下：

範例 6

請利用弗羅貝尼烏斯(Frobenius)級數求解 $xy''+xy'-y=0$。

解 (1) 由 $b_0=\lim_{x\to 0}xP(x)=\lim_{x\to 0}x\times 1=0$、$c_0=\lim_{x\to 0}x^2Q(x)=\lim_{x\to 0}x^2\times(-\frac{1}{x})=0$，得指標方程式爲 $r(r-1)=0$，故特徵根爲 $r_1=1$、$r_2=0$，這是定理 4-2-4 所描述的情況

故得 $\begin{cases}a_0\neq 0，r\cdot(r-1)=0\Rightarrow r=0,1 \quad \text{相差爲整數}\\ a_n(n+r)(n+r-1)+a_{n-1}(n+r-2)=0\end{cases}$，

$$\Rightarrow a_n=\frac{-(n+r-2)a_{n-1}}{(n+r)(n+r-1)}，n=1,2,3,\cdots$$

(2) $a_n=-\dfrac{(n+r-2)a_{n-1}}{(n+r)(n+r-1)}$，$n=1,2,\cdots$，

$n=1\Rightarrow a_1=-\dfrac{(r-1)}{r\cdot(r+1)}a_0$　($a_1(r=0)$不存在)，

$n=2\Rightarrow a_2=-\dfrac{r}{(r+2)(r+1)}a_1=(-1)^2\cdot\dfrac{(r-1)}{(r+1)^2(r+2)}a_0$，

$$n=3 \Rightarrow a_3=-\frac{(r+1)}{(r+3)(r+2)}a_2=(-1)^3\cdot\frac{(r-1)}{(r+1)(r+2)^2(r+3)}a_0\text{ ,}$$

$\vdots$

令 $a_0^*=a_0=k(r-0)=kr$ 代入 $\Rightarrow a_0^*=kr$，$\therefore a_1^*=-kr\dfrac{(r-1)}{r\cdot(r+1)}=-k\dfrac{r-1}{r+1}$，

$a_2^*=k\cdot\dfrac{(r-1)}{(r+2)(r+1)^2}$，$a_3^*=-k\cdot\dfrac{r(r-1)}{(r+1)(r+2)^2(r+3)}$，…，$\therefore y^*(x)=\sum\limits_{n=0}^{\infty}a_n^*(r)x^{n+r}$，

故得 $y_1(x)=y^*\big|_{r=0}=\sum\limits_{n=0}^{\infty}a_n^*\big|_{r=0}x^n=a_0^*\big|_{r=0}+a_1^*\big|_{r=0}x+a_2^*\big|_{r=0}x^2+\cdots=kx$。

(3) $y_2(x)=\dfrac{\partial y^*}{\partial r}\bigg|_{r=0}=\ln x\cdot y_1+\sum\limits_{n=0}^{\infty}\dfrac{\partial a_n^*}{\partial r}\bigg|_{r=0}x^{n+0}$

$$=\ln x\cdot y_1(x)+[\frac{\partial a_0^*}{\partial r}(r=0)+\frac{\partial a_1^*}{\partial r}(r=0)x+\frac{\partial a_2^*}{\partial r}(r=0)x^2+\cdots]\text{ ,}$$

其中 $\dfrac{\partial a_0^*}{\partial r}\bigg|_{r=0}=k$；$\dfrac{\partial a_1^*}{\partial r}\bigg|_{r=0}=-k\cdot\dfrac{r-1}{r+1}\cdot[\dfrac{-1}{r+1}+\dfrac{+1}{r-1}]\bigg|_{r=0}=-k\cdot(-1)\cdot(-1-1)=-2k$；

$\dfrac{\partial a_2^*}{\partial r}\bigg|_{r=0}=k\cdot\dfrac{r\cdot(r-1)}{(r+2)(r+1)^2}\cdot\{\dfrac{1}{r}+\dfrac{1}{r-1}-\dfrac{1}{r+2}-2\dfrac{1}{r+1}\}\bigg|_{r=0}=k\cdot\dfrac{-1}{2\times1}=-\dfrac{1}{2}k$，

再得 $y_2(x)=\ln(x)\cdot y_1(x)+[k-2kx-\dfrac{1}{2}kx^2+\cdots]$

$$=\ln(x)\cdot y_1(x)+k\cdot(1-2x-\frac{1}{2}x^2+\cdots)$$ [3]。

(4) $\therefore y(x)=c_1^*y_1(x)+c_2^*y_2(x)=c_1y_1+c_2[y_1\ln(x)+(1-\dfrac{1}{2}x^2+\cdots)]$，

其中$(-2x)$項可以併入 y_1 中。 Q.E.D.

---

[3] $y_1(x)=x$，則 $y_2(x)$ 亦可以用降階法求解：$y_2(x)=y_1\cdot\displaystyle\int\frac{e^{-\int P(x)dx}}{y_1^2}dx$；$P(x)=1$，

$$\therefore y_2=x\cdot\int\frac{e^{-x}}{x^2}dx=x\cdot\int\frac{1}{x^2}[1-\frac{x}{1}+\frac{x^2}{2}-\frac{x^3}{6}+\cdots]dx=x\cdot\int[\frac{1}{x^2}-\frac{1}{x}+\frac{1}{2}-\frac{1}{6}x+\cdots]dx$$

$$=x\cdot[-\frac{1}{x}-\ln|x|+\frac{1}{2}x-\frac{1}{12}x^2+\cdots]=-1-x\ln(x)+\frac{1}{2}x^2-\frac{1}{12}x^3+\cdots$$

$$=-[x\ln(x)+(1-\frac{1}{2}x^2+\frac{1}{12}x^3+\cdots)]=-[y_1\ln(x)+(1-\frac{1}{2}x^2+\cdots)]\text{ ,}$$

$\therefore y(x)=d_1y_1+d_2y_2$，若 $d_1=c_1$，$d_2=-c_2$，則與原級數解相同。

4-2 習題演練

基礎題

1. 求下列 ODE 在以 $x = 0$ 為規則奇點展開之指標根

(1) $x^2y'' - 2xy' - (x^2 - 2)y = 0$ 。

(2) $x(x-1)y'' + 3y' - 2y = 0$ 。

(3) $2xy'' + (x+1)y' + y = 0$ 。

利用弗羅貝尼烏斯級數求解下列 ODE

2. $2xy'' - y' + 2y = 0$ 。

3. $2xy'' + (x+1)y' + y = 0$ 。

4. $16x^2y'' + 3y = 0$ 。

進階題

利用弗羅貝尼烏斯級數求解下列 ODE

1. $x^2y'' - xy' + (x+1)y = 0$ 。

2. $x^2y'' + xy' + (x^2 - \frac{1}{9})y = 0$ 。

3. $xy'' + 6y' + 2x^3y = 0$ 。

NOTE

向量運算與向量空間

笛卡兒
（Descartes, 1596～1650, 法國）

工程問題上常見的物理量有純量與向量兩種，其中純量只有大小，沒有方向，例如：質量、溫度、高度等；而同時具有大小、方向的量則稱為向量，常見的向量有速度、加速度、力等。在笛卡兒發明了直角坐標後，這些物理量的描述有了革命性的進展，使科學界的符號化抽象思考往前邁進了一大步。

學習目標

5-1
向量的基本運算

5-1-1 －熟練向量的基本運算
5-1-2 －熟練向量的內積
5-1-3 －熟練向量的外積
5-1-4 －熟練向量的三重積與應用

5-2
向量幾何

5-2-1 －熟練 R^3 中「直線方程式」的推導
5-2-2 －熟練 R^3 中「平面方程式」的推導
5-2-3 －熟練 R^3 中「點到直線距離」的計算
5-2-4 －熟練 R^3 中「歪斜線距離」的計算
5-2-5 －熟練 R^3 中「點到平面距離」的計算
5-2-6 －熟練 R^3 中「兩平面夾角」的計算
5-2-7 －熟練 R^3 中「兩平面交線方程式」的推導

5-3
向量空間

5-3-1 －認識 R^n 及判斷其子空間的條件
5-3-2 －認識線性相依、線性獨立與判斷的方法
5-3-3 －認識基底、維度與相關性質及計算
5-3-4 －熟練 Gram - Schmidt 正交化

本章主要幫大家複習以前就已經學過的基本向量概念，如：內積與外積等。但在最後一節，我們將會談到比較抽象的向量空間概念，並談談向量空間的基底與維度，及如何利用基底來表示向量空間中的任一向量等，這些都是相當重要的概念。

5-1 向量的基本運算

本節介紹三維空間中的坐標向量：卡氏坐標（Cartesian coordinate），由法國數學家笛卡兒（Descartes, 1596～1650）創立，被廣泛用來描述各類物理、工程問題。

5-1-1 向量（Vector）之基本性質

定義 5-1-1　向量

凡是具有大小與方向的量稱爲向量。
通常以符號 $\overrightarrow{A}$ 表示，如圖 5-1 所示。

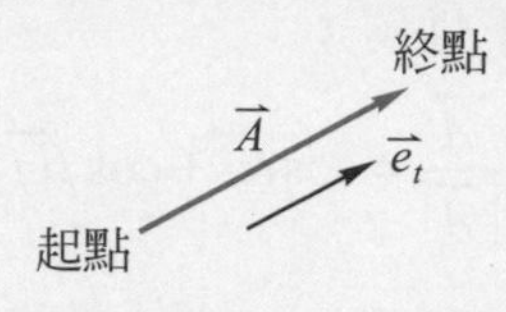

▲圖 5-1　向量示意圖

若 $|\overrightarrow{A}|$ 表示 $\overrightarrow{A}$ 的大小，$\overrightarrow{e_t}$ 表示 $\overrightarrow{A}$ 所指的方向且 $|\overrightarrow{e_t}|=1$，則 $\overrightarrow{A}=|\overrightarrow{A}|\overrightarrow{e_t}$。舉例而言，實數平面上有常數向量 $\overrightarrow{A}=2\overrightarrow{i}+3\overrightarrow{j}$、函數向量 $\overrightarrow{A}(t)=t\,\overrightarrow{i}+2t\,\overrightarrow{k}$。

1. 卡氏坐標（直角坐標）（Cartesian coordinate）

在三維實數空間中，x 軸、y 軸與 z 軸互相垂直，並分別以 $\overrightarrow{i}$、$\overrightarrow{j}$、$\overrightarrow{k}$ 來表示三個軸上的單位向量，如圖 5-2 所示。則空間中 P 點相對原點之位置向量 $\overrightarrow{OP}=(x,y,z)-(0,0,0)=x\overrightarrow{i}+y\overrightarrow{j}+z\overrightarrow{k}$，稱爲 P 點的**卡氏坐標（位置向量）**，即 $\overrightarrow{OP}=P(x,y,z)$。若有一個點 $Q(a,b,c)$，則 P 與 Q 兩點所形成的向量 $\overrightarrow{PQ}=(a-x,b-y,c-z)$，如圖 5-2 所示。

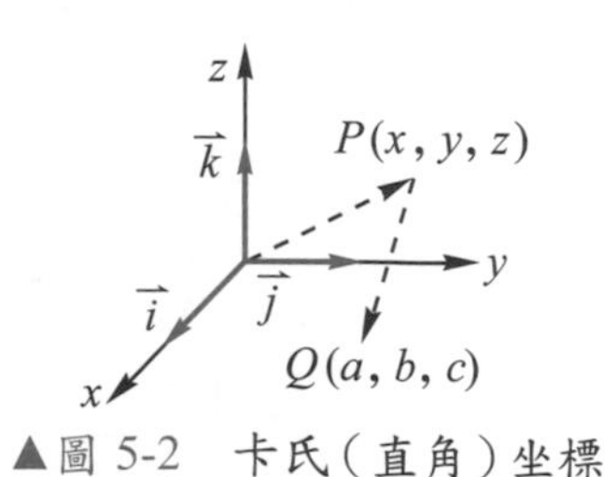

▲圖 5-2　卡氏（直角）坐標

定義 5-1-2 向量的常用定義

(1) 若 $\overrightarrow{A}=(a_1, a_2, a_3)$，定義 $\overrightarrow{A}$ 的大小爲 $|\overrightarrow{A}|=\sqrt{a_1{}^2+a_2{}^2+a_3{}^2}$ 。

(2) 若 $|\overrightarrow{A}|=0$，則稱 $\overrightarrow{A}$ 爲**零向量**。

(3) 對 $\overrightarrow{A}$ 而言，$\dfrac{\overrightarrow{A}}{|\overrightarrow{A}|}$ 爲 $\overrightarrow{A}$ 方向上的**單位向量**，通常用來表示 $\overrightarrow{A}$ 的方向。

(4) 若 $\overrightarrow{A}=(a_1, a_2, a_3)$，則 $\overrightarrow{A}$ 的實數係數積定義爲 $m\overrightarrow{A}=(ma_1, ma_2, ma_3)$，其中 m 爲實數。

2. 性質

(1) 若 $\overrightarrow{A}=(a_1, a_2, a_3)$、$\overrightarrow{B}=(b_1, b_2, b_3)$，則 $\overrightarrow{A}=\overrightarrow{B}$ 若且唯若 $a_1=b_1$、$a_2=b_2$、$a_3=b_3$。

(2) 若 $\overrightarrow{A}=(a_1, a_2, a_3)$與正 x 軸的夾角α，與正 y 軸的夾角β，與正 z 軸的夾角爲γ，如圖 5-3 所示，則α、β、γ 稱爲向量 $\overrightarrow{A}$ 的**方向角**，$\cos\alpha$、$\cos\beta$、$\cos\gamma$ 稱爲**方向餘弦**，且有底下性質：

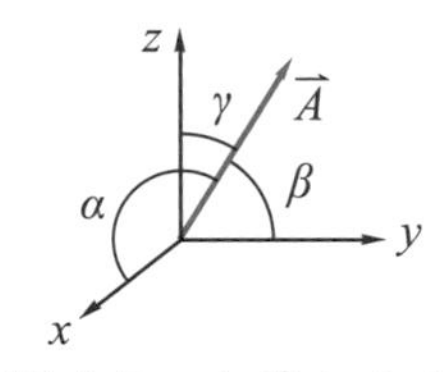

▲圖 5-3 向量之方向角

① $\dfrac{\overrightarrow{A}}{|\overrightarrow{A}|}=\cos\alpha\overrightarrow{i}+\cos\beta\overrightarrow{j}+\cos\gamma\overrightarrow{k}=(\dfrac{a_1}{|\overrightarrow{A}|}\overrightarrow{i}+\dfrac{a_2}{|\overrightarrow{A}|}\overrightarrow{j}+\dfrac{a_3}{|\overrightarrow{A}|}\overrightarrow{k})$ 。

② $\cos^2\alpha+\cos^2\beta+\cos^2\gamma=1$ 。

(3) 假設 $\overrightarrow{A}=a_1\overrightarrow{i}+a_2\overrightarrow{j}+a_3\overrightarrow{k}=(a_1, a_2, a_3)$ ，$\overrightarrow{B}=b_1\overrightarrow{i}+b_2\overrightarrow{j}+b_3\overrightarrow{k}=(b_1, b_2, b_3)$ 。
定義運算：$\overrightarrow{A}+\overrightarrow{B}=(a_1+b_1, a_2+b_2, a_3+b_3)$ ，$\overrightarrow{A}-\overrightarrow{B}=(a_1-b_1, a_2-b_2, a_3-b_3)$ ，
這些運算對應幾何意義如圖 5-4 所示。

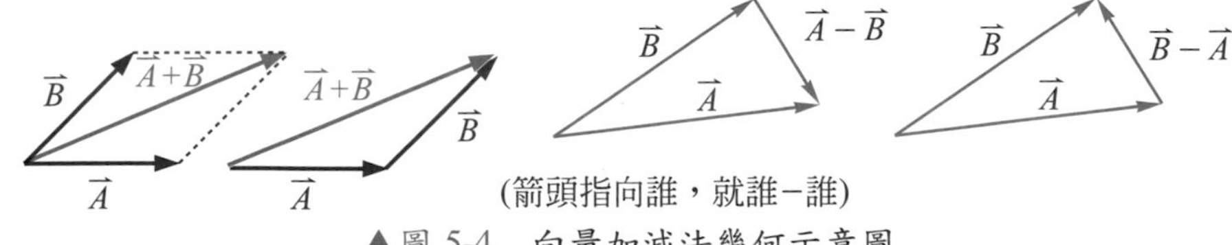

▲圖 5-4 向量加減法幾何示意圖

(4) 對一向量 $\overrightarrow{A}=a_1\overrightarrow{i}+a_2\overrightarrow{j}+a_3\overrightarrow{k}$ ，$m\overrightarrow{A}=ma_1\overrightarrow{i}+ma_2\overrightarrow{j}+ma_3\overrightarrow{k}$ 。所對應幾何意義爲將 $\overrightarrow{A}$ 放大 m 倍。若 $\overrightarrow{A}//\overrightarrow{B}$ ，則實數積可歸類如下：

$$\overrightarrow{B}=m\overrightarrow{A}\Rightarrow\begin{cases} m>1 & \Rightarrow \text{放大} \\ m=1 & \Rightarrow \overrightarrow{A}=\overrightarrow{B} \\ 0<m<1 & \Rightarrow \text{正方向縮小} \\ -1<m<0 & \Rightarrow \text{負方向縮小} \\ m<-1 & \Rightarrow \text{負方向放大} \end{cases}$$

$m>1$

$0<m<1$

$\overrightarrow{A}$

$-1<m<0$

$m<-1$

▲圖 5-5 向量係數積 $\overrightarrow{B}=m\overrightarrow{A}$

所對應幾何意義如圖 5-5 所示。

(5) 在(3)～(4)的運算下，R^3 還滿足底下幾個關係

① $\vec{A}+\vec{B}=\vec{B}+\vec{A}$ （交換律）。　② $(\vec{A}+\vec{B})+\vec{C}=\vec{A}+(\vec{B}+\vec{C})$（結合律）。

③ $m(\vec{A}+\vec{B})=m\vec{A}+m\vec{B}$ （係數分配律）。　④ $\vec{A}\pm\vec{0}=\vec{A}$ （具有加法單位元素）。

下面我們用幾個範例來熟悉上述的這些定義與性質

範例 1

設直角坐標空間中有兩點 $p_1(-2, 1, 3)$、$p_2(-3, -1, 5)$，則
(1)求 $\overrightarrow{p_1p_2}$　(2)求 $|\overrightarrow{p_1p_2}|$　(3)求 $\overrightarrow{p_1p_2}$ 上的單位向量。

解 (1) $\overrightarrow{p_1p_2}=(-1,-2,2)$。

(2) $|\overrightarrow{p_1p_2}|=\sqrt{(-1)^2+(-2)^2+(2)^2}=3$。

(3) $\overrightarrow{p_1p_2}$ 上的單位向量 $\vec{e}=\dfrac{\overrightarrow{p_1p_2}}{|\overrightarrow{p_1p_2}|}=(\dfrac{-1}{3},\dfrac{-2}{3},\dfrac{2}{3})$。

Q.E.D.

範例 2

設直角坐標平面中 $\vec{P}$ 與 x 軸之夾角爲 $\dfrac{\pi}{3}$，且此向量之長度爲 10，求此向量？

解 $\vec{P}=|\vec{P}|\cdot\cos(\dfrac{\pi}{3})\vec{i}+|\vec{P}|\cdot\cos(\dfrac{\pi}{6})\vec{j}=(10\cdot\dfrac{1}{2})\vec{i}+(10\cdot\dfrac{\sqrt{3}}{2})\vec{j}=5\vec{i}+5\sqrt{3}\vec{j}$，

其中 $\cos\dfrac{\pi}{3}$ 爲 x 軸上的方向餘弦，

$\cos\dfrac{\pi}{6}$ 爲 y 軸上的方向餘弦，

另外 $\vec{P}$ 上的單位向量（方向）

爲 $\vec{e}=\dfrac{\vec{P}}{|\vec{P}|}=\cos\dfrac{\pi}{3}\vec{i}+\cos\dfrac{\pi}{6}\vec{j}$。

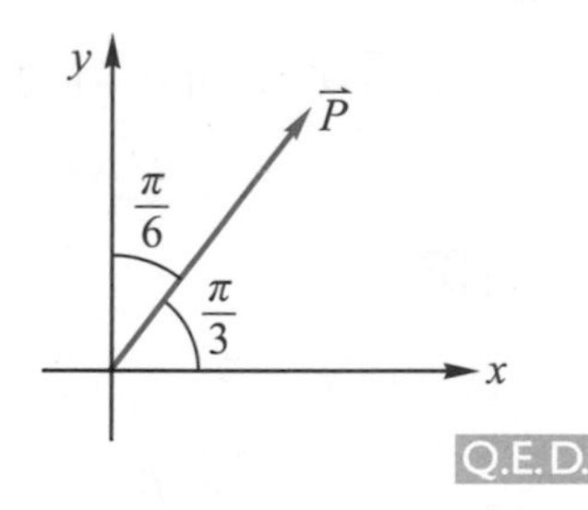

Q.E.D.

5-1-2　向量的內積（Inner product, Dot product）

內積空間在數學與工程領域中扮演重要角色，例如往後會談到的向量正交化過程，而若應用到函數集合上，便成爲訊號分析中極爲重要的傅立葉級數的基礎。下面我們複習內積及其相關性質。

定義 5-1-3 內積

設$\overrightarrow{A}$，$\overrightarrow{B}\in R^3$爲三維空間的向量，則$\overrightarrow{A}$與$\overrightarrow{B}$之內積定義爲$\overrightarrow{A}\cdot\overrightarrow{B}=|\overrightarrow{A}||\overrightarrow{B}|\cos\theta$，如圖 5-6 所示。

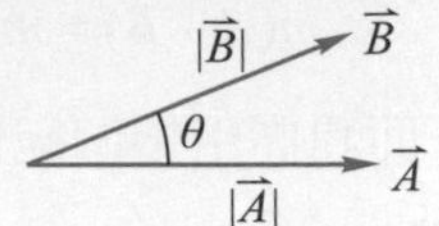

▲圖 5-6 向量內積示意圖

若假設$\overrightarrow{A}=(a_1, a_2, a_3)$、$\overrightarrow{B}=(b_1, b_2, b_3)$，則上述定義等價於$\overrightarrow{A}\cdot\overrightarrow{B}=a_1b_1+a_2b_2+a_3b_3$，並且，上述定義可推廣到 R^n：若 $\overrightarrow{A}=(a_1, a_2, \cdots, a_n)$，$\overrightarrow{B}=(b_1, b_2, \cdots, b_n)$，則 $\overrightarrow{A}\cdot\overrightarrow{B}=|\overrightarrow{A}||\overrightarrow{B}|\cos\theta=a_1b_1+a_2b_2+a_3b_3+\cdots\cdots+a_nb_n$

1. **向量的正交（Orthogonal , Perpendicular）**

   設$\overrightarrow{A}$、$\overrightarrow{B}\in R^3$，若$|\overrightarrow{A}|\neq 0$，$|\overrightarrow{B}|\neq 0$，且$\overrightarrow{A}\cdot\overrightarrow{B}=0$，則稱$\overrightarrow{A}$與$\overrightarrow{B}$爲正交（orthogonal）

   因此，若兩向量正交，則由等價定義知，兩向量夾角爲$\dfrac{\pi}{2}$；同時，$\overrightarrow{A}\cdot\overrightarrow{B}=0$表示

   (1) $\overrightarrow{A}$、$\overrightarrow{B}$中至少有一爲$\overrightarrow{0}$。 (2) $\overrightarrow{A}\perp\overrightarrow{B}$。

範例 3

設$\overrightarrow{A}=-4\overrightarrow{i}+\overrightarrow{j}+2\overrightarrow{k}$，$\overrightarrow{B}=2\overrightarrow{i}+4\overrightarrow{k}$，$\overrightarrow{C}=\overrightarrow{i}+2\overrightarrow{j}+3\overrightarrow{k}$，
請驗證$\overrightarrow{A}$與$\overrightarrow{B}$垂直，而$\overrightarrow{A}$與$\overrightarrow{C}$不垂直。

解 (1) $\overrightarrow{A}\cdot\overrightarrow{B}=-4\cdot 2+1\cdot 0+2\cdot 4=0$，所以$\overrightarrow{A}$與$\overrightarrow{B}$垂直。

(2) $\overrightarrow{A}\cdot\overrightarrow{C}=-4\cdot 1+1\cdot 2+2\cdot 3=4\neq 0$，所以$\overrightarrow{A}$與$\overrightarrow{C}$不垂直。

Q.E.D.

2. **性質**

   (1) $\overrightarrow{A}\cdot\overrightarrow{A}=|\overrightarrow{A}|^2\Rightarrow|\overrightarrow{A}|=\sqrt{\overrightarrow{A}\cdot\overrightarrow{A}}=\sqrt{{a_1}^2+{a_2}^2+{a_3}^2}$，稱爲向量$\overrightarrow{A}$的範數。

   (2) $\cos\theta=\dfrac{\overrightarrow{A}\cdot\overrightarrow{B}}{|\overrightarrow{A}||\overrightarrow{B}|}\Rightarrow\theta=\cos^{-1}(\dfrac{\overrightarrow{A}\cdot\overrightarrow{B}}{|\overrightarrow{A}||\overrightarrow{B}|})$表示兩向量的夾角。

   (3) 稱$\overrightarrow{i}=(1, 0, 0)$，$\overrightarrow{j}=(0, 1, 0)$，$\overrightarrow{k}=(0, 0, 1)$爲 R^3 中的標準向量，

   根據歐氏空間內積定義，有$\begin{cases}\overrightarrow{i}\cdot\overrightarrow{i}=\overrightarrow{j}\cdot\overrightarrow{j}=\overrightarrow{k}\cdot\overrightarrow{k}=1\\ \overrightarrow{i}\cdot\overrightarrow{j}=\overrightarrow{j}\cdot\overrightarrow{k}=\overrightarrow{k}\cdot\overrightarrow{i}=0\end{cases}$。

(4) $\overrightarrow{A}\cdot\overrightarrow{B}=\overrightarrow{B}\cdot\overrightarrow{A}$（交換性）；$\overrightarrow{A}\cdot(\overrightarrow{B}+\overrightarrow{C})=\overrightarrow{A}\cdot\overrightarrow{B}+\overrightarrow{A}\cdot\overrightarrow{C}$（分配律）
$\alpha(\overrightarrow{A}\cdot\overrightarrow{B})=(\alpha\overrightarrow{A})\cdot\overrightarrow{B}=\overrightarrow{A}\cdot(\alpha\overrightarrow{B})$（係數積結合性）注意到，向量內積沒有除法運算，即 $\overrightarrow{A}\cdot\overrightarrow{B}=\overrightarrow{A}\cdot\overrightarrow{C}$ 不能推得 $\overrightarrow{B}=\overrightarrow{C}$，如反例：$\overrightarrow{i}\cdot\overrightarrow{j}=\overrightarrow{i}\cdot\overrightarrow{k}=0$，但是 $\overrightarrow{j}\neq\overrightarrow{k}$。

(5) 向量的**投影**（Projection）
若 $\overrightarrow{A}$、$\overrightarrow{B}\in R^3$，則定義 $\text{Proj}_{\overrightarrow{B}}(\overrightarrow{A})=\overrightarrow{A}\cdot\overrightarrow{e_B}$ 爲 $\overrightarrow{A}$ 在 $\overrightarrow{B}$ 上的投影，其中 $\overrightarrow{e_B}=\dfrac{\overrightarrow{B}}{|\overrightarrow{B}|}$ 爲 $\overrightarrow{B}$ 方向上的單位向量。

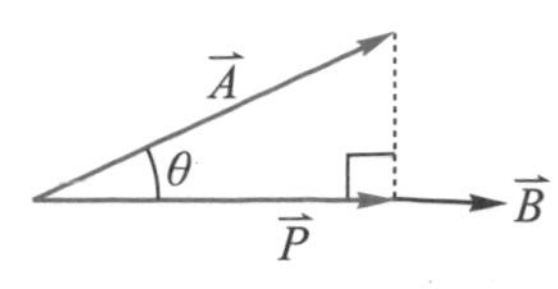

▲圖 5-7　向量投影示意圖

換句話說，$\text{Proj}_{\overrightarrow{B}}(\overrightarrow{A})=|\overrightarrow{A}|\cdot\cos\theta=\overrightarrow{A}\cdot\dfrac{\overrightarrow{B}}{|\overrightarrow{B}|}$，如圖 5-7 所示。

而 $\overrightarrow{A}$ 在 $\overrightarrow{B}$ 上的投影向量 $\overrightarrow{P}=(\overrightarrow{A}\cdot\overrightarrow{e_B})\dfrac{\overrightarrow{B}}{|\overrightarrow{B}|}=(\dfrac{\overrightarrow{A}\cdot\overrightarrow{B}}{|\overrightarrow{B}|^2})\overrightarrow{B}$

範例 4

設 $\overrightarrow{A}=-2\overrightarrow{i}+\overrightarrow{j}+2\overrightarrow{k}$、$\overrightarrow{B}=3\overrightarrow{i}+4\overrightarrow{k}$，試求
(1) $\overrightarrow{A}$ 與 $\overrightarrow{B}$ 之內積與夾角　(2) $\overrightarrow{A}$ 在 $\overrightarrow{B}$ 上的投影向量。

解 (1) $\overrightarrow{A}\cdot\overrightarrow{B}=-2\cdot3+1\cdot0+2\cdot4=2$。$|\overrightarrow{A}|=\sqrt{(-2)^2+(1)^2+(2)^2}=3$、
$|\overrightarrow{B}|=\sqrt{(3)^2+(0)^2+(4)^2}=5$，$\cos\theta=\dfrac{\overrightarrow{A}\cdot\overrightarrow{B}}{|\overrightarrow{A}||\overrightarrow{B}|}=\dfrac{2}{3\cdot5}=\dfrac{2}{15}$，所以 $\theta=\cos^{-1}(\dfrac{2}{15})$。

(2) $\overrightarrow{A}$ 在 $\overrightarrow{B}$ 上的投影向量 $\overrightarrow{P}=(\dfrac{\overrightarrow{A}\cdot\overrightarrow{B}}{|\overrightarrow{B}|^2})\overrightarrow{B}=\dfrac{2}{25}(3\overrightarrow{i}+4\overrightarrow{k})$。　Q.E.D.

範例 5

設 $\overrightarrow{u}$、$\overrightarrow{v}$ 爲兩個互相垂直的單位向量，則 $|\overrightarrow{u}+\overrightarrow{v}|=$？

解 因爲 $\overrightarrow{u}$、$\overrightarrow{v}$ 爲兩個互相垂直的單位向量，所以
$|\overrightarrow{u}|=1$，$|\overrightarrow{v}|=1$ 且 $\overrightarrow{u}\cdot\overrightarrow{v}=0$，則
$|\overrightarrow{u}+\overrightarrow{v}|=\sqrt{(\overrightarrow{u}+\overrightarrow{v})\cdot(\overrightarrow{u}+\overrightarrow{v})}=\sqrt{\overrightarrow{u}\cdot\overrightarrow{u}+\overrightarrow{u}\cdot\overrightarrow{v}+\overrightarrow{v}\cdot\overrightarrow{u}+\overrightarrow{v}\cdot\overrightarrow{v}}=\sqrt{1+0+0+1}=\sqrt{2}$。　Q.E.D.

5-1-3　向量之外積（Vector product, Cross product）

在空間中要找兩個線性獨立向量的公垂向量就會用到外積，其介紹如下。

定義 5-1-4 向量的外積

設 $\overrightarrow{A}=A_1\overrightarrow{i}+A_2\overrightarrow{j}+A_3\overrightarrow{k}$ 、 $\overrightarrow{B}=B_1\overrightarrow{i}+B_2\overrightarrow{j}+B_3\overrightarrow{k}\in\mathbb{R}^3$，

定義 $\overrightarrow{A}\times\overrightarrow{B}=\begin{vmatrix}\overrightarrow{i} & \overrightarrow{j} & \overrightarrow{k}\\ A_1 & A_2 & A_3\\ B_1 & B_2 & B_3\end{vmatrix}=\begin{vmatrix}A_2 & A_3\\ B_2 & B_3\end{vmatrix}\overrightarrow{i}-\begin{vmatrix}A_1 & A_3\\ B_1 & B_3\end{vmatrix}\overrightarrow{j}+\begin{vmatrix}A_1 & A_2\\ B_1 & B_2\end{vmatrix}\overrightarrow{k}$

稱爲 $\overrightarrow{A}$ 、 $\overrightarrow{B}$ 的外積。

可以證明 $\overrightarrow{A}\times\overrightarrow{B}$ 的大小洽爲 $\overrightarrow{A}$ 、 $\overrightarrow{B}$ 所張平行四邊形的面積，故 $\overrightarrow{A}\times\overrightarrow{B}=|\overrightarrow{A}||\overrightarrow{B}|\sin\theta$，且 $\overrightarrow{A}\times\overrightarrow{B}$ 同時垂直於 $\overrightarrow{A}$ 、 $\overrightarrow{B}$ 。而外積的指向，可由安培右手定則決定，如圖 5-8 所示。

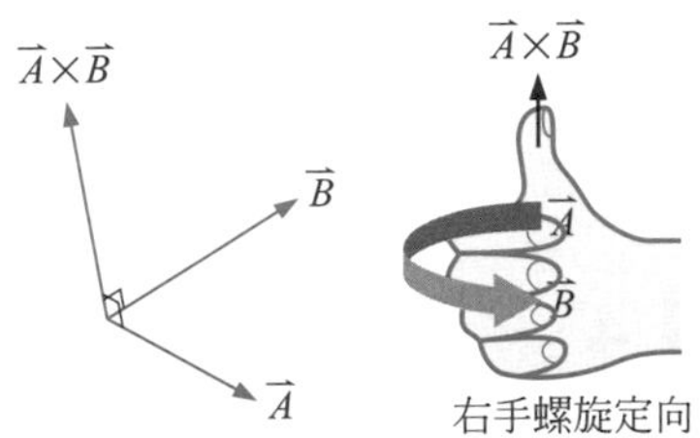

▲圖 5-8 向量外積示意圖

範例 6

設 $\overrightarrow{A}=-2\overrightarrow{i}+\overrightarrow{j}+2\overrightarrow{k}$ ， $\overrightarrow{B}=3\overrightarrow{i}+4\overrightarrow{k}$ ，求 $\overrightarrow{A}$ 與 $\overrightarrow{B}$ 之外積。

解 $\overrightarrow{A}$ 與 $\overrightarrow{B}$ 之外積向量：

$$\overrightarrow{A}\times\overrightarrow{B}=\begin{vmatrix}1 & 2\\ 0 & 4\end{vmatrix}\overrightarrow{i}-\begin{vmatrix}-2 & 2\\ 3 & 4\end{vmatrix}\overrightarrow{j}+\begin{vmatrix}-2 & 1\\ 3 & 0\end{vmatrix}\overrightarrow{k}$$

$$=4\overrightarrow{i}+14\overrightarrow{j}-3\overrightarrow{k}$$ 。

Q.E.D.

1. **外積的性質：**

(1) 大小爲 $\overrightarrow{A}$ 、 $\overrightarrow{B}$ 所張之平行四邊形面積，
故 $|\overrightarrow{A}\times\overrightarrow{B}|=|\overrightarrow{A}||\overrightarrow{B}||\sin\theta|=|\overrightarrow{A}|\times h$，如圖 5-9 所示。

▲圖 5-9 向量外積所形成平行四邊形

(2) 若 $\overrightarrow{A}\times\overrightarrow{B}=0$，則以下之一成立：
① $\overrightarrow{A}$ 、 $\overrightarrow{B}$ 中至少有一者爲 $\overrightarrow{0}$ ② $\overrightarrow{A}//\overrightarrow{B}$ 。

(3) $\overrightarrow{A}\times(\overrightarrow{B}+\overrightarrow{C})=\overrightarrow{A}\times\overrightarrow{B}+\overrightarrow{A}\times\overrightarrow{C}$（左分配律） $\overrightarrow{A}\times\overrightarrow{B}=-\overrightarrow{B}\times\overrightarrow{A}$（反交換）
$(\overrightarrow{A}+\overrightarrow{B})\times\overrightarrow{C}=\overrightarrow{A}\times\overrightarrow{C}+\overrightarrow{B}\times\overrightarrow{C}$（右分配律） $\alpha\overrightarrow{A}\times\overrightarrow{B}=\overrightarrow{A}\times(\alpha\overrightarrow{B})$（實數積交換性）

(4) $\overrightarrow{i}\times\overrightarrow{j}=\overrightarrow{k}$ 、 $\overrightarrow{j}\times\overrightarrow{i}=-\overrightarrow{k}$ 、 $\overrightarrow{j}\times\overrightarrow{k}=\overrightarrow{i}$ 、 $\overrightarrow{k}\times\overrightarrow{j}=-\overrightarrow{i}$ 、
$\overrightarrow{k}\times\overrightarrow{i}=\overrightarrow{j}$ 、 $\overrightarrow{i}\times\overrightarrow{k}=-\overrightarrow{j}$ 。如圖 5-10 所示。

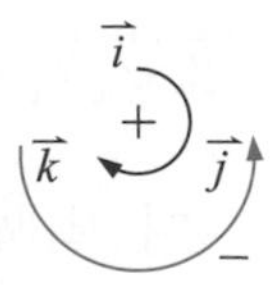

▲圖 5-10

(5) Lagrange 等式 $|\overrightarrow{A}\times\overrightarrow{B}|=\sqrt{|\overrightarrow{A}|^2|\overrightarrow{B}|^2-(\overrightarrow{A}\cdot\overrightarrow{B})^2}$

計算內積與外積所使用三角函數恰好互餘（90 度餘角），故直接寫下平方和得 $|\overrightarrow{A}\times\overrightarrow{B}|^2+(\overrightarrow{A}\cdot\overrightarrow{B})^2=|\overrightarrow{A}|^2|\overrightarrow{B}|^2\sin^2\theta+|\overrightarrow{A}|^2|\overrightarrow{B}|^2\cos^2\theta=|\overrightarrow{A}|^2|\overrightarrow{B}|^2$ 將結果作移項化簡，得證 Lagrange 等式。

範例 7

求一個同時垂直 $2\overrightarrow{j}-3\overrightarrow{k}$ 與 $2\overrightarrow{i}$ 之單位向量？

解 顯然，此兩向量的外積滿足題目所求，故令 $\overrightarrow{A}=2\overrightarrow{j}-3\overrightarrow{k}$，$\overrightarrow{B}=2\overrightarrow{i}$，

$$\overrightarrow{N}=\overrightarrow{A}\times\overrightarrow{B}=\begin{vmatrix}\overrightarrow{i}&\overrightarrow{j}&\overrightarrow{k}\\0&2&-3\\2&0&0\end{vmatrix}=-6\overrightarrow{j}-4\overrightarrow{k}\text{，取 }\overrightarrow{u}=\pm\frac{\overrightarrow{N}}{|\overrightarrow{N}|}=\pm\frac{(-6\overrightarrow{j}-4\overrightarrow{k})}{2\sqrt{13}}=\pm(\frac{3}{\sqrt{13}},\frac{2}{\sqrt{13}})$$

Q.E.D.

範例 8

$A(2, 2, 2)$、$B(3, 0, 4)$、$C(5, 2, -2)$為空間中三點，如圖所示，求此三點所形成之三角形面積。

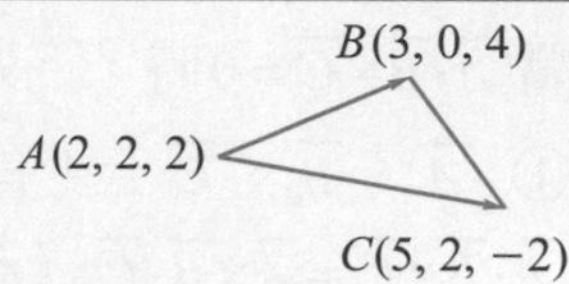

解 根據基本性質(1)，三角形 ABC 面積 $=\frac{1}{2}|\overrightarrow{AB}\times\overrightarrow{AC}|$，而由 $\overrightarrow{AB}=(1,-2,2)$、

$$\overrightarrow{AC}=(3,0,-4)\text{，得 }\overrightarrow{AB}\times\overrightarrow{AC}=\begin{vmatrix}\overrightarrow{i}&\overrightarrow{j}&\overrightarrow{k}\\1&-2&2\\3&0&-4\end{vmatrix}=(8,10,6)\text{，}$$

故三角形 ABC 面積 $=\frac{1}{2}|\overrightarrow{AB}\times\overrightarrow{AC}|=\frac{1}{2}\sqrt{(8^2+10^2+6^2)}=5\sqrt{2}$

Q.E.D.

5-1-4　向量之純量三重積（Scalar triple product）

我們在空間向量幾何上，常常會需要計算三個線性獨立向量所張開之平行六面體或四面體的體積，尤其是在計算金屬材料的晶格時，就會用到純量三重積，詳細介紹如下。

定義 5-1-5　純量三重積

設 $\overrightarrow{A}$、$\overrightarrow{B}$、$\overrightarrow{C}\in R^3$，則 $\overrightarrow{A}\cdot\overrightarrow{B}\times\overrightarrow{C}$ 或 $\overrightarrow{A}\times\overrightarrow{B}\cdot\overrightarrow{C}$，稱爲 $\overrightarrow{A}$、$\overrightarrow{B}$、$\overrightarrow{C}$ 之純量三重積。

1. 重要性質

(1) 如圖 5-11 所示，以 $\overrightarrow{A}$、$\overrightarrow{B}$、$\overrightarrow{C}$ 為邊之平行六面體（Parallelepiped）的體積為 $|\overrightarrow{A}\cdot\overrightarrow{B}\times\overrightarrow{C}|=|\overrightarrow{A}||\overrightarrow{B}\times\overrightarrow{C}||\cos\theta|=|\overrightarrow{B}\times\overrightarrow{C}||\overrightarrow{A}||\cos\theta|$。

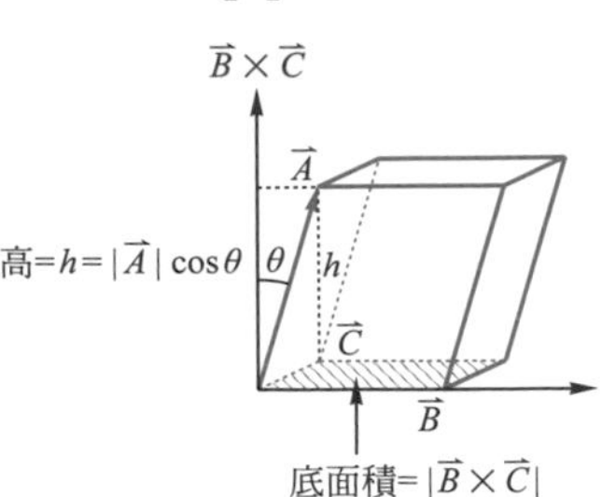

▲圖 5-11　純量三重積示意圖

故從稜角將此六面體三等份得

① $\overrightarrow{A}$、$\overrightarrow{B}$、$\overrightarrow{C}$ 所張之四面體（Tetrahedron）

體積 $=\dfrac{1}{6}|\overrightarrow{A}\cdot(\overrightarrow{B}\times\overrightarrow{C})|$。

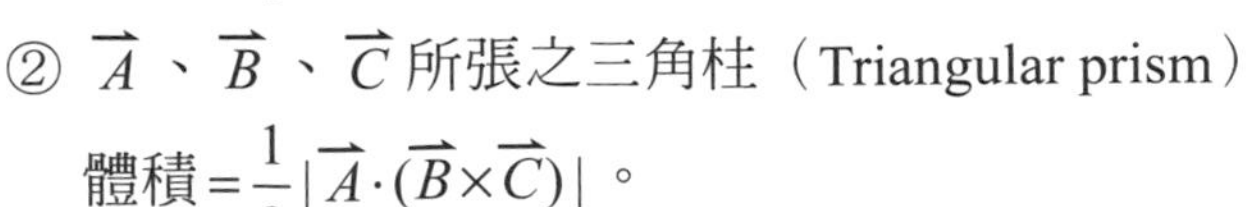

② $\overrightarrow{A}$、$\overrightarrow{B}$、$\overrightarrow{C}$ 所張之三角柱（Triangular prism）

體積 $=\dfrac{1}{2}|\overrightarrow{A}\cdot(\overrightarrow{B}\times\overrightarrow{C})|$。

(2) 若 $\overrightarrow{A}=a_1\overrightarrow{i}+b_1\overrightarrow{j}+c_1\overrightarrow{k}$、$\overrightarrow{B}=a_2\overrightarrow{i}+b_2\overrightarrow{j}+c_2\overrightarrow{k}$、$\overrightarrow{C}=a_3\overrightarrow{i}+b_3\overrightarrow{j}+c_3\overrightarrow{k}$，則由內、外積定義可算得

$$\overrightarrow{A}\cdot(\overrightarrow{B}\times\overrightarrow{C})=\begin{vmatrix} a_1 & b_1 & c_1 \\ a_2 & b_2 & c_2 \\ a_3 & b_3 & c_3 \end{vmatrix}$$

(3) 當 $\overrightarrow{A}\cdot\overrightarrow{B}\times\overrightarrow{C}=0$ 時，下列情形之一會成立：

① $\overrightarrow{A}$、$\overrightarrow{B}$、$\overrightarrow{C}$ 至少有一為 $\overrightarrow{0}$　② $\overrightarrow{A}$、$\overrightarrow{B}$、$\overrightarrow{C}$ 三向量共平面（體積為 0）。

(4) $\overrightarrow{A}\cdot\overrightarrow{B}\times\overrightarrow{C}=\overrightarrow{A}\times\overrightarrow{B}\cdot\overrightarrow{C}$（× 與 · 的交換性）。

範例 9

設 $\overrightarrow{a}=3\overrightarrow{i}+2\overrightarrow{j}+\overrightarrow{k}$、$\overrightarrow{b}=2\overrightarrow{i}-\overrightarrow{j}+\overrightarrow{k}$、$\overrightarrow{c}=\overrightarrow{j}+\overrightarrow{k}$，求 $\overrightarrow{a}$、$\overrightarrow{b}$、$\overrightarrow{c}$ 所圍平行六面體體積。

解 根據重要性質 1.，此體積等於 $|\overrightarrow{a}\cdot\overrightarrow{b}\times\overrightarrow{c}|=\left|\begin{vmatrix} 3 & 2 & 1 \\ 2 & -1 & 1 \\ 0 & 1 & 1 \end{vmatrix}\right|=|-8|=8$。 Q.E.D.

範例 10

設 $\overrightarrow{a}=\overrightarrow{i}+2\overrightarrow{k}$，$\overrightarrow{b}=4\overrightarrow{i}+6\overrightarrow{j}+2\overrightarrow{k}$，$\overrightarrow{c}=3\overrightarrow{i}+3\overrightarrow{j}-6\overrightarrow{k}$，如圖所示，求 $\overrightarrow{a}$、$\overrightarrow{b}$、$\overrightarrow{c}$ 所張開之四面體體積？

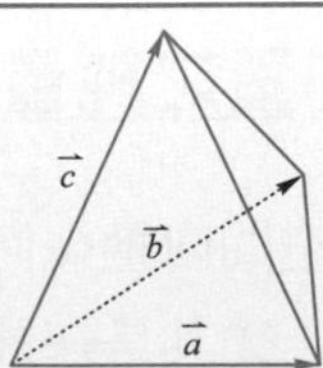

解 根據重要性質 1.，此體積 $V=\dfrac{1}{6}|\overrightarrow{a}\cdot\overrightarrow{b}\times\overrightarrow{c}|=\dfrac{1}{6}\left|\begin{vmatrix} 1 & 0 & 2 \\ 4 & 6 & 2 \\ 3 & 3 & -6 \end{vmatrix}\right|=9$。 Q.E.D.

5-1 習題演練

基礎題

1. 已知 $\overrightarrow{A}=(1,1,-2)$， $\overrightarrow{B}=(2,-3,5)$，試計算下列各小題

(1) $\overrightarrow{A}+\overrightarrow{B}$。

(2) $\overrightarrow{A}-\overrightarrow{B}$。

(3) $-\overrightarrow{A}$。

(4) $4\overrightarrow{A}$。

(5) $4\overrightarrow{A}+3\overrightarrow{B}$。

(6) $4\overrightarrow{A}-3\overrightarrow{B}$。

2. 求下列直角坐標系中 $\overrightarrow{A}$ 與 $\overrightarrow{B}$ 之內積值與外積向量？

(1) $\overrightarrow{A}=(-3, 6, 1)$、$\overrightarrow{B}=(-1, -2, 1)$。

(2) $\overrightarrow{A}=(2, -3, 4)$、$\overrightarrow{B}=(-3, 2, 0)$。

(3) $\overrightarrow{A}=(5, 3, 4)$、$\overrightarrow{B}=(20, 0, 6)$。

(4) $\overrightarrow{A}=(18, -3, 4)$、$\overrightarrow{B}=(0, 22, -1)$。

(5) $\overrightarrow{A}=(-4, 0, 6)$、$\overrightarrow{B}=(1, -2, 7)$。

進階題

1. 求 $\overrightarrow{A}$ 與 $\overrightarrow{B}$ 之夾角？並求 $\overrightarrow{A}$ 在 $\overrightarrow{B}$ 上的投影向量？

(1) $\overrightarrow{A}=(3, 4, 5)$、$\overrightarrow{B}=(-1, -2, 2)$。

(2) $\overrightarrow{A}=(2, -3, 4)$、$\overrightarrow{B}=(3, 0, 4)$。

(3) $\overrightarrow{A}=(2, 2, 1)$、$\overrightarrow{B}=(0, 5, -12)$。

2. A, B, C 爲空間中三點，求此三點所形成之三角形面積？

(1) $A(6, 1, 1)$、$B(7, -2, 4)$、$C(8, -4, 3)$。

(2) $A(4, 2, -3)$、$B(6, 2, -1)$、$C(2, -6, 4)$。

3. 求 $\overrightarrow{a}$、$\overrightarrow{b}$、$\overrightarrow{c}$ 所張開之四面體體積？

(1) $\overrightarrow{a}=(-5, 1, 6)$、$\overrightarrow{b}=(2, 4, 6)$、$\overrightarrow{c}=(-1, 0, 5)$。

(2) $\overrightarrow{a}=(-3, -2, 1)$、$\overrightarrow{b}=(2, -6, -1)$、$\overrightarrow{c}=(1, -4, -5)$。

(3) $\overrightarrow{a}=(1, 1, 1)$、$\overrightarrow{b}=(5, 0, 2)$、$\overrightarrow{c}=(-3, 3, 5)$。

4. 求 $\overrightarrow{a}=(2, 0, 3)$、$\overrightarrow{b}=(0, 6, 2)$、$\overrightarrow{c}=(3, 3, 0)$，所圍之六面體體積。

5. 求以 $A(1, 0, 1)$、$B(0, 1, -1)$、$C(2, 1, 0)$、$D(3, 5, 2)$爲頂點之四面體體積。

6. 求以 $A(0, 1, 2)$、$B(5, 5, 6)$、$C(1, 2, 1)$、$D(3, 3, 1)$爲頂點之四面體體積。

5-2 向量幾何

本節介紹如何推導 $\mathbb{R}^3$ 裡的直線、平面方程式，並闡述如何利用這些方程式描述點、線與平面間的關係。

5-2-1 空間中的直線方程式（Equation of line in $\mathbb{R}^3$）

1. 兩點式

已知空間中兩點 $P(x_1, y_1, z_1)$、$Q(x_2, y_2, z_2)$，設通過 P、Q 兩點之直線上任意點爲 $A(x, y, z)$，則 $\overrightarrow{PA}//\overrightarrow{PQ}$，這表示 $\overrightarrow{PA}=t\overrightarrow{PQ}$，所以

$$(x-x_1, y-y_1, z-z_1)=t(x_2-x_1, y_2-y_1, z_2-z_1)$$

比較坐標，整理得 $\begin{cases} x=x_1+(x_2-x_1)t \\ y=y_1+(y_2-y_1)t \\ z=z_1+(z_2-z_1)t \end{cases}$，$t\in\mathbb{R}$ 稱爲過 P、Q 兩點之直線的參數式，如圖 5-12 所示。直線參數式亦可整理爲 $\dfrac{x-x_1}{x_2-x_1}=\dfrac{y-y_1}{y_2-y_1}=\dfrac{z-z_1}{z_2-z_1}=t$ 稱爲對稱比例式。

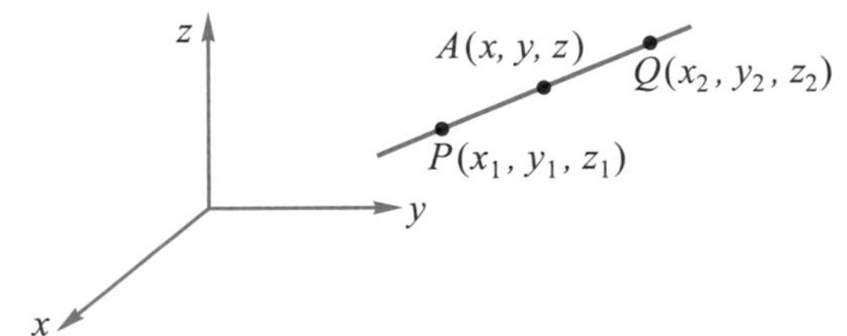

▲圖 5-12 空間中直線的兩點式

2. 點向式

已知一點 $P(x_1, y_1, z_1)$及一向量 $\overrightarrow{u}=(a, b, c)$，令通過 P 點且平行 $\overrightarrow{u}$ 之直線爲 L，則 $\overrightarrow{PA}//\overrightarrow{u}$，也就是說$(x-x_1, y-y_1, z-z_1)=t(a, b, c)$，比較坐標得直線 L 的參數式：

$\begin{cases} x=x_1+a\cdot t \\ y=y_1+b\cdot t \\ z=z_1+c\cdot t \end{cases}$，$t\in\mathbb{R}$ 或寫成對稱比例式：

$\dfrac{x-x_1}{a}=\dfrac{y-y_1}{b}=\dfrac{z-z_1}{c}=t$，如圖 5-13 所示。

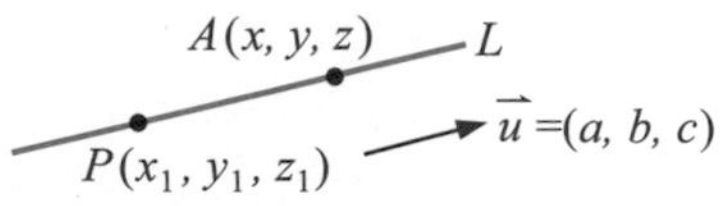

▲圖 5-13 點向式

範例 1

求通過點 $P(1, 0, 4)$與 $Q(2, 1, 1)$之直線 L 的參數式與對稱比例式。

解 使用點向式或兩點式均可得參數式 $\begin{cases} x = 1 + (2-1)\cdot t \\ y = 0 + (1-0)\cdot t \\ z = 4 + (1-4)\cdot t \end{cases}$，即 $\begin{cases} x = 1 + t \\ y = t \\ z = 4 - 3t \end{cases}$，

所以 L 上任一點可以寫成$(1 + t, t, 4 - 3t)$，$t \in \mathrm{R}$。

對稱比例式則由參數式整理得 $\dfrac{x-1}{2-1} = \dfrac{y-0}{1-0} = \dfrac{z-4}{1-4}$，

即所求為 $\dfrac{x-1}{1} = \dfrac{y-0}{1} = \dfrac{z-4}{-3}$。　Q.E.D.

5-2-2　平面方程式（Equation of plane）

空間中，點與線的分布若滿足下面四種情況之一，則構成平面，如圖 5-14 所示。

(1) 三不共線之點

(2) 兩相交直線

(3) 兩平行線

(4) 一線及線外一點

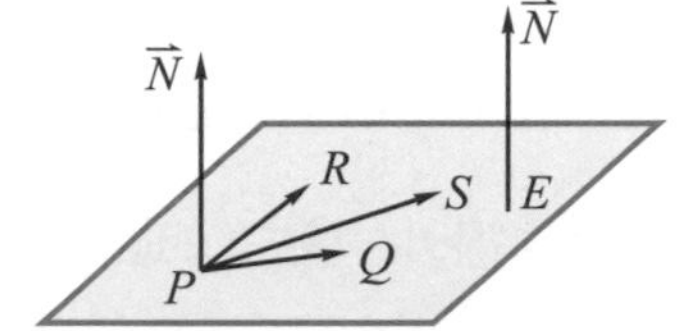

▲圖 5-14　空間中三點決定一平面圖

接下來的定理展示了如何從已知的點來求得平面方程式

定理 5-2-1　平面方程式

若 $P(x_1, y_1, z_1)$、$Q(x_2, y_2, z_2)$、$R(x_3, y_3, z_3)$ 不共線，則此三點所構成的平面滿足 $a(x-x_1)+b(y-y_1)+c(z-z_1)=0$，其中 $\overrightarrow{N}=(a,b,c)$ 為此平面的法向量。

證明

假設 P、Q、R 所構成的平面為 E，令 $S(x, y, z)$為 E 上一點，

取 $\overrightarrow{N}=\overrightarrow{PQ}\times\overrightarrow{PR}=a\overrightarrow{i}+b\overrightarrow{j}+c\overrightarrow{k}=(a,b,c)$ 為 E 的法向量，則 $\overrightarrow{PS}\cdot\overrightarrow{N}=0$，

現在 $\overrightarrow{PS}=(x-x_1, y-y_1, z-z_1)$，代入上式得

$a(x-x_1)+b(y-y_1)+c(z-z_1)=0$。

定理 5-2-1 中的平面方程式，也可利用行列式來推導。因爲 $\overrightarrow{PS}$ 、 $\overrightarrow{PQ}$ 與 $\overrightarrow{PR}$ 三向量共平面，也就是他們所張的平行六面體體積 $\overrightarrow{PS}\cdot(\overrightarrow{PQ}\times\overrightarrow{PR})=0$ 爲 0，即

$$\begin{vmatrix} x-x_1 & y-y_1 & z-z_1 \\ x_2-x_1 & y_2-y_1 & z_2-z_1 \\ x_3-x_1 & y_3-y_1 & z_3-z_1 \end{vmatrix}=0$$

範例 2

求過三點(1, 2, 3)、(3, 2, 2)、(− 2, − 1, 3)的平面方程式。

解 由行列式的做法得 $\begin{vmatrix} x-1 & y-2 & z-3 \\ 2 & 0 & -1 \\ -3 & -3 & 0 \end{vmatrix}=0$，展開得 $x-y+2z=5$。 Q.E.D.

5-2-3 點到直線的最短距離

沿著 $\vec{A}=(a,b,c)$ 且過 $Q(x_1,y_1,z_1)$ 的直線方程式爲 L：$\dfrac{x-x_1}{a}=\dfrac{y-y_1}{b}=\dfrac{z-z_1}{c}$，若 $P(x_0, y_0, z_0)$爲線外一點（如圖 5-15），則 P 到 L 的最短距離可利用外積表示：

$$\overline{PH}=d(P,L)=|\overrightarrow{QP}|\cdot\sin\theta=|\overrightarrow{QP}|\cdot|\vec{e}|\cdot\sin\theta=|\overrightarrow{QP}\times\vec{e}|=|\overrightarrow{QP}\times\frac{\vec{A}}{|\vec{A}|}|$$

其中 $\vec{e}=\dfrac{\vec{A}}{|\vec{A}|}=\dfrac{a\vec{i}+b\vec{j}+c\vec{k}}{\sqrt{a^2+b^2+c^2}}$，如圖 5-15 所示。

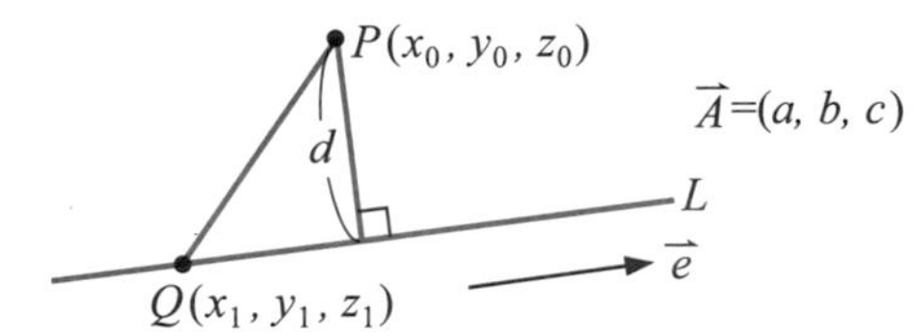

▲圖 5-15 點到線之距離

範例 3

求點 $P(3, 2, 4)$到直線 L：$x=1+t$，$y=3-2t$，$z=6+3t$ 之距離。

解 令 $t=0$ 得直線上一點 $Q(1, 3, 6)$，則 $\overrightarrow{PQ}=(-2,1,2)$。因爲 $\vec{A}=(1,-2,3)$，計算外積得 $\overrightarrow{PQ}\times\vec{A}=(7,8,3)$，故 $d(P,L)=|\overrightarrow{PQ}\times\dfrac{\vec{A}}{|\vec{A}|}|=\sqrt{\dfrac{61}{7}}$。 Q.E.D.

5-2-4　兩歪斜線間的最短距離（Distance between skew lines）

設 L 與 M 為不共平面之兩歪斜線，令 $\overrightarrow{u_1}$ 與 $\overrightarrow{u_2}$ 分別為平行 L 與 M 之向量，且 $\overrightarrow{u_1}\times\overrightarrow{u_2}\neq 0$。若 P、Q 分別為 M、L 上之點，且 $\overrightarrow{N}=\overrightarrow{u_1}\times\overrightarrow{u_2}$，則 $\overrightarrow{PQ}$ 在 $\overrightarrow{N}$ 上的投影為兩歪斜線間的距離，換句話說，$d=|\overrightarrow{PQ}\cdot\frac{\overrightarrow{N}}{|\overrightarrow{N}|}|=|\overrightarrow{PQ}\cdot\frac{\overrightarrow{u_1}\times\overrightarrow{u_2}}{|\overrightarrow{u_1}\times\overrightarrow{u_2}|}|$，如圖 5-16 所示。

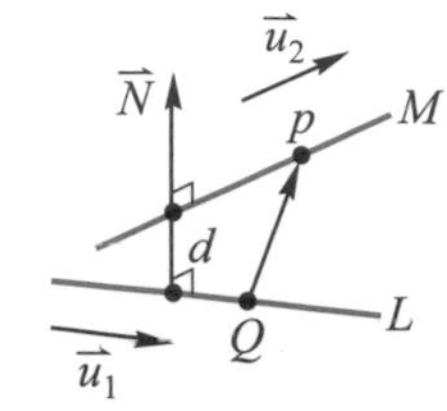

▲圖 5-16　兩歪斜線之距離示意圖

範例 4

求兩條歪斜線 $\begin{cases}L_1: x=1+t，y=2t，z=3-3t\\ L_2: x=2-s，y=2+s，z=3-s\end{cases}$ 間的距離。

解 取 L_1 上一點 $P(1, 0, 3)$、方向向量 $\overrightarrow{u_1}=(1, 2, -3)$；
取 L_2 上一點 $Q(2, 2, 3)$、方向向量 $\overrightarrow{u_2}=(-1, 1, -1)$，
則 $\overrightarrow{u_1}\times\overrightarrow{u_2}=\overrightarrow{N}=(1, 4, 3)$ 、$\overrightarrow{PQ}=(1, 2, 0)$，
則 $d=|(1, 2, 0)\cdot\frac{(1, 4, 3)}{\sqrt{1^2+4^2+3^2}}|=\frac{9}{\sqrt{26}}$。

Q.E.D.

5-2-5　點到平面的最短距離

已知平面 $E: ax+by+cz+d=0$，且 $P(x_0, y_0, z_0)$為 E 外一點。現在 E 上任取一點 $Q(x, y, z)$，令 E 的法向量 $\overrightarrow{N}=(a, b, c)$，則 $\overrightarrow{PQ}$ 在 $\overrightarrow{N}$ 上的投影為最短距離，換句話說

$$d(P, E)=|\overrightarrow{PQ}\cdot\frac{\overrightarrow{N}}{|\overrightarrow{N}|}|=|(x-x_0, y-y_0, z-z_0)\cdot\frac{(a, b, c)}{\sqrt{a^2+b^2+c^2}}|$$

$$=\frac{|ax+by+cz-ax_0-by_0-cz_0)|}{\sqrt{a^2+b^2+c^2}}$$

$$=\frac{|-d-ax_0-by_0-cz_0|}{\sqrt{a^2+b^2+c^2}}=\frac{|ax_0+by_0+cz_0+d|}{\sqrt{a^2+b^2+c^2}}$$

如圖 5-17 所示。

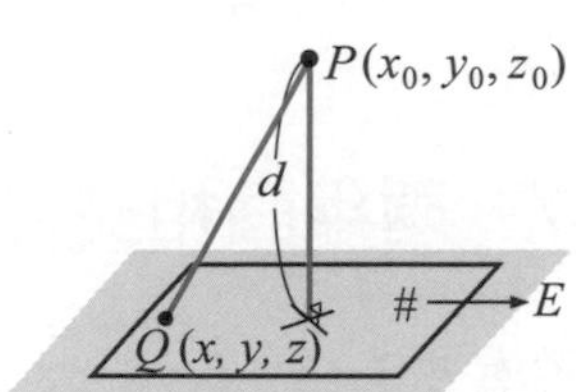

▲圖 5-17　空間中點到面距離示意圖

範例 5

求點 $P(3, 2, 4)$到平面 E： $2x - y + 2z = 5$ 的最短距離。

解 $d(P, E) = \dfrac{|2\cdot 3 - 2 + 2\cdot 4 - 5|}{\sqrt{2^2 + (-1)^2 + 2^2}} = \dfrac{7}{3}$ 。 Q.E.D.

5-2-6 兩平面間的夾角（Angle between two planes）

考慮兩平面 E_1：$a_1x + b_1y + c_1z + d_1 = 0$、$E_2$：$a_2x + b_2y + c_2z + d_2 = 0$，則 E_1 與 E_2 之夾角可透過 $\cos\theta = \dfrac{\overrightarrow{N}_1 \cdot \overrightarrow{N}_2}{|\overrightarrow{N}_1||\overrightarrow{N}_2|}$ 求得。也就是，若令 $\overrightarrow{N}_1 = (a_1, b_1, c_1)$、$\overrightarrow{N}_2 = (a_2, b_2, c_2)$，則 $\cos\theta = \pm\dfrac{(a_1a_2 + b_1b_2 + c_1c_2)}{\sqrt{a_1^2 + b_1^2 + c_1^2}\sqrt{a_2^2 + b_2^2 + c_2^2}}$

故兩平面交角爲 $\theta = \cos^{-1}(\dfrac{\overrightarrow{N}_1 \cdot \overrightarrow{N}_2}{|\overrightarrow{N}_1||\overrightarrow{N}_2|})$ 與 $\pi - \theta$ ，如圖 5-18 所示。

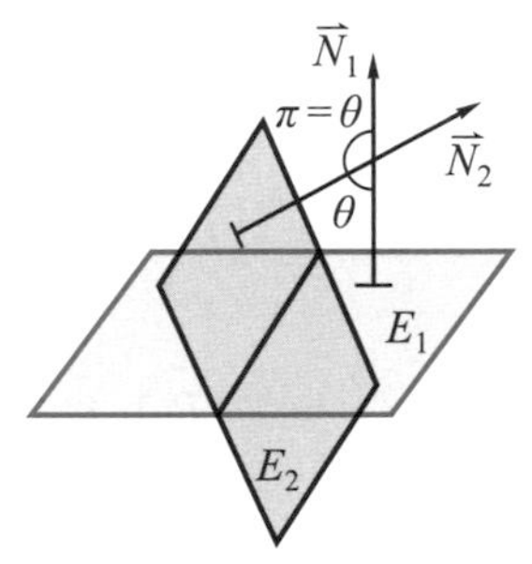

▲圖 5-18 兩平面夾角

範例 6

求兩平面 $x + 2y + 3z = 3$ 與 $x - 2y - 3z = 3$ 間的夾角。

解 $\cos\theta = \pm\dfrac{\overrightarrow{N}_1 \cdot \overrightarrow{N}_2}{|\overrightarrow{N}_1||\overrightarrow{N}_2|} = \pm\dfrac{(1, 2, 3)\cdot(1, -2, -3)}{\sqrt{1^2 + 2^2 + 3^2}\cdot\sqrt{1^2 + 2^2 + 3^2}}$

$= \pm\dfrac{-12}{14} = \pm\dfrac{6}{7}$

$\Rightarrow \theta = \cos^{-1}(\dfrac{6}{7})$ 或 $\pi - \theta$ 。 Q.E.D.

5-2-7 兩平面相交之直線方程式（Line of two intersection planes）

考慮 $E_1: a_1x + b_1y + c_1z + d_1 = 0$ ，並令其法向量 $\overrightarrow{N}_1 = (a_1, b_1, c_1)$ ；$E_2: a_2x + b_2y + c_2z + d_2 = 0$，法向量 $\overrightarrow{N}_2 = (a_2, b_2, c_2)$ 。則 $\overrightarrow{u} = \overrightarrow{N}_1 \times \overrightarrow{N}_2 = (l, m, n)$ 爲兩平面所交直線 L 的方向。設 $P(x_0, y_0, z_0)$爲 L 上任一點，則解 E_1、E_2 之聯立方程式得 L： $\dfrac{x - x_0}{l} = \dfrac{y - y_0}{m} = \dfrac{z - z_0}{n} = t$ （令其中一變數値爲 0），換句話說，L 的參數式爲

$$\begin{cases} x = x_0 + lt \\ y = y_0 + mt \\ z = z_0 + nt \end{cases}，t \in \mathrm{R}，$$

如圖 5-19 所示。

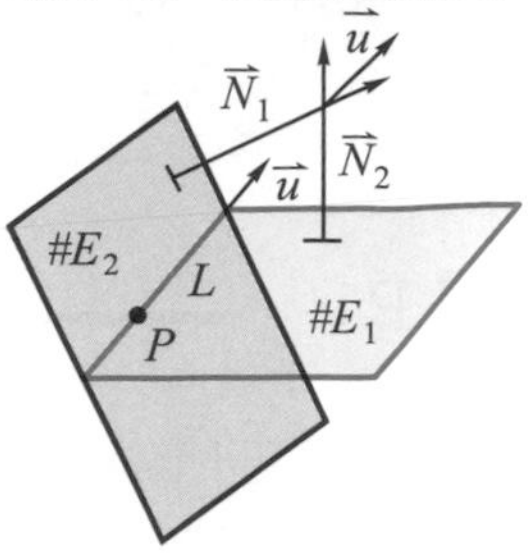

▲圖 5-19　空間中兩平面交線示意圖

範例 7

求兩平面 $2x + y - z = 0$ 與 $3x + 2y + z = 3$ 的交線方程式。

解 兩平面之法向量分別爲 $\overrightarrow{N}_1 = (2, 1, -1)$，$\overrightarrow{N}_2 = (3, 2, 1)$，則交線 L 的方向向量 $\overrightarrow{u} = \overrightarrow{N}_1 \times \overrightarrow{N}_2 = (3, -5, 1)$。解兩平面所成之聯立方程 $\begin{cases} 2x + y - z = 0 \\ 3x + 2y + z = 3 \end{cases}$，

且令 $x = 0 \Rightarrow y = 1$，$z = 1$，即(0, 1, 1)爲 L 上一點，

故 L：$\dfrac{x-0}{3} = \dfrac{y-1}{-5} = \dfrac{z-1}{1} \Rightarrow \begin{cases} x = 3t \\ y = 1 - 5t \\ z = 1 + t \end{cases}$；$t \in \mathrm{R}$。

Q.E.D.

5-2 習題演練

基礎題

1. 求通過下列兩點的直線參數式。
   (1) (1, 0, 5)、(2, 1, − 1)。
   (2) (4, 0, 0)、(− 3, 1, 0)。
   (3) (2, 1, 1)、(2, 1, − 4)。
   (4) (0, 1, 3)、(0, − 1, 2)。
   (5) (1, 0, 4)、(− 2, −3, 5)。
2. 求空間中包含下列三點之平面
   (1) (12, 5, 0)、(0, 4, 0)、(12, 0, 6)。
   (2) (1, 2, 1)、(− 1, 1, 3)、(− 2, − 2, − 2)。
   (3) (1, 1, 2)、(− 1, 1, − 26)、(0, 2, 1)。
3. 求點(1, 3, 2)到平面 $x + 2y + z = 4$ 之最短距離。

進階題

1. 若兩平面 $x + y + z = 1$ 與 $2x + cy + 7z = 0$ 爲正交，則 $c = ?$
2. 求下列兩條歪斜線間之距離
   (1) $\begin{cases} L_1: x = 1 + 2t, y = 1 + 3t, z = 2 - t \\ L_2: x = s, y = 2s, z = 3s \end{cases}$
   (2) $\begin{cases} L_1: x = 1 + t, y = 2 + 2t, z = 3 + 3t \\ L_2: x = 4 + 4s, y = 5 + 5s, z = 6 + 6s \end{cases}$
   (3) $\begin{cases} L_1: \dfrac{x-2}{3} = \dfrac{y-5}{2} = \dfrac{z-1}{-1} \\ L_2: \dfrac{x-4}{-4} = \dfrac{y-5}{4} = \dfrac{z+2}{1} \end{cases}$
3. 求兩平面 $x + 2y - 2z + 3 = 0$ 與 $2x - y + 2z - 3 = 0$ 間之夾角。

5-3 向量空間 R^n

本節將 R^3 中的向量性質延伸到 n 維向量空間 R^n。當 $n \geq 4$，向量空間 R^n 無法再用幾何圖形來表示，但大部分性質都與 R^3 相同，所以當有不易想像、理解之處，可以利用 R^3 進行推敲、模擬。

5-3-1 n 維空間之向量

定義 5-3-1　n 維向量

我們以 $\overrightarrow{A}=(a_1, a_2, \cdots, a_n)$ 或 $\overrightarrow{\boldsymbol{A}}=\begin{bmatrix} a_1 \\ a_2 \\ a_3 \\ \vdots \\ a_n \end{bmatrix}$ 表示 n 維向量空間 R^n 中的元素，其中 $a_1, a_2, \cdots, a_n$ 均為實數。

為了方便起見，從本處開始，除非特別的需要，否則所有的 n 維向量僅以「向量」稱之。若未特別提及，所有論述均針對 R^n 及其子集合。

定義 5-3-2　n 維向量的常用定義

假設 $\overrightarrow{A}=(a_1, a_2, \cdots, a_n)$，$\overrightarrow{B}=(b_1, b_2, \cdots, b_n)$ 為兩向量、α 為實數，

(1) $\overrightarrow{A}+\overrightarrow{B}=(a_1+b_1, a_2+b_2, \cdots, a_n+b_n)$ 為**向量加法**運算。

(2) $\alpha\overrightarrow{A}=(\alpha a_1, \alpha a_2, \cdots, \alpha a_n)$ 為**向量純量積**運算。

(3) $|\overrightarrow{A}|=\|\overrightarrow{A}\|=\sqrt{a_1^2+a_2^2+\cdots+a_n^2}$ 稱為 $\overrightarrow{A}$ 的長度或大小，通常稱為**範數**（**norm**）。

(4) $\overrightarrow{A}$ 上的**單位向量** $\overrightarrow{u}=\dfrac{\overrightarrow{A}}{\|\overrightarrow{A}\|}$，除掉範數的動作稱為將 $\overrightarrow{A}$ **正規化**（**normalizing**），此向量可以用來表示 $\overrightarrow{A}$ 的方向。

(5) $\overrightarrow{A}\cdot\overrightarrow{B}=a_1b_1+a_2b_2+\cdots+a_nb_n$ 為兩**向量內積**運算。若 $\overrightarrow{A}\cdot\overrightarrow{B}=0$，稱 $\overrightarrow{A}=(a_1, a_2, \cdots, a_n)$ 與 $\overrightarrow{B}=(b_1, b_2, \cdots, b_n)$ 為**正交**，在 R^3 中也稱兩向量垂直。

範例 1

考慮兩向量 $\overrightarrow{A}=(-1,1,1,2)$、$\overrightarrow{B}=(1,-1,0,1)$，

(1)求 $\overrightarrow{A}$ 的範數　(2)求證 $\overrightarrow{A}$ 與 $\overrightarrow{B}$ 正交　(3)將 $\overrightarrow{A}$ 正規化。

解 (1) $\overrightarrow{A}$ 的範數 $\|\overrightarrow{A}\|=\sqrt{(-1)^2+1^2+1^2+2^2}=\sqrt{7}$ 。

(2) $\overrightarrow{A}\cdot\overrightarrow{B}=-1\cdot 1+1\cdot(-1)+1\cdot 0+2\cdot 1=0$ ，所以 $\overrightarrow{A}$ 與 $\overrightarrow{B}$ 正交。

(3) $\overrightarrow{A}$ 之正規化向量為 $\dfrac{\overrightarrow{A}}{\|\overrightarrow{A}\|}=\dfrac{1}{\sqrt{7}}(-1,1,1,2)$ 。

Q.E.D.

R^n 的子空間（subspace）

顧名思義，子空間是原向量空間的子集合，且保持所有向量空間的運算，因此以符號 s 來表示較為恰當。

定義 5-3-3　R^n 的子空間

假設集合 $s=\{\overrightarrow{v_1},\overrightarrow{v_2},\cdots,\overrightarrow{v_n}\}$ 為 R^n 的子集合，若對任意 s 中的向量 a、b；R 中純量 k：

(1) s 包含零向量 $\overrightarrow{0}$　(2) $a+b$ 仍在 s 中　(3) ka 仍在 s 中。

則我們稱 s 為 R^n 的子空間。

由定義的敘述可知，R^n 中至少有兩個子空間，即 R^n 與$\{0\}$。另外，定義 5-3-3 配合 R^3 的圖形可知，R^3 的 1 維子空間是所有通過原點的直線；2 維子空間是所有通過原點的平面。相同道理，設 s 為 R^2 的子空間，則 s 必為下列三種之一：

(1) $s=R^2$（維度$=2$）。

(2) 集合 s 為通過原點的直線（維度$=1$）。

(3) 集合 s 中只包含零向量 $\overrightarrow{0}$（維度$=0$）。

如圖 5-20 所示。

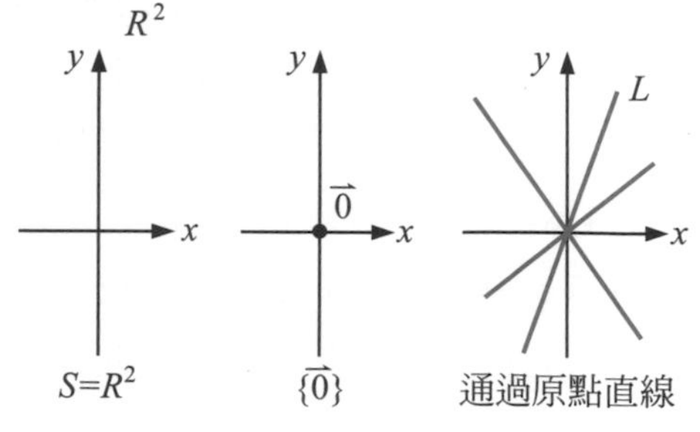

▲圖 5-20　R^2 中子空間

注意定義 5-3-3 中的(1)到(3)要同時成立，才能稱為子空間。定義 5-3-3 可簡化為

定理 5-3-1 子空間定理

假設 s 爲 R^n 的子集合，則 s 是一個子空間若且唯若

(1) 零向量 $\overrightarrow{0} \in s$ (2) 若 $\overrightarrow{f}$ 與 $\overrightarrow{g} \in s$ 且 $\alpha \in \mathrm{R}$，則 $\overrightarrow{f}+\alpha\overrightarrow{g} \in s$。

範例 2

假設 s 爲 R^4 的子集合，若 s 中所有向量均爲 $\overrightarrow{v_1}=(1, 2, 3, 0)$ 的實數積，請證明 s 爲 R^4 中的子空間。

解 根據題意，s 中所有向量均可表爲 $c\overrightarrow{v_1}=c(1, 2, 3, 0)$，其中 c 爲實數，

(1) 取 $c=0$，則 $0\cdot\overrightarrow{v_1}=0\cdot(1, 2, 3, 0)=(0, 0, 0, 0)=\overrightarrow{0}$，所以 $\overrightarrow{0}$ 包含在 s 中。

(2) 取 s 中兩向量 $\overrightarrow{f}=\alpha(1, 2, 3, 0)$ 與 $\overrightarrow{g}=\beta(1, 2, 3, 0)$，其中 $\alpha, \beta \in \mathrm{R}$，
令 $k \in \mathrm{R}$ 則 $\overrightarrow{f}+k\overrightarrow{g}=(\alpha+\beta k)\cdot(1, 2, 3, 0)$ 仍爲 $\overrightarrow{v_1}=(1, 2, 3, 0)$ 的純量倍數，
即仍在 s 中。所以由定理 5-3-1 知 s 爲 R^4 的子空間。 Q.E.D.

範例 3

請判別下列何者爲 R^3 中的子空間？

(1) s_1：$\begin{cases} x=1+2\cdot t \\ y=-3\cdot t \\ z=2-4\cdot t \end{cases}$，$t \in \mathrm{R}$ (2) s_2：$\begin{cases} x=2\cdot t \\ y=-3\cdot t \\ z=4\cdot t \end{cases}$，$t \in \mathrm{R}$ (3) s_3：$2x-3y+4z=5$

(4) s_4：$-3x+5y-2z=0$ (5) s_5：$x=0$ (6) s_6：y 軸。

解 (1) s_1 不通過 R^3 原點，不是子空間。

(2) s_2 爲通過 R^3 原點的直線，是子空間。

(3) s_3 不包含原點，不是子空間。

(4) s_4 爲包含 R^3 原點的平面，是子空間。

(5) s_5 爲 R^3 中的 yz 平面，包含原點，是子空間。

(6) s_6 爲通過原點的直線，是子空間。 Q.E.D.

5-3-2　線性獨立與線性相依

我們在找 ODE 的特解時，有談過利用 Wronskian 行列式來判斷函數的獨立與相依，現在正式定義何謂向量的線性獨立與相依。

定義 5-3-4　向量的線性獨立與線性相依

設 $s=\{\overrightarrow{v_1},\overrightarrow{v_2},\cdots,\overrightarrow{v_n}\}$ 為 R^n 的子集合，若其中一向量 $\overrightarrow{v_k}$ 可用其他$(n-1)$個向量的線性組合來表示，則稱 $\{\overrightarrow{v_1},\overrightarrow{v_2},\cdots,\overrightarrow{v_n}\}$ 為線性相依，反之若 s 中任意一個 $\overrightarrow{v_k}$ 都不能用其他$(n-1)$個向量的線性組合來表示，則稱$\{\overrightarrow{v_1},\overrightarrow{v_2},\cdots,\overrightarrow{v_n}\}$ 為線性獨立。

範例 4

有一 R^4 中集合$\{\overrightarrow{A},\overrightarrow{B},\overrightarrow{C}\}$，其中$\overrightarrow{A}=(-1,1,1,0)$，$\overrightarrow{B}=(1,-1,1,1)$，$\overrightarrow{C}=(2,-2,4,3)$，請判斷 $\overrightarrow{A}$ 、 $\overrightarrow{B}$ 、 $\overrightarrow{C}$ 為線性相依或獨立。

解 由於 $\overrightarrow{C}=(2,-2,4,3)=(-1,1,1,0)+3\cdot(1,-1,1,1)=\overrightarrow{A}+3\overrightarrow{B}$ ，了解到 $\overrightarrow{C}$ 可以用 $\overrightarrow{A}$ 、 $\overrightarrow{B}$ 之線性組合來表示，所以$\{\overrightarrow{A},\overrightarrow{B},\overrightarrow{C}\}$ 為線性相依。 Q.E.D.

定義 5-3-4 等價於下列定理，也是比較常用的定義，本書在寫法上力求直觀，因此採用定義 5-3-4 作為原始定義。

定理 5-3-2　向量的線性獨立與線性相依

設$\{\overrightarrow{v_1},\overrightarrow{v_2},\cdots,\overrightarrow{v_n}\}$為一個 R^n 的子集合，(1) 若 $\sum_{k=1}^{n}\alpha_k\overrightarrow{v_k}=0$ ，只有在α_1、α_2、⋯、α_n均為零時才成立，則$\{\overrightarrow{v_1},\overrightarrow{v_2},\cdots,\overrightarrow{v_n}\}$為線性獨立　(2) 若 $\sum_{k=1}^{n}\alpha_k\overrightarrow{v_k}=0$ ，在α_1、α_2、⋯、α_n 不全為零時也可成立，則$\{\overrightarrow{v_1},\overrightarrow{v_2},\cdots,\overrightarrow{v_n}\}$為線性相依。

從 R^4 的坐標軸即可找到許多例子

(1) 例如在集合$\{(1,0,0),(0,1,0),(0.0,3)\}=s_1$ 中：

$\alpha_1\cdot(1,0,0)+\alpha_2\cdot(0,1,0)+\alpha_3\cdot(0,0,3)=0\Rightarrow\alpha_1=\alpha_2=\alpha_3=0$，

因此 s_1 為線性獨立。

(2) 又例如在集合$\{(1, 0, 0), (0, 2, 0), (3. 1, 0)\} = s_2$中，

由$\alpha_1 \cdot (1, 0, 0) + \alpha_2 \cdot (0, 2, 0) + \alpha_3 \cdot (3, 1, 0) = 0$ 得$\begin{cases} \alpha_1 + 3\alpha_3 = 0 \\ 2\alpha_2 + \alpha_3 = 0 \end{cases}$，

並得其中一組解$\alpha_3 = 1$、$\alpha_1 = -3$、$\alpha_2 = -\dfrac{1}{2}$，故 s_2 爲線性相依。

從定理 5-3-2 來說，以原始定義來判別一個集合線性相依或獨立，等於求解一個 $n \times n$ 聯立方程組，效率較低，實際上這部分計算可用行列式來取代。

定理 5-3-3 行列式值與向量線性獨立與線性相依的關係

設 $s = \{\overrightarrow{v_1}, \overrightarrow{v_2}, \cdots, \overrightarrow{v_n}\}$，其中 $\overrightarrow{v_1} = (a_{11}, a_{12}, \cdots, a_{1n})$，$\overrightarrow{v_2} = (a_{21}, a_{22}, \cdots, a_{2n})$、…、

$\overrightarrow{v_n} = (a_{n1}, a_{n2}, \cdots, a_{nn})$，考慮行列式$|A| = \begin{vmatrix} a_{11} & a_{12} & \cdots & a_{1n} \\ a_{21} & a_{22} & & \vdots \\ \vdots & \vdots & & \vdots \\ a_{n1} & \cdots & \cdots & a_{nn} \end{vmatrix}$，則此行列式與獨立性的關係如下（證明會在線性代數的章節遇到）：

(1) 若$|A| \neq 0 \Rightarrow \{\overrightarrow{v_1}, \overrightarrow{v_2}, \cdots, \overrightarrow{v_n}\}$爲線性獨立。

(2) 若$|A| = 0 \Rightarrow \{\overrightarrow{v_1}, \overrightarrow{v_2}, \cdots, \overrightarrow{v_n}\}$爲線性相依。

範例 5

有一 R^3 中的集合 $\{\overrightarrow{A}, \overrightarrow{B}, \overrightarrow{C}\}$，其中 $\overrightarrow{A} = (-1, 1, 1)$、$\overrightarrow{B} = (1, -1, 1)$、$\overrightarrow{C} = (0, 0, 2)$，請判斷 $\{\overrightarrow{A}, \overrightarrow{B}, \overrightarrow{C}\}$ 爲線性相依或獨立。

解 $\begin{vmatrix} -1 & 1 & 1 \\ 1 & -1 & 1 \\ 0 & 0 & 2 \end{vmatrix} = 0 \Rightarrow \{\overrightarrow{A}, \overrightarrow{B}, \overrightarrow{C}\}$ 線性相依。 Q.E.D.

範例 6

$\overrightarrow{v_1}=\begin{bmatrix}1\\2\\3\end{bmatrix}$、$\overrightarrow{v_2}=\begin{bmatrix}2\\-1\\3\end{bmatrix}$、$\overrightarrow{v_3}=\begin{bmatrix}0\\1\\-1\end{bmatrix}$，求證 $\overrightarrow{v_1}$、$\overrightarrow{v_2}$、$\overrightarrow{v_3}$ 爲線性獨立。

解 $\begin{vmatrix}1&2&0\\2&-1&1\\3&3&-1\end{vmatrix}\neq 0$，所以$\{\overrightarrow{v_1}$、$\overrightarrow{v_2}$、$\overrightarrow{v_3}\}$線性獨立。　Q.E.D.

5-3-3　基底與維度

一個集合 s 線性獨立，表示若我們將一個向量寫成 s 中向量的線性組合，則寫法是唯一的，在 R^2 中，$\{(1, 0), (0, 1)\}$是一個例子；又如 R^n 中，$\{e_1, e_2,\cdots, e_n\}$，是另一個例子，他們有什麼共通特性？

定義 5-3-5　線性組合

設 $\overrightarrow{v_1}, \overrightarrow{v_2}, \cdots, \overrightarrow{v_k}$ 爲 R^n 中的向量。對任意 $\alpha_1, \alpha_2, \cdots, \alpha_k \in R$，稱 $\alpha_1\overrightarrow{v_1}+\alpha_2\overrightarrow{v_2}+\cdots+\alpha_k\overrightarrow{v_k}$ 爲這 n 個向量的**線性組合**。

範例 7

假設 $s=\{(1, 0, 0, 0), (1, 2, 0, 0)\}$爲 R^4 中子集合，請將 $\overrightarrow{f}=(a, b, 0, 0)$ 表示爲 s 中向量的線性組合。

解 令 $\overrightarrow{f}=(a, b, 0, 0)=\alpha(1, 0, 0, 0)+\beta(1, 2, 0, 0)$，則$(a, b, 0, 0)=(\alpha+\beta, 2\beta, 0, 0)$，

所以$\begin{cases}a=\alpha+\beta\\ b=2\beta\end{cases}$，解之得$\begin{cases}\alpha=a-\dfrac{1}{2}b\\ \beta=\dfrac{1}{2}b\end{cases}$，

則 $\overrightarrow{f}=(a, b, 0, 0)=(a-\dfrac{1}{2}b)\cdot(1, 0, 0, 0)+\dfrac{b}{2}\cdot(1, 2, 0, 0)$。　Q.E.D.

定義 5-3-6 向量的生成集

設 $s=\{\overrightarrow{v_1},\overrightarrow{v_2},\cdots,\overrightarrow{v_k}\}$爲 R^n 子集合，則$\{\overrightarrow{f}\mid\overrightarrow{f}=\alpha_1\overrightarrow{v_1}+\cdots+\alpha_k\overrightarrow{v_k}$，$\alpha_1,\cdots,\alpha_k\in\mathrm{R}\}$稱爲 s 之**生成集(span)**，記爲 span(s)。

R^n的子集合$\{\overrightarrow{e_1}=(1,0,\cdots,0),\overrightarrow{e_2}=(0,1,\cdots,0),\cdots,\overrightarrow{e_n}=(0,0,\cdots,1)\}$就是一個生成集，因爲所有 R^n 中的向量$\overrightarrow{f}$都能寫成：$\overrightarrow{f}=a_1(1,0,\cdots,0)+a_2(0,1,\cdots,0)+\cdots+a_n(0,0,\cdots,1)$

範例 8

若 R^4的子空間 V 中，任一向量均可表示爲$(x+y,z,x-z)$，試求 V 的一組生成集。

解 $\begin{bmatrix}x+y\\z\\x-z\end{bmatrix}=x\begin{bmatrix}1\\0\\1\end{bmatrix}+y\begin{bmatrix}1\\0\\0\end{bmatrix}+z\begin{bmatrix}0\\1\\-1\end{bmatrix}$，即 V 中任一向量均可由$\left\{\begin{bmatrix}1\\0\\1\end{bmatrix},\begin{bmatrix}1\\0\\0\end{bmatrix},\begin{bmatrix}0\\1\\-1\end{bmatrix}\right\}$來表示，

所以 $V=\mathrm{span}\left\{\begin{bmatrix}1\\0\\1\end{bmatrix},\begin{bmatrix}1\\0\\0\end{bmatrix},\begin{bmatrix}0\\1\\-1\end{bmatrix}\right\}$ 或 $V=\mathrm{span}\{(1,0,1),(1,0,0),(0,1,-1)\}$ Q.E.D.

定義 5-3-7 基底

設 V 爲 R^n的子集合、$s=\{v_1,\cdots,v_k\}$爲子空間。若 s 滿足

(1) s 線性獨立 (2) span(s) = V，則稱 s 爲 V 的**基底**。

範例 9

試證 $\{a_1=\begin{bmatrix}1\\0\\0\end{bmatrix}, a_2=\begin{bmatrix}0\\1\\0\end{bmatrix}, a_3=\begin{bmatrix}1\\5\\3\end{bmatrix}\}$ 爲 R^3 的一組基底。

解 (1) 首先證明生成：

$$\forall \vec{f}=\begin{bmatrix}x\\y\\z\end{bmatrix}\in \mathrm{R}^3,\ \vec{f}=\begin{bmatrix}x\\y\\z\end{bmatrix}=p\vec{a_1}+q\vec{a_2}+r\vec{a_3}=p\begin{bmatrix}1\\0\\0\end{bmatrix}+q\begin{bmatrix}0\\1\\0\end{bmatrix}+r\begin{bmatrix}1\\5\\3\end{bmatrix}$$

$$\Rightarrow \begin{cases}x=p+r\\y=q+5r\\z=3r\end{cases}\Rightarrow \begin{cases}p=x-\dfrac{z}{3}\\q=y-\dfrac{5}{3}z\\r=\dfrac{z}{3}\end{cases}\Rightarrow \vec{f}=(x-\frac{z}{3})\begin{bmatrix}1\\0\\0\end{bmatrix}+(y-\frac{5}{3}z)\begin{bmatrix}0\\1\\0\end{bmatrix}+\frac{z}{3}\begin{bmatrix}1\\5\\3\end{bmatrix},$$

$\therefore \mathrm{R}^3$ 中的任何向量皆可以表爲 $\vec{a_1}$、$\vec{a_2}$、$\vec{a_3}$ 之線性組合。

(2) 再證線性獨立：

$$\begin{vmatrix}1&0&1\\0&1&5\\0&0&3\end{vmatrix}=3\neq 0\Rightarrow \vec{a_1},\vec{a_2},\vec{a_3}$$ 爲線性獨立，因此 $\{\vec{a_1},\vec{a_2},\vec{a_3}\}$ 爲 R^3 的一組基底。

Q.E.D.

定義 5-3-8　維度

將向量空間 V 中，基底所包含向量個數稱爲 V 的**維度**，記作 $\dim(V)$。

以 R^3 空間而言，其基底包含 $\vec{i}=\begin{bmatrix}1\\0\\0\end{bmatrix}, \vec{j}=\begin{bmatrix}0\\1\\0\end{bmatrix}, \vec{k}=\begin{bmatrix}0\\0\\1\end{bmatrix}$，共三個向量，所以 $\dim \mathrm{R}^3=3$，以此類推也可得 $\dim \mathrm{R}^n=n$。

定理 5-3-4 向量空間的其它性質

在 R^n 中，我們有下列性質

(1)子集合若含有超過 $n+1$ 個向量，則線性相依。

(2)恰好含有 n 個線性獨立向量的集合 s 是基底。

證明（選讀）

1. 如果此集合線性獨立，表示 $\mathrm{R}^{n+1} \subseteq \mathrm{R}^n$，這樣一來，必然存在 n 個不全爲零的實數 c_1、……、c_n 使得 $(\underbrace{0,\cdots,0}_{n},1)=\sum_{i=1}^{n} c_i e_i$ ，顯然矛盾。

2. s 若不是生成集，則存在一個非零向量 v 使得 $v \in \mathrm{R}^n \setminus \mathrm{span}(s)$，也就是說，$\mathrm{span}(s) \cup \{v\} = \mathrm{R}^{n+1} \subseteq \mathrm{R}^n$，則仿(1)的論述得矛盾。

範例 10

(1) 求證 $\boldsymbol{V}_1=\begin{bmatrix}1\\2\\3\end{bmatrix}$、$\boldsymbol{V}_2=\begin{bmatrix}2\\-1\\3\end{bmatrix}$、$\boldsymbol{V}_3=\begin{bmatrix}0\\1\\-1\end{bmatrix}$、$\boldsymbol{V}_4=\begin{bmatrix}4\\-1\\5\end{bmatrix}$互相線性相依。

(2) 求證 $\boldsymbol{V}_1, \boldsymbol{V}_2, \boldsymbol{V}_3$ 互相線性獨立。

解 (1) 在定理 5-3-4 中，由 $n=3$ 可以得知。

(2) $\begin{vmatrix}1 & 2 & 0\\2 & -1 & 1\\3 & 3 & -1\end{vmatrix} \neq 0$，所以 $\boldsymbol{V}_1$、$\boldsymbol{V}_2$、$\boldsymbol{V}_3$ 線性獨立。

Q.E.D.

範例 11

設 V 爲 R^6 之子空間，且 V 中所有向量均可以表示爲$(x, y, 2x-y, z, 3x+y-2z, z)$，其中 x、y、z 均爲實數，求 V 中的一組基底，並求 $\dim(V)$。

解 (1) 由$(x, y, 2x-y, z, 3x+y-2z, z)$

$= x\cdot(1, 0, 2, 0, 3, 0) + y\cdot(0, 1, -1, 0, 1, 0) + z\cdot(0, 0, 0, 1, -2, 1)$

得知 $V = \text{span}\{(1, 0, 2, 0, 3, 0), (0, 1, -1, 0, 1, 0), (0, 0, 0, 1, -2, 1)\}$。

按照定理 5-3-2 可知

$\{(1, 0, 2, 0, 3, 0), (0, 1, -1, 0, 1, 0), (0, 0, 0, 1, -2, 1)\}$爲線性獨立集合，

故$\{(1, 0, 2, 0, 3, 0), (0, 1, -1, 0, 1, 0), (0, 0, 0, 1, -2, 1)\}$爲 V 中一組基底。

(2) 由維度的定義知 $\dim(V) = 3$。

Q.E.D.

定理 5-3-5　子空間的維度性質

若 V 爲向量空間 U 中的子空間，則 $\dim(V) \le \dim(U)$。

證明

若 s 是 V 的基底，則$\text{span}(s) = V \subseteq U$，因此 s 所含向量個數至多 $\dim(U)$個，否則會發生如定理 5-3-4(1)的矛盾。

如果把多項式 x^k 當成一個向量（當成 e_k），多項式 $f(x) = a_0 + a_1x + \cdots + a_nx^n$ 則可當成 $v = a_0 + a_1e_1 + \cdots + a_ne_n$，事實上，從多項式的假設可知，集合$\{1, x, x^2, \cdots, x^n\}$線性獨立，因此，所有 $\deg \le n$ 的多項式的集合

$$P_n = \text{span}\{1, x, x^2, \cdots, x^n\}$$

可當成 R^{n+1}，且基底爲$\{1, x, x^2, \cdots, x^n\}$。同理，$n \times n$ 矩陣 $M_{n\times n}(R)$、所有解析函數的集合 $C^\infty(R)$等等都可視爲向量空間，到第 6 章我們會再詳細討論。

範例 12

考慮二階線性齊性 ODE：$y'' + 9y = 0$，其解空間爲 V，求 V 中的一組基底，並求 $\dim(V)$。

解 由 ODE 理論知，通解爲 $y(x) = c_1\cos 3x + c_2\sin 3x$，解空間 $V = \text{span}\{\cos 3x, \sin 3x\}$且$\{\cos 3x, \sin 3x\}$爲解空間之一組基底，又基底中向量個數爲 2，所以 $\dim(V) = 2$。

Q.E.D.

總和前述觀念，我們事實上有以下的定理，讀者可試著證明。

定理 5-3-6 子集合與基底關係

向量空間 V 的子集合 s 是一個基底，若且唯若滿足下列三個條件之一：

(1) s 是最小生成集

(2) s 是最大線性獨立子集

(3) s 的元素個數等於 $\dim(V)$。

5-3-4 正交集合（Orthogonal set）

我們習慣將 $v \in \mathrm{R}^3$ 以標準基底 $\{\hat{i},\hat{j},\hat{k}\}$ 來表示，即 $v = a_1\hat{i} + a_2\hat{j} + a_3\hat{k}$，由 R^n 的標準內積來說，$<\hat{i},\hat{j}> = <\hat{i},\hat{k}> = <\hat{j},\hat{k}> = 0$ 且 $<\hat{i},\hat{i}> = <\hat{j},\hat{j}> = <\hat{k},\hat{k}> = 1$，這符合我們在三維空間中坐標軸垂直的直觀，事實上依照 R^n 的標準內積，$\{e_i \mid 1 \le i \le n\}$ 中的向量也互相垂直，因此，所有非零向量 v 都有 $v = \sum_{i=1}^{n} <v, e_i> e_i$ 這樣的表示法，換句話說，若能利用內積將基底中的向量化為互相垂直，將會更便於我們描述向量空間。本節詳細介紹相關方法。

定義 5-3-9 正交集合與么正集合

(1) 若 $\{\overrightarrow{v_1},\overrightarrow{v_2},\cdots,\overrightarrow{v_n}\}$ 爲 R^n 的子集合，滿足 $<\overrightarrow{v_i},\overrightarrow{v_j}> = \begin{cases} 0, & i \neq j \\ |\overrightarrow{v_i}|^2, & i = j \end{cases}$，$(i, j = 1, 2, \cdots, n)$

則稱 $\{\overrightarrow{v_1},\overrightarrow{v_2},\cdots,\overrightarrow{v_n}\}$ 爲**正交集合**。

(2) 若 $<\overrightarrow{v_i},\overrightarrow{v_j}> = \begin{cases} 0, & i \neq j \\ 1, & i = j \end{cases}$ （i、$j = 1, 2, \cdots, n$）則稱 $\{\overrightarrow{v_1},\overrightarrow{v_2},\cdots,\overrightarrow{v_n}\}$ 爲**正規正交集合**（Orthonormal set）或稱爲**么正集合**。

因此，將正交集合中的向量做正規化 $\overrightarrow{u_1} = \dfrac{\overrightarrow{v_1}}{|\overrightarrow{v_1}|}$、$\overrightarrow{u_2} = \dfrac{\overrightarrow{v_2}}{|\overrightarrow{v_2}|}$、……、$\overrightarrow{u_n} = \dfrac{\overrightarrow{v_n}}{|\overrightarrow{v_n}|}$ 即可得正規正交集合。

格拉姆-施密特正交化（Gram-Schmidt process）

首先考慮兩個向量的正交化，透過某個程序把 $\{\overrightarrow{a_1},\overrightarrow{a_2}\}$ 變成 $\{\overrightarrow{v_1},\overrightarrow{v_2}\}$，使得 $\{\overrightarrow{v_1},\overrightarrow{v_2}\}$ 爲正交集合（如圖 5-21）且 $\text{span}\{\overrightarrow{a_1},\overrightarrow{a_2}\}=\text{span}\{\overrightarrow{v_1},\overrightarrow{v_2}\}$，具體來說，等於求一個係數 λ 使得 $\overrightarrow{a_2}-\lambda\overrightarrow{a_1}$ 垂直於 $\overrightarrow{a_1}$，如圖 5-21 所示。於是解方程式 $<\overrightarrow{a_2}-\lambda\overrightarrow{a_1},\overrightarrow{a_1}>=0$ 得 $\lambda=\dfrac{<\overrightarrow{a_2},\overrightarrow{v_1}>}{<\overrightarrow{v_1},\overrightarrow{v_1}>}$；從線性組合的定義，也可驗證 $\text{span}\{\overrightarrow{a_1},\overrightarrow{a_2}-\lambda\overrightarrow{a_1}\}=\text{span}\{\overrightarrow{a_1},\overrightarrow{a_2}\}$。把上述過程做個演算法式的整理，並推廣至 n 個向量集合 $\{\overrightarrow{a_1},\overrightarrow{a_2},\cdots,\overrightarrow{a_n}\}$ 正交化如下：

定理 5-3-7　Gram-Schmidt 正交化

假設 $\{\overrightarrow{a_1},\overrightarrow{a_2},\cdots,\overrightarrow{a_n}\}$ 爲一線性獨立集，則格拉姆－施密特正交演算法如下：

STEP1 令 $\overrightarrow{v_1}=\overrightarrow{a_1}$。

STEP2 令 $\overrightarrow{v_2}=\overrightarrow{a_2}-\dfrac{\overrightarrow{a_2}\cdot\overrightarrow{v_1}}{(\overrightarrow{v_1}\cdot\overrightarrow{v_1})}\overrightarrow{v_1}$。

STEP3 令 $\overrightarrow{v_k}=\overrightarrow{a_k}-\sum\limits_{i=1}^{k-1}\dfrac{<\overrightarrow{a_k},\overrightarrow{v_i}>}{<\overrightarrow{v_i},\overrightarrow{v_i}>}\overrightarrow{v_i}$ （$3\le k\le n$）。

STEP4 取 $\{\dfrac{\overrightarrow{v_1}}{|\overrightarrow{v_1}|},\dfrac{\overrightarrow{v_2}}{|\overrightarrow{v_2}|},\ldots,\dfrac{\overrightarrow{v_n}}{|\overrightarrow{v_n}|}\}$。

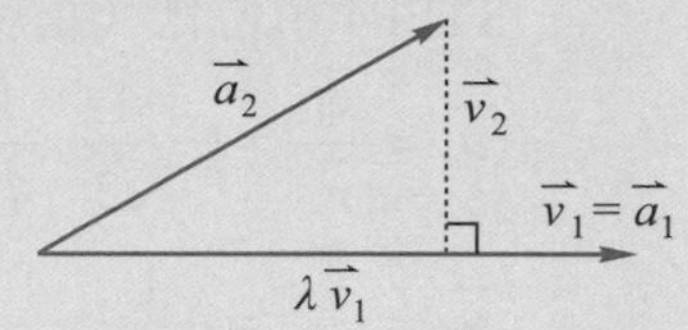

▲圖 5-21　正交化示意圖

則由 STEP3 及線性組合的定義可知 $\text{span}\{\dfrac{\overrightarrow{v_1}}{|\overrightarrow{v_1}|},\dfrac{\overrightarrow{v_2}}{|\overrightarrow{v_2}|},\ldots,\dfrac{\overrightarrow{v_n}}{|\overrightarrow{v_n}|}\}=\text{span}\{\overrightarrow{a_1},\cdots,\overrightarrow{a_n}\}$。

範例 13

設 $\overrightarrow{a_1}=-\overrightarrow{i}+\overrightarrow{j}+\overrightarrow{k}$ 、 $\overrightarrow{a_2}=\overrightarrow{i}-\overrightarrow{j}+\overrightarrow{k}$ 、 $\overrightarrow{a_3}=\overrightarrow{i}+\overrightarrow{j}-\overrightarrow{k}$ ，

(1) 求其所對應之正規化正交集合 $\{\overrightarrow{u_1},\overrightarrow{u_2},\overrightarrow{u_3}\}$ 。

(2) 將 $\overrightarrow{A}=\overrightarrow{i}+2\overrightarrow{j}+3\overrightarrow{k}$ 寫爲 $\{\overrightarrow{u_1},\overrightarrow{u_2},\overrightarrow{u_3}\}$ 的線性組合。

解 (1) STEP1 令 $\overrightarrow{v_1}=\overrightarrow{a_1}=(-1,1,1)$ 。

STEP2 令 $\overrightarrow{v_2}=\overrightarrow{a_2}-\dfrac{<\overrightarrow{a_2},\overrightarrow{v_1}>}{<\overrightarrow{v_1},\overrightarrow{v_1}>}\overrightarrow{v_1}=\overrightarrow{a_2}-\dfrac{1}{3}\overrightarrow{v_1}=(1,-1,1)+\dfrac{1}{3}(-1,1,1)=(\dfrac{2}{3},-\dfrac{2}{3},\dfrac{4}{3})$ 。

STEP3 令 $\overrightarrow{v_3}=\overrightarrow{a_3}-\dfrac{<\overrightarrow{a_3},\overrightarrow{v_1}>}{<\overrightarrow{v_1},\overrightarrow{v_1}>}\overrightarrow{v_1}-\dfrac{<\overrightarrow{a_3},\overrightarrow{v_2}>}{<\overrightarrow{v_2},\overrightarrow{v_2}>}\overrightarrow{v_2}=\overrightarrow{a_3}-(-\dfrac{1}{3})\overrightarrow{v_1}-(-\dfrac{1}{2})\overrightarrow{v_2}$

$=\overrightarrow{a_3}+\dfrac{1}{3}\overrightarrow{v_1}+\dfrac{1}{2}\overrightarrow{v_2}=(1,1,-1)+\dfrac{1}{3}(-1,1,1)+\dfrac{1}{2}(\dfrac{2}{3},-\dfrac{2}{3},\dfrac{4}{3})=(1,1,0)$ 。

STEP4 單位化（正規化）

$\overrightarrow{u_1}=\dfrac{\overrightarrow{v_1}}{|\overrightarrow{v_1}|}=(-\dfrac{1}{\sqrt{3}},\dfrac{1}{\sqrt{3}},\dfrac{1}{\sqrt{3}})$ ； $\overrightarrow{u_2}=\dfrac{\overrightarrow{v_2}}{|\overrightarrow{v_2}|}=(\dfrac{1}{\sqrt{6}},-\dfrac{1}{\sqrt{6}},\dfrac{2}{\sqrt{6}})$ ；

$\overrightarrow{u_3}=\dfrac{\overrightarrow{v_3}}{|\overrightarrow{v_3}|}=(\dfrac{1}{\sqrt{2}},\dfrac{1}{\sqrt{2}},0)$

(2) $<\overrightarrow{A},\overrightarrow{u_1}>=\dfrac{4}{\sqrt{3}}$ 、 $<\overrightarrow{A},\overrightarrow{u_2}>=\dfrac{5}{\sqrt{6}}$ 、 $<\overrightarrow{A},\overrightarrow{u_3}>=\dfrac{3}{\sqrt{2}}$ ，

故 $\overrightarrow{A}=<\overrightarrow{A},\overrightarrow{u_1}>\overrightarrow{u_1}+<\overrightarrow{A},\overrightarrow{u_2}>\overrightarrow{u_2}+<\overrightarrow{A},\overrightarrow{u_3}>\overrightarrow{u_3}$

$=\dfrac{4}{\sqrt{3}}\overrightarrow{u_1}+\dfrac{5}{\sqrt{6}}\overrightarrow{u_2}+\dfrac{3}{\sqrt{2}}\overrightarrow{u_3}$ ，如附圖所示。

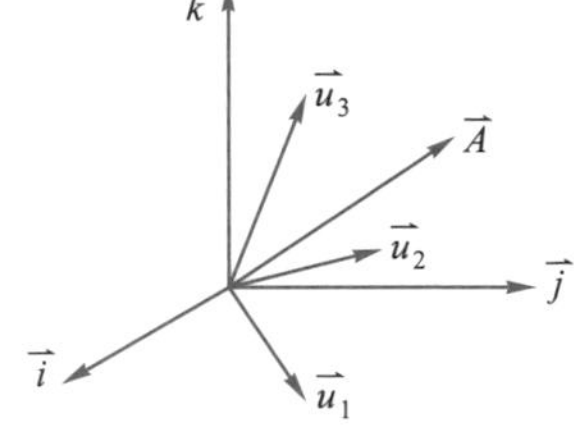

Q.E.D.

5-3 習題演練

基礎題

1. 試判斷下列集合爲線性獨立或相依？

(1) $s_1=\{(1,-2,3)\}$ 在 R^3 空間。

(2) $s_2=\{\vec{i}, 2\vec{j}, 3\vec{i}-4\vec{k}, \vec{i}+\vec{j}+\vec{k}\}$ 在 R^3 空間。

(3) $s_3=\{\vec{i}+2\vec{j}, 3\vec{i}-4\vec{k}, 5\vec{i}+4\vec{j}-4\vec{k}\}$ 在 R^3 空間。

(4) $s_4=\{(9,-2,0,0,0,0),(0,0,0,0,8,7)\}$ 在 R^6 空間。

(5) $s_5=\{(4,0,0,0),(0,5,1,0),(8,-10,-2,0)\}$ 在 R^4 空間。

(6) $s_6=\{(1,-2),(3,4),(-5,8)\}$ 在 R^2 空間。

(7) $s_7=\{(-1,1,0,0,0),(0,-1,1,0,0),(0,1,1,1,0)\}$ 在 R^5 空間。

(8) $s_8=\{\vec{i}+2\vec{j}+\vec{k}, 3\vec{i}-4\vec{k}, 5\vec{i}+4\vec{j}-4\vec{k}\}$ 在 R^3 空間。

2. 令 $\vec{v_1}=(1,1,0)$，$\vec{v_2}=(2,0,1)$，$\vec{v_3}=(2,2,1)$，

(1) 求證此三個向量線性獨立。

(2) 求此三個向量之一組正交集合。

進階題

1. 下列(1)～(8)若爲 R^n 的子空間，求其一組基底，並給出維度；若不然，請給理由。

(1) s_1爲 R^2 平面上包含直線 $4x+y=0$ 上之任一向量所形成集合。

(2) s_2爲 R^2 平面上包含直線 $4x+y=1$ 上之任一向量所形成集合。

(3) s_3爲 R^3 空間中包含平面 $4x+y-z=0$ 上之任一向量所形成集合。

(4) s_4爲 R^3 空間中包含平面 $4x+y-z=1$ 上之任一向量所形成集合。

(5) s_5爲 R^3 空間中包含 z 軸上之任一向量所形成集合。

(6) s_6爲 R^4 空間中包含所有向量 $(-x,x,y,-3y)$所形成集合。

(7) s_7爲 R^4 空間中包含所有向量 $(-x,x,y,2)$所形成集合。

(8) s_8爲 R^5 空間中包含所有向量 $(x,x-y,x+y-z,z,0)$所形成集合。

2. 重建 $\vec{v_1}=(2,-2,-1)$、$\vec{v_2}=(1,1,0)$、$\vec{v_3}=(1,-1,4)$ 爲一組么正基底。

3. 重建 $\vec{v_1}=(1,1,1)$、$\vec{v_2}=(1,2,3)$、$\vec{v_3}=(2,3,1)$ 爲一組正規化正交基底。

4. 重建 $\vec{a_1}=(2,1,1)$、$\vec{a_2}=(1,0,2)$、$\vec{a_3}=(2,0,0)$ 爲一組么正基底，並以此么正基底爲坐標表示向量 $\vec{v}=(-1,2,3)$。

NOTE

矩陣運算與線性代數

凱利
（Cayley, 1821～1895, 英國）

從 17 世紀到高斯，數學界對矩陣的研究都只停留在解線性系統方程式。一直到英國數學家凱利（Arthur Cayley，1821～1895）首先提出矩陣乘法與反矩陣，近代線性代數的理論才逐漸成形，發展到今日，線性代數已成為統計分析、力學分析、電路學分析、光學與量子物理中解決問題的必經之路。

學習目標

節次	學習目標
6-1 矩陣定義與基本運算	**6-1-1**－認識常見的矩陣 **6-1-2**－熟練基本矩陣運算 **6-1-3**－認識對稱（反對稱）矩陣、厄米特（反厄米特）矩陣
6-2 矩陣的列（行）運算與行列式	**6-2-1**－熟練基本列運算及其應用 **6-2-2**－熟練行列式的計算及相關性質 **6-2-3**－掌握方陣之反矩陣的求法：擴大矩陣法、古典伴隨矩陣
6-3 線性聯立方程組的解	**6-3-1**－熟練高斯消去法及求解線性聯立方程組 **6-3-2**－認識矩陣的秩（Rank）及線性聯立方程組的關係 **6-3-3**－掌握維度定理及線性聯立方程組解的存在性 **6-3-4**－掌握如何解線性聯立方程組：用「高斯消去法」 **6-3-4**－掌握如何解線性聯立方程組：用「克萊瑪法則」
6-4 特徵值與特徵向量	**6-4-1**－熟練特徵值與特徵向量的求法 **6-4-2**－了解特徵向量的獨立性與觀察特徵值的技巧
6-5 矩陣對角化	**6-5-1**－了解相似矩陣的特性 **6-5-2**－掌握矩陣的對角化過程
6-6 方陣函數	**6-6-1**－掌握利用凱利-漢米爾頓定理求矩陣空間的基底 **6-6-2**－掌握方陣函數的計算：長除法、凱利-漢米爾頓定理、特徵值 **6-6-3**－掌握方陣函數的計算：對角化

本章將從簡單的矩陣運算談起，並介紹聯立方程組的求解，我們透過高斯消去法來做為起點，深入瞭解在怎樣的條件下，線性系統方程式有解；解是否唯一等問題。並介紹克拉馬公式，除了解線性系統方程，此公式本身也有許多理論上的應用，例如：反矩陣的算法等等。

在方程式告一段落後，我們透過幾何上的觀察，進一步將矩陣抽象化為兩個向量空間之間的對應規則，並導入特徵值的概念，為線性代數的高階應用預備好基礎知識，是非常重要的一個環節。

6-1 矩陣定義與基本運算

我們在中學時常常會利用消去法求解聯立方程組，常見的線性聯立方程組包含有線性常係數齊性聯立方程組 $\begin{cases} x_1+2x_2-x_3=0 \\ 2x_1+3x_2+x_3=0 \\ x_1+x_2+2x_3=0 \end{cases}$ 與非齊性方程組 $\begin{cases} x_1+2x_2-x_3=7 \\ 2x_1+3x_2+x_3=14 \\ x_1+x_2+2x_3=7 \end{cases}$ 我們發現其解只與齊性聯立方程組未知數前面的係數所形成的矩陣 $\boldsymbol{A}=\begin{bmatrix} 1 & 2 & -1 \\ 2 & 3 & 1 \\ 1 & 1 & 2 \end{bmatrix}$ 與非齊性聯立方程組的擴大矩陣 $\widetilde{\boldsymbol{A}}=\begin{bmatrix} 1 & 2 & -1 & 7 \\ 2 & 3 & 1 & 14 \\ 1 & 1 & 2 & 7 \end{bmatrix}$ 運算有關，這是數學家想利用矩陣來解聯立方程組的起始想法。另外，我們在日常生活上常常需要處理大量的數據，例如家庭中每年每個月的開銷分析，假設某一年前三個月重要開銷如下：

	一月	二月	三月	…
房租	5000	5000	5000	…
伙食費	8000	10000	7000	…
交通費	2000	1500	2500	…
教育費	10000	8000	12000	…

如果我們要比較每個月或每年的某項開銷，或者比較某兩個月的開銷差異，那就需要用有系統的分析方法，這直接導致了陣列（現代稱矩陣）的誕生。例如前三個月的消費開銷所形成的陣列可寫成 $\boldsymbol{A}=\begin{bmatrix} 5000 & 5000 & 5000 \\ 8000 & 10000 & 7000 \\ 2000 & 1500 & 2500 \\ 10000 & 8000 & 12000 \end{bmatrix}$，其中第一行 $\begin{bmatrix} 5000 \\ 8000 \\ 2000 \\ 10000 \end{bmatrix}$、第二行 $\begin{bmatrix} 5000 \\ 10000 \\ 1500 \\ 8000 \end{bmatrix}$、第三行 $\begin{bmatrix} 5000 \\ 7000 \\ 2500 \\ 12000 \end{bmatrix}$ 分別表示一月、二月與三月的各項支出，而一月份的交通費在矩陣 $\boldsymbol{A}$ 的第三列第一行，三月份的教育費在 $\boldsymbol{A}$ 的第四列第三行等等，所以可以利用矩陣運算來進行各種資料分析。

6-1-1 基本概念

定義 6-1-1 矩陣定義

將 $m\times n$ 個實數（複數）排列成 m 個列與 n 個行之長方形陣列，稱為 $m\times n$ 矩陣（Matrix, Matrices）。記為 $\boldsymbol{A}_{m\times n}$ 或 $\boldsymbol{A}\equiv[a_{ij}]_{m\times n}$，一般會以下方符號表示。

$$\boldsymbol{A}=\begin{bmatrix} a_{11} & a_{12} & \cdots & a_{1n} \\ a_{21} & a_{22} & \cdots & a_{2n} \\ \vdots & & & \vdots \\ a_{m1} & a_{m2} & \cdots & a_{mn} \end{bmatrix}_{m\times n}$$

並稱 m 為 $\boldsymbol{A}$ 的**列**（Row）數、n 為 $\boldsymbol{A}$ 的**行**（Column）數、a_{ij} 為 $\boldsymbol{A}$ 的第 i 列第 j 行**元素**（Element），a_{ij} 也常被稱作**矩陣係數**（Matrix coefficient），若前後文不造成誤解，矩陣右下角的 $m\times n$ 會省略。

名詞

通常我們會以 R^n 表示 n 維實數空間、C^n 表示 n 維複數空間，並取 R^m 或 C^m 表示實數 m 維與複數 m 維中的向量。

(1) **行矩陣（或行向量）**（Column vector）

$$X_{m\times 1}=\begin{bmatrix} x_1 \\ x_2 \\ \vdots \\ x_m \end{bmatrix}\in \mathbb{R}^n \text{ 或 } \mathbb{C}^n \text{。} \overrightarrow{a}=2\overrightarrow{i}+3\overrightarrow{j}-4\overrightarrow{k} \text{ 可以寫成行矩陣形式} \begin{bmatrix} 2 \\ 3 \\ -4 \end{bmatrix}\text{。}$$

(2) **列矩陣（列向量）**（Row vector）

$Y_{1\times n}=[y_1\ y_2 \cdots y_n]\in \mathbb{R}^n$ or $\mathbb{C}^n$。同理 $\overrightarrow{a}=2\overrightarrow{i}+3\overrightarrow{j}-4\overrightarrow{k}$ 可表示爲$[2\quad 3\quad -4]$。

例如，矩陣 $A=[a_{ij}]_{m\times n}\equiv\begin{bmatrix} a_{11} & a_{12} & \cdots & a_{1n} \\ a_{21} & \ddots & & \vdots \\ \vdots & & \ddots & \vdots \\ a_{m1} & a_{m2} & \cdots & a_{mn} \end{bmatrix}$具有 m 個列向量矩陣、n 個行向量矩陣。事實上，若令 $v_i=\begin{bmatrix} a_{1i} \\ a_{2i} \\ \vdots \\ a_{mi} \end{bmatrix}$，則 $A_{m\times n}=[v_1\quad v_2\quad \cdots\quad v_n]$；同理，若令 $u_i=[a_{i1}\quad a_{i2}\quad \cdots\quad a_{in}]$，則 $A_{m\times n}=\begin{bmatrix} u_1 \\ u_2 \\ \vdots \\ u_m \end{bmatrix}$。以 $A=\begin{bmatrix} 1 & 2 & 3 \\ 4 & 5 & 6 \\ 7 & 8 & 9 \end{bmatrix}$爲例，則 $A=[v_1\quad v_2\quad v_3]$ 或 $A=\begin{bmatrix} u_1 \\ u_2 \\ u_3 \end{bmatrix}$，其中 $v_1=\begin{bmatrix} 1 \\ 4 \\ 7 \end{bmatrix}$，$v_2=\begin{bmatrix} 3 \\ 5 \\ 8 \end{bmatrix}$，$v_3=\begin{bmatrix} 3 \\ 6 \\ 9 \end{bmatrix}$；$u_1=[1\quad 2\quad 3]$，$u_2=[4\quad 5\quad 6]$，$u_3=[7\quad 8\quad 9]$。

(3) **方陣**（Square matrix）

矩陣之行數 $m=$ 列數 n 的矩陣，即 $A_{n\times n}=\begin{bmatrix} a_{11} & a_{12} & \cdots & a_{1n} \\ a_{21} & a_{22} & & \vdots \\ \vdots & & & \vdots \\ a_{n1} & \cdots & \cdots & a_{nn} \end{bmatrix}$。

主對角線(main diagonal)

例如：$\begin{bmatrix} 1 & 2 \\ 3 & 4 \end{bmatrix}$爲 2×2 階方陣；$\begin{bmatrix} 1 & 2 & 3 \\ -1 & 2 & 3 \\ 4 & 5 & 1 \end{bmatrix}$爲 3×3 階方陣。

(4) **上三角矩陣**（Upper triangular matrix）

設方陣 $\boldsymbol{U}=[a_{ij}]_{n\times n}$，若 $a_{ij}=0$，$\forall i>j$，則稱 U 為上三角矩陣。

即 $\boldsymbol{U}_{n\times n}=\begin{bmatrix} i>j & & i\le j \\ a_{ij}=0 & & \end{bmatrix}$。例如：$\begin{bmatrix} 1 & 2 & 3 \\ 0 & 2 & 3 \\ 0 & 0 & 1 \end{bmatrix}$。

(5) **下三角矩陣**（lower triangular matrix）

設方陣 $\boldsymbol{L}=[a_{ij}]_{n\times n}$，若 $a_{ij}=0$，$\forall i<j$，則稱 L 為下三矩陣。

即 $\boldsymbol{L}_{n\times n}=\begin{bmatrix} & & i<j \\ i\ge j & & a_{ij}=0 \\ & & \end{bmatrix}$。例如：$\begin{bmatrix} 1 & 0 & 0 \\ 2 & 2 & 0 \\ 3 & 2 & 1 \end{bmatrix}$為下三角矩陣。

(6) **對角矩陣**（Diagonal matrix）

$a_{ij}=0$，$\forall i\ne j$，則對角線矩陣 $\boldsymbol{D}_{n\times n}=\begin{bmatrix} \ddots & \boldsymbol{O} \\ \boldsymbol{O} & \ddots \end{bmatrix}$。例如：$\begin{bmatrix} 1 & 0 & 0 \\ 0 & 2 & 0 \\ 0 & 0 & 1 \end{bmatrix}$為 3×3 對角矩陣。

(7) **單位矩陣**（Unit matrix）

$\boldsymbol{A}=[a_{ij}]_{n\times n}$，若 $a_{ij}=\delta_{ij}=\begin{cases} 1, i=j \\ 0, i\ne j \end{cases}$，則 $\boldsymbol{I}_n=\begin{bmatrix} 1 & & \boldsymbol{O} \\ & \ddots & \\ \boldsymbol{O} & & 1 \end{bmatrix}$，稱 n 階單位矩陣。

例如：$\boldsymbol{I}_2=\begin{bmatrix} 1 & 0 \\ 0 & 1 \end{bmatrix}$，$\boldsymbol{I}_3=\begin{bmatrix} 1 & 0 & 0 \\ 0 & 1 & 0 \\ 0 & 0 & 1 \end{bmatrix}$為單位矩陣。

(8) **零矩陣**（Zero matrix）

$a_{ij}=0$，$\forall i,j$，即零矩陣 $\boldsymbol{O}_{n\times n}=\begin{bmatrix} \ddots & \boldsymbol{O} \\ \boldsymbol{O} & \ddots \end{bmatrix}$。

例如：$\boldsymbol{O}_{2\times 2}=\begin{bmatrix} 0 & 0 \\ 0 & 0 \end{bmatrix}$，$\boldsymbol{O}_{3\times 3}=\begin{bmatrix} 0 & 0 & 0 \\ 0 & 0 & 0 \\ 0 & 0 & 0 \end{bmatrix}$為零矩陣。

(9) **子矩陣（Submatrix）**

設 $\boldsymbol{A}=[a_{ij}]_{n\times n}$，將 $\boldsymbol{A}$ 的若干列與若干行刪除所得之矩陣稱 $\boldsymbol{A}$ 之子矩陣。

據此定義可知：①$\boldsymbol{A}$ 爲自己的子矩陣；②$\boldsymbol{A}$ 的子矩陣中，行數 = 列數者爲 $\boldsymbol{A}$ 的子方陣；③設 $\boldsymbol{A}\equiv[a_{ij}]_{n\times n}$ 爲方陣，則同時去掉 $\boldsymbol{A}$ 中之數個相同的列與行後，所得子方陣，稱爲 $\boldsymbol{A}$ 的主子方陣。例如：$\boldsymbol{A}=\begin{bmatrix}1&4&7\\2&5&8\\3&6&9\end{bmatrix}$，則 $\boldsymbol{A}$ 矩陣的子矩陣爲：

$[1\quad 4\quad 7]$、$[9]$、$\begin{bmatrix}1&4\\2&5\end{bmatrix}$、$\begin{bmatrix}4&7\\5&8\\6&9\end{bmatrix}$，則 $\boldsymbol{A}$ 矩陣的主子方陣

爲：$[1]$、$[5]$、$[9]$、$\begin{bmatrix}1&4\\2&5\end{bmatrix}$、$\begin{bmatrix}1&7\\3&9\end{bmatrix}$、$\begin{bmatrix}5&8\\6&9\end{bmatrix}$與$\begin{bmatrix}1&4&7\\2&5&8\\3&6&9\end{bmatrix}$。

範例 1

設矩陣 $\boldsymbol{A}=\begin{bmatrix}-1&3&\pi&5\\0&1&0.1&\sqrt{2}\\0&\frac{1}{2}&-4&0\end{bmatrix}$，試問(1) $\boldsymbol{A}$ 中第二列第三行之元素爲何？　(2) 寫出矩陣 $\boldsymbol{A}$ 的階數（維度）。　(3) 寫出 $\boldsymbol{A}$ 中所有列向量與行向量所形成集合。

解 (1) $a_{23}=0.1$。　(2) $\boldsymbol{A}$ 矩陣階數爲 3×4 階。

(3) $\boldsymbol{A}$ 所有列向量的集合爲：$\{[-1\quad 3\quad \pi\quad 5],[0\quad 1\quad 0.1\quad \sqrt{2}],[0\quad \frac{1}{2}\quad -4\quad 0]\}$；

矩陣 $\boldsymbol{A}$ 之所有行向量所形成集合爲：$\left\{\begin{bmatrix}-1\\0\\0\end{bmatrix},\begin{bmatrix}3\\1\\\frac{1}{2}\end{bmatrix},\begin{bmatrix}\pi\\0.1\\-4\end{bmatrix},\begin{bmatrix}5\\\sqrt{2}\\0\end{bmatrix}\right\}$。　Q.E.D.

6-1-2　矩陣的基本代數運算

1. 相等、加法與係數積的定義

(1) **矩陣的相等**

若 $\boldsymbol{A}=[a_{ij}]_{m\times n}$、$\boldsymbol{B}=[b_{ij}]_{m\times n}$，定義 $\boldsymbol{A}=\boldsymbol{B}\Leftrightarrow a_{ij}=b_{ij},\ \forall i,j$。

(2) **矩陣的加減法**

若 $\boldsymbol{A}=[a_{ij}]_{m\times n}$ 、 $\boldsymbol{B}=[b_{ij}]_{m\times n}$ ，定義：

$\boldsymbol{A}+\boldsymbol{B}=[a_{ij}+b_{ij}]_{m\times n}$ ；

$\boldsymbol{A}-\boldsymbol{B}=[a_{ij}-b_{ij}]_{m\times n}$ ，

(3) **矩陣的係數積**

設 $\boldsymbol{A}=[a_{ij}]_{m\times n}$ ，定義 $\alpha\boldsymbol{A}=[\alpha a_{ij}]_{m\times n}$ 。

定理 6-1-1　矩陣運算常見定理

矩陣加、減法在 $\boldsymbol{A}$、$\boldsymbol{B}$ 階數相同時才有意義。矩陣加法與係數積滿足：

①$\boldsymbol{A}+\boldsymbol{B}=\boldsymbol{B}+\boldsymbol{A}$（加法交換律）　②$(\boldsymbol{A}+\boldsymbol{B})+\boldsymbol{C}=\boldsymbol{A}+(\boldsymbol{B}+\boldsymbol{C})$（加法結合律）

③$\boldsymbol{A}+\boldsymbol{O}=\boldsymbol{O}+\boldsymbol{A}=\boldsymbol{A}$（加法單位元素）④$\boldsymbol{A}+(-\boldsymbol{A})=-\boldsymbol{A}+\boldsymbol{A}=\boldsymbol{O}$（加法反元素）

⑤$\boldsymbol{A}+\boldsymbol{B}=\boldsymbol{A}+\boldsymbol{C}\Rightarrow\boldsymbol{B}=\boldsymbol{C}$（消去律）　⑥$(\alpha+\beta)\boldsymbol{A}=\alpha\boldsymbol{A}+\beta\boldsymbol{A}$

⑦$\alpha(\boldsymbol{A}+\boldsymbol{B})=\alpha\boldsymbol{A}+\alpha\boldsymbol{B}$ 。

例如：$\boldsymbol{A}=\begin{bmatrix}1&-1&3\\2&4&5\end{bmatrix}$、$\boldsymbol{B}=\begin{bmatrix}0&1&1\\-1&-2&-3\end{bmatrix}$，那麼按照上述定義算得：

$$\boldsymbol{A}+2\boldsymbol{B}=\begin{bmatrix}1&-1&3\\2&4&5\end{bmatrix}+\begin{bmatrix}0&2&2\\-2&-4&-6\end{bmatrix}=\begin{bmatrix}1&1&5\\0&0&-1\end{bmatrix}。$$

2. **矩陣的轉置（Transpose）**

設 $\boldsymbol{A}=[a_{ij}]_{m\times n}$ ，則 $\boldsymbol{A}^T=[a_{ji}]_{n\times m}$ 稱爲 $\boldsymbol{A}$ 的轉置矩陣。

例如：$\boldsymbol{A}=\begin{bmatrix}1&2&-3\\5&0&7\end{bmatrix}$，則 $\boldsymbol{A}$ 的轉置矩陣爲 $\boldsymbol{A}^T=\begin{bmatrix}1&5\\2&0\\-3&7\end{bmatrix}$。按照定義，直接算得：

(1) $(\boldsymbol{A}^T)^T=\boldsymbol{A}$ ；(2) $(\boldsymbol{A}+\boldsymbol{B})^T=\boldsymbol{A}^T+\boldsymbol{B}^T$ ；(3) $(\alpha\boldsymbol{A})^T=\alpha\boldsymbol{A}^T$ ；

(4) $\boldsymbol{A}_{n\times n}=\dfrac{\boldsymbol{A}+\boldsymbol{A}^T}{2}+\dfrac{\boldsymbol{A}-\boldsymbol{A}^T}{2}$ 。

3. **矩陣的共軛（Matrix conjugation）**

$\boldsymbol{A}=[a_{ij}]_{m\times n}$ ，定義 $\overline{\boldsymbol{A}}=[\overline{a_{ij}}]_{m\times n}$ 。

同樣照定義算得：

(1)若 α、β 爲實數 $i=\sqrt{-1}$ ，$a_{ij}=\alpha+\beta i\Rightarrow$ 則 $\overline{a_{ij}}=\alpha-\beta i$　(2) $\boldsymbol{A}^H$ 定義爲 $\overline{\boldsymbol{A}}^T=\boldsymbol{A}^*$

(3) $\overline{(\overline{\boldsymbol{A}})}=\boldsymbol{A}$ 且 $(\overline{\boldsymbol{A}})^T=\overline{(\boldsymbol{A}^T)}$ ，

例如：$\boldsymbol{A}=\begin{bmatrix}1-3i&2&-3\\5&i&7+4i\end{bmatrix}$，則 $\boldsymbol{A}$ 的共軛矩陣爲 $\overline{\boldsymbol{A}}=\begin{bmatrix}1+3i&2&-3\\5&-i&7-4i\end{bmatrix}$

4. **矩陣乘法**（Matrix multiplication）

設 $\boldsymbol{A}=[a_{ij}]_{m\times n}$ 、 $\boldsymbol{B}=[b_{ij}]_{n\times \ell}$ （注意 A 的行數= B 的列數），透過列與行元素的對應，定義矩陣乘法： $\boldsymbol{AB}=[\sum_{k=1}^{n} a_{ik}b_{kj}]_{m\times \ell}$ 此定義可圖示如圖 6-1：

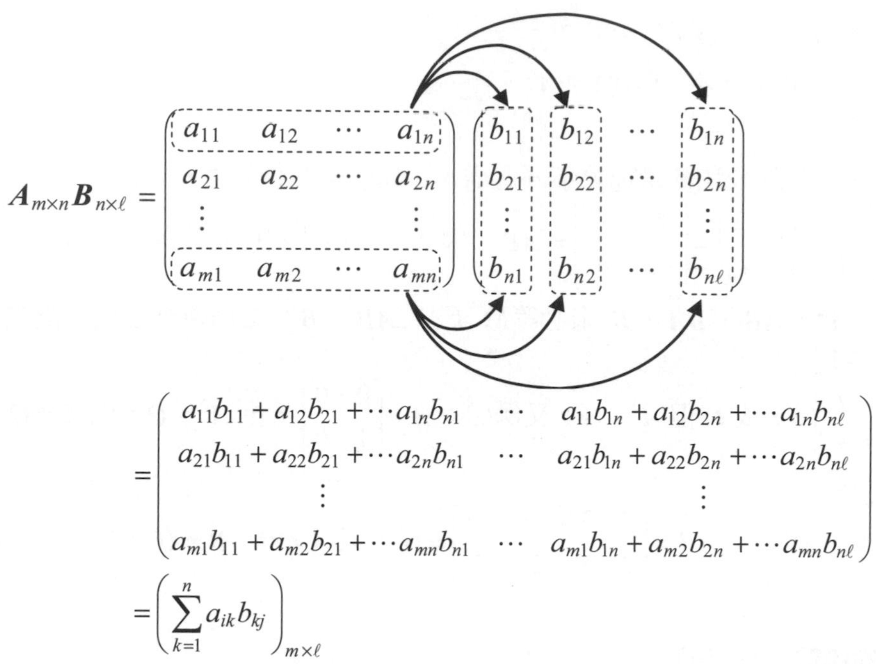

$$
=\begin{pmatrix} a_{11}b_{11}+a_{12}b_{21}+\cdots a_{1n}b_{n1} & \cdots & a_{11}b_{1n}+a_{12}b_{2n}+\cdots a_{1n}b_{n\ell} \\ a_{21}b_{11}+a_{22}b_{21}+\cdots a_{2n}b_{n1} & \cdots & a_{21}b_{1n}+a_{22}b_{2n}+\cdots a_{2n}b_{n\ell} \\ \vdots & & \vdots \\ a_{m1}b_{11}+a_{m2}b_{21}+\cdots a_{mn}b_{n1} & \cdots & a_{m1}b_{1n}+a_{m2}b_{2n}+\cdots a_{mn}b_{n\ell} \end{pmatrix}
$$

$$
=\left(\sum_{k=1}^{n} a_{ik}b_{kj}\right)_{m\times \ell}
$$

▲圖 6-1　矩陣乘法示意圖

範例 2

求下列兩矩陣之乘積 $\boldsymbol{AB}$

(1) $\boldsymbol{A}=\begin{bmatrix} 1 & -2 \\ 3 & 4 \end{bmatrix}$ 、 $\boldsymbol{B}=\begin{bmatrix} 3 & 1 \\ -2 & 0 \end{bmatrix}$ 。　(2) $\boldsymbol{A}=\begin{bmatrix} 5 & 3 \\ -2 & 1 \\ 0 & 7 \end{bmatrix}$ 、 $\boldsymbol{B}=\begin{bmatrix} 3 & 1 \\ -2 & 0 \end{bmatrix}$ 。

解 參考圖 6-1 得：

(1) $\boldsymbol{AB}=\begin{bmatrix} 1\cdot 3+(-2)\cdot(-2) & 1\cdot 1+(-2)\cdot 0 \\ 3\cdot 3+4\cdot(-2) & 3\cdot 1+4\cdot 0 \end{bmatrix}=\begin{bmatrix} 7 & 1 \\ 1 & 3 \end{bmatrix}$ 。

(2) $\boldsymbol{AB}=\begin{bmatrix} 5\cdot 3+3\cdot(-2) & 5\cdot 1+3\cdot 0 \\ (-2)\cdot 3+1\cdot(-2) & (-2)\cdot 1+1\cdot 0 \\ 0\cdot 3+7\cdot(-2) & 0\cdot 1+7\cdot 0 \end{bmatrix}=\begin{bmatrix} 9 & 5 \\ -8 & -2 \\ -14 & 0 \end{bmatrix}$ 。　Q.E.D.

定理 6-1-2 矩陣乘法性質

假設下列(1)到(6)的矩陣乘積都有意義，則

(1) $\boldsymbol{A}(\boldsymbol{B}+\boldsymbol{C})=\boldsymbol{AB}+\boldsymbol{AC}$；$(\boldsymbol{B}+\boldsymbol{C})\boldsymbol{A}=\boldsymbol{BA}+\boldsymbol{CA}$。

(2) $\boldsymbol{A}\times\boldsymbol{O}=\boldsymbol{O}\times\boldsymbol{A}=\boldsymbol{O}$。

(3) $\boldsymbol{A}_{n\times n}$，則 $\boldsymbol{A}^r\boldsymbol{A}^s=\boldsymbol{A}^{r+s}$，$(\boldsymbol{A}^r)^s=\boldsymbol{A}^{rs}$。

(4) $(\boldsymbol{AB})^T=\boldsymbol{B}^T\boldsymbol{A}^T$。

(5) $(\boldsymbol{A}^n)^T=(\boldsymbol{A}^T)^n$。

(6) $(\overline{\boldsymbol{AB}})=\overline{\boldsymbol{A}}\times\overline{\boldsymbol{B}}$。

矩陣乘法有許多和純量運算不同之處：1.矩陣乘法不交換，例如：在範例 2 的(1)中，$\boldsymbol{BA}=\begin{bmatrix}3&1\\-2&0\end{bmatrix}\begin{bmatrix}1&-2\\3&4\end{bmatrix}=\begin{bmatrix}6&-2\\-2&4\end{bmatrix}\neq\boldsymbol{AB}$，因此，二項式定理在矩陣上不成立，即 $(\boldsymbol{A}+\boldsymbol{B})^2=\boldsymbol{A}^2+\boldsymbol{AB}+\boldsymbol{BA}+\boldsymbol{B}^2$ 未必等於 $\boldsymbol{A}^2+2\boldsymbol{AB}+\boldsymbol{B}^2$。2.矩陣乘法沒有消去律，例如：$\boldsymbol{A}=\begin{bmatrix}\frac{1}{2}&\frac{-1}{2}\\\frac{-1}{2}&\frac{1}{2}\end{bmatrix}\neq\boldsymbol{I}$ 或 $\boldsymbol{O}$ 但 $\boldsymbol{A}^2=\boldsymbol{A}$；又例如：$\boldsymbol{A}=\begin{bmatrix}0&0\\1&0\end{bmatrix}$，則 $\boldsymbol{A}^2=\boldsymbol{O}$，但 $\boldsymbol{A}\neq\boldsymbol{O}$ 非零矩陣相乘未必非零，例如：$\boldsymbol{AB}=\begin{bmatrix}2&3\\2&3\end{bmatrix}\begin{bmatrix}-3&-3\\2&2\end{bmatrix}=\boldsymbol{O}$，但 $\boldsymbol{A}\neq\boldsymbol{O}$、$\boldsymbol{B}\neq\boldsymbol{O}$。

5. **方陣的跡數（Trace）**

若 $\boldsymbol{A}_{n\times n}=[a_{ij}]_{n\times n}$ 為方陣，定義 $\text{trace}(\boldsymbol{A})=tr(\boldsymbol{A})=a_{11}+a_{22}+\cdots+a_{nn}$（主對角線元素和）稱為方陣 $\boldsymbol{A}$ 的跡數。例如：若 $\boldsymbol{A}=\begin{bmatrix}1&5&7\\3&-2&9\\2&1&10\end{bmatrix}$，則 $\text{trace}(\boldsymbol{A})=1+(-2)+10=9$。

定理 6-1-3 方陣跡數的性質

下列關於跡數的等式恒成立

(1) $tr(\boldsymbol{A}\pm\boldsymbol{B})=tr(\boldsymbol{A})\pm tr(\boldsymbol{B})$。

(2) $tr(\alpha\boldsymbol{A})=\alpha\cdot tr(\boldsymbol{A})$。

(3) $tr(\boldsymbol{A}^T)=tr(\boldsymbol{A})$。

(4) $tr(\boldsymbol{A}^H)=\overline{tr(\boldsymbol{A})}$。

(5) $tr(\boldsymbol{AB})=tr(\boldsymbol{BA})$。

事實上，跡數可視為一個從矩陣向量空間到 R（或 C）的函數，從這個角度來說，這個函數不保持乘法運算，即 $tr(\boldsymbol{AB})$未必等於 $tr(\boldsymbol{A})tr(\boldsymbol{B})$，例如：範例 2 的(1)中，$tr(\boldsymbol{A})=5$、$tr(\boldsymbol{B})=3$ 但 $tr(\boldsymbol{AB})\neq tr(\boldsymbol{A})\,tr(\boldsymbol{B})$。同樣，$tr(\boldsymbol{A}^k)$未必等於$[tr(\boldsymbol{A})]^k$。

6-1-3　其他常見的矩陣

1. **對稱與反對稱矩陣**（Symmetric matrix, Anti-Symmetric matrix）

對方陣 $\boldsymbol{A}_{n\times n}=[a_{ij}]$ 而言，若 $\boldsymbol{A}^T=\boldsymbol{A}$，即 $a_{ij}=a_{ji}$，則稱 $\boldsymbol{A}$ 爲對稱矩陣。若 $\boldsymbol{A}^T=-\boldsymbol{A}$ 則稱爲反對稱矩陣，即 $a_{ij}=-a_{ji}$ 例如：$\boldsymbol{A}=\begin{bmatrix}1&2&3\\2&5&6\\3&6&9\end{bmatrix}$ 爲對稱矩陣、$\boldsymbol{B}=\begin{bmatrix}0&-2&-3\\2&0&-6\\3&6&0\end{bmatrix}$ 爲反對稱矩陣，値得一提的是，在反對稱矩陣中，$a_{ii}=-a_{ii}$，即 $a_{ii}=0$，故反對稱矩陣的對角線元素必爲零。

定理 6-1-4　方陣的拆解

任意方陣 $\boldsymbol{A}_{n\times n}=[a_{ij}]_{n\times n}$ 等於一個對稱矩陣加上一個反對稱矩陣。

證明

$\boldsymbol{A}_{n\times n}=(\dfrac{\boldsymbol{A}+\boldsymbol{A}^T}{2})+(\dfrac{\boldsymbol{A}-\boldsymbol{A}^T}{2})$，令 $\boldsymbol{B}=\dfrac{\boldsymbol{A}+\boldsymbol{A}^T}{2}$ 、$\boldsymbol{C}=\dfrac{\boldsymbol{A}-\boldsymbol{A}^T}{2}$ 、則

$\boldsymbol{B}^T=(\dfrac{\boldsymbol{A}+\boldsymbol{A}^T}{2})^T=\dfrac{\boldsymbol{A}^T+\boldsymbol{A}}{2}=\boldsymbol{B}$ 爲對稱矩陣、

$\boldsymbol{C}^T=(\dfrac{\boldsymbol{A}-\boldsymbol{A}^T}{2})^T=\dfrac{\boldsymbol{A}^T-\boldsymbol{A}}{2}=-\boldsymbol{C}$ 爲反對稱矩陣。

範例 3

設 $A=\begin{bmatrix}2&2&-1\\1&-1&0\\0&1&0\end{bmatrix}$，求一個對稱矩陣 B 及一個反對稱矩陣 C，使得 $A=B+C$。

解 參考定理 6-1-4 的作法：

令 $$B=(\frac{A+A^T}{2})=\frac{1}{2}(\begin{bmatrix}2&2&-1\\1&-1&0\\0&1&0\end{bmatrix}+\begin{bmatrix}2&1&0\\2&-1&1\\-1&0&0\end{bmatrix})=\begin{bmatrix}2&\frac{3}{2}&-\frac{1}{2}\\\frac{3}{2}&-1&\frac{1}{2}\\-\frac{1}{2}&\frac{1}{2}&0\end{bmatrix},$$

$$C=(\frac{A-A^T}{2})=\frac{1}{2}(\begin{bmatrix}2&2&-1\\1&-1&0\\0&1&0\end{bmatrix}-\begin{bmatrix}2&1&0\\2&-1&1\\-1&0&0\end{bmatrix})=\begin{bmatrix}0&\frac{1}{2}&-\frac{1}{2}\\-\frac{1}{2}&0&-\frac{1}{2}\\\frac{1}{2}&\frac{1}{2}&0\end{bmatrix}。$$

Q.E.D.

2. **厄米特矩陣**（Hermitian matrix）

若方陣 $A_{n\times n}\in M_{n\times n}(\mathbb{C})$滿足 $A^H=\overline{A}^T=A$，即 $a_{ij}=\overline{a_{ji}}$，則稱 A 爲厄米特矩陣。

幾個性質是重要的：1.$(AB)^H=B^HA^H$；2.實對稱矩陣必爲厄米特矩陣。

由 $a_{ii}=\overline{a_{ii}}$，可以知道厄米特之主對角線元素爲實數，如：$A=\begin{bmatrix}1&2i&3\\-2i&5&6-2i\\3&6+2i&9\end{bmatrix}$。

厄米特矩陣又稱**自伴隨矩陣**（Self-adjoint matrix）。

3. **反厄米特矩陣**（Skew-hermitian）

相較厄米特矩陣，方陣 $A_{n\times n}$ 若在取轉置共軛時多了一個負號，即 $A^H=\overline{A}^T=-A$，則稱 A 爲反厄米特矩陣。例如：$\begin{bmatrix}0&1+i&3-i\\-1+i&2i&2i\\-3-i&2i&0\end{bmatrix}$便是一個反厄米特矩陣。類似厄米特矩陣的性質，在反厄米特矩陣有：1.反實對稱矩陣必爲反厄米特矩陣；2.由 $a_{ii}=-\overline{a_{ii}}$ 可以知道反厄米特之主對角線元素爲 0 或純虛數。事實上，我們若將（反）厄米特矩陣與（反）對稱矩陣做比較，則由定理 6-1-4 可看出下列類似的結果：

定理 6-1-5　複數方陣的拆解

任意方陣 $\boldsymbol{A}_{n\times n}\in M_{n\times n}(\mathrm{C})$ 等於一個厄米特矩陣加上一個反厄米特矩陣。

證明

任意 $M_{m\times n}(\mathrm{C})$ 中的方陣可寫爲 $\boldsymbol{A}=\dfrac{\boldsymbol{A}+\boldsymbol{A}^H}{2}+\dfrac{\boldsymbol{A}-\boldsymbol{A}^H}{2}=\boldsymbol{B}+\boldsymbol{C}$，

其中 $\boldsymbol{B}=\dfrac{\boldsymbol{A}+\boldsymbol{A}^H}{2}$ 爲厄米特矩陣，$\boldsymbol{C}=\dfrac{\boldsymbol{A}-\boldsymbol{A}^H}{2}$ 爲反厄米特矩陣。

範例 4

下列何者爲厄米特矩陣

(1) $\begin{bmatrix} 2 & i \\ -i & 5 \end{bmatrix}$。

(2) $\begin{bmatrix} 1+i & 2 \\ 2 & 5+i \end{bmatrix}$。

(3) $\begin{bmatrix} 1 & 1+i & 5 \\ 1-i & 2 & i \\ 5 & -i & 7 \end{bmatrix}$。

解 我們檢查是否滿足 $\boldsymbol{A}^H=\overline{\boldsymbol{A}}^T=\boldsymbol{A}$，

(1) $\begin{bmatrix} 2 & i \\ -i & 5 \end{bmatrix}^H=\begin{bmatrix} 2 & i \\ -i & 5 \end{bmatrix}$，故爲厄米特矩陣。

(2) $\begin{bmatrix} 1+i & 2 \\ 2 & 5+i \end{bmatrix}^H=\begin{bmatrix} 1-i & 2 \\ 2 & 5-i \end{bmatrix}\neq\begin{bmatrix} 1+i & 2 \\ 2 & 5+i \end{bmatrix}$，不爲厄米特矩陣。

(3) $\begin{bmatrix} 1 & 1+i & 5 \\ 1-i & 2 & i \\ 5 & -i & 7 \end{bmatrix}^H=\begin{bmatrix} 1 & 1+i & 5 \\ 1-i & 2 & i \\ 5 & -i & 7 \end{bmatrix}$，故爲厄米特矩陣。　Q.E.D.

6-1 習題演練

基礎題

1. 求參數 α 與 β 之值(α、$\beta \in \mathrm{R}$)，使得下列兩矩陣相等。

(1) $\begin{bmatrix} 2 & \alpha-4 \\ \beta+3 & 1 \end{bmatrix}$，$\begin{bmatrix} 2 & 3\alpha+8 \\ 7 & 1 \end{bmatrix}$。

(2) $\begin{bmatrix} 9 & -2 \\ \beta^3 & 5 \end{bmatrix}$，$\begin{bmatrix} \alpha^2 & -2 \\ 8 & 5 \end{bmatrix}$。

2. 寫出下列矩陣 $\boldsymbol{A}$ 與 $\boldsymbol{B}$ 的階數，使得其乘積有意義。

(1) $\begin{bmatrix} -4 & -6 \\ 2 & 8 \\ 14 & 4 \end{bmatrix} \boldsymbol{A} \begin{bmatrix} 1 & 2 & 4 \\ -1 & 2 & 1 \\ 5 & 0 & 7 \\ 2 & -1 & 3 \end{bmatrix} = \boldsymbol{B}$。

(2) $\begin{bmatrix} 1 & 2 & -3 & 5 \\ 2 & 0 & 3 & 4 \end{bmatrix} \boldsymbol{A} \begin{bmatrix} 1 \\ 2 \\ -1 \\ 7 \\ 8 \end{bmatrix} = \boldsymbol{B}$。

3. 有 $\boldsymbol{A}$，$\boldsymbol{B}$ 兩矩陣分別為 $\boldsymbol{A} = \begin{bmatrix} 1 & -1 \\ 2 & 1 \\ 3 & 2 \end{bmatrix}$，

$\boldsymbol{B} = \begin{bmatrix} 4 & 1 & -1 \\ 1 & -2 & 2 \end{bmatrix}$，試求

(1) $4\boldsymbol{A} - 2\boldsymbol{B}^T$。

(2) $\boldsymbol{AB}$。

(3) $\boldsymbol{BA}$。

(4) $tr(\boldsymbol{AB})$。

(5) $tr(\boldsymbol{BA})$。

4. $\boldsymbol{A} = \begin{bmatrix} -2 & -4 \\ 1 & 1 \end{bmatrix}$，$\boldsymbol{B} = \begin{bmatrix} 0 & 2 \\ 1 & -3 \end{bmatrix}$，

求 $\boldsymbol{A}^3 - \boldsymbol{B}^2$。

5. 有 $\boldsymbol{A}$，$\boldsymbol{B}$ 兩矩陣分別為 $\boldsymbol{A} = \begin{bmatrix} -2 & -4 \\ -3 & 1 \end{bmatrix}$，

$\boldsymbol{B} = \begin{bmatrix} 6 & 8 \\ 1 & -3 \end{bmatrix}$，求下列計算

(1) $2\boldsymbol{A} + 3\boldsymbol{B}$。(2) $\boldsymbol{AB}$。(3) $\boldsymbol{BA}$。(4) $tr(\boldsymbol{BA})$。

進階題

1. $\boldsymbol{A} = \begin{bmatrix} 1 & 2 & 3 \\ 4 & 5 & 6 \\ 7 & 8 & 9 \end{bmatrix}$，$\boldsymbol{B} = \begin{bmatrix} 1 & 2 & 1 \\ 2 & 3 & 2 \\ 3 & 4 & 3 \end{bmatrix}$，

$\boldsymbol{C} = \begin{bmatrix} 1 & 2 \\ 3 & 4 \\ 5 & 6 \end{bmatrix}$，$\boldsymbol{D} = \begin{bmatrix} 1 & 2 & 3 \\ 4 & 5 & 6 \end{bmatrix}$，試求

(1) $2\boldsymbol{A} - 3\boldsymbol{B}$。

(2) $\boldsymbol{A} + 2\boldsymbol{B}$。

(3) $\boldsymbol{C} \cdot \boldsymbol{D}$。

(4) $\boldsymbol{D} \cdot \boldsymbol{C}$。

(5) trace $(\boldsymbol{AB})$。

(6) trace $(\boldsymbol{BA})$。

(7) trace $(\boldsymbol{CD})$。

(8) trace $(\boldsymbol{DC})$。

2. 設 $\boldsymbol{A} = \begin{bmatrix} 2 & 1 & 4 \\ 3 & 2 & 1 \\ 1 & 3 & 2 \end{bmatrix}$，$\boldsymbol{B} = \begin{bmatrix} 5 & 1 & 6 \\ 9 & 2 & -3 \\ -1 & 3 & 7 \end{bmatrix}$，

$\boldsymbol{C} = \begin{bmatrix} 0 & 0 & 0 \\ 2 & 3 & 4 \\ 0 & 0 & 0 \end{bmatrix}$，

請驗證 $\boldsymbol{C} \neq 0$ 且 $\boldsymbol{A} \neq \boldsymbol{B}$，但 $\boldsymbol{AC} = \boldsymbol{BC}$。

3. 設 $\boldsymbol{A} = \begin{bmatrix} 2 & 3 & -1 \\ 1 & -1 & 0 \\ 0 & 1 & 2 \end{bmatrix}$，求一個對稱矩陣 $\boldsymbol{B}$ 及一個反對稱矩陣 $\boldsymbol{C}$，使得 $\boldsymbol{A} = \boldsymbol{B} + \boldsymbol{C}$。

4. 求一個對稱矩陣 $\boldsymbol{B}$ 及一個反對稱矩陣 $\boldsymbol{C}$，使得 $\boldsymbol{A}=\boldsymbol{B}+\boldsymbol{C}$，其中

$$A=\begin{bmatrix}3 & -4 & -1\\ 6 & 0 & -1\\ -3 & 13 & -4\end{bmatrix}。$$

5. 已知 $\boldsymbol{A}=\begin{bmatrix}1+i & -1\\ 2i & 3-4i\end{bmatrix}$，

$\boldsymbol{B}=\begin{bmatrix}2 & 1+i\\ 1-i & 4\end{bmatrix}$，試驗證下列兩小題

(1) $(\boldsymbol{A}+\boldsymbol{B})^H=\boldsymbol{A}^H+\boldsymbol{B}^H$

(2) $(\boldsymbol{AB})^H=\boldsymbol{B}^H\boldsymbol{A}^H$ 。

6. 下列何者爲厄米特矩陣，何者爲反厄米特矩陣？

$$\boldsymbol{A}=\begin{bmatrix}1 & 2+i\\ 2-i & -1\end{bmatrix}，\boldsymbol{B}=\begin{bmatrix}i & \frac{2}{\sqrt{5}}\\ \frac{2}{\sqrt{5}} & -i\end{bmatrix}$$

$$\boldsymbol{C}=\begin{bmatrix}0 & i & 1\\ i & 0 & -2+i\\ -1 & 2+i & 0\end{bmatrix}，$$

$$\boldsymbol{D}=\begin{bmatrix}3 & 2+i & 3i\\ 2-i & -5 & 7\\ -3i & 7 & 0\end{bmatrix}。$$

6-2 矩陣的列（行）運算與行列式

在 6-1 的一開始，我們介紹了列（行）向量，從而一個矩陣 $\boldsymbol{A}$ 可視爲由列（行）向量所構成，事實上，兩矩陣相乘 $\boldsymbol{AB}$ 可看成利用 $\boldsymbol{A}$ 的列元素來做 $\boldsymbol{B}$ 的列向量的線性組合，換句話說 $\boldsymbol{AB}$ 的第 i 列可單獨計算：$[a_{i1}, a_{i2}, ..., a_{in}]\begin{bmatrix} u_1 \\ \vdots \\ u_n \end{bmatrix} = \sum_{k=1}^{n} a_{ik} u_k$，舉例說明，例如：

$\begin{bmatrix} 1 & 2 \\ 1 & 1 \end{bmatrix}\begin{bmatrix} 1 & 2 \\ 3 & 4 \end{bmatrix} = \begin{bmatrix} 1\cdot[1 \quad 2]+2\cdot[3 \quad 4] \\ 1\cdot[1 \quad 2]+1\cdot[3 \quad 4] \end{bmatrix}$，其表示矩陣 $\begin{bmatrix} 1 & 2 \\ 3 & 4 \end{bmatrix}$ 之左邊乘上另一矩陣 $\begin{bmatrix} 1 & 2 \\ 1 & 1 \end{bmatrix}$，會將矩陣 $\begin{bmatrix} 1 & 2 \\ 3 & 4 \end{bmatrix}$ 進行列向量運算，即矩陣 $\begin{bmatrix} 1 & 2 \\ 3 & 4 \end{bmatrix}$ 進行列向量的加減運算。這直接提示我們：解 n 階聯立方程式相當於從左側連乘特定矩陣直到原聯立方程的解出現爲止。這個觀察直接導致了本節的一大主題：基本列運算。

第二個重點是行列式，由德國數學家萊布尼茲（Leibniz, 1646～1716）於十七世紀提出，在十九世紀發展完善，且大量用在求解線性方程組。行列式的出現與多重積分有很大關聯，例如在進行多變數的變數變換時，局部積分區域的面積變化便是透過行列式來呈現。甚至，中學時求解聯立方程的過程已出現過行列式，只是當時並未將定義整理出，我們到 6-2-2 節再詳談。

以下將介紹此兩大重點，爲下一個章節求解聯立方程組做準備。

6-2-1 基本列運算與矩陣化簡（Elementary row operation）

定義 6-2-1　列對調

將矩陣中的某兩列互調，記作 $r_{ij}(\boldsymbol{A})$。此運算又稱第一型列運算。

以 $\boldsymbol{A} = \begin{bmatrix} 1 & 2 & 3 \\ 4 & 5 & 6 \\ 7 & 8 & 9 \end{bmatrix}$ 爲例，$r_{12}(\boldsymbol{A})$表示將 $\boldsymbol{A}$ 的第一列與第二列對調，通常表示爲

$$\begin{bmatrix} 1 & 2 & 3 \\ 4 & 5 & 6 \\ 7 & 8 & 9 \end{bmatrix} \xrightarrow{r_{12}} \begin{bmatrix} 4 & 5 & 6 \\ 1 & 2 & 3 \\ 7 & 8 & 9 \end{bmatrix}。$$

定義 6-2-2　列乘係數

將矩陣的某一列乘以一個非零數 k，記作 $r_i^{(k)}(A)$，$k \neq 0$。此運算又稱第二型列運算。

例如：$A=\begin{bmatrix}1&2&3\\4&5&6\\7&8&9\end{bmatrix}$，則 $r_2^{(-3)}(A)$ 表示將 A 的第二列乘上(-3)倍，通常表示爲

$$\begin{bmatrix}1&2&3\\4&5&6\\7&8&9\end{bmatrix}\xrightarrow{r_2^{(-3)}}\begin{bmatrix}1&2&3\\-12&-15&-18\\7&8&9\end{bmatrix}$$ 。

定義 6-2-3　列加入列

將矩陣中的某一列乘以某一非零數 k 加到另一列，記作 $r_{ij}^{(k)}(A)$ 或 $R_{ij}^{(k)}(A)$，$k \neq 0$。此運算又稱第三型列運算。

例如：$A=\begin{bmatrix}1&2&3\\4&5&6\\7&8&9\end{bmatrix}$，則 $r_{12}^{(-4)}(A)$ 表示將 A 的第一列乘上(-4)加到第二列，通常表示爲 $\begin{bmatrix}1&2&3\\4&5&6\\7&8&9\end{bmatrix}\xrightarrow{r_{12}^{(-4)}}\begin{bmatrix}1&2&3\\4+(-4)&5+(-8)&6+(-12)\\7&8&9\end{bmatrix}$。當我們重複執行這三型列運算時，我們可依序由左至右將對角線元素以外的同一行元素消到最少，於是就會得到底下的矩陣形式

定義 6-2-4　列梯形與列簡化梯形矩陣

(1) 若矩陣滿足下列性質，稱爲**列梯形矩陣**（row echelon matrix）。

① 零列在非零列下方。

② 非零列最左邊的非零元素（區別元素）所在之行均異。

③ 越上方的列，其最左邊區別元素越靠左。

(2) 若列梯形矩陣滿足下列性質，稱爲**列簡化梯形矩陣**（row reduced echelon matrix）。

① 每一個區別元素所在的行，除了區別元素外，其餘均爲 0。

② 每一個區別元素均爲 1。

舉例來說，$A=\begin{bmatrix} \boxed{3} & 1 & 0 & 5 \\ 0 & \boxed{2} & 1 & -4 \\ 0 & 0 & 0 & 0 \end{bmatrix}$為列梯形矩陣，其中第一列的區別元素爲 3，第二列的區別元素爲 2。$A=\begin{bmatrix} 1 & 0 & 3 & 5 \\ 0 & 1 & 1 & -4 \\ 0 & 0 & 0 & 0 \end{bmatrix}$為列簡化梯形矩陣。

範例 1

透過基本列運算將矩陣 $A=\begin{bmatrix} 1 & 2 & 3 \\ 4 & 5 & 6 \\ 7 & 8 & 9 \end{bmatrix}$：

(1) 化成列梯形矩陣。 (2) 化成列簡化梯形矩陣。

解 (1) $A=\begin{bmatrix} 1 & 2 & 3 \\ 4 & 5 & 6 \\ 7 & 8 & 9 \end{bmatrix} \xrightarrow{r_{12}^{(-4)} r_{13}^{(-7)}} \begin{bmatrix} 1 & 2 & 3 \\ 0 & -3 & -6 \\ 0 & -6 & -12 \end{bmatrix} \xrightarrow{r_{23}^{(-2)}} \begin{bmatrix} 1 & 2 & 3 \\ 0 & -3 & -6 \\ 0 & 0 & 0 \end{bmatrix}$，

得 A 矩陣的列梯形矩陣。

(2) $A=\begin{bmatrix} 1 & 2 & 3 \\ 4 & 5 & 6 \\ 7 & 8 & 9 \end{bmatrix} \xrightarrow{r_{12}^{(-4)} r_{13}^{(-7)}} \begin{bmatrix} 1 & 2 & 3 \\ 0 & -3 & -6 \\ 0 & -6 & -12 \end{bmatrix} \xrightarrow{r_{23}^{(-2)}} \begin{bmatrix} 1 & 2 & 3 \\ 0 & -3 & -6 \\ 0 & 0 & 0 \end{bmatrix}$

$\xrightarrow{r_{2}^{(-1/3)}} \begin{bmatrix} 1 & 2 & 3 \\ 0 & 1 & 2 \\ 0 & 0 & 0 \end{bmatrix} \xrightarrow{r_{21}^{(-2)}} \begin{bmatrix} 1 & 0 & -1 \\ 0 & 1 & 2 \\ 0 & 0 & 0 \end{bmatrix}$，得 A 矩陣的列簡化梯形矩陣。 Q.E.D.

範例 2

透過基本列運算將矩陣 $A=\begin{bmatrix}-2&1&4&2\\0&1&16&3\\1&-2&4&8\end{bmatrix}$：

(1) 化成列梯形矩陣。 (2) 化成列簡化梯形矩陣。

解 (1) $A=\begin{bmatrix}-2&1&4&2\\0&1&16&3\\1&-2&4&8\end{bmatrix}\xrightarrow{r_{13}}\begin{bmatrix}1&-2&4&8\\0&1&16&3\\-2&1&4&2\end{bmatrix}\xrightarrow{r_{13}^{(2)}}\begin{bmatrix}1&-2&4&8\\0&1&16&3\\0&-3&12&18\end{bmatrix}$

$\xrightarrow{r_{23}^{(3)}}\begin{bmatrix}1&-2&4&8\\0&1&16&3\\0&0&60&27\end{bmatrix}$，得 A 矩陣的列梯形矩陣。

(2) $A=\begin{bmatrix}-2&1&4&2\\0&1&16&3\\1&-2&4&8\end{bmatrix}\xrightarrow{r_{13}}\begin{bmatrix}1&-2&4&8\\0&1&16&3\\-2&1&4&2\end{bmatrix}\xrightarrow{r_{13}^{(2)}}\begin{bmatrix}1&-2&4&8\\0&1&16&3\\0&-3&12&18\end{bmatrix}$

$\xrightarrow{r_{23}^{(3)}}\begin{bmatrix}1&-2&4&8\\0&1&16&3\\0&0&60&27\end{bmatrix}\xrightarrow{r_{3}^{(1/60)}}\begin{bmatrix}1&-2&4&8\\0&1&16&3\\0&0&1&\frac{9}{20}\end{bmatrix}$

$\xrightarrow{r_{21}^{(2)}}\begin{bmatrix}1&0&36&14\\0&1&16&3\\0&0&1&\frac{9}{20}\end{bmatrix}\xrightarrow{r_{32}^{(-16)}r_{31}^{(-36)}}\begin{bmatrix}1&0&0&-\frac{11}{5}\\0&1&0&-\frac{21}{5}\\0&0&1&\frac{9}{20}\end{bmatrix}$，

得 A 矩陣的列簡化梯形矩陣。 Q.E.D.

6-2-2 行列式（Determinant）

欲求解 $\begin{cases}a_{11}x+a_{12}y=b_1\\a_{21}x+a_{22}y=b_2\end{cases}$，很自然要先問是否有解？於是透過代入消去法，我們了解到當 $a_{11}a_{22}-a_{21}a_{12}\neq 0$ 時有唯一解；且若 $a_{11}a_{22}-a_{21}a_{12}=0$，則有無窮多解，事實上此時第一、二行成比例，在 R^2 上的圖形呈現兩條平行直線，因此行列式的值，直接影響到聯立方程組解的狀態。

1. 行列式的定義

對方陣 $\boldsymbol{A}_{n\times n}=[a_{ij}]_{n\times n}$，定義行列式值爲 $|\boldsymbol{A}_{n\times n}|=\begin{vmatrix} a_{11} & a_{12} & \cdots & a_{1n} \\ a_{21} & a_{22} & \cdots & a_{2n} \\ \vdots & & & \\ a_{n1} & \cdots & \cdots & a_{nn} \end{vmatrix}=\sum_{j=1}^{n} a_{ij}\boldsymbol{C}_{ij}=\sum_{i=1}^{n} a_{ij}\boldsymbol{C}_{ij}$

其中 $\boldsymbol{C}_{ij}=(-1)^{i+j}\boldsymbol{M}_{ij}$ 稱爲餘因子（Cofactor），爲去掉第 i 行與第 j 列後所剩餘之行列式，而 $(-1)^{i+j}$ 會出現由 a_{11} 開始之正負正負…交錯往旁邊排列之數列：$\begin{vmatrix} + & - & + & \cdots \\ - & + & - & \cdots \\ + & - & & \vdots \\ \vdots & \vdots & \cdots & \vdots \end{vmatrix}$。因此，行列式是一個純量，事實上，行列式是一種將 $n \times n$ 個元素映射成一個值的函數映射。舉例而言，若 $\boldsymbol{A}=\begin{bmatrix} a_{11} & a_{12} \\ a_{21} & a_{22} \end{bmatrix}$，則

$|\boldsymbol{A}|=\begin{vmatrix} a_{11} & a_{12} \\ a_{21} & a_{22} \end{vmatrix}=a_{11}\cdot a_{22}-a_{21}\cdot a_{12}$，若 $\boldsymbol{A}=\begin{bmatrix} a_{11} & a_{12} & a_{13} \\ a_{21} & a_{22} & a_{23} \\ a_{31} & a_{32} & a_{33} \end{bmatrix}$，則由行列式的定義可知，若用第一列元素展開可得

$$|\boldsymbol{A}|=\begin{vmatrix} a_{11} & a_{12} & a_{13} \\ a_{21} & a_{22} & a_{23} \\ a_{31} & a_{32} & a_{33} \end{vmatrix}=a_{11}\cdot\boldsymbol{M}_{11}-a_{12}\cdot\boldsymbol{M}_{12}+a_{13}\cdot\boldsymbol{M}_{13}$$

$$=a_{11}\cdot\begin{vmatrix} a_{22} & a_{23} \\ a_{32} & a_{33} \end{vmatrix}-a_{12}\cdot\begin{vmatrix} a_{21} & a_{23} \\ a_{31} & a_{33} \end{vmatrix}+a_{13}\cdot\begin{vmatrix} a_{21} & a_{22} \\ a_{31} & a_{32} \end{vmatrix}$$

$$=a_{11}a_{22}a_{33}+a_{21}a_{32}a_{13}+a_{31}a_{12}a_{23}-a_{13}a_{22}a_{31}-a_{11}a_{32}a_{23}-a_{21}a_{12}a_{33}$$ 。

同理讀者亦可自行使用第二列或第三列元素展開，其原理相同。順帶一提，3 × 3 矩陣的行列式，有圖形記憶法：

$$\begin{array}{ccccc} a_{11} & \oplus & a_{12} & \ominus & a_{13} \\ a_{21} & \oplus & a_{22} & \ominus & a_{23} \\ a_{31} & \oplus & a_{32} & \ominus & a_{33} \\ a_{11} & & a_{12} & & a_{13} \\ a_{21} & & a_{22} & & a_{23} \end{array}$$

，又例如：

$$|\boldsymbol{A}_{4\times4}|=\begin{vmatrix}a_{11}&a_{12}&a_{13}&a_{14}\\a_{21}&a_{22}&a_{23}&a_{24}\\a_{31}&a_{32}&a_{33}&a_{34}\\a_{41}&a_{42}&a_{43}&a_{44}\end{vmatrix}$$

$=(-1)^{1+1}a_{11}\boldsymbol{M}_{11}+(-1)^{1+2}a_{12}\boldsymbol{M}_{12}+(-1)^{1+3}a_{13}\boldsymbol{M}_{13}+(-1)^{1+4}a_{14}\boldsymbol{M}_{14}$（第一列展）

$=a_{11}\boldsymbol{M}_{11}-a_{12}\boldsymbol{M}_{12}+a_{13}\boldsymbol{M}_{13}-a_{14}\boldsymbol{M}_{14}$（第一列展）

$=a_{11}\boldsymbol{M}_{11}-a_{21}\boldsymbol{M}_{21}+a_{31}\boldsymbol{M}_{31}-a_{41}\boldsymbol{M}_{41}$（第一行展）

$=-a_{21}\boldsymbol{M}_{21}+a_{22}\boldsymbol{M}_{22}-a_{23}\boldsymbol{M}_{23}+a_{24}\boldsymbol{M}_{24}$（第二列展）

$=\cdots$（某一列或行展），

其中餘因式爲

$$\boldsymbol{M}_{11}=\begin{vmatrix}a_{22}&a_{23}&a_{24}\\a_{32}&a_{33}&a_{34}\\a_{42}&a_{43}&a_{44}\end{vmatrix}\quad \boldsymbol{M}_{12}=\begin{vmatrix}a_{21}&a_{23}&a_{24}\\a_{31}&a_{33}&a_{34}\\a_{41}&a_{43}&a_{44}\end{vmatrix}\quad \boldsymbol{M}_{13}=\begin{vmatrix}a_{21}&a_{22}&a_{24}\\a_{31}&a_{32}&a_{34}\\a_{41}&a_{42}&a_{44}\end{vmatrix}$$

$$\boldsymbol{M}_{14}=\begin{vmatrix}a_{21}&a_{22}&a_{23}\\a_{31}&a_{32}&a_{33}\\a_{41}&a_{42}&a_{43}\end{vmatrix}$$

範例 3

求下列方陣之行列式值

$\boldsymbol{A}=\begin{bmatrix}1&3\\2&4\end{bmatrix}$，$\boldsymbol{B}=\begin{bmatrix}2&1&-3\\3&1&0\\-6&-4&2\end{bmatrix}$。

解 $|\boldsymbol{A}|=\begin{vmatrix}1&3\\2&4\end{vmatrix}=4-6=-2$；$|\boldsymbol{B}|=\begin{vmatrix}2&1&-3\\3&1&0\\-6&-4&2\end{vmatrix}$

$=2\cdot1\cdot2+3\cdot(-4)\cdot(-3)+(-6)\cdot1\cdot0$
$-(-3)\cdot1\cdot(-6)-2\cdot(-4)\cdot0-3\cdot1\cdot2=16$，

$$\begin{matrix}2&1&-3\\3&1&0\\-6&-4&2\\2&1&-3\\3&1&0\end{matrix}$$

或者利用降階法求解：

$$|\boldsymbol{B}|=\begin{vmatrix}2&1&-3\\3&1&0\\-6&-4&2\end{vmatrix}=2\cdot\boldsymbol{C}_{11}+1\cdot\boldsymbol{C}_{12}+(-3)\boldsymbol{C}_{13}=2\cdot(+\boldsymbol{M}_{11})+1\cdot(-\boldsymbol{M}_{12})+(-3)\cdot(\boldsymbol{M}_{13})$$

$=2\cdot\begin{vmatrix}1&0\\-4&2\end{vmatrix}-1\cdot\begin{vmatrix}3&0\\-6&2\end{vmatrix}+(-3)\cdot\begin{vmatrix}3&1\\-6&-4\end{vmatrix}=16$（利用第一列展），

其中，$\boldsymbol{M}_{11}=\begin{vmatrix}1&0\\-4&2\end{vmatrix}$、$\boldsymbol{M}_{12}=\begin{vmatrix}3&0\\-6&2\end{vmatrix}$、$\boldsymbol{M}_{13}=\begin{vmatrix}3&1\\-6&-4\end{vmatrix}$。

Q.E.D.

定理 6-2-1 行列式的列（行）運算性質

假設 $\boldsymbol{A}$ 是一個 $n \times n$ 方陣，則以下的 5 個性質可以由定義直接推導得出，讀者若有興趣了解可參考附錄的參考書目，或自行推導。

(1) 任兩列（行）互調，其行列式值變號：$|r_{ij}(\boldsymbol{A})| = -|\boldsymbol{A}|$ 。

(2) 任一列（行）乘以某一個數 $k \neq 0$，其行列式值爲原來的 k 倍：$|r_i^{(k)}(\boldsymbol{A})| = k|\boldsymbol{A}|$。

(3) 任一列（行）乘以 $k \neq 0$ 加入另一列（行），其行列式值不變：$|r_{ij}^{(k)}(\boldsymbol{A})| = |\boldsymbol{A}|$。

(4) 某列（行）爲零列（行），其行列式值爲 0。

(5) 某兩列（行）成比例，其行列式值爲 0。

範例 4

若 $\boldsymbol{A} = \begin{bmatrix} 3 & 1 & 0 \\ -2 & -4 & 3 \\ 5 & 4 & -2 \end{bmatrix}$，$\boldsymbol{B} = \begin{bmatrix} 3 & 1 & 0 \\ -10 & -20 & 15 \\ 5 & 4 & -2 \end{bmatrix}$，$\boldsymbol{C} = \begin{bmatrix} -2 & -4 & 3 \\ 3 & 1 & 0 \\ 5 & 4 & -2 \end{bmatrix}$，$\boldsymbol{D} = \begin{bmatrix} 3 & 1 & 0 \\ -2 & -4 & 3 \\ 11 & 6 & -2 \end{bmatrix}$，

求 $\boldsymbol{A}$、$\boldsymbol{B}$、$\boldsymbol{C}$、$\boldsymbol{D}$ 矩陣之行列式值？

解 (1) $|\boldsymbol{A}| = \begin{vmatrix} 3 & 1 & 0 \\ -2 & -4 & 3 \\ 5 & 4 & -2 \end{vmatrix} = -(1)\cdot\begin{vmatrix} -2 & 3 \\ 5 & -2 \end{vmatrix} + (-4)\cdot\begin{vmatrix} 3 & 0 \\ 5 & -2 \end{vmatrix} - (4)\cdot\begin{vmatrix} 3 & 0 \\ -2 & 3 \end{vmatrix} = -1$，

上式爲利用第二行展，降階求解。(讀者可以試試利用其他列或行降階求解)

(2) $\boldsymbol{B} = r_2^{(5)}(\boldsymbol{A})$，故由定理 6-2-1(2)知，$|\boldsymbol{B}| = 5 \cdot |\boldsymbol{A}| = -5$。

(3) $\boldsymbol{C} = r_{12}(\boldsymbol{A})$，故由定理 6-2-1(1)知，$|\boldsymbol{C}| = -|\boldsymbol{A}| = -(-1) = 1$。

(4) $\boldsymbol{D} = r_{13}^{(2)}(\boldsymbol{A})$，故由定理 6-2-1(3)知，$|\boldsymbol{D}| = |\boldsymbol{A}| = -1$。 Q.E.D.

定理 6-2-2 行列式值的重要性質

$\boldsymbol{A}, \boldsymbol{B}$ 均爲 $n \times n$ 方陣，則

(1) $|\boldsymbol{A}| = |\boldsymbol{A}^T|$。 (2) $|\boldsymbol{AB}| = |\boldsymbol{BA}| = |\boldsymbol{A}||\boldsymbol{B}|$。 (3) $|\overline{\boldsymbol{A}}| = \overline{|\boldsymbol{A}|}$。

(4) $|\boldsymbol{AA}^T| = |\boldsymbol{A}|^2$，$|\boldsymbol{AA}^H| = |\boldsymbol{A}||\overline{\boldsymbol{A}}| = |\boldsymbol{A}|\overline{|\boldsymbol{A}|} = \|\boldsymbol{A}\|^2 = |\boldsymbol{A}^H\boldsymbol{A}|$。

(5) $|\alpha\boldsymbol{A}| = \alpha^n|\boldsymbol{A}|$；$\alpha$ 爲純量。

(6) 設 $\boldsymbol{A}$ 爲上（下）三角矩陣或對角矩陣，則 $|\boldsymbol{A}|$ 等於 $\boldsymbol{A}$ 對角線元素之乘積。

範例 5

$A=\begin{bmatrix} a & b & c \\ d & e & f \\ g & h & i \end{bmatrix}$、$B=\begin{bmatrix} 2 & 1 & -3 \\ 3 & 1 & 0 \\ -6 & -4 & 2 \end{bmatrix}$ 且 $\det(A)=|A|=5$，試求下列行列式值

(1) $\det(-4A)$　(2) $\det(A^2)$　(3) $\det(A^T)$　(4) $\det(AB)$

解 (1) $\det(-4A)=(-4)^3\det(A)=-64\times 5=-320$。

(2) $\det(A^2)=|A|^2=5^2=25$。

(3) $\det(A^T)=\det(A)=5$。

(4) $\det(AB)=\det(A)\cdot\det(B)=5\cdot\begin{vmatrix} 2 & 1 & -3 \\ 3 & 1 & 0 \\ -6 & -4 & 2 \end{vmatrix}=5\cdot 16=80$。 Q.E.D.

2. 凡得瓦（Vandermonde）行列式

$$|A_{n\times n}|=\begin{vmatrix} 1 & x_1 & \cdots & x_1^{n-1} \\ 1 & x_2 & \cdots & x_2^{n-1} \\ \vdots & \vdots & & \vdots \\ 1 & x_n & \cdots & x_n^{n-1} \end{vmatrix}=\begin{vmatrix} 1 & 1 & \cdots & 1 \\ x_1 & x_2 & \cdots & x_n \\ \vdots & & & \\ x_1^{n-1} & x_2^{n-1} & \cdots & x_n^{n-1} \end{vmatrix}=\prod_{i=1}^{n}\prod_{i<j}^{n}(x_j-x_i)$$

範例 6

求下列行列式值？

(1) $\begin{vmatrix} 1 & 5 & 25 \\ 1 & 7 & 49 \\ 1 & 9 & 81 \end{vmatrix}$。　(2) $\begin{vmatrix} 1 & 1 & 1 & 1 \\ 2 & 3 & 4 & 5 \\ 4 & 9 & 16 & 25 \\ 8 & 27 & 64 & 125 \end{vmatrix}$。

解 (1) $\begin{vmatrix} 1 & 5 & 25 \\ 1 & 7 & 49 \\ 1 & 9 & 81 \end{vmatrix}=\begin{vmatrix} 1 & 5 & 5^2 \\ 1 & 7 & 7^2 \\ 1 & 9 & 9^2 \end{vmatrix}=(7-5)\cdot(9-5)\cdot(9-7)=16$。

(2) $\begin{vmatrix} 1 & 1 & 1 & 1 \\ 2 & 3 & 4 & 5 \\ 4 & 9 & 16 & 25 \\ 8 & 27 & 64 & 125 \end{vmatrix}=\begin{vmatrix} 1 & 1 & 1 & 1 \\ 2 & 3 & 4 & 5 \\ 2^2 & 3^2 & 4^2 & 5^2 \\ 2^3 & 3^3 & 4^3 & 5^3 \end{vmatrix}$

$=(3-2)\cdot(4-2)\cdot(4-3)\cdot(5-2)\cdot(5-3)\cdot(5-4)=12$。 Q.E.D.

3. **方塊矩陣的行列式**

若 $\boldsymbol{A}, \boldsymbol{B}, \boldsymbol{C}$ 均為方陣，則

(1) $\det\begin{bmatrix} \boldsymbol{A} & \boldsymbol{C} \\ \boldsymbol{O} & \boldsymbol{B} \end{bmatrix} = \det(\boldsymbol{A})\cdot\det(\boldsymbol{B})$ 。

(2) $\det\begin{bmatrix} \boldsymbol{A} & \boldsymbol{O} \\ \boldsymbol{C} & \boldsymbol{B} \end{bmatrix} = \det(\boldsymbol{A})\cdot\det(\boldsymbol{B})$ 。

(3) $\det\begin{bmatrix} \boldsymbol{A} & \boldsymbol{B} \\ \boldsymbol{B} & \boldsymbol{A} \end{bmatrix} = \det(\boldsymbol{A}+\boldsymbol{B})\cdot\det(\boldsymbol{A}-\boldsymbol{B})$ 。

範例 7

$\boldsymbol{A} = \begin{bmatrix} 2 & 0 & 0 & 0 \\ 1 & 2 & 0 & 0 \\ 0 & 0 & 0 & 1 \\ 0 & 0 & -6 & 5 \end{bmatrix}$，求$|\boldsymbol{A}| = ?$

解 $\det\begin{bmatrix} 2 & 0 \\ 1 & 2 \end{bmatrix}\cdot\det\begin{bmatrix} 0 & 1 \\ -6 & 5 \end{bmatrix} = 4\cdot 6 = 24$ 。 Q.E.D.

範例 8

$\boldsymbol{A} = \begin{bmatrix} \frac{1}{2} & -\frac{1}{2} & -\frac{1}{2} & -\frac{1}{2} \\ -\frac{1}{2} & \frac{1}{2} & -\frac{1}{2} & -\frac{1}{2} \\ -\frac{1}{2} & -\frac{1}{2} & \frac{1}{2} & -\frac{1}{2} \\ -\frac{1}{2} & -\frac{1}{2} & -\frac{1}{2} & \frac{1}{2} \end{bmatrix}$，求$|\boldsymbol{A}| = ?$

解 $|\boldsymbol{A}| = \det(\begin{bmatrix} \frac{1}{2} & -\frac{1}{2} \\ -\frac{1}{2} & \frac{1}{2} \end{bmatrix} + \begin{bmatrix} -\frac{1}{2} & -\frac{1}{2} \\ -\frac{1}{2} & -\frac{1}{2} \end{bmatrix})\ \det(\begin{bmatrix} \frac{1}{2} & -\frac{1}{2} \\ -\frac{1}{2} & \frac{1}{2} \end{bmatrix} - \begin{bmatrix} -\frac{1}{2} & -\frac{1}{2} \\ -\frac{1}{2} & -\frac{1}{2} \end{bmatrix})$

$= \det\begin{bmatrix} 0 & -1 \\ -1 & 0 \end{bmatrix}\cdot\det\begin{bmatrix} 1 & 0 \\ 0 & 1 \end{bmatrix} = -1\cdot 1 = -1$ 。 Q.E.D.

6-2-3 反方陣的求法

定義 6-2-5 方陣之反方陣

對方陣 $\boldsymbol{A}_{n\times n}$，若存在一方陣 $\boldsymbol{B}_{n\times n}$，使得 $\boldsymbol{AB}=\boldsymbol{BA}=\boldsymbol{I}_n$，其中 $\boldsymbol{I}_n$ 爲 n 階單位矩陣則稱 $\boldsymbol{B}$ 矩陣爲 $\boldsymbol{A}$ 矩陣的反矩陣（Inverse matrix），記作 $\boldsymbol{B}=\boldsymbol{A}^{-1}$。

例如：若 $\boldsymbol{A}=\begin{bmatrix}1&2\\3&4\end{bmatrix}$、$\boldsymbol{B}=\begin{bmatrix}-2&1\\\frac{3}{2}&\frac{-1}{2}\end{bmatrix}$，則 $\boldsymbol{AB}=\begin{bmatrix}1&2\\3&4\end{bmatrix}\cdot\begin{bmatrix}-2&1\\\frac{3}{2}&\frac{-1}{2}\end{bmatrix}=\begin{bmatrix}1&0\\0&1\end{bmatrix}=\boldsymbol{I}_2$

且 $\boldsymbol{BA}=\begin{bmatrix}-2&1\\\frac{3}{2}&\frac{-1}{2}\end{bmatrix}\cdot\begin{bmatrix}1&2\\3&4\end{bmatrix}=\begin{bmatrix}1&0\\0&1\end{bmatrix}=\boldsymbol{I}_2$ 所以 $\boldsymbol{B}=\begin{bmatrix}-2&1\\\frac{3}{2}&\frac{-1}{2}\end{bmatrix}=\boldsymbol{A}^{-1}$ 爲 $\boldsymbol{A}$ 之反矩陣。我們在談基本列運算時，看到透過不斷反覆使用各型列運算，最後可以將一個矩陣 $\boldsymbol{A}$ 化爲列梯形矩陣，若將這些基本列運算的乘積叫做 $\boldsymbol{R}$，則 $\boldsymbol{RA}=\boldsymbol{B}$。如果此時 $\boldsymbol{B}=\boldsymbol{I}_n$，我們便找到了反矩陣。但問題是，我們需要一個方法來記錄這一串列運算，於是便有了底下的擴大矩陣方法。

1. **擴大矩陣法求 A^{-1}**

   對方陣 $\boldsymbol{A}_{n\times n}$，令其增廣矩陣爲 $[\boldsymbol{A}_{n\times n}\mid\boldsymbol{I}_{n\times n}]_{n\times(2n)}$（Augmented matrix），透過基本列運算，將 $\boldsymbol{A}$ 化爲單位矩陣，即 $[\boldsymbol{A}_{n\times n}\mid\boldsymbol{I}_{n\times n}]_{n\times(2n)}\xrightarrow{r}[\boldsymbol{I}_{n\times n}\mid\boldsymbol{RI}_{n\times n}]_{n\times(2n)}$，因此增廣矩陣的右半部分紀錄了列運算的過程，也就是 $\boldsymbol{A}^{-1}$。

範例 9

$A=\begin{bmatrix}1&0&2\\2&-1&3\\4&1&8\end{bmatrix}$，請利用基本列運算法求 $A^{-1}=?$

解 $[A|I]=\left[\begin{array}{ccc|ccc}1&0&2&1&0&0\\2&-1&3&0&1&0\\4&1&8&0&0&1\end{array}\right]\xrightarrow[r_{13}^{(-4)}]{r_{12}^{(-2)}}\left[\begin{array}{ccc|ccc}1&0&2&1&0&0\\0&-1&-1&-2&1&0\\0&1&0&-4&0&1\end{array}\right]$

$$\xrightarrow{r_{2}^{(-1)}}\left[\begin{array}{ccc|ccc}1&0&2&1&0&0\\0&1&1&2&-1&0\\0&1&0&-4&0&1\end{array}\right]\xrightarrow{r_{23}^{(-1)}}\left[\begin{array}{ccc|ccc}1&0&2&1&0&0\\0&1&1&2&-1&0\\0&0&-1&-6&1&1\end{array}\right]$$

$$\xrightarrow[r_{31}^{(2)}]{r_{32}^{(1)}}\left[\begin{array}{ccc|ccc}1&0&0&-11&2&2\\0&1&0&-4&0&1\\0&0&-1&-6&1&1\end{array}\right]\xrightarrow{r_{3}^{(-1)}}\left[\begin{array}{ccc|ccc}1&0&0&-11&2&2\\0&1&0&-4&0&0\\0&0&1&6&-1&-1\end{array}\right],$$

$\therefore A^{-1}=\begin{bmatrix}-11&2&2\\-4&0&1\\6&-1&-1\end{bmatrix}$。

Q.E.D.

2. **古典伴隨矩陣（Adjoint matrix）**

求方陣的反矩陣，除了利用增廣矩陣之外，也有好用的代數恆等式可直接算出反矩陣。對任意方陣 $A_{n\times n}$，定義其伴隨矩陣爲 $adj(A)=C_{n\times n}^{T}=\left[c_{ij}\right]_{n\times n}^{T}$，其中 $c_{ij}=(-1)^{i+j}M_{ij}$，M_{ij} 爲 A 的第 i 列與第 j 行後的子行列式，以 2 階方陣來說：

$$A\cdot adj(A)=\begin{bmatrix}a_{11}&a_{12}\\a_{21}&a_{22}\end{bmatrix}\begin{bmatrix}C_{11}&C_{12}\\C_{21}&C_{22}\end{bmatrix}^{T}=\begin{bmatrix}a_{11}&a_{12}\\a_{21}&a_{22}\end{bmatrix}\begin{bmatrix}C_{11}&C_{21}\\C_{12}&C_{22}\end{bmatrix}$$

$$=\begin{bmatrix}a_{11}&a_{12}\\a_{21}&a_{22}\end{bmatrix}\begin{bmatrix}+a_{22}&-a_{12}\\-a_{21}&a_{11}\end{bmatrix}=\begin{bmatrix}a_{11}a_{22}-a_{12}a_{21}&0\\0&a_{11}a_{22}-a_{21}a_{12}\end{bmatrix}$$

$$=\begin{bmatrix}|A|&0\\0&|A|\end{bmatrix}=|A|\begin{bmatrix}1&0\\0&1\end{bmatrix}=|A|I_2$$

得 $A^{-1}=\dfrac{adj(A)}{|A|}$。事實上，這在一般 n 階方陣都成立，讀者可比較行列式定義自行推出，我們將透過伴隨矩陣求反矩陣的步驟整理如下，供讀者方便快速查閱。

定理 6-2-3　反矩陣的求法

按照以下(1)～(5)的步驟可求出反矩陣，

(1) 求 $\boldsymbol{A}$ 之行列式值$|\boldsymbol{A}|$，(若$|\boldsymbol{A}|=0 \Rightarrow$ 則 $\boldsymbol{A}^{-1}$ 不存在)。

(2) 求 $\boldsymbol{A}$ 之子（minor）行列式 $\boldsymbol{M}_{ij}$。

(3) 令 $\boldsymbol{C}=\begin{bmatrix} \boldsymbol{C}_{11} & \boldsymbol{C}_{12} & \cdots & \boldsymbol{C}_{1n} \\ \boldsymbol{C}_{21} & \cdots & \cdots & \boldsymbol{C}_{2n} \\ \boldsymbol{C}_{n1} & \cdots & \cdots & \boldsymbol{C}_{nn} \end{bmatrix}$，其中 $\boldsymbol{C}_{ij}=(-1)^{i+j}\ \boldsymbol{M}_{ij}$。

(4) 令 $\boldsymbol{A}$ 之伴隨矩陣為 $adj(\boldsymbol{A})=\boldsymbol{C}^T$。

(5) 則 $\boldsymbol{A}^{-1}=\dfrac{adj(\boldsymbol{A})}{|\boldsymbol{A}|}$。

對三階方陣而言 $\boldsymbol{A}_{3\times 3}=\begin{bmatrix} a_{11} & a_{12} & a_{13} \\ a_{21} & a_{22} & a_{23} \\ a_{31} & a_{32} & a_{33} \end{bmatrix}$，若$|\boldsymbol{A}|\neq 0$，則 $\boldsymbol{A}^{-1}=\dfrac{adj(\boldsymbol{A})}{|\boldsymbol{A}|}$，其中

$C_{ij}=(-1)^{i+j}\ M_{i+j}$，所以

$$adj(\boldsymbol{A}_{3\times 3})=\begin{bmatrix} +\boldsymbol{M}_{11} & -\boldsymbol{M}_{12} & +\boldsymbol{M}_{13} \\ -\boldsymbol{M}_{21} & +\boldsymbol{M}_{22} & -\boldsymbol{M}_{23} \\ +\boldsymbol{M}_{31} & -\boldsymbol{M}_{32} & +\boldsymbol{M}_{33} \end{bmatrix}^T = \begin{bmatrix} +\begin{vmatrix} a_{22} & a_{23} \\ a_{32} & a_{33} \end{vmatrix} & -\begin{vmatrix} a_{21} & a_{23} \\ a_{31} & a_{33} \end{vmatrix} & +\begin{vmatrix} a_{21} & a_{22} \\ a_{31} & a_{32} \end{vmatrix} \\ -\begin{vmatrix} a_{12} & a_{13} \\ a_{32} & a_{33} \end{vmatrix} & +\begin{vmatrix} a_{11} & a_{13} \\ a_{31} & a_{33} \end{vmatrix} & -\begin{vmatrix} a_{11} & a_{12} \\ a_{31} & a_{32} \end{vmatrix} \\ +\begin{vmatrix} a_{12} & a_{13} \\ a_{22} & a_{23} \end{vmatrix} & -\begin{vmatrix} a_{11} & a_{13} \\ a_{21} & a_{23} \end{vmatrix} & +\begin{vmatrix} a_{11} & a_{12} \\ a_{21} & a_{22} \end{vmatrix} \end{bmatrix}^T$$

，同時也可

透過 3 × 3 的記憶圖：

$$\begin{matrix} a_{11} & a_{12} & a_{13} & a_{11} & a_{12} \\ a_{21} & a_{22} & a_{23} & a_{21} & a_{22} \\ a_{31} & a_{32} & a_{33} & a_{31} & a_{32} \\ a_{11} & a_{12} & a_{13} & a_{11} & a_{12} \\ a_{21} & a_{22} & a_{23} & a_{21} & a_{22} \end{matrix} \quad \begin{pmatrix} a_{22} \times a_{23} \times a_{21} \times a_{22} \\ a_{32} \times a_{33} \times a_{31} \times a_{32} \\ a_{12} \times a_{13} \times a_{11} \times a_{12} \\ a_{22} \quad a_{23} \quad a_{21} \quad a_{22} \end{pmatrix}^T$$

。

範例 10

(1) $A=\begin{bmatrix}3&5\\1&3\end{bmatrix}$，求 $adj(A)$與 A^{-1}。 (2) $A=\begin{bmatrix}1&0&2\\2&-1&3\\4&1&8\end{bmatrix}$，求 $adj(A)$與 A^{-1}。

解 (1) $|A|=4$，$adj(A)=\begin{bmatrix}3&-5\\-1&3\end{bmatrix}$，則 $A^{-1}=\dfrac{adj(A)}{|A|}=\dfrac{1}{4}\begin{bmatrix}3&-5\\-1&3\end{bmatrix}=\begin{bmatrix}\frac{3}{4}&-\frac{5}{4}\\-\frac{1}{4}&\frac{3}{4}\end{bmatrix}$

(2) $|A|=-8+4+8-3=1$，

$$adj(A)=\begin{bmatrix}+\begin{vmatrix}-1&3\\1&8\end{vmatrix}&-\begin{vmatrix}2&3\\4&8\end{vmatrix}&+\begin{vmatrix}2&-1\\4&1\end{vmatrix}\\-\begin{vmatrix}0&2\\1&8\end{vmatrix}&+\begin{vmatrix}1&2\\4&8\end{vmatrix}&-\begin{vmatrix}1&0\\4&1\end{vmatrix}\\+\begin{vmatrix}0&2\\-1&3\end{vmatrix}&-\begin{vmatrix}1&2\\2&3\end{vmatrix}&+\begin{vmatrix}1&0\\2&-1\end{vmatrix}\end{bmatrix}^T=\begin{bmatrix}-11&2&2\\-4&0&1\\6&-1&-1\end{bmatrix},$$

$$\begin{matrix}&1&0&2&1&0\\2&-1&3&2&-1\\4&1&8&4&1\\1&0&2&1&0\\2&-1&3&2&-1\end{matrix}$$

所以 $A^{-1}=\dfrac{adj(A)}{|A|}=\dfrac{1}{1}\begin{bmatrix}-11&-4&6\\2&0&-1\\2&1&-1\end{bmatrix}^T=\begin{bmatrix}-11&2&2\\-4&0&1\\6&-1&-1\end{bmatrix}$。 Q.E.D.

定理 6-2-4 反矩陣的重要性質

(1) 若 A^{-1}存在，則 $AA^{-1}=I\Rightarrow\det(A^{-1})=\dfrac{1}{|A|}=\dfrac{1}{\det(A)}$。

(2) $|B^{-1}AB|=|A|$，其中方陣 B 可逆。

(3) A 可逆（Invertible）$\Leftrightarrow|A|\neq0$；A 不可逆 $\Leftrightarrow|A|=0$。

(4) $|adj(A)|=|A|^{n-1}$。

定理 6-2-4 的(4)不難證明：由恆等式 $A\ adj(A)=|A|I_n$ 及矩陣相乘的行列式 $\det(AB)=\det(A)\det(B)$，兩邊取行列式得 $|A||adj(A)|=|A|^n$，所以 $|adj(A)|=|A|^{n-1}$。其他的 (1)～(3) 也都可以用矩陣相乘的行列式輕易推出，讀者可自行練習。

範例 11

已知 $\boldsymbol{A}=\begin{bmatrix} s & t & u \\ v & w & x \\ y & z & r \end{bmatrix}$，若$|\boldsymbol{A}|=-30$，且$|\boldsymbol{B}|\neq 0$ 求下列各小題

(1) $\det(\boldsymbol{A}^{-1})$。　(2) $\det(\boldsymbol{B}^{-1}\boldsymbol{AB})$。　(3) $\det(adj(\boldsymbol{A}))$。

解 (1) $\det(\boldsymbol{A}^{-1})=\dfrac{1}{\det(\boldsymbol{A})}=-\dfrac{1}{30}$。（定理 6-2-4(1)）

(2) $\det(\boldsymbol{B}^{-1}\boldsymbol{AB})=\det(\boldsymbol{ABB}^{-1})=\det(\boldsymbol{A})=-30$。（定理 6-2-4(2)）

(3) $\det(adj(\boldsymbol{A}))=|\boldsymbol{A}|^{(3-1)}=(-30)^2=900$。（定理 6-2-4(4)）

Q.E.D.

範例 12

已知 $adj(\boldsymbol{A})=\begin{bmatrix} 2 & -2 & 0 \\ 0 & 2 & -1 \\ 0 & 0 & 1 \end{bmatrix}$，求下列各小題

(1) $|\boldsymbol{A}|$。　(2) $\boldsymbol{A}^{-1}$。　(3) $\boldsymbol{A}$。

解 (1) $\boldsymbol{A}\cdot adj(\boldsymbol{A})=|\boldsymbol{A}|\boldsymbol{I}\Rightarrow|\boldsymbol{A}|\cdot|adj(\boldsymbol{A})|=|\boldsymbol{A}|^3\Rightarrow|\boldsymbol{A}|^2=|adj(\boldsymbol{A})|$

又$|adj(\boldsymbol{A})|=4$，$\therefore|\boldsymbol{A}|=\pm 2$。

(2) $$\boldsymbol{A}^{-1}=\frac{adj(\boldsymbol{A})}{|\boldsymbol{A}|}=\pm\frac{1}{2}\begin{bmatrix} 2 & -2 & 0 \\ 0 & 2 & -1 \\ 0 & 0 & 1 \end{bmatrix}=\pm\begin{bmatrix} 1 & -1 & 0 \\ 0 & 1 & -\frac{1}{2} \\ 0 & 0 & \frac{1}{2} \end{bmatrix}$$。

(3) $$\boldsymbol{A}=|\boldsymbol{A}|\,adj(\boldsymbol{A})^{-1}=\pm 2\cdot\frac{1}{4}\cdot\begin{bmatrix} 2 & 2 & 2 \\ 0 & 2 & 2 \\ 0 & 0 & 4 \end{bmatrix}=\pm\begin{bmatrix} 1 & 1 & 1 \\ 0 & 1 & 1 \\ 0 & 0 & 2 \end{bmatrix}$$。

Q.E.D.

6-2 習題演練

基礎題

1. 利用矩陣列運算，將下列各矩陣化成列梯形矩陣（答案不唯一）

(1) $\begin{bmatrix} 1 & 2 \\ 3 & 4 \end{bmatrix}$。 (2) $\begin{bmatrix} 0 & 2 \\ 1 & 1 \end{bmatrix}$。

(3) $\begin{bmatrix} 2 & 6 & 1 \\ 1 & 2 & -1 \\ 5 & 7 & -4 \end{bmatrix}$。 (4) $\begin{bmatrix} 2 & -1 & 1 \\ 1 & 1 & 2 \\ 0 & 3 & 3 \end{bmatrix}$。

(5) $\begin{bmatrix} 1 & 2 & 3 \\ 2 & 5 & 8 \\ 3 & 5 & 7 \end{bmatrix}$。

2. 利用矩陣列運算，將下列各矩陣化成列簡化梯形矩陣

(1) $\begin{bmatrix} 1 & 2 \\ 3 & 4 \end{bmatrix}$。 (2) $\begin{bmatrix} 1 & 1 & -1 \\ 4 & 0 & 1 \\ 0 & 4 & 1 \end{bmatrix}$。

(3) $\begin{bmatrix} 2 & 6 & 1 & 7 \\ 1 & 2 & -1 & -1 \\ 5 & 7 & -4 & 9 \end{bmatrix}$。

3. 求下列各矩陣行列式值及其反矩陣，

(1) $\begin{bmatrix} 1 & 3 \\ 2 & 4 \end{bmatrix}$。 (2) $\begin{bmatrix} 5 & -8 \\ 1 & -3 \end{bmatrix}$。

(3) $\begin{bmatrix} 9 & 1 \\ 1 & 9 \end{bmatrix}$。

4. 求下列各矩陣行列式值及其反矩陣，

(1) $\begin{bmatrix} 1 & 0 & 2 \\ 2 & 1 & 1 \\ 1 & 1 & 1 \end{bmatrix}$。 (2) $\begin{bmatrix} 9 & 2 & 0 \\ 2 & 6 & 0 \\ 0 & 0 & 5 \end{bmatrix}$。

(3) $\begin{bmatrix} 8 & 0 & 1 \\ 3 & -2 & 1 \\ 1 & 4 & 0 \end{bmatrix}$。

5. 求下列行列式值？

(1) $\begin{vmatrix} 1 & x & x^2 \\ 1 & y & y^2 \\ 1 & z & z^2 \end{vmatrix}$。

(2) $\begin{vmatrix} 1 & 1 & 1 & 1 \\ 3 & 5 & 7 & 11 \\ 9 & 25 & 49 & 121 \\ 27 & 125 & 343 & 1331 \end{vmatrix}$。

進階題

1. $\boldsymbol{A} = \begin{bmatrix} 1 & 0 & -1 \\ 0 & 2 & -1 \\ -1 & 1 & 0 \end{bmatrix}$，請利用基本列運算法求 $\boldsymbol{A}^{-1} = ?$

2. $\boldsymbol{A} = \begin{bmatrix} 3 & -1 & 1 \\ -15 & 6 & -5 \\ 5 & -2 & 2 \end{bmatrix}$，請利用基本列運算法求 $\boldsymbol{A}^{-1} = ?$

3. 已知 $\boldsymbol{A} = \begin{bmatrix} 2 & 1 & -3 \\ 3 & 1 & 0 \\ -6 & -4 & 2 \end{bmatrix}$，且 $|\boldsymbol{B}| \neq 0$，求

(1) $\det(\boldsymbol{A})$。 (2) $\det(\boldsymbol{A}^{-1})$。

(3) $\det(\boldsymbol{B}^{-1}\boldsymbol{A}\boldsymbol{B})$。 (4) $\det(\boldsymbol{A}^T)$。

(5) $\det(adj(\boldsymbol{A}))$。

4. $\boldsymbol{A} = \begin{bmatrix} \cos\theta & 0 & -\sin\theta \\ 0 & 1 & 0 \\ \sin\theta & 0 & \cos\theta \end{bmatrix}$，

求 $\det(\boldsymbol{A})$ 與 $\boldsymbol{A}^{-1} = ?$

5. 求下列行列式值？

$\begin{vmatrix} 6 & 1 & -1 & 5 \\ 2 & -1 & 3 & -2 \\ 1 & 0 & -1 & 0 \\ -4 & 3 & 2 & 1 \end{vmatrix}$

6-3 線性聯立方程組的解

求解線性聯立方程組是日常生活中常見的問題，尤其在工程上更是常見。中學時期，已學過如何利用加減消去法與代入消去法來求解線性聯立方程組，但這兩個方法只能針對變數少的聯立方程組，在工程的應用上，需要求解的模型往往有很多未知數，這時候，矩陣列運算便派上用場了，以下面這個聯立方程組來說，

$$\begin{cases} -x_1+x_2+2x_3=2 \\ 3x_1-x_2+x_3=6 \\ -x_1+3x_2+4x_3=4 \end{cases}$$

變數爲 x_1、x_2、x_3，令 $\boldsymbol{A}=\begin{bmatrix} -1 & 1 & 2 \\ 3 & -1 & 1 \\ -1 & 3 & 4 \end{bmatrix}$ 爲其係數矩陣。將 $\boldsymbol{A}$ 的第一列乘上 3 倍加到第 2 列（$r_{12}^{(3)}(\boldsymbol{A})$），同時第 1 列乘上(−1)倍加到第 3 列（$r_{13}^{(-1)}(\boldsymbol{A})$），則原式變成 $\begin{cases} -x_1+x_2+2x_3=2 \\ \quad 2x_2+7x_3=12 \\ \quad 2x_2+2x_3=2 \end{cases}$。再一次，令 $\overline{\boldsymbol{A}}=\begin{bmatrix} -1 & 1 & 2 \\ 0 & 2 & 7 \\ 0 & 2 & 2 \end{bmatrix}$，我們再將 $\overline{\boldsymbol{A}}$ 的第 2 列乘上(−1)倍加到第 3 列（$r_{23}^{(-1)}(\boldsymbol{A})$），則聯立方程組變成 $\begin{cases} -x_1+x_2+2x_3=2 \\ \quad 2x_2+7x_3=12 \\ \quad -5x_3=-10 \end{cases}$，可以由第 3 列解出 $x_3=2$，代入第 2 列中可解得 $x_2=-1$，再代入第 1 列中得 $x_1=1$。

抽象的來說，我們是將原聯立方程組改寫成 $\begin{bmatrix} -1 & 1 & 2 \\ 3 & -1 & 1 \\ -1 & 3 & 4 \end{bmatrix}\begin{bmatrix} x_1 \\ x_2 \\ x_3 \end{bmatrix}=\begin{bmatrix} 2 \\ 6 \\ 4 \end{bmatrix}$，其中

$\boldsymbol{A}=\begin{bmatrix} -1 & 1 & 2 \\ 3 & -1 & 1 \\ -1 & 3 & 4 \end{bmatrix}, \boldsymbol{X}=\begin{bmatrix} x_1 \\ x_2 \\ x_3 \end{bmatrix}, \boldsymbol{B}=\begin{bmatrix} 2 \\ 6 \\ 4 \end{bmatrix}$，再反覆利用列運算來化簡係數矩陣 $\boldsymbol{A}$ 進而求解。

6-3-1 高斯消去法（Gauss Elimination Method）

高斯消去法是經常使用來求解聯立方程組的一種方法，基本上它是按照一定的順序，以列運算從左至右逐行化簡一個矩陣的結果。

定義 6-3-1 聯立方程組

已知 $\boldsymbol{A}_{m\times n}$，則 $\boldsymbol{AX}=\boldsymbol{B}$ 表一聯立方程組，其中 $\boldsymbol{A}$ 爲係數矩陣，$\boldsymbol{B}$ 爲常數矩陣，則以符號$[\boldsymbol{A}\mid\boldsymbol{B}]$表示增廣矩陣（augmented matrix），即在 $\begin{bmatrix} a_{11} & a_{12} & \cdots & a_{1n} \\ a_{21} & a_{22} & \cdots & a_{2n} \\ \vdots & \vdots & \ddots & \vdots \\ a_{m1} & a_{m2} & \cdots & a_{mn} \end{bmatrix}\begin{bmatrix} x_1 \\ x_2 \\ \vdots \\ x_n \end{bmatrix}=\begin{bmatrix} b_1 \\ b_2 \\ \vdots \\ b_n \end{bmatrix}$ 中，增廣矩陣定義爲 $\left[\begin{array}{cccc|c} a_{11} & a_{12} & \cdots & a_{1n} & b_1 \\ a_{21} & a_{22} & \cdots & a_{2n} & b_2 \\ \vdots & \vdots & \ddots & \vdots & \vdots \\ a_{m1} & a_{m2} & \cdots & a_{mn} & b_n \end{array}\right]$。

在定義 6-3-1 中，若 $\boldsymbol{B}=\boldsymbol{O}$，稱原式爲齊性聯立方程組；反之，稱非齊性聯立方程組，讀者可參照到目前爲止的章節內容，指出何者爲齊性，何者爲非齊性。

定義 6-3-2 高斯消去法與高斯-喬登消去法

(1) 利用列運算將聯立方程組的增廣矩陣化成梯形矩陣，再解方程組，稱爲高斯消去法（Gauss Elimination Method）。

(2) 將增廣矩陣化成列簡化梯形矩陣再解方程組，謂之高斯-喬登消去法（Gauss-Jordan Elimination Method）。

定理 6-3-1 列等價齊性方程組

若 $\boldsymbol{A}$ 矩陣經過基本列運算後爲 $\boldsymbol{C}$，即 $\boldsymbol{A}$ 列等價於 $\boldsymbol{C}$，則 $\boldsymbol{AX}=\boldsymbol{O}$ 與 $\boldsymbol{CX}=\boldsymbol{O}$ 具有相同解，換句話說，基本列運算不會改變解集合。

定理 6-3-2 列等價非齊性方程組

增廣矩陣$[\boldsymbol{A}\mid\boldsymbol{B}]$列等價於$[\boldsymbol{A}_1\mid\boldsymbol{B}_1]$，則 $\boldsymbol{AX}=\boldsymbol{B}$ 與 $\boldsymbol{A}_1\boldsymbol{X}=\boldsymbol{B}_1$ 有相同解。

範例 1

利用高斯消去法求解下列聯立方程組。

$$\begin{cases}-x_1+x_2+2x_3=2\\3x_1-x_2+x_3=6\\-x_1+3x_2+4x_3=4\end{cases}$$

解 $[A \mid B]=\left[\begin{array}{ccc|c}-1&1&2&2\\3&-1&1&6\\-1&3&4&4\end{array}\right]\xrightarrow{r_{12}^{(3)}r_{13}^{(-1)}}\left[\begin{array}{ccc|c}-1&1&2&2\\0&2&7&12\\0&2&2&2\end{array}\right]$

$$\xrightarrow{r_{23}^{(-1)}}\left[\begin{array}{ccc|c}-1&1&2&2\\0&2&7&12\\0&0&-5&-10\end{array}\right]\Rightarrow\begin{cases}-x_1+x_2+2x_3=2\\2x_2+7x_3=12\\-5x_3=-10\end{cases}$$

$\Rightarrow x_3=2$，$x_2=-1$，$x_1=1$。　Q.E.D.

由上題可知，聯立方程組的解跟增廣矩陣有關，接著我們將先介紹一下矩陣的秩（rank），然後再討論其與聯立方程組之關係。

6-3-2　矩陣的秩數（rank）

判斷聯立方程組 $AX=B$ 是否有解，即$[A_1 \quad A_2 \quad A_3]\begin{bmatrix}x_1\\x_2\\x_3\end{bmatrix}=x_1A_1+x_2A_2+x_3A_3=B$，其中 A_1、A_2、A_3 為 A 的行向量，有解即表示 B 可由 A 的行向量線性組合而成，即聯立方程組是否有解，也等於是在問 B 是否在 A 的值域中，如果是，則由線性組合的定義可知增廣矩陣$[A \mid B]$的行空間與 A 的行空間相同，換句話說，A 的行空間維度等於$[A \mid B]$的行空間維度，因此，這個重要的維度左右著我們判斷一個聯立方程是否有解。

我們將 A 的行空間維度以 $cr(A)$表示；相對的，列空間的維度以 $rr(A)$表示。在這裡，矩陣列運算告訴我們一個重要的事情：對任意矩陣 A，$cr(A)=rr(A)$。事實上，將 A 透過列運算化為簡約列梯形矩陣後，所有軸元（也就是該行只有一個１）所占用的列數＝行數，因此我們歸納出以下的定義：

定義 6-3-3　秩

已知 $A_{m\times n}$，稱 $cr(A)$（$=rr(A)$）為 A 的 rank，記作 rank(A)或 $r(A)$。

舉例來說，$A=\begin{bmatrix}1&2&3\\4&5&6\\7&8&9\end{bmatrix}\xrightarrow{r_{12}^{(-4)}r_{13}^{(-7)}}\begin{bmatrix}1&2&3\\0&-3&-6\\0&-6&-12\end{bmatrix}\xrightarrow{r_{23}^{(-2)}}\begin{bmatrix}1&2&3\\0&-3&-6\\0&0&0\end{bmatrix}$，所以 A 中線性獨立列向量數目爲 2，事實上，A 中第三個列向量會與第一、二個列向量線性相依，列秩爲 2，即 $rr(A)=2$。現在，A^T 的列就是 A 的行，又

$$A^T=\begin{bmatrix}1&4&7\\2&5&8\\3&6&9\end{bmatrix}\xrightarrow{r_{12}^{(-2)}r_{13}^{(-3)}}\begin{bmatrix}1&4&7\\0&-3&-6\\0&-6&-12\end{bmatrix}\xrightarrow{r_{23}^{(-2)}}\begin{bmatrix}1&4&7\\0&-3&-6\\0&0&0\end{bmatrix}$$

A^T 中第一列與第二列線性獨立，即 A 中第一行與第二行線性獨立。故 A 中線性獨立行向量數目爲 2，所以 A 的行秩爲 2，即 $cr(A)=2$，即 $rr(A)=cr(A)=\text{rank}(A)=2$。一般求矩陣的秩時，我們都用列秩來表示，即將 A 列運算成列梯形矩陣後，非零列數目，即爲 A 的秩數。

範例 2

求解 $A=\begin{bmatrix}1&-2&1&0\\2&1&1&2\\1&-7&2&-2\end{bmatrix}$ 之秩數。

解 $A=\begin{bmatrix}1&-2&1&0\\2&1&1&2\\1&-7&2&-2\end{bmatrix}\xrightarrow{r_{12}^{(-2)}r_{13}^{(-1)}}\begin{bmatrix}1&-2&1&0\\0&5&-1&2\\0&-5&1&-2\end{bmatrix}\xrightarrow{r_{23}^{(1)}}\begin{bmatrix}1&-2&1&0\\0&5&-1&2\\0&0&0&0\end{bmatrix}$，

所以 $\text{rank}(A)=2$。

Q.E.D.

1. **秩的重要性質**

若 A 爲 $m\times n$ 矩陣

(1) $\text{rank}(A_{m\times n})\le\min\{m,n\}$。

(2) $\text{rank}(A)=\text{rank}(A^T)$。

(3) A 經過基本列運算後爲 B，則 $\text{rank}(A)=\text{rank}(B)$。

(4) 設 A 爲上（下）三角矩陣，則其非零列個數，即爲 A 的 rank。

(5) 對聯立方程組 $AX=B$ 而言，$\text{rank}([A\mid B])$表示此方程組解空間的維度，即線性獨立方程式的數目。

(6) $A_{m\times n}$、$B_{n\times s}$，則 $\text{rank}(AB)\le\min\{\text{rank}(A),\text{rank}(B)\}$，換句話說，$\text{rank}(AB)\le\text{rank}(B)$、$\text{rank}(AB)\le\text{rank}(A)$，即秩數（rank）越乘越小。

(7) 若 A 的子方陣中，行列式值不爲 0 者的最大維度爲 $r\times r$，則 $\text{rank}(A)=r$。

舉例說明這些性質的應用。假設 $A_{5\times1}=\begin{bmatrix}1\\2\\3\\4\\5\end{bmatrix}$，則 $\text{rank}(A)\le\min\{5,1\}=1$，又 A 中只有一個非零行，所以 $\text{rank}(A)=1$；現在，$A^T=[1\quad 2\quad 3\quad 4\quad 5]$，則 $B=AA^T$ 爲 5 階方陣 $\begin{bmatrix}1&2&3&4&5\\2&4&6&8&10\\3&6&9&12&15\\4&8&12&16&20\\5&10&15&20&25\end{bmatrix}$，若要以列運算將此矩陣化爲列簡梯形矩陣來判斷秩將相當繁瑣，但由上述性質(6)及 $\text{rank}(A)=\text{rank}(A^T)=1$ 便知 $\text{rank}(B)\le\min\{\text{rank}(A),\text{rank}(A^T)\}=1$，又 $B\ne O$，所以 $\text{rank}(B)=1$。又例如，若要判斷 $A_{3\times3}=\begin{bmatrix}1&-2&7\\-4&8&5\\2&-4&3\end{bmatrix}$ 的維度，可先觀察得知 A 的第一行與第二行成比例，所以 $\det(A)=\begin{vmatrix}1&-2&7\\-4&8&5\\2&-4&3\end{vmatrix}=0$ 且 $2\le\text{rank}(A)\le3$，再檢查 A 的子方陣中存在 $\begin{vmatrix}8&5\\-4&3\end{vmatrix}\ne0$，所以 $\text{rank}(A)=2$。

2. 可逆方陣的特性

若矩陣 A 爲 $n\times n$ 可逆矩陣，則

(1) $\det(A)\ne0$。

(2) $\text{rank}(A)=n$。

(3) A 具有 n 個線性獨立的行（列）向量。

(4) A 之行（列）空間的維數爲 n。

(5) $AX=O$ 之齊性聯立方程組具有唯一解 $X_{n\times1}=A^{-1}O=O$。

(6) $AX=B$ 具有唯一非零解 $X=A^{-1}B$。

範例 3

有一電路之電流 I_1、I_2、I_3 經過克希荷夫定律化簡後可得 $\begin{cases} I_1+I_2-I_3=E_1 \\ 4I_1+I_3=E_2 \\ 4I_2+I_3=E_3 \end{cases}$，

其中 E_1、E_2、E_3 爲外加電壓源，

(1) 若無外加電壓源，即 E_1、E_2、E_3 均爲 0，求解 I_1、I_2、I_3。

(2) 若外加電壓源爲 $E_1=0$、$E_2=16$、$E_3=32$，求解 I_1、I_2、I_3。

解 原聯立方程組可以改寫爲 $\begin{bmatrix} 1 & 1 & -1 \\ 4 & 0 & 1 \\ 0 & 4 & 1 \end{bmatrix}\begin{bmatrix} I_1 \\ I_2 \\ I_3 \end{bmatrix}=\begin{bmatrix} E_1 \\ E_2 \\ E_3 \end{bmatrix}$，其中 $\boldsymbol{A}=\begin{bmatrix} 1 & 1 & -1 \\ 4 & 0 & 1 \\ 0 & 4 & 1 \end{bmatrix}$，

$\boldsymbol{X}=\begin{bmatrix} I_1 \\ I_2 \\ I_3 \end{bmatrix}$，$\boldsymbol{B}=\begin{bmatrix} E_1 \\ E_2 \\ E_3 \end{bmatrix}$，又 $\det(\boldsymbol{A})=-24\neq 0$，$\boldsymbol{A}^{-1}=\dfrac{1}{-24}\begin{bmatrix} -4 & -5 & 1 \\ -4 & 1 & -5 \\ 16 & -4 & -4 \end{bmatrix}$，

(1) $\boldsymbol{B}=\begin{bmatrix} 0 \\ 0 \\ 0 \end{bmatrix}$，則齊性方程組之解爲 $\boldsymbol{X}=\begin{bmatrix} I_1 \\ I_2 \\ I_3 \end{bmatrix}=\boldsymbol{A}^{-1}\boldsymbol{O}=\boldsymbol{O}=\begin{bmatrix} 0 \\ 0 \\ 0 \end{bmatrix}$。

(2) $\boldsymbol{B}=\begin{bmatrix} 0 \\ 16 \\ 32 \end{bmatrix}$，則非齊性方程組之解爲 $\boldsymbol{X}=\begin{bmatrix} I_1 \\ I_2 \\ I_3 \end{bmatrix}=\boldsymbol{A}^{-1}\boldsymbol{B}=\begin{bmatrix} 2 \\ 6 \\ 8 \end{bmatrix}$。 Q.E.D.

6-3-3 聯立方程組的解空間

1. 齊性方程組之解空間定義

我們以兩個未知數的齊性聯立方程組爲例，仔細觀察求解的過程並進而導引出 n 階齊性聯立方程組的求解方法。考慮 $\begin{cases} a_1x+b_1y=0 \\ a_2x+b_2y=0 \end{cases}$ 此聯立方程組在 $x-y$ 平面代表兩條直線的交點，因此根據方程組的係數，會有如下兩種情況：

(1) 若 $\dfrac{a_1}{a_2}\neq\dfrac{b_1}{b_2}$，則兩直線不平行，此時只有唯一解 $\begin{cases} x=0 \\ y=0 \end{cases}$，

如圖 6-2 所示，兩直線交於原點。其解爲 $\begin{bmatrix} x \\ y \end{bmatrix}=\begin{bmatrix} 0 \\ 0 \end{bmatrix}$ 爲零解。

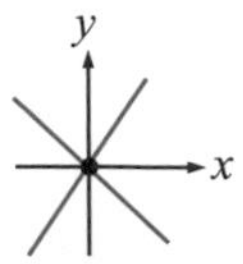

▲圖 6-2

(2) 若 $\dfrac{a_1}{a_2}=\dfrac{b_1}{b_2}$，則兩直線重合，此時有無窮多解 $\begin{cases} x=t \\ y=-\dfrac{a_1}{b_1}t \end{cases}$，$t\in \mathrm{R}$，

如圖 6-3 所示，兩直線重合。其解為 $\begin{bmatrix} x \\ y \end{bmatrix}=\begin{bmatrix} t \\ -\dfrac{a_1}{b_1}t \end{bmatrix}=t\begin{bmatrix} 1 \\ -\dfrac{a_1}{b_1} \end{bmatrix}$, $t\in \mathrm{R}$,

即為一個參數解。

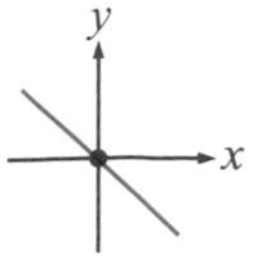

▲圖 6-3

若將方程組寫成矩陣的型式 $\begin{bmatrix} a_1 & b_1 \\ a_2 & b_2 \end{bmatrix}\begin{bmatrix} x \\ y \end{bmatrix}=\begin{bmatrix} 0 \\ 0 \end{bmatrix}$，則在(1)中，條件 $\dfrac{a_1}{a_2}\neq\dfrac{b_1}{b_2}$ 表示係數矩陣 $\boldsymbol{A}=\begin{bmatrix} a_1 & b_1 \\ a_2 & b_2 \end{bmatrix}$ 的兩列不成比例，即 $\mathrm{rank}(\boldsymbol{A})=2$。因此發現：當 $\mathrm{rank}(\boldsymbol{A})$ 等於矩陣的階數 $n=2$ 時，方程組有唯一解。同樣道理，在(2)中的條件 $\dfrac{a_1}{a_2}=\dfrac{b_1}{b_2}$ 表示 $\mathrm{rank}(\boldsymbol{A})=1$ 小於係數矩陣的階數，方程組有無窮多解。當係數矩陣為 n 階時，是否也可歸納為這兩種情況呢？我們接下去討論。

R^n 中，所有能滿足齊性聯立方程組 $\boldsymbol{A}_{m\times n}\boldsymbol{X}_{n\times 1}=\boldsymbol{O}$ 之 $\boldsymbol{X}$ 所成的集合稱為齊性聯立方程組 $\boldsymbol{AX}=\boldsymbol{O}$ 之解空間（solution space）或稱為 $\boldsymbol{A}$ 的零核空間（Null space）記作 $N(\boldsymbol{A})$ 或 $\mathrm{Ker}(\boldsymbol{A})$ 即

$$N(\boldsymbol{A})=\mathrm{Ker}(\boldsymbol{A})=\{\boldsymbol{X}_{n\times 1}\mid \boldsymbol{A}_{m\times n}\boldsymbol{X}_{n\times 1}=\boldsymbol{O}, \boldsymbol{X}\in \mathrm{R}^n\}$$

解空間的維度 $\mathrm{nullity}(\boldsymbol{A})=\dim(N(\boldsymbol{A}))=\dim(\mathrm{Ker}(\boldsymbol{A}))$ 稱為零核維度，表示齊性聯立方程組 $\boldsymbol{A}_{m\times n}\boldsymbol{X}_{n\times 1}=\boldsymbol{O}$ 之解中，需假設之參數個數。在聯立方程組中，列簡化矩陣所對應的方程式稱為線性獨立方程式。

定理 6-3-3　維度定理

齊性聯立方程組 $\boldsymbol{A}_{m\times n}\boldsymbol{X}_{n\times 1}=\boldsymbol{O}$ 之解空間中，需假設之參數個數 $\mathrm{nullity}(\boldsymbol{A})$ 為未知數個數 n 減去線性獨立方程式數目 $\mathrm{rank}(\boldsymbol{A})$，即 $\mathrm{nullity}(\boldsymbol{A})=n-\mathrm{rank}(\boldsymbol{A})$

範例 4

考慮一個齊性聯立方程組 $\boldsymbol{A}_{3\times3}\boldsymbol{X}_{3\times1}=\boldsymbol{O}$，其中 $\boldsymbol{A}_{3\times3}=\begin{bmatrix}1&2&3\\2&5&8\\3&5&7\end{bmatrix}$，$\boldsymbol{X}_{3\times1}=\begin{bmatrix}x_1\\x_2\\x_3\end{bmatrix}$

求 $\boldsymbol{A}$ 之秩數，並求 $\boldsymbol{AX}=\boldsymbol{O}$ 之解。

解 (1) $A_{3\times3}=\begin{bmatrix}1&2&3\\2&5&8\\3&5&7\end{bmatrix}\xrightarrow{r_{12}^{(-2)}r_{13}^{(-3)}}\begin{bmatrix}1&2&3\\0&1&2\\0&-1&-2\end{bmatrix}\xrightarrow{r_{23}^{(1)}}\begin{bmatrix}1&2&3\\0&1&2\\0&0&0\end{bmatrix}$，

則 rank($\boldsymbol{A}$) = 2，表示此聯立方程組中只有兩個線性獨立方程式。

(2) $\boldsymbol{A}_{3\times3}\boldsymbol{X}_{3\times1}=\boldsymbol{O}$ 經由列運算可以化簡為 $\begin{bmatrix}1&2&3\\0&1&2\\0&0&0\end{bmatrix}\begin{bmatrix}x_1\\x_2\\x_3\end{bmatrix}=\begin{bmatrix}0\\0\\0\end{bmatrix}\Rightarrow\begin{cases}x_1+2x_2+3x_3=0\\x_2+2x_3=0\end{cases}$

$\Rightarrow$ 聯立方程式有三個未知數，但只有兩個線性獨立方程式。

由 nullity($\boldsymbol{A}$) = 3 − rank($\boldsymbol{A}$) = 3 − 2 = 1，所以求解時需假設之獨立參數個數為 1，

令 $x_3=c$，則 $x_2=-2c$，$x_1=c$，所以解空間為 $\boldsymbol{X}_{3\times1}=\begin{bmatrix}x_1\\x_2\\x_3\end{bmatrix}=\begin{bmatrix}c\\-2c\\c\end{bmatrix}=c\begin{bmatrix}1\\-2\\1\end{bmatrix}$，

即 $\boldsymbol{AX}=\boldsymbol{O}$ 之解為 $\boldsymbol{X}=c\begin{bmatrix}1\\-2\\1\end{bmatrix}$，其中 c 為任意常數。 Q.E.D.

2. 非齊性聯立方程組的解

對非齊性聯立方程組，我們一樣從兩個未知數的情況開始。考慮 $\begin{cases}a_1x+b_1y=c_1\\a_2x+b_2y=c_2\end{cases}$，此聯立方程組在 $x-y$ 平面同樣代表兩條直線的交點，但兩條直線未必會通過原點，因此根據方程組的係數，會有如下三種情況：

(1) 若 $\frac{a_1}{a_2} \neq \frac{b_1}{b_2}$，則兩直線不平行，此時只有唯一解，如圖 6-4 所示。

其中 $\begin{bmatrix} x \\ y \end{bmatrix} = \begin{bmatrix} x_0 \\ y_0 \end{bmatrix}$。

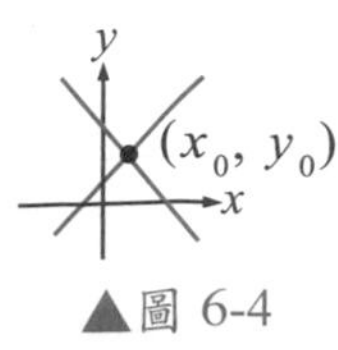

▲圖 6-4

(2) 若 $\frac{a_1}{a_2} = \frac{b_1}{b_2} \neq \frac{c_1}{c_2}$，則兩直線平行，此時方程組無解，如圖 6-5 所示。

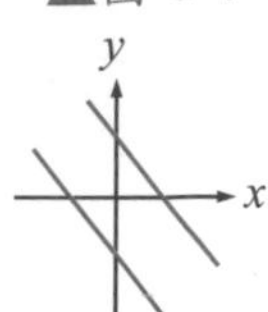

▲圖 6-5

(3) 若 $\frac{a_1}{a_2} = \frac{b_1}{b_2} = \frac{c_1}{c_2}$，則兩直線重合，此時有無窮多解 $\begin{cases} x = t \\ y = -\frac{a_1}{b_1} t \end{cases}$，$t \in \mathbb{R}$，如圖 6-6 所示。

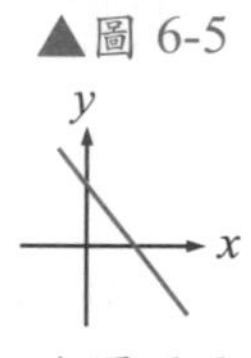

▲圖 6-6

仿照在齊性聯立方程組時的討論，我們發現三種情況所對應的結論爲：

(1) 若 $\text{rank}(\boldsymbol{A}) = \text{rank}([\boldsymbol{A} \mid \boldsymbol{B}]) = 2$，則聯立方程組有唯一解；

(2) 若 $\text{rank}(\boldsymbol{A}) = 1 \neq \text{rank}([\boldsymbol{A} \mid \boldsymbol{B}]) = 2$，則聯立方程組無解；

(3) 若 $\text{rank}(\boldsymbol{A}) = \text{rank}([\boldsymbol{A} \mid \boldsymbol{B}]) = 1$，則聯立方程組有無窮多組解。

定理 6-3-4　非齊性方程解的存在性

非齊性聯立方程組 $\boldsymbol{A}_{m\times n}\boldsymbol{X}_{n\times 1} = \boldsymbol{B}_{m\times 1}$ 之解存在的充分必要條件爲

$\text{rank}(\boldsymbol{A}_{m\times n}) = \text{rank}([\boldsymbol{A}_{m\times n} \mid \boldsymbol{B}_{n\times 1}])$

換言之，$\boldsymbol{A}$ 矩陣與增廣矩陣$[\boldsymbol{A} \mid \boldsymbol{B}]$的秩數相同。

舉例來說，範例 1 的聯立方程組所對應的增廣矩陣爲 $\left[\begin{array}{ccc|c} -1 & 1 & 2 & 2 \\ 3 & -1 & 1 & 6 \\ -1 & 3 & 4 & 4 \end{array}\right]$。透過列運算

$$\left[\begin{array}{ccc|c} -1 & 1 & 2 & 2 \\ 3 & -1 & 1 & 6 \\ -1 & 3 & 4 & 4 \end{array}\right] \xrightarrow{r} \left[\begin{array}{ccc|c} -1 & 1 & 2 & 2 \\ 0 & 2 & 7 & 12 \\ 0 & 0 & -5 & -10 \end{array}\right]$$

。因爲 $\text{rank}(\boldsymbol{A}) = 3 = \text{rank}([\boldsymbol{A} \mid \boldsymbol{B}])$，所以此聯立非齊性方程組有解。

範例 5

求解$\begin{cases} x_1 - x_2 + x_3 = 2 \\ x_1 + 3x_2 - x_3 = 4 \\ 2x_1 + 2x_2 = -3 \end{cases}$。

解 原聯立方程組可以改寫為$\begin{bmatrix} 1 & -1 & 1 \\ 1 & 3 & -1 \\ 2 & 2 & 0 \end{bmatrix}\begin{bmatrix} x_1 \\ x_2 \\ x_3 \end{bmatrix} = \begin{bmatrix} 2 \\ 4 \\ -3 \end{bmatrix}$，

其中$\boldsymbol{A} = \begin{bmatrix} 1 & -1 & 1 \\ 1 & 3 & -1 \\ 2 & 2 & 0 \end{bmatrix}$，$\boldsymbol{X} = \begin{bmatrix} x_1 \\ x_2 \\ x_3 \end{bmatrix}$，$\boldsymbol{B} = \begin{bmatrix} 2 \\ 4 \\ -3 \end{bmatrix}$，

則$[\boldsymbol{A} \mid \boldsymbol{B}] = \left[\begin{array}{ccc|c} 1 & -1 & 1 & 2 \\ 1 & 3 & -1 & 4 \\ 2 & 2 & 0 & -3 \end{array}\right] \xrightarrow{r_{12}^{(-1)} r_{13}^{(-2)}} \left[\begin{array}{ccc|c} 1 & -1 & 1 & 2 \\ 0 & 4 & -2 & 2 \\ 0 & 4 & -2 & -7 \end{array}\right] \xrightarrow{r_{23}^{(-1)}} \left[\begin{array}{ccc|c} 1 & -1 & 1 & 2 \\ 0 & 4 & -2 & 2 \\ 0 & 0 & 0 & -9 \end{array}\right]$，

因為 $\text{rank}(\boldsymbol{A}) = 2 \neq \text{rank}([\boldsymbol{A} \mid \boldsymbol{B}]) = 3$，所以此聯立方程組解不存在，即無解。 Q.E.D.

6-3-4 聯立方程組解的分類

1. $\boldsymbol{B} = \boldsymbol{O}$：齊性

因為 $\text{rank}(\boldsymbol{A}) = \text{rank}([\boldsymbol{A} \mid \boldsymbol{O}])$，所以此聯立方程組有解，於是解便可以比較 $\text{rank}(\boldsymbol{A})$的情形與原空間的維度來做細分。

原空間	$r = \text{rank}(A)$	列運算化為上三角	解的情形
$m = n$	$r = n$	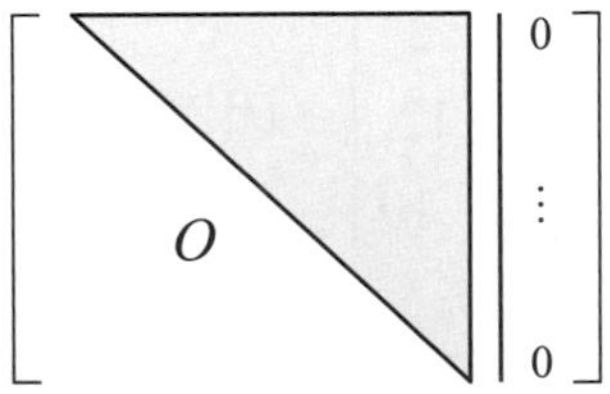 $\left[\begin{array}{c\|c} \text{上三角}, \ O \text{ 於下方} & 0 \\ & \vdots \\ & 0 \end{array}\right]$	$\boldsymbol{X} = \boldsymbol{O}$
	$r < n$	$\left[\begin{array}{cc\|c} \text{上三角}, \ O & & 0, \vdots, 0 \ (r\text{-元組}) \\ O & O & O \end{array}\right]$	$\boldsymbol{X} = \sum_{i=1}^{n-r} c_i \boldsymbol{X}_i$，$c_i \in \mathbb{R}$

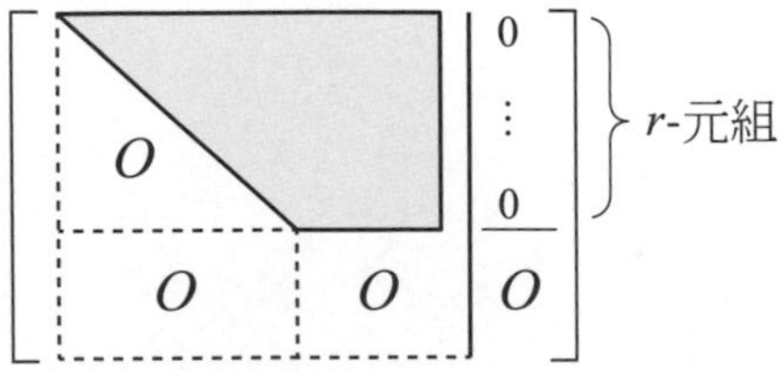

原空間	r = rank(A)	列運算化為上三角	解的情形
$m > n$	$r = n$	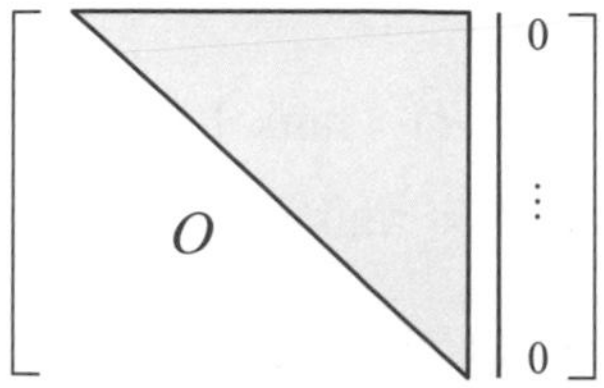 上三角矩陣，下方為 O；增廣欄為 0, ⋮, 0	$\boldsymbol{X} = \boldsymbol{O}$
	$r < n$	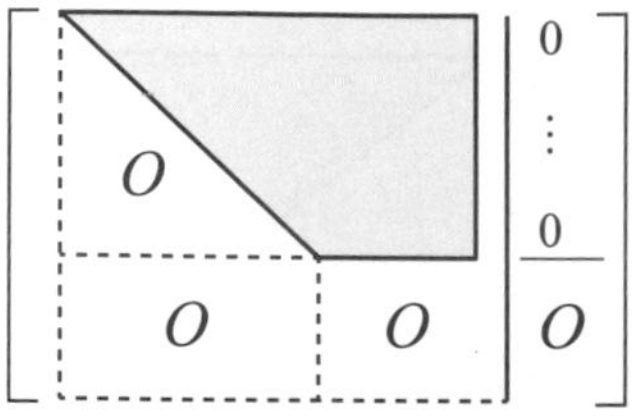 上方為梯形（O 在對角線下），下方區塊為 O、O；增廣欄為 0, ⋮, 0（r-元組），下方為 O	$\boldsymbol{X} = \sum_{i=1}^{n-r} c_i \boldsymbol{X}_i$，$c_i \in \mathbb{R}$
$m < n$	$r \leq m < n$	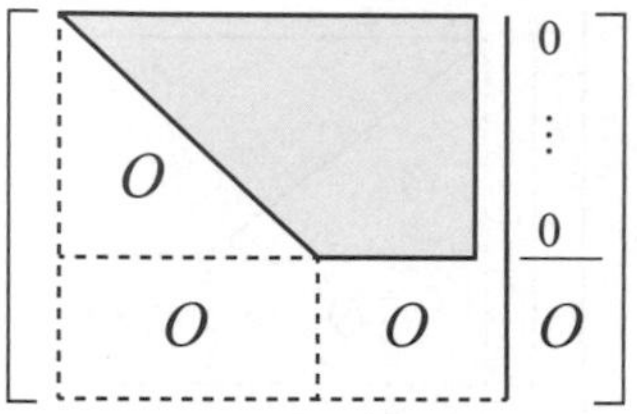 上方為梯形（O 在對角線下），下方區塊為 O、O；增廣欄為 0, ⋮, 0（r-元組），下方為 O	$\boldsymbol{X} = \sum_{i=1}^{n-r} c_i \boldsymbol{X}_i$，$c_i \in \mathbb{R}$

定理 6-3-5　齊性線性方程組的解

對 $\boldsymbol{A}_{m\times n}\boldsymbol{X}_{n\times 1} = \boldsymbol{O}$ 而言，解的情形有如下分類：

(1) rank($\boldsymbol{A}$) = $n \Leftrightarrow$ 有唯一解 $\boldsymbol{AX} = \boldsymbol{O}$。

(2) rank($\boldsymbol{A}$) = $r < n \Leftrightarrow$ 有無窮多解；此時解的形式爲有$(n-r)$個參數的非零解：

$$\boldsymbol{X} = c_1\boldsymbol{X}_1 + \cdots + c_{n-r}\boldsymbol{X}_{n-r}$$ 。

2. $\boldsymbol{B} \neq \boldsymbol{O}$：非齊性

相對於齊性，需同時考慮 rank($\boldsymbol{A}$)、rank [$\boldsymbol{A}$ | $\boldsymbol{B}$]，若相等（有解），再代入齊性的判斷原則來對解做細分；若 rank($\boldsymbol{A}$) ≠ rank [$\boldsymbol{A}$ | $\boldsymbol{B}$]，則無解。

原空間	rank(*A*) = *r* = rank([*A* | *B*])	以列運算化為上三角	解的情形
$m = n$	$r = n$	$\left[\begin{array}{c\|c} & C_1 \\ O & \vdots \\ & C_n \end{array}\right]$	$\boldsymbol{X} = \boldsymbol{A}^{-1}\boldsymbol{B}$
	$r < n$	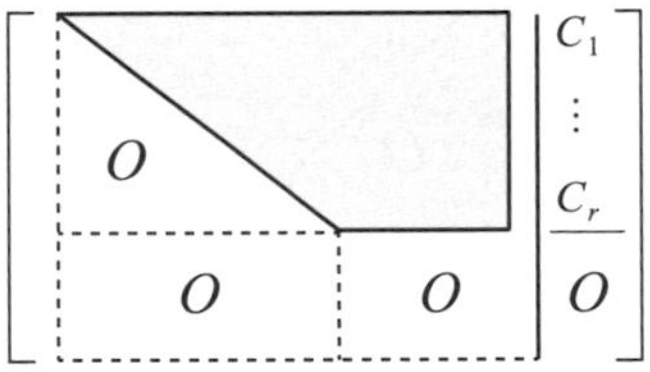 $\left[\begin{array}{cc\|c} & & C_1 \\ O & & \vdots \\ & & C_r \\ \hline O & O & O \end{array}\right]$	$\boldsymbol{X} = \sum_{i=1}^{n-r} c_i \boldsymbol{X}_i + \boldsymbol{X}_p,\ c_i \in \mathrm{R}$
$m > n$	$r = n$	$\left[\begin{array}{c\|c} & C_1 \\ O & \vdots \\ & C_n \end{array}\right]$	$\boldsymbol{X} = \boldsymbol{A}^{-1}\boldsymbol{B}$
	$r < n$	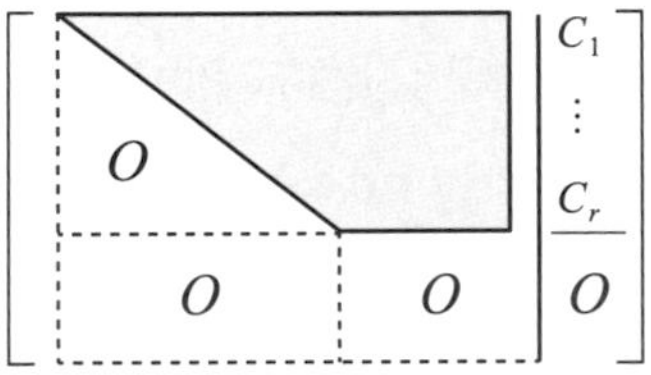 $\left[\begin{array}{cc\|c} & & C_1 \\ O & & \vdots \\ & & C_r \\ \hline O & O & O \end{array}\right]$	$\boldsymbol{X} = \sum_{i=1}^{n-r} c_i \boldsymbol{X}_i + \boldsymbol{X}_p,\ c_i \in \mathrm{R}$
$m < n$	$r \le m < n$	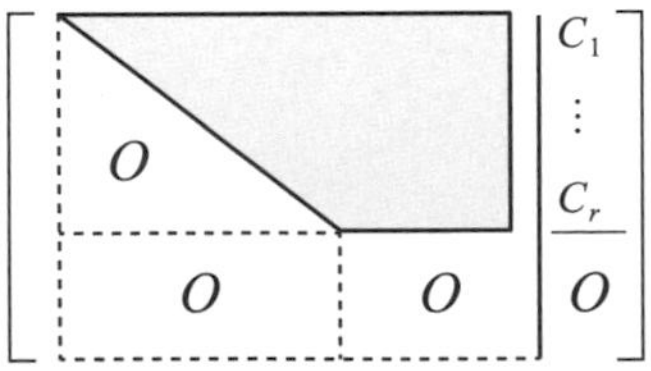 $\left[\begin{array}{cc\|c} & & C_1 \\ O & & \vdots \\ & & C_r \\ \hline O & O & O \end{array}\right]$	$\boldsymbol{X} = \sum_{i=1}^{n-r} c_i \boldsymbol{X}_i + \boldsymbol{X}_p,\ c_i \in \mathrm{R}$

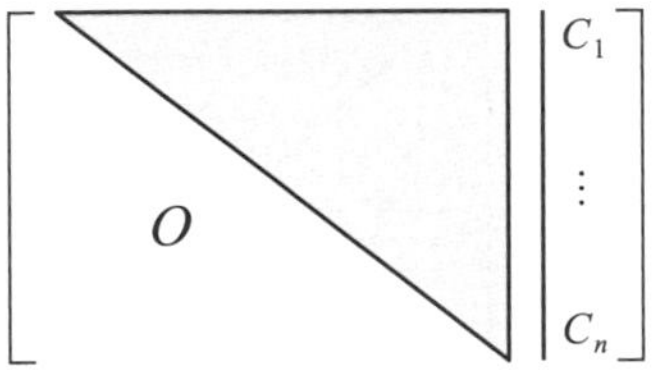

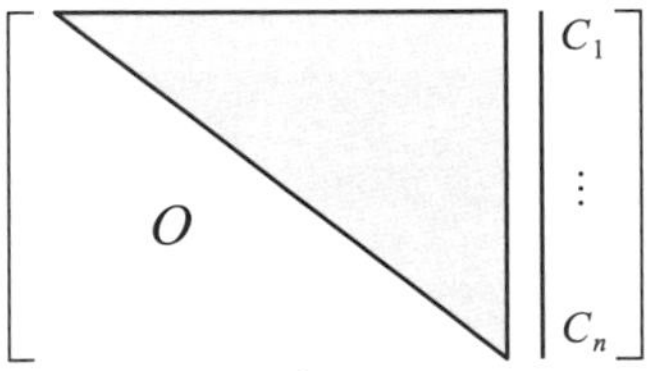

定理 6-3-6　非齊性線性方程組的解

對 $\boldsymbol{A}_{m\times n}\boldsymbol{X}_{n\times 1}=\boldsymbol{B}_{m\times 1}$ 而言，解的情形有如下分類：

(1) $\text{rank}(\boldsymbol{A})=\text{rank}([\boldsymbol{A}\mid\boldsymbol{B}])=r$，此時可細分下列兩種情況：

① $r=n\Rightarrow$ 有唯一解。

② $r<n\Rightarrow$ 有無限多解；解有$(n-r)$個參數。

(2) $\text{rank}(\boldsymbol{A})\neq\text{rank}([\boldsymbol{A}\mid\boldsymbol{B}])\Rightarrow$ 無解。

範例 6

利用高斯消去法求解$\begin{cases}x_1+2x_2-x_3=7\\2x_1+3x_2+x_3=14\\x_1+x_2+2x_3=7\end{cases}$。

解 原式可以改寫爲$\begin{bmatrix}1&2&-1\\2&3&1\\1&1&2\end{bmatrix}\begin{bmatrix}x_1\\x_2\\x_3\end{bmatrix}=\begin{bmatrix}7\\14\\7\end{bmatrix}$，其中$\boldsymbol{A}=\begin{bmatrix}1&2&-1\\2&3&1\\1&1&2\end{bmatrix}$，$\boldsymbol{X}=\begin{bmatrix}x_1\\x_2\\x_3\end{bmatrix}$，$\boldsymbol{B}=\begin{bmatrix}7\\14\\7\end{bmatrix}$，

則

$$[\boldsymbol{A}\mid\boldsymbol{B}]=\left[\begin{array}{ccc|c}1&2&-1&7\\2&3&1&14\\1&1&2&7\end{array}\right]\xrightarrow{r_{12}^{(-2)}r_{13}^{(-1)}}\left[\begin{array}{ccc|c}1&2&-1&7\\0&-1&3&0\\0&-1&3&0\end{array}\right]\xrightarrow{r_{23}^{(-1)}}\left[\begin{array}{ccc|c}1&2&-1&7\\0&-1&3&0\\0&0&0&0\end{array}\right]$$

因爲 $\text{rank}(\boldsymbol{A})=\text{rank}([\boldsymbol{A}\mid\boldsymbol{B}])=2<3$，所以聯立方程組爲具有 $3-\text{rank}(\boldsymbol{A})=1$ 之一個參數的無窮多解，由$\begin{cases}x_1+2x_2-x_3=7\\-x_2+3x_3=0\end{cases}$，令 $x_3=c$，則 $x_2=3c$，$x_1=7-5c$，

所以解爲 $\boldsymbol{X}=\begin{bmatrix}x_1\\x_2\\x_3\end{bmatrix}=\begin{bmatrix}7-5c\\3c\\c\end{bmatrix}=c\begin{bmatrix}-5\\3\\1\end{bmatrix}+\begin{bmatrix}7\\0\\0\end{bmatrix}$

其中齊性解 $\boldsymbol{X}_h=c\begin{bmatrix}-5\\3\\1\end{bmatrix}$，特解 $\boldsymbol{X}_p=\begin{bmatrix}7\\0\\0\end{bmatrix}$。

Q.E.D.

範例 7

考慮一個聯立方程組 $A_{3\times3}X_{3\times1}=B_{3\times1}$，其中 $A_{3\times3}=\begin{bmatrix}1&-2&3\\2&k+1&6\\-1&3&k-2\end{bmatrix}$，$B_{3\times1}=\begin{bmatrix}2\\8\\-1\end{bmatrix}$

求 k 值，使此聯立方程組爲： (1) 無窮多解。 (2) 唯一解。 (3) 無解。

解 $[A\mid B]=\left[\begin{array}{ccc|c}1&-2&3&2\\2&k+1&6&8\\-1&3&k-2&-1\end{array}\right]\xrightarrow{r_{12}^{(-2)}r_{13}^{(1)}}\left[\begin{array}{ccc|c}1&-2&3&2\\0&k+5&0&4\\0&1&k+1&1\end{array}\right]\xrightarrow{r_{23}}\left[\begin{array}{ccc|c}1&-2&3&2\\0&1&k+1&1\\0&k+5&0&4\end{array}\right]$

$$\xrightarrow{r_{23}^{(-k-5)}}\left[\begin{array}{ccc|c}1&-2&3&2\\0&1&k+1&1\\0&0&-(k+5)(k+1)&-k-1\end{array}\right],$$

(1) 聯立方程組爲無窮多解，所以 $\text{rank}(A)=\text{rank}([A\mid B])=r<3\Leftrightarrow k=-1$，
此時 $\text{rank}(A)=\text{rank}([A\mid B])=2\Leftrightarrow$ 具有一參數解 $\Rightarrow$ 方程組無窮多解。

(2) 聯立方程組具有唯一解，則 $\text{rank}(A)=\text{rank}([A\mid B])=3\Rightarrow k\neq-5,-1$。

(3) 聯立方程組無解，則 $\text{rank}(A)\neq\text{rank}([A\mid B])\Rightarrow k=-5$[1]。 Q.E.D.

範例 8

若 $A=\begin{bmatrix}1&2&0&1&3\\0&0&1&1&1\\1&2&1&2&4\end{bmatrix}$，(1) 求 $AX=O$ 之解 N。 (2) 求 $\dim(N)=$？

解 (1) $\begin{bmatrix}1&2&0&1&3\\0&0&1&1&1\\1&2&1&2&4\end{bmatrix}\xrightarrow{r_{13}^{(-1)}}\begin{bmatrix}1&2&0&1&3\\0&0&1&1&1\\0&0&1&1&1\end{bmatrix}\xrightarrow{r_{23}^{(-1)}}\begin{bmatrix}1&2&0&1&3\\0&0&1&1&1\\0&0&0&0&0\end{bmatrix}$

---

[1] $k=-5$ 時 $[A\mid B]=\left[\begin{array}{ccc|c}1&-2&3&2\\2&k+1&6&8\\-1&3&k-2&-1\end{array}\right]\xrightarrow{r}\left[\begin{array}{ccc|c}1&-2&3&2\\0&1&-4&1\\0&0&0&4\end{array}\right]$ 此時方程式為 $\begin{cases}x_1-2x_2+3x_3=2\\x_2-4x_3=1\\0=4\end{cases}$，

其中 $0=4$ 為矛盾，所以無解。

所以原齊性聯立方程組可以化簡爲

$$\Rightarrow \begin{cases} x_1 + 2x_2 + x_4 + 3x_5 = 0 \\ x_3 + x_4 + x_5 = 0 \end{cases}$$，取 $x_4 = c_1$、$x_5 = c_2$、$x_2 = c_3$ $\Rightarrow x_3 = -c_1 - c_2$、$x_1 = -2c_3 - c_1 - 3c_2$，

$$\therefore \boldsymbol{N} = \begin{bmatrix} x_1 \\ x_2 \\ x_3 \\ x_4 \\ x_5 \end{bmatrix} = \begin{bmatrix} -2c_3 - c_1 - 3c_2 \\ c_3 \\ -c_1 - c_2 \\ c_1 \\ c_2 \end{bmatrix} = c_1 \begin{bmatrix} -1 \\ 0 \\ -1 \\ 1 \\ 0 \end{bmatrix} + c_2 \begin{bmatrix} -3 \\ 0 \\ -1 \\ 0 \\ 1 \end{bmatrix} + c_3 \begin{bmatrix} -2 \\ 1 \\ 0 \\ 0 \\ 0 \end{bmatrix}$$ 。

(2) $\dim(\boldsymbol{N}) = 3$[2]。

Q.E.D.

範例 9

(1) 若 $\boldsymbol{AX} = \boldsymbol{B}$，具有唯一解，其中 $\boldsymbol{A} \in \mathrm{R}^{n\times n}$，則 $\mathrm{rank}(\boldsymbol{A}) = ?$

(2) 考慮 $\begin{bmatrix} 1 & 1 & 1 \\ 0 & 0 & 1 \\ 1 & 1 & 0 \end{bmatrix}\begin{bmatrix} x_1 \\ x_2 \\ x_3 \end{bmatrix} = \begin{bmatrix} 2 \\ 1 \\ \alpha \end{bmatrix}$，若 $\alpha = 1$，則有多少解？

(3) 同上題，當 α 爲何，方程組無解？

解 (1) $\boldsymbol{AX} = \boldsymbol{B}$ 具有唯一解 $\Rightarrow \mathrm{rank}(\boldsymbol{A}) = n \Rightarrow \det(\boldsymbol{A}) \neq 0$

(2) $$[\boldsymbol{A} \mid \boldsymbol{B}] = \left[\begin{array}{ccc|c} 1 & 1 & 1 & 2 \\ 0 & 0 & 1 & 1 \\ 1 & 1 & 0 & \alpha \end{array}\right] \longrightarrow \left[\begin{array}{ccc|c} 1 & 1 & 1 & 2 \\ 0 & 0 & 1 & 1 \\ 0 & 0 & -1 & \alpha - 2 \end{array}\right] \longrightarrow \left[\begin{array}{ccc|c} 1 & 1 & 1 & 2 \\ 0 & 0 & 1 & 1 \\ 0 & 0 & 0 & \alpha - 1 \end{array}\right]$$

當 $\alpha = 1 \Rightarrow \mathrm{rank}(\boldsymbol{A}) = \mathrm{rank}([\boldsymbol{A} \mid \boldsymbol{B}]) = 2 < 3$，∴方程式有無窮多解

$$\Rightarrow \begin{cases} x_1 + x_2 + x_3 = 2 \\ x_3 = 1 \end{cases}$$，令 $x_2 = c_1 \Rightarrow x_1 = 1 - c_1$，$\therefore \begin{bmatrix} x_1 \\ x_2 \\ x_3 \end{bmatrix} = \begin{bmatrix} 1 - c_1 \\ c_1 \\ 1 \end{bmatrix} = c_1 \begin{bmatrix} -1 \\ 1 \\ 0 \end{bmatrix} + \begin{bmatrix} 1 \\ 0 \\ 1 \end{bmatrix}$ 。

(3) 若 $\alpha \neq 1 \Rightarrow \mathrm{rank}(\boldsymbol{A}) \neq \mathrm{rank}([\boldsymbol{A} \mid \boldsymbol{B}]) \Rightarrow$ 無解。

Q.E.D.

[2] $\mathrm{rank}(\boldsymbol{A}) = 2$，所以 $\dim(\boldsymbol{N}) = \mathrm{nullity}(\boldsymbol{A}) = 5 - \mathrm{rank}(\boldsymbol{A}) = 5 - 2 = 3$。

範例 10

已知$\begin{bmatrix}1 & -1 & 2\\ 2 & 1 & -3\\ 4 & -1 & 1\end{bmatrix}\begin{bmatrix}x_1\\ x_2\\ x_3\end{bmatrix}=\begin{bmatrix}4\\ -2\\ 6\end{bmatrix}$，即 $\boldsymbol{AX}=\boldsymbol{B}$，

(1) 求解 $\boldsymbol{X}$。

(2) 求 rank($\boldsymbol{A}$)與 nullity($\boldsymbol{A}$)。

解 (1) $[\boldsymbol{A} \mid \boldsymbol{B}]=\left[\begin{array}{ccc|c}1 & -1 & 2 & 4\\ 2 & 1 & -3 & -2\\ 4 & -1 & 1 & 6\end{array}\right]\longrightarrow\left[\begin{array}{ccc|c}1 & -1 & 2 & 4\\ 0 & 3 & -7 & -10\\ 0 & 3 & -7 & -10\end{array}\right]\longrightarrow\left[\begin{array}{ccc|c}1 & -1 & 2 & 4\\ 0 & 3 & -7 & -10\\ 0 & 0 & 0 & 0\end{array}\right]$

$\Rightarrow\begin{cases}x_1-x_2+2x_3=4\\ 3x_2-7x_3=-10\end{cases}$ 令 $\begin{matrix}x_3=3c+1\text{ , }x_2=7c-1\\ x_1=4+7c-1-6c-2=c+1\end{matrix}$，

$\begin{bmatrix}x_1\\ x_2\\ x_3\end{bmatrix}=\begin{bmatrix}c+1\\ 7c-1\\ 3c+1\end{bmatrix}=c\begin{bmatrix}1\\ 7\\ 3\end{bmatrix}+\begin{bmatrix}1\\ -1\\ 1\end{bmatrix}$。

(2) rank($\boldsymbol{A}$) = 2，nullity($\boldsymbol{A}$) = 3 − 2 = 1。

Q.E.D.

6-3-5 克萊瑪法則（Cramer's Rule）

利用行列式來計算聯立線性方程組中的所有解之觀念，是加白利．克萊瑪（Gabriel Cramer, 1704～1752）首先提出，雖然在計算上並非最有效率，但在很多理論的推導上卻相對有用，以二階聯立方程組$\begin{bmatrix}a_{11} & a_{12}\\ a_{21} & a_{22}\end{bmatrix}\begin{bmatrix}x_1\\ x_2\end{bmatrix}=\begin{bmatrix}b_1\\ b_2\end{bmatrix}$爲例：若$|\boldsymbol{A}|\neq 0$，則由代入消去法得

$x_1=\dfrac{b_1a_{11}-b_2a_{21}}{a_{11}a_{22}-a_{21}a_{12}}=\dfrac{\begin{vmatrix}b_1 & a_{12}\\ b_2 & a_{22}\end{vmatrix}}{\begin{vmatrix}a_{11} & a_{12}\\ a_{21} & a_{22}\end{vmatrix}}=\dfrac{\Delta_1}{|\boldsymbol{A}|}$，其中 Δ_1 表示 $\boldsymbol{A}$ 中第一行用 $\boldsymbol{B}$ 代替後之矩陣行列式

值。同理，$x_2=\dfrac{\begin{vmatrix}a_{11} & b_1\\ a_{21} & b_2\end{vmatrix}}{\begin{vmatrix}a_{11} & a_{12}\\ a_{21} & a_{22}\end{vmatrix}}=\dfrac{\Delta_2}{|\boldsymbol{A}|}$。

定理 6-3-7 克萊瑪法則

設聯立方程組 $\begin{bmatrix} a_{11} & a_{12} & \cdots & a_{1n} \\ a_{21} & a_{22} & \cdots & a_{2n} \\ \vdots & \vdots & \ddots & \vdots \\ a_{n1} & a_{n2} & \cdots & a_{nn} \end{bmatrix}\begin{bmatrix} x_1 \\ x_2 \\ \vdots \\ x_n \end{bmatrix}=\begin{bmatrix} b_1 \\ b_2 \\ \vdots \\ b_n \end{bmatrix}$，且係數矩陣的行列式 $|\boldsymbol{A}_{n\times n}|\neq 0$，

則 $x_i=\dfrac{\Delta_i}{|\boldsymbol{A}|}$，其中 $\Delta_i=b_1\boldsymbol{C}_{1i}+b_2\boldsymbol{C}_{2i}+\cdots+b_n\boldsymbol{C}_{ni}$，$i=1, 2, 3, \cdots, n$。

證明

因爲 $\boldsymbol{A}$ 可逆，所以 $\boldsymbol{X}=\boldsymbol{A}^{-1}\boldsymbol{B}$；利用計算行列式的伴隨矩陣公式得

$$\boldsymbol{X}=\frac{adj(\boldsymbol{A})\times\boldsymbol{B}}{|\boldsymbol{A}|}=\frac{\Sigma}{|\boldsymbol{A}|}\text{，其中 }\Sigma=adj(\boldsymbol{A})\cdot\boldsymbol{B}=\begin{bmatrix} \Delta_1 \\ \Delta_2 \\ \vdots \\ \Delta_n \end{bmatrix}=\begin{bmatrix} \boldsymbol{C}_{11} & \boldsymbol{C}_{21} & \cdots & \boldsymbol{C}_{n1} \\ \boldsymbol{C}_{12} & \boldsymbol{C}_{22} & \cdots & \boldsymbol{C}_{n2} \\ \vdots & \vdots & \ddots & \vdots \\ \boldsymbol{C}_{1n} & \boldsymbol{C}_{2n} & \cdots & \boldsymbol{C}_{nn} \end{bmatrix}\begin{bmatrix} b_1 \\ b_2 \\ \vdots \\ b_n \end{bmatrix},$$

其中 $\Delta_1=b_1\boldsymbol{C}_{11}+b_2\boldsymbol{C}_{21}+\cdots+b_n\boldsymbol{C}_{n1}$、$\Delta_2=b_1\boldsymbol{C}_{12}+b_2\boldsymbol{C}_{22}+\cdots+b_n\boldsymbol{C}_{n2}$、……、即 Δ_i 爲 $\boldsymbol{A}$ 之第 i 行用 $\boldsymbol{B}$ 取代後之矩陣的行列式值。

範例 11

利用克萊瑪法則求解下列方程式的解。

$$\begin{cases} 3x+2y+4z=1 \\ 2x-y+z=0 \\ x+2y+3z=1 \end{cases}$$

解 $\Delta=|\boldsymbol{A}|=\begin{vmatrix} 3 & 2 & 4 \\ 2 & -1 & 1 \\ 1 & 2 & 3 \end{vmatrix}=-5\neq 0$，故有唯一解，

$\Delta_x=\begin{vmatrix} 1 & 2 & 4 \\ 0 & -1 & 1 \\ 1 & 2 & 3 \end{vmatrix}=1$，$\Delta_y=\begin{vmatrix} 3 & 1 & 4 \\ 2 & 0 & 1 \\ 1 & 1 & 3 \end{vmatrix}=0$，$\Delta_z=\begin{vmatrix} 3 & 2 & 1 \\ 2 & -1 & 0 \\ 1 & 2 & 1 \end{vmatrix}=-2$，

由克萊瑪公式得 $x=\dfrac{\Delta_x}{\Delta}=-\dfrac{1}{5}$，$y=\dfrac{\Delta_y}{\Delta}=0$，$z=\dfrac{\Delta_z}{\Delta}=\dfrac{2}{5}$。 Q.E.D.

6-3 習題演練

基礎題

1. 求下列各矩陣之秩數，並求齊性聯立方程組 $\boldsymbol{AX}=\boldsymbol{O}$ 之解

(1) $\begin{bmatrix} 5 & -3 \\ 0 & 0 \end{bmatrix}$。 (2) $\begin{bmatrix} 3 & -3 \\ 1 & -1 \end{bmatrix}$。

(3) $\begin{bmatrix} 3 & -3 \\ 1 & -2 \end{bmatrix}$。

(4) $\begin{bmatrix} 1 & -2 \\ 4 & -8 \\ 6 & -1 \\ 4 & 5 \end{bmatrix}$。

(5) $\begin{bmatrix} 1 & 2 \\ 3 & 6 \\ -1 & 3 \\ 3 & -9 \\ 1 & 7 \end{bmatrix}$。

(6) $\begin{bmatrix} 4 & 4 & -2 \\ -4 & -4 & 2 \\ -2 & -2 & 1 \end{bmatrix}$。

(7) $\begin{bmatrix} -9 & 8 & -4 \\ 8 & -9 & -4 \\ -4 & -4 & -32 \end{bmatrix}$。

(8) $\begin{bmatrix} 3 & 4 & -2 \\ 4 & 3 & -2 \\ -2 & -2 & -1 \end{bmatrix}$。

(9) $\begin{bmatrix} 4 & -1 & 2 & 1 \\ 2 & -11 & 7 & 8 \\ 0 & 7 & -4 & -5 \\ 2 & 3 & -1 & -2 \end{bmatrix}$。

(10) $\begin{bmatrix} 1 & 2 & 1 & -1 & 2 \\ 1 & 4 & 5 & -3 & 8 \\ -2 & -1 & 4 & -1 & 5 \\ 3 & 7 & 5 & -4 & 9 \end{bmatrix}$。

2. 利用克萊瑪法則求解下列方程組

(1) $\begin{cases} x_1 + x_2 = 3 \\ 2x_1 - x_2 = 0 \end{cases}$。

(2) $\begin{cases} 2x_1 + x_2 - x_3 = 5 \\ x_1 - 3x_2 + x_3 = 2 \\ x_1 + 3x_2 - 3x_3 = 0 \end{cases}$。

進階題

1. 以下每一小題均利用高斯消去法、高斯喬登消去法與克萊瑪法則之三種方法，求解下列聯立方程組。

(1) $\begin{cases} x_1 + 2x_2 + 3x_3 = 4 \\ 2x_1 + 5x_2 + 3x_3 = 5 \\ x_1 + 8x_3 = 9 \end{cases}$

(2) $\begin{cases} 2x_1 - 4x_2 + 3x_3 = 3 \\ x_1 - x_2 + x_3 = 2 \\ 3x_1 + 2x_2 - x_3 = 4 \end{cases}$

(3) $\begin{cases} 2x_1 + 3x_2 - 4x_3 = 1 \\ 3x_1 - x_2 - 2x_3 = 4 \\ 4x_1 - 7x_2 - 6x_3 = -7 \end{cases}$

2. 齊性聯立方程組 $\boldsymbol{AX}=\boldsymbol{O}$，其中 $\boldsymbol{A}$ 矩陣如下所示，分別求其 $\boldsymbol{A}$ 矩陣的秩數與零核維度，並求其通解。

(1) $\begin{bmatrix} 1 & 1 & 2 \\ 0 & 1 & 1 \\ 1 & 3 & 4 \end{bmatrix}$。

(2) $\begin{bmatrix} 1 & 2 & 3 \\ 2 & 5 & 3 \\ 1 & 0 & 8 \end{bmatrix}$。

(3) $\begin{bmatrix} 1 & 2 & -1 & 1 \\ 0 & 1 & -1 & 1 \end{bmatrix}$。

3. 非齊性聯立方程組 $\boldsymbol{AX}=\boldsymbol{B}$，其中 $\boldsymbol{A}$，$\boldsymbol{B}$ 矩陣分別如下所示，先檢驗其 rank($\boldsymbol{A}$) 與 rank($\boldsymbol{A}$ | $\boldsymbol{B}$)是否相等，若是相等，則求此聯立方程組之通解。

(1) $\boldsymbol{A}=\begin{bmatrix}1&1&1\\1&-1&1\\3&1&3\end{bmatrix}$，$\boldsymbol{B}=\begin{bmatrix}1\\2\\4\end{bmatrix}$。

(2) $\boldsymbol{A}=\begin{bmatrix}1&0&1&0\\2&2&0&3\\0&4&-4&5\end{bmatrix}$，$\boldsymbol{B}=\begin{bmatrix}2\\1\\-7\end{bmatrix}$。

4. 若 $\boldsymbol{X}_p=\begin{bmatrix}-7&8&9&11\end{bmatrix}^T$ 爲 $\begin{cases}x_1-x_2+x_3-x_4=a\\-2x_1+3x_2-x_3+2x_4=b\\4x_1-2x_2+2x_3-3x_4=d\end{cases}$ 之一特解，則此聯立方程組之通解爲何？

5. 若 $\boldsymbol{X}_p=\begin{bmatrix}7&8&9&13\end{bmatrix}^T$ 爲 $\begin{cases}x_1+x_3-x_4=a\\-x_1+x_2+x_3+2x_4=b\\x_1+2x_2+5x_3+x_4=d\end{cases}$ 之一特解，則此聯立方程組之通解爲何？

6. 考慮一個聯立方程組 $\boldsymbol{A}_{3\times3}\boldsymbol{X}_{3\times1}=\boldsymbol{B}_{3\times1}$，其中 $\boldsymbol{A}_{3\times3}=\begin{bmatrix}1&a&3\\1&2&2\\1&3&a\end{bmatrix}$，$\boldsymbol{B}_{3\times1}=\begin{bmatrix}2\\3\\a+3\end{bmatrix}$

求 a 之值，使此聯立方程組爲

(1) 唯一解。

(2) 無窮多解。

(3) 無解。

7. 考慮一個聯立方程組 $\boldsymbol{A}_{3\times3}\boldsymbol{X}_{3\times1}=\boldsymbol{B}_{3\times1}$，其中 $\boldsymbol{A}_{3\times3}=\begin{bmatrix}0&a&1\\a&0&b\\a&a&2\end{bmatrix}$，$\boldsymbol{B}_{3\times1}=\begin{bmatrix}b\\1\\2\end{bmatrix}$，

求 a、b 之值，使此聯立方程組爲

(1) 唯一解。

(2) 一個參數解。

(3) 兩個參數解。

(4) 無解。

6-4 特徵值與特徵向量

在工程應用中，很多的線性系統會保留原物理量的形態，只改變其大小，其中大家常常看到這一類的系統就是麥克風系統，此系統會將講者的物理量（聲音）放大，在工程數學上，我們稱此系統爲特徵值系統，接下來就是要介紹此種系統。

6-4-1 基本定義與定理

定義 6-4-1 特徵值系統

設 $\boldsymbol{A}$ 爲 $n\times n$ 階矩陣，若 $\boldsymbol{X}$ 爲 R^n 之非零向量，且存在一純量λ使得 $\boldsymbol{A}_{n\times n}\boldsymbol{X}_{n\times 1}=\lambda\boldsymbol{X}_{n\times 1}$ 則稱 $\boldsymbol{A}_{n\times n}\boldsymbol{X}_{n\times 1}=\lambda\boldsymbol{X}_{n\times 1}$ 爲特徵值系統（Eigensystem），且 $\boldsymbol{X}$ 爲 $\boldsymbol{A}$ 之特徵向量（Eigenvector），λ爲 $\boldsymbol{X}$ 所對應之特徵值（Eigenvalue）。

由特徵向量的定義 6-4-1 可知：若 L 爲包含 $\boldsymbol{X}$ 的直線，則 $\boldsymbol{X}$ 在 $\boldsymbol{A}$ 之轉換前後方向一致；$|\ \lambda\ |$爲 $\boldsymbol{X}$ 在 L 上尺度的變換係數，故其有清晰的幾何意義，如圖 6-7 所示。

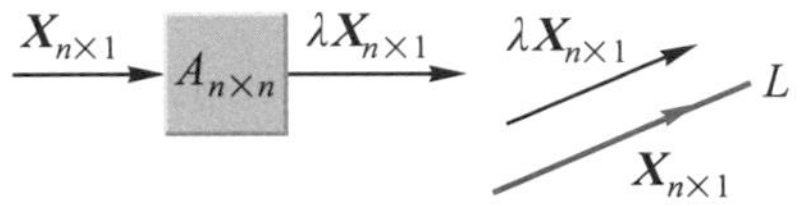

$X_{n\times 1}$ → $A_{n\times n}$ → $\lambda X_{n\times 1}$　　$\lambda X_{n\times 1}$　L　$X_{n\times 1}$

▲圖 6-7 特徵值系統示意圖

定理 6-4-1 特徵值的計算公式

設 $\boldsymbol{A}$ 爲 n 階方陣，λ 爲 $\boldsymbol{A}$ 之特徵值若且唯若 $\det(\boldsymbol{A}-\lambda\boldsymbol{I})=|\boldsymbol{A}-\lambda\boldsymbol{I}|=0$。

證明

假設 $\boldsymbol{X}\neq\boldsymbol{O}$ 爲對應 λ 的特徵向量，則$\{\mathbf{0}\}\subsetneq N(\boldsymbol{A}-\lambda\boldsymbol{I})$。由維度定理知：

$\text{nullity}(\boldsymbol{A}-\lambda\boldsymbol{I})>1\Leftrightarrow\text{rank}(\boldsymbol{A}-\lambda\boldsymbol{I})<n\Leftrightarrow\det(\boldsymbol{A}-\lambda\boldsymbol{I})=|\boldsymbol{A}-\lambda\boldsymbol{I}|=0$，原式因此得證。

1. **特徵多項式的定義**

設 $\boldsymbol{A}$ 爲 n 階方陣，則 $f(\lambda)=\det(\boldsymbol{A}-\lambda\boldsymbol{I})=|\boldsymbol{A}-\lambda\boldsymbol{I}|=\begin{vmatrix} a_{11}-\lambda & \cdots & a_{1n} \\ \vdots & \ddots & \vdots \\ a_{1n} & \cdots & a_{nn}-\lambda \end{vmatrix}$ 稱爲 $\boldsymbol{A}$ 的特徵多項式；$f(\lambda)=0$，稱爲 $\boldsymbol{A}$ 的特徵方程式（Characteristic equation）。

定理 6-4-2　特徵多項式

設 $\boldsymbol{A}$ 爲 n 階方陣，則 $\boldsymbol{A}$ 之所有 k 階主子方陣行列式值之和 β_k 決定了特徵多項式中 x^{n-k} 的係數，事實上我們有：

$$f(x)=\det(\boldsymbol{A}-x\boldsymbol{I})=(-1)^n[x^n-\beta_1x^{n-1}+\beta_2x^{n-2}+\cdots+(-1)^n\beta_n]$$

例如：$n=2$ 時 $f(x)=\begin{vmatrix} a_{11}-x & a_{12} \\ a_{21} & a_{22}-x \end{vmatrix}=(-1)^2[x^2-\beta_1x+\beta_2]$，則 x 項的係數 $\beta_1=a_{11}+a_{22}=tr(\boldsymbol{A})$、$x^2$ 項的係數 $\beta_2=\begin{vmatrix} a_{11} & a_{12} \\ a_{21} & a_{22} \end{vmatrix}=|\boldsymbol{A}|$；$n=3$ 時，特徵多項式

$$|\boldsymbol{A}-x\boldsymbol{I}|=\begin{vmatrix} a_{11}-x & a_{12} & a_{13} \\ a_{21} & a_{22}-x & a_{23} \\ a_{31} & a_{32} & a_{33}-x \end{vmatrix}=(-1)^3[x^3-\beta_1x^2+\beta_2x-\beta_3]$$

，則 x^2 項的係數 $\beta_1=\sum_{i=1}^{3}a_{ii}=tr(\boldsymbol{A})$、$x$ 項的係數 $\beta_2=\begin{vmatrix} a_{11} & a_{12} \\ a_{21} & a_{22} \end{vmatrix}+\begin{vmatrix} a_{22} & a_{23} \\ a_{32} & a_{33} \end{vmatrix}+\begin{vmatrix} a_{11} & a_{13} \\ a_{31} & a_{33} \end{vmatrix}=\boldsymbol{A}_{11}+\boldsymbol{A}_{22}+\boldsymbol{A}_{33}$、

常數項 $\beta_3=|\boldsymbol{A}|=\begin{vmatrix} a_{11} & a_{12} & a_{13} \\ a_{21} & a_{22} & a_{23} \\ a_{31} & a_{32} & a_{33} \end{vmatrix}$。

範例 1

求下列方陣之特徵多項式與特徵值，

(1) $\boldsymbol{A}=\begin{bmatrix} 3 & 1 \\ 1 & 3 \end{bmatrix}$。(2) $\boldsymbol{A}=\begin{bmatrix} 0 & 1 & -2 \\ 2 & 1 & 0 \\ 4 & -2 & 5 \end{bmatrix}$。

解 (1) $\boldsymbol{A}$ 的特徵多項式爲

$|\boldsymbol{A}-\lambda\boldsymbol{I}|=(-1)^2[\lambda^2-tr(\boldsymbol{A})\lambda+|\boldsymbol{A}|]=\lambda^2-(3+3)\lambda+(9-1)=\lambda^2-6\lambda+8$，

由 $|\boldsymbol{A}-\lambda\boldsymbol{I}|=\lambda^2-6\lambda+8=0\Rightarrow\lambda=2,4$，

所以 $\boldsymbol{A}$ 的特徵多項式爲 $f(\lambda)=|\boldsymbol{A}-\lambda\boldsymbol{I}|=\lambda^2-6\lambda+8$ 且特徵值爲 2, 4

(2) 利用 β_k 爲 $\boldsymbol{A}$ 的主子行列式的和，求得 $\boldsymbol{A}$ 的特徵多項式爲：

$|\boldsymbol{A}-\lambda\boldsymbol{I}|=(-1)^3[\lambda^3-tr(\boldsymbol{A})\lambda^2+(\boldsymbol{A}_{11}+\boldsymbol{A}_{22}+\boldsymbol{A}_{33})\lambda-|\boldsymbol{A}|]$，其中 $tr(\boldsymbol{A})=6$，

$$\boldsymbol{A}_{11}+\boldsymbol{A}_{22}+\boldsymbol{A}_{33}=\begin{vmatrix} 1 & 0 \\ -2 & 5 \end{vmatrix}+\begin{vmatrix} 0 & -2 \\ 4 & 5 \end{vmatrix}+\begin{vmatrix} 0 & 1 \\ 2 & 1 \end{vmatrix}=5+8-2=11 \quad |\boldsymbol{A}|=\begin{vmatrix} 0 & 1 & -2 \\ 2 & 1 & 0 \\ 4 & -2 & 5 \end{vmatrix}=6$$

所以 $\boldsymbol{A}$ 的特徵多項式爲 $f(\lambda)=|\boldsymbol{A}-\lambda\boldsymbol{I}|=-(\lambda^3-6\lambda^2+11\lambda-6)$，

由 $|\boldsymbol{A}-\lambda\boldsymbol{I}|=-(\lambda^3-6\lambda^2+11\lambda-6)=0\Rightarrow\lambda=1,2,3$，特徵值爲 1, 2, 3。 Q.E.D.

2. 特徵值與特徵多項式係數的關係

藉由定理 6-4-2，可建立特徵多項式係數與特徵值之間的關係，例如由範例 1 可知：

$A=\begin{bmatrix}0 & 1 & -2\\ 2 & 1 & 0\\ 4 & -2 & 5\end{bmatrix}$，且 $\boldsymbol{A}$ 的特徵多項式為 $f(\lambda)=|\boldsymbol{A}-\lambda\boldsymbol{I}|=-(\lambda^3-6\lambda^2+11\lambda-6)$ 解之得特徵值為 $\lambda_1=1$、$\lambda_2=2$、$\lambda_3=3$，則 $\lambda_1+\lambda_2+\lambda_3=1+2+3=\beta_1=tr(\boldsymbol{A})=0+1+5$，$\lambda_1\lambda_2+\lambda_2\lambda_3+\lambda_3\lambda_1=1\times2+2\times3+3\times1=\beta_2=\boldsymbol{A}_{11}+\boldsymbol{A}_{22}+\boldsymbol{A}_{33}=5+8-2$，$\lambda_1\lambda_2\lambda_3=1\times2\times3=\beta_3=|\boldsymbol{A}|=6$。事實上我們有如下一般性結果：

定理 6-4-3 特徵值的根與係數

設 $\lambda_1,\cdots,\lambda_n$ 為 $\boldsymbol{A}$ 之 n 個特徵值，若特徵多項式 $f(x)=(-1)^n[x^n-\beta_1x^{n-1}+\cdots+(-1)^n\beta_n]$，則 $\beta_k=\sum\limits_{i_1<\cdots<i_k}\lambda_{i_1}\cdots\lambda_{i_k}$。

證明

$$f(x)=|\boldsymbol{A}-\lambda\boldsymbol{I}|=(-1)^n[\lambda^n-\beta_1\lambda^{n-1}+\cdots+(-1)^n\beta_n]=(-1)^n\left[(\lambda-\lambda_1)(\lambda-\lambda_2)\cdots(\lambda-\lambda_n)\right]$$
$$=(-1)^n[\lambda^n-(\lambda_1+\lambda_2+\cdots+\lambda_n)\lambda^{n-1}+\cdots+(-1)^n\lambda_1\lambda_2\cdots\lambda_n]$$

比較係數得：

$\beta_1=\lambda_1+\lambda_2+\cdots+\lambda_n$、$\beta_2=\lambda_1\lambda_2+\lambda_1\lambda_3+\cdots+\lambda_{n-1}\lambda_n$、$\cdots$、$\beta_n=\lambda_1\lambda_2\cdots\lambda_n=|\boldsymbol{A}|$。

3. 特徵向量之求法

設 λ_1、λ_2、$\cdots$、λ_n 為 $\boldsymbol{A}$ 之特徵值，則將 $\lambda=\lambda_i$ 代入 $(\boldsymbol{A}-\lambda\boldsymbol{I})\boldsymbol{X}=\boldsymbol{O}$ 中，其非零解 $\boldsymbol{X}_i$ 即為特徵值 $\lambda=\lambda_i$ 所對應之特徵向量。

範例 2

求方陣 $\boldsymbol{A}=\begin{bmatrix}-5 & 2\\ 2 & -2\end{bmatrix}$ 之特徵值與特徵向量。

解 (1) $|\boldsymbol{A}-\lambda\boldsymbol{I}|=\lambda^2-(-7)\lambda+6=0$ 得特徵值 $\lambda=-1,-6$。

(2) 特徵值 λ 所對應特徵向量為 $N(\boldsymbol{A}-\lambda\boldsymbol{I})$ 中元素，分別計算如下：

$\boldsymbol{\lambda=-1}$

代入 $(\boldsymbol{A}-\lambda\boldsymbol{I})\boldsymbol{X}=\boldsymbol{O}$ 中可得 $\begin{bmatrix}-4 & 2\\ 2 & -1\end{bmatrix}\begin{bmatrix}x_1\\ x_2\end{bmatrix}=\boldsymbol{O}$，因為係數矩陣之秩數為 1，

所以只有一個線性獨立方程式 $2x_1-x_2=0$，令 $x_1=c_1$，則 $x_2=2c_1$，

特徵向量 $\boldsymbol{X}_1=\begin{bmatrix}x_1\\ x_2\end{bmatrix}=\begin{bmatrix}c_1\\ 2c_1\end{bmatrix}=c_1\begin{bmatrix}1\\ 2\end{bmatrix}$, $c_1\neq 0\Rightarrow$ 亦可寫成 $\boldsymbol{X}_1=\text{span}\left\{\begin{bmatrix}1\\ 2\end{bmatrix}\right\}$。

$\boldsymbol{\lambda=-6}$

代入 $(\boldsymbol{A}-\lambda\boldsymbol{I})\boldsymbol{X}=\boldsymbol{O}$ 中可得 $\begin{bmatrix}1 & 2\\ 2 & 4\end{bmatrix}\begin{bmatrix}x_1\\ x_2\end{bmatrix}=\boldsymbol{O}$，因為係數矩陣之秩數為 1，

所以只有一個線性獨立方程式 $x_1+2x_2=0$，令 $x_2=c_2$，則 $x_1=-2c_2$，

特徵向量 $\boldsymbol{X}_2=\begin{bmatrix}x_1\\ x_2\end{bmatrix}=\begin{bmatrix}-2c_2\\ c_2\end{bmatrix}=c_2\begin{bmatrix}-2\\ 1\end{bmatrix}$, $c_2\neq 0\Rightarrow$ 亦可寫成 $\boldsymbol{X}_2=\text{span}\left\{\begin{bmatrix}-2\\ 1\end{bmatrix}\right\}$[3]。

Q.E.D.

---

[3] 對方程式 $ax_1+bx_2=0$，表示兩向量 $\begin{bmatrix}x_1\\ x_2\end{bmatrix}$ 與 $\begin{bmatrix}a\\ b\end{bmatrix}$ 正交，所以 $\begin{bmatrix}x_1\\ x_2\end{bmatrix}=c\begin{bmatrix}b\\ -a\end{bmatrix}$ 或 $c\begin{bmatrix}-b\\ a\end{bmatrix}$，

例如：$x_1+2x_2=0\rightarrow\begin{bmatrix}x_1\\ x_2\end{bmatrix}=c\cdot\begin{bmatrix}-2\\ 1\end{bmatrix}$ 或 $c\cdot\begin{bmatrix}2\\ -1\end{bmatrix}$。

範例 3

$A=\begin{bmatrix}1&0&0\\3&7&0\\-2&4&-5\end{bmatrix}$，(1) 求 A 的特徵值。 (2) 求所有線性獨立的特徵向量。

解 (1) 由 $\det(\boldsymbol{A}-\lambda\boldsymbol{I})=(1-\lambda)(7-\lambda)(-5-\lambda)=0$，$\lambda=1,7,-5$，由此可知 A 矩陣為上（下）三角矩陣或對角線矩陣時，A 矩陣之對角線元素即為特徵值。特徵值為對角線元素 1, 7, − 5。

(2) ① $\lambda_1=1$ 時，代入 $(\boldsymbol{A}-\lambda_1\boldsymbol{I})\boldsymbol{X}_1=\boldsymbol{O}$ 中可得 $\begin{bmatrix}0&0&0\\3&6&0\\-2&4&-6\end{bmatrix}\begin{bmatrix}x_1\\x_2\\x_3\end{bmatrix}=\boldsymbol{O}$，

因為係數矩陣之秩數為 2，所以有兩個線性獨立方程式

$\begin{cases}3x_1+6x_2=0\\-2x_1+4x_2-6x_3=0\end{cases}$，其所代表為 R^3 空間中一條直線。計算其方向向量

$x_1:x_2:x_3=\begin{vmatrix}6&0\\4&-6\end{vmatrix}:-\begin{vmatrix}3&0\\-2&-6\end{vmatrix}:\begin{vmatrix}3&6\\-2&4\end{vmatrix}=-36:18:24=-6:3:4$，

所以 $\lambda_1=1$ 所對應之特徵向量為

$\boldsymbol{X}_1=c_1\begin{bmatrix}-6\\3\\4\end{bmatrix}$，$c_1\neq 0$ 或 $\boldsymbol{X}_1=\text{span}\left\{\begin{bmatrix}-6\\3\\4\end{bmatrix}\right\}$。

② $\lambda_2=7$，代入 $(\boldsymbol{A}-\lambda_2\boldsymbol{I})\boldsymbol{X}_2=\boldsymbol{O}$ 中可得 $\Rightarrow\begin{bmatrix}-6&0&0\\3&0&0\\-2&4&-12\end{bmatrix}\begin{bmatrix}x_1\\x_2\\x_3\end{bmatrix}=\boldsymbol{O}$，

因為係數矩陣之秩數為 2，

所以有兩個線性獨立方程式 $\begin{cases}3x_1+0x_2+0x_3=0\\-2x_1+4x_2-12x_3=0\end{cases}$，

$x_1:x_2:x_3=\begin{vmatrix}0&0\\4&-12\end{vmatrix}:-\begin{vmatrix}3&0\\-2&-12\end{vmatrix}:\begin{vmatrix}3&0\\-2&4\end{vmatrix}=0:36:12=0:3:1$，

所以 $\lambda_2=7$ 所對應之特徵向量為 $\boldsymbol{X}_2=c_2\begin{bmatrix}0\\3\\1\end{bmatrix}$，$c_2\neq 0$ 或 $\boldsymbol{X}_2=\text{span}\left\{\begin{bmatrix}0\\3\\1\end{bmatrix}\right\}$。

③ $\lambda_3=-5$，代入 $(\boldsymbol{A}-\lambda_3\boldsymbol{I})\boldsymbol{X}_3=\boldsymbol{O}$ 中可得 $\Rightarrow \begin{bmatrix}6&0&0\\3&12&0\\-2&4&0\end{bmatrix}\begin{bmatrix}x_1\\x_2\\x_3\end{bmatrix}=\boldsymbol{O}$，

因為係數矩陣之秩數為 2，

所以有兩個線性獨立方程式 $\begin{cases}6x_1+0x_2+0x_3=0\\3x_1+12x_2+0x_3=0\end{cases}$，

$x_1 : x_2 : x_3=\begin{vmatrix}0&0\\12&0\end{vmatrix} : -\begin{vmatrix}6&0\\3&0\end{vmatrix} : \begin{vmatrix}6&0\\3&12\end{vmatrix}=0 : 0 : 72=0 : 0 : 1$[4]，

所以 $\lambda_3=-5$ 所對應之特徵向量為 $\boldsymbol{X}_3=c_3\begin{bmatrix}0\\0\\1\end{bmatrix}$，$c_3\neq 0$ 或 $\boldsymbol{X}_3=\text{span}\left\{\begin{bmatrix}0\\0\\1\end{bmatrix}\right\}$。

Q.E.D.

6-4-2　特徵值與特徵向量之重要性質

特徵值有許多代表性的性質，在實際的計算或推論中扮演關鍵角色，例如：因為 $\det(\boldsymbol{A})=\det(\boldsymbol{A}^T)$，所以 $\boldsymbol{A}$ 與 $\boldsymbol{A}^T$ 具有相同特徵多項式，自然也有相同特徵值；若 $\det(\boldsymbol{A})=\det(\boldsymbol{A}-0\boldsymbol{I})=0$，可知 0 為 $\boldsymbol{A}$ 的特徵值；若 $\boldsymbol{A}$ 為上（下）三角矩陣或對角線矩陣，則由特徵多項式的定義知 $\boldsymbol{A}$ 之 n 個特徵值為其對角線元素 $a_{11}, a_{22},\cdots, a_{nn}$。又由特徵值定義知：若 λ 為 $\boldsymbol{A}$ 的特徵值，則 $\alpha\lambda^m$ 為 $\alpha\boldsymbol{A}^m$ 的特徵值；而 $\boldsymbol{A}^{-1}$ 之 n 個特徵值為 $\lambda_1^{-1}, \lambda_2^{-1},\cdots, \lambda_n^{-1}$

---

[4] 對於聯立方程組 $\begin{cases}a_1x_1+b_1x_2+c_1x_3=0\\a_2x_1+b_2x_2+c_2x_3=0\end{cases}$，可以視為 $\overrightarrow{\boldsymbol{X}}=\begin{bmatrix}x_1\\x_2\\x_3\end{bmatrix}$ 與 $\overrightarrow{\boldsymbol{u}}=\begin{bmatrix}a_1\\b_1\\c_1\end{bmatrix}$ 及 $\overrightarrow{\boldsymbol{v}}=\begin{bmatrix}a_2\\b_2\\c_2\end{bmatrix}$ 正交，即

$\begin{cases}\overrightarrow{\boldsymbol{X}}\cdot\overrightarrow{\boldsymbol{u}}=0\\\overrightarrow{\boldsymbol{X}}\cdot\overrightarrow{\boldsymbol{v}}=0\end{cases}$，所以 $\overrightarrow{\boldsymbol{X}}=\begin{bmatrix}x_1\\x_2\\x_3\end{bmatrix}$ 可以取 $\overrightarrow{\boldsymbol{u}}=\begin{bmatrix}a_1\\b_1\\c_1\end{bmatrix}$ 與 $\overrightarrow{\boldsymbol{v}}=\begin{bmatrix}a_2\\b_2\\c_2\end{bmatrix}$ 之外積向量中各分量的比，即

$x_1 : x_2 : x_3=\begin{vmatrix}b_1&c_1\\b_2&c_2\end{vmatrix} : -\begin{vmatrix}a_1&c_1\\a_2&c_2\end{vmatrix} : \begin{vmatrix}a_1&b_1\\a_2&b_2\end{vmatrix}$。

定理 6-4-4 線性獨立特徵向量

相異特徵值所對應之特徵向量必線性獨立。

證明

假設互異特徵值 $\lambda_1,\cdots,\ \lambda_n$ 對應的特徵向量爲 $v_1,\cdots,\ v_n$。考慮線性組合 $\sum_{i=1}^{n} a_i\boldsymbol{v}_i=\boldsymbol{O}$，要證明 v_1、v_2、…、v_n 爲線性獨立，則依據定義可知需證明 $a_1=a_2=\cdots=a_n=0$，由 $(\boldsymbol{A}-\lambda_1\boldsymbol{I})\cdots\widehat{(\boldsymbol{A}-\lambda_i\boldsymbol{I})}\cdots(\boldsymbol{A}-\lambda_n\boldsymbol{I})\sum_{i=1}^{n} a_i\boldsymbol{v}_i=a_i\prod_{j\neq i}(\lambda_i-\lambda_j)=0$，因此 $a_i=0$，$i=1,2,\cdots,\ n$，所以 v_1、v_2、…、v_n 爲線性獨立。

觀察特徵值的技巧

$\boldsymbol{A}$ 矩陣之特徵值必滿足 $|\boldsymbol{A}-\lambda\boldsymbol{I}|=0$，即 $\boldsymbol{A}$ 矩陣之主對角線元素同減去一數後，其行列式值爲 0，該減去之數即爲 $\boldsymbol{A}$ 矩陣之特徵值。所以求解特徵值時，可以先觀察看看 $\boldsymbol{A}$ 矩陣主對角線同減一數後，會不會出現某一列（行）全爲 0 或是某兩列（行）成比例，再配合所有特徵值之和爲 $tr(\boldsymbol{A})$，可以觀察出部分特徵值，如此可以降低求解高次方程式之麻煩。舉個例子：假設 $\boldsymbol{A}=\begin{bmatrix}2&1&0\\2&1&0\\0&0&5\end{bmatrix}$，則 $\boldsymbol{A}$ 矩陣之主對角線元素同減 5 後，第三列爲零列，所以有一特徵值爲 5。又同減 0 後（即不用減），第一列與第二列成比例，所以又有一特徵值爲 0。最後再利用所有特徵值的和爲 $tr(\boldsymbol{A})=2+1+5=8$，所以第三個特徵值爲 $8-5-0=3$。如此可以輕易求得三個特徵值，而不用解一元三次方程式。另外有一奇特的性質也是值得注意的，就是 $\boldsymbol{A}$ 矩陣中各列（行）和均相同，則此相同的數爲 $\boldsymbol{A}$ 矩陣之特徵值。例如：$\boldsymbol{A}=\begin{bmatrix}9&1&1\\1&9&1\\1&1&9\end{bmatrix}$，則所有列和均爲 11，所以 $\boldsymbol{A}$ 矩陣必有特徵值爲 11。

範例 4

設 $\boldsymbol{A} \in \boldsymbol{F}^{3\times 3}$ 且其特徵值爲 1, 2, 3，則

(1) 求 $2\boldsymbol{A}^{-1}+\boldsymbol{I}$ 的特徵值。　(2) 若 $\boldsymbol{A}=\begin{bmatrix} 2 & -1 & 1 \\ 1 & 2 & -1 \\ 1 & -1 & a \end{bmatrix}$，求 $a=$？　(3) $\text{rank}(\boldsymbol{A}^5)=$？

解 (1) $|\boldsymbol{A}|=1\cdot 2\cdot 3=6\neq 0$，$\therefore \boldsymbol{A}^{-1}$ 存在，故 $\boldsymbol{B}=2\boldsymbol{A}^{-1}+\boldsymbol{I}$ 之特徵值

爲　$2\cdot\dfrac{1}{1}+1=3$，$2\cdot\dfrac{1}{2}+1=2$，$2\cdot\dfrac{1}{3}+1=\dfrac{5}{3}$。

(2) $tr(\boldsymbol{A})=4+a=\lambda_1+\lambda_2+\lambda_3=6\Rightarrow a=2$。

(3) $\det(\boldsymbol{A}^5)=|\boldsymbol{A}|^5=6^5\neq 0$，$\therefore \text{rank}(\boldsymbol{A}^5)=3$。　Q.E.D.

範例 5

求 $\boldsymbol{A}=\begin{bmatrix}9&1&1\\1&9&1\\1&1&9\end{bmatrix}$ 的特徵值與特徵向量。

解 (1) 求特徵值，由 $|\boldsymbol{A}-\lambda\boldsymbol{I}|=0\Rightarrow\lambda=8,8,11$[5]。

(2) 求特徵向量，

① $\lambda=8$ 代回 $(\boldsymbol{A}-\lambda\boldsymbol{I})\boldsymbol{X}=\boldsymbol{O}$ 可得 $\begin{bmatrix}1&1&1\\1&1&1\\1&1&1\end{bmatrix}\begin{bmatrix}x_1\\x_2\\x_3\end{bmatrix}=\boldsymbol{O}\Rightarrow x_1+x_2+x_3=0$，

令 $x_2=c_1$，$x_3=c_2$，則 $x_1=-c_1-c_2$，得 $\boldsymbol{X}=c_1\begin{bmatrix}-1\\1\\0\end{bmatrix}+c_2\begin{bmatrix}-1\\0\\1\end{bmatrix}$，

特徵向量爲 $\boldsymbol{X}_1=c_1\begin{bmatrix}-1\\1\\0\end{bmatrix}$，$\boldsymbol{X}_2=c_2\begin{bmatrix}-1\\0\\1\end{bmatrix}$。

② $\lambda=11$ 代回 $(\boldsymbol{A}-\lambda\boldsymbol{I})\boldsymbol{X}=\boldsymbol{O}$ 可得 $\begin{bmatrix}-2&1&1\\1&-2&1\\1&1&-2\end{bmatrix}\begin{bmatrix}x_1\\x_2\\x_3\end{bmatrix}=\boldsymbol{O}\Rightarrow\begin{cases}-2x_1+x_2+x_3=0\\x_1-2x_2+x_3=0\end{cases}$，

故特徵向量爲 $\boldsymbol{X}_3=c_3\begin{bmatrix}1\\1\\1\end{bmatrix}$，$c_3\neq0$。 Q.E.D.

[5] (1)由所有列和均為 11，所以特徵值有 11。
(2) A 矩陣主對角線元素同減 8 後成比例，所以特徵值有 8。
(3)再有所有特徵值和為 $tr(\boldsymbol{A})=27$，所以另一個特徵值為 $27-11-8=8$。

6-4 習題演練

基礎題

求下列各方陣之特徵值與特徵向量

1. (1) $\begin{bmatrix} 5 & 4 \\ 1 & 2 \end{bmatrix}$。

(2) $\begin{bmatrix} 2 & 4 \\ 6 & 4 \end{bmatrix}$。

(3) $\begin{bmatrix} -3 & 2 \\ 6 & 1 \end{bmatrix}$。

(4) $\begin{bmatrix} 0 & 0 \\ 0 & 0 \end{bmatrix}$。

2. (1) $\begin{bmatrix} 4 & 0 & 0 \\ 0 & 8 & 0 \\ 0 & 0 & 6 \end{bmatrix}$。

(2) $\begin{bmatrix} 1 & -1 & 0 \\ -1 & 2 & -1 \\ 0 & -1 & 1 \end{bmatrix}$。

(3) $\begin{bmatrix} 3 & 0 & 0 \\ 1 & -2 & -8 \\ 0 & -5 & 1 \end{bmatrix}$。

進階題

1. (1) $\begin{bmatrix} 8 & 0 & 3 \\ 2 & 2 & 1 \\ 2 & 0 & 3 \end{bmatrix}$。

(2) $\begin{bmatrix} -2 & 2 & -3 \\ 2 & 1 & -6 \\ -1 & -2 & 0 \end{bmatrix}$。

(3) $\begin{bmatrix} 13 & 0 & -15 \\ -3 & 4 & 9 \\ 5 & 0 & -7 \end{bmatrix}$。

2. (1) $\begin{bmatrix} 2 & 1 & 1 \\ 1 & 2 & 1 \\ 1 & 1 & 2 \end{bmatrix}$。

(2) $\begin{bmatrix} 0 & 1 & 1 \\ 1 & 0 & 1 \\ 1 & 1 & 0 \end{bmatrix}$。

6-5 矩陣對角化

矩陣對角化在矩陣運算與線性代數中有重要價值，因爲對角矩陣比較容易處理，在本節中將介紹如何利用特徵值系統所得到的特徵值與特徵向量對一個矩陣進行對角化，以利後續計算該矩陣的高次矩陣函數。

6-5-1 相似矩陣（Similar matrix）

定義 6-5-1 相似矩陣的定義

設 $\boldsymbol{A}, \boldsymbol{B}$ 均爲 n 階方陣，若存在一非奇異方陣（nonsingular matrix）$\boldsymbol{Q}$ 使得 $\boldsymbol{Q}^{-1}\boldsymbol{A}\boldsymbol{Q} = \boldsymbol{B}$，則稱此轉換爲相似轉換，此時稱 $\boldsymbol{A}$ 相似於 $\boldsymbol{B}$，記作 $\boldsymbol{A} \sim \boldsymbol{B}$。

定理 6-5-1 相似轉換的重要性質

若 $\boldsymbol{A} \sim \boldsymbol{B}$，則有下列事實

(1) $\det(\boldsymbol{A}) = \det(\boldsymbol{B})$。　(2) $\operatorname{rank}(\boldsymbol{A}) = \operatorname{rank}(\boldsymbol{B})$。

(3) $\boldsymbol{A}$ 與 $\boldsymbol{B}$ 具有相同的特徵值。　(4) $\operatorname{trace}(\boldsymbol{A}) = \operatorname{trace}(\boldsymbol{B})$。

證明

$$|\boldsymbol{B} - \lambda\boldsymbol{I}| = |\boldsymbol{Q}^{-1}\boldsymbol{A}\boldsymbol{Q} - \lambda\boldsymbol{Q}^{-1}\boldsymbol{Q}| = |\boldsymbol{Q}^{-1}(\boldsymbol{A} - \lambda\boldsymbol{I})\boldsymbol{Q}| = |\boldsymbol{Q}^{-1}||\boldsymbol{A} - \lambda\boldsymbol{I}||\boldsymbol{Q}| = |\boldsymbol{A} - \lambda\boldsymbol{I}|$$

所以相似矩陣具有相同特徵值。

6-5-2 矩陣之對角化（Matrix diagonalization）

定義 6-5-2 對角化的定義

設 $\boldsymbol{A}$ 爲一 n 階方陣，若存在一可逆方陣 $\boldsymbol{P}$ 滿足 $\boldsymbol{P}^{-1}\boldsymbol{A}\boldsymbol{P}$ 爲一對角矩陣 $\boldsymbol{D}$，則稱 $\boldsymbol{A}$ 可對角化（Diagonalizable）。

定義 6-5-3　過渡矩陣

設 $\boldsymbol{A}$ 爲一 n 階方陣，若存在一可逆方陣 $\boldsymbol{P}$ 滿足 $\boldsymbol{P}^{-1}\boldsymbol{AP}$ 爲一對角矩陣 $\boldsymbol{D}$，則 $\boldsymbol{P}$ 稱爲 $\boldsymbol{A}$ 之過渡矩陣（Transition matrix）[6]。

定理 6-5-2　可對角化

設 $\boldsymbol{A}$ 爲一 n 階方陣。則 $\boldsymbol{A}$ 具有 n 個線性獨立的特徵向量，若且唯若 $\boldsymbol{A}$ 與一對角矩陣 $\boldsymbol{D}$ 相似，即 $\boldsymbol{A}$ 可對角化。

證明

【⇒】設 $\boldsymbol{V}_1, \boldsymbol{V}_2, \cdots, \boldsymbol{V}_n$ 爲與 $\boldsymbol{A}$ 之 n 個特徵值 $\lambda_1, \lambda_2, \cdots, \lambda_n$，所對應之 n 個線性獨立的特徵向量，滿足 $\boldsymbol{AV}_1 = \lambda_1\boldsymbol{V}_1,\ \boldsymbol{AV}_2 = \lambda_2\boldsymbol{V}_2, \cdots, \boldsymbol{AV}_n = \lambda_n\boldsymbol{V}_n$，令 $\boldsymbol{P} \equiv [\boldsymbol{V}_1, \boldsymbol{V}_2, \cdots, \boldsymbol{V}_n]$

則 $\boldsymbol{AP} = \boldsymbol{A}[\boldsymbol{V}_1, \boldsymbol{V}_2, \cdots, \boldsymbol{V}_n] = [\boldsymbol{AV}_1 \quad \boldsymbol{AV}_2 \quad \cdots \quad \boldsymbol{AV}_n] = [\lambda_1\boldsymbol{V}_1 \quad \lambda_2\boldsymbol{V}_2 \quad \cdots \quad \lambda_n\boldsymbol{V}_n]$

$$= [\boldsymbol{V}_1 \quad \boldsymbol{V}_2 \quad \cdots \quad \boldsymbol{V}_n]\begin{bmatrix} \lambda_1 & & & \boldsymbol{O} \\ & \lambda_2 & & \\ & & \ddots & \\ \boldsymbol{O} & & & \lambda_n \end{bmatrix} = \boldsymbol{PD} \Rightarrow \boldsymbol{AP} = \boldsymbol{PD} \Rightarrow \boldsymbol{P}^{-1}\boldsymbol{AP} = \boldsymbol{D}$$

【⇐】因爲 $\boldsymbol{A} \sim \boldsymbol{D}$，所以存在可逆矩陣 $\boldsymbol{P}$ 滿足 $\boldsymbol{P}^{-1}\boldsymbol{AP} = \boldsymbol{D} \Rightarrow \boldsymbol{AP} = \boldsymbol{PD}$，

令 $\boldsymbol{P} = [\xi_1 \quad \xi_2 \quad \cdots \quad \xi_n]$，$\boldsymbol{D} = \begin{bmatrix} d_1 & & \boldsymbol{O} \\ & \ddots & \\ \boldsymbol{O} & & d_n \end{bmatrix}$ 代入 $\boldsymbol{AP} = \boldsymbol{PD}$ 中

$$\Rightarrow \boldsymbol{A}[\xi_1 \quad \xi_2 \quad \cdots \quad \xi_n] = [\xi_1 \quad \xi_2 \quad \cdots \quad \xi_n]\begin{bmatrix} d_1 & & \boldsymbol{O} \\ & \ddots & \\ \boldsymbol{O} & & d_n \end{bmatrix} = [d_1\xi_1 \quad \cdots \quad d_n\xi_n]$$

$\Rightarrow \boldsymbol{A}\xi_k = d_k\xi_k$，$k$：$1 \sim n$，

$d_1, d_2, \cdots, d_n$ 爲 $\boldsymbol{A}$ 之 n 個特徵值，$\xi_1, \xi_2, \cdots, \xi_n$ 爲其相應之特徵向量，

又 $\boldsymbol{P}$ 可逆 $\Rightarrow \xi_1, \xi_2, \cdots, \xi_n$ 必線性獨立。

---

[6] 對角化時，過渡矩陣 $\boldsymbol{P}$ 中特徵向量的排列順序，必須要跟對角線矩陣 $\boldsymbol{D}$ 一致才可。

定理 6-5-3 可對角化條件

若 n 階方陣 $\boldsymbol{A}$ 具有 n 個相異特徵值，則 $\boldsymbol{A}$ 必可對角化。

證明

令 $\lambda_1, \lambda_2, \cdots, \lambda_n$ 為互異的 n 個特徵值，$\boldsymbol{V}_1, \boldsymbol{V}_2, \cdots, \boldsymbol{V}_n$ 為相應的特徵向量。則由定理 6-4-4 知 $\{\boldsymbol{V}_1, \boldsymbol{V}_2, \cdots, \boldsymbol{V}_n\}$ 線性獨立。再由定理 6-5-3 知 $\boldsymbol{A}$ 相似於一個對角矩陣。

範例 1

$\boldsymbol{A} = \begin{bmatrix} 5 & 10 \\ 4 & -1 \end{bmatrix}$，(1)求一矩陣 $\boldsymbol{P}$ 使得 $\boldsymbol{P}^{-1}\boldsymbol{A}\boldsymbol{P} = \boldsymbol{D}$ 為一對角矩陣。 (2)求此對角化矩陣 $\boldsymbol{D}$。

解 (1) 由 $|\boldsymbol{A} - \lambda \boldsymbol{I}| = 0 \Rightarrow (-1)^2[\lambda^2 - 4\lambda - 45] = 0 \Rightarrow (\lambda - 9)(\lambda + 5) = 0$，

$\lambda = 9, -5$，(行和為 9，必有特徵值為 9)

$\lambda = 9 \Rightarrow (\boldsymbol{A} - \lambda\boldsymbol{I})\boldsymbol{X} = \boldsymbol{O} \Rightarrow \begin{bmatrix} -4 & 10 \\ 4 & -10 \end{bmatrix}\begin{bmatrix} x_1 \\ x_2 \end{bmatrix} = \boldsymbol{O} \Rightarrow \boldsymbol{X}_1 = c_1\begin{bmatrix} 5 \\ 2 \end{bmatrix}$，$c_1 \neq 0$，

$\lambda = -5 \Rightarrow (\boldsymbol{A} - \lambda\boldsymbol{I})\boldsymbol{X} = \boldsymbol{O} \Rightarrow \begin{bmatrix} 10 & 10 \\ 4 & 4 \end{bmatrix}\begin{bmatrix} x_1 \\ x_2 \end{bmatrix} = \boldsymbol{O} \Rightarrow \boldsymbol{X}_2 = c_2\begin{bmatrix} 1 \\ -1 \end{bmatrix}$，$c_2 \neq 0$，

$\therefore \boldsymbol{P} = \begin{bmatrix} 5 & 1 \\ 2 & -1 \end{bmatrix}$。

(2) $\boldsymbol{P}^{-1}\boldsymbol{A}\boldsymbol{P} = \begin{bmatrix} 9 & 0 \\ 0 & -5 \end{bmatrix} = \boldsymbol{D}$[7]。

Q.E.D.

[7] 若 $\boldsymbol{P} = \begin{bmatrix} 1 & 5 \\ -1 & 2 \end{bmatrix}$，則 $\boldsymbol{P}^{-1}\boldsymbol{A}\boldsymbol{P} = \begin{bmatrix} -5 & 0 \\ 0 & 9 \end{bmatrix} = \boldsymbol{D}$。

範例 2

$A=\begin{bmatrix}0&1&0\\1&0&0\\0&0&1\end{bmatrix}$，(1) 求矩陣 A 之特徵值。　(2) 求矩陣 A 之特徵向量。

(3) 求矩陣 P，使 $P^{-1}AP$ 成爲對角矩陣。　(4) 求 P 之反矩陣 P^{-1}。

解 (1) 由 $|A-\lambda I|=0 \Rightarrow \lambda=-1, 1, 1$（$A$ 中的列和爲 1，必有特徵值爲 1）。

(2) $\lambda=-1 \Rightarrow X_1=c_1\begin{bmatrix}1\\-1\\0\end{bmatrix}$，$c_1\neq 0$，

$\lambda=1 \Rightarrow X_2=c_2\begin{bmatrix}1\\1\\0\end{bmatrix}$，$c_2\neq 0$；$X_3=c_3\begin{bmatrix}0\\0\\1\end{bmatrix}$，$c_3\neq 0$，

$$\begin{array}{c} \quad 1\ \ 1\ \ 0\ \ \ 1\ \ 1 \\ \begin{array}{c}-1\\0\\1\\-1\end{array}\begin{pmatrix}1&0&-1&1\\0&1&0&0\\1&0&1&1\\1&0&-1&1\end{pmatrix}^T\end{array}$$

特徵向量可取 $\Rightarrow X_1=\begin{bmatrix}1\\-1\\0\end{bmatrix}$，$X_2=\begin{bmatrix}1\\1\\0\end{bmatrix}$，$X_3=\begin{bmatrix}0\\0\\1\end{bmatrix}$。

(3) $P=[X_1\quad X_2\quad X_3]=\begin{bmatrix}1&1&0\\-1&1&0\\0&0&1\end{bmatrix} \Rightarrow P^{-1}AP=D=\begin{bmatrix}-1&0&0\\0&1&0\\0&0&1\end{bmatrix}$。

(4) $|P|=2$，$\therefore P^{-1}=\dfrac{1}{2}\begin{bmatrix}1&-1&0\\1&1&0\\0&0&2\end{bmatrix}$。

Q.E.D.

6-5 習題演練

基礎題

1. 針對下列(1)～(3)小題的矩陣 $\boldsymbol{A}$，寫出其過渡矩陣 $\boldsymbol{P}$ 及對角矩陣 $\boldsymbol{D}$ 使得 $\boldsymbol{P}^{-1}\boldsymbol{A}\boldsymbol{P}=\boldsymbol{D}$ 爲一對角矩陣

(1) $\boldsymbol{A}=\begin{bmatrix}-5 & 2\\ 2 & -2\end{bmatrix}$。

(2) $\boldsymbol{A}=\begin{bmatrix}1 & 0 & 0\\ 3 & 7 & 0\\ -2 & 4 & -5\end{bmatrix}$。

(3) $\boldsymbol{A}=\begin{bmatrix}9 & 1 & 1\\ 1 & 9 & 1\\ 1 & 1 & 9\end{bmatrix}$。

進階題

針對下列方陣，求一矩陣 $\boldsymbol{P}$ 使得 $\boldsymbol{P}^{-1}\boldsymbol{A}\boldsymbol{P}=\boldsymbol{D}$ 爲一對角矩陣，並求此對角化矩陣 $\boldsymbol{D}$，

1. (1) $\begin{bmatrix}3 & 4\\ 2 & -4\end{bmatrix}$。

(2) $\begin{bmatrix}1 & 0\\ 2 & -1\end{bmatrix}$。

(3) $\begin{bmatrix}25 & 40\\ -12 & -19\end{bmatrix}$。

2. (1) $\begin{bmatrix}1 & 2 & 1\\ 6 & -1 & 0\\ -1 & -2 & -1\end{bmatrix}$。

(2) $\begin{bmatrix}2 & 1 & -1\\ 1 & 4 & 3\\ -1 & 3 & 4\end{bmatrix}$。

(3) $\begin{bmatrix}1 & 1 & -4\\ 2 & 0 & -4\\ -1 & 1 & -2\end{bmatrix}$。

3. (1) $\begin{bmatrix}1 & 2 & 2\\ 1 & 2 & -1\\ -1 & 1 & 4\end{bmatrix}$。

(2) $\begin{bmatrix}5 & 2 & 2\\ 3 & 6 & 3\\ 6 & 6 & 9\end{bmatrix}$。

(3) $\begin{bmatrix}5 & 1 & 1\\ 1 & 5 & 1\\ 1 & 1 & 5\end{bmatrix}$。

6-6 方陣函數

我們利用矩陣求解工程上問題時，除了常常求解特徵值系統外，我們也需要求解方陣的函數，例如求 $\boldsymbol{A}^{100}$。在沒有電腦的幫助之下，我們根本作不到將該矩陣乘 100 次。

英國數學家凱利（Arthur Cayley，1921～1895）在 1858 年的論文《矩陣理論回憶錄》中提到，他發現矩陣會滿足一個領導係數是 1，常數項是行列式的方程式。今天我們知道，他說的就是特徵方程式。同時，今天我們也利用這個結果計算方陣函數（Square matrices function），接下來便介紹其相關理論與方法。

6-6-1 凱利-漢米爾頓定理（Cayley-Hamilton theorem）

定理 6-6-1　凱利-漢米爾頓定理（Cayley-Hamilton theorem）

設 $\boldsymbol{A}$ 為一 n 階方陣，若 $\boldsymbol{A}$ 的特徵方程式為 $f(x)=(-1)^n[x^n-\beta_1x^{n-1}+\cdots+(-1)^n\beta_n]$
則 $\boldsymbol{A}^n-\beta_1\boldsymbol{A}^{n-1}+\cdots+(-1)^n\beta_n\boldsymbol{I}=\boldsymbol{O}$。

1. **實例**

(1) 若 $\boldsymbol{A}=\begin{bmatrix}2&1\\1&2\end{bmatrix}$，則按照定義，$\boldsymbol{A}$ 的特徵方程式為 $\lambda^2-4\lambda+3=0$，

又　$\boldsymbol{A}^2=\begin{bmatrix}2&1\\1&2\end{bmatrix}\begin{bmatrix}2&1\\1&2\end{bmatrix}=\begin{bmatrix}5&4\\4&5\end{bmatrix}$

所以　$\boldsymbol{A}^2-4\boldsymbol{A}+3\boldsymbol{I}=\boldsymbol{O}$。

故 $\boldsymbol{A}$ 矩陣滿足其特徵方程式 $\lambda^2-4\lambda+3=0$，即 $\boldsymbol{A}^2-4\boldsymbol{A}+3\boldsymbol{I}=\boldsymbol{O}$。

(2) 若 $A=\begin{bmatrix}0 & 4 & -1\\1 & 2 & 1\\1 & -1 & 3\end{bmatrix}$，則 A 的特徵方程式爲 $\lambda^3-5\lambda^2+4\lambda+5=0$，

又 $$A^3=\begin{bmatrix}0 & 4 & -1\\1 & 2 & 1\\1 & -1 & 3\end{bmatrix}\begin{bmatrix}0 & 4 & -1\\1 & 2 & 1\\1 & -1 & 3\end{bmatrix}\begin{bmatrix}0 & 4 & -1\\1 & 2 & 1\\1 & -1 & 3\end{bmatrix}=\begin{bmatrix}10 & 29 & 9\\11 & 22 & 16\\6 & -1 & 18\end{bmatrix};$$

$$A^2=\begin{bmatrix}0 & 4 & -1\\1 & 2 & 1\\1 & -1 & 3\end{bmatrix}\begin{bmatrix}0 & 4 & -1\\1 & 2 & 1\\1 & -1 & 3\end{bmatrix}=\begin{bmatrix}3 & 9 & 1\\3 & 7 & 4\\2 & -1 & 7\end{bmatrix}，A^3-5A^2+4A+5I=O，$$

故 A 矩陣滿足其特徵方程式 $\lambda^3-5\lambda^2+4\lambda+5=0$。

2. 尋找基底上的應用

設 $A=[a_{ij}]_{n\times n}$ 爲一 n 階方陣，則 $\{A^{n-1}, A^{n-2},\cdots, A, I\}$ 可形成 A 矩陣之次冪函數空間的一組基底。即對任意大於 n 的正整數 m 或 0，我們有

$$A^m=c_{n-1}A^{n-1}+c_{n-2}A^{n-2}+\cdots+c_1A+c_0I$$

例如對 $A=\begin{bmatrix}2 & 1\\1 & 2\end{bmatrix}$ 而言，凱利-漢米爾頓定理說明 $A^2-4A+3I=O$，移項得 $A^2=4A-3I$，則 $A^3=4A^2-3A=13A-12I$，同樣道理，把 A^4 寫成 AA^3，得 $A^4=4A^3-3A^2=4(13A-12I)-3(4A-3I)=40A-39I$，依此類推，對一般的 $m>n$，$A^m=c_1A+c_0I$，$m=0, 1, 2, 3, 4, \cdots$，即 $\{A, I\}$ 爲 A 之次冪函數的基底，可以用來表示 A^m。

3. 與解析函數的關聯

設 $f(x)$ 爲解析函數（$f(x)$ 的馬克勞林級數存在），且 A 爲 n 階方陣，則在 $f(x)$ 的收斂區間內，必存在 n 個常數 $c_1, c_2,\cdots, c_n$ 滿足

$$f(A)=c_1A^{n-1}+c_2A^{n-2}+\cdots+c_nI$$

例如，若對 $A=\begin{bmatrix}2 & 1\\1 & 2\end{bmatrix}$，則根據凱利-漢米爾頓定理，$A^2-4A+3I=0$，即 $\{A, I\}$ 爲 A 之次冪函數的基底，因此對解析函數 $f(x)=e^x$，有 $f(A)=e^A=c_1A+c_0I$。

6-6-2　方陣函數 $f(\boldsymbol{A})$的求法

1. 利用長除法

設 $\boldsymbol{A}=[a_{ij}]_{n\times n}$ 為一 n 階方陣，則 $\boldsymbol{A}$ 必滿足 $\boldsymbol{A}^n-b_1\boldsymbol{A}^{n-1}+b_2\boldsymbol{A}^{n-2}+\cdots+(-1)^n b_n\boldsymbol{I}=\boldsymbol{O}$，令 $\Phi(x)=x^n-b_1x^{n-1}+b_2x^{n-2}+\cdots+(-1)^n b_n \Rightarrow \Phi(\boldsymbol{A})=\boldsymbol{O}$。若 $f(x)$除以 $\Phi(x)$ 後之商為 $\boldsymbol{Q}(x)$，餘式為 $\boldsymbol{R}(x)$，即 $f(x)=\Phi(x)\boldsymbol{Q}(x)+\boldsymbol{R}(x)$，則 $f(\boldsymbol{A})=\Phi(\boldsymbol{A})\boldsymbol{Q}(\boldsymbol{A})+\boldsymbol{R}(\boldsymbol{A})$，又 $\Phi(\boldsymbol{A})=\boldsymbol{O}\Rightarrow f(\boldsymbol{A})=R(\boldsymbol{A})$。

範例 1

$\boldsymbol{A}=\begin{bmatrix}2&1&1\\1&4&3\\-1&-1&0\end{bmatrix}$，求 $f(\boldsymbol{A})=\boldsymbol{A}^4-3\boldsymbol{A}^3-3\boldsymbol{A}^2+4\boldsymbol{A}+2\boldsymbol{I}$？

解 $\det(\boldsymbol{A}-\lambda\boldsymbol{I})=(-1)^3(\lambda^3-6\lambda^2+11\lambda-6)=0$，

根據凱利-漢米爾頓定理可知 $\boldsymbol{A}^3-6\boldsymbol{A}^2+11\boldsymbol{A}-6\boldsymbol{I}=\boldsymbol{O}$，

令 $f(x)=x^4-3x^3-3x^2+4x+2$，$\Phi(x)=x^3-6x^2+11x-6$，

則 $\Phi(\boldsymbol{A})=\boldsymbol{O}$，利用長除法，$f(x)$除以 $\Phi(x)$ 之商為 $\boldsymbol{Q}(x)=x+3$，

餘式為 $R(x)=4x^2-23x+20$，所以 $f(x)=\Phi(x)Q(x)+R(x)$，

則 $f(\boldsymbol{A})=\Phi(\boldsymbol{A})Q(\boldsymbol{A})+R(\boldsymbol{A})$，又 $\Phi(\boldsymbol{A})=\boldsymbol{O}$，

所以 $f(\boldsymbol{A})=R(\boldsymbol{A})=4\boldsymbol{A}^2-23\boldsymbol{A}+20\boldsymbol{I}=\begin{bmatrix}-10&-3&-3\\-11&-16&-17\\11&3&4\end{bmatrix}$[8]。　Q.E.D.

2. 利用特徵值

由凱利-漢米爾頓定理，若 $f(x)=c_{n-1}x^{n-1}+c_{n-2}x^{n-2}+\cdots+c_0$ 為 $\boldsymbol{A}$ 的特徵多項式，則 $f(\boldsymbol{A})=c_{n-1}\boldsymbol{A}^{n-1}+c_{n-2}\boldsymbol{A}^{n-2}+\cdots+c_0\boldsymbol{I}$，因此，問題轉而要去求出係數 c_i。以三階方陣 $\boldsymbol{A}$ 為例，若 $\boldsymbol{A}$ 具有特徵值λ_1、λ_2、λ_3，則根據特徵值的定義，有 $f(\lambda)=c_2\lambda^2+c_1\lambda+c_0=0$，

若 $f(x)$有三個相異根λ_1、λ_2、λ_3，則解 $\begin{cases}f(\lambda_1)=c_2\lambda_1^2+c_1\lambda_1+c_0\\f(\lambda_2)=c_2\lambda_2^2+c_1\lambda_2+c_0\\f(\lambda_3)=c_2\lambda_3^2+c_1\lambda_3+c_0\end{cases}$ 求出 c_2, c_1, c_0 可得 $f(\boldsymbol{A})$；

[8] 利用長除法求解比較適用於次冪低的多項式函數。

若$f(x)$有兩重根λ_1、λ_1、λ_3，則解$\begin{cases} f(\lambda_1)=c_2\lambda_1^2+c_1\lambda_1+c_0 \\ f'(\lambda_1)=2c_2\lambda_1+c_1\cdot 1 \\ f(\lambda_3)=c_2\lambda_3^2+c_1\lambda_3+c_0 \end{cases}$求出 c_2, c_1, c_0 可得$f(\boldsymbol{A})$；

若$f(x)$有三重根λ_1、λ_1、λ_1，則解$\begin{cases} f(\lambda_1)=c_2\lambda_1^2+c_1\lambda_1+c_0 \\ f'(\lambda_1)=2c_2x_1+c_1 \\ f''(\lambda_1)=2c_2 \end{cases}$求出 c_2, c_1, c_0 可得$f(\boldsymbol{A})$。

範例 2

$\boldsymbol{A}=\begin{bmatrix} 0 & 1 & 0 \\ 0 & 0 & 1 \\ 0 & 0 & 0 \end{bmatrix}$，求 $e^{\boldsymbol{A}}$。

解 $|\boldsymbol{A}-\lambda\boldsymbol{I}|=0\Rightarrow\lambda^3=0$，$\therefore\boldsymbol{A}^3=\boldsymbol{O}$，$\lambda_1=\lambda_2=\lambda_3=0$，$e^{\boldsymbol{A}}=\alpha\boldsymbol{A}^2+\beta\boldsymbol{A}+r\boldsymbol{I}$，

$f(\lambda)=e^{\lambda}=\alpha\lambda^2+\beta\lambda+r$，

所以

$$f(0)=1=r$$
$$f'(0)=1=\beta$$
$$f''(0)=1=2\alpha\Rightarrow\alpha=\frac{1}{2}，$$

$$\therefore e^{\boldsymbol{A}}=\frac{1}{2}\boldsymbol{A}^2+\boldsymbol{A}+\boldsymbol{I}=\frac{1}{2}\begin{bmatrix} 0 & 0 & 1 \\ 0 & 0 & 0 \\ 0 & 0 & 0 \end{bmatrix}+\begin{bmatrix} 1 & 1 & 0 \\ 0 & 1 & 1 \\ 0 & 0 & 1 \end{bmatrix}=\begin{bmatrix} 1 & 1 & \frac{1}{2} \\ 0 & 1 & 1 \\ 0 & 0 & 1 \end{bmatrix}$$[9]。

Q.E.D.

6-6-3 對角化求解方陣函數

若 $\boldsymbol{A}$ 矩陣可對角化，方陣函數$f(\boldsymbol{A})$的計算更為簡單。因為存在一個過渡矩陣 $\boldsymbol{P}$ 使得 $\boldsymbol{P}^{-1}\boldsymbol{A}\boldsymbol{P}=\boldsymbol{D}$，故 $\boldsymbol{A}=\boldsymbol{P}\boldsymbol{D}\boldsymbol{P}^{-1}=\boldsymbol{P}\begin{bmatrix} \lambda_1 & & \boldsymbol{O} \\ & \ddots & \\ \boldsymbol{O} & & \lambda_n \end{bmatrix}\boldsymbol{P}^{-1}$，此 $\boldsymbol{A}^k=\boldsymbol{P}\begin{bmatrix} \lambda_1^{\ k} & & \boldsymbol{O} \\ & \ddots & \\ \boldsymbol{O} & & \lambda_n^{\ k} \end{bmatrix}\boldsymbol{P}^{-1}$，因此對任意多項式$f(x)$而言我們有

[9] 本題中 $\boldsymbol{A}$ 無法對角化，所以無法用對角化求 $e^{\boldsymbol{A}}$。

$$f(\boldsymbol{A})=\boldsymbol{P}\begin{bmatrix} f(\lambda_1) & & & \boldsymbol{O} \\ & f(\lambda_2) & & \\ & & \ddots & \\ \boldsymbol{O} & & & f(\lambda_n) \end{bmatrix}\boldsymbol{P}^{-1}$$

範例 3

$\boldsymbol{A}=\begin{bmatrix} 5 & 4 \\ 1 & 2 \end{bmatrix}$，求 $\boldsymbol{A}^{100}(7\boldsymbol{A}-6\boldsymbol{I})=$？

解 **利用特徵值**

$|\boldsymbol{A}-\lambda\boldsymbol{I}|=(-1)^2(\lambda^2-7\lambda+6)=0 \Rightarrow \lambda=1,6$，$\therefore \boldsymbol{A}$ 滿足 $\boldsymbol{A}^2-7\boldsymbol{A}+6\boldsymbol{I}=\boldsymbol{O}$，

令 $f(\boldsymbol{A})=\boldsymbol{A}^{100}(7\boldsymbol{A}-6\boldsymbol{I})=7\boldsymbol{A}^{101}-6\boldsymbol{A}^{100}=\alpha\boldsymbol{A}+\beta\boldsymbol{I}$

$$\Rightarrow \begin{cases} f(1)=7-6=\alpha+\beta & \Rightarrow \alpha+\beta=1=f(1) \\ f(6)=7\cdot 6^{101}-6\cdot 6^{100}=6\alpha+\beta \Rightarrow 6\alpha+\beta=6^{102}=f(6) \end{cases} \Rightarrow \alpha=\frac{1}{5}(6^{102}-1)，$$

$\beta=\frac{1}{5}(6-6^{102})$，$\therefore f(\boldsymbol{A})=\frac{1}{5}(6^{102}-1)\begin{bmatrix} 5 & 4 \\ 1 & 2 \end{bmatrix}+\frac{1}{5}(6-6^{102})\begin{bmatrix} 1 & 0 \\ 0 & 1 \end{bmatrix}$，

利用對角化

$\lambda_1=1$ 對應的特徵向量為 $\boldsymbol{V}_1=\begin{bmatrix} 1 \\ -1 \end{bmatrix}$，$\lambda_2=6$ 對應的特徵向量為 $\boldsymbol{V}_2=\begin{bmatrix} 4 \\ 1 \end{bmatrix}$，

則 $\boldsymbol{P}^{-1}\boldsymbol{A}\boldsymbol{P}=\boldsymbol{D}=\begin{bmatrix} 1 & 0 \\ 0 & 6 \end{bmatrix} \Rightarrow \boldsymbol{A}=\boldsymbol{P}\boldsymbol{D}\boldsymbol{P}^{-1}$，$\boldsymbol{P}=\begin{bmatrix} 1 & 4 \\ -1 & 1 \end{bmatrix}$，取 $f(x)=7x^{101}-6x^{100}$，則

$$f(\boldsymbol{A})=\boldsymbol{P}\begin{bmatrix} f(1) & 0 \\ 0 & f(6) \end{bmatrix}\boldsymbol{P}^{-1}=\begin{bmatrix} 1 & 4 \\ -1 & 1 \end{bmatrix}\begin{bmatrix} 1 & 0 \\ 0 & 6^{102} \end{bmatrix}\frac{1}{5}\begin{bmatrix} 1 & -4 \\ 1 & 1 \end{bmatrix}$$

$$=\frac{1}{5}\begin{bmatrix} 1+4\times 6^{102} & -4+4\times 6^{102} \\ -1+6^{102} & 4+6^{102} \end{bmatrix}。$$

Q.E.D.

範例 4

$A=\begin{bmatrix}5&-4&2\\3&-2&2\\2&-2&3\end{bmatrix}$，求 $e^{At}=$？

解 由 $\det(A-\lambda I)=0 \Rightarrow \lambda=1, 2, 3,$

$\lambda=1 \Rightarrow$ 特徵向量 $V_1=\begin{bmatrix}1\\1\\0\end{bmatrix}$，

$\lambda=2 \Rightarrow$ 特徵向量 $V_2=\begin{bmatrix}0\\1\\2\end{bmatrix}$，$\lambda=3 \Rightarrow$ 特徵向量 $V_3=\begin{bmatrix}1\\1\\1\end{bmatrix}$，

取 $P=[V_1\quad V_2\quad V_3]=\begin{bmatrix}1&0&1\\1&1&1\\0&2&1\end{bmatrix}$，則 $P^{-1}AP=D=\begin{bmatrix}1&0&0\\0&2&0\\0&0&3\end{bmatrix}$，$A=PDP^{-1}$，

則 $e^{At}=P\begin{bmatrix}e^t&0&0\\0&e^{2t}&0\\0&0&e^{3t}\end{bmatrix}P^{-1}=\begin{bmatrix}-e^t+2e^{3t}&2e^t-2e^{3t}&-e^t+e^{3t}\\-e^t-e^{2t}+2e^{3t}&2e^t+e^{2t}-2e^{3t}&-e^t+e^{3t}\\-2e^{2t}+2e^{3t}&2e^{2t}-2e^{3t}&e^{3t}\end{bmatrix}$。 Q.E.D.

範例 5

$A=\begin{bmatrix}0&1&0\\2&-1&3\\0&2&1\end{bmatrix}$，利用凱利-漢米爾頓（Cayley-Hamilton）定理求 A^{-1}。

解 由 $|A-\lambda I|=0 \Rightarrow \lambda^3-9\lambda+2=0$，∴由凱利-漢米爾頓定理可知 $A^3-9A+2I=O$，

又 $|A|\neq 0 \Rightarrow A^2-9I+2A^{-1}=O \Rightarrow A^{-1}=\frac{1}{2}(9I-A^2)=\frac{1}{2}\begin{bmatrix}7&1&-3\\2&0&0\\-4&0&2\end{bmatrix}$。 Q.E.D.

6-6 習題演練

基礎題

1. 令 $A=\begin{bmatrix}-3 & 2\\-10 & 6\end{bmatrix}$，利用凱利-漢米爾頓定理求 A^{-1}。

2. 已知 $A=\begin{bmatrix}2 & 0\\0 & 1\end{bmatrix}$，求

   (1) A^{20}　(2) e^{A}　(3) $\cos A$

3. $A=\begin{bmatrix}1 & -3\\1 & 1\end{bmatrix}$，求 $A^{20}=$？

4. $A=\begin{bmatrix}1 & -1\\1 & 3\end{bmatrix}$，求 $e^{A}=$？

進階題

1. $A=\begin{bmatrix}-3 & 6 & -11\\3 & -4 & 6\\4 & -8 & 13\end{bmatrix}$，利用凱利-漢米爾頓定理求 $A^{-1}=$？

2. $A=\begin{bmatrix}-3 & 0 & 1\\-8 & 1 & 2\\-16 & 0 & 5\end{bmatrix}$，求 $A^{100}=$？

3. $A=\begin{bmatrix}1 & 0 & 2\\0 & -1 & 1\\0 & 1 & 0\end{bmatrix}$，求

   $f(A)=A^6-5A^5-4A^4+3A^2-2A+I=$？

4. $A=\begin{bmatrix}1 & 1 & 1\\1 & 1 & 1\\1 & 1 & 1\end{bmatrix}$，求 $A^{8}=$？

5. $A=\begin{bmatrix}1 & 1 & 1\\-1 & -1 & -1\\1 & 1 & 1\end{bmatrix}$，求 $e^{A}=$？

6. $A=\begin{bmatrix}0 & 0 & 1\\0 & 0 & 1\\1 & 1 & 1\end{bmatrix}$，求 $A^{100}=$？

NOTE

線性微分方程式系統

範例影音

7

- 7-1　一階聯立線性微分方程的解
- 7-2　齊性聯立微分方程系統的解
- 7-3　矩陣對角化求解非齊性聯立微分方程系統

莫勒爾
（Cleve Barry Moler, 1939～, 美國）

1970 年代末到 80 年代初期，美國新墨西哥大學的克里夫．莫勒爾教授為了讓學生方便進行矩陣運算，獨立完成了第一個版本的 Matlab，而後在 1984 年，其更與朋友成立了 MathWork 公司，完整利用 C 語言編寫了各種矩陣運算程式，而後其工具箱（Toolbox）在各種不同的領域蓬勃發展，現在已經是處理控制系統設計與分析、影像處理、訊號處理、數值分析、金融建模與分析，及近年來各種人工智慧演算法（AI）的重要程式工具，對於工程上的貢獻卓越。

學習目標

7-1
一階聯立線性微分方程的解

7-1-1 — 掌握聯立微分方程組求解法：代入消去法
7-1-2 — 掌握聯立微分方程組求解法：行列式法
7-1-3 — 掌握聯立微分方程組求解法：拉氏變換

7-2
齊性聯立微分方程系統的解

7-2-1 — 掌握聯立齊性一階方程的一般性解法：
基本矩陣、拉氏轉換
7-2-2 — 掌握聯立齊性一階方程的一般性解法：
可對角化與不可對角化
7-2-3 — 掌握聯立齊性二階方程的解法

7-3
矩陣對角化求解非齊性聯立微分方程系統

7-3-1 — 掌握聯立非齊性一階聯立方程的一般性解法：對角化
7-3-2 — 掌握聯立非齊性二階聯立方程的一般性解法：對角化

對於高階的微分方程式或是複雜的多維系統，求解時最常用的方法就是將此系統化成一階聯立 ODE 後再求解，此概念大量用在 ODE 的數值解軟體中，其中最有名就是 Matlab。例如對二階振動系統 $mx'' + cx' + kx = \alpha\cos wt$ 而言，先整理成 $x'' = -\frac{c}{m}x' - \frac{k}{m}x + \frac{\alpha}{m}\cos wt$ 由於此系統是二階系統，所以需要假設兩個狀態，我們可以令狀態 $x_1 = x$ 表示位移、$x_2 = x'$ 表示速度。則可得聯立方程組：$\begin{cases} x_1' = x_2 \\ x_2' = -\frac{k}{m}x_1 - \frac{c}{m}x_2 + \frac{\alpha}{m}\cos wt \end{cases}$。令 $\boldsymbol{X} = \begin{bmatrix} x_1 \\ x_2 \end{bmatrix}$，則此二階微分方程式的矩陣形式為

$$\begin{bmatrix} x_1' \\ x_2' \end{bmatrix} = \begin{bmatrix} 0 & 1 \\ -\frac{k}{m} & -\frac{c}{m} \end{bmatrix} \begin{bmatrix} x_1 \\ x_2 \end{bmatrix} + \begin{bmatrix} 0 \\ \frac{\alpha}{m}\cos wt \end{bmatrix}$$

即 $\boldsymbol{X}' = \boldsymbol{A}\boldsymbol{X} + \boldsymbol{B}(t)$，其中 $\boldsymbol{A} = \begin{bmatrix} 0 & 1 \\ -\frac{k}{m} & -\frac{c}{m} \end{bmatrix}$，$\boldsymbol{B} = \begin{bmatrix} 0 \\ \frac{\alpha}{m}\cos wt \end{bmatrix}$，此方程式亦稱為該系統的**動態系統狀態方程式**或是簡稱為狀態方程式。接下來本章就是要介紹如何求解這一類的一階或二階聯立微分方程系統。

7-1 一階聯立線性微分方程的解

求解一階聯立 ODE 最基本的直接式解法就是消去法，可分為代入消去法與行列式消去法，其主要觀念就是將聯立 ODE 化成單一未知函數之高階 ODE，然後再用高階 ODE 的理論求解，針對此兩種解法，在此直接以論例說明。

7-1-1 代入消去法

範例 1

求解 $\begin{cases} 2x'-y'+x+y=-t \\ x'+y'+4x=3 \end{cases}$。

解 $\begin{cases} 2x'-y'+x+y=-t \cdots ① \\ x'+y'+4x=3 \cdots\cdots\cdots ② \end{cases}$

①加②得 $3x'+5x+y=-t+3$ 即 $y=-3x'-5x-t+3$ （稱③式），

將 $y'=-3x''-5x'-1$ 代入②中可以化成只剩下未知函數 $x(t)$ 之二階 ODE

$x'+(-3x''-5x'-1)+4x=3 \Rightarrow x'-3x''-5x'-1+4x=3 \Rightarrow 3x''+4x'-4x=-4$，

(1) 求齊性解 $x_h(t)$；令 $x=e^{mt}$ 代入可得特性方程式

$3m^2+4m-4=0 \Rightarrow (3m-2)(m+2)=0$，

$\therefore m=-2, \frac{2}{3}$，$\therefore x_h(t)=c_1e^{-2t}+c_2e^{\frac{2}{3}t}$ [1]。

(2) 求特解 $x_p(t)$：$(3D^2+4D-4)x_p(t)=-4$，

$x_p(t)=\frac{1}{3D^2+4D-4}(-4)=1$，

$\therefore x(t)=x_h(t)+x_p(t)=c_1e^{-2t}+c_2e^{\frac{2}{3}t}+1$，

將 $x(t)=c_1e^{-2t}+c_2e^{\frac{2}{3}t}+1$ 代入③式，

得 $y(t)=-3\cdot(-2c_1e^{-2t}+\frac{2}{3}c_2e^{\frac{2}{3}t})-5(c_1e^{-2t}+c_2e^{\frac{2}{3}t}+1)-t+3=c_1e^{-2t}-7c_2e^{\frac{2}{3}t}-t-2$

Q.E.D.

---

[1] 求解時必須注意到此聯立 ODE 為兩個一階 ODE 合成，所以該系統為二階系統，只能存在兩個獨立常數，若是出現其他多餘的獨立常數的解，必須將這些解代回原聯立 ODE，求出獨立常數間之關係，之後再代回原解中化簡。

7-1-2　行列式法

假設原聯立 ODE 用微分運算子 $L(D)$來可以化簡為$\begin{cases} L_1(D)x+L_2(D)y=f(t) \\ L_3(D)x+L_4(D)y=g(t) \end{cases}$

利用克萊瑪法則得 $x=\dfrac{\begin{vmatrix} f(t) & L_2(D) \\ g(t) & L_4(D) \end{vmatrix}}{\begin{vmatrix} L_1(D) & L_2(D) \\ L_3(D) & L_4(D) \end{vmatrix}}$、$y=\dfrac{\begin{vmatrix} L_1(D) & f(t) \\ L_3(D) & g(t) \end{vmatrix}}{\begin{vmatrix} L_1(D) & L_2(D) \\ L_3(D) & L_4(D) \end{vmatrix}}$，移項後得

(1) $\begin{vmatrix} L_1(D) & L_2(D) \\ L_3(D) & L_4(D) \end{vmatrix}x=\begin{vmatrix} f(t) & L_2(D) \\ g(t) & L_4(D) \end{vmatrix}$　(2) $\begin{vmatrix} L_1(D) & L_2(D) \\ L_3(D) & L_4(D) \end{vmatrix}y=\begin{vmatrix} L_1(D) & f(t) \\ L_3(D) & g(t) \end{vmatrix}$

兩種解法的使用原則

一般求解時，若是兩個未知函數都利用此方法化簡成高階單一未知函數之 ODE 時，會造成多出獨立常數，又必須代回原聯立 ODE 中求出個獨立常數之關係，會變得較為複雜，所以一般建議只能求一個未知數的解，另一解則用代入法求得。

範例 2

$\begin{cases} x'=2x+y+1 \\ y'=4x+2y+e^{4t} \end{cases}$。

解 以微分算子改寫為$\begin{cases} Dx=2x+y+1 \\ Dy=4x+2y+e^{4t} \end{cases}$，整理得$\begin{vmatrix} D-2 & -1 \\ -4 & D-2 \end{vmatrix}x=\begin{vmatrix} 1 & -1 \\ e^{4t} & D-2 \end{vmatrix}$

$\Rightarrow (D^2-4D+4-4)x=-2+e^{4t} \Rightarrow (D^2-4D)x=-2+e^{4t} \Rightarrow x''-4x'=-2+e^{4t}$，

從特徵方程式得 $x_h(t)=c_1+c_2e^{4t}$，再從逆微分算子

得特解　$x_p=\dfrac{1}{D^2-4D}[-2+e^{4t}]=-2\cdot\dfrac{1}{D\cdot(D-4)}e^{0t}+\dfrac{1}{(D-4)D}e^{4t}=\dfrac{1}{2}t+\dfrac{1}{4}te^{4t}$

$\therefore x(t)=c_1+c_2e^{4t}+\dfrac{1}{2}t+\dfrac{1}{4}te^{4t}$，由 $x'=2x+y+1 \Rightarrow y=x'-2x-1$，

將 $x(t)=c_1+c_2e^{4t}+\dfrac{1}{2}t+\dfrac{1}{4}te^{4t}$ 代入

可得　$y(t)=(-2c_1-\dfrac{1}{2})-t+(\dfrac{1}{4}+2c_2+\dfrac{1}{2}t)e^{4t}$。　Q.E.D.

7-1-3 拉氏變換解常係數的聯立 ODE（Simultaneous constant coefficients ODE）

拉氏變換是一個線性的變換，換句話說，線性聯立方程組在它的作用下仍會保持線性聯立方程組的形式，如此一來，便讓線性代數中求解聯立方程的理論有可扮演的角色，我們以聯立一階 ODE 的情況舉例說明。

考慮二元一次線性聯立 ODE：$\begin{cases} \dfrac{dx}{dt} = a_{11}x + a_{12}y \\ \dfrac{dy}{dt} = a_{21}x + a_{22}y \end{cases}$。首先分別對兩個一階 ODE 做拉氏變換得$\begin{cases} sX(s) - x(0) = a_{11}X(s) + a_{12}Y(s) \\ sY(s) - y(0) = a_{21}X(s) + a_{22}Y(s) \end{cases}$，整理得$\begin{bmatrix} a_{11} - s & a_{12} \\ a_{21} & a_{22} - s \end{bmatrix}\begin{bmatrix} X(s) \\ Y(s) \end{bmatrix} = \begin{bmatrix} -x(0) \\ -y(0) \end{bmatrix}$，若 $\begin{vmatrix} a_{11} - s & a_{12} \\ a_{21} & a_{22} - s \end{vmatrix} \neq 0$，則由克萊瑪法則（Cramer's rule）得到

$$X(s) = \frac{\begin{vmatrix} -x(0) & a_{12} \\ -y(0) & a_{22} - s \end{vmatrix}}{\begin{vmatrix} a_{11} - s & a_{12} \\ a_{21} & a_{22} - s \end{vmatrix}} \text{、} Y(s) = \frac{\begin{vmatrix} a_{11} - s & -x(0) \\ a_{21} & -y(0) \end{vmatrix}}{\begin{vmatrix} a_{11} - s & a_{12} \\ a_{21} & a_{22} - s \end{vmatrix}}$$

最後執行拉氏逆變換得通解，請看接下來的範例實際應用。

範例 3

利用拉氏轉換求解 $\begin{cases} \dfrac{dx}{dt} = 2x - 3y \\ \dfrac{dy}{dt} = y - 2x \end{cases}$，$x(0) = 8$、$y(0) = 3$[2]。

解 令 $\mathscr{L}\{x(t)\} = \hat{x}(s)$，$\mathscr{L}\{y(t)\} = \hat{y}(s)$，則原式 ODE

作 L-T 得 $\begin{cases} s\hat{x}(s) - x(0) = 2\hat{x}(s) - 3\hat{y}(s) \\ s\hat{y}(s) - y(0) = \hat{y}(s) - 2\hat{x}(s) \end{cases}$，

則原系統轉爲 $\begin{cases} (s-2)\hat{x}(s) + 3\hat{y}(s) = 8 \\ 2\hat{x}(s) + (s-1)\hat{y}(s) = 3 \end{cases}$，則由克萊瑪法則

得 $$\hat{x}(s) = \frac{\begin{vmatrix} 8 & 3 \\ 3 & s-1 \end{vmatrix}}{\begin{vmatrix} s-2 & 3 \\ 2 & s-1 \end{vmatrix}} = \frac{5}{s+1} + \frac{3}{s-4}、\hat{y}(s) = \frac{\begin{vmatrix} s-2 & 8 \\ 2 & 3 \end{vmatrix}}{s^2 - 3s - 4} = \frac{5}{s+1} + \frac{-2}{s-4}$$

$\therefore$ $$x(t) = \mathscr{L}^{-1}\{\hat{x}(s)\} = \mathscr{L}^{-1}\{\frac{5}{s+1} + \frac{3}{s-4}\} = 5e^{-t} + 3e^{4t}，$$

$$y(t) = \mathscr{L}^{-1}\{\hat{y}(s)\} = \mathscr{L}^{-1}\{\frac{5}{s+1} + \frac{-2}{s-4}\} = 5e^{-t} - 2e^{4t}。$$

Q.E.D.

---

2 利用拉氏轉換求解聯立 ODE 時，如果不知初始條件，則要自己令初始條件為常數。

7-1 習題演練

基礎題

利用代入消去法求解下列 1～2 題的聯立 ODE。

1. $\begin{cases} x_1' + x_2 = 1 \\ 9x_1 + x_2' = 0 \end{cases}$，其中 $x_1(0) = x_2(0) = 0$。

2. $\begin{cases} x_1' = 4x_1 + x_2 \\ x_2' = 3x_1 + 2x_2 \end{cases}$，
   其中 $x_1(0) = 0,\ x_2(0) = 1$。

利用拉氏轉換求解下列 3～4 題的聯立 ODE。

3. $\begin{cases} x_1' + x_2 = 1 \\ 9x_1 + x_2' = 0 \end{cases}$，其中 $x_1(0) = x_2(0) = 0$。

4. $\begin{cases} x_1' = 4x_1 + x_2 \\ x_2' = 3x_1 + 2x_2 \end{cases}$，
   其中 $x_1(0) = 0,\ x_2(0) = 1$。

進階題

求解下列聯立 ODE

1. $\begin{cases} \dfrac{dx_1}{dt} = -x_1 - 2x_2 + 3 \\ \dfrac{dx_2}{dt} = 3x_1 + 4x_2 + 3 \end{cases}$，
   $x_1(0) = -4$、$x_2(0) = 5$。

2. $\begin{cases} \dfrac{dy_1}{dt} - 3y_1 = y_2 \\ \dfrac{dy_2}{dt} - y_2 = -y_1 \end{cases}$

3. $\begin{cases} x_1' = -2x_1 + x_2 \\ x_2' = -x_1 \end{cases}$，$x_1(0) = 1$、$x_2(0) = 0$。

4. $\begin{cases} x_1' = x_2 + e^{3t} \\ x_2' = x_1 - 3e^{3t} \end{cases}$

5. $\begin{cases} x_1' + 3x_1 + 4x_2 = 5e^t \\ 5x_1 - x_2' + 6x_2 = 6e^t \end{cases}$，
   $x_1(0) = 1$、$x_2(0) = 0$。

利用拉氏轉換求解下列聯立 ODE。

6. $\begin{cases} \dfrac{dx}{dt} + 3x + \dfrac{dy}{dt} = \cos t \\ \dfrac{dx}{dt} - x + y = \sin t \end{cases}$，
   $x(0) = 0$、$y(0) = 4$。

7. $\begin{cases} \dfrac{dx}{dt} - 4x + 2y = 2t \\ \dfrac{dy}{dt} - 8x + 4y = 1 \end{cases}$，$x(0) = 3$、$y(0) = 5$。

8. $\begin{cases} y_1' + y_2 = 2\cos t \\ y_1 + y_2' = 0 \end{cases}$，$y_1(0) = 0$、$y_2(0) = -1$。

9. $y_1' = 6y_1 + 9y_2$，$y_1(0) = -3$，
   $y_2' = y_1 + 6y_2$，$y_2(0) = -3$。

10. $x' + 2y' - y = 1$，$2x' + y = 0$，
    $x(0) = y(0) = 0$。

11. $x' - 2y' = 1$，$x' + y - x = 0$，
    $x(0) = 0$，$y(0) = 1$。

7-2 齊性聯立微分方程系統的解

前一節介紹了代入消去法與拉氏轉換法求解聯立 ODE，然而其較易用來求解階數較低的聯立 ODE，若是階數高的系統，還是要用到矩陣來求解，以下將先介紹如何用基本矩陣的觀念來求解齊性聯立微分方程系統。

7-2-1　一階齊性聯立微分方程系統的解

推廣 7-1 節的一階常係數常微分方程形式為 $\begin{bmatrix} x_1' \\ x_2' \\ \vdots \\ x_n' \end{bmatrix} = \begin{bmatrix} a_{11} & a_{12} & \cdots & a_{1n} \\ a_{21} & a_{22} & & \vdots \\ \vdots & & \ddots & \vdots \\ a_{n1} & \cdots & \cdots & a_{nn} \end{bmatrix} \begin{bmatrix} x_1 \\ x_2 \\ \vdots \\ x_n \end{bmatrix}$

通常簡寫為 $\boldsymbol{X}' = \boldsymbol{AX}$。其解法與一階常係數常微分方程式 $y' = ay$ 之解法雷同。在求解 $y' = ay$ 時，我們假設其解為 $y(x) = ce^{ax}$ 代入 ODE 中，可以得到特性方程式；同理，求解 $\boldsymbol{X}' = \boldsymbol{AX}$ 時，我們假設其解為 $\boldsymbol{X}_{n\times1}(t) = \boldsymbol{V}_{n\times1}e^{\lambda t}$ 代入 $\boldsymbol{X}' = \boldsymbol{AX}$ 中，可得

$$\boldsymbol{V}_{n\times1}\lambda e^{\lambda t} = \boldsymbol{AV}e^{\lambda t}$$

整理得 $(\boldsymbol{A}_{n\times n}\boldsymbol{V}_{n\times1} - \lambda\boldsymbol{V}_{n\times1})e^{\lambda t} = \boldsymbol{O}$，因為 $e^{\lambda t} \neq 0 \Rightarrow \boldsymbol{AV} = \lambda\boldsymbol{V}$，故原式為一特徵值系統，$\lambda$ 為特徵值，$\boldsymbol{V}_{n\times1}$ 為其非零之特徵向量。

定理 7-2-1　n 階齊性聯立 ODE 的線性獨立解

假設 $\boldsymbol{A}$ 為可對角化之 n 階方陣，且設 $\boldsymbol{A}$ 的特徵值為 $\lambda_1, \lambda_2, \cdots, \lambda_n$，其相對之線性獨立特徵向量為 $\boldsymbol{V}_1, \boldsymbol{V}_2, \cdots, \boldsymbol{V}_n$，則對 n 階齊性聯立微分方程系統 $\boldsymbol{X}' = \boldsymbol{AX}$ 而言，$\boldsymbol{V}_1e^{\lambda_1 t}, \boldsymbol{V}_2e^{\lambda_2 t}, \cdots, \boldsymbol{V}_ne^{\lambda_n t}$ 為其 n 個線性獨立解。

在 $t = 0$ 時，以 $\boldsymbol{V}_1e^{\lambda_1 t}, \boldsymbol{V}_2e^{\lambda_2 t}, \cdots, \boldsymbol{V}_ne^{\lambda_n t}$ 為行向量之方陣為過渡矩陣 $P = [\boldsymbol{V}_1\ \boldsymbol{V}_2 \cdots \boldsymbol{V}_n]$，因為 P 矩陣可逆，即 $\det(P) \neq 0$，所以此 n 個解必線性獨立。具體來說我們有以下定義。

1. 基本矩陣（Fundamental matrix）

   $\Phi = [\boldsymbol{V}_1e^{\lambda_1 t}\ \ \boldsymbol{V}_2e^{\lambda_2 t} \cdots \boldsymbol{V}_ne^{\lambda_n t}]$，稱為 $\boldsymbol{X}' = \boldsymbol{AX}$ 之基本矩陣。

定理 7-2-2 **對角化求通解**

假設 $\boldsymbol{A}$ 爲可對角化之 n 階方陣，且對 n 階齊性聯立微分方程系統 $\boldsymbol{X}'=\boldsymbol{A}\boldsymbol{X}$，$\Phi=[\boldsymbol{V}_1e^{\lambda_1 t}\ \ \boldsymbol{V}_2e^{\lambda_2 t}\ \cdots\ \boldsymbol{V}_ne^{\lambda_n t}]$ 爲其基本矩陣，則 $\Phi_{n\times n}\boldsymbol{C}_{n\times 1}$ 爲 $\boldsymbol{X}'=\boldsymbol{A}\boldsymbol{X}$ 之通解。

證明

因爲 $\boldsymbol{V}_1e^{\lambda_1 t},\boldsymbol{V}_2e^{\lambda_2 t},\cdots,\boldsymbol{V}_ne^{\lambda_n t}$ 爲 $\boldsymbol{X}'=\boldsymbol{A}\boldsymbol{X}$ 之 n 個線性獨立解，則以此 n 個線性獨立解爲基底之解空間包含 $\boldsymbol{X}'=\boldsymbol{A}\boldsymbol{X}$ 之任一解，換句話說，$\boldsymbol{X}'=\boldsymbol{A}\boldsymbol{X}$ 之通解可表爲

$\boldsymbol{X}=c_1\boldsymbol{V}_1e^{\lambda_1 t}+c_2\boldsymbol{V}_2e^{\lambda_2 t}+\cdots+c_n\boldsymbol{V}_ne^{\lambda_n t}$，即通解爲

$$\boldsymbol{X}=[\boldsymbol{V}_1e^{\lambda_1 t}\ \ \boldsymbol{V}_2e^{\lambda_2 t}\ \cdots\ \boldsymbol{V}_ne^{\lambda_n t}]\begin{bmatrix}c_1\\c_2\\\vdots\\c_n\end{bmatrix}=\Phi(t)\cdot\boldsymbol{C}$$

2. **拉式轉換求解**

其實 $\boldsymbol{X}'=\boldsymbol{A}\boldsymbol{X}$ 之通解亦可以利用拉氏轉換求解。定義 $\boldsymbol{X}(t)=\begin{bmatrix}x_1\\x_2\\\vdots\\x_n\end{bmatrix}$ 的拉式轉換爲

$\widehat{\boldsymbol{X}}(s)=\begin{bmatrix}\hat{x}_1(s)\\\hat{x}_2(s)\\\vdots\\\hat{x}_n(s)\end{bmatrix}$。取 $\boldsymbol{X}(0)=\boldsymbol{C}=\begin{bmatrix}c_1\\c_2\\\vdots\\c_n\end{bmatrix}$，對 $\boldsymbol{X}'=\boldsymbol{A}\boldsymbol{X}$ 取拉氏轉換，合併使用拉式轉換的微分公式可以得到 $s\widehat{\boldsymbol{X}}(s)-\boldsymbol{X}(0)=A\widehat{\boldsymbol{X}}(s)$，則 $(s\boldsymbol{I}_{n\times n}-\boldsymbol{A}_{n\times n})\widehat{\boldsymbol{X}}(s)=\boldsymbol{X}(0)$，整理得

$$\widehat{\boldsymbol{X}}(s)=(s\boldsymbol{I}_{n\times n}-\boldsymbol{A}_{n\times n})^{-1}\cdot\boldsymbol{C}=\frac{\boldsymbol{I}}{s\boldsymbol{I}-\boldsymbol{A}}\cdot\boldsymbol{C}$$

因此再透過拉式逆變換得 $\boldsymbol{X}_{n\times 1}(t)=\mathscr{L}^{-1}\{\widehat{\boldsymbol{X}}(s)\}=\mathscr{L}^{-1}\{\frac{\boldsymbol{I}}{s\boldsymbol{I}-\boldsymbol{A}}\cdot\boldsymbol{C}\}=e^{\boldsymbol{A}t}\cdot\boldsymbol{C}$，所以基本矩陣 $\Phi=[\boldsymbol{V}_1e^{\lambda_1 t}\ \ \boldsymbol{V}_2e^{\lambda_2 t}\ \cdots\ \boldsymbol{V}_ne^{\lambda_n t}]$ 亦可以表示爲方陣函數 $e^{\boldsymbol{A}t}$。

範例 1

求解$\begin{bmatrix} x_1' \\ x_2' \end{bmatrix}=\begin{bmatrix} 4 & 2 \\ 2 & 1 \end{bmatrix}\begin{bmatrix} x_1 \\ x_2 \end{bmatrix}$。

解 ① **以對角化求解**

令$\boldsymbol{A}=\begin{bmatrix} 4 & 2 \\ 2 & 1 \end{bmatrix}$，由$|\boldsymbol{A}-\lambda\boldsymbol{I}|=\lambda^2-5\lambda=0=0$得$\lambda=0, 5$，

$\lambda=0$代入$(\boldsymbol{A}-\lambda\boldsymbol{I})\boldsymbol{V}=\boldsymbol{O}$中$\Rightarrow\begin{bmatrix} 4 & 2 \\ 2 & 1 \end{bmatrix}\begin{bmatrix} v_1 \\ v_2 \end{bmatrix}=\boldsymbol{O}\Rightarrow\boldsymbol{V}_1=c_1\begin{bmatrix} 1 \\ -2 \end{bmatrix}$，

$\lambda=5$代入$(\boldsymbol{A}-\lambda\boldsymbol{I})\boldsymbol{V}=\boldsymbol{O}$中$\Rightarrow\begin{bmatrix} -1 & 2 \\ 2 & -4 \end{bmatrix}\begin{bmatrix} v_1 \\ v_2 \end{bmatrix}=\boldsymbol{O}\Rightarrow\boldsymbol{V}_2=c_2\begin{bmatrix} 2 \\ 1 \end{bmatrix}$，

取基本矩陣爲$\Phi=\begin{bmatrix} 1\cdot e^{0t} & 2e^{5t} \\ -2\cdot e^{0t} & 1\cdot e^{5t} \end{bmatrix}$，故 ODE 之解爲

$$\boldsymbol{X}=\Phi\cdot\boldsymbol{C}=\begin{bmatrix} 1\cdot e^{0t} & 2e^{5t} \\ -2\cdot e^{0t} & 1\cdot e^{5t} \end{bmatrix}\begin{bmatrix} c_1 \\ c_2 \end{bmatrix}=c_1\begin{bmatrix} 1 \\ -2 \end{bmatrix}+c_2e^{5t}\begin{bmatrix} 2 \\ 1 \end{bmatrix}，所以\begin{bmatrix} x_1 \\ x_2 \end{bmatrix}=\begin{bmatrix} c_1+2c_2e^{5t} \\ -2c_1+c_2e^{5t} \end{bmatrix}。$$

② **Laplace 轉換求解**

令$\boldsymbol{X}(0)=\begin{bmatrix} x_1(0) \\ x_2(0) \end{bmatrix}=\begin{bmatrix} c_1 \\ c_2 \end{bmatrix}$且$\mathscr{L}\{\boldsymbol{X}(t)\}=\widehat{\boldsymbol{X}}(s)$，對原 ODE 取 Laplace 轉換

$\Rightarrow s\,\widehat{\boldsymbol{X}}(s)-\boldsymbol{X}(0)=\boldsymbol{A}\widehat{\boldsymbol{X}}(s)\Rightarrow(s\boldsymbol{I}-\boldsymbol{A})\widehat{\boldsymbol{X}}(s)=\boldsymbol{X}(0)$，得

$$\widehat{\boldsymbol{X}}(s)=(s\boldsymbol{I}-\boldsymbol{A})^{-1}\boldsymbol{X}(0)=\begin{bmatrix} s-4 & -2 \\ -2 & s-1 \end{bmatrix}^{-1}\begin{bmatrix} c_1 \\ c_2 \end{bmatrix}=\begin{bmatrix} \dfrac{s-1}{s(s-5)} & \dfrac{2}{s(s-5)} \\ \dfrac{2}{s(s-5)} & \dfrac{s-4}{s(s-5)} \end{bmatrix}\begin{bmatrix} c_1 \\ c_2 \end{bmatrix},$$

$$\boldsymbol{X}(t)=\mathscr{L}^{-1}\{\widehat{\boldsymbol{X}}(s)\}=\begin{bmatrix} \mathscr{L}^{-1}\left\{\dfrac{s-1}{s(s-5)}\right\} & \mathscr{L}^{-1}\left\{\dfrac{2}{s(s-5)}\right\} \\ \mathscr{L}^{-1}\left\{\dfrac{2}{s(s-5)}\right\} & \mathscr{L}^{-1}\left\{\dfrac{s-4}{s(s-5)}\right\} \end{bmatrix}\begin{bmatrix} c_1 \\ c_2 \end{bmatrix}$$

$$=\begin{bmatrix} \dfrac{1}{5}+\dfrac{4}{5}e^{5t} & -\dfrac{2}{5}+\dfrac{2}{5}e^{5t} \\ -\dfrac{2}{5}+\dfrac{2}{5}e^{5t} & \dfrac{4}{5}+\dfrac{1}{5}e^{5t} \end{bmatrix}\begin{bmatrix} c_1 \\ c_2 \end{bmatrix}=\begin{bmatrix} (\frac{1}{5}c_1-\frac{2}{5}c_2)+(\frac{4}{5}c_1+\frac{2}{5}c_2)e^{5t} \\ -(\frac{2}{5}c_1-\frac{4}{5}c_2)+(\frac{2}{5}c_1+\frac{1}{5}c_2)e^{5t} \end{bmatrix},$$

比較其結果可以發現 Laplace 轉換求解中的$(\frac{1}{5}c_1-\frac{2}{5}c_2)$即對角化求解中的$c_1$，

而$(\frac{2}{5}c_1+\frac{1}{5}c_2)$即爲對角化求解中的$c_2$。

Q.E.D.

範例 2

$X' = AX$，$X = \begin{bmatrix} x_1 \\ x_2 \\ x_3 \end{bmatrix}$，$A = \begin{bmatrix} -1 & 1 & 0 \\ 1 & -1 & 0 \\ 0 & 0 & -2 \end{bmatrix}$ (1)求 A 的特徵值與特徵向量？ (2)求通解 X。

解 (1) ① 由 $|A - \lambda I| = 0 \Rightarrow \lambda^3 + 4\lambda^2 + 4\lambda = 0$，$\lambda = 0, -2, -2$，

② $\lambda = 0$ 代入 $(A - \lambda I)V = O$ 中 $\Rightarrow \begin{bmatrix} -1 & 1 & 0 \\ 1 & -1 & 0 \\ 0 & 0 & -2 \end{bmatrix} \begin{bmatrix} v_1 \\ v_2 \\ v_3 \end{bmatrix} = O \Rightarrow V = c_1 \begin{bmatrix} 1 \\ 1 \\ 0 \end{bmatrix}$，

$\lambda = -2$ 代入 $(A - \lambda I)V = O$ 中 $\Rightarrow \begin{bmatrix} 1 & 1 & 0 \\ 1 & 1 & 0 \\ 0 & 0 & 0 \end{bmatrix} \begin{bmatrix} v_1 \\ v_2 \\ v_3 \end{bmatrix} = O \Rightarrow V = c_2 \begin{bmatrix} 1 \\ -1 \\ 0 \end{bmatrix} + c_3 \begin{bmatrix} 0 \\ 0 \\ 1 \end{bmatrix}$，

取 $V_1 = \begin{bmatrix} 1 \\ 1 \\ 0 \end{bmatrix}$，$V_2 = \begin{bmatrix} 1 \\ -1 \\ 0 \end{bmatrix}$，$V_3 = \begin{bmatrix} 0 \\ 0 \\ 1 \end{bmatrix}$。

(2) $X = \begin{bmatrix} x_1 \\ x_2 \\ x_3 \end{bmatrix} = c_1 e^{0t} \begin{bmatrix} 1 \\ 1 \\ 0 \end{bmatrix} + c_2 e^{-2t} \begin{bmatrix} 1 \\ -1 \\ 0 \end{bmatrix} + c_3 e^{-2t} \begin{bmatrix} 0 \\ 0 \\ 1 \end{bmatrix} = \begin{bmatrix} c_1 + c_2 e^{-2t} \\ c_1 - c_2 e^{-2t} \\ c_3 e^{-2t} \end{bmatrix}$。 Q.E.D.

7-2-2 一般解與係數矩陣的特徵根

定理 7-2-3 係數矩陣特徵根為複數之齊性聯立方程組的解

若在 $X' = AX$ 中係數矩陣 A 具有共軛複數特徵值 $\lambda = \alpha \pm i\beta$，且其相應之特徵向量爲 $\xi = U \pm iV$，則其通解可寫爲

$$e^{\alpha t}\left[c_1^*(U\cos\beta t - V\sin\beta t) + c_2^*(U\sin\beta t + V\cos\beta t)\right] + \cdots$$

證明

在通解 $X = c_1 V_1 e^{\lambda_1 t} + c_2 V_2 e^{\lambda_2 t} + \cdots + c_n V_n e^{\lambda_n t}$ 中代入 $\lambda = \alpha \pm i\beta$ 及 $\xi = U \pm iV$，則

$$\begin{aligned} X &= c_1(U + iV)e^{(\alpha + i\beta)t} + c_2(U - iV)e^{(\alpha - i\beta)t} + \cdots \\ &= c_1(U + iV)e^{\alpha t}(\cos\beta t + i\sin\beta t) + c_2(U - iV)e^{\alpha t}(\cos\beta t - i\sin\beta t) + \cdots \\ &= e^{\alpha t}\left[(c_1 + c_2)(U\cos\beta t - V\sin\beta t) + (c_1 - c_2)i(U\sin\beta t + V\cos\beta t)\right] + \cdots \\ &= e^{\alpha t}\left[c_1^*(U\cos\beta t - V\sin\beta t) + c_2^*(U\sin\beta t + V\cos\beta t)\right] + \cdots \end{aligned}$$

因爲 $e^{\alpha t}\cos\beta t$、$e^{\alpha t}\sin\beta t$ 互相線性獨立，

故 $e^{\alpha t}(U\cos\beta t - V\sin\beta t)$、$e^{\alpha t}(U\sin\beta t + V\cos\beta t)$

爲對 $X' = AX$ 中對應共軛複數特徵值 $\lambda = \alpha \pm i\beta$ 之部分的兩個線性獨立解。

範例 3

求解 $\begin{bmatrix} x_1' \\ x_2' \end{bmatrix} = \begin{bmatrix} 7 & 10 \\ -4 & -5 \end{bmatrix} \begin{bmatrix} x_1 \\ x_2 \end{bmatrix}$。

解 令 $A = \begin{bmatrix} 7 & 10 \\ -4 & -5 \end{bmatrix}$。由 $|A - \lambda I| = \lambda^2 - 2\lambda + 5 = 0$，$\lambda = 1 \pm 2i \Rightarrow \alpha = 1$、$\beta = 2$，

$\lambda = 1 + 2i$ 代入 $(A - \lambda I)\xi = O$ 中 $\Rightarrow \begin{bmatrix} 6-2i & 10 \\ -4 & -6-2i \end{bmatrix} \begin{bmatrix} \varsigma_1 \\ \varsigma_2 \end{bmatrix} = O$

$\Rightarrow \xi_1 = \begin{bmatrix} 5 \\ -3+i \end{bmatrix} = \begin{bmatrix} 5 \\ -3 \end{bmatrix} + i \begin{bmatrix} 0 \\ 1 \end{bmatrix} = U + iV$，

其中 $U = \begin{bmatrix} 5 \\ -3 \end{bmatrix}$，$V = \begin{bmatrix} 0 \\ 1 \end{bmatrix}$，

$\lambda = 1 - 2i$ 代入 $(A - \lambda I)\xi = 0$ 中 $\Rightarrow \xi_2 = U - iV$，

則 ODE 之解為 $X = e^t\{c_1(U\cos 2t - V\sin 2t) + c_2(U\sin 2t + V\cos 2t)\}$。 Q.E.D.

定理 7-2-4　特徵根為實數重根但不可對角化之齊性聯立方程組的解

若 A 具有特徵值 λ_1 為二重根但不可對角化，則 $X' = AX$ 之線性獨立解為 $\phi_1 = V_1 e^{\lambda_1 t}$、$\phi_2 = V_1 t e^{\lambda_1 t} + V_2 e^{\lambda_1 t}$

證明

因為相對應的特徵向量只有 V_1，所以對應 $X' = AX$ 中特徵值 λ_1 的部分只能得到一個線性獨立解 $\phi_1 = V_1 e^{\lambda_1 t}$，而根據常係數線性 ODE 的理論，另一個線性獨立解可以設為 $\phi_2 = V_1 t e^{\lambda_1 t} + V_2 e^{\lambda_1 t}$，將其代入 $X' = AX$ 中須滿足，

即　$V_1 e^{\lambda_1 t} + V_1 \lambda_1 t e^{\lambda_1 t} + V_2 \lambda_1 e^{\lambda_1 t} = A(V_1 t e^{\lambda_1 t} + V_2 e^{\lambda_1 t})$

於是問題變成，需要找到一個與 V_1 互相獨立的 V_2。由循環基底的理論可知，存在一個與 V_1 互相獨立的 V_2

使得　$(A - \lambda_1 I)V_2 = V_1$

事實上，上式只有 V_2 一個未知數，所以可以從上式透過聯立方程組求得 V_2。所以 $\phi_1 = V_1 e^{\lambda_1 t}$ 與 $\phi_2 = V_1 t e^{\lambda_1 t} + V_2 e^{\lambda_1 t}$ 為 $X' = AX$ 中相對兩重根特徵值 λ_1 之線性獨立解，則 $X' = AX$ 之解可以寫成 $X = c_1\phi_1 + c_2\phi_2 + \cdots$

定理 7-2-5 不可對角化之齊性聯立 ODE 的求解

若 $\boldsymbol{A}$ 具有特徵值 λ_1 爲三重根且 $\boldsymbol{A}$ 無法對角化，則 $\boldsymbol{X}'=\boldsymbol{AX}$ 之通解爲

$$\boldsymbol{X}=c_1\boldsymbol{\phi}_1+c_2\boldsymbol{\phi}_2+c_3\boldsymbol{\phi}_3$$

其中 $\boldsymbol{\phi}_1=\boldsymbol{V}_1e^{\lambda_1 t}$ 、 $\boldsymbol{\phi}_2=\boldsymbol{V}_1te^{\lambda_1 t}+\boldsymbol{V}_2e^{\lambda_1 t}$ 、 $\boldsymbol{\phi}_3=\dfrac{1}{2}\boldsymbol{V}_1t^2e^{\lambda_1 t}+\boldsymbol{V}_2te^{\lambda_1 t}+\boldsymbol{V}_3e^{\lambda_1 t}$ 。

證明

假設 λ_1 相對應的特徵向量 $\boldsymbol{V}_1$，所以對應 $\boldsymbol{X}'=\boldsymbol{AX}$ 中特徵值 λ_1 的解爲 $\boldsymbol{\phi}_1=\boldsymbol{V}_1e^{\lambda_1 t}$，而根據常係數線性 ODE 的理論，另一個線性獨立解可以設爲 $\boldsymbol{\phi}_2=\boldsymbol{V}_1te^{\lambda_1 t}+\boldsymbol{V}_2e^{\lambda_1 t}$，將其代入 $\boldsymbol{X}'=\boldsymbol{AX}$ 中可以求出 $\boldsymbol{V}_2$；再令一個線性獨立解爲 $\boldsymbol{\phi}_3=\dfrac{1}{2}\boldsymbol{V}_1t^2e^{\lambda_1 t}+\boldsymbol{V}_2te^{\lambda_1 t}+\boldsymbol{V}_3e^{\lambda_1 t}$，將其代入 $\boldsymbol{X}'=\boldsymbol{AX}$ 中可以求出 $\boldsymbol{V}_3$，所以 $\boldsymbol{\phi}_1=\boldsymbol{V}_1e^{\lambda_1 t}$，$\boldsymbol{\phi}_2=\boldsymbol{V}_1te^{\lambda_1 t}+\boldsymbol{V}_2e^{\lambda_1 t}$ 與 $\boldsymbol{\phi}_3=\dfrac{1}{2}\boldsymbol{V}_1t^2e^{\lambda_1 t}+\boldsymbol{V}_2te^{\lambda_1 t}+\boldsymbol{V}_3e^{\lambda_1 t}$ 爲 $\boldsymbol{X}'=\boldsymbol{AX}$ 中相對三重根特徵值 λ_1 之線性獨立解，則 $\boldsymbol{X}'=\boldsymbol{AX}$ 之解可以寫成 $\boldsymbol{X}=c_1\boldsymbol{\phi}_1+c_2\boldsymbol{\phi}_2+c_3\boldsymbol{\phi}_3$ 。

範例 4

求解聯立方程組 $\begin{cases}\dfrac{dx_1}{dt}=3x_1-x_2\\[2mm]\dfrac{dx_2}{dt}=9x_1-3x_2\end{cases}$ 。

解 將原式寫爲 $\boldsymbol{X}'=\boldsymbol{AX}$，其中 $\boldsymbol{A}=\begin{bmatrix}3&-1\\9&-3\end{bmatrix}$，$\boldsymbol{X}=\begin{bmatrix}x_1\\x_2\end{bmatrix}$，

由 $|\boldsymbol{A}-\lambda\boldsymbol{I}|=0\Rightarrow\lambda^2=0$ 得特徵值 $\lambda=0$，

將 $\lambda_1=0$ 代入 $(\boldsymbol{A}-\lambda\boldsymbol{I})\boldsymbol{V}=\boldsymbol{O}$ 中 $\Rightarrow\begin{bmatrix}3&-1\\9&-3\end{bmatrix}\begin{bmatrix}v_1\\v_2\end{bmatrix}=\boldsymbol{O}$，解得 $\boldsymbol{V}_1=\begin{bmatrix}1\\3\end{bmatrix}$，

得到一個線性獨立解 $\boldsymbol{\phi}_1=\boldsymbol{V}_1e^{\lambda_1 t}=\begin{bmatrix}1\\3\end{bmatrix}e^{0t}=\begin{bmatrix}1\\3\end{bmatrix}$，

另一個線性獨立解可以設爲 $\boldsymbol{\phi}_2=\boldsymbol{V}_1te^{\lambda_1 t}+\boldsymbol{V}_2e^{\lambda_1 t}$ 。其中 $(\boldsymbol{A}-\lambda_1\boldsymbol{I})\boldsymbol{V}_2=\boldsymbol{V}_1$，

即 $\begin{bmatrix}3&-1\\9&-3\end{bmatrix}\begin{bmatrix}v_1\\v_2\end{bmatrix}=\begin{bmatrix}1\\3\end{bmatrix}$，解得 $\boldsymbol{V}_2=\begin{bmatrix}0\\-1\end{bmatrix}$ 。$\boldsymbol{\phi}_2=\begin{bmatrix}1\\3\end{bmatrix}te^{0t}+\begin{bmatrix}0\\-1\end{bmatrix}e^{0t}=\begin{bmatrix}t\\3t-1\end{bmatrix}$，

所以 ODE 之解爲 $\boldsymbol{X}=\begin{bmatrix}x_1\\x_2\end{bmatrix}=c_1\boldsymbol{\phi}_1+c_2\boldsymbol{\phi}_2=c_1\begin{bmatrix}1\\3\end{bmatrix}+c_2\begin{bmatrix}t\\3t-1\end{bmatrix}=\begin{bmatrix}c_1+c_2t\\3c_1+c_2(3t-1)\end{bmatrix}$ 。

Q.E.D.

7-2-3　二階齊性聯立微分方程系統的解

我們將具有如下形式的聯立方程系統稱為二階齊性聯立微分方程系統

$$\boldsymbol{X}''_{n\times 1}=\boldsymbol{A}_{n\times n}\boldsymbol{X}_{n\times 1}$$

從 7-2-1 以來的內容引導我們去定義 n 階齊性聯立微分方程系統為 $\boldsymbol{X}^{(n)}_{n\times 1}=\boldsymbol{A}_{n\times n}\boldsymbol{X}_{n\times 1}$。只是，一旦超過二階，應用 ODE 的解法上將有困難，則不在本書的範圍內。此處我們繼續假設 $\boldsymbol{A}_{n\times n}$ 可對角化。

同理根據 $y''=ay$ 之二階常係數 ODE 求解觀念，可令 $\boldsymbol{X}=\boldsymbol{V}e^{wt}$，計算得 $\boldsymbol{X}'=w\boldsymbol{V}e^{wt}$，$\boldsymbol{X}''=w^2\boldsymbol{V}e^{wt}\Rightarrow w^2\boldsymbol{V}e^{wt}=\boldsymbol{A}\boldsymbol{V}e^{wt}$，整理得

$$(\boldsymbol{A}-w^2\boldsymbol{I})\boldsymbol{V}=\boldsymbol{O}$$

為一個特徵值系統，其中 w^2 為 $\boldsymbol{A}$ 之特徵值，$\boldsymbol{V}$ 為特徵向量。若假設 $\boldsymbol{A}$ 矩陣可對角化，且 $\boldsymbol{A}$ 的特徵值為 $\lambda_1,\lambda_2,\cdots,\lambda_n$，且其對應之線性獨立特徵向量為 $\boldsymbol{V}_1,\boldsymbol{V}_2,\cdots,\boldsymbol{V}_n$，則 $w^2=\lambda_1,\lambda_2\cdots\lambda_n$。由 $w^2=\lambda_i\Rightarrow w=\pm\sqrt{\lambda_i}$，$\boldsymbol{\phi}_i=\boldsymbol{V}_i(c_ie^{\sqrt{\lambda_i}t}+d_ie^{-\sqrt{\lambda_i}t})$，則 $\boldsymbol{X}'=\boldsymbol{AX}$ 之通解為

$$\boldsymbol{X}=\boldsymbol{\phi}_1+\boldsymbol{\phi}_2+\cdots+\boldsymbol{\phi}_n=\boldsymbol{V}_1[c_1e^{\sqrt{\lambda_1}t}+d_1e^{-\sqrt{\lambda_1}t}]+\cdots+\boldsymbol{V}_n[c_ne^{\sqrt{\lambda_n}t}+d_ne^{-\sqrt{\lambda_n}t}]$$ [3、4]

範例 5

求解 $\begin{cases}y_1''=-5y_1+2y_2\\ y_2''=2y_1-2y_2\end{cases}$。

解 原式寫為 $\begin{bmatrix}y_1''\\y_2''\end{bmatrix}=\begin{bmatrix}-5&2\\2&-2\end{bmatrix}\begin{bmatrix}y_1\\y_2\end{bmatrix}$，即 $\boldsymbol{Y}''=\boldsymbol{AY}$，其中 $\boldsymbol{A}=\begin{bmatrix}-5&2\\2&-2\end{bmatrix}$，$\boldsymbol{Y}=\begin{bmatrix}y_1\\y_2\end{bmatrix}$，

∴解 $\boldsymbol{A}$ 的特徵值 $w^2=-1,-6$，底下分開討論，

$$w^2=-1\Rightarrow(\boldsymbol{A}-w^2\boldsymbol{I})\boldsymbol{V}=\boldsymbol{O}\Rightarrow w=\pm i\Rightarrow\begin{bmatrix}-4&2\\2&-1\end{bmatrix}\begin{bmatrix}x_1\\x_2\end{bmatrix}=\boldsymbol{O}\Rightarrow\boldsymbol{V}_1=\begin{bmatrix}1\\2\end{bmatrix},$$

$$w^2=-6\Rightarrow(\boldsymbol{A}-w^2\boldsymbol{I})\boldsymbol{V}=\boldsymbol{O}\Rightarrow w=\pm\sqrt{6}i\Rightarrow\begin{bmatrix}1&2\\2&4\end{bmatrix}\begin{bmatrix}x_1\\x_2\end{bmatrix}=\boldsymbol{O}\Rightarrow\boldsymbol{V}_2=\begin{bmatrix}2\\-1\end{bmatrix},$$

得通解 $\boldsymbol{Y}=\begin{bmatrix}1\\2\end{bmatrix}(c_1\cos t+d_1\sin t)+\begin{bmatrix}2\\-1\end{bmatrix}(c_2\cos\sqrt{6}\,t+d_2\sin\sqrt{6}\,t)$。　Q.E.D.

---

[3] 若 λ_j 為實數，但 $\lambda_j<0$，則其對應之解亦可寫成 $\boldsymbol{\phi}_j=\boldsymbol{V}_j[c_j\cos\sqrt{|\lambda_j|}t+d_j\sin\sqrt{|\lambda_j|}t]$

[4] 若 $\lambda_j=0$，則其解可寫成 $\boldsymbol{\phi}_j=\boldsymbol{V}_j[c_j+d_jt]$

7-2 習題演練

基礎題

1. 在下列(1)～(3)小題中，求聯立方程組 $\boldsymbol{X}''=\boldsymbol{AX}$ 的基本矩陣Φ，並求其通解。

(1) $\boldsymbol{A}=\begin{bmatrix}1&2\\12&-1\end{bmatrix}$。

(2) $\boldsymbol{A}=\begin{bmatrix}2&3\\\frac{1}{3}&2\end{bmatrix}$；初始條件 $\boldsymbol{X}(0)=\begin{bmatrix}0\\2\end{bmatrix}$。

(3) $\boldsymbol{A}=\begin{bmatrix}1&-2&2\\-2&1&-2\\2&-2&1\end{bmatrix}$。

2. 在下列(1)～(2)小題中，求解聯立方程組 $\boldsymbol{X}''=\boldsymbol{AX}$。

(1) $\boldsymbol{A}=\begin{bmatrix}-8&2\\2&-5\end{bmatrix}$。

(2) $\boldsymbol{A}=\begin{bmatrix}-5&2\\2&-5\end{bmatrix}$。

進階題

1. 求聯立方程組 $\boldsymbol{X}'=\boldsymbol{AX}$ 中的基本矩陣Φ，並求其通解，其中 $\boldsymbol{A}$ 如下，

(1) $\boldsymbol{A}=\begin{bmatrix}4&1&2\\1&0&0\\2&0&0\end{bmatrix}$。

(2) $\boldsymbol{A}=\begin{bmatrix}3&4\\3&2\end{bmatrix}$，$\boldsymbol{X}(0)=\begin{bmatrix}6\\1\end{bmatrix}$。

(3) $\boldsymbol{A}=\begin{bmatrix}-4&1&1\\1&5&-1\\0&1&-3\end{bmatrix}$，$\boldsymbol{X}(0)=\begin{bmatrix}9\\7\\0\end{bmatrix}$。

2. 求聯立方程組 $\boldsymbol{X}'=\boldsymbol{AX}$，其中 $\boldsymbol{A}$ 如下，

(1) $\boldsymbol{A}=\begin{bmatrix}1&1\\-1&1\end{bmatrix}$。

(2) $\boldsymbol{A}=\begin{bmatrix}1&-1&0\\0&0&1\\-3&-1&1\end{bmatrix}$。

3. 求解聯立方程組 $\boldsymbol{X}'=\boldsymbol{AX}$，其中
$\boldsymbol{A}=\begin{bmatrix}1&3\\-3&7\end{bmatrix}$。

4. 求聯立方程組 $\boldsymbol{X}''=\boldsymbol{AX}$，其中
$\boldsymbol{A}=\begin{bmatrix}-37&12\\12&-37\end{bmatrix}$；
初始條件 $\boldsymbol{X}(0)=\begin{bmatrix}2\\1\end{bmatrix}$，$\boldsymbol{X}'(0)=\begin{bmatrix}1\\2\end{bmatrix}$。

7-3 矩陣對角化求解非齊性聯立微分方程系統

若聯立微分方程組的 source function 非零，則我們一樣先對係數矩陣對角化，如此一來問題便轉變成非齊性線性 ODE 的問題，具體來說，我們透過對角化（本節均考慮可對角化的係數矩陣），將互相耦合之聯立微分方程系統解耦成各自均爲單一未知函數之 ODE，因此可再進一步歸納爲 ODE 求特解的問題，則有逆微分算子法等方法可用（見第 1、2 章），具體過程如下。

7-3-1 一階聯立非齊性 ODE 系統

接下來我們介紹如何求解具有下列形式的聯立微分方程系統：

$$\begin{bmatrix} x_1'(t) \\ x_2'(t) \\ \vdots \\ x_n'(t) \end{bmatrix} = \begin{bmatrix} a_{11} & a_{12} & \cdots & a_{1n} \\ a_{21} & a_{22} & & \vdots \\ \vdots & & \ddots & \vdots \\ a_{n1} & \cdots & \cdots & a_{nn} \end{bmatrix} \begin{bmatrix} x_1(t) \\ x_2(t) \\ \vdots \\ x_n(t) \end{bmatrix} + \begin{bmatrix} b_1(t) \\ b_2(t) \\ \vdots \\ b_n(t) \end{bmatrix}$$

解法

STEP1 令 A 的特徵值爲 $\lambda_1, \lambda_2, \cdots, \lambda_n$，其相對之特徵向量爲 $\boldsymbol{V}_1, \boldsymbol{V}_2, \cdots, \boldsymbol{V}_n$。令過渡矩陣

$$\boldsymbol{P} = [\boldsymbol{V}_1 \ \ \boldsymbol{V}_2 \cdots \boldsymbol{V}_n]\text{，則 } \boldsymbol{P}^{-1}\boldsymbol{A}\boldsymbol{P} = \boldsymbol{D} = \begin{bmatrix} \lambda_1 & & \boldsymbol{O} \\ & \ddots & \\ \boldsymbol{O} & & \lambda_n \end{bmatrix}$$

STEP2 接下來透過過渡矩陣進行坐標變換，以達到解耦的目的。因此令 $\boldsymbol{X} = \boldsymbol{P}\boldsymbol{Y}$，其中 $\boldsymbol{Y} = [y_1(t) \quad y_2(t) \quad \cdots \quad y_n(t)]^T$，兩邊微分得 $\boldsymbol{X}' = \boldsymbol{P}\boldsymbol{Y}'$ 代回原式 $\boldsymbol{X}' = \boldsymbol{A}\boldsymbol{X} + \boldsymbol{B}(t)$ 中 $\Rightarrow \boldsymbol{P}\boldsymbol{Y}' = \boldsymbol{A}\boldsymbol{P}\boldsymbol{Y} + \boldsymbol{B}(t) \Rightarrow \boldsymbol{Y}' = \boldsymbol{P}^{-1}\boldsymbol{A}\boldsymbol{P}\boldsymbol{Y} + \boldsymbol{P}^{-1}\boldsymbol{B}(t)$

$\Rightarrow \boldsymbol{Y}' = \boldsymbol{D}\boldsymbol{Y} + \boldsymbol{P}^{-1}\boldsymbol{B}(t)$，故得

$$\begin{bmatrix} y_1' \\ y_2' \\ \vdots \\ y_n' \end{bmatrix} = \begin{bmatrix} \lambda_1 & & & \boldsymbol{O} \\ & \lambda_2 & & \\ & & \ddots & \\ \boldsymbol{O} & & & \lambda_n \end{bmatrix} \begin{bmatrix} y_1 \\ y_2 \\ \vdots \\ y_n \end{bmatrix} + \begin{bmatrix} b_1^*(t) \\ b_2^*(t) \\ \vdots \\ b_n^*(t) \end{bmatrix}$$

爲解耦的系統，可以利用常微分方程之解法進行求解得

$$\begin{cases} y_1(t) = c_1 e^{\lambda_1 t} + \xi_1(t) \\ y_2(t) = c_2 e^{\lambda_2 t} + \xi_2(t) \\ \qquad \vdots \\ y_n(t) = c_n e^{\lambda_n t} + \xi_n(t) \end{cases}$$

其中 $\xi_k(t) = \dfrac{1}{\boldsymbol{D} - \lambda_k} b_k^*(t) = e^{\lambda_k t} \int e^{-\lambda_k t} \cdot b_k^*(t) dt$ ；$k = 1, 2, 3, \cdots, n$

STEP3 因此 $\boldsymbol{X} = \boldsymbol{PY} = [\boldsymbol{V}_1 \quad \boldsymbol{V}_2 \quad \cdots \quad \boldsymbol{V}_n] \begin{bmatrix} c_1 e^{\lambda_1 t} + \xi_1(t) \\ \vdots \\ c_n e^{\lambda_n t} + \xi_n(t) \end{bmatrix}$，

即 $\boldsymbol{X} = c_1 \boldsymbol{V}_1 e^{\lambda_1 t} + \cdots + c_n \boldsymbol{V}_n e^{\lambda_n t} + \boldsymbol{V}_1 \xi_1(t) + \cdots + \boldsymbol{V}_n \xi_n(t)$，

其中齊性解爲 $\boldsymbol{X}_h = c_1 \boldsymbol{V}_1 e^{\lambda_1 t} + \cdots + c_n \boldsymbol{V}_n e^{\lambda_n t}$，特解爲 $\boldsymbol{X}_p = \boldsymbol{V}_1 \xi_1(t) + \cdots + \boldsymbol{V}_n \xi_n(t)$，

由其齊性解 $\boldsymbol{X}_h = c_1 \boldsymbol{V}_1 e^{\lambda_1 t} + \cdots + c_n \boldsymbol{V}_n e^{\lambda_n t}$ 可以發現與前一節所得之結果相同。

範例 1

利用矩陣對角化求解 $\begin{bmatrix} x_1' \\ x_2' \end{bmatrix} = \begin{bmatrix} 4 & 2 \\ 2 & 1 \end{bmatrix} \begin{bmatrix} x_1 \\ x_2 \end{bmatrix} + \begin{bmatrix} 3e^t \\ e^t \end{bmatrix}$。

解 令 $\boldsymbol{X} = \begin{bmatrix} x_1 \\ x_2 \end{bmatrix}$，$\boldsymbol{A} = \begin{bmatrix} 4 & 2 \\ 2 & 1 \end{bmatrix}$，$\boldsymbol{B} = \begin{bmatrix} 3e^t \\ e^t \end{bmatrix}$ 得形式 $\boldsymbol{X}' = \boldsymbol{AX} + \boldsymbol{B}(t)$，因此依照上文中的論述逐步求解如下：

(1) 由 $|\boldsymbol{A} - \lambda \boldsymbol{I}| = 0 \Rightarrow \lambda^2 - 5\lambda = 0 \Rightarrow \lambda = 0, 5$（因此 $\boldsymbol{A}$ 可對角化）。

(2) $\lambda = 0$ 代入 $(\boldsymbol{A} - \lambda \boldsymbol{I})\boldsymbol{V} = \boldsymbol{O}$ 中 $\Rightarrow \begin{bmatrix} 4 & 2 \\ 2 & 1 \end{bmatrix} \begin{bmatrix} v_1 \\ v_2 \end{bmatrix} = \boldsymbol{O} \Rightarrow$ 取特徵向量 $\boldsymbol{V}_1 = \begin{bmatrix} 1 \\ -2 \end{bmatrix}$，

$\lambda = 5$ 代入 $(\boldsymbol{A} - \lambda \boldsymbol{I})\boldsymbol{V} = \boldsymbol{O}$ 中 $\Rightarrow \begin{bmatrix} -1 & 2 \\ 2 & -4 \end{bmatrix} \begin{bmatrix} v_1 \\ v_2 \end{bmatrix} = \boldsymbol{O} \Rightarrow$ 取特徵向量 $\boldsymbol{V}_2 = \begin{bmatrix} 2 \\ 1 \end{bmatrix}$。

(3) 因此得過渡矩陣 $\boldsymbol{P} = \begin{bmatrix} 1 & 2 \\ -2 & 1 \end{bmatrix}$，且 $\boldsymbol{P}^{-1} = \dfrac{1}{5} \begin{bmatrix} 1 & -2 \\ 2 & 1 \end{bmatrix}$，所以

$\boldsymbol{Y}' = \boldsymbol{P}^{-1} \boldsymbol{APY} + \boldsymbol{P}^{-1} \boldsymbol{B}(t) = \begin{bmatrix} 0 & 0 \\ 0 & 5 \end{bmatrix} \begin{bmatrix} y_1 \\ y_2 \end{bmatrix} + \dfrac{1}{5} \begin{bmatrix} 1 & -2 \\ 2 & 1 \end{bmatrix} \begin{bmatrix} 3e^t \\ e^t \end{bmatrix}$，故由公式得

$$\begin{bmatrix} x_1 \\ x_2 \end{bmatrix} = \boldsymbol{X} = c_1 \begin{bmatrix} 1 \\ -2 \end{bmatrix} + c_2 \begin{bmatrix} 2 \\ 1 \end{bmatrix} e^{5t} + \begin{bmatrix} -\frac{1}{2} e^t \\ -\frac{3}{4} e^t \end{bmatrix} = \begin{bmatrix} c_1 + 2c_2 e^{5t} - \frac{1}{2} e^t \\ -2c_1 + c_2 e^{5t} - \frac{3}{4} e^t \end{bmatrix}。$$

Q.E.D.

7-3-2　二階聯立 ODE 系統

此處我們再進一步考慮二階的情形

$$\boldsymbol{X}''_{n\times 1}=\boldsymbol{A}_{n\times n}\boldsymbol{X}_{n\times 1}+\boldsymbol{B}(t)$$

解法

令 $\boldsymbol{A}$ 的特徵值爲 $\lambda_1,\lambda_2,\cdots,\lambda_n$，及對應之特徵向量爲 $\boldsymbol{V}_1,\boldsymbol{V}_2,\cdots,\boldsymbol{V}_n$ 。令過渡矩陣 $\boldsymbol{P}=[\boldsymbol{V}_1\ \boldsymbol{V}_2\ \cdots\ \boldsymbol{V}_n]$，且 $\boldsymbol{X}=\boldsymbol{PY}$，則 $\begin{bmatrix} y_1'' \\ y_2'' \\ \vdots \\ y_n'' \end{bmatrix}=\begin{bmatrix} \lambda_1 & & & \boldsymbol{O} \\ & \lambda_2 & & \\ & & \ddots & \\ \boldsymbol{O} & & & \lambda_n \end{bmatrix}\begin{bmatrix} y_1 \\ y_2 \\ \vdots \\ y_n \end{bmatrix}+\begin{bmatrix} b_1^*(t) \\ b_2^*(t) \\ \vdots \\ b_n^*(t) \end{bmatrix}$，因此由二階線性 ODE 的理論得知 $\begin{cases} y_1(t)=c_1e^{\sqrt{\lambda_1}t}+d_1e^{-\sqrt{\lambda_1}t}+\xi_1(t) \\ \quad\vdots \\ y_n(t)=c_ne^{\sqrt{\lambda_n}t}+d_ne^{-\sqrt{\lambda_n}t}+\xi_n(t) \end{cases}$，其中 ξ_i 爲特解，特徵值 λ 出現在根號內，因此便分爲 $\lambda>0$、$\lambda=0$、$\lambda<0$：

(1) $\lambda>0$

$\boldsymbol{X}=(c_1e^{\sqrt{\lambda_1}t}+d_1e^{-\sqrt{\lambda_1}t})\boldsymbol{V}_1+\cdots+(c_ne^{\sqrt{\lambda_n}t}+d_ne^{-\sqrt{\lambda_n}t})\boldsymbol{V}_n+\xi_1(t)\boldsymbol{V}_1+\xi_2(t)\boldsymbol{V}_2+\cdots+\xi_n(t)\boldsymbol{V}_n$

其中 $\boldsymbol{X}_h=(c_1e^{\sqrt{\lambda_1}t}+d_1e^{-\sqrt{\lambda_1}t})\boldsymbol{V}_1+\cdots+(c_ne^{\sqrt{\lambda_n}t}+d_ne^{-\sqrt{\lambda_n}t})\boldsymbol{V}_n$ 爲齊性解，

且特解爲 $\boldsymbol{X}_p=\xi_1(t)\boldsymbol{V}_1+\xi_2(t)\boldsymbol{V}_2+\cdots+\xi_n(t)\boldsymbol{V}_n$ 。

(2) $\lambda_j<0$

則相對之齊性解部分跟前一節一致，只是 $\boldsymbol{V}_j$ 的係數函數均以下列函數代替

$$(c_j\cos\sqrt{|\lambda_j|}t+d_j\sin\sqrt{|\lambda_j|}t)$$

(3) $\lambda_j=0$

則相對之齊性解部分跟前一節一致，只是 $\boldsymbol{V}_j$ 的係數函數均以下列函數代替

$$(c_j+d_jt)$$

範例 2

利用矩陣對角化求解$\begin{cases} y_1'' = -3y_1 - y_2 + \sin^2 t \\ y_2'' = -2y_1 - 2y_2 + \cos^2 t \end{cases}$。

解 (1) 由$\begin{bmatrix} y_1'' \\ y_2'' \end{bmatrix} = \begin{bmatrix} -3 & -1 \\ -2 & -2 \end{bmatrix}\begin{bmatrix} y_1 \\ y_2 \end{bmatrix} + \begin{bmatrix} \sin^2 t \\ \cos^2 t \end{bmatrix}$得形式$\boldsymbol{Y''} = \boldsymbol{AY} + \boldsymbol{B}(t)$。

(2) $\boldsymbol{A} = \begin{bmatrix} -3 & -1 \\ -2 & -2 \end{bmatrix} \Rightarrow |\boldsymbol{A} - \lambda \boldsymbol{I}| = 0 \Rightarrow \lambda^2 + 5\lambda + 4 = 0$，$\lambda = -1, -4$。

(3) $\lambda = -1$ 代入$(\boldsymbol{A} - \lambda\boldsymbol{I})\boldsymbol{V} = \boldsymbol{O}$ 中$\Rightarrow \begin{bmatrix} -2 & -1 \\ -2 & -1 \end{bmatrix}\begin{bmatrix} v_1 \\ v_2 \end{bmatrix} = \boldsymbol{O} \Rightarrow$ 取特徵向量$\boldsymbol{V}_1 = \begin{bmatrix} 1 \\ -2 \end{bmatrix}$，

$\lambda = -4$ 代入$(\boldsymbol{A} - \lambda\boldsymbol{I})\boldsymbol{V} = \boldsymbol{O}$ 中$\Rightarrow \begin{bmatrix} 1 & -1 \\ -2 & 2 \end{bmatrix}\begin{bmatrix} v_1 \\ v_2 \end{bmatrix} = \boldsymbol{O} \Rightarrow$ 取特徵向量$\boldsymbol{V}_2 = \begin{bmatrix} 1 \\ 1 \end{bmatrix}$。

(4) 得過渡矩陣$\boldsymbol{P} = \begin{bmatrix} 1 & 1 \\ -2 & 1 \end{bmatrix}$，則$\boldsymbol{P}^{-1} = \frac{1}{3}\begin{bmatrix} 1 & -1 \\ 2 & 1 \end{bmatrix}$，

且$\boldsymbol{Z''} = \boldsymbol{P}^{-1}\boldsymbol{APZ} + \boldsymbol{P}^{-1}\boldsymbol{B}(t) = \begin{bmatrix} -1 & 0 \\ 0 & -4 \end{bmatrix}\begin{bmatrix} z_1 \\ z_2 \end{bmatrix} + \begin{bmatrix} \frac{1}{3}(\sin^2 t - \cos^2 t) \\ \frac{1}{3}(2\sin^2 t + \cos^2 t) \end{bmatrix}$，

故由論述中特徵值 $\lambda_j < 0$ 的公式得$\begin{cases} z_1(t) = c_1 \cos t + d_1 \sin t + \frac{1}{9}\cos 2t \\ z_2(t) = c_2 \cos 2t + d_2 \sin 2t + \frac{1}{8} - \frac{1}{24} t \sin 2t \end{cases}$，

因此得到：

$$\boldsymbol{Y} = \boldsymbol{PZ} = \begin{bmatrix} 1 & 1 \\ -2 & 1 \end{bmatrix}\begin{bmatrix} c_1 \cos t + d_1 \sin t + \frac{1}{9}\cos 2t \\ c_2 \cos 2t + d_2 \sin 2t + \frac{1}{8} - \frac{1}{24} t \sin 2t \end{bmatrix}$$

$$= (c_1 \cos t + d_1 \sin t)\begin{bmatrix} 1 \\ -2 \end{bmatrix} + (c_2 \cos 2t + d_2 \sin 2t)\begin{bmatrix} 1 \\ 1 \end{bmatrix} + \begin{bmatrix} \frac{1}{8} + \frac{1}{9}\cos 2t - \frac{1}{24} t \sin 2t \\ \frac{1}{8} - \frac{2}{9}\cos 2t - \frac{1}{24} t \sin 2t \end{bmatrix}。$$

Q.E.D.

7-3 習題演練

基礎題

利用矩陣對角化求解下列聯立 ODE。

1. $\begin{bmatrix} x_1' \\ x_2' \end{bmatrix} = \begin{bmatrix} 0 & -1 \\ -9 & 0 \end{bmatrix} \begin{bmatrix} x_1 \\ x_2 \end{bmatrix} + \begin{bmatrix} 1 \\ 0 \end{bmatrix}$。

2. $\begin{cases} x_1' = x_2 \\ x_2' = -6x_1 + 5x_2 + e^{4t} \end{cases}$；

初始條件 $x_1(0) = 0$，$x_2(0) = 1$。

3. $\begin{bmatrix} x_1' \\ x_2' \end{bmatrix} = \begin{bmatrix} 3 & 3 \\ 1 & 5 \end{bmatrix} \begin{bmatrix} x_1 \\ x_2 \end{bmatrix} + \begin{bmatrix} 8 \\ 4e^{3t} \end{bmatrix}$。

4. $\begin{cases} y_1' = y_1 + y_2 \\ y_2' = -2y_1 + 4y_2 + 1 \end{cases}$ 且 $\begin{cases} y_1(0) = 1 \\ y_2(0) = 0 \end{cases}$。

5. $\begin{bmatrix} x_1' \\ x_2' \\ x_3' \end{bmatrix} = \begin{bmatrix} 1 & 1 & 0 \\ 1 & 1 & 0 \\ 0 & 0 & 3 \end{bmatrix} \begin{bmatrix} x_1 \\ x_2 \\ x_3 \end{bmatrix} + \begin{bmatrix} e^t \\ e^{2t} \\ te^{3t} \end{bmatrix}$。

進階題

利用矩陣對角化求解下列聯立 ODE

1. $\begin{bmatrix} x_1' \\ x_2' \end{bmatrix} = \begin{bmatrix} -2 & 1 \\ -4 & 3 \end{bmatrix} \begin{bmatrix} x_1 \\ x_2 \end{bmatrix} + \begin{bmatrix} 0 \\ 10\cos t \end{bmatrix}$。

2. $\begin{bmatrix} x_1' \\ x_2' \end{bmatrix} = \begin{bmatrix} -3 & 1 \\ 1 & -3 \end{bmatrix} \begin{bmatrix} x_1 \\ x_2 \end{bmatrix} + \begin{bmatrix} -6e^{-2t} \\ 2e^{-2t} \end{bmatrix}$。

3. $\begin{bmatrix} x_1' \\ x_2' \end{bmatrix} = \begin{bmatrix} 1 & 1 \\ 1 & 1 \end{bmatrix} \begin{bmatrix} x_1 \\ x_2 \end{bmatrix} + \begin{bmatrix} 6e^{3t} \\ 4 \end{bmatrix}$。

4. $\begin{bmatrix} x_1' \\ x_2' \end{bmatrix} = \begin{bmatrix} 2 & 1 \\ 4 & -1 \end{bmatrix} \begin{bmatrix} x_1 \\ x_2 \end{bmatrix} + \begin{bmatrix} e^t \\ -e^t \end{bmatrix}$

$x_1(0) = 1$，$x_2(0) = 0$。

5. $\begin{bmatrix} x_1'' \\ x_2'' \end{bmatrix} = \begin{bmatrix} -5 & 2 \\ 2 & -5 \end{bmatrix} \begin{bmatrix} x_1 \\ x_2 \end{bmatrix} + \begin{bmatrix} 1 \\ 9 \end{bmatrix}$。

NOTE

向量函數分析

範例影音

亥維賽
（Heaviside, 1850～1925, 英國）

向量函數分析（又稱向量微積分）是由約西亞．吉布斯（Josiah-Gibbs）和奧利弗．亥維賽（Oliver Heaviside）在十九世紀末提出，它被廣泛應用在物理學和工程領域中，特別是在電磁場、萬有引力場和流體動力學上。

學習目標

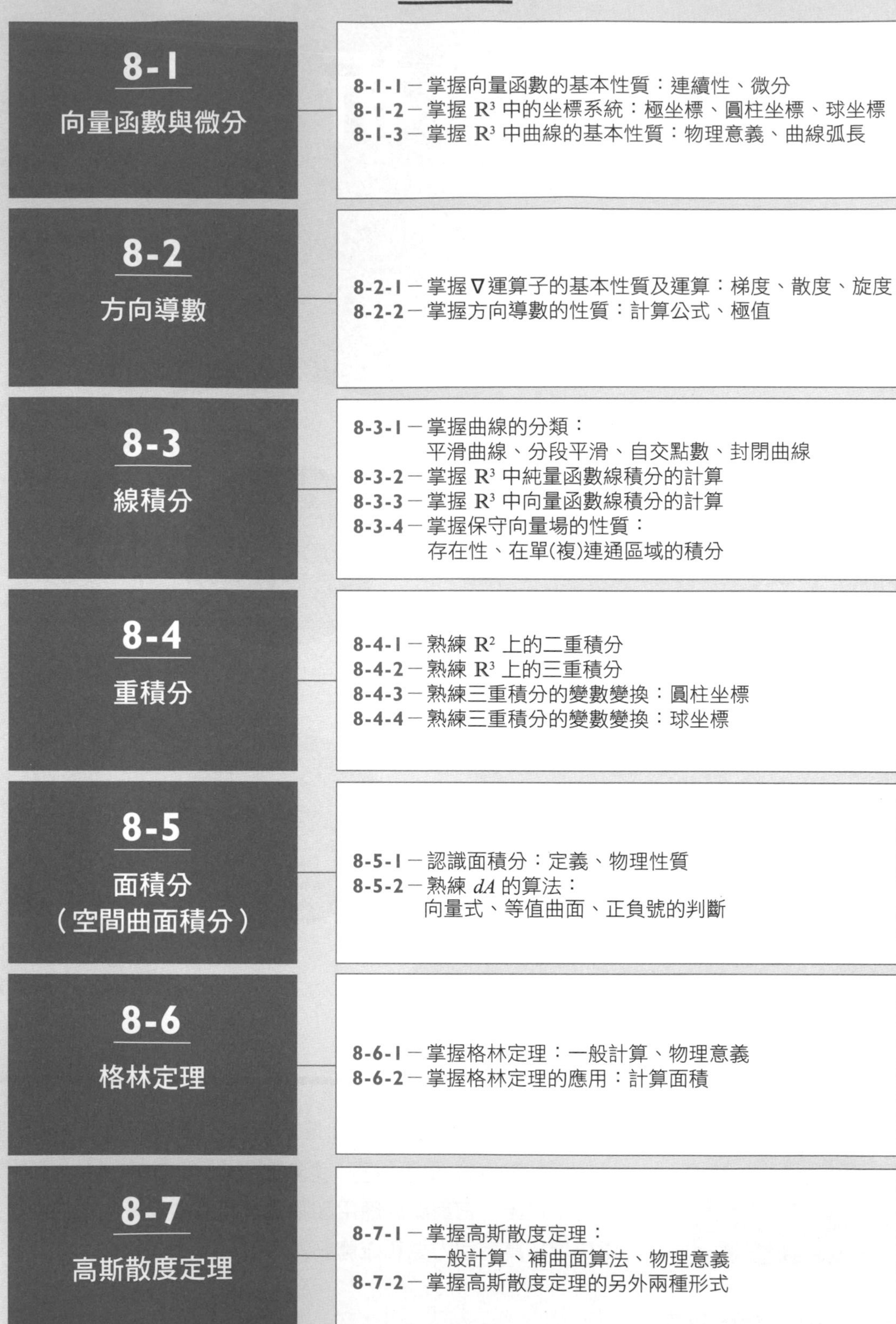

8-1
向量函數與微分
8-1-1 — 掌握向量函數的基本性質：連續性、微分
8-1-2 — 掌握 R^3 中的坐標系統：極坐標、圓柱坐標、球坐標
8-1-3 — 掌握 R^3 中曲線的基本性質：物理意義、曲線弧長
8-2
方向導數
8-2-1 — 掌握 ∇ 運算子的基本性質及運算：梯度、散度、旋度
8-2-2 — 掌握方向導數的性質：計算公式、極值
8-3
線積分
8-3-1 — 掌握曲線的分類：
平滑曲線、分段平滑、自交點數、封閉曲線
8-3-2 — 掌握 R^3 中純量函數線積分的計算
8-3-3 — 掌握 R^3 中向量函數線積分的計算
8-3-4 — 掌握保守向量場的性質：
存在性、在單(複)連通區域的積分
8-4
重積分
8-4-1 — 熟練 R^2 上的二重積分
8-4-2 — 熟練 R^3 上的三重積分
8-4-3 — 熟練三重積分的變數變換：圓柱坐標
8-4-4 — 熟練三重積分的變數變換：球坐標
8-5
面積分
（空間曲面積分）
8-5-1 — 認識面積分：定義、物理性質
8-5-2 — 熟練 dA 的算法：
向量式、等值曲面、正負號的判斷
8-6
格林定理
8-6-1 — 掌握格林定理：一般計算、物理意義
8-6-2 — 掌握格林定理的應用：計算面積
8-7
高斯散度定理
8-7-1 — 掌握高斯散度定理：
一般計算、補曲面算法、物理意義
8-7-2 — 掌握高斯散度定理的另外兩種形式
8-8
史托克定理
8-8-1 — 認識基本名詞：環流量、旋性與旋度
8-8-2 — 掌握史托克定理的計算：一般計算、物理意義

本章將由向量函數談起，並將微積分的觀念引入，介紹向量函數的微積分，並引入在向量函數中常見的運算子∇(Del)，然後介紹向量函數的梯度、散度與旋度。最後介紹在向量微積分中最重要的三大積分定理（格林定理、高斯散度定理與史托克定理），由淺而深，讓大家可以完全了解向量函數分析。

8-1 向量函數與微分

本節在簡單複習向量函數的概念後，將導入不同坐標系統和直角坐標的關係，最後會談談如何從單變數函數的微分來定義向量函數的微分，並利用此來計算空間中曲線的弧長。

8-1-1 向量函數（Vector functions）

在物理系統中的場（Field）分成純量場與向量場，其中純量場只有大小沒有方向，例如某一間教室內任一位置的溫度場 $T(x, y, z)$爲一個跟位置(x, y, z)有關的純量函數，稱爲純量場，而若該場具有大小跟方向的物理量，則稱爲向量場，例如教室內空氣流動時，空氣中粒子所形成的速度場即爲向量場$\overrightarrow{V}(x, y, z)$，此向量場與位置有關，同時也是具有大小與方向之函數，爲一個向量函數。接下來將介紹此種向量函數，其將因自變數的多少不同分爲單變數向量函數與多變數向量函數如下：

定義 8-1-1　單變數向量函數（Single variable vector functions）

假設 $V_1(t)$、$V_2(t)$ 與 $V_3(t)$ 是在某一區間 I 上的單變數純量函數，則稱 $\overrightarrow{V}(t)=V_1(t)\overrightarrow{i}+V_2(t)\overrightarrow{j}+V_2(t)\overrightarrow{k}$ 爲單變數向量函數，表示成 $\overrightarrow{V}(t)$。

以函數行爲來說，向量函數的連續性與其分量是一致的，且具有下列特性。

1. **連續性**

依循上述符號。$V_1(t)$、$V_2(t)$、$V_3(t)$在區間 I 中連續若且惟若$\overrightarrow{V}(t)$ 在區間 I 中連續。

定義 8-1-2 導數

假設 $V_1(t)$、$V_2(t)$、$V_3(t)$的一階導數均存在，則定義向量函數的微分為

$$\frac{d\vec{V}(t)}{dt}=\lim_{\Delta t\to 0}\vec{V}\frac{\vec{V}(t+\Delta t)-\vec{V}(t)}{\Delta t}=\frac{dV_1}{dt}\vec{i}+\frac{dV_2}{dt}\vec{j}+\frac{dV_3}{dt}\vec{k}$$

通常會以符號 $\frac{d\vec{V}}{dt}$ 或 $\vec{V}'(t)$ 表示向量函數的微分。

藉由微分的線性、乘法規則等等，不難看出我們從前在微積分課程學習過的與微分相關的性質，向量函數也幾乎都具備，讀者可用純量函數的微分性質證明下列定理：

定理 8-1-1 單變數向量向量函數性質

1. $\frac{d}{dt}(\vec{A}(t)\pm\vec{B}(t))=\frac{d\vec{A}(t)}{dt}\pm\frac{d\vec{B}(t)}{dt}$
2. $\frac{d}{dt}(\phi(t)\vec{B}(t))=\frac{d\phi(t)}{dt}\vec{B}(t)+\phi(t)\frac{d\vec{B}(t)}{dt}$
3. $\frac{d}{dt}(\vec{A}(t)\cdot\vec{B}(t))=\frac{d}{dt}\vec{A}(t)\cdot\vec{B}(t)+\vec{A}(t)\cdot\frac{d\vec{B}(t)}{dt}$
4. $\frac{d}{dt}(\vec{A}(t)\times\vec{B}(t))=\frac{d\vec{A}(t)}{dt}\times\vec{B}(t)+\vec{A}(t)\times\frac{d\vec{B}(t)}{dt}$
5. $\frac{d\vec{A}(t)}{ds}=\frac{d\vec{A}(t)}{dt}\cdot\frac{dt}{ds}$

例如，在我們很熟悉的螺旋線向量函數 $\vec{A}(t)=\sin t\vec{i}+\cos t\vec{j}+3t\vec{k}$ 中，

$\vec{A}(0)=\sin 0\vec{i}+\cos 0\vec{j}+3\cdot 0\vec{k}=\vec{j}$ 、

$\vec{A}(\frac{\pi}{2})=\sin\frac{\pi}{2}\vec{i}+\cos\frac{\pi}{2}\vec{j}+3\cdot\frac{\pi}{2}\vec{k}=\vec{i}+\frac{3\pi}{2}\vec{k}$ ，

並且曲線上的每個點 $\vec{A}(t)$ 都有自然的切向量

$\frac{d\vec{A}(t)}{dt}=\frac{d(\sin t)}{dt}\vec{i}+\frac{d(\cos t)}{dt}\vec{j}+\frac{d(3t)}{dt}\vec{k}$ ，例如

$\frac{d\vec{A}(0)}{dt}=\cos 0\vec{i}-\sin 0\vec{j}+3\vec{k}=\vec{i}+3\vec{k}$ ，如圖 8-1 所示。

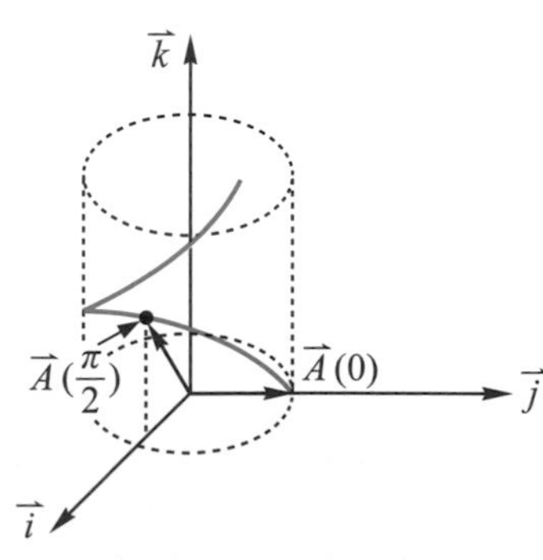

▲圖 8-1 螺旋線圖

範例 1

設 $\vec{A}=\vec{A}(t)$，且 $|\vec{A}(t)|=$ 常數，$\dfrac{d\vec{A}}{dt}\neq\vec{0}$，試證明 $\dfrac{d\vec{A}}{dt}\perp\vec{A}$。若 $\vec{A}(t)$ 代表某物體的位置向量，則 $\vec{A}$ 及其變化向量 $\dfrac{d\vec{A}}{dt}$ 垂直，在運動學上表示等速率圓周運動。

解 令 $|\vec{A}|=c\Rightarrow\vec{A}\cdot\vec{A}=c^2\Rightarrow\dfrac{d}{dt}(\vec{A}\cdot\vec{A})=0$

$$\Rightarrow\frac{d\vec{A}}{dt}\cdot\vec{A}+\vec{A}\cdot\frac{d\vec{A}}{dt}=0\Rightarrow 2\frac{d\vec{A}}{dt}\cdot\vec{A}=0\Rightarrow\frac{d\vec{A}}{dt}\cdot\vec{A}=0，$$

又 $\left|\dfrac{d\vec{A}}{dt}\right|\neq 0\Rightarrow\dfrac{d\vec{A}}{dt}\perp\vec{A}$。

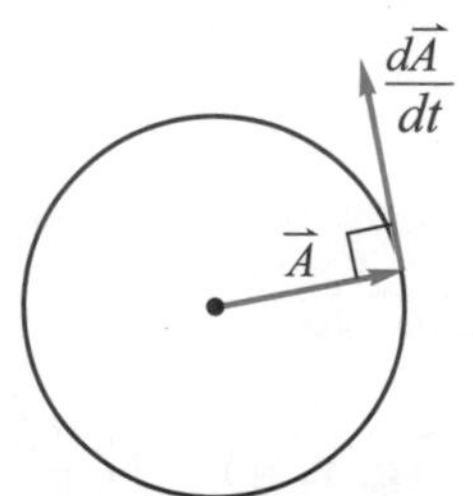

Q.E.D.

定義 8-1-2　多變數向量函數（Mutivariable vector functions）

若 $F_1(u, v, w)$、$F_2(u, v, w)$、$F_3(u, v, w)$ 爲在某一區間 I 上的三變數純量函數，則稱 $\vec{F}=\vec{F}(u, v, w)=F_1(u, v, w)\vec{i}+F_2(u, v, w)\vec{j}+F_3(u, v, w)\vec{k}$ 爲三變數向量函數。

通常，係數函數的變數超過兩個，我們統稱 $\vec{F}$ 爲多變數向量函數，同單變數的情況我們有以下結果。

2. 連續性及微分

依循上述符號。F_1、F_2、F_3 在區間 I 中連續若且惟若 $\vec{F}(t)$ 在區間 I 中連續。

不同於單變數函數，此處我們若要談微分，自然是指偏導數。

定義 8-1-3　偏導數

假設 $F_1(t)$、$F_2(t)$、$F_3(t)$的一階偏導數均存在，則定義向量函數 $\vec{F}$ 的偏微分爲

$$\vec{F}_u=\frac{\partial\vec{F}}{\partial u}=\lim_{\Delta u\to 0}\frac{\vec{F}(u+\Delta u, v, w)-\vec{F}(u, v, w)}{\Delta u}\equiv(\frac{\partial\vec{F}}{\partial u})_{v,\, w\text{爲常數}}$$

$$\vec{F}_v=\frac{\partial\vec{F}}{\partial v}=\lim_{\Delta v\to 0}\frac{\vec{F}(u, v+\Delta v, w)-\vec{F}(u, v, w)}{\Delta v}\equiv(\frac{\partial\vec{F}}{\partial v})_{u,\, w\text{爲常數}}$$

$$\vec{F}_w=\frac{\partial\vec{F}}{\partial w}=\lim_{\Delta w\to 0}\frac{\vec{F}(u, v, w+\Delta w)-\vec{F}(u, v, w)}{\Delta w}=(\frac{\partial\vec{F}}{\partial w})_{u,\, v\text{爲常數}}$$

定理 8-1-2 偏微分的性質

偏導數具有下列性質，讀者可按微分定義自行印證

(1) $\frac{\partial}{\partial u}(\vec{A} \pm \vec{B}) = \frac{\partial \vec{A}}{\partial u} \pm \frac{\partial \vec{B}}{\partial u}$　　(2) $\frac{\partial}{\partial u}(\phi \vec{B}) = \frac{\partial \phi}{\partial u}\vec{B} + \phi \frac{\partial \vec{B}}{\partial u}$

(3) $\frac{\partial}{\partial u}(\vec{A} \cdot \vec{B}) = \frac{\partial \vec{A}}{\partial u} \cdot \vec{B} + \vec{A} \cdot \frac{\partial \vec{B}}{\partial u}$　　(4) $\frac{\partial}{\partial u}(\vec{A} \times \vec{B}) = \frac{\partial \vec{A}}{\partial u} \times \vec{B} + \vec{A} \times \frac{\partial \vec{B}}{\partial u}$

定義 8-1-4 全微分

設 $\vec{f} = \vec{f}(u, v, w)$，且 $\frac{\partial \vec{f}}{\partial u}$、$\frac{\partial \vec{f}}{\partial v}$、$\frac{\partial \vec{f}}{\partial w} \in C$，則稱 $d\vec{f} = \frac{\partial \vec{f}}{\partial u}du + \frac{\partial \vec{f}}{\partial v}dv + \frac{\partial \vec{f}}{\partial w}dw$ 爲向量函數全微分。

範例 2

設 $\vec{F}(x, y, z) = \sin(xy)\vec{i} + e^{xyz}\vec{j} + x \cdot \cos z\vec{k}$，求 $\vec{F}_x, \vec{F}_y, \vec{F}_z$

解

$$\vec{F}_x = (\frac{\partial F}{\partial x})_{y,z\text{常數}} = y \cdot \cos(xy)\vec{i} + yz \cdot e^{xyz}\vec{j} + \cos z\vec{k}$$

$$\vec{F}_y = (\frac{\partial F}{\partial y})_{x,z\text{常數}} = x \cdot \cos(xy)\vec{i} + xz \cdot e^{xyz}\vec{j} + 0\vec{k}$$

$$\vec{F}_z = (\frac{\partial F}{\partial z})_{x,y\text{常數}} = 0\vec{i} + xy \cdot e^{xyz}\vec{j} - x \cdot \sin z\vec{k}$$

Q.E.D.

8-1-2 坐標系統

自然的，我們會以歐式空間的坐標來描述 R^3 中的任一點 P：$\vec{r}_p = x\vec{i} + y\vec{j} + z\vec{k}$ 稱爲位置向量（position vector），如圖 8-2 所示。當然，從微積分的經驗知曉這並不是最有利於我們進行微積分操作的坐標形式，我們經常會依照物理特性的不同，選擇適合描述該物理系統的坐標，例如物理系統若是描述圓柱的物理行爲，則會採用圓柱坐標。底下我們列出幾種常用的坐標形式。

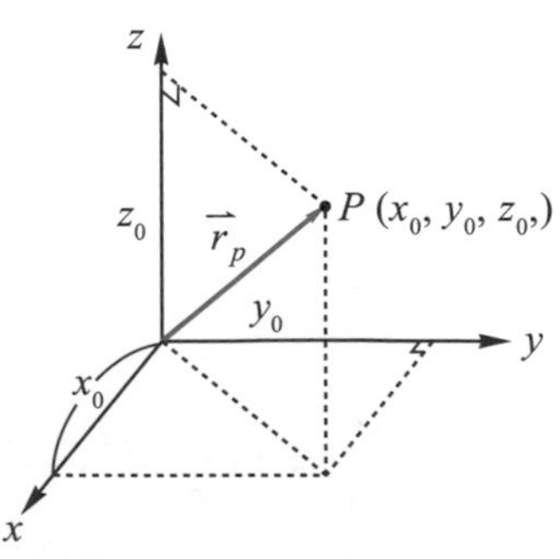

▲圖 8-2　空間中位置向量

1. **極坐標系**（Palor coordinate）

假設 x-y 平面上一點 P 的直角坐標爲(x, y)，令 $r=\sqrt{x^2+y^2}$，方向向量(x, y)與 x 軸的夾角爲 θ，則定義點 P 的極坐標爲(r, θ)。從向量觀點來說，位置向量 $\overrightarrow{r_p}=x\overrightarrow{i}+y\overrightarrow{j}$ 中分量與直角坐標之關係爲：$\begin{cases} x=r\cos\theta \\ y=r\sin\theta \end{cases}$；另外，$\{\overrightarrow{e_r},\overrightarrow{e_\theta}\}=\{\cos\theta\overrightarrow{i}+\sin\theta\overrightarrow{j},-\sin\theta\overrightarrow{i}+\cos\theta\overrightarrow{j}\}$ 形成 R^2 上一組沿極坐標正規化正交（么正）基底，如圖 8-3 所示。

2. **圓柱坐標系**（Cylindrical coordinate）

假設 R^3 空間中一點 P 的直角坐標爲(x, y, z)，若將 x, y 分量改爲極坐標，則得圓柱坐標(r, θ, z)。從向量觀點來說，位置向量 $\overrightarrow{r_p}=x\overrightarrow{i}+y\overrightarrow{j}+z\overrightarrow{k}$ 中分量與直角坐標之關係爲：

$\begin{cases} x=r\cos\theta \\ y=r\sin\theta \\ z=z \end{cases}$，此處需限定 $0\le\theta\le 2\pi$ [1]；另外，

$\{\overrightarrow{e_r},\overrightarrow{e_\theta},\overrightarrow{e_z}\}=\{\cos\theta\overrightarrow{i}+\sin\theta\overrightarrow{j},-\sin\theta\overrightarrow{i}+\cos\theta\overrightarrow{j},\overrightarrow{k}\}$ 形成 R^3 上一組沿圓柱坐標正規化正交（么正）基底，如圖 8-4 所示。

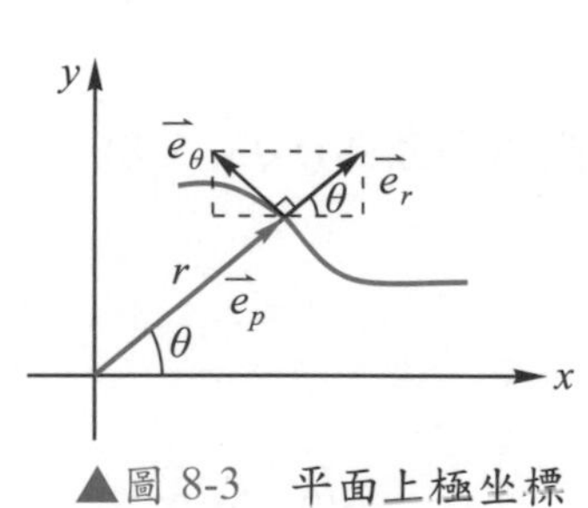

▲圖 8-3　平面上極坐標

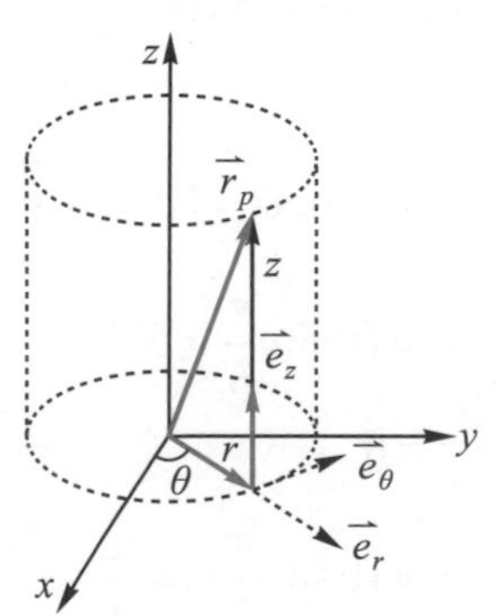

▲圖 8-4　空間圓柱坐標圖

[1] 將圓柱坐標投影到 x-y 平面即為極坐標，圓柱坐標上一點之表示式為 $P(r, \theta, z)$。
第一個分量表示與對稱軸之距離；第二個分量表示與正 x 軸之夾角；第三個分量表示與 z 軸之投影量。

3. **球坐標系（Spherical coordinate）**

假設 R^3 空間中一點 P 的直角坐標爲(x, y, z)，令 $r=\sqrt{x^2+y^2+z^2}$，方向向量(x, y, z)與 x 軸的夾角爲 θ，方向向量(x, y, z)與 z 軸的夾角爲 ϕ，則定義球坐標爲(r, ϕ, θ)。從向量觀點來說，位置向量 $\overrightarrow{r_p}=x\overrightarrow{i}+y\overrightarrow{j}+z\overrightarrow{k}$ 中分量與直角坐標之關係爲：

$$\begin{cases} x=r\sin\phi\cos\theta \\ y=r\sin\phi\sin\theta \\ z=r\cos\phi \end{cases}$$

，其中 $0\le\theta\le 2\pi$，$0\le\phi\le\pi$；另外，$\{\overrightarrow{e_r}, \overrightarrow{e_\phi}, \overrightarrow{e_\theta}\}$形成 R^3 上一組沿球坐標移動的正規化正交（么正）基底，其中 $\overrightarrow{e_r}=\sin\phi\cos\theta\overrightarrow{i}+\sin\phi\sin\theta\overrightarrow{j}+\cos\phi\overrightarrow{k}$、$\overrightarrow{e_\phi}=\cos\phi\cos\theta\overrightarrow{i}+\cos\phi\sin\theta\overrightarrow{j}-\sin\phi\overrightarrow{k}$、$\overrightarrow{e_\theta}=-\sin\theta\overrightarrow{i}+\cos\theta\overrightarrow{j}$ 如圖 8-5 所示[2]。

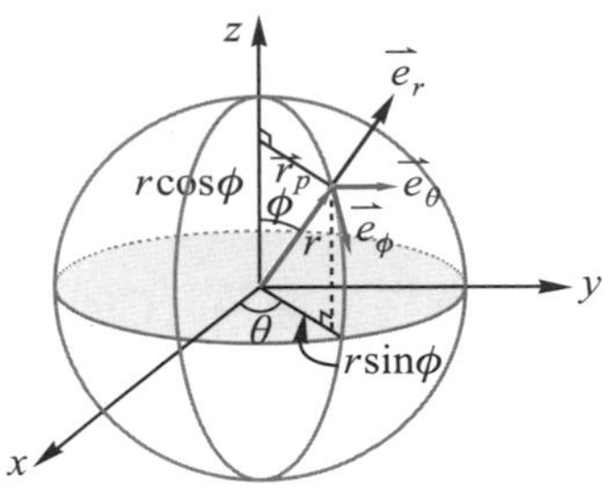

▲圖 8-5　球坐標圖

範例 3

(1) P 點在圓柱坐標中爲 $(10, \frac{\pi}{6}, 8)$，將其轉換成直角坐標。

(2) P 點在球坐標爲 $(10, \frac{\pi}{3}, \frac{\pi}{4})$，請將其轉換成直角坐標與圓柱坐標。

解 (1) $\begin{cases} x=r\cos\theta=10\cdot\cos\frac{\pi}{6}=5\sqrt{3} \\ y=10\sin\frac{\pi}{6}=5 \\ z=8 \end{cases}$，所以 P 點之直角坐標爲 $(5\sqrt{3}, 5, 8)$

(2) $\begin{cases} x=10\sin\frac{\pi}{3}\cos\frac{\pi}{4}=\frac{5\sqrt{6}}{2} \\ y=10\sin\frac{\pi}{3}\sin\frac{\pi}{4}=\frac{5\sqrt{6}}{2} \\ z=10\cos\frac{\pi}{3}=5 \end{cases}$，所以 P 點之直角坐標爲 $(\frac{5\sqrt{6}}{2}, \frac{5\sqrt{6}}{2}, 5)$

改成圓柱坐標之 $r=10\sin\frac{\pi}{3}=5\sqrt{3}$，$\theta=\frac{\pi}{4}$，$z=10\cos\frac{\pi}{3}=5$，

所以 P 點之圓柱坐標爲 $(5\sqrt{3}, \frac{\pi}{4}, 5)$。 Q.E.D.

---

[2] 球坐標上一點 P 之表示式為 $P(r, \phi, \theta)$。
第一個分量表示與球心之距離；第二個分量表示與 z 軸之夾角；第三個分量表示投影到 xy 平面後與 x 軸之夾角。

8-1-3　空間曲線（Curves in space）

有了各種坐標系統的表示法後，描述 R^3 中的曲線、曲面將變得容易許多，我們從空間中的曲線開始。設空間中一點 P 之位置向量 $\vec{r}_p(t)$ 爲參數 t 之函數，則隨著參數 t 的變化，其會在空間中形成一條曲線 C，如圖 8-6 所示，記作

$$\vec{r}_p(t) = x(t)\vec{i} + y(t)\vec{j} + z(t)\vec{k}$$

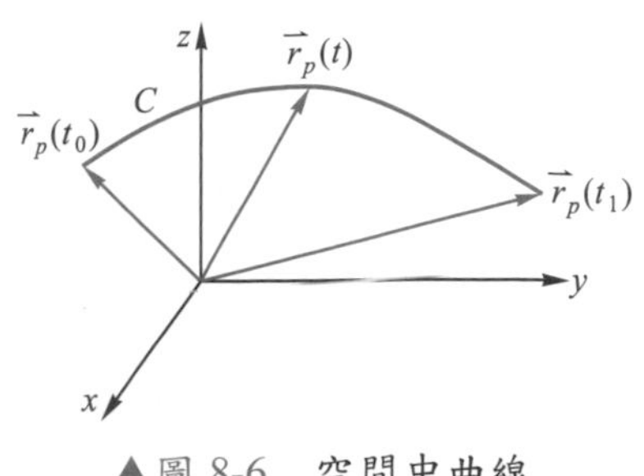

▲圖 8-6　空間中曲線

其中 $t \in [t_0, t_1]$。

1. 物理意義

對應物理中的運動學，位置向量 $\vec{r}_p(t) = x(t)\vec{i} + y(t)\vec{j} + z(t)\vec{k}$ 對時間的一次微分爲速度（Velocity）向量 $\vec{v}_p(t) = \dfrac{d\vec{r}_p(t)}{dt} = \dfrac{dx(t)}{dt}\vec{i} + \dfrac{dy(t)}{dt}\vec{j} + \dfrac{dz(t)}{dt}\vec{k}$，二次微分則爲加速度（Acceleration）向量 $\vec{a}_p(t) = \dfrac{d^2\vec{r}_p(t)}{dt^2} = \dfrac{d^2x(t)}{dt^2}\vec{i} + \dfrac{d^2y(t)}{dt^2}\vec{j} + \dfrac{d^2z(t)}{dt^2}\vec{k}$，舉例而言，若位置向量函數 $\vec{r}_p(t) = \cos t\,\vec{i} + \sin t\,\vec{j} + t\,\vec{k}$，$t \in [0, 2\pi]$。則速度向量函數爲 $\vec{v}_p(t) = \dfrac{d\vec{r}_p(t)}{dt} = \dfrac{d(\cos t)}{dt}\vec{i} + \dfrac{d(\sin t)}{dt}\vec{j} + \dfrac{d(t)}{dt}\vec{k} = -\sin t\,\vec{i} + \cos t\,\vec{j} + \vec{k}$，加速度向量函數爲 $\vec{a}_p(t) = \dfrac{d^2\vec{r}_p(t)}{dt^2} = \dfrac{d^2(\cos t)}{dt^2}\vec{i} + \dfrac{d^2(\sin t)}{dt^2}\vec{j} + \dfrac{d^2(t)}{dt^2}\vec{k} = -\cos t\,\vec{i} - \sin t\,\vec{j}$。

範例 4

有一位置向量函數 $\vec{r}(t) = \sin 2t\,\vec{i} + e^{-2t}\vec{j} + t^2\vec{k}$，$t \in [0, 2\pi]$，求其所對應之速度與加速度函數，並求其初始速度與加速度。

解 速度向量函數爲：

$$\vec{v}(t) = \frac{d\vec{r}(t)}{dt} = \frac{d(\sin 2t)}{dt}\vec{i} + \frac{d(e^{-2t})}{dt}\vec{j} + \frac{d(t^2)}{dt}\vec{k} = 2\cos 2t\,\vec{i} - 2e^{-2t}\vec{j} + 2t\,\vec{k}$$

加速度向量函數爲：

$$\vec{a}(t) = \frac{d^2\vec{r}(t)}{dt^2} = \frac{d^2(\sin 2t)}{dt^2}\vec{i} + \frac{d^2(e^{-2t})}{dt^2}\vec{j} + \frac{d^2(t^2)}{dt^2}\vec{k} = -4\sin 2t\,\vec{i} + 4e^{-2t}\vec{j} + 2\vec{k}$$

初始速度 $\vec{v}(0) = 2\vec{i} - 2\vec{j}$；初始加速度 $\vec{a}(0) = 4\vec{j} + 2\vec{k}$。　Q.E.D.

2. 空間曲線的弧長

設 $\overrightarrow{r}(t)=x(t)\overrightarrow{i}+y(t)\overrightarrow{j}+z(t)\overrightarrow{k}$ 爲區間$[a, b]$上一曲線 C，則 C 上之微分位移向量定義爲

$\Delta\overrightarrow{r}=[\overrightarrow{r}(t+\Delta t)-\overrightarrow{r}(t)]=\dfrac{d\overrightarrow{r}}{dt}\Delta t$，當 $\Delta t\to 0$，$|\Delta\overrightarrow{r}|$即可以近似爲微小弧長 ds 所以

$ds=|d\overrightarrow{r}|$，稱爲**微分弧長**，其實具體來說，$\dfrac{d\overrightarrow{r}(t)}{dt}$ 爲曲線 C 的切向量，如圖 8-7 所示。現在因爲

$|d\overrightarrow{r}|=|\dfrac{d\overrightarrow{r}}{dt}dt|=|\dfrac{d\overrightarrow{r}}{dt}||dt|$，一般取 dt 爲正

$\Rightarrow ds=|\dfrac{d\overrightarrow{r}}{dt}|dt$，我們得曲線弧長

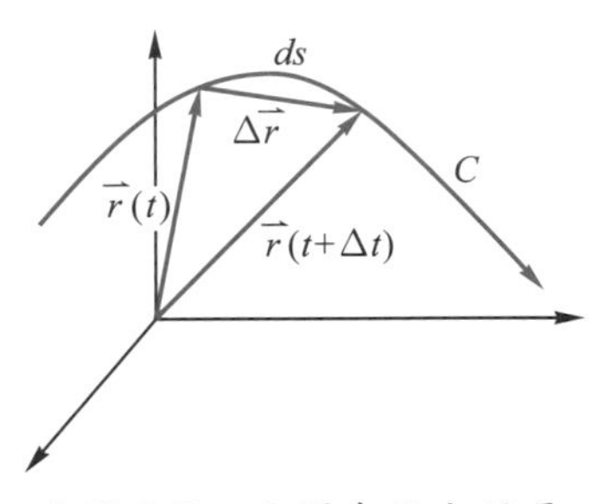

▲圖 8-7　空間中微分弧長

$$s=\int ds=\int_{t=a}^{b}|\frac{d\overrightarrow{r}}{dt}|dt$$

進一步用參數式來說，因爲$|\dfrac{d\overrightarrow{r}}{dt}|=\sqrt{(\dfrac{dx}{dt})^2+(\dfrac{dy}{dt})^2+(\dfrac{dz}{dt})^2}$，我們得曲線弧長的操作型計算式 $s=\int_{t=a}^{b}\sqrt{(\dfrac{dx}{dt})^2+(\dfrac{dy}{dt})^2+(\dfrac{dz}{dt})^2}\,dt$。若將 b 視爲變數，則曲線的弧長也可視爲描述曲線的一個參數，但這種技巧較爲抽象，此處不多談。

3. 平面曲線的弧長

在空間曲線的情況中令 $z(t)=0$，如圖 8-8 所示，我們便得到平面上的曲線微分弧長 $ds=\sqrt{(\dfrac{dx}{dt})^2+(\dfrac{dy}{dt})^2}\,dt$，與曲線弧長

$$s=\int_{t=a}^{b}\sqrt{(\frac{dx}{dt})^2+(\frac{dy}{dt})^2}\,dt$$

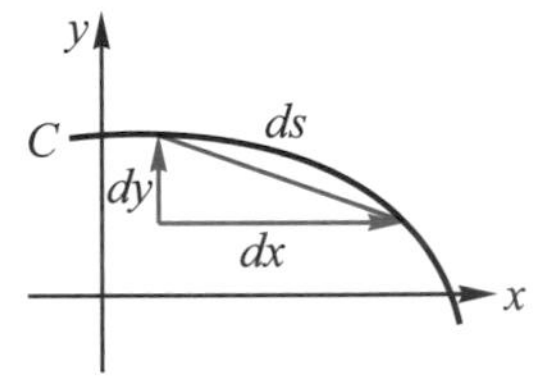

▲圖 8-8　平面上直角坐標微分弧長

若曲線本身具有函數形式 $y=f(x)$，則其曲線參數式爲 $\overrightarrow{r}(x)=x\overrightarrow{i}+y\overrightarrow{j}=x\overrightarrow{i}+f(x)\overrightarrow{j}$，此時，曲線上一點的切向量爲 $\dfrac{d\overrightarrow{r}}{dx}=\overrightarrow{i}+f'(x)\overrightarrow{j}$，因此代入弧長公式得：

$$s=\int_{x=a}^{b}\sqrt{1+(\frac{df}{dx})^2}\,dx$$

現考慮曲線的極坐標參數式

$\overrightarrow{r}(\theta)=\rho(\theta)\cos\theta\,\overrightarrow{i}+\rho(\theta)\sin\theta\,\overrightarrow{j}$，則曲線上一點切向量

爲 $\dfrac{d\overrightarrow{r}}{d\theta}=(\dfrac{d\rho}{d\theta}\cos\theta-\rho\sin\theta)\overrightarrow{i}+(\dfrac{d\rho}{d\theta}\sin\theta+\rho\cos\theta)\overrightarrow{j}$，

因此得微分弧長 $ds=\sqrt{\rho^2+(\dfrac{d\rho}{d\theta})^2}\,d\rho$ [3]，如圖 8-9 所示，並得極坐標下的弧長公式：

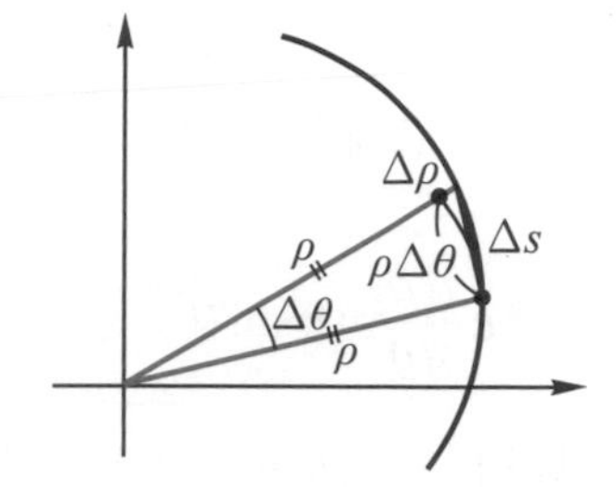

▲圖 8-9　平面上極坐標的微分弧長

$$s=\int_{\theta=\theta_1}^{\theta_2}\sqrt{(\frac{d\rho}{d\theta})^2+\rho^2}\,d\theta$$

範例 5

設 C：$\overrightarrow{r}(t)=a\cos t\,\overrightarrow{i}+a\sin t\,\overrightarrow{j}+ct\,\overrightarrow{k}$

(1) 求曲線 C 在 $t\in[0,2\pi]$ 時的弧長

(2) 若 $a=1$、$c=1$，求 $t=0$ 到 $t=\pi$ 之部分的曲線弧長

(3) 求 $\overrightarrow{r}(s)$（以弧長 s 爲參數的位置向量）

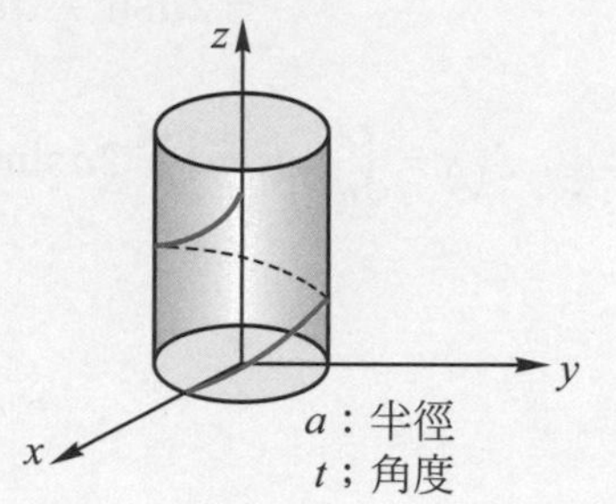

解　$\dfrac{d\overrightarrow{r}}{dt}=-a\sin t\,\overrightarrow{i}+a\cos t\,\overrightarrow{j}+c\overrightarrow{k}$，$\therefore\dfrac{d\overrightarrow{r}}{dt}\cdot\dfrac{d\overrightarrow{r}}{dt}=a^2+c^2$。

(1) 所求弧長 $s=\int_0^{2\pi}\sqrt{\overrightarrow{r}'\cdot\overrightarrow{r}'}\,dt=\int_0^{2\pi}\sqrt{a^2+c^2}\,dt=2\pi\cdot\sqrt{a^2+c^2}$。

(2) $s=\int_0^{\pi}\sqrt{1^2+1^2}\,dt=\sqrt{2}\pi$。

(3) $s(t)=\int_0^{t}\sqrt{\overrightarrow{r}'\cdot\overrightarrow{r}'}\,dt=\int_0^{t}\sqrt{a^2+c^2}\,dt=\sqrt{a^2+c^2}\,t\Rightarrow t=\dfrac{s}{\sqrt{a^2+c^2}}$，

故得　$\overrightarrow{r}(s)=a\cos(\dfrac{s}{w})\overrightarrow{i}+a\sin(\dfrac{s}{w})\overrightarrow{j}+\dfrac{cs}{w}\overrightarrow{k}$

其中 $w=\sqrt{a^2+c^2}$。

Q.E.D.

---

3 其實曲線 C 給定為：$\rho=\rho(\theta)$ 亦可以用幾何圖形求微分弧長：

$(\Delta s)^2\approx(\Delta\rho)^2+(\rho\Delta\theta)^2=[(\dfrac{\Delta\rho}{\Delta\theta})^2+\rho^2](\Delta\theta)^2\Rightarrow(ds)^2=[(\dfrac{d\rho}{d\theta})^2+\rho^2](d\theta)^2\Rightarrow ds=\sqrt{(\dfrac{d\rho}{d\theta})^2+\rho^2}\,d\theta$。

範例 6

設心臟線曲線為 $\rho(\theta)=a(1-\cos\theta)$，$\theta\in[0,2\pi]$，$a>0$，求其弧長。

解 首先 $\dfrac{d\rho}{d\theta}=a\sin\theta$，

故得

$$
\begin{aligned}
ds &= \sqrt{\rho^2+(\frac{d\rho}{d\theta})^2}\,d\theta \\
&= \sqrt{a^2(1-\cos\theta)^2+a^2\sin^2\theta}\,d\theta \\
&= \sqrt{2}a\sqrt{1-\cos\theta}\,d\theta \\
&= \sqrt{2}a\cdot\sin\frac{\theta}{2}\cdot\sqrt{2}\,d\theta \\
&= 2a\sin\frac{\theta}{2}d\theta
\end{aligned}
$$

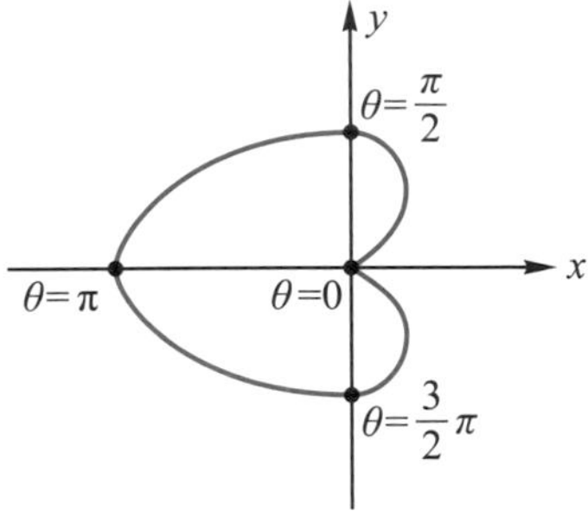

$$\therefore s=\int_0^{2\pi}ds=\int_0^{2\pi}2a\sin(\frac{\theta}{2})d\theta=-4a\cos\frac{\theta}{2}\Big|_0^{2\pi}=8a$$ 。

Q.E.D.

8-1 習題演練

基礎題

在下列 1～3 題的位置函數 $\overrightarrow{r}(t)$，求在 $t=0$ 之速度與加速度。

1. $\overrightarrow{r}(t)=t^2\overrightarrow{i}+2\overrightarrow{j}$

2. $\overrightarrow{r}(t)=t\overrightarrow{i}+e^t\overrightarrow{j}$

3. $\overrightarrow{r}(t)=\overrightarrow{i}+t\overrightarrow{j}+\sin(t)\overrightarrow{k}$

在下列 4～5 題的曲線 C，求其在給定範圍內的弧長。

4. $C:\overrightarrow{r}(t)=\overrightarrow{i}+t\overrightarrow{j}$，$t\in[0,1]$。

5. $C:\overrightarrow{r}(t)=\sin(t)\overrightarrow{i}+\cos(t)\overrightarrow{j}$，$t\in[0,2\pi]$。

6. 給定向量場 $\overrightarrow{f}=x^2\overrightarrow{i}+y\overrightarrow{j}+e^z\overrightarrow{k}$，求 $\overrightarrow{f_x}$、$\overrightarrow{f_y}$、$\overrightarrow{f_z}$。

進階題

1. 位置函數 $\overrightarrow{r}(t)$ 定義如下，求其在 $t=0$ 時的速度與加速度向量

(1) $\overrightarrow{r}(t)=3t^2\overrightarrow{i}+\sin t\overrightarrow{j}-2t^2\overrightarrow{k}$

(2) $\overrightarrow{r}(t)=\overrightarrow{i}-2\cos(t)\overrightarrow{j}+t\overrightarrow{k}$

(3) $\overrightarrow{r}(t)=\sinh(t)\overrightarrow{i}-2t^2\overrightarrow{k}$

2. 若向量場 $\overrightarrow{f}$ 如下，求 $\overrightarrow{f_x}$、$\overrightarrow{f_y}$、$\overrightarrow{f_z}$、$\overrightarrow{f_{xx}}$、$\overrightarrow{f_{xy}}$

(1) $\overrightarrow{f}=4x\overrightarrow{i}+5xy\overrightarrow{j}-z\overrightarrow{k}$

(2) $\overrightarrow{f}=e^x\overrightarrow{i}-3x^2yz\overrightarrow{j}$

(3) $\overrightarrow{f}=2xy\overrightarrow{i}+y\sin(x)\overrightarrow{j}+\cos(z)\overrightarrow{k}$

3. 求下列定義之曲線參數式的曲線弧長

(1) $C:\begin{cases}x=3\sin(t)\\ y=3\cos t\text{；}\ t\in[0,2\pi]\\ z=2t\end{cases}$

(2) $C:\begin{cases}x=2t^2\\ y=t^2\text{；}\ t\in[0,1]\\ z=2t^2\end{cases}$

(3) $C:\begin{cases}x=t^3\\ y=t^3\text{；}\ t\in[-2,2]\\ z=t^3\end{cases}$

4. 位置向量函數 $\overrightarrow{r}(t)$ 定義如下，求其速度與加速度向量函數

(1) $\overrightarrow{r}(t)=3t\overrightarrow{i}-2\overrightarrow{j}+t^2\overrightarrow{k}$

(2) $\overrightarrow{r}(t)=2\cos t\overrightarrow{i}+2\sin t\overrightarrow{j}-3t\overrightarrow{k}$

(3) $\overrightarrow{r}(t)=t\sin t\overrightarrow{i}-2e^{-3t}\overrightarrow{j}+e^{-t}\cos t\overrightarrow{k}$

5. 若 $\overrightarrow{f}(x,y)=e^{xy}\overrightarrow{i}+(x+y)\overrightarrow{j}+x\cos y\overrightarrow{k}$，求 $\overrightarrow{f}_x$、$\overrightarrow{f}_y$、$\overrightarrow{f}_{xx}$？

6. 曲線 C 定義如下，求弧長。

(1) C：$\overrightarrow{r}(t)=\cos t\overrightarrow{i}+\sin t\overrightarrow{j}+\frac{1}{3}t\overrightarrow{k}$，$-4\pi\le t\le 4\pi$。

(2) C：$\overrightarrow{r}(t)=2t\overrightarrow{i}+t^2\overrightarrow{j}+\ln t\overrightarrow{k}$，$1\le t\le 2$。

(3) C：$\overrightarrow{r}(t)=t^2\overrightarrow{i}+t^2\overrightarrow{j}+\frac{1}{2}t^2\overrightarrow{k}$，$1\le t\le 3$。

(4) C：$\rho(\theta)=4\sin\theta$，$0\le\theta\le\pi$。

7. P 點在圓柱坐標中如下，將其轉換成直角坐標。

(1) $(10,\frac{3\pi}{4},5)$　(2) $(\sqrt{3},\frac{\pi}{3},-4)$

8. P 點在球坐標中如下，將其轉換成直角坐標與圓柱坐標。

(1) $(\frac{2}{3},\frac{\pi}{2},\frac{\pi}{6})$　(2) $(8,\frac{\pi}{4},\frac{3\pi}{4})$

8-2 方向導數

單變數純量函數的導數或偏導數不具有方向性，然而在實際物理系統中，大多數的函數都是多變數，此時變化率便自然的與觀察變化率的角度有關，因此會因所沿的方向不同而有所不同，就好像一座山的高度變化會因為你所爬的方向不同而有所不同，可能從西南面爬的坡度變化最小，比較好爬，但所走的長度最長；而從東北面爬的坡度變化可能最大，比較難爬，但所走的距離最短。例如在高度場、溫度場等，沿不同方向之變化率會有所不同。

本節將以方向導數（Directional derivative）來刻劃這一類的問題，簡單的說，便是先找一條在曲面上的曲線，然後沿著曲線在指定的點作微分，從而發現變化率皆為某個固定形式之向量的分量。

8-2-1 ∇運算子

在實際的計算過程中，數學家發現多變數的變化率都是固定形式向量的分量。為了方便描述這個向量，我們引用 Delta 算子（簡稱 Del）

$$\nabla \equiv \vec{i}\frac{\partial}{\partial x}+\vec{j}\frac{\partial}{\partial y}+\vec{k}\frac{\partial}{\partial z}$$

此處我們將 $\frac{\partial}{\partial x}$ 、$\frac{\partial}{\partial y}$ 與 $\frac{\partial}{\partial z}$ 視為對函數的偏微分算子，但同時也將他們視為 R^3 中的坐標，因此向量∇的長度為

$$\nabla\cdot\nabla=\nabla^2=\frac{\partial^2}{\partial x^2}+\frac{\partial^2}{\partial y^2}+\frac{\partial^2}{\partial z^2}$$

稱為拉普拉斯算子；若代入平滑函數 ϕ 則得到

$$\nabla^2\phi\equiv\frac{\partial^2\phi}{\partial x^2}+\frac{\partial^2\phi}{\partial y^2}+\frac{\partial^2\phi}{\partial z^2}=0$$

稱為**拉普拉斯方程式**（Laplace's equation, Laplacian of ϕ），通常又稱滿足$\nabla^2\phi=0$ 的 ϕ 為調和函數。對平滑純量場ϕ 與向量場$\vec{u}=u_1\vec{i}+u_2\vec{j}+u_3\vec{k}$ ，有四大物理量可透過∇運算子描述如下：

1. **梯度**（gradient）

$$\nabla\phi \equiv \frac{\partial\phi}{\partial x}\vec{i}+\frac{\partial\phi}{\partial y}\vec{j}+\frac{\partial\phi}{\partial z}\vec{k}=\text{grad}(\phi)$$

一般在物理系統中，梯度場$\nabla\phi$ 表示該純量場 ϕ 之最大變化率向量。

2. **散度**（divergence）

$$\nabla\cdot\vec{u}=\frac{\partial u_1}{\partial x}+\frac{\partial u_2}{\partial y}+\frac{\partial u_3}{\partial z}=\text{div}(\vec{u})$$

一般在物理系統中，散度場$\nabla\cdot\vec{u}$ 表示該向量場$\vec{u}$ 往外散失的量。以流體場、電場或磁場來說散度就是流經某一微小體積的淨進出量。

3. **旋度**（curl）

$$\nabla\times\vec{u}\equiv\begin{vmatrix}\vec{i} & \vec{j} & \vec{k}\\ \frac{\partial}{\partial x} & \frac{\partial}{\partial y} & \frac{\partial}{\partial z}\\ u_1 & u_2 & u_3\end{vmatrix}=\text{curl}(\vec{u})$$

一般在物理系統中，旋度場$\nabla\times\vec{u}$ 表示該向量場$\vec{u}$ 之旋轉向量。以流體場、電場或磁場來說旋度就是在某一微小封閉曲線的環流量。

定義 8-2-1　常見的向量場

(1) $\text{div}(\vec{u})>0$表示向量場$\vec{u}$ 有向外發散趨勢，稱此時的$\vec{u}$ 爲**源**（Source）。反之，若 $\text{div}(\vec{u})<0$表示向量場$\vec{u}$ 有向內聚集趨勢，稱此時的$\vec{u}$ 爲**槽**（Sink）。

(2) 無散度場即$\text{div}(\vec{u})=0$，無旋度場即$\text{curl}(\vec{u})=0$。

(3) 就流體力學角度而言，$\nabla\cdot\vec{u}=\text{div}(\vec{u})=0$，稱$\vec{u}$ 爲**不可壓縮流場**（Incompressible），反之則爲可壓縮。而在電磁學上則稱$\nabla\cdot\vec{u}=0$稱爲**螺旋場**（Solenoidal）。

範例 1

設純量場 $f(x, y, z)=x^4+y^4+z$，向量場 $\overrightarrow{V}(x, y, z)=(x+y)^2\overrightarrow{i}+z^2\overrightarrow{j}+2yz\overrightarrow{k}$，$\overrightarrow{F}(x, y, z)=2x\overrightarrow{i}-y\overrightarrow{j}-z\overrightarrow{k}$。

(1) 求在(4, − 1, 3)之 grad(f)

(2) 計算 div($\overrightarrow{V}$)，curl($\overrightarrow{V}$) 及 $\nabla^2 f$

(3) 證明 $\overrightarrow{F}$ 爲不可壓縮

解 (1) $\nabla f=\dfrac{\partial f}{\partial x}\overrightarrow{i}+\dfrac{\partial f}{\partial y}\overrightarrow{j}+\dfrac{\partial f}{\partial z}\overrightarrow{k}=4x^3\overrightarrow{i}+4y^3\overrightarrow{j}+\overrightarrow{k}$，

所以 $\text{grad}(f)\big|_{(4,-1,3)}=256\overrightarrow{i}-4\overrightarrow{j}+\overrightarrow{k}$。

(2) $\text{div}(\overrightarrow{V})=\nabla\cdot\overrightarrow{V}=\dfrac{\partial(x+y)^2}{\partial x}+\dfrac{\partial(z^2)}{\partial y}+\dfrac{\partial(2yz)}{\partial z}=2(x+y)+2y=2x+4y$

$$\nabla^2 f=\frac{\partial^2 f}{\partial x^2}+\frac{\partial^2 f}{\partial y^2}+\frac{\partial^2 f}{\partial z^2}=12x^2+12y^2$$

$$\text{curl}(\overrightarrow{V})=\nabla\times\overrightarrow{V}=\begin{vmatrix}\overrightarrow{i} & \overrightarrow{j} & \overrightarrow{k}\\ \dfrac{\partial}{\partial x} & \dfrac{\partial}{\partial y} & \dfrac{\partial}{\partial z}\\ (x+y)^2 & z^2 & 2yz\end{vmatrix}=(2z-2z)\overrightarrow{i}-0\overrightarrow{j}+(0-2(x+y))\overrightarrow{k}=-2(x+y)\overrightarrow{k}$$

(3) $\text{div}(\overrightarrow{F})=\nabla\cdot\overrightarrow{F}=\dfrac{\partial(2x)}{\partial x}+\dfrac{\partial(-y)}{\partial y}+\dfrac{\partial(-z)}{\partial z}=2-1-1=0$，所以 $\overrightarrow{F}$ 爲不可壓縮。Q.E.D.

4. ∇的基本性質

設函數 ϕ 與 φ 的二階偏導數均存在且連續，則對平滑向量函數 $\overrightarrow{u}$、$\overrightarrow{v}$，我們有以下的性質，其大部分都可利用純量函數的微分配合相關向量運算的定義證明，則留給讀者練習。

(1) $\nabla(\phi\pm\varphi)=\nabla\phi\pm\nabla\varphi$

(2) $\nabla\cdot(\overrightarrow{u}\pm\overrightarrow{v})=\nabla\cdot\overrightarrow{u}\pm\nabla\cdot\overrightarrow{v}$

(3) $\nabla\times(\overrightarrow{u}\pm\overrightarrow{v})=\nabla\times\overrightarrow{u}\pm\nabla\times\overrightarrow{v}$

(4) $\nabla(\phi\varphi)=\varphi\nabla\phi+\phi\nabla\varphi$

(5) $\nabla\cdot(\phi\overrightarrow{u})=\nabla\phi\cdot\overrightarrow{u}+\phi\nabla\cdot\overrightarrow{u}$

(6) $\nabla\times(\phi\overrightarrow{u})=\nabla\phi\times\overrightarrow{u}+\phi\nabla\times\overrightarrow{u}$

定義 8-2-2 非旋向量場

若 $\overrightarrow{v}$ 爲區域 D 上的一個平滑向量場，且在 D 中 $\nabla\times\overrightarrow{v}=\overrightarrow{0}$，則稱 $\overrightarrow{v}$ 爲 D 上的一個非旋向量場。

定理 8-2-1 梯度的旋度是零

假設 ϕ 為一平滑純量場，$\nabla\times(\nabla\phi)=0$，意即梯度場為非旋向量場。

證明

$$\nabla\times(\nabla\phi)=\nabla\times(\frac{\partial\phi}{\partial x}\vec{i}+\frac{\partial\phi}{\partial y}\vec{j}+\frac{\partial\phi}{\partial z}\vec{k})=\begin{vmatrix}\vec{i} & \vec{j} & \vec{k}\\ \frac{\partial}{\partial x} & \frac{\partial}{\partial y} & \frac{\partial}{\partial z}\\ \frac{\partial\phi}{\partial x} & \frac{\partial\phi}{\partial y} & \frac{\partial\phi}{\partial z}\end{vmatrix}=\vec{0}$$

定理 8-2-2 梯度場的存在性定理

若 $\vec{v}$ 為區域 D 上的一個非旋向量場，則必存在一純量勢能函數 ϕ 使得 $\vec{v}=\nabla\phi$，換句話說，非旋向量場都是梯度場。

定理 8-2-3 旋度場不會發散

$\nabla\cdot(\nabla\times\vec{u})=0$

證明

由旋度及散度的定義知

$$\nabla\cdot\nabla\times\vec{u}=\nabla\cdot\begin{vmatrix}\vec{i} & \vec{j} & \vec{k}\\ \frac{\partial}{\partial x} & \frac{\partial}{\partial y} & \frac{\partial}{\partial z}\\ u_1 & u_2 & u_3\end{vmatrix}=\nabla\cdot\left[(\frac{\partial u_3}{\partial y}-\frac{\partial u_2}{\partial z})\vec{i}-(\frac{\partial u_3}{\partial x}-\frac{\partial u_1}{\partial z})\vec{j}+(\frac{\partial u_2}{\partial x}-\frac{\partial u_1}{\partial y})\vec{k}\right]$$

$$=\frac{\partial}{\partial x}(\frac{\partial u_3}{\partial y}-\frac{\partial u_2}{\partial z})-\frac{\partial}{\partial y}(\frac{\partial u_3}{\partial x}-\frac{\partial u_1}{\partial z})+\frac{\partial}{\partial z}(\frac{\partial u_2}{\partial x}-\frac{\partial u_1}{\partial y})=0$$

定理 8-2-4 旋度場的存在性定理

設 $\vec{v}$ 在區域 D 中一階偏導數存在連續，且 $\nabla\cdot\vec{v}=0$ 在 D 中，則稱 $\vec{v}$ 為 D 內之一螺旋向量場。此時必存在一向量函數 $\vec{u}$ ，使得 $\vec{v}=\nabla\times\vec{u}$ 為一螺旋向量場。

定理 8-2-5 調和函數的判斷

若 $\overrightarrow{v}$ 既爲 D 之非旋向量場且爲螺旋向量場，則 $\overrightarrow{v}$ 之純量勢能函數 ϕ 必爲 D 之一諧和函數，即$\nabla^2\phi=0$

證明

$\because \nabla\times\overrightarrow{v}=0$，故由「梯度場的存在性定理」知必存在一純量函數$\phi$，使得 $\overrightarrow{v}=\nabla\phi$，

$\because \nabla\cdot\overrightarrow{v}=0$，故$\nabla\cdot\overrightarrow{v}=\nabla\cdot\nabla\phi=\nabla^2\phi=0$。

定理 8-2-6 位置向量的散度與旋度

設 $\overrightarrow{r}=x\overrightarrow{i}+y\overrightarrow{j}+z\overrightarrow{k}$，則$\nabla\cdot\overrightarrow{r}=3$，$\nabla\times\overrightarrow{r}=\overrightarrow{0}$

證明

$\nabla\cdot\overrightarrow{r}=\dfrac{\partial x}{\partial x}+\dfrac{\partial y}{\partial y}+\dfrac{\partial z}{\partial z}=3$（恰好算得維度）

$$\nabla\times\overrightarrow{r}=\begin{vmatrix}\overrightarrow{i} & \overrightarrow{j} & \overrightarrow{k}\\ \dfrac{\partial}{\partial x} & \dfrac{\partial}{\partial y} & \dfrac{\partial}{\partial z}\\ x & y & z\end{vmatrix}=\overrightarrow{0}$$（表示 $\overrightarrow{r}$ 爲非旋向量場）

定理 8-2-7 微分量＝梯度在切方向的分量

設 $\phi=\phi(x,y,z)$，則$d\phi=\nabla\phi\cdot d\overrightarrow{r}$，其中$d\overrightarrow{r}=dx\overrightarrow{i}+dy\overrightarrow{j}+dz\overrightarrow{k}$。

證明

由全微分定義得知

$$d\phi=\frac{\partial\phi}{\partial x}dx+\frac{\partial\phi}{\partial y}dy+\frac{\partial\phi}{\partial z}dz=(\overrightarrow{i}\frac{\partial\phi}{\partial x}+\overrightarrow{j}\frac{\partial\phi}{\partial y}+\overrightarrow{k}\frac{\partial\phi}{\partial z})\cdot(dx\overrightarrow{i}+dy\overrightarrow{j}+dz\overrightarrow{k})=\nabla\phi\cdot d\overrightarrow{r}$$

範例 2

設 $\vec{r}=x\vec{i}+y\vec{j}+z\vec{k}$，且 $R=|\vec{r}|=\sqrt{x^2+y^2+z^2}$，求證 $\nabla R=\dfrac{\vec{r}}{R}$

解 $\nabla R=\dfrac{\partial R}{\partial x}\vec{i}+\dfrac{\partial R}{\partial y}\vec{j}+\dfrac{\partial R}{\partial z}\vec{k}$，

由 $\dfrac{\partial R}{\partial x}=\dfrac{x}{\sqrt{x^2+y^2+z^2}}=\dfrac{x}{R}$，

同理：$\dfrac{\partial R}{\partial y}=\dfrac{y}{R}$，$\dfrac{\partial R}{\partial z}=\dfrac{z}{R}$，

$\therefore \nabla R=\dfrac{x}{R}\vec{i}+\dfrac{y}{R}\vec{j}+\dfrac{z}{R}\vec{k}=\dfrac{\vec{r}}{R}$。 Q.E.D.

範例 3

設 $\phi=\phi(u)$，$u=u(x,y,z)$，試證 $\nabla\phi=\phi'(u)\nabla u$

解

$$\begin{aligned}\nabla\phi&=\frac{\partial\phi}{\partial x}\vec{i}+\frac{\partial\phi}{\partial y}\vec{j}+\frac{\partial\phi}{\partial z}\vec{k}\\&=\frac{\partial\phi}{\partial u}\left(\frac{\partial u}{\partial x}\vec{i}+\frac{\partial u}{\partial y}\vec{j}+\frac{\partial u}{\partial z}\vec{k}\right)\\&=\frac{\partial\phi}{\partial u}\nabla u=\phi'(u)\nabla u\end{aligned}$$

Q.E.D.

範例 4

設 $f=f(R)$爲一平滑函數，求 $\nabla f(R)$、∇R^n、$\nabla(\dfrac{1}{R})$，其中 $R=|\vec{r}|=\sqrt{x^2+y^2+z^2}$

解 (1) $\nabla f(R)=f'(R)\cdot\nabla R=f'(R)\cdot\dfrac{\vec{r}}{R}$，其中 $\vec{r}=x\vec{i}+y\vec{j}+z\vec{k}$。

(2) 令 $f(R)=R^n$，則 $\nabla R^n=(R^n)'\nabla R=n\cdot R^{n-1}\cdot\dfrac{\vec{r}}{R}=n\cdot R^{n-2}\vec{r}$。

(3) 令 $f(R)=(\dfrac{1}{R})$，則 $\nabla(\dfrac{1}{R})=(\dfrac{1}{R})'\nabla R=-\dfrac{1}{R^2}\dfrac{\vec{r}}{R}=-\dfrac{\vec{r}}{R^3}$。 Q.E.D.

範例 5

求(1)$\nabla\cdot(f(R)\vec{r})$；(2)$\nabla\times(f(R)\vec{r})$

解 (1) $\nabla\cdot(f(R)\vec{r})=\nabla f(R)\cdot\vec{r}+f(R)\nabla\cdot\vec{r}=f'(R)\frac{\vec{r}}{R}\cdot\vec{r}+f(R)\cdot 3=Rf'(R)+3f(R)$

(2) $\nabla\times(f(R)\vec{r})=\nabla f(R)\times\vec{r}+f(R)\nabla\times\vec{r}=f'(R)\frac{\vec{r}}{R}\times\vec{r}+f(R)\cdot 0=0+0=0$ Q.E.D.

物理系統中，電磁場（重力場）$\vec{F}=\frac{A}{R^3}\vec{r}$，（常見之重力場$\vec{F}=\frac{GMm}{R^2}\vec{e_r}$，其中$\vec{e_r}=\frac{\vec{r}}{R}$），則由上面範例可知$\nabla\times\vec{F}=\nabla\times\frac{A}{R^3}\vec{r}=\boldsymbol{0}$，所以重力場爲非旋向量場，同時$\nabla\cdot\vec{F}=\nabla\cdot\frac{A}{R^3}\vec{r}=\boldsymbol{0}$，所以電磁場爲螺旋場。

8-2-2 方向導數（Direction derivative）

多變數函數的變化率根據視角的不同，也會有所差異（讀者可回顧本章開頭所述的爬山情境），接下來我們用數學符號具體描述。

定義 8-2-3 純量場的方向導數

設$F(\vec{r})$爲定義在D之一純量場，若$\vec{r}_p$爲D內之某P點的位置向量，且$\vec{e}$爲在$\vec{r}_p$處之某一單位向量，則$F(\vec{r})$在$\vec{r}_p$處沿著$\vec{e}$方向之方向導數爲

$$D_{\vec{e}}F(\vec{r}_p)=\lim_{\Delta\ell\to 0}\frac{F(\vec{r}_p+\Delta\ell\vec{e})-F(\vec{r}_p)}{\Delta\ell}$$

稱爲純量場$F(\vec{r})$於$\vec{r}_p$處沿$\vec{e}$的方向導數，如圖8-10所示。

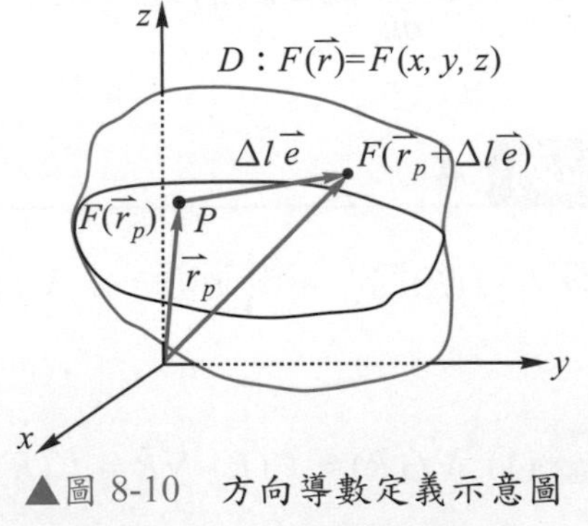

▲圖 8-10 方向導數定義示意圖

若以$\mathbb{R}^3$上的函數$F(\vec{r})=F(x,y,z)$而言，我們可寫下$\vec{r}_p=P(x_0,y_0,z_0)$、$\vec{e}=\vec{u}=u_1\vec{i}+u_2\vec{j}+u_3\vec{k}$，因此得

$$D_{\vec{u}}F(P)=\lim_{\Delta\ell\to 0}\frac{F(x_0+\Delta\ell u_1,\,y_0+\Delta\ell u_2,\,z_0+\Delta\ell u_3)-F(x_0,y_0,z_0)}{\Delta l}$$

由從前在微積分所學的偏導數，可得以下特例：

(1) $\vec{u}=\vec{i}\Rightarrow D_{\vec{u}}F(P)=F_x(P)$；

(2) $\vec{u}=\vec{j}\Rightarrow D_{\vec{u}}F(P)=F_y(P)$；

(3) $\vec{u}=\vec{k}\Rightarrow D_{\vec{u}}F(P)=F_z(P)$

接下來便是關於方向導數最重要的定理，其說明方向導數其實就是梯度在所微分方向上的投影量，如圖 8-11 所示。我們從「等值曲面」來看其原由。

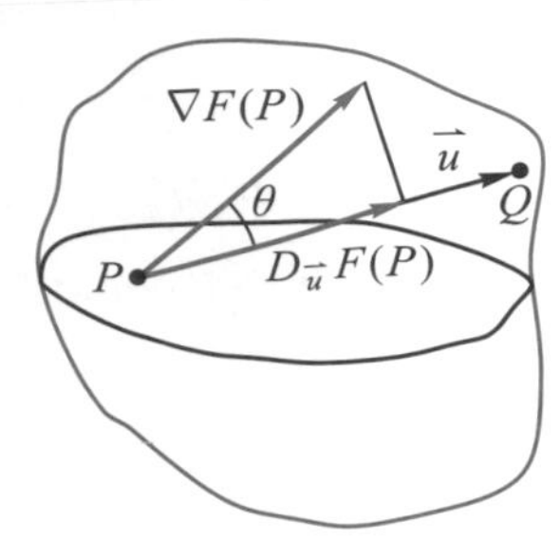

▲圖 8-11　方向導數求法

1. 方向導數的計算

純量場 $F(x,y,z)$之極微小區域內之等值曲面可以視爲等值平面，如圖 8-12 所示，則 F 於 P 點沿著 $\vec{e}$ 的方向導數

$$=\lim_{\Delta\ell\to 0}\frac{\Delta F}{\Delta\ell}=\lim_{\Delta l\to 0}\frac{\varepsilon}{\Delta\ell}=\lim_{\Delta\ell\to 0}\frac{\varepsilon}{\Delta\ell_n}\frac{\Delta\ell_n}{\Delta\ell}=\lim_{\Delta\ell\to 0}\frac{\varepsilon}{\Delta\ell_n}\cos\theta=\lim_{\Delta\ell\to 0}\frac{\varepsilon}{\Delta\ell_n}\vec{n}\cdot\vec{e}$$

所以沿著法線方向之距離 Δl_n 最短，即

$\nabla F(P)=\lim\limits_{\Delta\ell\to 0}\dfrac{\varepsilon}{\Delta\ell_n}\vec{n}$ 爲最大變化率向量，即梯度

$\nabla F(P)$ 表示純量場 $F(x,y,z)$在 P 點處之最大變化率向量；也可以符號表示爲

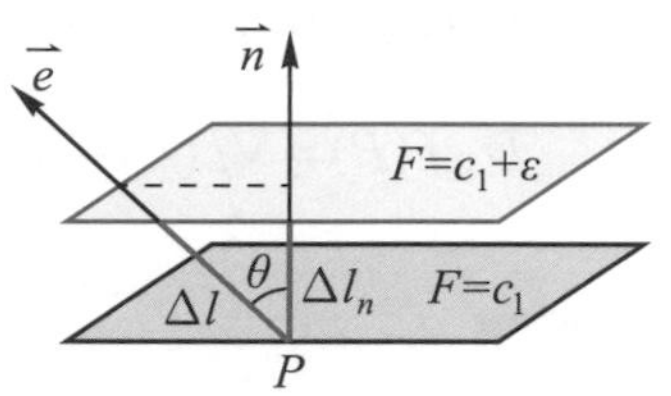

▲圖 8-12　方向導數微觀圖

$$\nabla F(P)=\text{grad}(F(P))\triangleq\lim_{\Delta\ell\to 0}\left(\frac{F(\vec{r}_P+\Delta\ell\vec{e}_{\max})-F(\vec{r}_P)}{\Delta\ell}\right)\vec{e}_{\max}$$

$\vec{e}_{\max}$：最大變化率方向

→最大變化率向量

因此我們可得下列之重要定理。

定理 8-2-8　微分量=梯度在切方向的分量

對一階微分連續之純量場 $F(x,y,z)$

(1) $\nabla F(P)=\text{grad}(F(P))$

$$=\lim_{\Delta\ell\to 0}\left(\frac{F(\vec{r}_P+\Delta\ell\vec{e}_{\max})-F(\vec{r}_P)}{\Delta\ell}\right)\vec{e}_{\max}$$

(2) F 於 P 沿某單位向量 $\vec{e}$ 的方向導數爲 $\nabla F(P)\cdot\vec{e}$

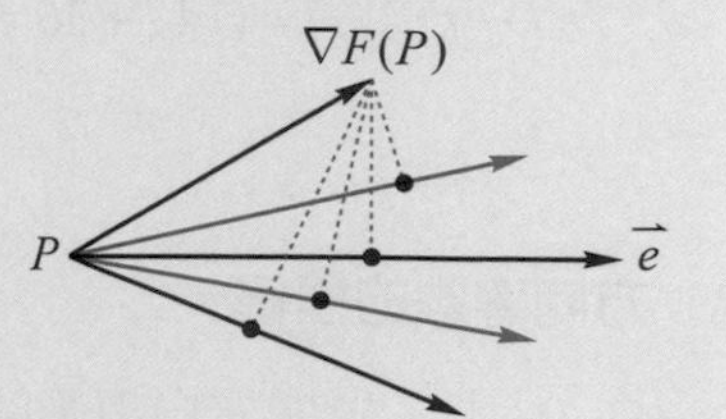

▲圖 8-13　不同方向之方向導數

定理 8-2-9 方向導數的計算

設 $F(\overrightarrow{r})$ 為定義在 $D \subseteq \mathrm{R}^n$ 上的純量場，若 P 為 D 內一點，Q 為點 P 鄰域中之任一點，且 $F(\overrightarrow{r})$ 在點 P 處為一階微分連續函數，則沿著 $\overrightarrow{u}=\overrightarrow{PQ}$ 方向的導數為 $D_{\overrightarrow{u}}F(P)=\nabla F(P)\cdot\overrightarrow{u}$，特別的來說，$F$ 於 P 沿某單位向量 $\overrightarrow{e}$ 的方向導數為 $\nabla F(P)\cdot\overrightarrow{e}$；甚至，在 R^3 中我們有 $D_{\overrightarrow{u}}F(P)=\nabla F(P)\cdot\dfrac{\overrightarrow{u}}{|\overrightarrow{u}|}=|\nabla F(P)|\cos\theta$。

範例 6

若 $f(x, y, z) = 3x^2 - y^3 + 2z^2$，試計算 $f(x, y, z)$ 在點 $P(1, -1, 2)$ 處，f 沿 $\overrightarrow{v}=2\overrightarrow{i}+2\overrightarrow{j}-\overrightarrow{k}$ 的方向導數。

解

$$\nabla f=6x\overrightarrow{i}-3y^2\overrightarrow{j}+4z\overrightarrow{k}$$

$$\nabla f(P)=6\overrightarrow{i}-3\overrightarrow{j}+8\overrightarrow{k}$$

$$D_{\overrightarrow{v}}f(P)=\nabla f(P)\cdot\frac{\overrightarrow{v}}{|\overrightarrow{v}|}=(6\overrightarrow{i}-3\overrightarrow{j}+8\overrightarrow{k})\cdot\frac{(2\overrightarrow{i}+2\overrightarrow{j}-\overrightarrow{k})}{\sqrt{2^2+2^2+1^2}}=-\frac{2}{3}$$

Q.E.D.

範例 7

求 $f(x, y) = 2x^2y^3 + 6xy$ 在點 $P(2, 1)$ 處，沿著與正 x 軸夾 $\dfrac{\pi}{6}$ 方向的方向導數。

解

$$\nabla f(x, y)=(4xy^3+6y)\overrightarrow{i}+(6x^2y^2+6x)\overrightarrow{j}$$

$$\nabla f(2, 1)=(8+6)\overrightarrow{i}+(24+12)\overrightarrow{j}=14\overrightarrow{i}+36\overrightarrow{j}$$

$$\overrightarrow{v}=\cos\frac{\pi}{6}\overrightarrow{i}+\sin\frac{\pi}{6}\overrightarrow{j}=\frac{\sqrt{3}}{2}\overrightarrow{i}+\frac{1}{2}\overrightarrow{j}$$

$$\therefore D_{\overrightarrow{v}}f(2, 1)=(14\overrightarrow{i}+36\overrightarrow{j})\cdot(\frac{\sqrt{3}}{2}\overrightarrow{i}+\frac{1}{2}\overrightarrow{j})=7\sqrt{3}+18$$

Q.E.D.

2. 方向導數的極值

在 R^3 中，根據方向導數的計算公式，我們有下列結果：

定理 8-2-10　方向導數的極值

(1) 若 $\overrightarrow{u}=\dfrac{\nabla F(P)}{|\nabla F(P)|}$，即 $\theta=0$，則此時方向導數為最大值，

且 $\max\{D_{\vec{u}}F(P)\}=\nabla F(P)\cdot\dfrac{\nabla F(P)}{|\nabla F(P)|}=|\nabla F(P)|$。

(2) 若 $\overrightarrow{u}=-\dfrac{\nabla F(P)}{|\nabla F(P)|}$，即 $\theta=\pi$，則此時方向導數為最小值，

且 $\min\{D_{\vec{u}}F(P)\}=\nabla F(P)\cdot(\dfrac{-\nabla F(P)}{|\nabla F(P)|})=-|\nabla F(P)|$。

範例 8

求 $f(x,y,z)=x^2+y^2+z^2$ 在 $P_0(1,1,1)$ 處增加速率最快的方向，並求此改變率？

解 $\nabla f=2x\overrightarrow{i}+2y\overrightarrow{j}+2z\overrightarrow{k}$，$\nabla f(1,1,1)=2\overrightarrow{i}+2\overrightarrow{j}+2\overrightarrow{k}$。

(1) 最大方向導數方向為 $\dfrac{\nabla f(P_0)}{|\nabla f(P_0)|}=\dfrac{1}{\sqrt{3}}\overrightarrow{i}+\dfrac{1}{\sqrt{3}}\overrightarrow{j}+\dfrac{1}{\sqrt{3}}\overrightarrow{k}$。

(2) 最大改變率為 $|\nabla f(P_0)|=2\sqrt{3}$。

Q.E.D.

定理 8-2-11 曲面的法向量

設 $F(x,y,z)$爲 R^3 中一平滑等值曲面，且 $P(x_0,y_0,z_0)=\overrightarrow{r}(0)$ 爲其上一點，則 P 上的法向量爲$\nabla F(P)$；換句話說，對任意通過 $P(x_0,y_0,z_0)$的切向量$\overrightarrow{r}'(0)$，我們有

$$\nabla F(P)\cdot\frac{d\overrightarrow{r}}{dt}(0)=0$$

證明

① **從參數曲線**

考慮曲線 $\overrightarrow{r}(t)=(x(t),y(t),z(t))$ 且 $P=\overrightarrow{r}(0)$，則在等值曲面 $F(x,y,z)=c$ 中，由鏈鎖律知

$$\left.\frac{dF(x,y,z)}{dt}\right|_{t=0}=\frac{\partial F}{\partial x}x'(0)+\frac{\partial F}{\partial y}y'(0)+\frac{\partial F}{\partial z}z'(0)$$

$$=\left(\left.\frac{\partial F}{\partial x}\right|_P,\left.\frac{\partial F}{\partial y}\right|_P,\left.\frac{\partial F}{\partial z}\right|_P\right)\cdot(x'(0),y'(0),z'(0))$$

$$=\nabla F(P)\cdot\frac{d\overrightarrow{r}}{dt}(0)$$

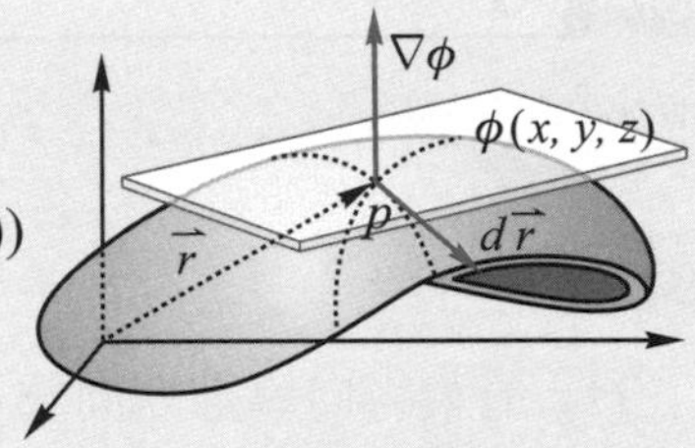

▲圖 8-14 空間中曲面法向量圖

因此∇F 爲曲面在 P 點上的法向量，如圖 8-14 所示。

② **從全微分**

設有一曲面族爲$\phi(x,y,z)=c$ 則全微分公式可提供另一條證明的路線：

$$d\phi(x,y,z)=\frac{\partial\phi}{\partial x}dx+\frac{\partial\phi}{\partial y}dy+\frac{\partial\phi}{\partial z}dz$$

$$=\left(\frac{\partial\phi}{\partial x}\overrightarrow{i}+\frac{\partial\phi}{\partial y}\overrightarrow{j}+\frac{\partial\phi}{\partial z}\overrightarrow{k}\right)\cdot(dx\,\overrightarrow{i}+dy\,\overrightarrow{j}+dz\,\overrightarrow{k})$$

$$=\nabla\phi\cdot d\overrightarrow{r}=0$$

其中 $d\overrightarrow{r}$ 爲曲面的切向量，故$\nabla\phi$ 爲曲面的法向量，

即曲面 $\phi(x,y,z)=c$ 之單位法向量爲 $\overrightarrow{e_n}=\pm\dfrac{\nabla\phi}{|\nabla\phi|}$ 。

範例 9

求 $f(x, y, z) = x + 3y^2 + 4z^3$，在點 $P(\frac{1}{2}, \frac{1}{2}, 2)$ 沿著曲面 $z = 4x^2 + 4y^2$ 的法向量方向導數。

解 $\nabla f = \overrightarrow{i} + 6y\overrightarrow{j} + 12z^2\overrightarrow{k}$，$\nabla f(P) = \overrightarrow{i} + 3\overrightarrow{j} + 48\overrightarrow{k}$，令曲面函數 $\phi = 4x^2 + 4y^2 - z = 0$，

$\nabla\phi = 8x\overrightarrow{i} + 8y\overrightarrow{j} - \overrightarrow{k}$，$\nabla\phi(P) = 4\overrightarrow{i} + 4\overrightarrow{j} - \overrightarrow{k}$，則曲面 ϕ 的法向量

$$\overrightarrow{n} = \pm\frac{\nabla\phi(P)}{|\nabla\phi(P)|} = \pm(\frac{4\overrightarrow{i} + 4\overrightarrow{j} - \overrightarrow{k}}{\sqrt{33}})，$$

$$\therefore \quad D_{\vec{u}}f(P) = \nabla f(P)\cdot\overrightarrow{n} = \pm\frac{32}{\sqrt{33}}$$

Q.E.D.

範例 10

(1) 求曲面 $x^2 + y^2 + z^2 = 3$ 在點 $P(1, 1, 1)$處的單位法向量與法線參數式。

(2) 求該曲面在 $P(1, 1, 1)$處的切平面。

解 (1) 令曲面函數 $\phi = x^2 + y^2 + z^2 - 3 = 0$，則 $\nabla\phi = 2x\overrightarrow{i} + 2y\overrightarrow{j} + 2z\overrightarrow{k}$、

$\nabla\phi(1, 1, 1) = 2\overrightarrow{i} + 2\overrightarrow{j} + 2\overrightarrow{k}$，

可取曲面法向量爲 $\overrightarrow{N} = \overrightarrow{i} + \overrightarrow{j} + \overrightarrow{k}$，

單位法向量爲 $\pm\frac{\nabla\phi}{|\nabla\phi|} = \pm\frac{\overrightarrow{i} + \overrightarrow{j} + \overrightarrow{k}}{\sqrt{3}}$

法線參數式爲 $L：\begin{cases} x = 1 + t \\ y = 1 + t，t \in R \\ z = 1 + t \end{cases}$

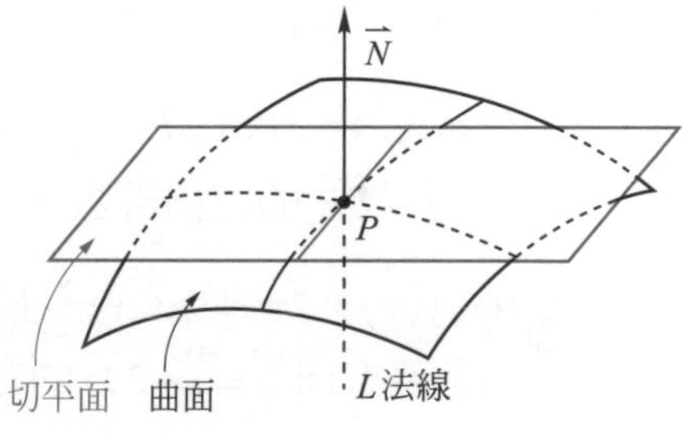

(2) $\overrightarrow{n} = (1, 1, 1) \Rightarrow$ 切平面爲 $(x-1) + (y-1) + (z-1) = 0 \Rightarrow x + y + z = 3$。

Q.E.D.

8-2 習題演練

基礎題

1. 令 $\vec{F}=2x\vec{i}+y\vec{j}+z\vec{k}$，請求出 $\nabla\cdot\vec{F}$ 與 $\nabla\times\vec{F}$。
2. 令 $\phi(x,y,z)=2x-2y$，請求出 $\nabla\phi$ 並驗證 $\nabla\times(\nabla\phi)=\vec{0}$。
3. 試問 $\vec{F}=x\vec{i}+y\vec{j}-2z\vec{k}$ 是否爲螺旋向量場？
4. 令 $\phi(x,y,z)=xyz$，試計算其梯度與拉普拉斯運算值（Laplacian）。
5. 令 $f(x,y)=100-2x^2-y^2$，試計算 $\nabla f(1,2)$。
6. 求函數 $f(x,y,z)=x+y+z$ 在 $P(1, 0, 0)$ 處沿著 $\vec{a}=\vec{i}+\vec{j}$ 的方向導數。
7. 求函數 $f(x,y,z)=xyz$ 在 $P(1, 1, 0)$處沿著 $\vec{a}=\vec{i}+2\vec{j}-2\vec{k}$ 的方向導數。
8. 求函數 $f(x, y, z) = 2x^2 + 3y^2 + z^2$ 在點 $P(2, 1, 3)$沿著方向 $\vec{a}=\vec{i}-2\vec{k}$ 的方向導數。
9. 求 $f(x, y) = (xy + 1)^2$ 在點 $P(3, 2)$處，沿著(3, 2)與(5, 3)所形成之方向的方向導數？
10. 求純量場 $F(x, y)=x^3-y^3$ 在 $P(2, -2)$ 減少速率最快的方向，並求此改變率。

進階題

1. 在下列各題中，請求出 $\nabla\cdot\vec{F}$ 與 $\nabla\times\vec{F}$，並驗證 $\nabla\cdot(\nabla\times\vec{F})=0$
   (1) $\vec{F}=2xy\,\vec{i}+x^2e^y\,\vec{j}+2z\,\vec{k}$
   (2) $\vec{F}=\cosh(xyz)\vec{j}$
2. 求下列函數的梯度 $\nabla\phi$，並驗證 $\nabla\times(\nabla\phi)=0$
   (1) $\phi(x, y, z)=\cos(xz)$
   (2) $\phi(x, y, z)=xyz+e^x$
3. 請判別下列向量場，何者爲螺旋向量場（不可壓縮場）？
   (1) $\vec{F}=3xy^2\,\vec{i}-y^3\,\vec{j}+e^{xyz}\,\vec{k}$
   (2) $\vec{F}=\sin(y)\,\vec{i}+\cos(x)\vec{j}+z\,\vec{k}$
   (3) $\vec{F}=(z^2-3x)\,\vec{i}-3x\,\vec{j}+(3z)\vec{k}$
4. 請判別下列向量場，何者爲非旋向量場？
   (1) $\vec{F}=x\,\vec{i}+y\,\vec{j}+z\,\vec{k}$
   (2) $\vec{F}=yz\,\vec{i}+xz\,\vec{j}+xy\,\vec{k}$
   (3) $\vec{F}=xy\,\vec{i}+xy\,\vec{j}+z^2\,\vec{k}$
   (4) $\vec{F}=y^3\,\vec{i}+(3xy^2-4)\vec{j}+z\vec{k}$
5. 計算下列各函數的梯度與拉普拉斯運算值。
   (1) $\phi(x, y, z)=\dfrac{xy^2}{z^3}$
   (2) $\phi(x, y, z)=xy\cos(yz)$
6. 計算下列各向量函數的散度與旋度
   (1) $\vec{V}(x, y, z)=xz\,\vec{i}+yz\,\vec{j}+xy\,\vec{k}$
   (2) $\vec{V}(x, y, z)=10yz\,\vec{i}+2x^2z\,\vec{j}+6x^3\,\vec{k}$
   (3) $\vec{V}(x, y, z)=xe^{-z}\,\vec{i}+4yz^2\,\vec{j}+3ye^{-z}\,\vec{k}$
7. 計算下列各函數在 P 點之梯度
   (1) $f(x, y, z)=2x^2+3y^2+z^2$，$P(2, 1, 3)$。
   (2) $f(x, y, z)=x^2z+yz^2$，$P(1, 0, 2)$。
8. 求函數 $F(x, y, z) = xy^2 - 4x^2y + z^2$ 在點 $P(1, -1, 2)$沿著方向 $\vec{u}=6\vec{i}+2\vec{j}+3\vec{k}$ 的方向導數。

9. 已知函數 $f(x, y, z) = x + y + z$ 及直線 S：$x = t$、$y = 2t$、$z = 3t$，求 f 在點 $P(1, 2, 3)$ 沿著直線 S 方向的方向導數。

10. 求 $f(x, y) = 5x^3y^6$ 在點 $P(-1, 1)$處，沿著與正 x 軸夾 $\frac{\pi}{6}$ 方向的方向導數

11. 求 $F(x,y,z) = x^2y^2(2z+1)^2$ 在點 $P(1, -1, 1)$處，沿著$(1, -1, 1)$與$(0, 3, 3)$兩點所形成之直線方向的方向導數

12. 若有一純量場 f 及其上一點 P，求此純量場 f 在 P 處增加速率最快的方向，並求此改變率

(1) $F(x, y) = e^{2x}\sin y$ ，$P(0, \frac{\pi}{4})$。

(2) $F(x, y, z) = x^2 + 4xz + 2yz^2$ ，$P(1, 2, -1)$。

13. 若有一純量場 f 及其上一點 P，求此純量場 f 在 P 處減少速率最快的方向，並求此改變率。$F(x, y, z) = \ln(\frac{xy}{z})$ ，$P(\frac{1}{2}, \frac{1}{6}, \frac{1}{3})$。

14. 求曲面 $x^2 + y^2 + z^2 = 4$ 在點 $P(1, 1, \sqrt{2})$處的切平面與法線參數式。

15. 求曲面 $z = xy^2$ 在點 $P(1, 1, 1)$處的切平面與法線。

16. 若 $\overrightarrow{V} = (5x-7)\overrightarrow{i} + (3y+13)\overrightarrow{j} - 4\alpha z\overrightarrow{k}$ ，請計算 α 值爲何可使 $\overrightarrow{V}$ 爲不可壓縮流場或螺旋電磁場？

17. 若有一溫度場爲 $f(x, y, z) = x^2 + y^2 + z^2$，且此時你所在的位置爲$(1, 0, 3)$，若你想讓自己最快覺得涼爽，則你應該往哪個方向走？

18. 求函數 $T(x, y, z) = x^2 + 2y^2 + 3z^2$ 在點 $P(0, 1, 2)$沿著直線 S：$x = t$，$y = t + 1$，$z = t + 2$ 方向的方向導數。

19. 求(1)$\nabla^2(f(R))$ (2)$\nabla^2 R^n$，其中 $R = \sqrt{x^2 + y^2 + z^2}$ ，$\overrightarrow{r} = x\overrightarrow{i} + y\overrightarrow{j} + z\overrightarrow{k}$

20. 求函數 $f(x, y, z) = x^2 + y^2 + z^2$ 在點 $P(2, 2, 2)$沿著方向 $\overrightarrow{a} = \overrightarrow{i} + 2\overrightarrow{j} - 3\overrightarrow{k}$ 的方向導數

8-3 線積分

本節將介紹向量中的線積分（Line integrals），其包含純量函數線積分與向量函數線積分。本節所介紹之積分經常用在計算力場作功。然而要談線積分之前，需先了解在線積分中所沿的曲線 C 有哪些形式，以下將先介紹幾個常見的形式，然後再解釋線積分的計算。

8-3-1 曲線的分類

1. 平滑曲線

若曲線 C 之切線向量 $\vec{e_t}=\dfrac{d\vec{c}(t)}{dt}$ 均為連續，則稱曲線 C 為平滑曲線（Smooth Curve），如圖 8-15 所示。

2. 分段平滑

若曲線 C 為有限個平滑曲線相加，則其切線向量 $\vec{e_t}$ 為片段連續，則稱曲線 C 為片段平滑曲線（Piecewise Smooth Curve），如圖 8-16 所示。

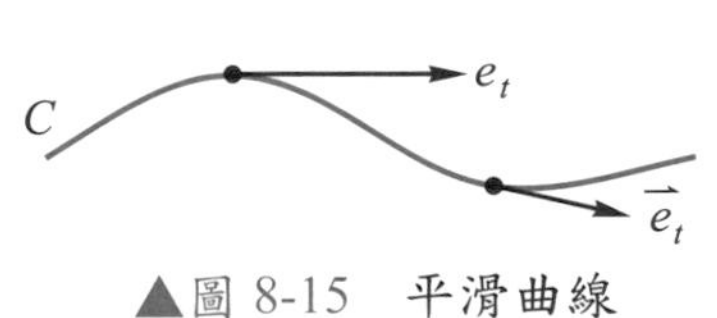

▲圖 8-15 平滑曲線

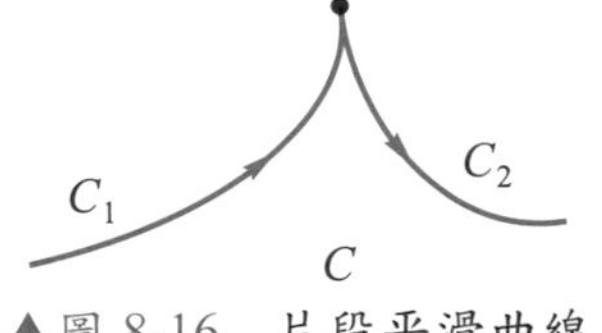

▲圖 8-16 片段平滑曲線

3. 以曲線的自交點數分類

(1) **多重點**（multiple point）
曲線之自交點稱為多重點，如圖 8-17 所示。

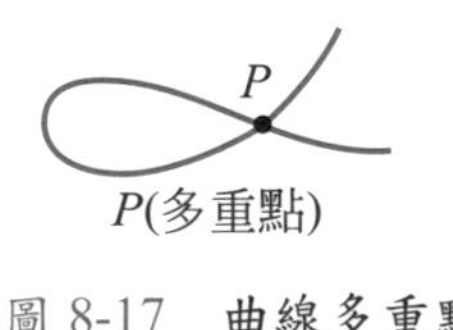

▲圖 8-17 曲線多重點

(2) **簡單曲線**（Simple curve）
不具多重點之曲線稱為簡單曲線，如圖 8-18 所示。

▲圖 8-18 簡單曲線

(3) **規則曲線**（Regular curve）
片段平滑之簡單曲線稱為規則曲線。

4. **封閉曲線（Closed curve）**

若曲線 C 爲 $\overrightarrow{r}(t)=x(t)\overrightarrow{i}+y(t)\overrightarrow{j}+z(t)\overrightarrow{k}$，$t\in[a,\ b]$，滿足 $\overrightarrow{r}(a)=\overrightarrow{r}(b)$ 則稱該曲線爲封閉曲線。依據該封閉曲線有無自交點，可分爲簡單封閉曲線與複雜封閉曲線，如圖 8-19、8-20 所示。

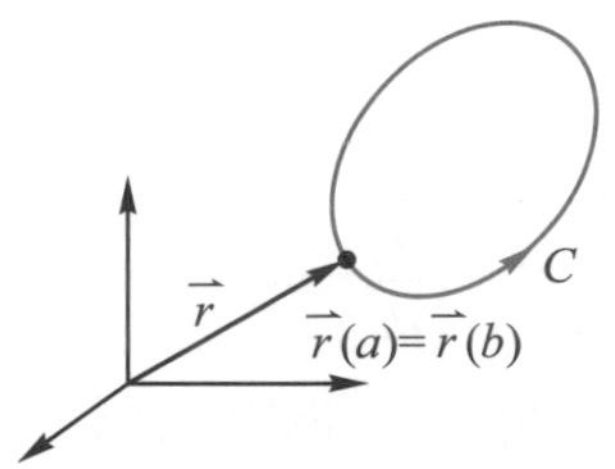

▲圖 8-19　簡單封閉曲線

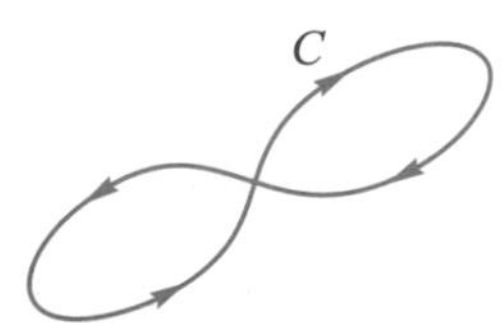

▲圖 8-20　複雜封閉曲線(具多重點之封閉曲線)

8-3-2　純量函數的線積分

純量函數的線積分利用原來的黎曼積分來做定義。

定義 8-3-1　純量函數的線積分

若函數 $F(x, y, z)$爲 R^3 上的連續函數，
則定義函數 $F(x, y, z)$沿著曲線 C 的線積分爲

$$\int_C F(x,\ y,\ z)ds=\lim_{n\to\infty}\sum_{i=1}^{n}F(x_i,\ y_i,\ z_i)\cdot\Delta s_i$$

其中 $\max(\Delta s_i)\to 0$，如圖 8-21 所示。

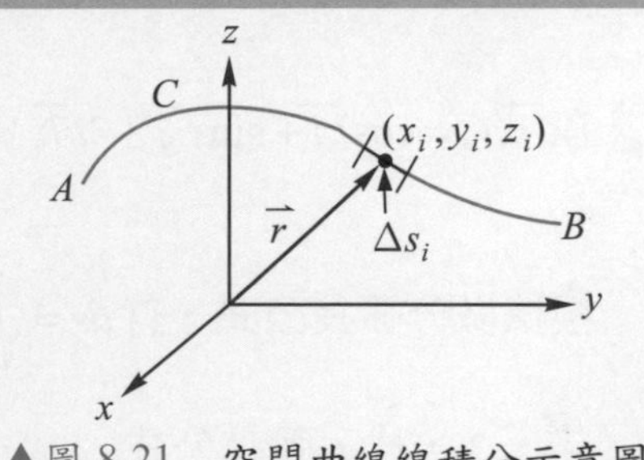

▲圖 8-21　空間曲線線積分示意圖

1. **線積分的性質**

線積分由黎曼積分所定義，下列的性質對熟悉微積分的讀者來說應該不感意外，自然其證明也可由原始定義直接推導：

(1) $\int_C[aF_1(x,\ y,\ z)+bF_2(x,\ y,\ z)]ds=a\int_C F_1(x,\ y,\ z)ds+b\int_C F_2(x,\ y,\ z)ds$。

(2) $\int_C F(x,\ y,\ z)ds=-\int_{-C}F(x,\ y,\ z)ds$，其中$(-C)$爲與 C 方向相反之路徑。

(3) $\int_{C_1+C_2}F(x,\ y,\ z)ds=\int_{C_1}F(x,\ y,\ z)ds+\int_{C_2}F(x,\ y,\ z)ds$。

(4) 若 $F(x, y, z)=1$，則 $\int_C F(x,\ y,\ z)ds$ 表曲線 C 之弧長。

(5) 若 $F(x, y, z)$表曲線 C 之密度函數，則 $\int_C F(x,\ y,\ z)ds$ 表示曲線 C 之質量。

2. **線積分的計算**（Explicit calculation of line integral）

根據原始定義，我們要計算線積分，需要先將微小變量 Δs 以坐標系統寫下，這部分已在前一節提過，故條列結果如下，唯一需注意的是，這裡的曲線有可能不是整段平滑，所以實際做積分時會拆成若干段平滑的線段分別計算。

(1) 空間曲線 C：$\overrightarrow{r}(t)=x(t)\overrightarrow{i}+y(t)\overrightarrow{j}+z(t)\overrightarrow{k}$，參數 $t\in[a,b]$，則曲線微分弧長

$$ds=\sqrt{(\frac{dx}{dt})^2+(\frac{dy}{dt})^2+(\frac{dz}{dt})^2}\,dt，$$

得 $\int_C F(x,y,z)ds=\int_a^b F(x(t),y(t),z(t))\sqrt{(\frac{dx}{dt})^2+(\frac{dy}{dt})^2+(\frac{dz}{dt})^2}\,dt$。

(2) 空間曲線 C：$\overrightarrow{r}(t)=t\ \overrightarrow{i}+y(t)\overrightarrow{j}+z(t)\overrightarrow{k}$，參數 $t\in[a,b]$，則曲線微分弧長

爲 $ds=\sqrt{1+(\frac{dy}{dt})^2+(\frac{dz}{dt})^2}\,dt$，得 $\int_C F(x,y,z)ds=\int_a^b F(t,y(t),z(t))\sqrt{1+(y')^2+(z')^2}\,dt$。

範例 1

求 $\int_C(x^2+y^2+z^2)ds$，其中 C 爲：$\overrightarrow{r}(t)=\cos t\,\overrightarrow{i}+\sin t\,\overrightarrow{j}+3t\,\overrightarrow{k}$，且從點(1, 0, 0)到點(1, 0, 6π)的曲線。

解 在 $\overrightarrow{r}(t)=\cos t\,\overrightarrow{i}+\sin t\,\overrightarrow{j}+3t\,\overrightarrow{k}$ 中，令 $\begin{cases}x=\cos t\\ y=\sin t\\ z=3t\end{cases}$，則由(1, 0, 0)到(1, 0, 6π) 知 $t\in[0,2\pi]$。

根據微分弧長公式，有 $ds=\sqrt{(\frac{dx}{dt})^2+(\frac{dy}{dt})^2+(\frac{dz}{dt})^2}\,dt$，其中 $\frac{dx}{dt}=-\sin t$、$\frac{dy}{dt}=\cos t$、$\frac{dz}{dt}=3$，代入弧長公式

得
$$\int_C(x^2+y^2+z^2)ds=\int_0^{2\pi}[(\cos t)^2+(\sin t)^2+(3t)^2]\cdot\sqrt{\sin^2 t+\cos^2 t+3^2}\,dt$$
$$=\int_0^{2\pi}\sqrt{10}(1+9t^2)dt=\sqrt{10}(2\pi+24\pi^3)。$$

Q.E.D.

範例 2

求線積分 $\int_C xy^3ds$，其中 C 爲 $y=2x$ 從點(−1, − 2)到點(1, 2)的曲線。

解 由微分弧長公式知：$ds=\sqrt{1+(y')^2}\,dx=\sqrt{5}\,dx$。

$$\therefore\quad \int_C xy^3\,ds=\int_{-1}^1 x\cdot(2x)^3\cdot\sqrt{5}dx=\int_{-1}^1 8\sqrt{5}x^4dx=8\sqrt{5}\cdot\frac{1}{5}x^5\Big|_{-1}^1=\frac{16\sqrt{5}}{5}$$

Q.E.D.

範例 3

求線積分 $\int_C (3x^2+3y^2)ds$ ，其中 C 為下列(1)～(2)的路徑：

(1) $x+y=1$，從(0, 1)到(1, 0)的直線路徑。

(2) $x^2+y^2=1$，逆時針方向由(0, 1)到(1, 0)的路徑。

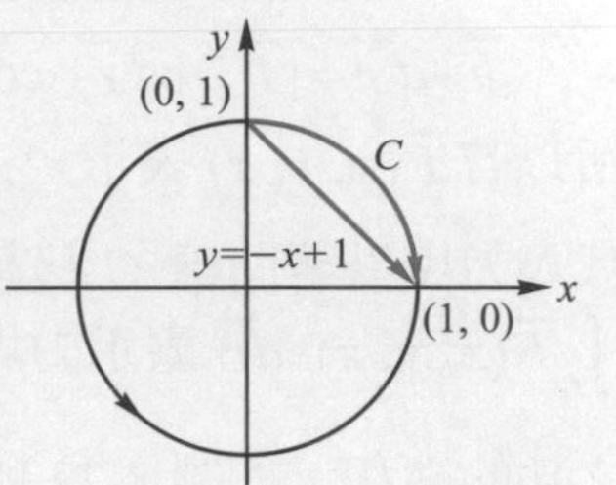

解 (1) 路徑為 $y=-x+1$，因此微分弧長 $ds=\sqrt{1+(\frac{dy}{dx})^2}\,dx=\sqrt{2}\,dx$，

$$\therefore\quad \int_C (3x^2+3y^2)\,ds=\int_0^1 [3x^2+3(-x+1)^2]\sqrt{2}dx=\int_0^1 (6x^2-6x+3)\cdot\sqrt{2}dx=2\sqrt{2}$$

(2) 路徑為：$x^2+y^2=1$（逆時針），因此可利用極坐標參數式

$x=\cos\theta$、$y=\sin\theta$，得微分弧長 $ds=d\theta$，其中 $\theta\in[\frac{\pi}{2},2\pi]$，

故原式 $\int_C (3x^2+3y^2)\,ds=\int_{\frac{\pi}{2}}^{2\pi} 3d\theta=\frac{9\pi}{2}$ Q.E.D.

8-3-3　向量函數的線積分

曲線 C：$\overrightarrow{r}=x\overrightarrow{i}+y\overrightarrow{j}+z\overrightarrow{k}$ 在兩端點 A, B 間為平滑曲線，同時向量函數 $\overrightarrow{F}(x,y,z)=F_1(x,y,z)\overrightarrow{i}+F_2(x,y,z)\overrightarrow{j}+F_3(x,y,z)\overrightarrow{k}$ 在對應曲線 C 上任一點之函數值均為連續，則向量函數 $\overrightarrow{F}(x,y,z)=F_1(x,y,z)\overrightarrow{i}+F_2(x,y,z)\overrightarrow{j}+F_3(x,y,z)\overrightarrow{k}$ 沿著曲線 C 之向量函數線積分定義為：

$$\int_C \overrightarrow{F}(x,y,z)\cdot d\overrightarrow{r}=\int_C F_1(x,y,z)dx+F_2(x,y,z)dy+F_3(x,y,z)dz=\int_C [\overrightarrow{F}(x,y,z)\cdot\frac{d\overrightarrow{r}}{dt}]dt$$

定理 8-3-1　線積分的性質（與純量函數同）

(1) $\int_C \overrightarrow{F}\cdot d\overrightarrow{r}=-\int_{-C}\overrightarrow{F}\cdot d\overrightarrow{r}$

(2) $\int_{C_1+C_2}\overrightarrow{F}\cdot d\overrightarrow{r}=\int_{C_1}\overrightarrow{F}\cdot d\overrightarrow{r}+\int_{C_2}\overrightarrow{F}\cdot d\overrightarrow{r}$（$C_1$、$C_2$ 為兩條無重疊的平滑曲線）

(3) $\int_C (k_1\overrightarrow{F}_1+k_2\overrightarrow{F}_2)\cdot d\overrightarrow{r}=k_1\int_C \overrightarrow{F}_1\cdot d\overrightarrow{r}+k_2\int_C \overrightarrow{F}_2\cdot d\overrightarrow{r}$

(4) $\int_C (\overrightarrow{F}\cdot d\overrightarrow{r})=\int_C [\overrightarrow{F}\cdot\frac{d\overrightarrow{r}}{dt}]dt$

向量函數的線積分中

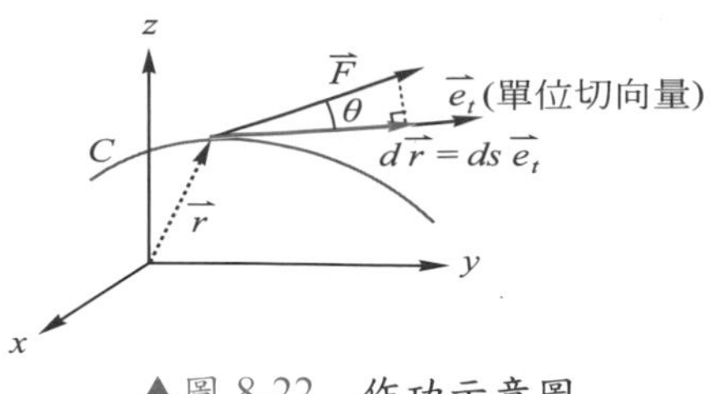

▲圖 8-22 作功示意圖

$$\overrightarrow{F}\cdot d\overrightarrow{r} = |\overrightarrow{F}|\cdot|d\overrightarrow{r}|\cdot\cos\theta = |\overrightarrow{F}|\,ds\cos\theta = |\overrightarrow{F}|\cos\theta ds$$

所以若 $\overrightarrow{F}(x, y, z)$ 表示一力場，$d\overrightarrow{r}$ 表示位移，則 $\overrightarrow{F}\cdot d\overrightarrow{r}$ 代表力場沿著曲線 C 移動微小位移所作之功(work)，故 $\int_C \overrightarrow{F}(x, y, z)\cdot d\overrightarrow{r}$ 表示力場 $\overrightarrow{F}(x, y, z)$ 沿曲線 C 移動所作之功的總和，如圖 8-22 所示。

範例 4

$\overrightarrow{F} = xy^2\overrightarrow{i} + (x^2y + y^3)\overrightarrow{j}$，$C$：$\overrightarrow{r}(t) = \cos t\,\overrightarrow{i} + \sin t\,\overrightarrow{j} + t\,\overrightarrow{k}$，$0 \le t \le \frac{3}{2}\pi$，計算 $\int_C \overrightarrow{F}\cdot d\overrightarrow{r}$。

解 C：$\begin{cases} x = \cos t \\ y = \sin t \\ z = t \end{cases}$，$d\overrightarrow{r} = (-\sin t\,\overrightarrow{i} + \cos t\,\overrightarrow{j} + \overrightarrow{k})dt$，

$$\overrightarrow{F}\cdot d\overrightarrow{r} = (-\sin t\cdot\cos t\sin^2 t + \cos t\cdot(\cos^2 t\sin t + \sin^3 t))dt = \sin t\cdot\cos^3 t\text{，}$$

$$\therefore \int_C \overrightarrow{F}\cdot d\overrightarrow{r} = \int_0^{\frac{3\pi}{2}} \sin t\cos^3 t dt = -\frac{1}{4}\cos^4 t\Big|_0^{\frac{3\pi}{2}} = \frac{1}{4}$$

Q.E.D.

範例 5

$\overrightarrow{F} = xy\overrightarrow{i} + x\overrightarrow{j}$，$C_1$：$y = x$，$C_2$：$y = x^2$，從(0, 0)到(1, 1)，求 $\int_{C_1} \overrightarrow{F}\cdot d\overrightarrow{r}$ 及 $\int_{C_2} \overrightarrow{F}\cdot d\overrightarrow{r}$。

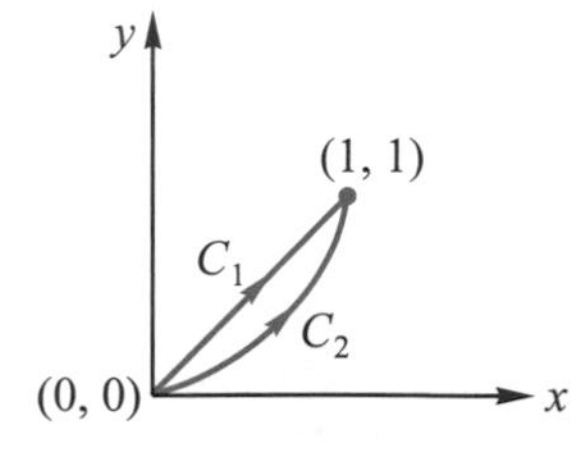

解 (1) C_1：$x = y$，$d\overrightarrow{r} = dx\overrightarrow{i} + dy\overrightarrow{j} = (\overrightarrow{i} + \overrightarrow{j})dx$，

$$\therefore \int_C \overrightarrow{F}\cdot d\overrightarrow{r} = \int_0^1 (xy + x)dx = \int_0^1 (x^2 + x)dx = \frac{1}{3} + \frac{1}{2} = \frac{5}{6}\text{。}$$

(2) C_2：$y = x^2$，$dy = 2xdx$，$d\overrightarrow{r} = dx\overrightarrow{i} + 2xdx\overrightarrow{j} = (\overrightarrow{i} + 2x\overrightarrow{j})dx$，

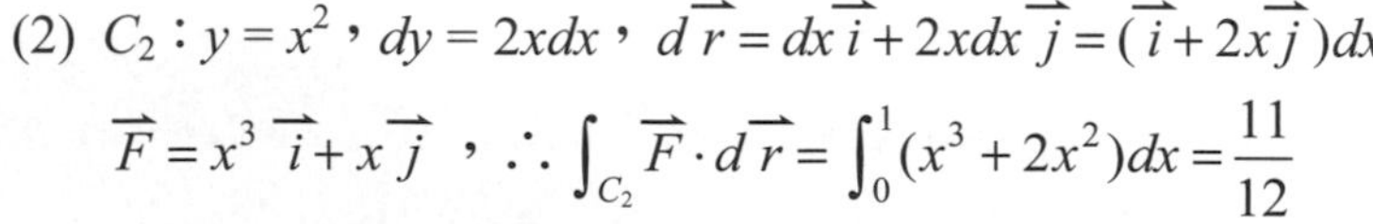

$$\overrightarrow{F} = x^3\,\overrightarrow{i} + x\overrightarrow{j}\text{，}\therefore \int_{C_2} \overrightarrow{F}\cdot d\overrightarrow{r} = \int_0^1 (x^3 + 2x^2)dx = \frac{11}{12}$$

Q.E.D.

範例 6

$\overrightarrow{F}=4\overrightarrow{i}-3x\overrightarrow{j}+z^2\overrightarrow{k}$，求 $\int_C \overrightarrow{F}\cdot d\overrightarrow{r}$，其中

(1) C：$x^2+z^2=4$，$y=1$，$z\geq 0$，從(2, 1, 0)到(−2, 1, 0)。

(2) C：從(1, 0, 3)到(2, 1, 1)的直線段。

解 (1) C：$\begin{cases} x=2\cos t \\ z=2\sin t \end{cases}$，$y=1$，$t\in[0,\pi]$；$d\overrightarrow{r}=(-2\sin t\,\overrightarrow{i}+0\,\overrightarrow{j}+2\cos t\,\overrightarrow{k})dt$；

$\overrightarrow{F}=4\overrightarrow{i}-6\cos t\,\overrightarrow{j}+4\sin^2 t\,\overrightarrow{k}$，

$$\therefore \int_C \overrightarrow{F}\cdot d\overrightarrow{r}=\int_C 4dx-3xdy+z^2dz$$

$$=\int_0^{\pi}(-8\sin t-3\cdot 2\cos t\cdot 0+4\sin^2 t\cdot 2\cos t)dt$$

$$=\int_0^{\pi}(-8\sin t+8\sin^2 t\cdot\cos t)dt$$

$$=+8\cos t\Big|_0^{\pi}+\frac{8}{3}\sin^3 t\Big|_0^{\pi}=-16$$

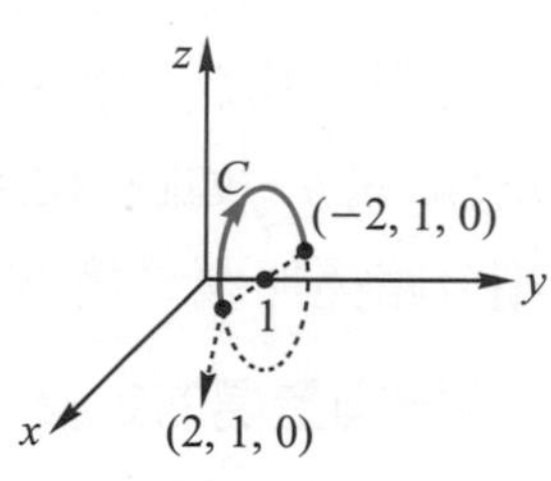

(2) C：$\begin{cases} x=1+t \\ y=t \\ z=3-2t \end{cases}$，$t\in[0,1]$；$\overrightarrow{F}=4\overrightarrow{i}-3t\overrightarrow{j}+(3-2t)^2\overrightarrow{k}$；

$$\int_C \overrightarrow{F}\cdot d\overrightarrow{r}=\int_C 4dx-3xdy+z^2dz$$

$$=\int_0^1(4-3t-2(9-12t+4t^2))\,dt$$

$$=\int_0^1(-14+21t-8t^2)\,dt$$

$$=-14+\frac{21}{2}-\frac{8}{3}=-\frac{37}{6}$$

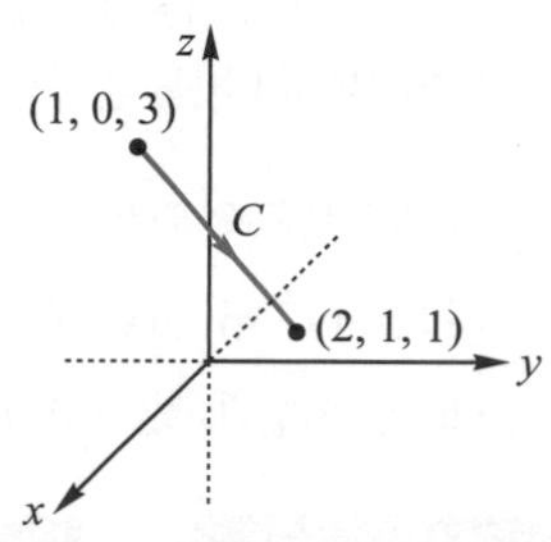

Q.E.D.

8-3-4 保守向量場（Convervative field）

由前面的範例可以看出，一般向量、純量函數線積分會跟積分路徑有關，即沿著不同路徑積分，雖然起始點與終點相同，但是其積分值會不同。然而在物理系統中存在一種向量場，其積分與路徑是不相關的，其中最有名的就是重力場。在重力場中，我們將一物體由 A 點往上提到 B 點，其位能增加的量即爲所需做功之量，然而物理中的能量守恆定律告訴我們，不論由哪一條路徑來移動此物體，其所需之做功量均爲 mgh，如圖 8-23 所示。因此代表作功的線積分結果與積分路徑無關，接下來我們就是要介紹這種向量場。

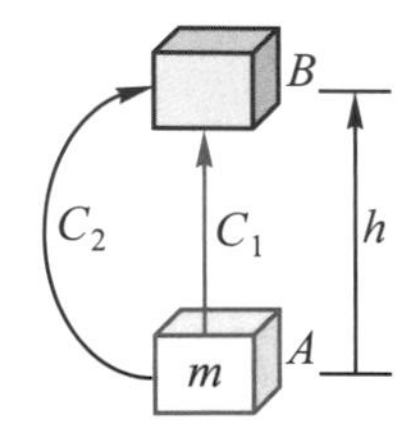

▲圖 8-23　保守場作功示意圖

1. 保守向量場的定義

若 $\vec{F}$ 爲定義在區域 D 之一向量場且 $\vec{F}$ 在 D 爲一階偏導數存在連續。若存在一純量函數 ϕ，使得對任意 D 中起於 A 終於 B 的規則曲線 C 有：$\int_C \vec{F}\cdot d\vec{r} = \phi(B)-\phi(A)$，則稱 $\int_C \vec{F}\cdot d\vec{r}$ 在 D 內與路徑無關，如圖 8-24 所示。且稱 $\vec{F}$ 爲 D 內之保守向量場（Convervative field）。一般物理系統中，此純量函數 ϕ 稱爲勢能函數（Potential function）。

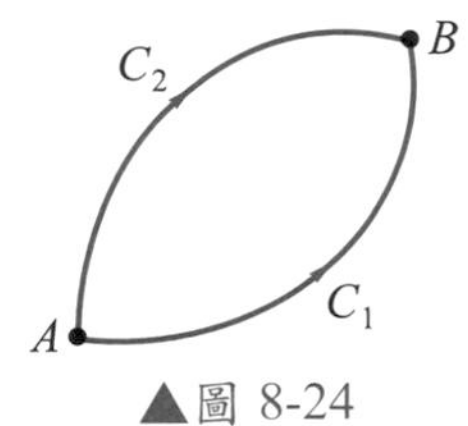

▲圖 8-24

定理 8-3-2　保守向量場的存在性

若 $\vec{F}$ 爲定義在單連通區域 D 之一向量場且 $\vec{F}$ 在 D 爲一階偏導數存在連續，若在 D 內 $\nabla\times\vec{F}=0$，則 $\vec{F}$ 爲 D 內之保守向量場。

證明

因爲 $\nabla\times\vec{F}=0$，所以 $\vec{F}$ 爲非旋向量場，根據 8-1 節的內容，必存在一純量函數 ϕ，使得 $\vec{F}=\nabla\phi$

則
$$\int_C \vec{F}\cdot d\vec{r} = \int_C \nabla\phi\cdot d\vec{r} = \int_C \left(\frac{\partial\phi}{\partial x}dx+\frac{\partial\phi}{\partial y}dy+\frac{\partial\phi}{\partial z}dz\right) = \int_C d\phi = \phi\Big|_A^B = \phi(B)-\phi(A)$$

所以此積分與積分路徑 C 無關，只跟起始點與終點有關。因此求解保守向量場之向量函數線積分時，必須先求出純量函數 ϕ，而求 ϕ 時，可由 $\vec{F}=\nabla\phi$，經偏積分求出 ϕ，後面範例會做說明。

定理 8-3-3　保守場中環線積分為 0

若 $\overrightarrow{F}$ 爲定義在單連通區域（見下頁名詞解釋）D 之保守向量場，對 D 內任一簡單封閉曲線 C（如圖 8-25 所示），有 $\oint_C \overrightarrow{F}\cdot d\overrightarrow{r}=0$，即保守場內環線作功積分爲 0。

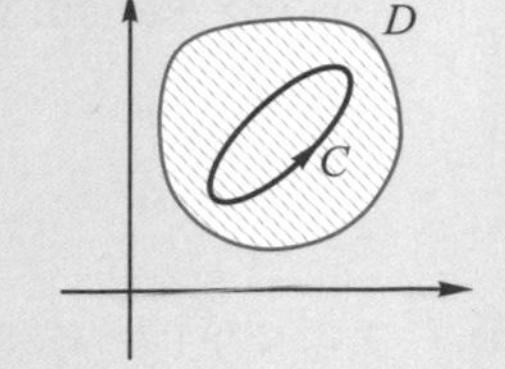

▲圖 8-25　簡單封閉曲線

證明

如圖 8-24 所示，連接 A, B 之任兩曲線 C_1, C_2 取 $C=C_1+C_2^*$，其中 $C_2^*=-C_2$，則 C 爲 D 內簡單封閉曲線，且由初等微積分

知　$\int_{C_2^*}\overrightarrow{F}\cdot d\overrightarrow{r}=\int_{-C_2}\overrightarrow{F}\cdot d\overrightarrow{r}=-\int_{C_2}\overrightarrow{F}\cdot d\overrightarrow{r}$

又 $\overrightarrow{F}$ 爲保守場，其向量函數線積分與路徑無關，即 $\int_{C_1}\overrightarrow{F}\cdot d\overrightarrow{r}=\int_{C_2}\overrightarrow{F}\cdot d\overrightarrow{r}$，

因此　$\int_{C}\overrightarrow{F}\cdot d\overrightarrow{r}=\int_{C_1}\overrightarrow{F}\cdot d\overrightarrow{r}+\int_{C_2^*}\overrightarrow{F}\cdot d\overrightarrow{r}=\int_{C_1}\overrightarrow{F}\cdot d\overrightarrow{r}-\int_{C_1}\overrightarrow{F}\cdot d\overrightarrow{r}=0$

2. 連通區域

在本定理中，我們談到連通區域，而何謂連通區域呢？其定義爲：若該區域內任兩相異點，均可用該區域內片段平滑曲線連接，則稱此區域爲連通區域。如 8-26 圖所示，區域爲斜線部分，則區域 D_1 爲連通區域，區域 D_2 則非連通區域。

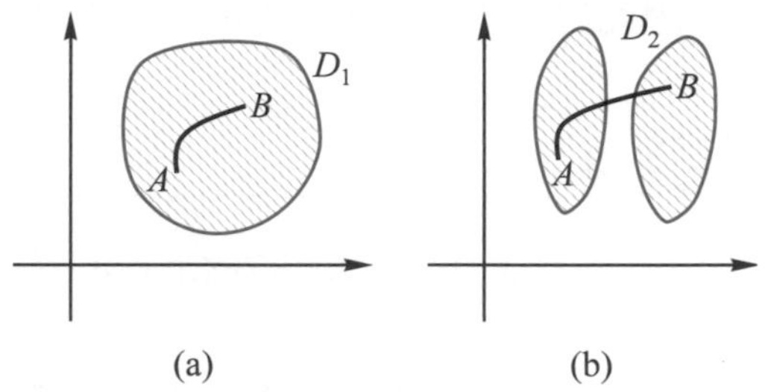

▲圖 8-26　連通(a)與非連通(b)區域示意圖

3. 單連通與複連通區域

若連通區域中的簡單封閉曲線 C 往內縮成一點，其所掃過的區域均在該連通區域中，則稱該連通區域爲單連通區域，反之則爲複連通區域。如 8-27 圖所示，區域爲斜線部分，則區域 D_1 爲單連通區域，區域 D_2 則爲複連通區域。一般平面區域，若區域內有洞則爲複連通區域。

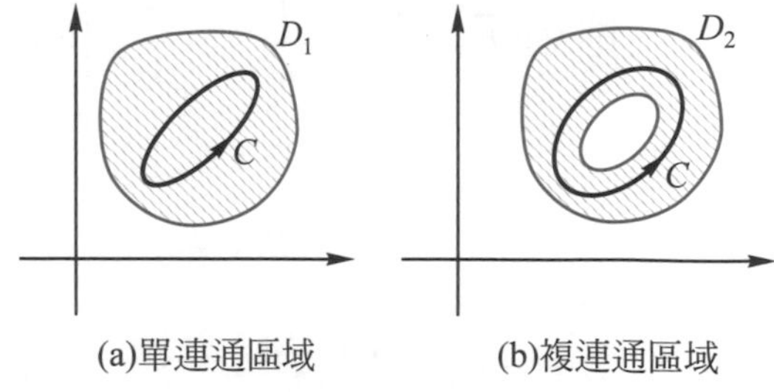

▲圖 8-27　單連通(a)與複連通(b)區域示意圖

範例 7

求 $\int_C (e^x \cos y dx - e^x \sin y dy)$，$C$：由(0, 0)到$(2, \frac{\pi}{4})$之任一分段平滑曲線。

解 令 $\vec{F} = e^x \cos y \vec{i} - e^x \sin y \vec{j}$，則 $\nabla \times \vec{F} = \begin{vmatrix} \vec{i} & \vec{j} & \vec{k} \\ \frac{\partial}{\partial x} & \frac{\partial}{\partial y} & \frac{\partial}{\partial z} \\ e^x \cos y & -e^x \sin y & 0 \end{vmatrix} = 0$，

$\therefore \vec{F}$ 為保守向量場，則必存在一純量函數 ϕ，使得 $\nabla \phi = \frac{\partial \phi}{\partial x}\vec{i} + \frac{\partial \phi}{\partial y}\vec{j} + \frac{\partial \phi}{\partial z}\vec{k} = \vec{F}$，

$$\therefore \begin{cases} \frac{\partial \phi}{\partial x} = e^x \cos y \\ \frac{\partial \phi}{\partial y} = -e^x \sin y \end{cases} \Rightarrow \begin{matrix} \phi = e^x \cos y + f(y) \\ \phi = e^x \cos y + g(x) \end{matrix}$$

比較上列兩式可選 $\phi(x, y) = e^x \cos y + c$，

因此得 $\int_C \vec{F} \cdot d\vec{r} = e^x \cos y + c \Big|_{(0,0)}^{(2,\frac{\pi}{4})} = \frac{e^2}{\sqrt{2}} - 1$

Q.E.D.

範例 8

證明線積分 $\int_{(0,2,1)}^{(2,0,1)} ze^x dx + 2yzdy + (e^x + y^2)dz$ 與路徑無關，並求其積分值。

解 (1) 令 $\vec{F} = ze^x \vec{i} + 2yz\vec{j} + (e^x + y^2)\vec{k}$，原積分為 $\int_C \vec{F} \cdot d\vec{r}$，

則 $\nabla \times \vec{F} = \begin{vmatrix} \vec{i} & \vec{j} & \vec{k} \\ \frac{\partial}{\partial x} & \frac{\partial}{\partial y} & \frac{\partial}{\partial z} \\ ze^x & 2yz & e^x + y^2 \end{vmatrix} = \boldsymbol{0}$，故 $\vec{F}$ 為保守場，其線積分與路徑無關。

(2) 令 $\vec{F} = \nabla \phi$，即 $\begin{cases} \frac{\partial \phi}{\partial x} = ze^x \\ \frac{\partial \phi}{\partial y} = 2yz \\ \frac{\partial \phi}{\partial z} = e^x + y^2 \end{cases} \Rightarrow \begin{matrix} \phi = ze^x + f(x, y) \\ \phi = y^2 z + g(x, y) \\ \phi = ze^x + y^2 z + h(x, y) \end{matrix}$

$\therefore \phi(x, y, z) = ze^x + y^2 z + c$

$\therefore \int_{(0,2,1)}^{(2,0,1)} ze^x dx + 2yzdy + (e^x + y^2)dz = \int_{(0,2,1)}^{(2,0,1)} \vec{F} \cdot d\vec{r} = ze^x + y^2 z + c \Big|_{(0,2,1)}^{(2,0,1)} = e^2 - 5$

Q.E.D.

範例 9

(1) 證明 $\overrightarrow{F}=(y^2\cos x+z^3)\overrightarrow{i}+(2y\sin x-4)\overrightarrow{j}+(3xz^2+2)\overrightarrow{k}$ 為一保守場。

(2) 求 $\overrightarrow{F}$ 的位能函數。

(3) 計算物體在 $\overrightarrow{F}$ 作用下，由(0, 1, −1)到($\frac{\pi}{2}$, −1, 2)之任一分段平滑曲線所作之功。

解 (1) $\nabla\times\overrightarrow{F}=0\Rightarrow\overrightarrow{F}$ 為保守場。必存在一純量函數 $\phi(x,y,z)$，使得 $\overrightarrow{F}=\nabla\phi(x,y,z)$，

則
$$\begin{cases}\dfrac{\partial\phi}{\partial x}=y^2\cos x+z^3\\ \dfrac{\partial\phi}{\partial y}=2y\sin x-4\\ \dfrac{\partial\phi}{\partial z}=3xz^2+2\end{cases}\Rightarrow\begin{cases}\phi=y^2\sin x+z^3x+f(y,z)\\ \phi=y^2\sin x-4y+g(x,z)\\ \phi=xz^3+2z+h(x,y)\end{cases}$$

比較得 $\phi(x,y,z)=y^2\sin x+xz^3-4y+2z+c$。

(3) 所做之功 $=\int_C\overrightarrow{F}\cdot d\overrightarrow{r}=\phi(\frac{\pi}{2},-1,2)-\phi(0,1,-1)=15+4\pi$ Q.E.D.

4. 向量場在單連通區域內存在不連續點：源（source）或槽（sink）（選讀）

我們已經了解，若向量場 $\overrightarrow{F}$ 在單連通區域內為一階偏導數存在連續函數，且 $\overrightarrow{F}$ 在該單連通區域中為保守場，其滿足 $\nabla\times\overrightarrow{F}=0$，則在該區域內環線作功積分值 $\oint_C\overrightarrow{F}\cdot d\overrightarrow{r}=0$。但若向量場 $\overrightarrow{F}$ 在該連通區域內存在不連續點，如圖 8-28 所示。此時無法直接用保守場的方式求解，其必須將該連通區域在不連續點處挖開一個微小圓，形成複連通區域，再將複連通區域切成單連通區域，此時可把計算降解到保守場的情況。

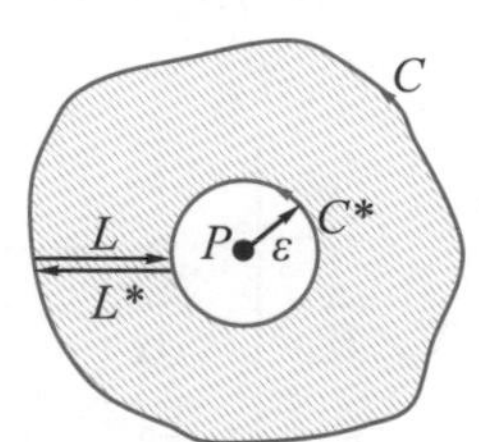

▲圖 8-28 向量場在 P 點不連續

5. **計算方法**

我們假設向量函數在 P 點不連續，則在 P 點處取一個半徑 ε 的小圓 C^*：$x^2+y^2=\varepsilon^2$，接下來取曲積分路徑 $\Gamma=C+L+(-C^*)+L^*$，其中 L 與 L^* 為兩條相同直線，但方向相反之路徑，則 $\Gamma=C+L+(-C^*)+L^*$ 所包圍之區域為剔除不連續點 P 之單連通區域，則向量場 $\overrightarrow{F}$ 在 $\Gamma=C+L+(-C^*)+L^*$ 所包圍之區域內為連續函數且為保守場，則 $\oint_C \overrightarrow{F}\cdot d\overrightarrow{r}=0$，所以保守場的環線積分為 0，

則 $$\oint_C \overrightarrow{F}\cdot d\overrightarrow{r}=\int_C \overrightarrow{F}\cdot d\overrightarrow{r}+\int_L \overrightarrow{F}\cdot d\overrightarrow{r}+\int_{-C^*} \overrightarrow{F}\cdot d\overrightarrow{r}+\int_{L^*} \overrightarrow{F}\cdot d\overrightarrow{r}=0$$

因 L 與 L^* 重疊但方向相反，故 $\int_L \overrightarrow{F}\cdot d\overrightarrow{r}=-\int_{L^*} \overrightarrow{F}\cdot d\overrightarrow{r}$；

$\oint_C \overrightarrow{F}\cdot d\overrightarrow{r}=\int_C \overrightarrow{F}\cdot d\overrightarrow{r}+\int_{-C^*} \overrightarrow{F}\cdot d\overrightarrow{r}=0$；$\int_C \overrightarrow{F}\cdot d\overrightarrow{r}=-\int_{-C^*} \overrightarrow{F}\cdot d\overrightarrow{r}=\int_{C^*} \overrightarrow{F}\cdot d\overrightarrow{r}$

所以 $$\oint_C \overrightarrow{F}\cdot d\overrightarrow{r}=\oint_C \overrightarrow{F}\cdot d\overrightarrow{r}$$

範例 10

設 $\overrightarrow{F}=\dfrac{-y\overrightarrow{i}+x\overrightarrow{j}}{x^2+y^2}$，試求 $\oint_C \overrightarrow{F}\cdot d\overrightarrow{r}$，

其中 C 為任意簡單封閉的曲線。

(1) 原點(0, 0)在 C 外

(2) 原點(0, 0)在 C 內

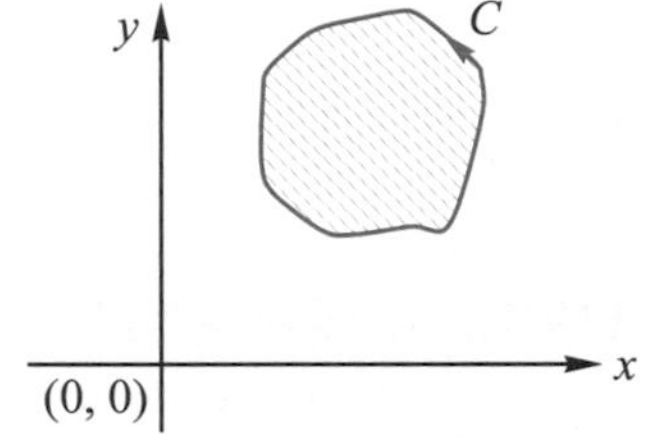

解 $$\nabla\times\overrightarrow{F}=\begin{vmatrix}\overrightarrow{i} & \overrightarrow{j} & \overrightarrow{k}\\ \dfrac{\partial}{\partial x} & \dfrac{\partial}{\partial y} & \dfrac{\partial}{\partial z}\\ \dfrac{-y}{x^2+y^2} & \dfrac{x}{x^2+y^2} & 0\end{vmatrix}=\boldsymbol{0}$$，但 $\overrightarrow{F}$ 在(0, 0)處不連續，所以分為兩種情況。

(1) 原點(0, 0)在 C 外因為 $\nabla\times\overrightarrow{F}=0$，又 $\overrightarrow{F}$ 在 C 內為一階偏導數存在且為連續函數，故 $\overrightarrow{F}$ 為保守場：$\oint_C \overrightarrow{F}\cdot d\overrightarrow{r}=0$。

(2) 原點(0, 0)在 C 內因 $\overrightarrow{F}$ 在(0, 0)不可微，取 C^*：$x^2+y^2=\varepsilon^2$，$x=\varepsilon\cos\theta$，$y=\varepsilon\sin\theta$，$\theta\in[0,2\pi]$，$\therefore \overrightarrow{F}$ 在 C 與 C^* 所夾區域內為一階偏導數存在且連續，所以

$$\oint_C \overrightarrow{F}\cdot d\overrightarrow{r}=\oint_C \overrightarrow{F}\cdot d\overrightarrow{r}=\oint_C\left[\frac{-y}{x^2+y^2}dx+\frac{x}{x^2+y^2}dy\right]$$
$$=\int_0^{2\pi}\left[\frac{-\varepsilon\sin\theta}{\varepsilon^2}(-\varepsilon\sin\theta d\theta)+\frac{\varepsilon\cos\theta}{\varepsilon^2}(\varepsilon\cos\theta d\theta)\right]$$
$$=\int_0^{2\pi}d\theta=2\pi$$

$\therefore \oint_C \overrightarrow{F}\cdot d\overrightarrow{r}=2\pi$。

Q.E.D.

8-3 習題演練

基礎題

1. 求線積分 $\int_C (x^2+y^2+z^2)ds$，其中曲線 C 為 $\vec{r}(t)=\sin t\,\vec{i}+\cos t\,\vec{j}+1\vec{k}$ 限制在 $[0,2\pi]$。

2. 求線積分 $\int_C xyds$，其中曲線 C 為 xy - 平面上直線 $y=x$ 限制在 $0\le x\le 1$。

3. 求 $\int_C (xy+z^2)ds$，其中 C：$\vec{r}(t)=\cos t\vec{i}+\sin t\vec{j}+t\vec{k}$，從(1, 0, 0)到($-1$, 0, π)的曲線。

4. 求 $\int_C (xy\,dx+x^2dy)$，其中 C：$y=x^3$，$-1\le x\le 2$

5. 試求空間中的向量函數 $\vec{F}=x\vec{i}+y\vec{j}+z\vec{k}$ 沿著曲線 $\vec{r}(t)=\sin t\,\vec{i}+\cos t\,\vec{j}+1\vec{k}$ 在範圍 $[0,2\pi]$ 所做的功。

6. 給定空間中的向量函數 $\vec{F}=x\vec{i}+y\vec{j}+z\vec{k}$。 (1)證明 $\vec{F}$ 為保守場 (2)求 $\vec{F}$ 的位能函數 (3)計算一物體在力 $\vec{F}$ 的作用下沿著任一條曲線由點(1, 0, 0)到點(1, 1, 2)所受的功。

7. $\vec{F}=(yz^2-1)\vec{i}+(xz^2+e^y)\vec{j}+(2xyz+1)\vec{k}$，曲線 C 為由(1, 1, 1)到(-2, 1, 3)之直線，求 $\int_C \vec{F}\cdot d\vec{r}=$？

8. (1) 證明 $\vec{F}=(2xy+z^3)\vec{i}+(x^2)\vec{j}+(3xz^2)\vec{k}$ 為一保守場。
(2) 求 $\vec{F}$ 的位能函數。
(3) 計算物體在 $\vec{F}$ 作用下，由(1, -2, 1)到(3, 1, 4)所作之功。

進階題

1. 有一條繩子之曲線參數式為 C：$\vec{r}(t)=2\cos t\vec{i}+2\sin t\vec{j}+3\vec{k}$，$t\in[0,\frac{\pi}{2}]$，若此繩子之密度為 $\rho=xy^2$，求此繩子質量？

2. 求 $\int_C 4xyzds$，其中 C：$x=\frac{1}{3}t^3$，$y=t^2$，$z=2t$，從 $t\in[0, 1]$的曲線。

3. 求 $\int_{(0,0,0)}^{(6,8,5)}(ydx+zdy+xdz)$，其中積分曲線 C 如下
(1) C 由(0, 0, 0)到(2, 3, 4)之線段與(2, 3, 4)到(6, 8, 5)之線段所組成。
(2) C：$x=3t$，$y=t^3$，$z=\frac{5}{4}t^2$，從 $t\in[0, 2]$

4. $\vec{F}=x\vec{i}-yz\vec{j}+e^z\vec{k}$，曲線 C：$x=t^3$，$y=-t$，$z=t^2$，從 $t\in[1, 2]$，求 $\int_C \vec{F}\cdot d\vec{r}=$？

5. $\vec{F}=xy\vec{i}-\cos(yz)\vec{j}+xz\vec{k}$，曲線 C 為從點(1, 0, 3)到(-2, 1, 3)之直線，求 $\int_C \vec{F}\cdot d\vec{F}=$？

6. $\vec{F}=3xy\vec{i}-5z\vec{j}+10x\vec{k}$，曲線 C：$x=t^2+1$，$y=2t^2$，$z=t^3$，從 $t\in[1, 2]$，求 $\int_C \vec{F}\cdot d\vec{r}=$？

7. $\vec{F}=xy^2\vec{i}+(x^2y+y^3)\vec{j}$，曲線 C：$\vec{r}(t)=\cos t\,\vec{i}+\sin t\,\vec{j}+\vec{k}$，$t\in[0,\frac{3\pi}{2}]$
(1) 求曲線 C 的弧長。
(2) 求線積分 $\int_C \vec{F}\cdot d\vec{r}$。

8. (1) 證明
$\overrightarrow{F}=(2xz^3+6y)\overrightarrow{i}+(6x-2yz)\overrightarrow{j}$
$+(3x^2z^2-y^2)\overrightarrow{k}$ 為一保守場。

(2) 求 $\overrightarrow{F}$ 的位能函數。

(3) 計算物體在 $\overrightarrow{F}$ 作用下，由 $(1,-1,1)$ 到 $(2,1,-1)$ 所作之功。

9. 求 $\int_C(2xy-1)dx+(x^2+1)dy$，
C：由(0, 1)到(2, 3)之任一分段平滑曲線。

10. 求 $\int_C 2xdx+3y^2zdy+y^3dz$，
C：由(0, 0, 0)到(2, 2, 3)之直線。

11. 求 $\int_C[2xyz^2dx+(x^2z^2+z\cos yz)dy$
$+(2x^2yz+y\cos yz)dz]$，
C：由(0, 0, 1)到$(1, \dfrac{\pi}{4}, 2)$之直線。

12. 求沿著任意封閉路徑之積分值
$\oint(yze^{xyz}-4x)dx+(xze^{xyz}+z)dy$
$+(xye^{xyz}+y)dz$？

13. 求 $\int_C[(y+yz)dx+(x+3z^3+xz)dy$
$+(9yz^2+xy-1)dz$，
C：在 $y=1$ 平面上之曲線 $x^2=z$，由(1, 1, 1)到(2, 1, 4)。

14. $\overrightarrow{F}=y\cos z\overrightarrow{i}+x\cos z\overrightarrow{j}-xy\sin z\overrightarrow{k}$，曲線
C：$\overrightarrow{r}=\dfrac{t^2}{\sqrt{2}}\overrightarrow{i}+(t+1)\overrightarrow{j}+\dfrac{t^3}{3}\overrightarrow{k}$，
從 $t\in[0,1]$，求 $\int_C\overrightarrow{F}\cdot d\overrightarrow{r}=$？

15. 求 $\int_C(6xy-4e^x)dx+(3x^2)dy$，
C：由(0, 0)到(− 2, 1)之任一分段平滑曲線。

16. $\overrightarrow{F}=(4y^3-8x)\overrightarrow{i}+12xy^2\overrightarrow{j}-8z\overrightarrow{k}$，曲線 C 為由(0, 0, 0)到(2, 2, 10)之直線，求 $\int_C\overrightarrow{F}\cdot d\overrightarrow{r}=$？

17. 求沿著封閉路徑 $x^{\frac{2}{3}}+y^{\frac{2}{3}}=a^{\frac{2}{3}}$ 之積分值：$\oint(x^2y\cos x+2xy\sin x-y^2e^x)dx$
$+(x^2\sin x-2ye^x)dy$？

18. 求線積分
$\int_C 2xyz^2dx+(x^2z^2+z\cos yz)dy$
$+(2x^2yz+y\cos yz)dz$
其中 C 為從(0, 0, 1)到$(1, \dfrac{\pi}{4}, 2)$的任意曲線。

19. 計算力場 $\overrightarrow{F}=4xy\overrightarrow{i}-8y\overrightarrow{j}+z\overrightarrow{k}$ 沿著

(1) 曲線 $y=2x$，$z=2$，
從(0, 0, 2)～(3, 6, 2)所做之功

(2) 曲線 $y=2x$，$z=2x$，
從(0, 0, 0)～(3, 6, 6)所做之功

(3) 曲線 $x^2+y^2=4$，$z=0$，
從(2, 0, 0)～(−2, 0, 0)所做之功

8-4 重積分

本章節先複習初等微積分中所學的重積分。我們從直角坐標系下的重積分開始，再談到不同坐標系統下的重積分。這裡的關鍵在於如何決定每個變數的積分上下限。再者，若是積分上下限不容易給，如何將其轉到適合的坐標系下來給上下限也是本章節的重點。

如果讀者已經在微積分的課程中熟練了重積分，則本節可以跳過，直接進入下個重點，面積分。

8-4-1　二重積分（Double integrals）

定義 8-4-1　黎曼和定義二重積分

假設 R 爲一封閉區域，且其邊界爲片段連續，若 $f(x, y)$ 在 R 中爲可積分函數，則 $f(x, y)$ 相對 R 之二重積分定義爲 $\iint_R f(x, y)dA = \iint_R f(x, y)dxdy = \lim_{n\to\infty}\sum_{i=1}^{n} f(x_i, y_i)\Delta A_i$，其中 $\max \Delta A_i \to 0$，如圖 8-29～8-30 所示。

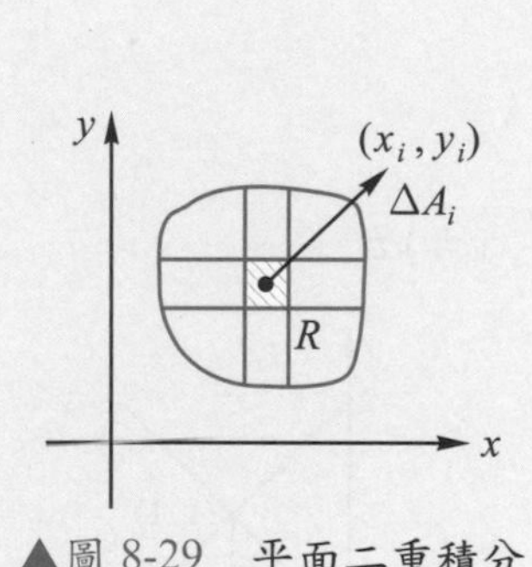

▲圖 8-29　平面二重積分

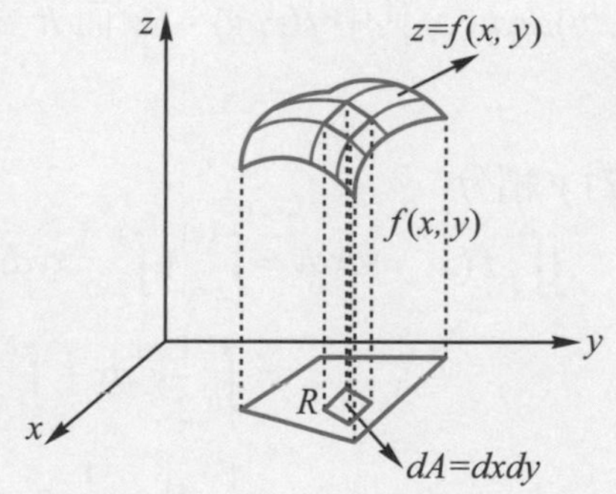

▲圖 8-30　空間曲面與 x-y 平面所圍體積示意圖

1. **二重積分的性質**

(1) $\iint_R [af + bg]dxdy = a\iint_R fdxdy + b\iint_R gdxdy$（線性）

(2) 若 $R = R_1 + R_2 + \cdots$爲彼此交集面積爲 0 的區域，
則 $\iint_R fdxdy = \iint_{R_1} fdxdy + \iint_{R_2} fdxdy + \cdots$。

(3) $f = 1$ 爲常函數，則 $\iint_R dxdy = A$，表示區域 R 面積。

(4) 區域 R 的形心坐標 $(\bar{x}, \bar{y})$ 爲：$\bar{x} = \frac{1}{A}\iint_R xdxdy$、$\bar{y} = \frac{1}{A}\iint_R ydxdy$

(5) 若 $z=f(x,y)$表空間一曲面，則其與 x-y 平面所圍之體積爲 $V=\iint_R \underbrace{f(x,y)}_{\text{高}}\underbrace{dxdy}_{dA}$

2. 積分上下限的決定法

二重積分之內外積分上下限如何給定是非常重要的，其原則爲外面積分項給點，裡面積分項給線，如下所示。

$$\iint_R f(x,y)dxdy=\int_{x=a}^{x=b}\left[\int_{y=y_1(x)}^{y=y_2(x)} f(x,y)dy\right]dx=\int_{y=c}^{y=d}\left[\int_{x=x_1(y)}^{x=x_2(y)} f(x,y)dx\right]dy$$

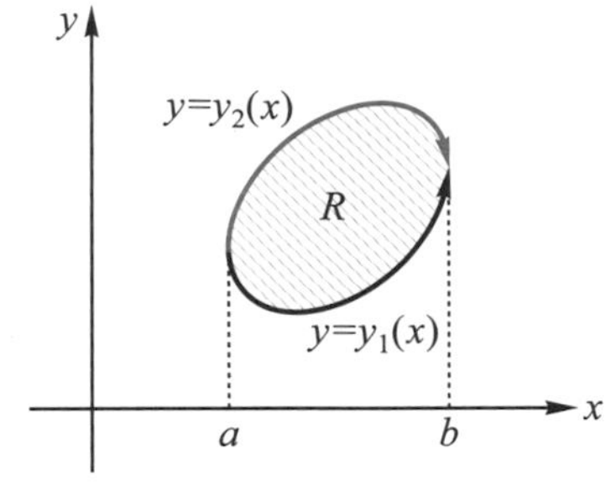

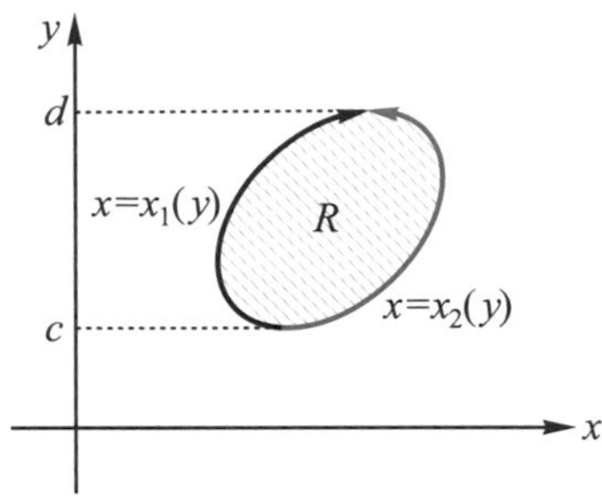

▲圖 8-31 二重積分上下限

範例 1

求 $\iint_R f(x,y)dxdy$，其中 $f(x,y)=xy$ 而 R 爲 $y=0$，$y=x$，$x+y=2$ 所圍。

解 ① 先對 y 積分

$$\iint_R f(x,y)dxdy=\int_{x=0}^{x=1}\left(\int_{y=0}^{y=x} xydy\right)dx+\int_{x=1}^{x=2}\left(\int_{y=0}^{y=2-x} xydy\right)dx$$

$$=\int_0^1 \frac{1}{2}x^3dx+\int_1^2 \frac{1}{2}x\cdot(2-x)^2dx$$

$$=\frac{1}{8}x^4\Big|_0^1+\frac{1}{2}(2x^2-\frac{4}{3}x^3+\frac{1}{4}x^4)\Big|_1^2$$

$$=\frac{1}{3}\text{，}$$

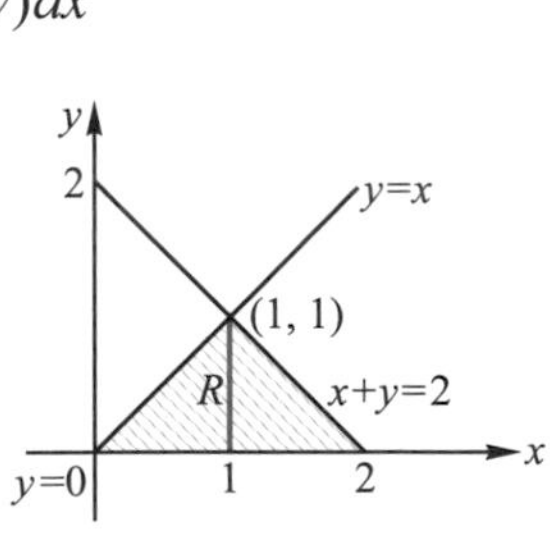

② 先對 x 積分

$$\iint_R f(x,y)dxdy=\int_{y=0}^{y=1}\left(\int_{x=y}^{x=2-y} xydx\right)dy$$

$$=\frac{1}{3}\text{。}$$

Q.E.D.

範例 2

$\iint_R f(x, y)dxdy$，其中 $f(x, y) = x^2$，而 R 爲 $y = x$，$y = 0$，$x = 8$，$xy = 16$ 所圍成。

解 ① 先對 y 積分

$$\iint_R f(x, y)dxdy = \iint_R x^2 \cdot dxdy$$

$$= \int_{x=0}^{x=4}\int_{y=0}^{y=x} x^2 dydx + \int_{x=4}^{x=8}\int_{y=0}^{y=\frac{16}{x}} x^2 dydx$$

$$= \int_0^4 x^3 dx + \int_4^8 16x dx$$

$$= 448$$

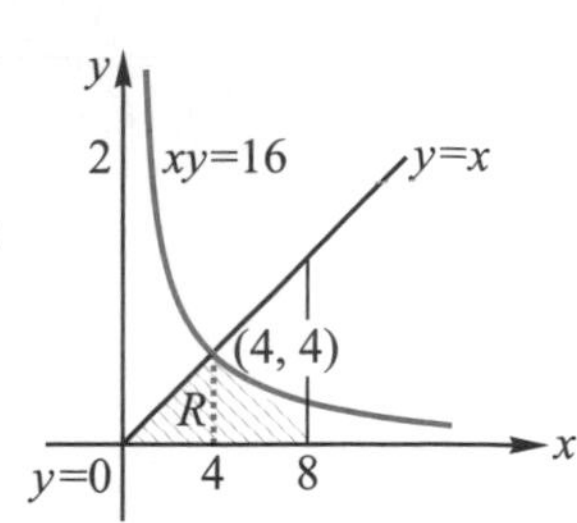

② 先對 x 積分

$$\iint_R f(x, y)dxdy = \int_{y=0}^{y=2}\int_{x=y}^{x=8} x^2 dxdy + \int_{y=2}^{y=4}\int_{x=y}^{x=\frac{16}{y}} x^2 dxdy$$

$$= 448$$

Q.E.D.

範例 3

求 $\int_0^4 \int_{\frac{x}{2}}^2 e^{y^2} dydx$。

解 $$\int_{x=0}^{x=4}\int_{y=\frac{x}{2}}^{y=2} e^{y^2} dydx = \int_0^2 \int_{x=0}^{x=2y} e^{y^2} dxdy$$

$$= \int_0^2 e^{y^2} x\Big|_0^{2y} dy$$

$$= \int_0^2 2ye^{y^2} dy$$

$$= e^{y^2}\Big|_0^2 = e^4 - e^0$$

$$= e^4 - 1$$ 。

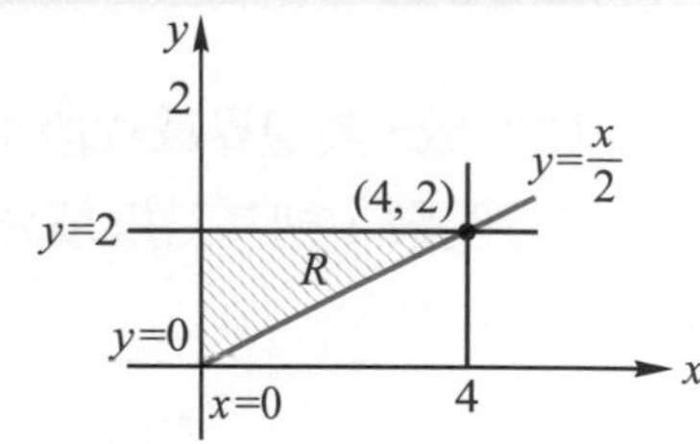

Q.E.D.

範例 4

$$\int_{y=0}^{y=8}\int_{x=\sqrt[3]{y}}^{x=2}\frac{y}{\sqrt{16+x^7}}dxdy$$

解

$$\int_{y=0}^{y=8}\int_{x=\sqrt[3]{y}}^{x=2}\frac{y}{\sqrt{16+x^7}}dxdy=\int_{x=0}^{x=2}\int_{y=0}^{y=x^3}\frac{y}{\sqrt{16+x^7}}dydx$$

$$=\int_0^2\frac{1}{2}\frac{y^2}{\sqrt{16+x^7}}\bigg|_0^{x^3}dx$$

$$=\int_0^2\frac{\frac{1}{2}x^6}{\sqrt{16+x^7}}dx$$

$$=\int_0^2(16+x^7)^{-\frac{1}{2}}\times\frac{1}{14}d(16+x^7)$$

$$=2\times\frac{1}{14}(16+x^7)^{\frac{1}{2}}\bigg|_0^2$$

$$=\frac{12-4}{7}=\frac{8}{7}$$

Q.E.D.

8-4-2 三重積分（Triple Integrals）

D 為一封閉區域，其邊界為片段平滑，若 $f(x,y,z)$ 在 D 中為可積分函數，則其三重積分(亦稱為體積分)定義為：

$$\iiint_D f(x,y,z)dV=\iiint_D f(x,y,z)dxdydz$$

$$=\lim_{n\to\infty}\sum_{i=1}^{n}f(x_i,y_i,z_i)\,\Delta V_i$$

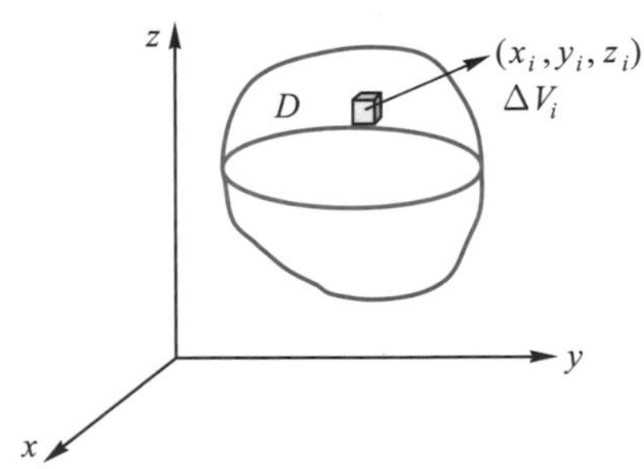

▲圖 8-32　三重積分示意圖

其中 $\max\Delta V_i\to 0$，如圖 8-32 所示。

1. 三重積分的性質與應用

(1) 若 $f(x,y,z)=1$ 則 $\iiint_D dxdydz=V$ 表區域 D 的**體積**。

(2) 空間區域 D 的形心 $\bar{x}=\frac{1}{V}\iiint_D xdV$，$\bar{y}=\frac{1}{V}\iiint_D ydV$，$\bar{z}=\frac{1}{V}\iiint_D zdV$。

(3) 若 $f(x, y, z) = \rho(x, y, z)$ 表密度，則 $\iiint_D \rho dV = M$ 表區域 D 的**質量**，則**質心**

$$\bar{x} = \frac{1}{M}\iiint_D x\rho dV \text{，} \bar{y} = \frac{1}{M}\iiint_D y\rho dV \text{，} \bar{z} = \frac{1}{M}\iiint_D z\rho dV \text{。}$$

(4) 空間區域 D 的**轉動慣量**爲 $I = \iiint_D r^2 \rho dV$。

(5) $\iiint_D (k_1 f_1 + k_2 f_2) dV = k_1 \iiint_D f_1 dV + k_2 \iiint_D f_2 dV$。

(6) $\iiint_{D_1+D_2} f(x, y, z) dV = \iiint_{D_1} f(x, y, z) dV + \iiint_{D_2} f(x, y, z) dV$。

2. 積分的上下限

三重積分如何給上下限，可以遵循「最外面給點、第二重積分給線、最內層積分給面」的原則來給上下限，底下的範例 5 是一個很好的例子。

範例 5

區域 D 爲 $20x + 15y + 12z = 60$ 之平面與第一象限所夾之四面體，則以六種不同的積分方式求體積。

解

$$V = \iiint_D dxdydz = \int_{x=0}^{x=3}\int_{y=0}^{y=\frac{12-4x}{3}}\int_{z=0}^{z=\frac{1}{12}(60-20x-15y)} dzdydx$$

$$= \int_{y=0}^{y=4}\int_{x=0}^{x=\frac{1}{4}(12-3y)}\int_{z=0}^{z=\frac{1}{12}(60-20x-15y)} dzdxdy$$

$$= \int_{x=0}^{x=3}\int_{z=0}^{z=\frac{1}{3}(15-5x)}\int_{y=0}^{y=\frac{1}{15}(60-20x-12z)} dydzdx$$

$$= \int_{z=0}^{z=5}\int_{x=0}^{x=\frac{1}{5}(15-3z)}\int_{y=0}^{y=\frac{1}{15}(60-20x-12z)} dydxdz$$

$$= \int_{y=0}^{y=4}\int_{z=0}^{z=\frac{1}{4}(20-5y)}\int_{x=0}^{x=\frac{1}{20}(60-15y-12z)} dxdzdy$$

$$= \int_{z=0}^{z=5}\int_{y=0}^{y=\frac{1}{5}(20-4z)}\int_{x=0}^{x=\frac{1}{20}(60-15y-12z)} dxdydz$$

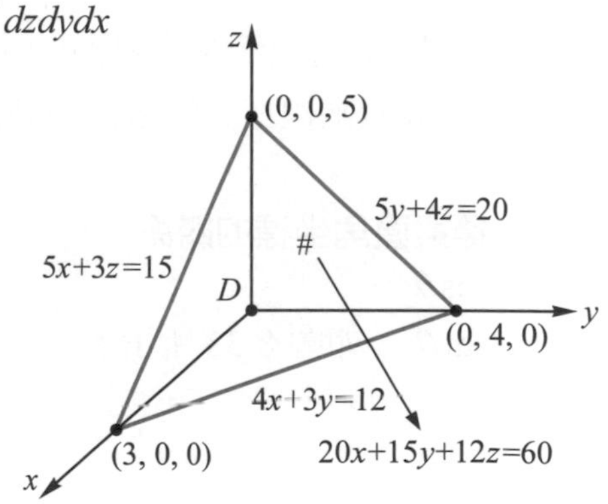

z
(0, 0, 5)
5y+4z=20
#
5x+3z=15
D
y
(0, 4, 0)
4x+3y=12
(3, 0, 0)
20x+15y+12z=60
x

Q.E.D.

範例 6

計算由 $z=1-y^2$、$y=x$、$x=3$、$y=0$、$z=0$ 在第一個象限所圍的體積。

解 $V=\int_{y=0}^{y=1}\int_{x=y}^{x=3}\int_{z=0}^{z=1-y^2} dzdxdy$

$=\int_{y=0}^{y=1}\int_{x=y}^{x=3}(1-y^2)dxdy$

$=\int_0^1 (x-xy^2)\Big|_y^3 dy$

$=\int_0^1 (3-3y^2-y+y^3)dy$

$=3y-y^3-\frac{1}{2}y^2+\frac{1}{4}y^4\Big|_0^1$

$=3-1-\frac{1}{2}+\frac{1}{4}=\frac{7}{4}$

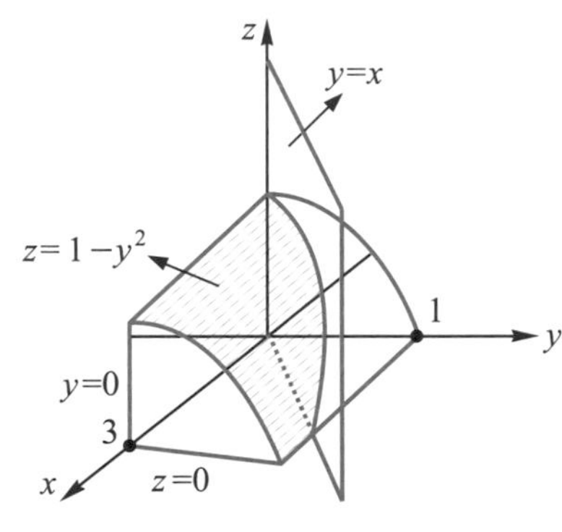

Q.E.D.

8-4-3 圓柱坐標重積分

很多物理系統的幾何為圓柱形式，其用直角坐標不易積分，在此將介紹如何用圓柱坐標進行體積分或極坐標作二重積分。有關常見坐標與直角坐標之關係，詳見本章 8-1-2 節。

1. 圓柱坐標與直角坐標的關係

$\begin{cases} x=\rho\cos\theta \\ y=\rho\sin\theta \\ z=z \end{cases}$，如圖 8-33 所示。

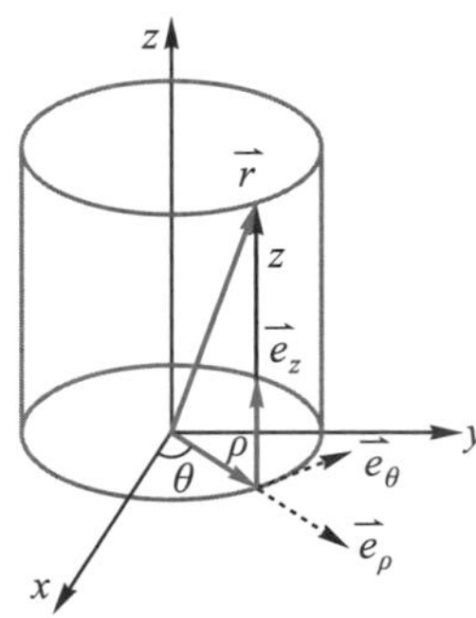

▲圖 8-33 圓柱坐標

2. 積分式坐標轉換

令 $F(x,y,z)=F(\rho\cos\theta,\rho\sin\theta,z)=f(\rho,\theta,z)$

(1) xy 平面上極坐標之二重積分

$$\iint_R f(x,y)dxdy=\int_{\theta_1}^{\theta_2}\int_{\rho_1}^{\rho_2} f(\rho,\theta)\rho d\rho d\theta$$

(2) 空間圓柱坐標之三重積分

$$\iiint_D F(x,y,z)dxdydz=\int_{\theta_1}^{\theta_2}\int_{\rho_1}^{\rho_2}\int_{z_1}^{z_2} f(\rho,\theta,z)\rho dz d\rho d\theta$$

如圖 8-34 所示。

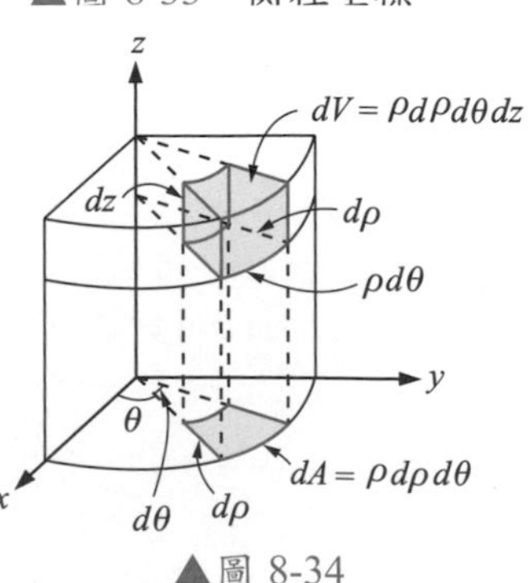

▲圖 8-34

3. **使用極坐標或圓柱坐標轉換的時機**

(1) 被積分函數含有 x^2+y^2，y^2+z^2，x^2+z^2 等。

(2) 積分區域對稱一軸，柱形或圓盤形區域。

範例 7

求 $\int_0^2\int_x^{\sqrt{8-x^2}}\frac{1}{5+x^2+y^2}dydx$？

解 注意到被積分函數的分母含有 x^2+y^2，故採用極坐標變換：$x=\rho\cos\theta$、$y=\rho\sin\theta$

$$\int_{x=0}^{x=2}\int_{y=x}^{y=\sqrt{8-x^2}}\frac{1}{5+x^2+y^2}dydx$$

$$=\int_{\theta=\frac{\pi}{4}}^{\theta=\frac{\pi}{2}}\int_{\rho=0}^{\rho=2\sqrt{2}}\frac{1}{5+\rho^2}\rho d\rho d\theta$$

$$=\int_{\frac{\pi}{4}}^{\frac{\pi}{2}}\frac{1}{2}\ln(5+\rho^2)\Big|_0^{2\sqrt{2}}d\theta$$

$$=\frac{\pi}{8}\ln(\frac{13}{5})$$

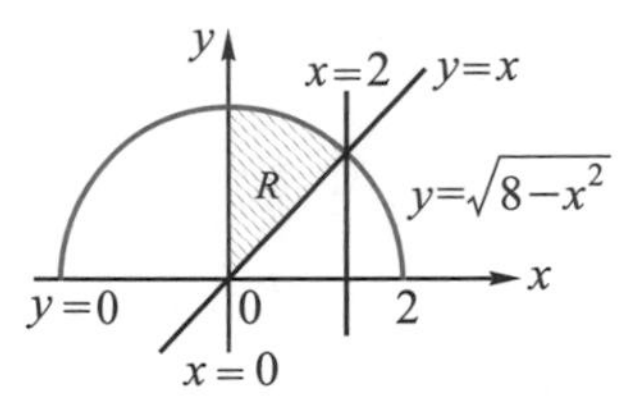

Q.E.D.

範例 8

求 $\iint_R f(x,y)dxdy$，其中 $f(x,y)=\cos(x^2+y^2)$，區域 R 爲 $x^2+y^2\le\frac{\pi}{2},\ x\ge 0$

解 注意到被積分函數中含有 x^2+y^2，故採用極坐標變換：$x=\rho\cos\theta$，$y=\rho\sin\theta$

$$\iint_R f(x,y)dxdy=\int_{\theta=-\frac{\pi}{2}}^{\theta=\frac{\pi}{2}}\int_{\rho=0}^{\rho=\sqrt{\frac{\pi}{2}}}\cos(\rho^2)\times\rho d\rho d\theta$$

$$=\int_{-\frac{\pi}{2}}^{\frac{\pi}{2}}d\theta\times\int_0^{\sqrt{\frac{\pi}{2}}}\cos(\rho^2)\rho d\rho$$

$$=\pi\cdot\frac{1}{2}=\frac{\pi}{2}$$

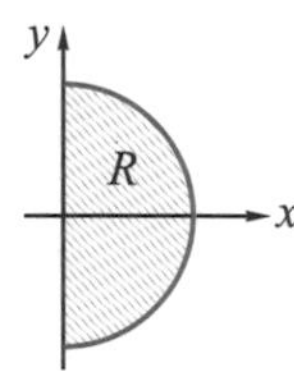

Q.E.D.

範例 9

求附圖之圓錐相對 z 軸的旋轉慣量

$\iiint_D (x^2+y^2)dxdydz$ ？

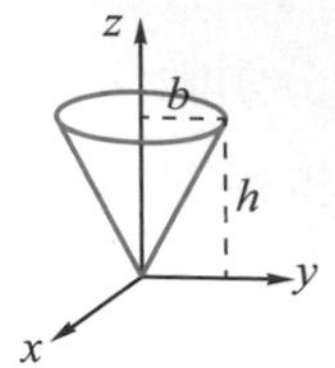

解 這是一個被積分函數爲 x^2+y^2 的三重積分，因此 z 方向不需做任何處理。

令 $x=\rho\cos\theta$，$y=\rho\sin\theta$，$z=z$

$$\iiint_D (x^2+y^2)dxdydz = \int_{z=0}^{h}\int_{\theta=0}^{2\pi}\int_{\rho=0}^{\frac{b}{h}z}\rho^2\times\rho d\rho d\theta dz$$

$$=\int_0^{2\pi}d\theta\int_0^h\int_{\rho=0}^{\frac{b}{h}z}\rho^2\times\rho d\rho dz$$

$$=\frac{\pi}{10}b^4h$$

Q.E.D.

8-4-4 球坐標重積分

除了圓柱坐標外，另一種常用的坐標爲球坐標，在物理系統的幾何爲球形下，利用球坐標較易求解。

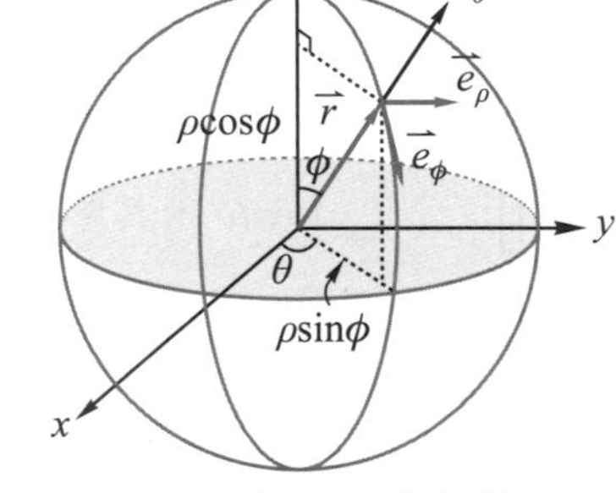

▲圖 8-35 球坐標

1. 球坐標與直角坐標的關係

$$\begin{cases} x=\rho\sin\phi\cos\theta \\ y=\rho\sin\phi\sin\theta \\ z=\rho\cos\phi \end{cases}$$ ，如圖 8-35 所示。

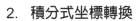

2. 積分式坐標轉換

令 $F(x,y,z)=F(\rho\sin\phi\cos\theta,\rho\sin\phi\sin\theta,\rho\cos\phi)=f(\rho,\phi,\theta)$

(1) $\iiint_V F(x,y,z)dxdydz=\int_{\theta_1}^{\theta_2}\int_{\phi_1}^{\phi_2}\int_{\rho_1}^{\rho_2}f(\rho,\phi,\theta)\rho^2\sin\phi d\rho d\phi d\theta$

(2) 使用球坐標進行重積分時機

① 被積分函數中含有 $x^2+y^2+z^2$

② 積分區域對稱一點。

如圖 8-36 所示。

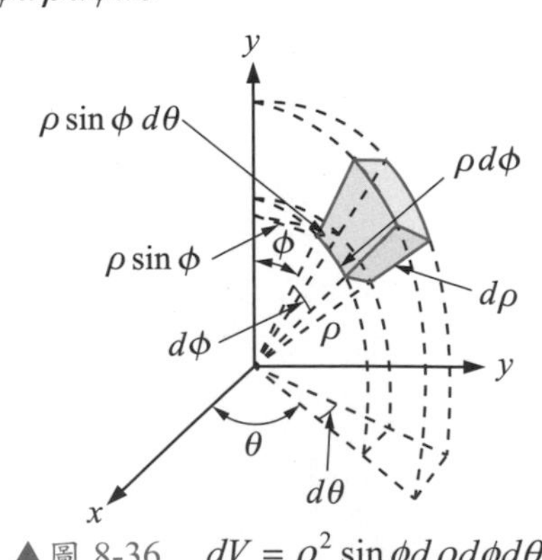

▲圖 8-36 $dV=\rho^2\sin\phi d\rho d\phi d\theta$

範例 10

求 $\iiint_D \frac{1}{\sqrt{1-x^2-y^2-z^2}}dxdydz$，其中 $D=\{(x,y,z)\mid x^2+y^2+z^2\le 1\}$

解 被積分函數中有 $1-(x^2+y^2+z^2)$ 這一項，

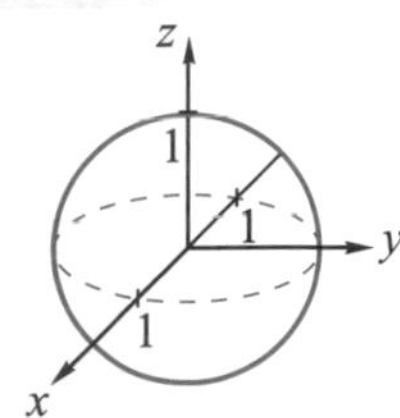

因此採用球坐標變換，令 $\begin{cases} x=\rho\sin\phi\cos\theta \\ y=\rho\sin\phi\sin\theta \\ z=\rho\cos\phi \end{cases}$

其中積分區域 D： $x^2+y^2+z^2\le 1 \Rightarrow 0\le\rho\le 1$，$0\le\phi\le\pi$，$0\le\theta\le 2\pi$

$$\therefore \iiint_D \frac{1}{\sqrt{1-x^2-y^2-z^2}}dxdydz$$

$$=\iiint \frac{1}{\sqrt{1-\rho^2}}\rho^2\sin\phi d\rho d\phi d\theta$$

$$=\int_0^{2\pi}\int_0^{\pi}\int_0^{1}\frac{\rho^2}{\sqrt{1-\rho^2}}\sin\phi d\rho d\phi d\theta$$

$$=\int_0^{2\pi}1d\theta\cdot\int_0^{\pi}\sin\phi d\phi\cdot\int_0^{1}\frac{\rho^2}{\sqrt{1-\rho^2}}d\rho$$

$$=2\pi\cdot(-\cos\phi)\Big|_0^{\pi}\cdot\int_0^{\frac{\pi}{2}}\frac{\sin^2 t}{\cos t}\cdot\cos tdt$$

$$=2\pi\cdot 2\cdot\int_0^{\frac{\pi}{2}}(\frac{1}{2}-\frac{\cos 2t}{2})dt$$

$$=4\pi\cdot\frac{1}{2}(t-\frac{1}{2}\sin 2t)\Big|_0^{\frac{\pi}{2}}$$

$$=2\pi\cdot\frac{\pi}{2}=\pi^2$$

Q.E.D.

8-4 習題演練

基礎題

1. 計算二重積分 $\iint_R x^2 dxdy$，其中 R 為 $\begin{cases} x+y=2 \\ x=0 \\ y=x \end{cases}$ 所圍區域。

2. 計算二重積分 $\iint_R 2xydxdy$，其中 R 為 $\begin{cases} y=x^2 \\ y=x \end{cases}$ 所圍區域。

3. 計算二重積分 $\int_0^1\int_x^1 e^{y^2}dydx$。

4. 計算二重積分 $\iint_R x^2 ydxdy$，其中 R 為 $\begin{cases} x^2+y^2\le 9 \\ y\ge 0 \end{cases}$ 所圍區域。

5. 請利用二重積分 $\iint_R z(x, y)dxdy$ 計算下列所圍區域的體積：

$2x+y+z=4$，$x=0$，$y=0$，$z=0$ 在第一卦限所圍區域。

進階題

1. 計算下列二重積分 $\iint_R f(x, y)dxdy$

(1) $f(x, y)=x^2+y^2$，而 R 為 $y=x$，$y=x+a$，$y=a$ 與 $y=3a$ 所圍成，其中 $a>0$。

(2) $f(x, y)=3x^2y$，而 R 為 $x=\sqrt{y}$ 與 $y=-x$ 所圍成。

2. 計算下列二重積分

(1) $\int_0^2\int_{y^2}^4 y\cos x^2 dxdy$

(2) $\int_0^\pi\int_x^\pi \frac{\sin y}{y}dydx$

3. 請計算下列三重積分 $\iiint_D xdxdydz$，其中 $D=\{x+2y+z=4$，在第一卦限所形成之四面體$\}$

4. 計算下列積分

(1) $\int_0^3\int_0^{\sqrt{9-x^2}}\sin(x^2+y^2)dydx$

(2) $\int_0^1\int_0^{\sqrt{1-y^2}} e^{-(x^2+y^2)}dxdy$

5. 計算下列二重積分 $\iint_R f(x, y)dxdy$

(1) $f(x, y)=y$，而 R 為 $1\le x^2+y^2\le 2$ 所圍成。

(2) $f(x, y)=e^{x^2+y^2}$，而 R 為 $x^2+y^2\le 1$，$0\le y\le x$ 所圍成。

6. 請計算下列三重積分 $\iiint_D x^2 dxdydz$，其中 $D=\{x^2+y^2+z^2\le 1\}$。

7. 請計算下列三重積分 $\iiint_D (x^2+y^2+z^2)dxdydz$，其中 $D=\{x^2+y^2+z^2\le a^2\}$

8-5 面積分（空間曲面積分）

曲面積分（面積分, surface integral）是針對空間中某曲面的定積分，給定一個曲面，可以針對該曲面上的純量場或向量場進行積分。面積分在物理學中大量被使用，尤其是在流體力學與電磁學上，其中向量函數面積分可以表示物理量通過該曲面的面通量，是非常重要的物理觀念，以下將介紹如何做面積分。

8-5-1 定義與性質

設曲面 S 上之各點的單位法向量 $\vec{n}$ 均非為零且連續，則稱為**平滑曲面**（Smooth surface）。設曲面 S 為有限個平滑曲面 $S_1, S_2, \cdots, S_n$ 的聯集，則稱 S 為**片段平滑曲面**（Piece-wise smooth surface）。

定義 8-5-1　面積分的定義

$f(x, y, z)$在平滑曲面 S 上對純量函數 f 的面積分 $\iint_D f(x, y, z)dA$ 定義為下列黎曼和的極限 $\sum_{i=1}^{n} f(x_i, y_i, z_i)\Delta A_i$ 其中 $\max\Delta A_i$ 隨著 $n \to \infty$也跟著 $\to 0$，微小區域ΔA_i 與積分區域的關係如圖 8-37 所示。

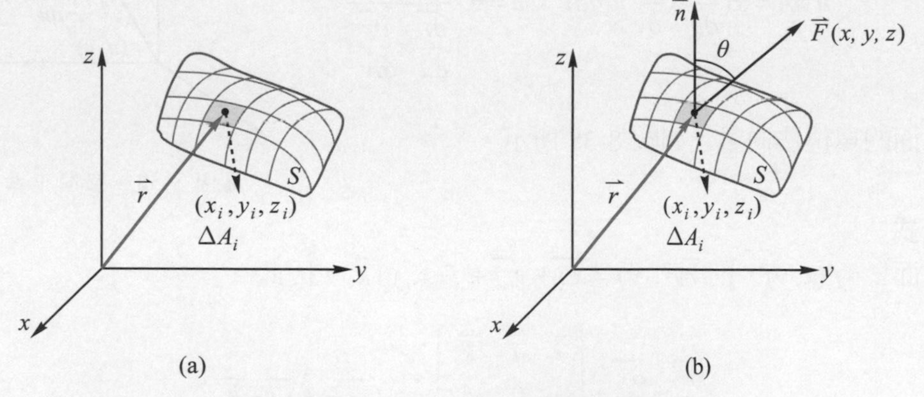

▲圖 8-37　空間中曲面積分示意圖

令 $\vec{n}$ 為 S 上的單位法向量，則 $\vec{F}(x, y, z)$ 在平滑曲面 S 上對向量函數 $\vec{F}$ 的面積分為

$$\iint_S \vec{F}(x, y, z)\cdot d\vec{A} = \iint_S \vec{F}(x, y, z)\cdot \vec{n}\,dA$$

面積分的物理性質

若 $f(x,y,z)=1$，則由定義知 $\iint_S dA$ 爲空間曲面 S 的**面積**；若 $f(x,y,z)$ 表示曲面 S 的密度函數，則 $\iint_S f(x,y,z)\,dA$ 爲**曲面質量**；若 $\vec{F}(x,y,z)$ 表一物理量，則該物理量對曲面 S 的**面通量**（flux）爲 $\phi=\iint_S \vec{F}(x,y,z)\cdot d\vec{A}$，其中
$\vec{F}\cdot d\vec{A}=\vec{F}\cdot\vec{n}\,dA=|\vec{F}|\cdot|\vec{n}|\,dA\cdot\cos\theta=|\vec{F}|\cos\theta\cdot dA$，表示 $\vec{F}$ 沿曲面法線方向往外流出之面通量，且 $\vec{n}$ 爲曲面 S 的單位法向量。

8-5-2 *dA* 的求法

因此，面積分的計算仰賴於事先求出微小面積。底下我們列出幾個重要的計算方法，分別對應不同的曲面刻劃形式：參數式、向量式、等值曲面。

1. **參數式**

若曲面 S 之參數式爲 $S:\begin{cases}x=x(u,v)\\ y=y(u,v)\\ z=z(u,v)\end{cases}$，則由全微分知 $d\vec{r}=\dfrac{\partial\vec{r}}{\partial u}du+\dfrac{\partial\vec{r}}{\partial v}dv$，因此

$$dA=\left|\frac{\partial\vec{r}}{\partial u}du\times\frac{\partial\vec{r}}{\partial v}dv\right|=\left|\frac{\partial\vec{r}}{\partial u}\times\frac{\partial\vec{r}}{\partial v}\right|dudv$$

$$\vec{n}\,dA=\pm\left(\frac{\partial\vec{r}}{\partial u}\times\frac{\partial\vec{r}}{\partial v}\right)dudv\;;\;\vec{n}=\pm\frac{\dfrac{\partial\vec{r}}{\partial u}\times\dfrac{\partial\vec{r}}{\partial v}}{\left|\dfrac{\partial\vec{r}}{\partial u}\times\dfrac{\partial\vec{r}}{\partial v}\right|}$$

爲曲面的單位法向量，如圖 8-38 所示。

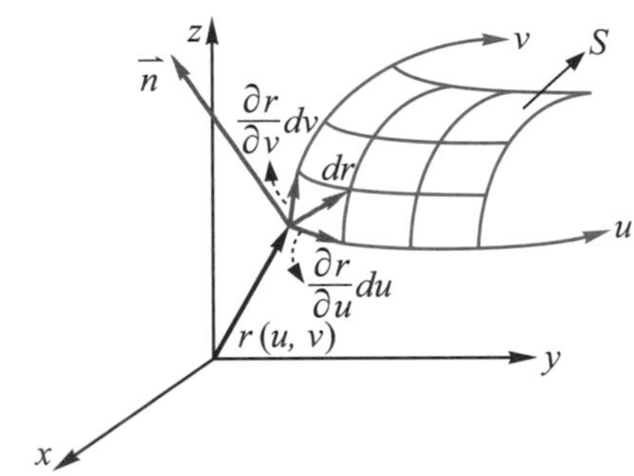

▲圖 8-38 空間中曲面求 dA

2. **向量式**

設曲面 $z=f(x,y)$，則 $\vec{r}(x,y)=x\vec{i}+y\vec{j}+f(x,y)\vec{k}$，因此

$$\frac{\partial\vec{r}}{\partial x}\times\frac{\partial\vec{r}}{\partial y}=\begin{vmatrix}\vec{i}&\vec{j}&\vec{k}\\1&0&f_x\\0&1&f_y\end{vmatrix}=-f_x\vec{i}-f_y\vec{j}+\vec{k}$$

$$dA=\left|\frac{\partial \vec{r}}{\partial x}\times\frac{\partial \vec{r}}{\partial y}\right|dxdy=\sqrt{(f_x)^2+(f_y)^2+1^2}\,dxdy\text{、}\ \vec{n}=\pm\frac{\frac{\partial \vec{r}}{\partial x}\times\frac{\partial \vec{r}}{\partial y}}{\left|\frac{\partial \vec{r}}{\partial x}\times\frac{\partial \vec{r}}{\partial y}\right|}=\pm\frac{(-f_x\vec{i}-f_y\vec{j}+\vec{k})}{\sqrt{(f_x)^2+(f_y)^2+1^2}}$$

因此得微小面積 $d\vec{A}=dA\times\vec{n}=\pm(f_x\vec{i}+f_y\vec{j}-\vec{k})dxdy$。

例如：若曲面 S 爲 $z=f(x,y)=x^2+y^2$，

則 $\vec{r}(x,y)=x\vec{i}+y\vec{j}+(x^2+y^2)\vec{k}$；

$$\vec{n}=+\frac{\frac{\partial f}{\partial x}\vec{i}+\frac{\partial f}{\partial y}\vec{j}-\vec{k}}{\sqrt{1+(\frac{\partial f}{\partial x})^2+(\frac{\partial f}{\partial y})^2}}=\frac{2x\vec{i}+2y\vec{j}-\vec{k}}{\sqrt{1+4x^2+4y^2}}$$

因此得微小面積 $dA=\sqrt{1+(\frac{\partial f}{\partial x})^2+(\frac{\partial f}{\partial y})^2}\,dxdy$

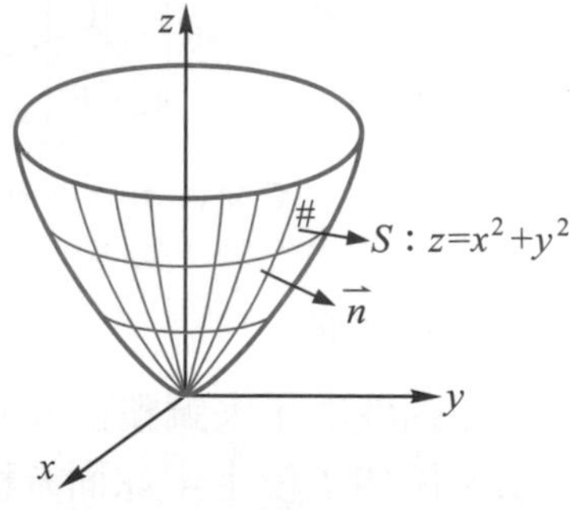

▲圖 8-39　$\vec{n}$ 為正，z 分量為負

等於 $\sqrt{1+4x^2+4y^2}\,dxdy$（因 z 分量爲負，所以取正），如圖 8-39 所示。

3. 等値曲面

若依曲面方程 $z=f(x,y)$ 令 $\phi(x,y,z)=z-f(x,y)$，則曲面可表爲 $\phi(x,y,z)=0$，且 $\vec{n}$ 爲曲面上微小面積 dA 上的單位法向量，其與 z 軸之夾角爲 γ，則此時我們可利用投影法。假設 dA 投影到 x–y 平面爲 dA^*，則

$dA^*=dxdy=dA\cdot|\cos\gamma|=dA|\vec{n}\cdot\vec{k}|$，其對應三個坐標平面的投影爲

$$dA=\frac{dxdy}{|\vec{n}\cdot\vec{k}|}\ \text{（投影到 } x\text{–}y \text{ 平面）}$$

$$dA=\frac{dydz}{|\vec{n}\cdot\vec{i}|}\ \text{（投影到 } y\text{–}z \text{ 平面）}$$

$$dA=\frac{dxdz}{|\vec{n}\cdot\vec{j}|}\ \text{（投影到 } x\text{–}z \text{ 平面）}$$

以投影到 x–y 平面而言，由梯度得到曲面的單位法向量爲 $\vec{n}=\pm\frac{\nabla\phi}{|\nabla\phi|}$；因此微小面積

$$dA=\frac{dxdy}{|\vec{n}\cdot\vec{k}|}=\frac{dxdy}{\left|\frac{\nabla\phi}{|\nabla\phi|}\cdot\vec{k}\right|}=\frac{|\nabla\phi|}{|\nabla\phi\cdot\vec{k}|}dxdy=\frac{\sqrt{(\frac{\partial\phi}{\partial x})^2+(\frac{\partial\phi}{\partial y})^2+(\frac{\partial\phi}{\partial z})^2}}{\left|\frac{\partial\phi}{\partial z}\right|}dxdy\text{；}$$

$$\vec{n}dA=\frac{\pm\nabla\phi}{|\nabla\phi|}=\frac{|\nabla\phi|}{|\nabla\phi\cdot\vec{k}|}dxdy=\frac{\pm\nabla\phi}{|\nabla\phi\cdot\vec{k}|}dxdy\text{，同理可得 }\vec{n}\,dA=\frac{\pm\nabla\phi}{|\nabla\phi\cdot\vec{i}|}dydz=\frac{\pm\nabla\phi}{|\nabla\phi\cdot\vec{j}|}dxdz$$

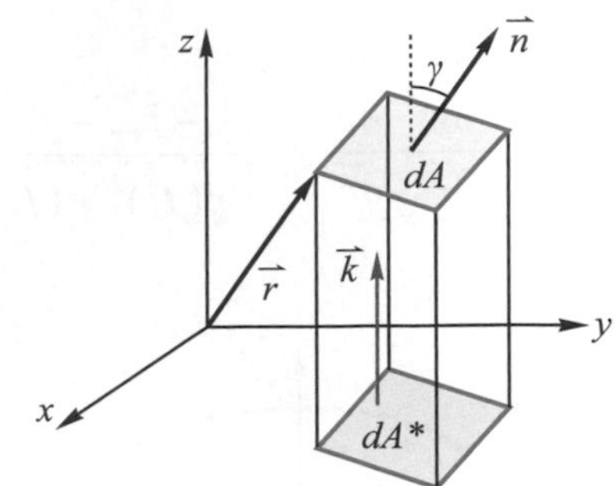

▲圖 8-40 空間曲面微小面積之投影

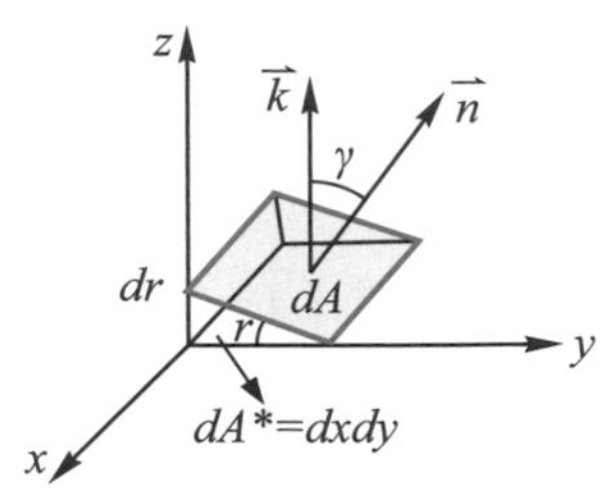

▲圖 8-41 dA 在 $x-y$ 平面之投影

4. **正負號的判斷**

以曲面朝外爲正來調整正負號，一般是以 z 分量之正（朝上）負（朝下）來判斷比較容易。例如：依上半球面方程式得 $\phi(x, y, z) = x^2 + y^2 + z^2$，$z > 0$，則曲面的單位法向量爲 $\vec{n}$，且

$$\vec{n} = \pm\frac{\nabla\phi}{|\ \nabla\phi|} = \frac{2x\vec{i} + 2y\vec{j} + 2z\vec{k}}{\sqrt{(2x)^2 + (2y)^2 + (2z)^2}} = \frac{x\vec{i} + y\vec{j} + z\vec{k}}{a} = \frac{\vec{r}}{a}$$

$$dA = \frac{dxdy}{|\vec{n}\cdot\vec{k}|} = \frac{dxdy}{\frac{z}{a}} = \frac{a}{z}dxdy \text{（投影到 } x-y \text{ 平面）}$$

$$\vec{n}\,dA = \frac{x\vec{i} + y\vec{j} + z\vec{k}}{a}\cdot\frac{a}{z}dxdy = \frac{x\vec{i} + y\vec{j} + z\vec{k}}{z}dxdy$$

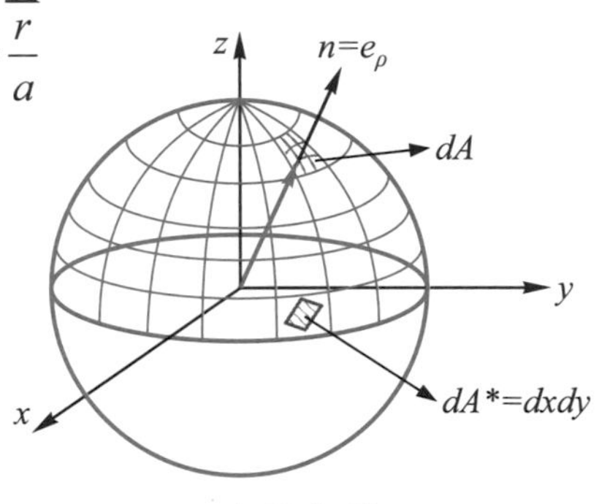

▲圖 8-42

範例 1

計算 $I=\iint_s \frac{xy}{z}dA$，其中 $S: z=x^2+y^2$ 中第一象限之曲面 $4\le x^2+y^2\le 9$ 之部分。

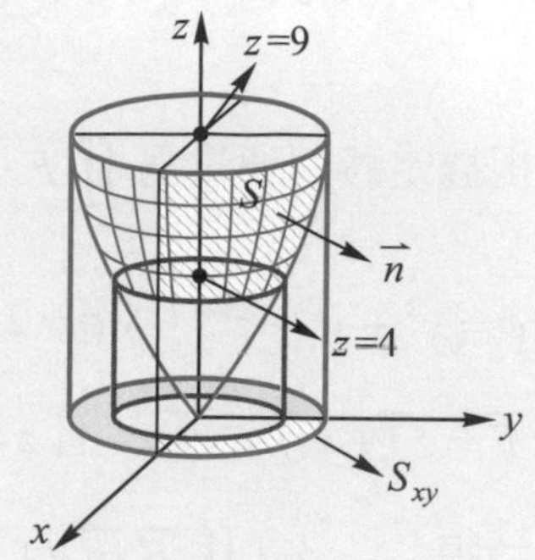

解 令 $z=x^2+y^2=f(x,y)$，則根據本節中向量式公式得微小面積爲：

$$dA=\sqrt{(f_x)^2+(f_y)^2+1^2}\ dxdy=\sqrt{(2x)^2+(2y)^2+1^2}\ dxdy=\sqrt{4x^2+4y^2+1^2}\ dxdy$$

$$\phi=x^2+y^2-z \text{ 、 } \vec{n}=\frac{\nabla\phi}{|\nabla\phi|}=\frac{2x\vec{i}+2y\vec{j}-\vec{k}}{\sqrt{4x^2+4y^2+1}} \text{ ，}$$

因此　$I=\iint_S \frac{xy}{z}dA=\iint_{S_{xy}}\frac{xy}{x^2+y^2}\sqrt{4x^2+4y^2+1}\,dxdy$

因爲被積分曲面的關係，我們採用極坐標變換 $x=r\cos\theta$，$y=r\sin\theta$，θ：$0\sim\frac{\pi}{2}$，$r=2\sim3$，（$z=4\to r=2$；$z=9\to r=3$）

故得

$$I=\int_0^{\frac{\pi}{2}}\int_2^3\frac{r^2\sin\theta\cos\theta}{r^2}\sqrt{1+4r^2}\,rdrd\theta$$

$$=\int_0^{\frac{\pi}{2}}\sin\theta\cos\theta d\theta\cdot\int_2^3\sqrt{1+4r^2}\,rdr$$

$$=\frac{1}{2}\cdot\int_2^3(1+4r^2)^{\frac{1}{2}}\cdot d(1+4r^2)\cdot\frac{1}{8}$$

$$=\frac{1}{16}\cdot\frac{2}{3}(1+4r^2)^{\frac{3}{2}}\Big|_2^3$$

$$=\frac{1}{24}(37^{\frac{3}{2}}-17^{\frac{3}{2}})$$

Q.E.D.

範例 2

試求向量 $\overrightarrow{F}=z\overrightarrow{i}+y\overrightarrow{j}+x\overrightarrow{k}$ 通過圓錐體 $z^2=x^2+y^2$，$0<z<1$ 表面之通量（flux）。

解 根據定義面通量為 $\iint_s \overrightarrow{F}\cdot\overrightarrow{n}\,dA$，因此我們計算 $\overrightarrow{n}\,dA=\dfrac{\nabla\phi}{|\nabla\phi\cdot\overrightarrow{k}|}dxdy$；

$\phi=x^2+y^2-z^2$，$\nabla\phi=2x\overrightarrow{i}+2y\overrightarrow{j}-2z\overrightarrow{k}$；$\overrightarrow{n}\,dA=\dfrac{x\overrightarrow{i}+y\overrightarrow{j}-z\overrightarrow{k}}{z}dxdy$，

$\overrightarrow{F}=z\overrightarrow{i}+y\overrightarrow{j}+x\overrightarrow{k}$；且 $z=\sqrt{x^2+y^2}$

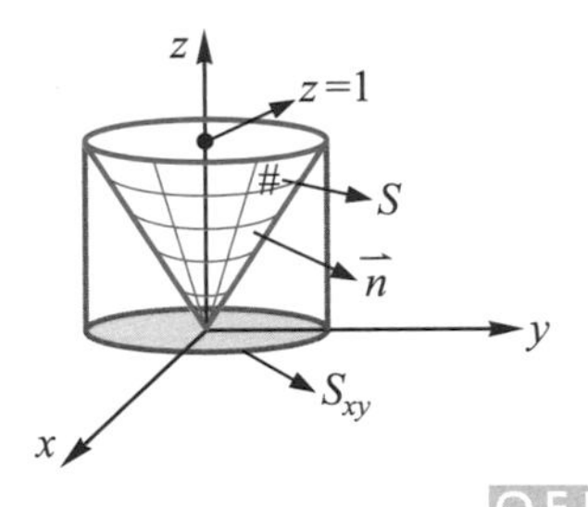

故得 $$\phi=\iint_S \overrightarrow{F}\cdot\overrightarrow{n}\,dA=\iint_{S_{xy}}\frac{xz+y^2-xz}{z}dxdy$$

$$=\iint_{S_{xy}}\frac{y^2}{\sqrt{x^2+y^2}}dxdy=\int_0^{2\pi}\int_0^1\frac{r^2\sin^2\theta}{r}rdrd\theta$$

$$=\frac{1}{3}r^3\bigg|_0^1\cdot\int_0^{2\pi}\sin^2\theta d\theta=\frac{1}{3}\int_0^{2\pi}\frac{1-\cos 2\theta}{2}d\theta=\frac{\pi}{3}$$

Q.E.D.

範例 3

求 $\overrightarrow{F}=xz\overrightarrow{i}-y\overrightarrow{k}$ 通過 S：$x^2+y^2+z^2=4$，$z>1$ 的通量（不含 $z=1$ 之平面）。

解 令 $\phi=x^2+y^2+z^2-4$，$\overrightarrow{n}\,dA=\dfrac{\nabla\phi}{|\nabla\phi\cdot\overrightarrow{k}|}dxdy$

$\nabla\phi=2x\overrightarrow{i}+2y\overrightarrow{j}+2z\overrightarrow{k}$，

因此 $$\overrightarrow{n}\,dA=\frac{2x\overrightarrow{i}+2y\overrightarrow{j}+2z\overrightarrow{k}}{2z}dxdy=\frac{x\overrightarrow{i}+y\overrightarrow{j}+z\overrightarrow{k}}{z}dxdy$$

$$\overrightarrow{F}\cdot\overrightarrow{n}\,dA=\frac{x^2z-yz}{z}dxdy=(x^2-y)dxdy$$

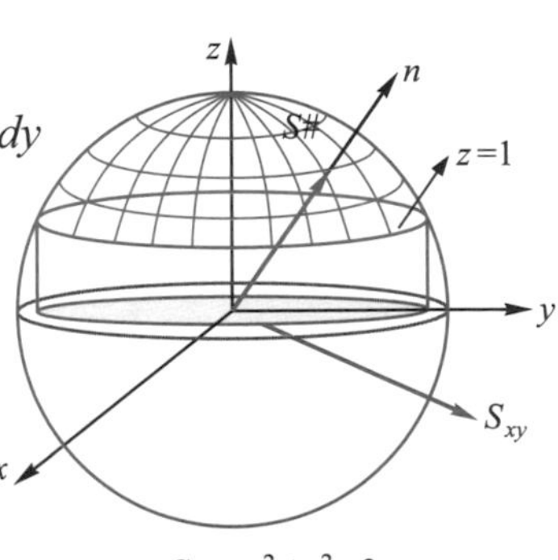

S_{xy}：$x^2+y^2\le 3$

將上述資料代入公式

得 $$\iint_S \overrightarrow{F}\cdot\overrightarrow{n}\,dA=\iint_{S_{xy}}(x^2-y)dxdy$$

$$=\int_0^{2\pi}\int_0^{\sqrt{3}}(r^2\cos^2\theta-r\sin\theta)rdrd\theta$$

$$=\int_0^{2\pi}\left(\frac{1}{4}r^4\cos^2\theta-\frac{1}{3}r^3\sin\theta\right)\bigg|_0^{\sqrt{3}}d\theta$$

$$=\frac{9}{4}\int_0^{2\pi}\cos^2\theta-\sqrt{3}\int_0^{2\pi}\sin\theta d\theta$$

$$=\frac{9}{4}\int_0^{2\pi}\frac{1+\cos 2\theta}{2}d\theta=\frac{9}{4}\pi$$

Q.E.D.

範例 4

設 $\overrightarrow{f}=18z\overrightarrow{i}-12\overrightarrow{j}+3y\overrightarrow{k}$，且 S 爲 $2x+3y+6z=12$ 在第一象限的區域，求 $\iint_S \overrightarrow{f}\cdot\overrightarrow{n}\,dA$

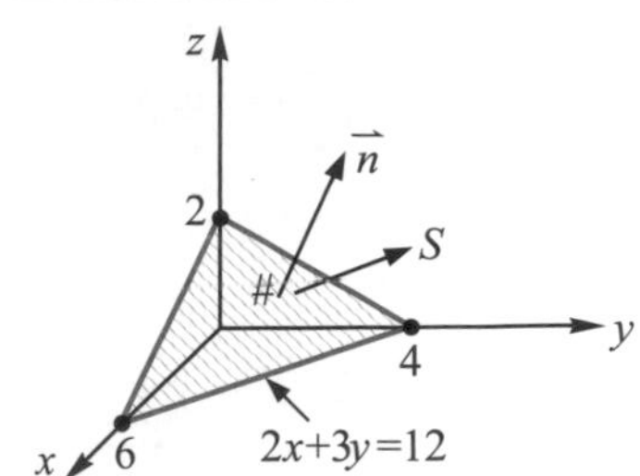

解 令 $\phi=2x+3y+6z-12$，$\nabla\phi=2\overrightarrow{i}+3\overrightarrow{j}+6\overrightarrow{k}$

$$\overrightarrow{n}=\frac{\nabla\phi}{|\nabla\phi|}=\frac{2}{7}\overrightarrow{i}+\frac{3}{7}\overrightarrow{j}+\frac{6}{7}\overrightarrow{k}\text{，}dA=\frac{dxdy}{|\overrightarrow{n}\cdot\overrightarrow{k}|}=\frac{7}{6}dxdy$$

$$\overrightarrow{n}\,dA=\frac{1}{6}(2\overrightarrow{i}+3\overrightarrow{j}+6\overrightarrow{k})dxdy\text{ 。}$$

將上述資料代入公式

得

$$\begin{aligned}\iint_S \overrightarrow{f}\cdot\overrightarrow{n}\,dA&=\iint_{S_{xy}}(18z\overrightarrow{i}-12\overrightarrow{j}+3y\overrightarrow{k})\cdot(2\overrightarrow{i}+3\overrightarrow{j}+6\overrightarrow{k})\frac{1}{6}dxdy\\&=\iint_{R_{xy}}(6z-6+3y)dxdy\\&=\iint_{R_{xy}}(12-2x-3y-6+3y)dxdy\\&=\iint_{R_{xy}}(6-2x)dxdy\\&=\int_{y=0}^{y=4}\int_{x=0}^{x=\frac{12-3y}{2}}(6-2x)dxdy=24\end{aligned}$$

Q.E.D.

8-5 習題演練

基礎題

1. 計算面積分 $\iint_S (x^2+2y+z-1)dA$，其中曲面 S 為 $2x+2y+z=2$ 在第一象（卦）限的部分。

2. 承第 1 題，計算 $\overrightarrow{F}=y\overrightarrow{i}+z\overrightarrow{j}$ 流過曲面 S 的面通量（Flux）：$\iint_S \overrightarrow{F}\cdot\overrightarrow{n}dA$，其中 $\overrightarrow{n}$ 為曲面 S 的朝外法向量。

3. 設 $\overrightarrow{V}=x\overrightarrow{i}+y\overrightarrow{j}-z\overrightarrow{k}$，且 S 為 $x+2y+z=8$ 在第一象限的區域，求其面通量 $\iint_S \overrightarrow{V}\cdot\overrightarrow{n}\,dA$

4. 設 $\overrightarrow{V}=x^2\overrightarrow{i}+2y^2\overrightarrow{z}$，且 S 為 $3x+2y+z=6$ 在第一象限的區域，求其面通量 $\iint_S \overrightarrow{V}\cdot\overrightarrow{n}\,dA$

5. 設 $\overrightarrow{F}=x^2\overrightarrow{i}+e^y\overrightarrow{j}+\overrightarrow{k}$，且 S 為 $x+y+z=1$ 在第一象限的區域，求其面通量 $\iint_S \overrightarrow{F}\cdot\overrightarrow{n}\,dA$

進階題

1. 試求向量 $\overrightarrow{F}=2z\overrightarrow{i}+(x-y-z)\overrightarrow{k}$ 通過曲面 S：$z=x^2+y^2,\ x^2+y^2\le 6$ 表面之通量(flux)。

2. 利用面積分求曲面 S 的面積，其中 S：$z=1-x-y,\ 0\le x\le 1$；$0\le y\le 1$；$0\le z\le 1$

3. 試求 $x+2y+z=4$，在圓柱 $x^2+y^2=1$ 內部之曲面面積。

4. 設 $\overrightarrow{F}=y^3\overrightarrow{i}-x^3\overrightarrow{j}$，且曲面 S 為 $1\le x^2+y^2\le 4,\ z=0$，求 $\iint_S (\text{curl}\,\overrightarrow{F})\cdot\overrightarrow{n}\,dA$

5. 設 $\overrightarrow{F}=z\overrightarrow{i}+x\overrightarrow{j}-3y^2z\overrightarrow{k}$，且 S 為 $x^2+y^2=16,\ 0<z<5$ 且在第一象限的區域，求其面通量 $\iint_S \overrightarrow{F}\cdot\overrightarrow{n}\,dA$

6. 設 $\overrightarrow{F}=y\overrightarrow{i}-z\overrightarrow{j}+yz\overrightarrow{k}$，且 S 為 $x=\sqrt{y^2+z^2},\ y^2+z^2\le 1$ 的區域，求其面通量 $\iint_S \overrightarrow{F}\cdot\overrightarrow{n}\,dA$

7. 設 $\overrightarrow{F}=y^3\overrightarrow{i}+x^3\overrightarrow{j}+z^3\overrightarrow{k}$，且 S 為 $x^2+4y^2=4,\ x\ge 0,\ y\ge 0,\ 0\le z\le 1$ 的區域，求其面通量 $\iint_S \overrightarrow{F}\cdot\overrightarrow{n}\,dA$，Hint：投影到 xz 平面 $dA=\dfrac{dxdz}{|\overrightarrow{n}\cdot\overrightarrow{j}|}$

8. $\overrightarrow{v}=y\overrightarrow{i}-z\overrightarrow{j}+yz\overrightarrow{k}$，求 $\phi=\iint_S \overrightarrow{v}\cdot\overrightarrow{n}\,dA$
   S：$x=\sqrt{y^2+z^2}$，$y^2+z^2\le 1$，不含 $x=1$ 平面。

9. 設 $\overrightarrow{F}=z^2\overrightarrow{k}$，求 $\iint_R \overrightarrow{F}\cdot\overrightarrow{n}\,dA$，而 R 為一圓錐之側表面，如圖所示。

10. 計算 $\overrightarrow{V}=x\overrightarrow{i}+y\overrightarrow{j}+z\overrightarrow{k}$ 流過曲面 S：$x^2+y^2+z^2=4$，$1\le z\le 2$ 之面通量(不含 $z=1$ 之平面如下圖所示)。

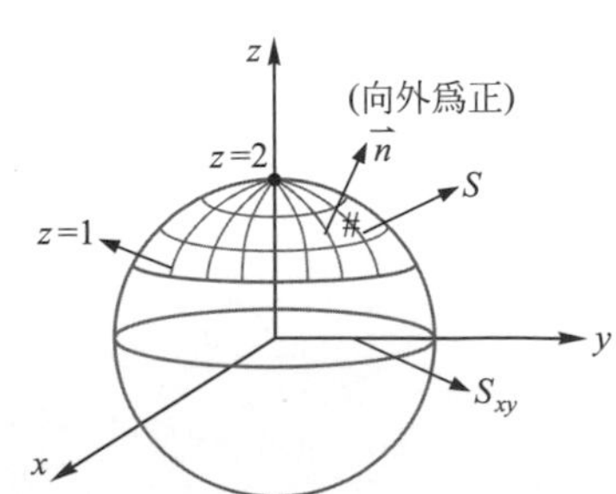

8-6 格林定理

接下來 8-6 至 8-8 節將介紹在向量積分中最重要的三大積分定理，其包含了格林定理（Green's 定理）、高斯散度定理（Gauss's Divergence 定理）與史托克定理（Stoke's 定理），這三大定理會用到前面所介紹之向量函數微分與積分技巧，這三大定理在流體力學、電磁學等相關專業課程中會大量被使用。本節將先介紹格林定理，此定理將介紹二維 xy 平面環線作功（環線積分）與平面二重積分之轉換關係。

8-6-1 格林定理（Green's theorem）

定理 8-6-1　格林定理（在平面區域上）

設 $f(x, y)$、$g(x, y)$ 在區域 R 中及其邊界 C 上為連續可積分之函數，

則
$$\iint_R \left(\frac{\partial g}{\partial x} - \frac{\partial f}{\partial y}\right) dxdy = \oint_C fdx + gdy$$

其中，R 為 x–y 平面之單（複）連通區域，C 為 R 之邊界圍線，其為規則封閉曲線且相對 R 正向繞（一般以逆時間繞為正向繞）。

證明

當 $a \le x \le b$ 時，所對應 y 的範圍是：

$h_1(x) \le y \le h_2(x)$，

因此，按照重積分的定義計算：

$$\iint_R \frac{\partial f}{\partial y} dxdy = \int_{x=a}^{x=b} \int_{y=h_1(x)}^{y=h_2(x)} \frac{\partial f}{\partial y} dydx = \int_a^b f(x, y)\Big|_{h_1(x)}^{h_2(x)} dx$$
$$= \int_a^b [f(x, h_2(x)) - f(x, h_1(x))] dx$$
$$= -\int_b^a f(x, h_2(x)) dx - \int_a^b f(x, h_1(x)) dx$$
$$= -[\int_{C_2} f(x, y) dx + \int_{C_1} f(x, y) dx]$$
$$= -[\oint_C f(x, y) dx]；$$

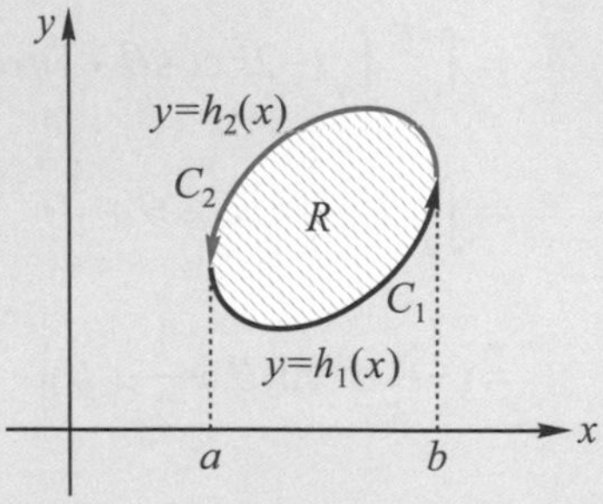

y
$y=h_2(x)$
C_2
R
C_1
$y=h_1(x)$
a　b　x

$C = C_1 + C_2$ 為區域的封閉邊界

▲圖 8-43　格林定理積分上下限

同理 $\iint_R \frac{\partial g}{\partial x} dxdy = \oint_C gdy$，故 $\iint_R [\frac{\partial g}{\partial x} - \frac{\partial f}{\partial y}] dxdy = \int_C fdx + gdy$。

範例 1

求$\oint_C (x^2+2y)dx+(4x+y^2)dy$，$C$：$x^2+y^2=1$（clockwise 順時針）。

解 $\oint_C (x^2+2y)dx+(4x+y^2)dy$

$$=-\iint_R [\frac{\partial}{\partial x}(4x+y^2)-\frac{\partial}{\partial y}(x^2+2y)]dxdy$$

$$=-\iint_R [4-2]dxdy$$

$$=-2\iint_R dxdy$$

$$=-2\pi\cdot 1^2=-2\pi$$

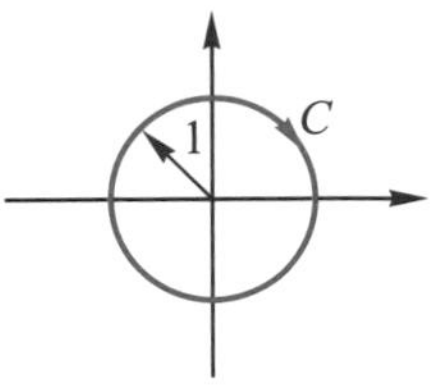

Q.E.D.

範例 2

求質點在力場$\overrightarrow{F}(x,\ y)=(\sin x-y)\overrightarrow{i}+(e^y-x^2)\overrightarrow{j}$ 中逆時針繞圓$x^2+y^2=a^2$一週所做之功。

解 $w=\int_C \overrightarrow{F}\cdot d\overrightarrow{r}=\int_C (\sin x-y)dx+(e^y-x^2)dy$

$$=\iint_R [\frac{\partial}{\partial x}(e^y-x^2)-\frac{\partial}{\partial y}(\sin x-y)]dxdy$$

$$=\iint_R (-2x+1)dxdy$$

$$=\int_0^{2\pi}\int_0^a (-2r\cos\theta+1)rdrd\theta$$

$$=\int_0^{2\pi}(-\frac{2}{3}r^3\cos\theta+\frac{1}{2}r^2)\Big|_0^a d\theta$$

$$=(-\frac{2}{3}a^3\sin\theta+\frac{1}{2}a^2\theta)\Big|_0^{2\pi}=a^2\pi$$

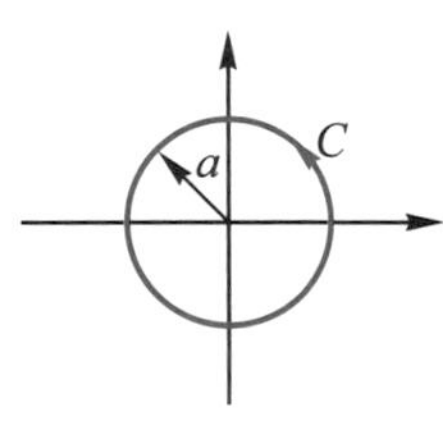

Q.E.D.

8-6-2　格林定理的應用

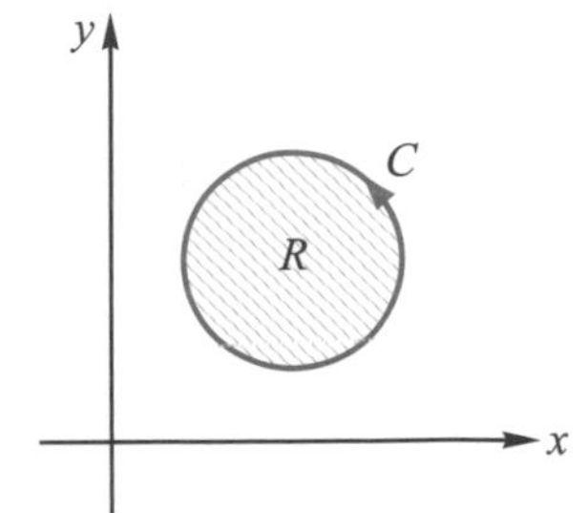

▲圖 8-44　平面積分區域

如圖 8-44 所示。我們希望計算區域 R 的面積，也就是要找到 f、g 使得 $A=\iint_R dxdy$ 因此，有三個方式：在格林定理 $\iint_R (\frac{\partial g}{\partial x}-\frac{\partial f}{\partial y})dxdy=\oint_C (fdx+gdy)$ 中

(1) 令 $f=0$，$g=x$，則 R 的面積為 $A=\oint_C xdy$。

(2) 令 $f=-y$，$g=0$，則 R 的面積為 $A=-\oint_C ydx$。

(3) 令 $g=\frac{x}{2}$，$f=-\frac{y}{2}$，則 R 的面積為 $A=\frac{1}{2}\oint xdy-ydx$

有意思的是，在(3)中以極坐標變換 $\begin{cases} x=r(\theta)\cos\theta \\ y=r(\theta)\sin\theta \end{cases}$ 得 $\begin{cases} dx=-r\sin\theta d\theta+\cos\theta dr \\ dy=r\cos\theta d\theta+\sin\theta dr \end{cases}$，代入(3)的面積式中得 $A=\frac{1}{2}\oint_C r^2(\theta)d\theta$，這是從前我們在微積分中所學極坐標下的面積公式，因此可以說，格林定理揭示了面積和邊界曲線的關聯。

範例 3

給定平滑封閉曲線 C，並其所圍區域 R

(1) 請敘述何謂格林定理。

(2) 請證明區域 R 面積 $A=\frac{1}{2}\oint_C (xdy-ydx)$

(3) 請證明區域 R 面積 $A=-\oint_C ydx=\oint_C xdy$

(4) 利用上面證明結果計算 $\frac{x^2}{a^2}+\frac{y^2}{b^2}=1$ 之面積。

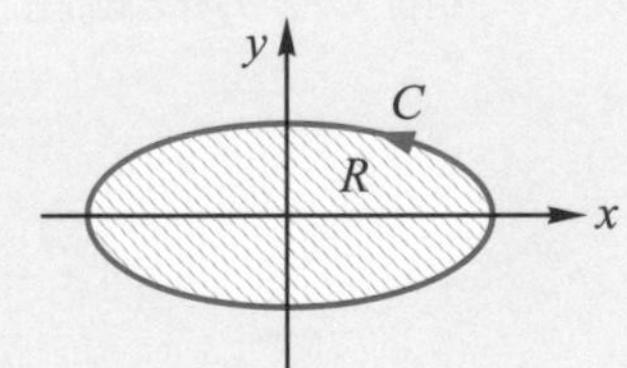

解 (1) $\oint_C fdx+gdy=\iint_R (\frac{\partial g}{\partial x}-\frac{\partial f}{\partial y})dxdy$

(2) $\frac{1}{2}\oint_C (xdy-ydx)=\frac{1}{2}\iint_R (\frac{\partial x}{\partial x}-\frac{\partial(-y)}{\partial y})dxdy=\iint_R dxdy=A$

(3) $-\oint_C ydx=-\iint_R -\frac{\partial(y)}{\partial y}dxdy=\iint_R dxdy=A$，$\oint_C xdy=\iint_R 1dxdy=A$

(4) C：$\begin{cases} x=a\cos\theta \\ y=b\sin\theta \end{cases}$；$\theta$：$\theta\in[0,2\pi]\Rightarrow A=-\oint_C ydx$，

$\therefore A=-\int_0^{2\pi} b\sin\theta\cdot(-a\sin\theta)d\theta=\int_0^{2\pi} ab\cdot\frac{1-\cos 2\theta}{2}d\theta=\pi ab$

Q.E.D.

8-6 習題演練

基礎題

在下列 1～4 題中，請利用格林定理計算 $\oint_C \overrightarrow{F}\cdot d\overrightarrow{r}$，其中 C 均為逆時針方向繞。

1. $\overrightarrow{F}=3y\overrightarrow{i}-2x\overrightarrow{j}$，$C$ 為以(2, 3)為圓心半徑為 2 的圓弧。
2. $\overrightarrow{F}=3xy^2\overrightarrow{i}+3x^2y\overrightarrow{j}$，$C$ 為以(2, 3)為中心且長軸為 6，短軸為 4 之橢圓。
3. $\overrightarrow{F}=x^2\overrightarrow{i}-2xy\overrightarrow{j}$，$C$ 為以(0, 0)，(1, 0)，(0, 1)為頂點之三角形。
4. $\overrightarrow{F}=(x^3-y)\overrightarrow{i}+(\cos(2y)+e^{y^2}+3x)\overrightarrow{j}$，$C$ 為以(0, 0)、(0, 2)、(2, 0)、(2, 2)為頂點之正方形。
5. 利用格林定理計算 $\oint_C \overrightarrow{F}\cdot d\overrightarrow{r}$，其中 $\overrightarrow{F}=y^2\overrightarrow{i}+\overrightarrow{j}$，而封閉曲線 C 為以 $O(0, 0)$，$A(1, 0)$與 $B(0, 2)$三點所圍之三角形邊界且沿 O-A-B-O 路徑。

進階題

1. 利用格林定理求線積分 $\oint_C ydx+x^2ydy$，其中 C 為 $y^2=2x$ 與 $y^3=4x$ 介於(0, 0)與(2, 2)所圍之區域。
2. 若一心臟線之極坐標表示為 $r=2(1+\cos\theta)$，求此心臟線所包絡之面積。(提示：面積 $A=\frac{1}{2}\oint_C r^2d\theta$)
3. 求線積分 $\oint_C \overrightarrow{F}\cdot d\overrightarrow{r}$，其中 $\overrightarrow{F}=(\frac{x^2+y^2}{2}+2y)\overrightarrow{i}+(xy-ye^y)\overrightarrow{j}$ 且封閉曲線 C 為 $C:\begin{cases} y=\pm1,\ -1\le x\le 1 \\ x=\pm1,\ -1\le y\le 1\end{cases}$。
4. 利用格林定理計算 $\oint_C \overrightarrow{F}\cdot d\overrightarrow{r}$，其中 $\overrightarrow{F}=(e^{\sin y}-y)\overrightarrow{i}+(\sinh y^3-4x)\overrightarrow{j}$，而封閉曲線 C 為以(− 8, 0)為圓心，半徑是 2 的逆時針旋轉圓。
5. 利用格林定理計算 $\oint_C \overrightarrow{F}\cdot d\overrightarrow{r}$，其中 $\overrightarrow{F}=\frac{2x}{x^2+y^2}\overrightarrow{i}+\frac{2y}{x^2+y^2}\overrightarrow{j}$，而封閉曲線 C 為 $(x-2)^2+(y-1)^2=1$ 的逆時針旋轉圓。
6. 利用格林定理計算 $\oint_C \overrightarrow{F}\cdot d\overrightarrow{r}$，其中 $\overrightarrow{F}=x^2y\overrightarrow{i}-xy^2\overrightarrow{j}$，而封閉曲線 C 為區域 R：$x^2+y^2\le 4,\ x\ge 0,\ y\ge 0$ 之逆時針旋轉邊界。

8-7 高斯散度定理

此定理將介紹向量函數在空間中封閉曲面的面通量與曲面所圍封閉區域之散失程度體積分之轉換關係。

8-7-1　定義及定理

如圖 8-45 所示，設 $\vec{V}$ 爲空間中區域 D 內可積分且連續之向量函數，且 P 爲 D 內任一點，則散度定義爲 $\vec{V}$ 在 P 處的單位體積之外流率，若令 ΔV 表示區域 D 內的微小體積，ΔS 表示該微小體積之表面曲面，則**散度**可符號化的寫成

$$\nabla\cdot\vec{V}|_P=\lim_{\Delta V\to 0}\frac{\oiint_{\Delta S}\vec{V}\cdot\vec{n}dA}{\Delta V}$$

即散度 $\nabla\cdot\vec{V}|_P$ 表示向量場 $\vec{V}$ 在 P 點處單位體積之面通量。

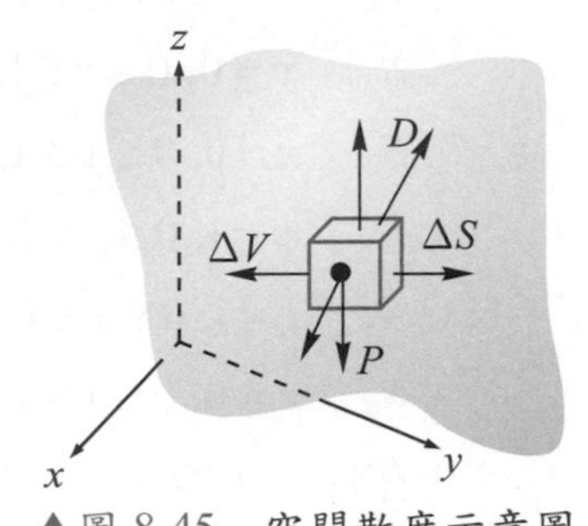

▲圖 8-45　空間散度示意圖

1. 高斯散度定理

設向量函數 $\vec{V}$ 在區域 D 內及其邊界曲面 S 上爲連續可積分函數，則高斯散度定理（Divergence theorem of Gauss）表明

$$\iiint_D \nabla\cdot\vec{V}dV=\oiint_S \vec{V}\cdot\vec{n}\,dA$$

其中 D 爲單（複）連通區域、$\vec{n}$ 在 S 上爲可定向且指向外之單位曲面法向量，$\iiint(\nabla\cdot\vec{V})dV$ 表示由區域 D 往外流出量（面通量）。其物理意義代表由區域 D 內往外散失之量等於由 D 之邊界曲面往外流出之面通量，換句話說，「從表面跑出去的通量 = 源（Source）的強度所產生之物理量」。一般高斯散度定理是用來處理計算封閉曲面 S 之面通量 $\oiint_S \vec{V}\cdot\vec{n}dA$ 不易作面積分，所以可藉由此定理換成比較容易積分之體積分 $\iiint_D(\nabla\cdot\vec{V})dV$。

範例 1

$\overrightarrow{F}=(xy-1)\overrightarrow{i}+yz\overrightarrow{j}+xz\overrightarrow{k}$ 空間中立方體區域 D 爲：$0\le x\le 1, 0\le y\le 1, 0\le z\le 1$，且區域 D 之包圍曲面爲 S，曲面朝外之單位法向量爲 $\overrightarrow{n}$

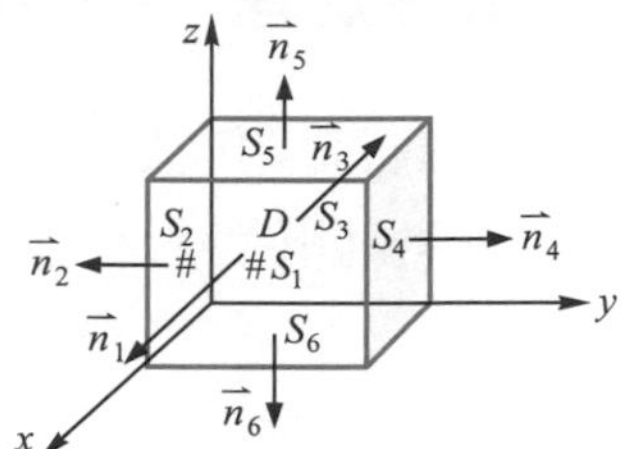

(1) 計算 $\oiint_S \overrightarrow{F}\cdot\overrightarrow{n}\,dA$ 利用面積分。

(2) 計算 $\iiint_D(\nabla\cdot\overrightarrow{F})dV$ 。

(3) 由(1)與(2)可以驗證何種定理？

解 (1) 先拆分所需要計算的面積爲六小塊 $S=S_1+S_2+S_3+S_4+S_5+S_6$ ，其中

S_1 ： $x=1, 0\le y\le 1, 0\le z\le 1,$ 且朝外法向量爲 $\overrightarrow{n_1}=\overrightarrow{i}$

S_2 ： $y=0, 0\le x\le 1, 0\le z\le 1,$ 且朝外法向量爲 $\overrightarrow{n_2}=-\overrightarrow{j}$

S_3 ： $x=0, 0\le y\le 1, 0\le z\le 1,$ 且朝外法向量爲 $\overrightarrow{n_3}=-\overrightarrow{i}$

S_4 ： $y=1, 0\le x\le 1, 0\le z\le 1,$ 且朝外法向量爲 $\overrightarrow{n_4}=\overrightarrow{j}$

S_5 ： $z=1, 0\le x\le 1, 0\le y\le 1,$ 且朝外法向量爲 $\overrightarrow{n_5}=\overrightarrow{k}$

S_6 ： $z=0, 0\le x\le 1, 0\le y\le 1,$ 且朝外法向量爲 $\overrightarrow{n_6}=-\overrightarrow{k}$

在每一小塊 S_i 上分別按照定義計算

得 $$\iint_{S_1}\overrightarrow{F}\cdot\overrightarrow{n}\,dA=\iint_{S_1}(xy-1)dydz=\int_{z=0}^{1}\int_{y=0}^{y=1}(y-1)dydz=-\frac{1}{2}$$

$$\iint_{S_2}\overrightarrow{F}\cdot\overrightarrow{n}\,dA=\iint_{S_2}-yzdxdz=\iint_{S_1}0\cdot zdxdz=0$$

$$\iint_{S_3}\overrightarrow{F}\cdot\overrightarrow{n}\,dA=\iint_{S_3}-(xy-1)dydz=\int_{z=0}^{1}\int_{y=0}^{y=1}(1)dydz=1$$

$$\iint_{S_4}\overrightarrow{F}\cdot\overrightarrow{n}\,dA=\iint_{S_4}(yz)dydz=\int_{z=0}^{1}\int_{x=0}^{1}(z)dxdz=\frac{1}{2}$$

$$\iint_{S_5}\overrightarrow{F}\cdot\overrightarrow{n}\,dA=\iint_{S_5}(xz)dxdy=\int_{y=0}^{1}\int_{x=0}^{1}(x)dxdy=\frac{1}{2}$$

$$\iint_{S_6}\overrightarrow{F}\cdot\overrightarrow{n}\,dA=\iint_{S_6}(-xz)dxdy=\int_{y=0}^{1}\int_{x=0}^{1}(0)dxdy=0$$

所以 $$\iint_{S=S_1+S_2+S_3+S_4+S_5+S_6}\overrightarrow{F}\cdot\overrightarrow{n}\,dA=\iint_{S_1}\overrightarrow{F}\cdot\overrightarrow{n}\,dA+\iint_{S_2}\overrightarrow{F}\cdot\overrightarrow{n}\,dA+\iint_{S_3}\overrightarrow{F}\cdot\overrightarrow{n}\,dA$$
$$+\iint_{S_4}\overrightarrow{F}\cdot\overrightarrow{n}\,dA+\iint_{S_5}\overrightarrow{F}\cdot\overrightarrow{n}\,dA+\iint_{S_6}\overrightarrow{F}\cdot\overrightarrow{n}\,dA$$
$$=\frac{3}{2}$$

(2) 因 $\nabla\cdot\overrightarrow{F}=y+z+x$

所以 $$\iiint_D(\nabla\cdot\overrightarrow{F})dV=\iiint_D(x+y+z)\,dV=\int_{z=0}^{1}\int_{y=0}^{1}\int_{x=0}^{1}(x+y+z)dxdydz=\frac{3}{2}$$

(3) 由(1)與(2)可知 $\iint_S\overrightarrow{F}\cdot\overrightarrow{n}\,dA=\iiint_D(\nabla\cdot\overrightarrow{F})dV=\frac{3}{2}$，驗證了高斯散度定理。 Q.E.D.

範例 2

若 $\overrightarrow{F}=5x\overrightarrow{i}-3y\overrightarrow{j}+2z\overrightarrow{k}$，$S$ 為封閉球面 $x^2+y^2+z^2=9$，利用高斯散度定理計算 $\iint_S \overrightarrow{F}\cdot\overrightarrow{n}dA$，其中 $\overrightarrow{n}$ 為曲面 S 朝外之單位法向量，dA 為微小面積。

解 $\iint_S \overrightarrow{F}\cdot\overrightarrow{n}dA=\iiint_D(\nabla\cdot\overrightarrow{F})dV=\iiint_D(4)dV=4\iiint_D dV$

$$=4\times\frac{4}{3}\pi\times3^3=144\pi\text{。}$$

Q.E.D.

範例 3

假設函數 $\overrightarrow{F}=x\overrightarrow{i}+y\overrightarrow{j}+z\overrightarrow{k}$，並考慮曲面為

$S：z^2=(x^2+y^2)$，$0\le z\le1$ 及杯蓋面 $x^2+y^2=1$ 的聯集，

$z=1$ 所組成，試計算下列兩項：

(1) 以面積分計算 $\oiint_S \overrightarrow{F}\cdot\overrightarrow{n}\,dA$，$\overrightarrow{n}$ 為曲面 S 單位法向量朝外。

(2) 利用高斯散度定理重算(1)。

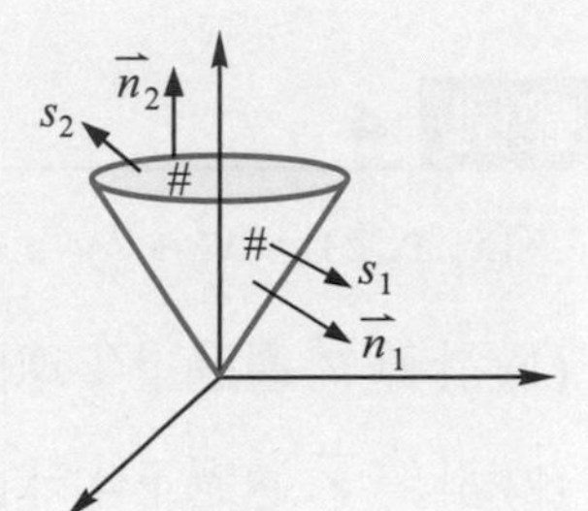

解 (1) 拆分 $S=S_1+S_2$；其中 S_2：$x^2+y^2=1$，$z=1$；S_1：$z=\sqrt{x^2+y^2}$，$0\le z<1$，則令 $\phi=\sqrt{x^2+y^2}-z$，

得　$\nabla\phi=\dfrac{x}{\sqrt{x^2+y^2}}\overrightarrow{i}+\dfrac{y}{\sqrt{x^2+y^2}}\overrightarrow{j}-\overrightarrow{k}$，$|\nabla\phi|=\sqrt{2}$

$\therefore$① $\overrightarrow{n_1}=\dfrac{1}{\sqrt{2}}(\dfrac{x}{\sqrt{x^2+y^2}}\overrightarrow{i}+\dfrac{y}{\sqrt{x^2+y^2}}\overrightarrow{j}-\overrightarrow{k})$

② $\iint_{S_1}\overrightarrow{F}\cdot\overrightarrow{n}\,dA=\dfrac{1}{\sqrt{2}}\iint_{S_1}(\dfrac{x^2}{\sqrt{x^2+y^2}}+\dfrac{y^2}{\sqrt{x^2+y^2}}-z)dA$

$=\dfrac{1}{\sqrt{2}}\iint_{S_1}(\sqrt{x^2+y^2}-z)dA=0$

③ $\overrightarrow{n_2}=\overrightarrow{k}\Rightarrow\iint_{S_2}\overrightarrow{F}\cdot\overrightarrow{n}\,dA=\iint_{S_2}zdA=\iint_{S_2}dA=\pi\cdot1^2=\pi$

$\therefore\iint_S\overrightarrow{F}\cdot\overrightarrow{n}\,dA=\iint_{S_1}\overrightarrow{F}\cdot\overrightarrow{n}\,dA+\iint_{S_2}\overrightarrow{F}\cdot\overrightarrow{n}\,dA=\pi$

(2) $\iint_S\overrightarrow{F}\cdot\overrightarrow{n}\,dA=\iiint_D(\nabla\cdot\overrightarrow{F})dV=3\iiint_D dV=3\cdot\dfrac{1}{3}\pi\cdot1^2\cdot1=\pi$

（圓錐體體積 $=\dfrac{1}{3}\times$ 底面積 $\times$ 高）

Q.E.D.

2. 補曲面計算法

我們可以將一個開放的曲面補上缺少的邊界曲面，如此以來便可利用高斯定理來計算需要的物理量。設 S 為一開曲面，我們可以補一曲面 S^*，使得 $S+S^*$ 為一封閉曲面如圖 8-46 所示。則 $\iiint_D \nabla\cdot\vec{V}dV=\oiint_S \vec{V}\cdot\vec{n}dA+\oiint_{S^*}\vec{V}\cdot\vec{n}\,dA$，移項得

$$\iint_S \vec{V}\cdot\vec{n}\,dA=\iiint_D \nabla\cdot\vec{V}dV-\iint_{S^*}\vec{V}\cdot\vec{n}^*\,dA$$

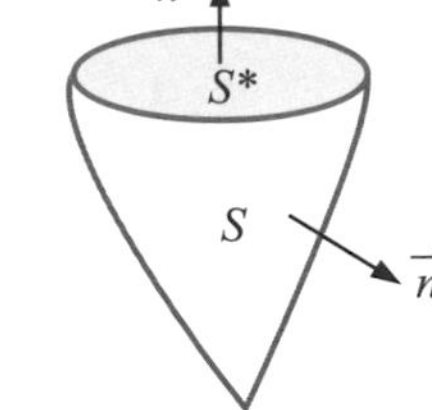

▲圖 8-46 散度定理積分補曲面示意圖

特別一提，當向量場的散度為零時，高斯散度定理變為 $\iint_S \vec{V}\cdot\vec{n}\,dA=-\iint_{S^*}\vec{V}\cdot\vec{n}^*\,dA$，即補曲面的面積分與原來只差負號。

範例 4

$\vec{V}(x,y,z)=(x^3+7y^2z+2z^3)\vec{i}+(4x-3x^2y+2yz)\vec{j}+(x^2+y^2-z^2)\vec{k}$

(1) 計算 $\vec{V}$ 通過上半球面 $x^2+y^2+z^2=a^2$，$z>0$ 的通量。

(2) 計算 $\vec{V}$ 通過下半球面 $x^2+y^2+z^2=a^2$，$z<0$ 的通量。

解 (1) 考慮通量的區域為：

S_1：$x^2+y^2+z^2=a^2$，$z>0$，我們利用補曲面（如附圖藍色區域）

S_2：$x^2+y^2+z^2=a^2$，$z=0$，合併 S_1 成為一封閉曲面 S，所圍區域為 D。

現在因為 $\nabla\cdot\vec{V}=3x^2-3x^2+2z-2z=0$，

因此代入高斯散度定理後得：

$$\iint_{S_1+S_2}\vec{V}\cdot\vec{n}\,dA=\iint_{S_1}\vec{V}\cdot\vec{n}\,dA+\iint_{S_2}\vec{V}\cdot\vec{n}\,dA=\iiint_D\nabla\cdot\vec{V}dV=0$$

即 $\iint_{S_1}\vec{V}\cdot\vec{n}\,dA=-\iint_{S_2}\vec{V}\cdot(-\vec{k})dA=\iint_{S_2}(x^2+y^2-z^2)\,dxdy$

$$=\iint(x^2+y^2)\,dxdy=\int_0^{2\pi}\int_0^a r^2rdrd\theta$$

$$=\frac{1}{4}r^4\Big|_0^a\cdot 2\pi=\frac{1}{2}\pi a^4$$

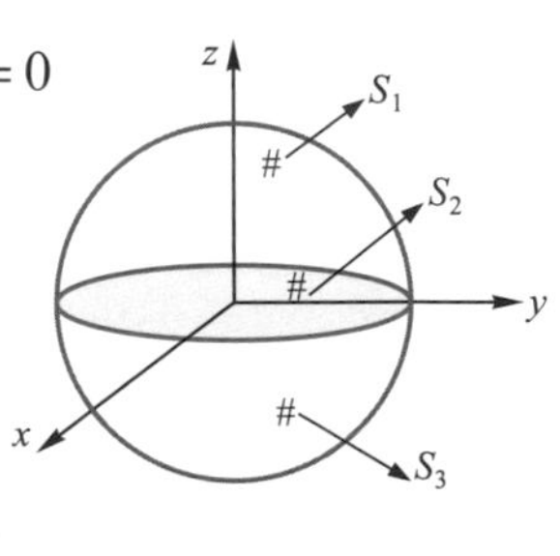

(2) 仿(1)的作法取 $S^*=S_1+S_3$ 為封閉曲面，所圍區域為球內 D^*，則

$$\iint_{S_1+S_3}\vec{V}\cdot\vec{n}\,dA=\iint_{S_1}\vec{V}\cdot\vec{n}\,dA+\iint_{S_3}\vec{V}\cdot\vec{n}\,dA=\iiint_{D^*}\nabla\cdot\vec{V}dV=0$$

$$\iint_{S_3}\vec{V}\cdot\vec{n}\,dA=-\iint_{S_1}\vec{V}\cdot\vec{n}\,dA=-\frac{1}{2}\pi a^4$$

Q.E.D.

8-7-2　高斯散度定理的另外兩種形式

定理 8-7-1　R^3 中的高斯散度定理

設 $\overrightarrow{F}=F_1\overrightarrow{i}+F_2\overrightarrow{j}+F_3\overrightarrow{k}$ 在區域 D 內及其邊界曲面 S 上（記作 $\overline{D}=D+S$）爲連續而可積分，則高斯散度定理具有如下形式：

$$\iint_S F_1dydz+F_2dzdx+F_3dxdy=\iiint_D\left(\frac{\partial F_1}{\partial x}+\frac{\partial F_2}{\partial y}+\frac{\partial F_3}{\partial z}\right)dxdydz\text{。}$$

我們若以 $\{\overrightarrow{i},\overrightarrow{j},\overrightarrow{k}\}$ 爲 R^3 的一組坐標，則散度 $\nabla\cdot\overrightarrow{F}=\frac{\partial F_1}{\partial x}+\frac{\partial F_2}{\partial y}+\frac{\partial F_3}{\partial z}$。如圖 8-47 所示，曲面法向量 $\overrightarrow{n}=\cos\alpha\overrightarrow{i}+\cos\beta\overrightarrow{j}+\cos\gamma\overrightarrow{k}$，故由 8-5 節 dA 的算法得知

$$\begin{aligned}\overrightarrow{n}\,dA&=(\cos\alpha\overrightarrow{i}+\cos\beta\overrightarrow{j}+\cos\gamma\overrightarrow{k})dA\\&=[\cos(\alpha)dA]\overrightarrow{i}+[\cos(\beta)dA]\overrightarrow{j}+[\cos(\gamma)dA]\overrightarrow{k}\\&=dydz\overrightarrow{i}+dxdz\overrightarrow{j}+dxdy\overrightarrow{k}\end{aligned}$$

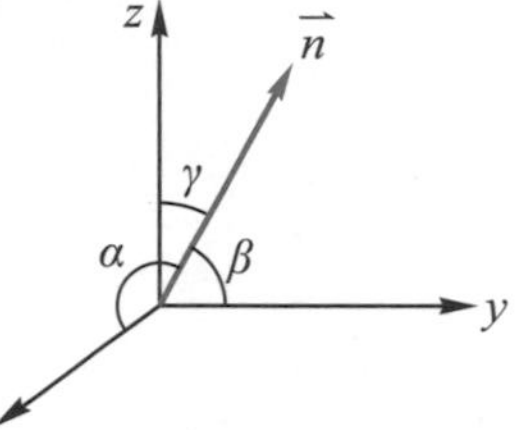

▲圖 8-47　向量 $\overrightarrow{n}$ 的方向角示意圖

因此代入高斯散度定理一般形式得證。

定理 8-7-2　第二種形式

設 ϕ 在區域 D 即其邊界 S 上爲二階偏導數存在且連續，則

$$\iiint_D(\nabla^2\phi)\,dV=\iint_S\nabla\phi\cdot\overrightarrow{n}dA=\iint_S\frac{\partial\phi}{\partial n}dA$$

證明

在定理 8-7-1 敘述中令 $\overrightarrow{F}=\nabla\phi$，則配合散度定義知：$\iiint_D(\nabla^2\phi)\,dV=\iint_S\nabla\phi\cdot\overrightarrow{n}dA$。現由方向導數爲梯度與該方向的內積，得 $\nabla\phi\cdot\overrightarrow{n}=\frac{\partial\phi}{\partial n}$，因此 $\iint_S\nabla\phi\cdot\overrightarrow{n}dA=\iint_S\frac{\partial\phi}{\partial n}dA$。

範例 5

S 爲圓柱 $x^2+y^2=4$ 的表面，且 $0 \le z \le 3$(含上下底)

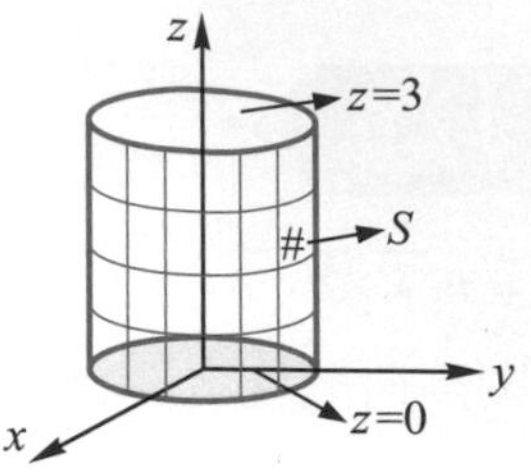

(1) 求 $\iint_S (x^3 dydz + (x^2 y + 1)dzdx + x^2 zdxdy)$ 。

(2) 求 $\iint_S \frac{\partial \phi}{\partial n} dA$，其中 $\phi = e^x \cos y + x^3 + xz$ 。

解 (1) 令 $\overrightarrow{F} = x^3\overrightarrow{i} + (x^2 y + 1)\overrightarrow{j} + (x^2 z)\overrightarrow{k}$，則根據題目敘述，我們選擇高斯散度定理的第二種形式，如此也可繞開 dA 的計算。將相關函數代入原式，

得
$$\iint_S \overrightarrow{F} \cdot \overrightarrow{n}\, dA = \iiint_D \nabla \cdot \overrightarrow{F} dV = \iiint_D \left[3x^2 + x^2 + x^2\right] dxdydz$$
$$= \iiint_D 5x^2 dxdydz = \int_{\theta=0}^{\theta=2\pi} \int_{r=0}^{r=2} \int_{z=0}^{z=3} 5 \cdot (r\cos\theta)^2 rdrd\theta dz$$
$$= \int_0^{2\pi} \int_0^2 5r^3 \cos^2\theta \cdot 3drd\theta = \int_0^{2\pi} \frac{15}{4} r^4 \Big|_0^2 \cos^2\theta d\theta$$
$$= \int_0^{2\pi} 60 \cdot \frac{1+\cos 2\theta}{2} d\theta = 60\pi$$

(2) $\nabla^2 \phi = \frac{\partial^2 \phi}{\partial x^2} + \frac{\partial^2 \phi}{\partial y^2} + \frac{\partial^2 \phi}{\partial z^2} = 6x$，由高斯散度定理的第二種形式

得
$$\iint_S \frac{\partial \phi}{\partial n} dA = \iiint_D 6x\, dx\, dy\, dz = \int_{\theta=0}^{2\pi} \int_{r=0}^{2} \int_{z=0}^{3} 6r\cos\theta \cdot rdrd\theta dz = 0$$

Q.E.D.

8-7 習題演練

基礎題

在下列 1～4 中，請利用高斯散度定理計算面通量 $\oiint_S \vec{F}\cdot\vec{n}dA$

1. $\vec{F}=2x\vec{i}+3y\vec{j}+4z\vec{k}$，曲面 S 為以 $(0, 0, 0)$，$(1, 0, 0)$，$(0, 1, 0)$，$(0, 0, 1)$ 為頂點之四面體的封閉曲面。

2. $\vec{F}=4x\vec{i}-6y\vec{j}+z\vec{k}$，曲面 S 為以 $(0, 0, 0)$ 為中心，半徑為 3 的球面。

3. $\vec{F}=(4x+e^{yz})\vec{i}+(2y+e^{xz})\vec{j}+(e^{xy}-6z)\vec{k}$，曲面 S 為以 $(0, 0, 0)$ 為中心，半徑為 3 之上半球面且包含 $z=0$ 之底面所形成之封閉曲面。

4. $\vec{F}=y^3\cos(yz)\vec{i}+3y\vec{j}+x^3\sinh(xy)\vec{k}$，曲面 S 為 $x^2+y^2=1$，$-1\le z\le 1$，包含 $z=1$ 與 $z=-1$ 之封閉圓柱形曲面。

5. 向量函數 $\vec{F}=x^3\vec{i}+y^3\vec{j}+z^3\vec{k}$，曲面 S：$x^2+y^2+z^2=4$，請利用散度定理計算 $\oiint_S \vec{F}\cdot\vec{n}dA$

6. 向量函數 $\vec{F}=x\vec{i}+y\vec{j}+2z\vec{k}$，曲面 S：$x+y+z=1$ 在第一象限所形成之四面體的表面，請利用散度定理計算 $\oiint_S \vec{F}\cdot\vec{n}dA$。

進階題

1. 向量函數 $\vec{F}=x^2\vec{i}+2y\vec{j}+4z^2\vec{k}$，曲面 S 為圓柱 $x^2+y^2\le 4, 0\le z\le 2$ 的表面（包含上下底），請利用散度定理計算 $\oiint_S \vec{F}\cdot\vec{n}dA$。

2. 向量函數 $\vec{F}=x^2yz\vec{i}+xy^2z\vec{j}-2xyz^2\vec{k}$，曲面 S 為橢圓球面 $x^2+y^2+\frac{z^2}{9}=1$，請利用散度定理計算 $\oiint_S \vec{F}\cdot\vec{n}dA$。

3. 請利用散度定理計算 $\oiint_S (7x\vec{i}-z\vec{k})\cdot\vec{n}dA$，曲面 S 為球面 $x^2+y^2+z^2=4$。

4. 向量函數 $\vec{F}=e^x\vec{i}-ye^x\vec{j}+3z^2\vec{k}$，曲面 S 為圓柱 $x^2+y^2\le 4, 0\le z\le 5$ 的表面（包含上下底），請利用散度定理計算 $\oiint_S \vec{F}\cdot\vec{n}dA$。

5. 向量函數 $\vec{F}=xy^2\vec{i}+y^3\vec{j}+4x^2z\vec{k}$，曲面 S 為錐體 $x^2+y^2\le z, 0\le z\le 4$ 的表面（包含 $z=4$），請利用散度定理計算 $\oiint_S \vec{F}\cdot\vec{n}dA$。

6. 驗證高斯散度定理，其中向量函數 $\vec{F}=z^2\vec{k}$，空間中封閉區域為 D：$x^2+y^2\le(2z)^2$，$0\le z\le 3$（含 $z=3$）

(1) 求三重積分 $\iiint_D(\nabla\cdot\vec{F})dV$。

(2) 求面積分 $\oiint_S \vec{F}\cdot\vec{n}dA$，其中

$S=S_1+S_2$；

S_1：$x^2+y^2=36, z=3$；

S_2：$x^2+y^2=4z^2, 0\le z\le 3$，（不含 $z=3$）。

7. 區域 D 為包含平面 $z=1$ 且 $1\le z\le 4$ 之球面 $x^2+y^2+(z-1)^2=9$，若 $\vec{F}$ 為 $\vec{F}=x\vec{i}+y\vec{j}+(z-1)\vec{k}$，驗證散度定理。

8. 請推導平面散度定理
$\oint_C \overrightarrow{F} \cdot \overrightarrow{n} ds = \oiint_R (\nabla \cdot \nabla \cdot \overrightarrow{F}) dA$，其中平面區域 R 之邊界為 C，$\overrightarrow{n}$ 為曲線 C 上與切向量 $\overrightarrow{e_t}$ 垂直之單位法向量。

9. 設 ϕ，φ 在區域 D 即其邊界 S 上為二階偏導數存在連續，試證明格林第一恆等式：

$$\iiint_D [\nabla \phi \cdot \nabla \varphi + \phi \nabla^2 \varphi] dV = \oiint_S \phi \frac{\partial \varphi}{\partial n} dA$$

及格林第二恆等式：

$$\iiint_D [\phi \nabla^2 \varphi - \varphi \nabla^2 \phi] dV$$

$$= \oiint_S \left[\phi \frac{\partial \varphi}{\partial n} - \varphi \frac{\partial \phi}{\partial n} \right] dA$$

8-8 史托克定理

此定理描述空間中一個向量場在通過某一封閉區面時，其在邊界上的環流量與其旋度總量的關係，有別於一般向量分析的講法，這裡我們從流體力學的角度來了解如何利用線積分來描述在局部的旋轉量，並在之後會看到如何透過向量場在區域邊界的路徑積分來計算該區域的總旋轉量，即史托克定理。

8-8-1 環流量、旋性與旋度

向量場 $\vec{V}$ 沿曲線 C 之**環流量**（**Circulation**）定義爲 $\vec{V}$ 沿曲線 C 所做的路徑積分

$$\Gamma \equiv \oint_C \vec{V}\cdot d\vec{r} = \oint_C \vec{V}\cdot \vec{e}_t\, ds$$

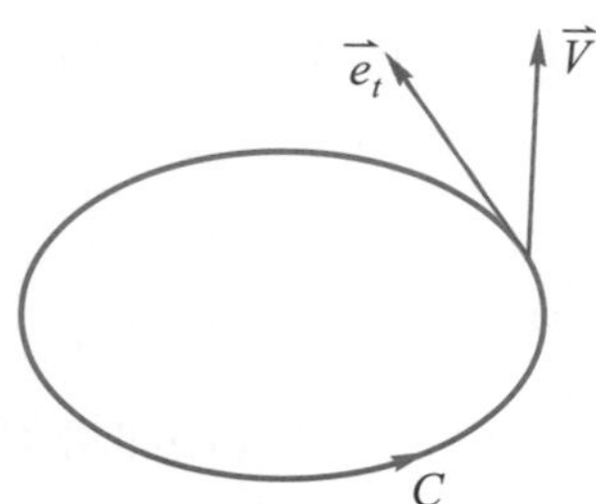

▲圖 8-48　環流場之曲線單位切向量

其中 $\vec{e}_t$ 爲曲線 C 上之單位切向量，如圖 8-48 所示。環流量在單位面積上的變化率則稱爲**旋性**，以符號來說便是

$$\lim_{\Delta A\to 0}\frac{1}{\Delta A}\oint_C \vec{V}\cdot d\vec{r}$$

其中 $\vec{n}$ 之方向與曲線 C 之繞行方向滿足右手螺旋定則，如圖 8-49 所示。

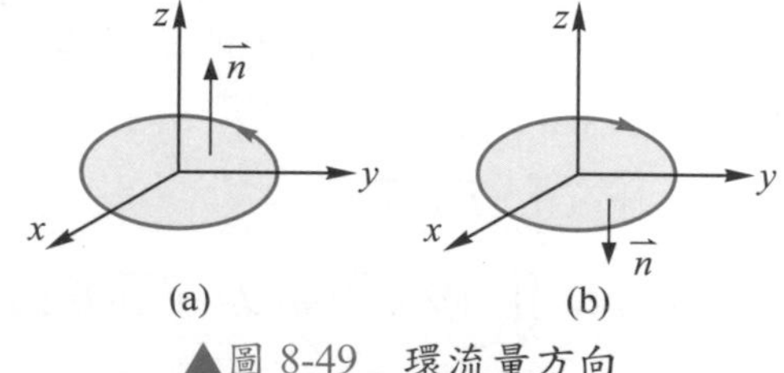

▲圖 8-49　環流量方向

接下來我們進到本節的重點：

旋度

設 $\vec{V}$ 在曲面 S 上爲一階偏導數存在連續函數，且 P 爲曲面 S 上一點，則在 P 點處的**旋度**（**Curl**）定義爲旋性在 P 點處曲面 S 的單位法向量上的分量，如圖 8-50 所示。其定義以符號來說便是

$$\nabla\times\vec{V}\big|_P\cdot\vec{n} = \left(\lim_{\Delta A\to 0}\oint_C \frac{1}{\Delta A}\vec{V}\cdot d\vec{r}\right)$$

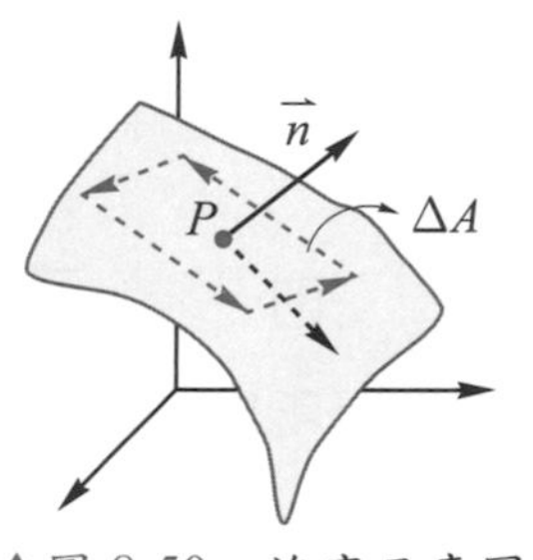

▲圖 8-50　旋度示意圖

其所代表物理意義爲：$\vec{V}$ 於 P 點之單位面積上的最大旋轉率向量（即在法線方向上的旋轉程度）[4]。

[4] $\nabla\times\vec{V}\big|_P\cdot\vec{n}$ $\begin{cases}\text{方向：在 } P \text{ 點處單位面積環流量值最大時為沿著曲面的法線方向}\\ \text{大小：所相應之單位面積環流量值}\end{cases}$

8-8-2 史托克定理(Stoke's theorem)

定理 8-8-1 史托克定理

設$\overrightarrow{V}$曲面 S 上及其邊界上為一階偏導數存在連續函數，則

$$\oiint_S (\nabla\times\overrightarrow{V})\cdot\overrightarrow{n}dA=\oint_C \overrightarrow{V}\cdot d\overrightarrow{r}$$

其中 C 之繞行方向與$\overrightarrow{n}$的指向是依據右手螺旋法則。

此定理一般用於環線積分不易積分時，可以利用此定理轉成較容易積分之面積分來處理。

物理意義

史托克定理表示物理量$\overrightarrow{V}$在曲面 S 上之旋轉量總和等於沿著邊界曲線 C 的環流量[5]。

範例 1

考慮封閉曲面 $\Sigma=\Sigma_1+\Sigma_2$，

Σ_1：$z=\sqrt{x^2+y^2}$，$x^2+y^2\le 1$；Σ_2：$x^2+y^2\le 1$，$z=1$

C：$x^2+y^2=1$，$z=1$　$\overrightarrow{F}=-y\overrightarrow{i}+x\overrightarrow{j}-xyz\overrightarrow{k}$

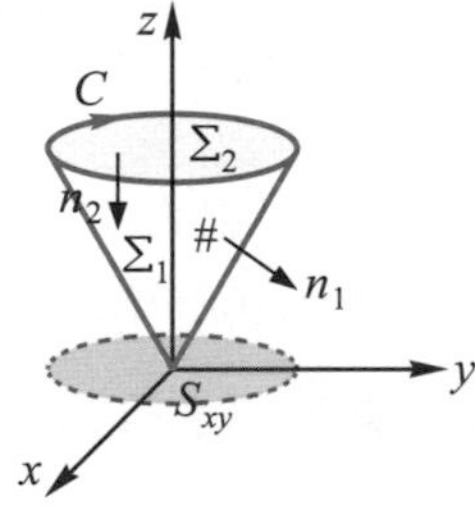

(1) 計算$\oint_C \overrightarrow{F}\cdot d\overrightarrow{r}$

(2) 計算$\iint_{\Sigma_1}(\nabla\times\overrightarrow{F})\cdot\overrightarrow{n_1}\,dA$，$\overrightarrow{n_1}$為曲面 Σ_1 單位法向量。

(3) 計算$\iint_{\Sigma_2}(\nabla\times\overrightarrow{F})\cdot\overrightarrow{n_2}\,dA$，$\overrightarrow{n_2}$為曲面 Σ_2 單位法向量。

(4) 由(1)(2)(3)所求的值是否相同，其為何種數學理論。

解 (1) C：$x^2+y^2=1$及$z=1\Rightarrow\begin{cases}x=\cos\theta\\ y=\sin\theta\\ z=1\end{cases}$；$\theta=2\pi\sim 0$

則　$\overrightarrow{F}=-\sin\theta\overrightarrow{i}+\cos\theta\overrightarrow{j}-\sin\theta\cos\theta\overrightarrow{k}$，$d\overrightarrow{r}=(-\sin\theta\overrightarrow{i}+\cos\theta\overrightarrow{j})d\theta$

所以　$\oint_C \overrightarrow{F}\cdot d\overrightarrow{r}=\int_C(\sin^2\theta+\cos^2\theta)\,d\theta=\int_{2\pi}^{0}1\cdot d\theta=-2\pi$

---

[5] 若$\overrightarrow{V}$表示某一力場，則此環流量即為環線作功，若$\overrightarrow{V}$為保守場，則$\nabla\times\overrightarrow{V}=0$，則環線作功 $\oint_C \overrightarrow{V}\cdot d\overrightarrow{r}=\oiint_S(\nabla\times\overrightarrow{V})\cdot\overrightarrow{n}dA=0$

(2) $\nabla\times\overrightarrow{F}=\begin{vmatrix}\overrightarrow{i} & \overrightarrow{j} & \overrightarrow{k}\\ \dfrac{\partial}{\partial x} & \dfrac{\partial}{\partial y} & \dfrac{\partial}{\partial z}\\ -y & x & -xyz\end{vmatrix}=-xz\overrightarrow{i}+yz\overrightarrow{j}+2\overrightarrow{k}$，由 Σ_1 知，可令 $\phi=x^2+y^2-z^2$

則　$\nabla\phi=2x\overrightarrow{i}+2y\overrightarrow{j}-2z\overrightarrow{k}$，$\overrightarrow{n}dA=\dfrac{\nabla\phi}{|\nabla\phi\cdot\overrightarrow{k}|}dxdy=\dfrac{x\overrightarrow{i}+y\overrightarrow{j}-z\overrightarrow{k}}{z}dxdy$

所以　$\iint_{\Sigma_1}(\nabla\times\overrightarrow{F})\cdot\overrightarrow{n}dA=\iint_{S_{xy}}\dfrac{-x^2z+y^2z-2z}{z}dxdy=\iint_{S_{xy}}\dfrac{-x^2+y^2-2}{1}dxdy$

$$=\int_{\theta=0}^{2\pi}\int_{r=0}^{1}(-r^2\cos^2\theta+r^2\sin^2\theta-2)rdrd\theta=-2\pi$$

(3) $\nabla\times\overrightarrow{F}=\begin{vmatrix}\overrightarrow{i} & \overrightarrow{j} & \overrightarrow{k}\\ \dfrac{\partial}{\partial x} & \dfrac{\partial}{\partial y} & \dfrac{\partial}{\partial z}\\ -y & x & -xyz\end{vmatrix}=-xz\overrightarrow{i}+yz\overrightarrow{j}+2\overrightarrow{k}$；$\overrightarrow{n_2}=-\overrightarrow{k}$

所以　$\iint_{\Sigma_2}(\nabla\times\overrightarrow{F})\cdot\overrightarrow{n_2}dA=\iint_{\Sigma_2}-2dA=-2\cdot\pi=-2\pi$

(4) (1)、(2)與(3)之結果均相同，此結果驗證了史托克定理與所取的曲面無關，即 $\oint_C\overrightarrow{F}\cdot d\overrightarrow{r}=\iint_{\Sigma_1}(\nabla\times\overrightarrow{F})\cdot\overrightarrow{n_1}dA=\iint_{\Sigma_2}(\nabla\times\overrightarrow{F})\cdot\overrightarrow{n_2}dA$，亦即利用史托克定理將環線積分轉換成面積分時，只要其邊界曲線圍住相同之曲面，則其面積分值均相同，所以 $\iint_{\Sigma_1}(\nabla\times\overrightarrow{F})\cdot\overrightarrow{n_1}dA=\iint_{\Sigma_2}(\nabla\times\overrightarrow{F})\cdot\overrightarrow{n_2}dA$。　Q.E.D.

範例 2

若 $\overrightarrow{F}=y\overrightarrow{i}+(x-2xz)\overrightarrow{j}-(xy+3)\overrightarrow{k}$，計算 $\iint_S(\nabla\times\overrightarrow{F})\cdot\overrightarrow{n}ds$，其中 $S: x^2+y^2+z^2=a^2$，$z\ge 0$，$\overrightarrow{n}$ 為曲面 S 單位法向量朝外。

解 S：$x^2+y^2+z^2=a^2$，$z\ge 0$；S^*：$z=0$，$x^2+y^2\le a^2$；$\overrightarrow{n_2}=+\overrightarrow{k}$，由史托克定理

可知　$\iint_S(\nabla\times\overrightarrow{F})\cdot\overrightarrow{n_1}ds=\oint_C\overrightarrow{F}\cdot d\overrightarrow{r}=\iint_{S^*}(\nabla\times\overrightarrow{F})\cdot\overrightarrow{n_2}ds$（$\overrightarrow{n_2}=\overrightarrow{k}$），

其中　$(\nabla\times\overrightarrow{F})\cdot\overrightarrow{n_2}=\begin{vmatrix}0 & 0 & 1\\ \dfrac{\partial}{\partial x} & \dfrac{\partial}{\partial y} & \dfrac{\partial}{\partial z}\\ y & x-2xz & -(xy+3)\end{vmatrix}\cdot\overrightarrow{k}=-2z$

$\iint_{S^*}(\nabla\times\overrightarrow{F})\cdot\overrightarrow{n}_2ds=\iint_{S^*}(\nabla\times\overrightarrow{F})\cdot\overrightarrow{k}ds=\iint_{S^*}(-2z)ds=0$（換曲面不變性），

所以　$\iint_S(\nabla\times\overrightarrow{F})\cdot\overrightarrow{n}ds=0$　Q.E.D.

8-8 習題演練

基礎題

在下列 1～4 題中，請利用史托克定理 $\oint_C \vec{V}\cdot d\vec{r} = \iint_S (\nabla\times\vec{V})\cdot\vec{n}dA$ 計算下列環線積分，其中 C 爲封閉曲面 S 之邊界，$\vec{n}$ 爲曲面 S 的法向量，且 $\vec{r} = x\vec{i}+y\vec{j}+z\vec{k}$

1. $\vec{V} = 3x\vec{i}-2y\vec{j}+z\vec{k}$，其中 C 爲以(0, 0, 0)爲球心，半徑爲 2 之上半球面 S 在 xy 平面之邊界線 $x^2+y^2=4$
2. $\vec{V} = (y+z)\vec{i}+(x+z)\vec{j}+(x+y)\vec{k}$，其中 C 和 S 與上小題相同。
3. $\vec{V} = -y\vec{i}+x\vec{j}$，$S$：$x^2+y^2\le 1$，$C$：$x^2+y^2=1$（逆時針）
4. $\vec{V} = xy\vec{i}+yz\vec{j}+xz\vec{k}$，$S$：$x+y+z=1$ 在第一卦限的斜面，C 爲此斜面邊界。
5. 若 $\vec{V} = y\vec{i}$，請計算 $\iint_S (\nabla\times\vec{V})\cdot\vec{n}dA$ 其中 S：$x^2+y^2+z^2=1$ 在 xy 平面上方的曲面。

進階題

1. 請驗證史托克定理，其中 $\vec{V} = -y\vec{i}+x\vec{j}-z\vec{k}$，曲面 S：$z=\sqrt{x^2+y^2}$，$0\le z<2$（不包含 $z=2$），且曲面 S 之邊界 C 爲 $x^2+y^2=4$ 在 $z=2$ 上。
2. 計算 $\oint_C \vec{F}\cdot d\vec{r}$，其中 $\vec{F}=[-5y, 4x, z]$ C 爲 $x^2+y^2=4$，$z=1$ 逆時針方向。
3. 請驗證史托克定理，其中 $\vec{F} = x\vec{i}+x\vec{j}+2xy\vec{k}$，曲面 S 爲 $x^2+y^2+z^2=4$，$z<0$（不含 $z=0$），曲線 C 爲 $x^2+y^2=4$，$z=0$ 沿逆時針旋轉封閉。
   (1) 計算 $\nabla\times\vec{F}$
   (2) 求線積分 $\oint_C \vec{F}\cdot d\vec{r}$
   (3) 計算 $\iint_S (\nabla\times\vec{F})\cdot\vec{n}dA$
4. 利用史托克定理計算 $\oint_C \vec{F}\cdot d\vec{r}$，其中 $\vec{F} = y\vec{i}+xz^3\vec{j}-zy^3\vec{k}$，$\vec{r} = x\vec{i}+y\vec{j}+z\vec{k}$，$C$ 爲 $x^2+y^2=4$，$z=-3$ 逆時針方向。
5. 利用史托克定理計算 $\oint_C \vec{F}\cdot d\vec{r}$，其中 $\vec{F} = xy\vec{i}+yz\vec{j}+xz\vec{k}$，$\vec{r} = x\vec{i}+y\vec{j}+z\vec{k}$，$C$ 爲 $z=1-x^2,\ 0\le x\le 1,\ -2\le y\le 2$ 之曲面的邊界沿逆時針方向。
6. 利用 $\vec{F} = 3y\vec{i}-xz\vec{j}+yz^2\vec{k}$，$S$：$x^2+y^2=2z$，$0\le z\le 2$，請驗證史托克定理。
7. 請推導平面史托克定理 $\oint_C \vec{V}\cdot d\vec{r} = \iint_S (\nabla\times\vec{V})\cdot\vec{k}dA$ 其中 xy 平面之區域爲 S 邊界爲 C。

正交函數與傳立葉分析

傅立葉
（Fourier, 1768～1830, 法國）

傅立葉（Fourier）是法國的數學家，同時也是物理學家，他提出了傅立葉級數，並將它用在熱傳導與振動的相關理論，而後續被大量利用到訊號處理的傅立葉轉換也是以他命名，他也因此被歸功為地球溫室效應的發現者。

學習目標

9-1
正交函數

9-1-1 －認識正交函數及史萊姆-萊歐維爾邊界值問題
9-1-2 －掌握史萊姆-萊歐維爾邊界值問題解的性質
9-1-3 －認識常見的正交函數基底：正（餘）弦函數展開

9-2
傅立葉級數

9-2-1 －熟悉週期函數
9-2-2 －熟悉一般週期函數的傅立葉級數
9-2-3 －認識吉普世現象與傅立葉級數的收斂性
9-2-4 －掌握偶函數（奇函數）傅立葉級數
9-2-5 －掌握半幅偶（奇）展開
9-2-6 －掌握傅立葉級數的應用：計算無窮級數和

9-3
複數型傅立葉級數與傅立葉積分

9-3-1 －認識複數型傅立葉級數
9-3-2 －掌握傅立葉積分及其收斂性

9-4
傅立葉轉換

9-4-1 －認識傅立葉轉換及其存在性
9-4-2 －掌握傅立葉轉換的基本公式
9-4-3 －認識傅立葉轉換的物理應用：帕賽瓦爾定理
9-4-4 －認識週期函數的傅立葉積分
9-4-5 －掌握傅立葉正（餘）弦轉換及應用：導數後的轉換公式

法國數學家傅立葉在研究熱傳導與力學振動問題時，發現某些函數可以寫成正弦函數的無窮級數，同時也構造了傅立葉變換，這種積分變換將訊號在時域、頻域之間做轉換，以便於解析訊號的組成。

本章將藉線性代數的正交基底理論，系統性的講解週期函數展開成傅立葉級數的方法；並透過調控週期的手段，以週期函數趨近非週期函數，從而導出傅立葉積分，也就是傅立葉變換的前身。

9-1 正交函數

回想線性代數的章節中，我們定義了三維空間的向量運算，依此可將其推廣到無限維的函數向量空間。連續函數的向量空間 $C^0(\mathrm{R})$（$C^n(\mathrm{R})$表示 n 階導數皆連續）其實是一個內積空間，兩函數 $f(x)$、$g(x)$的內積定義爲：

$$< f(x), g(x) > = \int_a^b f(x)g(x)dx$$

因此，自然帶出相關定義：函數 f 的範數（長度、大小、norm）$\| f \| = \sqrt{< f(x), f(x) >}$；函數 f 么正（unitary）如果$\| f \| = 1$；而定義兩函數 f、g 正交如果$< f, g > = 0$，這些定義的形式跟有限維直角坐標系之向量一致，而若函數集合$\{ f(x), g(x)\}$在 $x \in [a, b]$其大小$\| f \|$與$\| g \|$均不爲 0，則稱爲正交集合。以下以一個例子說明。

範例 1

對一函數集合 $s = \{1, (2x - 1)\}$，$\forall x \in [0,1]$

(1) 求$\| 1 \|, \|(2x - 1)\| = ?$　(2) 證明 s 爲一正交的函數集合。

解 (1) $\|1\| = \sqrt{<1,1>} = \sqrt{\int_0^1 1dx} = \sqrt{x|_0^1} = 1$

所以 $|(2x-1)| = \sqrt{< 2x-1, 2x-1 >} = \sqrt{\int_0^1 (2x-1)^2 dx} = \sqrt{\int_0^1 (4x^2 - 4x + 1)dx}$

$= \sqrt{(\frac{4}{3}x^3 - 2x^2 + x)\Big|_0^1} = \sqrt{\frac{1}{3}}$

(2) $<1, 2x-1> = \int_0^1 1 \cdot (2x-1)dx = (x^2 - x)\Big|_0^1 = 0$ 在 $x \in [0, 1]$，

又$\| 1 \|, \|(2x - 1)\|$均不爲 0，

$\therefore$　$s = \{1, 2x - 1\}$在 $x \in [0, 1]$區間爲正交函數集合。

Q.E.D.

接著介紹一個稍微一般的內積：$< f(x), g(x) >_w = \int_a^b w(x)f(x)g(x)dx$，此處 $w(x)$函數值恆大於零，稱爲權函數，這個權函數就好像我們修課時課程的學分數一樣，可以用來突顯不同 x 的重要性。因此，上面範例 1 是 $w(x) = 1$ 的特例，自然有範數定義爲 $\|f(x)\| = \sqrt{\int_a^b w(x)f^2(x)dx}$；兩函數 $f(x)$、$g(x)$相對權函數 $w(x)$正交如果 $< f(x), g(x) >_w = \int_a^b w(x)f(x)\cdot g(x)dx = 0$。本章大部分時候仍假設 $w(x) = 1$。

對函數集合 $s = \{v_1, v_2, \cdots, v_n\}$ 也可以使用 Gram-Schimidt 正交化（史密特正交化）過程，將線性獨立的函數集合化成正交集合。假設 s 線性獨立，則對應的演算法爲：

$$\varphi_1 = v_1(x)$$

$$\varphi_i(x) = v_i(x) - \sum_{j=1}^{i-1} \frac{< v_i(x), \varphi_j(x) >}{\|\varphi_j\|^2}\varphi_j(x) \quad 1 \le j \le n$$

也可視情況，取么正函數 $\dfrac{\varphi_i}{\|\varphi_i\|}$，則 $\{\dfrac{\varphi_1}{\|\varphi_1\|}, \dfrac{\varphi_2}{\|\varphi_2\|}, \cdots, \dfrac{\varphi_n}{\|\varphi_n\|}\}$ 爲么正函數集合。

這樣可以形成一組函數空間的基底（坐標軸），依此可知，若有一函數集合 $S = \{\phi_1(x), \phi_2(x), \cdots\}$ 在 $x \in [a, b]$滿足 $< \phi_m(x), \phi_n(x) > = \int_a^b w(x)\phi_m(x)\cdot\phi_m(x)dx = 0$（$m \ne n$），則稱集合 S 在 $x \in [a, b]$相對權函數 $w(x)$爲正交函數集合，而 $S' = \{\dfrac{\phi_1(x)}{\|\phi_1(x)\|}, \dfrac{\phi_2(x)}{\|\phi_2(x)\|}, \cdots\}$ 爲么正函數集合。

範例 2

將線性獨立集合 $\{1, x, x^2\}$化成一組正交集合，其中 $x \in [0, 1]$。

解 (1) 令 $\varphi_1(x) = 1$。

(2) $\varphi_2(x) = x - \dfrac{< x, 1 >}{\|1\|^2}\cdot 1 = x - \dfrac{\int_0^1 x dx}{\int_0^1 1^2 dx}\cdot 1 = x - \dfrac{\frac{1}{2}}{1}\cdot 1 = x - \dfrac{1}{2}$。

(3) $\varphi_3(x) = x^2 - \dfrac{< x^2, 1 >}{\|1\|^2}\cdot 1 - \dfrac{< x^2, x - \frac{1}{2} >}{\|x - \frac{1}{2}\|^2}\cdot(x - \dfrac{1}{2})$，

$$\therefore \varphi_3(x) = x^2 - \frac{1}{3} - \frac{\frac{1}{12}}{\frac{1}{12}}\cdot(x - \frac{1}{2}) = x^2 - x + \frac{1}{6}。$$

(4) $\{1, x - \dfrac{1}{2}, x^2 - x + \dfrac{1}{6}\}$ 爲正交集合。

Q.E.D.

範例 3

請証明$\{1, \cos x, \cos 2x, \cos 3x, \cdots\}$，權函數 $w(x)=1$，在$x\in[-\pi,\pi]$爲一正交函數集合。

解 令$\varphi_n(x)=\cos nx$，$n=0, 1, 2, 3,\cdots$，

$$<\varphi_n(x),\varphi_0(x)>=\int_{-\pi}^{\pi}\cos nx\cdot 1dx=\frac{1}{n}\sin nx\Big|_{-\pi}^{\pi}=0\text{，}(n=1,2,3,\cdots)$$

$$<\varphi_n(x),\varphi_m(x)>=\int_{-\pi}^{\pi}\cos nx\cdot\cos mxdx=\frac{1}{2}\int_{-\pi}^{\pi}[\cos(m+n)x+\cos(m-n)x]dx$$

$$=\frac{1}{2}[\frac{1}{m+n}\sin(m+n)x+\frac{1}{m-n}\sin(m-n)x]\Big|_{-\pi}^{\pi}=0\ (m\neq n)\text{，}$$

所以$\{1, \cos x, \cos 2x,\cdots\}$ $x\in[-\pi,\pi]$相對權函數 $w(x)=1$ 爲正交函數集合。 Q.E.D.

9-1-1 史特姆-萊歐維爾（Sturm-Liouville）邊界值問題（BVP）

函數空間是無窮維的，因此我們透過 Gram-Schimidt 過程所得到的正交函數集，未必就能成爲函數空間的基底，但從解 ODE、PDE 的角度來說，至少可以期望能找到一組正交函數集合是能夠用來展開所有解。問題是這組集合該從哪裡找起呢？史特姆（Sturm）-萊歐維爾（Liouville，1809～1882，法國）所提出的邊界值問題，也許會在這個問題上給點亮光，我們先用下面問題了解一下這個邊界值問題 BVP 的輪廓。

以兩端固定的樑，其振動方程式在位置方向 x 的方程式可用常微分方程式 $y''+\lambda y=0$ 表示，其邊界條件爲 $y(0)=y(l)=0$，其中 $y(x)$表示振動位移，我們知道 $y(x)=0$（零解）一定是解，但這不是我們要的。此微分方程式之非零解跟參數 λ 有關係，其解討論如下：

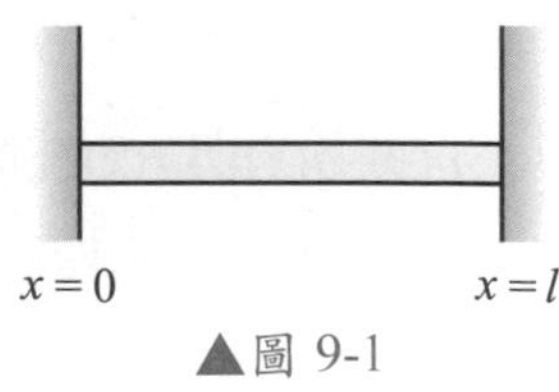

▲圖 9-1

1. $\boldsymbol{\lambda<0}$

   令 $\lambda=-k^2$（$k>0$）則 $y''-k^2y=0$，

   $y(x)=d_1e^{kx}+d_2e^{-kx}$ 或 $y(x)=c_1\cosh kx+c_2\sinh kx$，

   由 $y(0)=0\Rightarrow c_1=0$，令 $y(l)=0\Rightarrow c_2\sinh kl=0\Rightarrow c_2=0$

   （因爲 $\sinh kl\neq 0$，$kl>0$），$\therefore y(x)=0\Rightarrow$ 零解（當然解）。

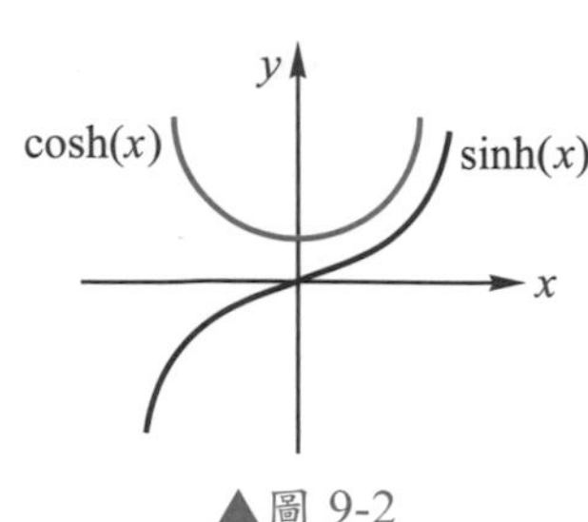

▲圖 9-2

2. $\boldsymbol{\lambda=0}$

   $y''=0\Rightarrow y(x)=c_1+c_2x$，由 $y(0)=0\Rightarrow c_1=0$， $y(l)=0\Rightarrow c_2l=0\Rightarrow c_2=0$

   $\therefore y(x)=0\Rightarrow$ 零解。

3. $\lambda > 0$

令 $\lambda = k^2$（$k > 0$）$\Rightarrow y'' + k^2 y = 0 \Rightarrow$ ODE 特徵值 $m = \pm ik \Rightarrow y(x) = c_1 \cos kx + c_2 \sin kx$，由 $y(0) = 0 \Rightarrow c_1 = 0$，$y(l) = 0 \Rightarrow c_2 \sin kl = 0$，若 $c_2 \neq 0$，則 $\sin kl = 0$（又 $\sin n\pi = 0$，$n = 1, 2, 3, \cdots$）$\Rightarrow kl = n\pi$，$n = 1, 2, 3, \cdots \Rightarrow k = \frac{n\pi}{l}$，$n = 1, 2, 3, \cdots$。

經由上述討論可得在下列 λ 值可得非零解我們稱此時 λ 爲特徵值，而其非零解，則爲特徵函數：

$$\begin{cases} \text{特徵值: } \lambda = k^2 = (\frac{n\pi}{l})^2, n = 1, 2, 3, \cdots \\ \text{特徵函數：} y(x) = c_2 \sin(\frac{n\pi}{l} x), n = 1, 2, 3, \cdots \end{cases}$$

一般來說，所謂史特姆（Sturm）-萊歐維爾（Liouville）邊界值問題是指具有如下形式的非線性 ODE：

$$\text{DE：} \frac{d}{dx}[p(x)\frac{dy}{dx}] + (q(x) + \lambda r(x))y = 0$$

$$\text{BC1：} \begin{cases} \alpha_1 y(a) + \beta_1 y'(a) = 0, \alpha_1{}^2 + \beta_1{}^2 \neq 0 \\ \alpha_2 y(b) + \beta_2 y'(b) = 0, \alpha_2{}^2 + \beta_2{}^2 \neq 0 \end{cases}$$

$$\text{BC2：} \begin{cases} y(d) = y(d+T) \\ y'(d) = y'(d+T) \end{cases}$$

$p(x)$, $q(x)$與 $r(x)$在區間$[a, b]$爲連續函數，在此區間中 $p(x) > 0$，$r(x) > 0, \forall x$ 且 $p(x)$爲可微分之函數，$r(x)$稱爲權函數，微分方程（DE）配合第一類邊界條件（BC1），稱爲正規型史特姆-萊歐維爾邊界值問題，而微分方程（DE）配合第二類邊界條件（BC2），則稱爲週期型史特姆-萊歐維爾邊界值問題。滿足方程式與伴隨之邊界條件的 λ 稱爲特徵值（Eigenvalues），其所對應之非零函數解稱爲特徵函數（Eigenfunctions）。所以我們在前面的說明是正規型（regular）史特姆-萊歐維爾邊界值問題，以下再舉一個週期型的邊界值問題說明。

範例 4

DE：$y''+\lambda y=0$，BC：$\begin{cases} y(0)-y(\pi)=0 \\ y'(0)-y'(\pi)=0 \end{cases}$。

解 ① $\boldsymbol{\lambda=-k^2<0}$（$\boldsymbol{k>0}$）

$$y''-k^2y=0 \Rightarrow y(x)=c_1\cosh kx+c_2\sinh kx$$

$$y'(x)=c_1k\sinh kx+c_2k\cosh kx$$

由 $y(0)=y(\pi), y'(0)=y'(\pi)$，可得 $c_1=c_1e^{kx}$，則 $c_1=c_2=0$，

$\therefore \quad y(x)=0$

② $\boldsymbol{\lambda=0}$

$\Rightarrow y''=0$

$$y(x)=c_1+c_2x \text{ ， } y'(x)=c_2$$

由 $y(0)=y(\pi)\Rightarrow c_1-(c_1+c_2\pi)=0\Rightarrow c_2=0$，$y'(0)=y'(\pi)=0\Rightarrow c_2=c_2$（自然成立）

$$\therefore \quad \begin{Bmatrix} y(x)=c_1 \\ \lambda=0 \end{Bmatrix} \cdots ①$$

③ $\boldsymbol{\lambda=k^2>0}$（$\boldsymbol{k>0}$）

$y''+k^2y=0$

$$y(x)=c_1\cos kx+c_2\sin kx$$

$$y'(x)=-c_1k\sin kx+c_2k\cos kx$$

由 $y(0)-y(\pi)=0\Rightarrow c_1-(c_1\cos k\pi+c_2\sin k\pi)=0$

$y'(0)-y'(\pi)=0\Rightarrow c_2k-(-c_1k\sin k\pi+c_2k\cos k\pi)=0$

$$\Rightarrow \begin{cases} c_1\cdot(1-\cos k\pi)-c_2\sin k\pi=0 \\ c_1k\sin k\pi+c_2k\cdot(1-\cos k\pi)=0 \end{cases} \Rightarrow \begin{bmatrix} 1-\cos k\pi & -\sin k\pi \\ \sin k\pi & (1-\cos k\pi) \end{bmatrix}\begin{bmatrix} c_1 \\ c_2 \end{bmatrix}=0$$

若 c_1, c_2 存在非零解，

則：$\begin{vmatrix} 1-\cos k\pi & -\sin k\pi \\ \sin k\pi & (1-\cos k\pi) \end{vmatrix}=0\Rightarrow (1-\cos k\pi)^2+\sin^2 k\pi=0$

$\Rightarrow 1-2\cos k\pi+\cos^2 k\pi+\sin^2 k\pi=0\Rightarrow 2-2\cos k\pi=0\Rightarrow \cos k\pi=1$，$\therefore k\pi=2n\pi$

$\therefore k=2n$，$n=1, 2, 3,\cdots$

$$\therefore \quad \begin{Bmatrix} y(x)=c_1\cos kx+c_2\sin kx=c_1\cos 2nx+c_2\sin 2nx \\ \lambda=k^2=(2n)^2=4n^2, n=1,2,3,\cdots \end{Bmatrix}\cdots ②$$

④ 由①和②合併：$\begin{Bmatrix} \text{特徵值}\lambda=4n^2, n=0,1,2,3,\cdots \\ \text{特徵函數 } y(x)=c_1\cos 2nx+c_2\sin 2nx \end{Bmatrix}$

即 $y(x)=\begin{cases} c_1, \lambda=0 \\ c_1\cos 2nx+c_2\sin 2nx ; \lambda=4n^2, n=1,2,3,\cdots \quad (\lambda>0) \end{cases}$

Q.E.D.

就近觀察一下，將 ODE 寫爲 $y''=-\lambda y$，則 $-\lambda$ 變成微分算子 D^2 的特徵值；解 y 變成特徵函數。例如在前面說明中 $\lambda=k^2=(\frac{n\pi}{l})^2$ 是特徵值，對應的特徵函數（也是 ODE 的解）爲 $y(x)=c_2\sin(\frac{n\pi}{l}x)$，相同在範例 4 中，$\lambda=4n^2$ 是特徵值，所對應的特徵函數爲 $y(x)=c_1\cos 2nx+c_2\sin 2nx$，事實上，對於上方的邊界值問題，常見的特徵值（函數）如表 1 所示。

▼表 1

	方程式	邊界條件	特徵函數與特徵值
(1)	$y''+\lambda y=0$	$y(0)=y(l)=0$	$\left\{\sin\frac{n\pi}{l}x\right\}_{n=1}^{\infty}$，$\lambda=(\frac{n\pi}{l})^2$，$n=1,2,3,\cdots$
(2)	$y''+\lambda y=0$	$y'(0)=y'(l)=0$	$\left\{\cos\frac{n\pi}{l}x\right\}_{n=0}^{\infty}$，$\lambda=(\frac{n\pi}{l})^2$，$n=0,1,2,3,\cdots$
(3)	$y''+\lambda y=0$	$y(0)=y'(l)=0$	$\left\{\sin[\frac{(n-\frac{1}{2})\pi}{l}\cdot x]\right\}_{n=1}^{\infty}$，$\lambda=\left[\frac{(n-\frac{1}{2})\pi}{l}\right]^2$，$n=1,2,3,\cdots$
(4)	$y''+\lambda y=0$	$y'(0)=y(l)=0$	$\left\{\cos[\frac{(n-\frac{1}{2})\pi}{l}\cdot x]\right\}_{n=1}^{\infty}$，$\lambda=\left[\frac{(n-\frac{1}{2})\pi}{l}\right]^2$，$n=1,2,3,\cdots$
(5)	$y''+\lambda y=0$	$\begin{cases}y(0)=y(T)\\y'(0)=y'(T)\end{cases}$	$\left\{1,\cos\frac{2n\pi}{T}\cdot x,\sin\frac{2n\pi}{T}x\right\}_{n=1}^{\infty}$，$\lambda=(\frac{2n\pi}{T})^2$，$n=1,2,3,\cdots$

9-1-2 史特姆-萊歐維爾邊界值問題性質

可觀察出，表 1 特徵函數均滿足下列三個性質：

性質描述

(1) 其存在無限多的特徵值 $\lambda_1,\lambda_2,\lambda_3,.....$，且 $\lim_{n\to\infty}\lambda_n\to\infty$（無窮大）。

(2) 所有特徵值均爲實數。

(3) 不同的特徵值所對應之特徵函數相對權函數 $r(x)$ 在該區間爲正交[1]。

---

[1] 若要驗證表 1 所列的特徵函數集合為正交集合，可利用三角函數的積化和差公式
$\cos A\cos B=\frac{1}{2}[\cos(A+B)+\cos(A-B)]$、$\sin A\sin B=\frac{1}{2}[\cos(A-B)-\cos(A+B)]$
$\cos A\sin B=\frac{1}{2}[\sin(A+B)-\sin(A-B)]$、$\sin A\cos B=\frac{1}{2}[\sin(A+B)+\sin(A-B)]$。

讓我們回到一開始要找正交集合的問題，在範例 4 找解的過程中，λ 扮演了指標的角色，指引我們解的型態會是由：1.指數函數；2.多項式函數；3.正（餘）弦函數的線性組合。而在工程中，諸如訊號等等帶有週期性的數據，自然用正、餘弦函數來表示較為貼切。這便是底下要介紹，也是工程中最常用的傅立葉級數的起源。

9-1-3　正、餘弦函數的正交集合

回憶向量空間 V 中，若 $\beta=\{x_1,\ldots,x_n\}$ 是一組正交基底，則所有 V 中的向量 v 都能被唯一的寫成 $v=\sum_{i=1}^{n}<v,x_i>x_i$ 的形式；若 V 為函數內積空間，則考慮常見正交集合如下：

1. 常見正交集合

(1) $\left\{\sin\frac{n\pi}{l}x\right\}_{n=1}^{\infty}$，$x\in[0,l]$。

(2) $\left\{\cos\frac{n\pi}{l}x\right\}_{n=0}^{\infty}=\left\{1,\cos\frac{n\pi}{l}x\right\}_{n=1}^{\infty}$，$x\in[0,l]$。

(3) $\left\{1,\cos\frac{2n\pi}{T}x,\sin\frac{2n\pi}{T}x\right\}_{n=1}^{\infty}$，$x\in[0,T]$。

這時，函數 $f(x)$ 以這三組正交集合展開分別為

2. 常見函數展開

(1) $f(x)=\sum_{n=1}^{\infty}b_n\sin\frac{n\pi}{l}x$，$b_n=\dfrac{<f(x),\sin\frac{n\pi}{l}x>}{<\sin\frac{n\pi}{l}x,\sin\frac{n\pi}{l}x>}=\frac{2}{l}\int_0^l f(x)\sin\frac{n\pi}{l}xdx$。

(2) $f(x)=a_0+\sum_{n=1}^{\infty}a_n\cdot\cos\frac{n\pi}{l}x$，$a_n=\dfrac{<f(x),\cos\frac{n\pi}{l}x>}{<\cos\frac{n\pi}{l}x,\cos\frac{n\pi}{l}x>}=\frac{2}{l}\int_0^l f(x)\cos\frac{n\pi}{l}xdx$。

(3) $f(x)=a_0+\sum_{n=1}^{\infty}[a_1\cos\frac{2n\pi}{T}x+b_n\sin\frac{2n\pi}{T}x]$，$a_0=\dfrac{<f(x),1>}{<1,1>}=\frac{1}{T}\int_0^T f(x)dx$、

$$a_n=\dfrac{<f(x),\cos\frac{2n\pi}{T}x>}{<\cos\frac{2n\pi}{T}x,\cos\frac{2n\pi}{T}x>}=\frac{2}{T}\int_0^T f(x)\cos\frac{2n\pi}{T}xdx、$$

$$b_n=\dfrac{<f(x),\sin\frac{2n\pi}{T}x>}{<\sin\frac{2n\pi}{T}x,\sin\frac{2n\pi}{T}x>}=\frac{2}{T}\int_0^T f(x)\sin\frac{2n\pi}{T}xdx。$$

範例 5

若邊界值問題爲 $y''+\lambda y=0$，$y(0)=y(\ell)=0$

(1) 求此邊界值問題之特徵函數與特徵值。

(2) 利用上述之特徵函數展開表示 $f(x)=1$ 到其前三項非零項。

解 (1) 此小題在前面內文已經說明過，在此不再贅述，

特徵值 $\lambda=(\frac{n\pi}{\ell})^2$；特徵函數 $y(x)=c_2\sin(\frac{n\pi}{\ell}x)$，$n=1,2,3,\cdots$。

(2) 因此由正弦函數的正交函數展開可知 $f(x)=1=\sum_{n=1}^{\infty}c_n\cdot\sin\frac{n\pi}{\ell}x$

$$c_n=\frac{<f(x),\sin\frac{n\pi}{\ell}x>}{<\sin\frac{n\pi}{\ell}x,\sin\frac{n\pi}{\ell}x>}=\frac{2}{\ell}\int_0^{\ell}1\cdot\sin\frac{n\pi}{\ell}xdx=\frac{2}{\ell}\cdot(-\frac{\ell}{n\pi})\cdot\cos\frac{n\pi}{\ell}x\Big|_0^{\ell}$$

$$=\frac{2}{n\pi}[1-(-1)^n]=\begin{cases}\frac{4}{n\pi}, & n=1,3,5,\cdots\\ 0, & n=2,4,6,\cdots\end{cases},$$

$$f(x)=\sum_{n=1,3,5,\cdots}^{\infty}\frac{4}{n\pi}\sin(\frac{n\pi}{\ell}x)\approx\frac{4}{\pi}\cdot[\sin\frac{\pi}{\ell}x+\frac{1}{3}\sin\frac{3\pi}{\ell}x+\frac{1}{5}\sin\frac{5\pi}{\ell}x]$$ 。

Q.E.D.

9-1 習題演練

基礎題

證明下列 1～3 題的函數集合在指定區間內爲正交函數集合

1. $\{x, x^2\}, [-1,1]$。
2. $\{x^2, x^3+x\}, [-1,1]$。
3. $\{\cos x, \sin^2 x\}, [0,\pi]$。
4. 考慮一線性獨立集合 $\{1, x\},\ -1 \le x \le 1$，利用史密特正交化將此集合轉成一個正規化正交函數集合 $\{P_1, P_2\},\ -1 \le x \le 1$。
5. 若 $f(x) = 2x,\ g(x) = 3 + cx$，在 $0 \le x \le 1$ 內爲正交函數，(1)求 c 值，(2)求正規化正交函數集合。
6. 求特徵值與特徵函數 $\begin{cases} y'' + \lambda y = 0, 0 \le x \le \pi \\ y(0) = y(\pi) = 0 \end{cases}$。
7. 求特徵值與特徵函數 $\begin{cases} y'' + \lambda y = 0, \\ y(-\pi) = y(\pi) \\ y'(-\pi) = y'(\pi) \end{cases}$。

進階題

1. 證明下列函數集合在指定區間內爲正交函數集合

   (1) $\{x, \cos 2x\}, [-\frac{\pi}{2}, \frac{\pi}{2}]$。

   (2) $\{\sin \frac{n\pi}{l} x\}\Big|_{n=1,2,3,\cdots}^{\infty}, [0,l]$。

   (3) $\{1, \cos \frac{n\pi}{l} x\}\Big|_{n=1,2,3,\cdots}^{\infty}, [0,l]$。

   (4) $\{1, \cos \frac{n\pi}{l} x, \sin \frac{m\pi}{l} x\}\Big|_{n,m=1,2,3,\cdots}^{\infty}, [-l,l]$。
2. 正交集合 $\{1, \cos x, \cos 2x, \cos 3x, \cdots\}$，$-\pi \le x \le \pi$ 的正規化正交集合爲何？
3. 正交集合 $\{1,\ \cos \frac{n\pi}{l} x,\ \sin \frac{m\pi}{l} x\}\Big|_{n,m=1,2,3,\cdots}^{\infty},\ [-l, l]$ 之正規化正交集合爲何？
4. 考慮一線性獨立集合 $\{1, x\},\ 0 \le x \le \frac{1}{2}$，利用史密特正交化將此集合轉成一個正規化正交函數集合 $\{P_1, P_2\},\ 0 \le x \le \frac{1}{2}$。

求下列各題的特徵值與特徵函數

5. $\begin{cases} y'' + \lambda y = 0, 0 \le x \le \pi \\ y'(0) = y(\pi) = 0 \end{cases}$。
6. $\begin{cases} y'' + \lambda y = 0, 0 \le x \le \pi \\ y(0) = y'(1) = 0 \end{cases}$。
7. $\begin{cases} y'' + \lambda y = 0, \\ y(-\pi) = y(\pi) \\ y'(-\pi) = y'(\pi) \end{cases}$。

9-2 傅立葉級數

本節解釋週期函數的傅立葉展開，並談到在不連續點會發生的吉普世現象，從而了解到傅立葉展開的適用性，其實就看被展開函數的圖形斷點多寡來判定。另外，若函數並不在全域上（例如 R）有定義，則我們用已知的波形來黏貼出一個適用傅立葉展開的函數，這在處理具規律性數據（訊號），如解析音波時會扮演重要角色。由於物理中的訊號數據普遍具有週期特性，所以以下先介紹週期函數。

9-2-1 週期函數

若函數 $f(x)$滿足 $f(x+T)=f(x)$，則 $f(x)$稱爲週期函數，其中最小正數 T 稱爲 $f(x)$的週期，如 $\sin kx$，$\cos kx$ 之週期爲 $\dfrac{2\pi}{|k|}$ 。

週期函數的性質

(1) f 週期爲 T，則 $\int_{d}^{d+T} f(x)\,dx=\int_{-\frac{T}{2}}^{\frac{T}{2}} f(x)\,dx$ [2]。

(2) f 週期爲 T，則 $f(kx)$爲週期 $\dfrac{T}{|k|}$ 。

(3) f_1 與 f_2 之週期分別爲 T_1，T_2 且 m、n 爲最小正數使得 $mT_1=nT_2$，則 $f_1(x)+f_2(x)$ 之週期爲 mT_1 或 nT_2。

---

[2] 若假設 $0<d<T<T+d$，則由週期性可得

$$\int_0^T f(x)dx=\int_0^d f(x)dx+\int_d^T f(x)dx=\int_0^d f(x)dx+\int_d^{d+T} f(x)dx-\int_T^{T+d} f(x)dx$$

$$=\int_0^d f(x)dx+\int_d^{d+T} f(x)dx-\int_0^d f(x)dx=\int_d^{d+T} f(x)dx$$ ；若 d 超過一個週期，則平移回一週期內可推得相同結果。

範例 1

決定下列函數的週期

(1) $3\sin x + 2\sin 3x$　(2) $2 + 5\sin 4x + 4\cos 7x$

(3) $2\sin 3\pi x + 7\cos \pi x$　(4) $7\cos(\frac{1}{2}\pi x) + 5\sin(\frac{1}{3}\pi x)$

解 (1) $\sin x$ 之週期為 2π，$\sin 3x$ 之週期為 $\frac{2\pi}{3}$，

則 $3\sin x + 2\sin 3x$ 之週期為 2π（$1\cdot 2\pi = 3\cdot\frac{2\pi}{3}$）。

(2) $\sin 4x$ 之週期為 $\frac{2\pi}{4} = \frac{\pi}{2}$，$\cos 7x$ 之週期為 $\frac{2\pi}{7}$

$\therefore 2 + 5\sin 4x + 4\cos 7x$ 之週期為 2π（$4\cdot\frac{\pi}{2} = 7\cdot\frac{2\pi}{7}$）。

(3) $\sin 3\pi x$ 之週期為 $\frac{2\pi}{3\pi} = \frac{2}{3}$，$\cos \pi x$ 之週期為 $\frac{2\pi}{\pi} = 2$

則 $2\sin 3\pi x + 7\cos \pi x$ 之週期為 2（$3\cdot\frac{2}{3} = 1\cdot 2$）。

(4) $\cos(\frac{1}{2}\pi x)$ 之週期為 $\frac{2\pi}{\frac{1}{2}\pi} = 4$，$\sin(\frac{1}{3}\pi x)$ 之週期為 $\frac{2\pi}{\frac{1}{3}\pi} = 6$

$\therefore 7\cos(\frac{1}{2}\pi x) + 5\sin(\frac{1}{3}\pi x)$ 之週期為 12（$3\cdot 4 = 2\cdot 6$）。

Q.E.D.

9-2-2　週期函數的傅立葉級數

我們把展開式 $f(x) = a_0 + \sum_{n=1}^{\infty}[a_n\cos\frac{2n\pi}{T}x + b_n\sin\frac{2n\pi}{T}x]$ 稱為**傅立葉級數**。

定理 9-2-1 傅立葉級數的係數

當 $f(x)$的週期為 $2l$，則傅立葉級數的係數計算**對應**如下：

(1) $a_0=\dfrac{1}{2l}\int_{-l}^{l}f(x)dx$ (2) $a_n=\dfrac{1}{l}\int_{-l}^{l}f(x)\cos\dfrac{n\pi}{l}xdx$ (3) $b_n=\dfrac{1}{l}\int_{-l}^{l}f(x)\sin\dfrac{n\pi}{l}xdx$

證明

由 9-1-3 節知：

(1) $a_0=\dfrac{1}{T}\int_{0}^{T}f(x)dx=\dfrac{1}{T}\int_{-\frac{T}{2}}^{\frac{T}{2}}f(x)dx=\dfrac{1}{2l}\int_{-l}^{l}f(x)dx$ 。

(2) $a_n=\dfrac{2}{T}\int_{0}^{T}f(x)\cos\dfrac{2n\pi}{T}xdx=\dfrac{2}{T}\int_{-\frac{T}{2}}^{\frac{T}{2}}f(x)\cos\dfrac{2n\pi}{T}xdx=\dfrac{1}{l}\int_{-l}^{l}f(x)\cos\dfrac{n\pi}{l}xdx$ 。

(3) $b_n=\dfrac{2}{T}\int_{0}^{T}f(x)\sin\dfrac{2n\pi}{T}xdx=\dfrac{2}{T}\int_{-\frac{T}{2}}^{\frac{T}{2}}f(x)\sin\dfrac{2n\pi}{T}xdx=\dfrac{1}{l}\int_{-l}^{l}f(x)\sin\dfrac{n\pi}{l}xdx$ 。

範例 2

$f(x)=\begin{cases}0,-\pi<x\le 0\\ \pi-x,0<x\le\pi\end{cases}$ $f(x)=f(x+2\pi)$，求 $f(x)$的傅立葉級數。

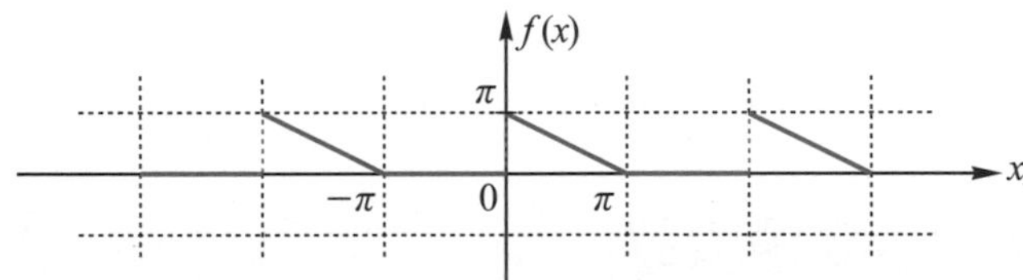

解 令 $f(x)=a_0+\sum_{n=1}^{\infty}a_n\cos nx+b_n\sin nx$ ，

$$a_0=\frac{1}{2\pi}\int_{-\pi}^{\pi}f(x)dx=\frac{1}{2\pi}\int_{0}^{\pi}(\pi-x)dx=\frac{1}{2\pi}(\pi x-\frac{1}{2}x^2)\Big|_0^{\pi}=\frac{\pi}{4}\ ;$$

$$a_n=\frac{1}{\pi}\int_{-\pi}^{\pi}f(x)\cos nxdx=\frac{1}{\pi}\int_{0}^{\pi}(\pi-x)\cos nxdx$$

$$=\frac{1}{\pi}[(\pi-x)\frac{\sin nx}{n}-\frac{1}{n^2}\cos nx]\Big|_0^{\pi}=\frac{1-(-1)^n}{n^2\pi}\ ;$$

$$b_n=\frac{1}{\pi}\int_{-\pi}^{\pi}f(x)\sin nxdx=\frac{1}{\pi}\int_{0}^{\pi}(\pi-x)\sin nxdx=\frac{1}{\pi}[-\frac{1}{n}(\pi-x)\cos nx+\frac{1}{n^2}\sin nx]\Big|_0^{\pi}=\frac{1}{n}\ ,$$

$$\therefore f(x)=\frac{\pi}{4}+\sum_{n=1}^{\infty}[\frac{1-(-1)^n}{n^2\pi}\cos nx+\frac{1}{n}\sin nx]$$

Q.E.D.

範例 3

設 $f(x)=x^2$，$0<x<2\pi$，且 $f(x)=f(x+2\pi)$，求 $f(x)$的傅立葉級數。

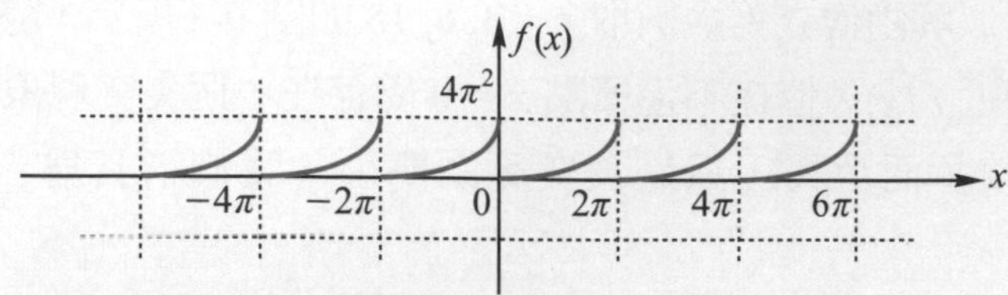

解 $f(x)=a_0+\sum_{n=1}^{\infty}[a_n\cos nx+b_n\sin nx]$，

$$a_0=\frac{1}{2\pi}\int_0^{2\pi}x^2dx=\frac{1}{2\pi}\cdot\frac{1}{3}x^3\Big|_0^{2\pi}=\frac{4}{3}\pi^2\text{ ；}$$

$$a_n=\frac{2}{T}\int_0^{T}f(x)\cos\frac{2n\pi}{T}xdx$$

$$=\frac{2}{2\pi}\int_0^{2\pi}x^2\cos nxdx$$

$$=\frac{2}{2\pi}\cdot[\frac{2x}{n^2}\cos nx]\Big|_0^{2\pi}=\frac{4}{n^2}\text{ ；}$$

$$b_n=\frac{2}{T}\int_0^{T}f(x)\sin\frac{2n\pi}{T}xdx$$

$$=\frac{2}{2\pi}\int_0^{2\pi}x^2\sin nxdx$$

$$=-\frac{4\pi}{n}\text{，}$$

$$\therefore f(x)=\frac{4}{3}\pi^2+\sum_{n=1}^{\infty}\cdot[\frac{4}{n^2}\cos nx+(-\frac{4}{n}\pi)\sin nx]$$

Q.E.D.

9-2-3 吉普世現象（Gibbs phenomenon）

範例 3 的數值近似解由傅立葉級數取 $n = 3, 6, 15$ 如圖 9-3 所示，隨著 n 越大，傅立葉級數在連續點會越接近 $f(x)$，但在不連續點 $x = 0$ 處存在一個尖突現象，這種尖突現象不會因爲所取的項數較多而消失，只是尖突範圍變小。我們稱其爲吉普世現象（Gibbs phenomenon）。

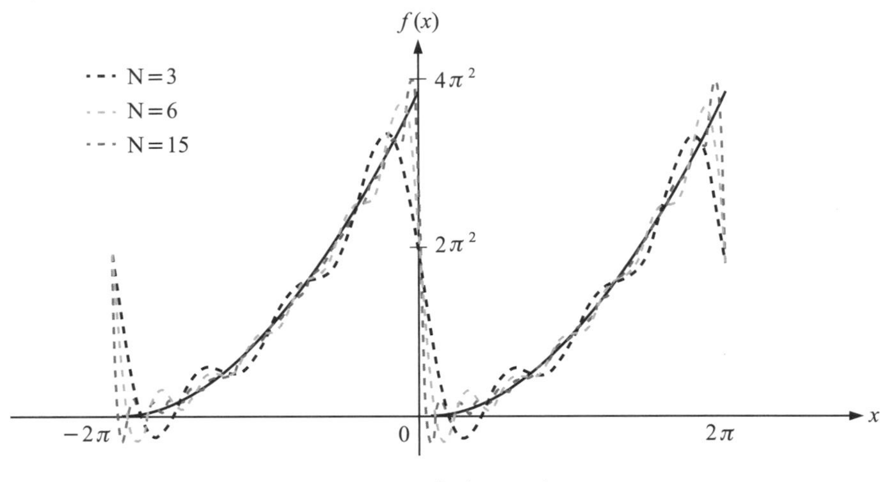

▲圖 9-3　吉普世現象圖

因此需要知道：在何種條件下，這種尖突的誤差大小可以控制？答案如下。

定理 9-2-2　傅立葉級數的收斂性

假設 $f(x) = f(x+T)$ 且已知 f 片段連續及 f 在一週期上定積分有界，則 $f(x)$ 的傅立葉級數在不連續點的值爲 $\frac{1}{2}[f(x^+) + f(x^-)]$

以範例 3 來說，傅立葉級數爲 $f(x) = \frac{4}{3}\pi^2 + \sum_{n=1}^{\infty}[\frac{4}{n^2}\cos nx + (-\frac{4}{n}\pi)\sin nx]$，因此在原點 $x = 0$ 有 $\frac{4}{3}\pi^2 + \sum_{n=1}^{\infty}[\frac{4}{n^2}\cos n\cdot 0 + (-\frac{4}{n}\pi)\sin n\cdot 0] = 2\pi^2 = \frac{f(0^+) + f(0^-)}{2}$ 便是一個很好的例子。因此可得 $\sum_{n=1}^{\infty}\frac{4}{n^2} = \frac{2}{3}\pi^2$，即 $\sum_{n=1}^{\infty}\frac{1}{n^2} = \frac{1}{1^2} + \frac{1}{2^2} + \frac{1}{3^2} + \cdots = \frac{\pi^2}{6}$。因此傅立葉級數亦可以用來計算一些困難的級數和。

9-2-4　偶函數（Even function）與奇函數（Odd function）的傅立葉級數

接著將討論奇偶函數展成傅立葉級數時的特性，我們先簡單回顧一下奇、偶函數及其相關性質，請特別注意奇、偶函數遇到定積分時的表現，這與傅立葉級數有直接相關。

1. **偶函數**

如圖 9-4(a)所示，像 $f(x)=x^2$ 這樣圖形對稱於 y 軸的函數，稱爲偶函數，一般來說它滿足等式 $f(-x)=f(x)$。另外，如 $f(x)=\cos x$ 也是一個例子。

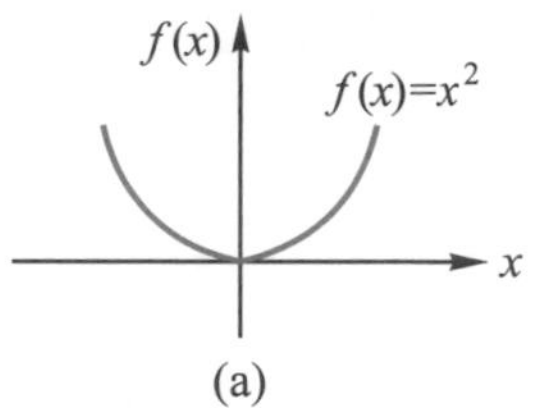

(a)

2. **奇函數**

如圖 9-4(b)所示，像 $f(x)=x$ 這樣圖形對稱於原點的函數，稱爲奇函數，一般來說它滿足等式 $f(-x)=-f(x)$。另外，如 $f(x)=\sin x$ 也是一個例子

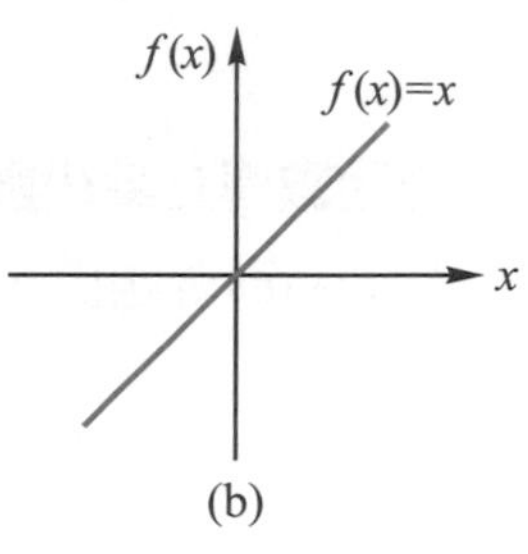

(b)

▲圖 9-4　奇偶函數圖

奇偶函數間做加減、乘法，滿足下列規則，請注意奇、偶函數的倒數仍保持原本的奇、偶性，因此除法運算後奇、偶性與乘法相同：

(1) 偶函數±偶函數＝偶函數；
奇函數±奇函數＝奇函數；
奇函數±偶函數＝非奇非偶函數。

(2) 偶函數×偶函數＝偶函數；
奇函數×奇函數＝偶函數；
奇函數×偶函數＝奇函數。

在積分方面，奇偶函數具有下列特性：

(3) $f(x)$在 $x\in(-a,a)$ 爲偶函數，則 $\int_{-a}^{a}f(x)dx=2\int_{0}^{a}f(x)dx$。

(4) $f(x)$在 $x\in(-a,a)$ 爲奇函數，則 $\int_{-a}^{a}f(x)dx=0$。

從上述性質(1)～(2)，可以直接得到多項式、正(餘)弦函數的冪次滿足下列兩點：

(5) 冪次函數 $f(x)=x^n$，若 $n=0,2,4,6,\cdots$爲偶數，則$f(x)$爲偶函數，若 $n=1,3,5,7,\cdots$爲奇數，則$f(x)$爲奇函數。

(6) $\sin^k x$、$\cos^k x$，若 k 爲偶數，則週期爲 $\frac{2\pi}{2}=\pi$，k 爲奇數，則週期爲 2π。

3. **偶函數傅立葉級數**

當$f(x)$為偶函數，則$f(x)\sin x$是奇函數，因此從性質(3)得$\int_{-a}^{a} f(x)\sin x = 0$；另一方面，$f(x)\cos x$為偶函數，因此從性質 4 得$\int_{-a}^{a} f(x)\cos xdx = 2\int_{0}^{a} f(x)\cos xdx$。故$f(x)$的傅立葉級數為

$$f(x) = a_0 + \sum_{n=1}^{\infty} a_n \cos\frac{n\pi}{l}x$$

其中$a_0 = \frac{1}{2l}\int_{-l}^{l} f(x)dx = \frac{1}{l}\int_{0}^{l} f(x)dx$、$a_n = \frac{2}{l}\int_{0}^{l} f(x)\cos\frac{n\pi}{l}xdx$。

4. **奇函數傅立葉級數**

若$f(x)$為奇函數，則情況與偶函數時顛倒，於是我們得到$f(x)$的傅立葉級數為

$$f(x) = \sum_{n=1}^{\infty} b_n \sin\frac{n\pi}{l}x$$

其中$b_n = \frac{2}{l}\int_{0}^{l} f(x)\sin\frac{n\pi}{l}xdx$。

以下將用幾個例子說明奇偶函數之傅立葉級數展開。

範例 4

求$f(x)$的傅立葉級數，其中$f(x) = x^2 (-\pi < x < \pi)$，且$f(x) = f(x + 2\pi)$

解

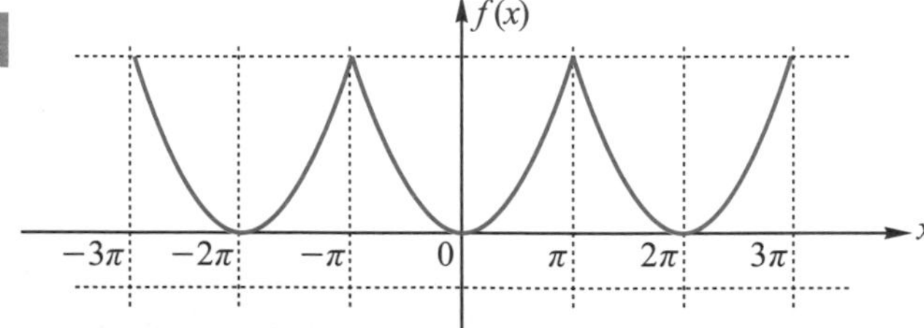

$f(x)$為偶函數，且週期$T = 2\pi$，$l = \pi$，$\therefore f(x) = a_0 + \sum_{n=1}^{\infty} a_n \cos nx$，

其中$a_0 = \frac{2}{2\pi}\int_{0}^{\pi} x^2 \cdot dx = \frac{\pi^2}{3}$，$a_n = \frac{2}{\pi}\int_{0}^{\pi} x^2 \cos nxdx = \frac{2}{\pi}[\frac{2x}{n^2}\cos nx]\Big|_0^{\pi} = \frac{4}{n^2}\cdot(-1)^n$

$\therefore f(x) = \frac{1}{3}\pi^2 + \sum_{n=1}^{\infty} (-1)^n \cdot \frac{4}{n^2} \cdot \cos nx$ Q.E.D.

範例 5

求 $f(x)=x(-\pi<x<\pi)$，$f(x)=f(x+2\pi)$ 之傅立葉級數。

解 $f(x)=x$ 在 $-\pi<x<\pi$ 為奇函數，$\therefore f(x)=\sum_{n=1}^{\infty}b_n\sin nx$，

$$b_n=\frac{2}{\pi}\int_0^{\pi}x\cdot\sin nxdx=\frac{2}{\pi}\cdot[-\frac{x}{n}\cos nx]\Big|_0^{\pi}=(-1)^{n+1}\text{，}\therefore f(x)=\sum_{n=1}^{\infty}(-1)^{n+1}\cdot\frac{2}{n}\sin nx$$ Q.E.D.

另外很有趣的是，若給定之函數本身就已經是傅立葉級數了，則就不需要再展開了，只要直接比較係數即可，以下用一個題目來說明。

範例 6

$f(x)=1+\sin^2 x$，求 $f(x)$ 的傅立葉級數。

解 $f(x)$ 為週期 $T=\pi$ 的偶函數（$\sin x$ 的週期 $=2\pi\Rightarrow\sin^2 x$ 之週期為 π）又 $f^{(n)}(x)\in C_p$

$$f(x)=1+\sin^2 x=1+\frac{1-\cos 2x}{2}=\frac{3}{2}\cdot 1+(-\frac{1}{2})\cos 2x\text{，}$$

又 $f(x)$ 的傅立葉級數為：

$$f(x)=1+\sum_{n=1}^{\infty}a_n\cos nx=\frac{3}{2}\cdot 1+(-\frac{1}{2})\cos 2x\text{，}$$

所以比較係數可得：

$$\therefore\begin{cases}a_0=\dfrac{3}{2}\\ a_n=\begin{cases}-\dfrac{1}{2}, n=1\\ 0, n=2,3,\cdots\end{cases}\end{cases}\text{，}\therefore f(x)\text{的傅立葉級數為}\frac{3}{2}-\frac{1}{2}\cos 2x$$

即 $f(x)$ 本身即為傅立葉級數。 Q.E.D.

9-2-5 半幅展開（Half-range expansions）

若 $f(x)$ 只定義在 $(0, l)$，則透過

$$F(x)=\begin{cases} f(x), 0<x<l \\ g(x), -l<x<0 \end{cases}$$

我們將函數擴張到 $-l<x<l$，然後向左（或向右）貼滿 F 的圖形，從而便得到一定義於 $\mathbb{R}$ 上之週期函數，此過程如圖 9-5 所示。

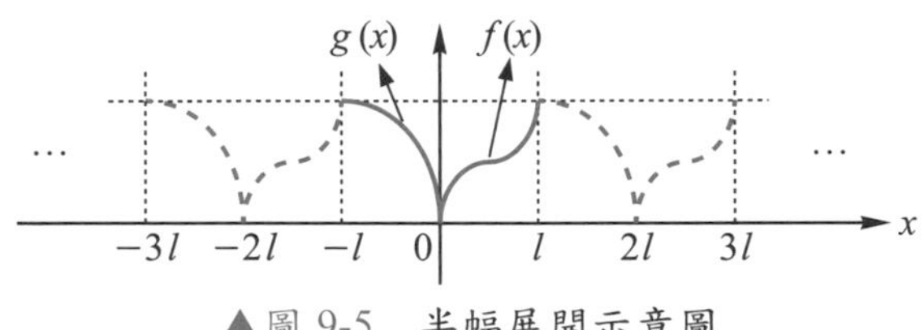

▲圖 9-5　半幅展開示意圖

此時 $F(x)$ 的傅立葉級數稱爲 $f(x)$ 的半幅展開式。自然，$g(x)$ 的選擇要以好計算傅立葉係數爲要，以下爲兩種典型作法：

1. **半幅偶展開（傅立葉餘弦級數 Fourier cosine series）**

   在 $-\ell<x<0$ 上取 $g(x)=f(-x)$，即 $F(x)=\begin{cases} f(x), 0<x<l \\ f(-x), -l<x<0 \end{cases}$，則此時 $F(x)$ 爲偶函數，故由偶函數傅立葉展開（在 $0<x<l$ 上）得：

   $$f(x)=F(x)=a_0+\sum_{n=1}^{\infty}a_n\cos\frac{n\pi x}{l}$$

   其中 $a_0=\frac{1}{l}\int_0^l f(x)dx$、$a_n=\frac{2}{l}\int_0^l f(x)\cos\frac{n\pi}{l}xdx$，如圖 9-6 所示。

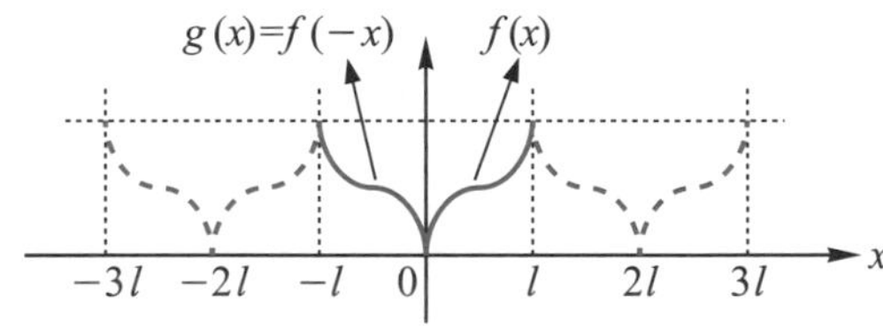

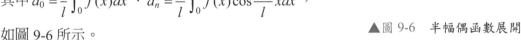

▲圖 9-6　半幅偶函數展開

2. **半幅奇展開（傅立葉正弦級數 Fourier sine series）**

   在 $-\ell<x<0$ 上取 $g(x)=-f(-x)$，即 $F(x)=\begin{cases} f(x), 0<x<l \\ -f(-x), -l<x<0 \end{cases}$，此時 $F(x)$ 爲奇函數，故由奇函數傅立葉展開（在 $0<x<l$ 上）得：

   $$f(x)=F(x)=\sum_{n=1}^{\infty}b_n\sin\frac{n\pi}{l}x$$

   其中 $b_n=\frac{2}{l}\int_0^l f(x)\sin\frac{n\pi}{l}xdx$，如圖 9-7 所示。

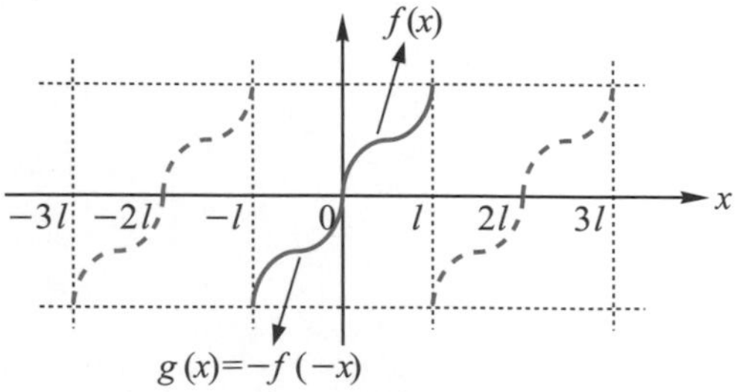

f (x)
−3l −2l −l 0 l 2l 3l x
g (x)=−f (−x)

▲圖 9-7　半幅奇函數展開

範例 7

設 $f(t)=t^2,\ 0<t<1$，求 $f(t)$的半幅傅立葉餘弦級數與傅立葉正弦級數。

解 (1) 半幅偶展開 $f(t)=a_0+\sum_{n=1}^{\infty}a_n\cos n\pi t$ ，$0<t<1$，

$$a_n=\frac{1}{1}\int_0^1 t^2dt=\frac{1}{3}t^3\Big|_0^1=\frac{1}{3}\text{，}\ a_n=\frac{2}{1}\int_0^1 t^2\cos n\pi t dt=(-1)^n\cdot\frac{4}{n^2\pi^2}\text{，}$$

$$\therefore f(t)=\frac{1}{3}+\sum_{n=1}^{\infty}(-1)^n\frac{4}{n^2\pi^2}\cos n\pi t,\ 0<t<1$$

(2) 半幅奇展開 $f(t)=\sum_{n=1}^{\infty}b_n\sin n\pi t,\ 0<t<1$，

$$b_n=\frac{2}{1}\int_0^1 t^2\sin n\pi t dt=-\frac{4}{n^3\pi^3}+\frac{2\cdot(2-n^2\pi^2)}{n^3\pi^3}(-1)^n$$

$$\therefore f(t)=\sum_{n=1}^{\infty}[-\frac{4}{n^3\pi^3}+\frac{2\cdot(2-n^2\pi^2)}{n^3\pi^3}(-1)^n]\cdot\sin n\pi t,\ 0<t<1$$

Q.E.D.

9-2-6　傅立葉級數求無窮級數

在向量空間中，向量 u 若以正交基底 $\beta=\{v_1,\ldots,v_n\}$ 表示爲 $u=\sum_{i=1}^{n}<u,v_i>v_i$ ，則 $\|u\|^2=<\sum_{i=1}^{n}<u,v_i>v_i,\sum_{i=1}^{n}<u,v_i>v_i>=\sum_{i=1}^{n}<u,v_i>^2$ 。取 $\beta=\left\{1,\cos\frac{2n\pi}{T}x,\sin\frac{2n\pi}{T}x\right\}_{n=1}^{\infty}$ 在 $x\in[0,T]$ 爲一組正交函數基底，則傅立葉展開 $f(x)=a_0+\sum_{n=1}^{\infty}[a_n\cos\frac{2n\pi}{T}x+b_n\sin\frac{2n\pi}{T}x]$，由 $<f(x),f(x)>=a_0^2+\sum_{n=1}^{\infty}a_n^2\cdot\|\cos\frac{2n\pi}{T}x\|^2+b_n^2\|\sin\frac{2n\pi}{T}x\|^2$ ，則可得 $\frac{1}{T}\|f(x)\|^2=a_0^2+\sum_{n=1}^{\infty}\frac{1}{2}(a_n^2+b_n^2)$，故由函數內積定義得：

$$\frac{1}{T}\int_0^T f^2(x)dx=a_0^2+\sum_{n=1}^{\infty}\frac{1}{2}(a_n^2+b_n^2)$$

其中 $\|\cos\frac{2n\pi}{T}x\|^2=\frac{T}{2}$ ，$\|\sin\frac{2n\pi}{T}x\|^2=\frac{T}{2}$ ，這稱爲**帕塞瓦爾**（Parserval）等式。若取有限項，則

$$\frac{1}{T}\int_0^T f^2(x)dx\ge a_0^2+\sum_{n=1}^{M}\frac{1}{2}(a_n^2+b_n^2)$$

稱爲**貝索**（Bessel）不等式。此概念可用來計算一些以前在微積分中不易求解之無窮級數。

範例 8

試證明下列等式

(1) $1+\frac{1}{2^4}+\frac{1}{3^4}+\frac{1}{4^4}+\cdots=\frac{1}{90}\pi^4$。

(2) $\frac{\pi^2}{12}=\sum_{n=1}^{\infty}(-1)^{n+1}\frac{1}{n^2}$。

解 (1) 在範例 3 的傅立葉展開 $f(x)=\frac{1}{3}\pi^2+\sum_{n=1}^{\infty}(-1)^n\times\frac{4}{n^2}\times\cos nx$，則由帕賽瓦爾等式

知 $\frac{2}{2\pi}\int_0^{\pi}x^4dx=\frac{1}{\pi}\times\frac{1}{5}x^5\Big|_0^{\pi}=\frac{1}{9}\pi^4+8\sum_{n=1}^{\infty}\frac{1}{n^4}$，

則 $\frac{4}{45}\pi^4=8\sum_{n=1}^{\infty}\frac{1}{n^4}$，可得證 $\sum_{n=1}^{\infty}\frac{1}{n^4}=\frac{1}{1^4}+\frac{1}{2^4}+\frac{1}{3^4}+\cdots=\frac{1}{90}\pi^4$。

(2) 由範例 4 可得 $f(x)=\sum_{n=1}^{\infty}(-1)^{n+1}\cdot\frac{2}{n}\sin nx$，則由帕賽瓦爾等式

知 $\frac{1}{2\pi}\int_{-\pi}^{\pi}x^2dx=\frac{1}{2}\sum_{n=1}^{\infty}(\frac{2}{n})^2$，可得 $\sum_{n=1}^{\infty}\frac{1}{n^2}=\frac{1}{6}\pi^2$，

則 $\sum_{n=1}^{\infty}(-1)^{n+1}\frac{1}{n}=(\frac{1}{1^2}+\frac{1}{2^2}+\frac{1}{3^2}+\cdots)-2(\frac{1}{2^2}+\frac{1}{4^2}+\frac{1}{6^2}+\cdots)$

$$=\sum_{n=1}^{\infty}\frac{1}{n^2}-2\cdot\frac{1}{4}\sum_{n=1}^{\infty}\frac{1}{n^2}=\frac{\pi^2}{12}$$

Q.E.D.

9-2 習題演練

基礎題

1. 令週期函數 $f(x)=\begin{cases}0,-\pi<x<0\\4,0\le x<\pi\end{cases}$（$f(x)=f(x+2\pi)$），試求其傅立葉級數。

利用奇（或偶）函數求下列 2～4 題中週期函數 $f(x)$ 的傅立葉級數

2. $f(x)=\begin{cases}-2\pi,0\le x<1\\2\pi,-1\le x<0\end{cases}$，$f(x)=f(x+2)$

3. $f(x)=|x|,-\pi\le x\le\pi$，$f(x)=f(x+2\pi)$

4. $f(x)=x,-\pi\le x\le\pi$，$f(x)=f(x+2\pi)$

5. 將 $f(x)=x^2,0<x<L$ 展成

(1) 傅立葉餘弦級數。

(2) 傅立葉正弦級數。

(3) 傅立葉級數。

6. 若 $f(x+2\pi)=f(x)$，

且 $f(x)=\begin{cases}-1,\ -\pi\le x\le 0\\1,\ \ 0<x<\pi\end{cases}$，

求其傅立葉級數。

進階題

1. 求下列各週期函數之傅立葉級數

(1) $f(x)=\begin{cases}-3,-\pi<x<0\\2,0\le x<\pi\end{cases}$，

$f(x)=f(x+2\pi)$

(2) $f(x)=\begin{cases}2,-1<x<0\\2x,0\le x<1\end{cases}$，

$f(x)=f(x+2)$

(3) $f(x)=\begin{cases}0,-1<x<0\\3x,0\le x<1\end{cases}$，

$f(x)=f(x+2)$

2. 設週期函數 $f(x)$ 爲

$f(x)=x+\pi,-\pi\le x\le\pi$，

且 $f(x)=f(x+2\pi)$

(1) 求 $f(x)$ 的傅立葉級數。

(2) 證明 $1-\frac{1}{3}+\frac{1}{5}-\frac{1}{7}+\cdots=\frac{\pi}{4}$

3. 設週期函數 $f(x)$ 爲

$f(x)=\begin{cases}0,-\pi<x<0\\\sin x,0\le x<\pi\end{cases}$，

$f(x)=f(x+2\pi)$

(1) 求 $f(x)$ 的傅立葉級數。

(2) 證明

$$\frac{1}{2}+\frac{1}{1\cdot3}-\frac{1}{3\cdot5}+\frac{1}{5\cdot7}-\frac{1}{7\cdot9}+\cdots=\frac{\pi}{4}$$

4. 利用奇偶函數特性求下列各週期函數之傅立葉級數

(1) $f(x)=\begin{cases}2,1\le x<2\\0,-1\le x<1\\2,-2\le x<-1\end{cases}$，

$f(x)=f(x+4)$

(2) $f(x)=x^2,-1\le x\le 1$，

$f(x)=f(x+2)$

(3) $f(x)=\begin{cases}x+2,0\le x<\pi\\x-2,-\pi\le x<0\end{cases}$，

$f(x)=f(x+2\pi)$

5. $f(x)=3+x^2,0<x<3$，若以傅立葉級數、傅立葉餘弦與正弦級數展開，則下列敘述何整正確？

(1) $f(6)=3$ 在傅立葉正弦級數展開下。

(2) $f(3)=12$ 在傅立葉餘弦級數展開下。

(3) $f(0)=3$ 在傅立葉級數展開下

(4) $f(-1)=4$ 在傅立葉級數展開下。

(5) $f(-3)=12$ 在傅立葉餘弦級數展開下。

6. 設 $f(x)=\begin{cases}-x+3, 1\le x<4\\ 0, 0\le x<1\end{cases}, 0<x<4$

若 $g(x)=a_0+\sum_{n=1}^{\infty}a_n\cos\frac{n\pi}{2}x$，

$a_0=\frac{1}{2}\int_0^2 f(x)dx$ 則下列敘述何者正確？

(1) $g(x)=g(-x)$ (2) $g(1)=1$

(3) $g(x)=g(x+2)$ (4) $g(-3/2)=0$

(5) $g(7/2)=0$

7. 求下列各函數之半幅餘弦與半幅正弦傅立葉展開

(1) $f(x)=\begin{cases}0, \frac{1}{2}\le x<1\\ 1, 0<x<\frac{1}{2}\end{cases}$

(2) $f(x)=\begin{cases}1, \frac{1}{2}\le x<1\\ 0, 0<x<\frac{1}{2}\end{cases}$

(3) $f(x)=\begin{cases}\pi-x, \frac{\pi}{2}<x<\pi\\ x, 0<x\le\frac{\pi}{2}\end{cases}$

(4) $f(x)=\begin{cases}x-\pi, \pi<x<2\pi\\ 0, 0<x\le\pi\end{cases}$

8. 已知週期函數

$f(x)=\begin{cases}\pi x+x^2, -\pi<x<0\\ \pi x-x^2, 0<x<\pi\end{cases}$

(1) 試求 $f(x)$ 的傅立葉(Fourier)級數。

(2) 利用帕塞瓦爾恆等式(Parseval's identify)求証

$1+\frac{1}{3^6}+\frac{1}{5^6}+\frac{1}{7^6}+\cdots=\frac{\pi^6}{960}$

9. 求 $f(x)=\frac{x^2}{2}(-\pi<x<\pi)$，$f(x)=f(x+2\pi)$ 之傅立葉級數。

利用上面結果計算

$1-\frac{1}{4}+\frac{1}{9}-\frac{1}{16}+\frac{1}{25}-\cdots=$？

10. $f(x)=\cos^3 x$，$g(x)=\sin^3 x$

(1) $f(x)$ 與 $g(x)$ 為奇函數或偶函數？

(2) 求 $f(x)$ 與 $g(x)$ 的傅立葉級數。

11. $f(x)=3\sin\frac{\pi}{2}x+5\sin 3\pi x$，其中 $-2<x<2$，求 $f(x)$ 的傅立葉級數。

9-3 複數型傅立葉級數與傅立葉積分

一般傅立葉級數都是表示成三角函數之正弦波形式，但是在某一些應用上（如訊號處理），用指數形式來表示會更方便看出訊號的大小與相位，反而更容易了解訊號，所以本節要學習如何將三角函數形式傅立葉級數轉成複數型式。

9-3-1 傅立葉級數的複數型（Complex Fourier Series）

從尤拉公式可知 $\begin{cases} \cos\theta = \dfrac{e^{i\theta}+e^{-i\theta}}{2} \\ \sin\theta = \dfrac{e^{i\theta}-e^{-i\theta}}{2i} \end{cases}$，因此一般傅立葉展開中，正、餘弦函數可代換爲複數的指數函數。因此，在上方聯立式中令 $\theta = \dfrac{2n\pi}{T}$ 並代入一般傅立葉展開 $f(x) = a_0 + \sum_{n=1}^{\infty}[a_n\cos\dfrac{2n\pi}{T}x + b_n\sin\dfrac{2n\pi}{T}x]$ 整理可得：$f(x) = \sum_{n=-\infty}^{\infty} c_n e^{i\frac{2n\pi}{T}x}$，其中 $c_n = \dfrac{1}{T}\int_0^T f(x)e^{-i\frac{2n\pi}{T}x}dx$，$n = 0, \pm1, \pm2, \pm3, \cdots$，稱爲 $f(x)$**的複數型式傅立葉級數**，以下以一個例子來說明如何將週期函數表示成複數形式的傅立葉級數。

範例 1

設週期函數 $f(t) = \begin{cases} 1, 0 \le t \le 1 \\ -1, 1 \le t \le 2 \end{cases}, f(t) = f(t+2)$，求 $f(t)$的複數型傅立葉級數。

解 $f(t) = \begin{cases} 1, 0 \le t \le 1 \\ -1, 1 \le t \le 2 \end{cases}$，

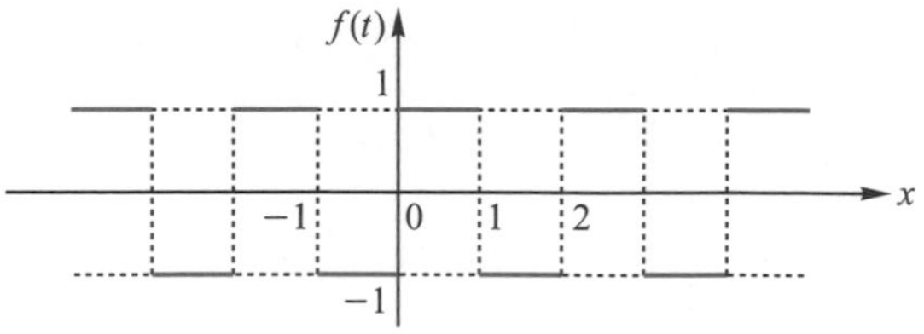

$\therefore$ $f(t)$的複數型傅立葉級數爲

$f(t) = \sum_{n=-\infty}^{\infty} c_n \cdot e^{i\frac{2n\pi}{2}t} = \sum_{n=-\infty}^{\infty} c_n \cdot e^{in\pi t}$，所以

$$n \ne 0 \Rightarrow c_n = \frac{1}{2}\int_0^2 f(t)\exp(-in\pi t)dt = \frac{1}{2}[\int_0^1 1\cdot e^{-in\pi t}dt + \int_1^2(-1)e^{-in\pi t}dt] = \frac{i}{n\pi}[(-1)^n - 1]$$

$$n = 0 \Rightarrow c_0 = \frac{1}{2}\int_0^2 f(t)dt = \frac{1}{2}[\int_0^1 1dt + \int_1^2(-1)dt] = 0$$

$$\therefore f(t) = \sum_{n=-\infty, n\ne0}^{\infty}\frac{i}{n\pi}[(-1)^n - 1]e^{in\pi t} = \sum_{n=-\infty}^{-1}\frac{i}{n\pi}[(-1)^n - 1]e^{in\pi t} + \sum_{n=1}^{\infty}\frac{i}{n\pi}[(-1)^n - 1]e^{in\pi t}$$ Q.E.D.

9-3-2 傅立葉積分（Fourier Integral）

前面我們研究了週期函數的傅立葉級數，但在工程系統中並不見得所有訊號均是週期型訊號，因此對於非週期型訊號，我們先假設它是週期函數，後以複數型傅立葉級數表示之，再考慮週期趨近於無窮大，如圖 9-8 所示。如此一來，原來的傅立葉級數便會成爲一種積分型式，稱爲傅立葉積分，推導如下：

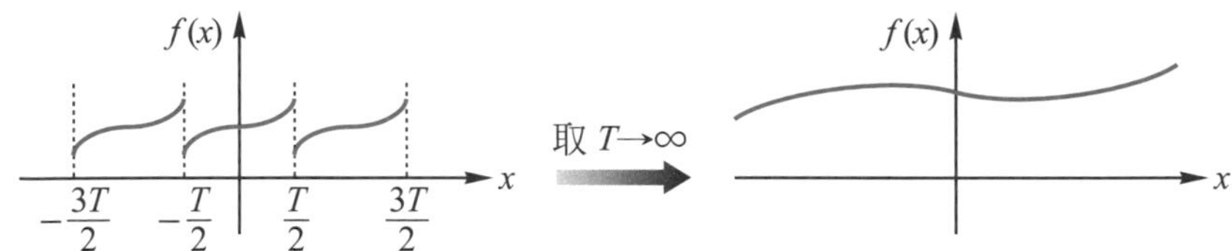

▲圖 9-8　傅立葉積分示意圖

設 $f_T(x)$ 爲週期 T 的週期函數，則其複數型傅立葉級數爲

$$f_T(x)=\sum_{n=-\infty}^{\infty}[\frac{1}{T}\int_{-\frac{T}{2}}^{\frac{T}{2}}f(\tau)e^{-i\frac{2n\pi}{T}\tau}d\tau]e^{i\frac{2n\pi}{T}x}$$

注意到在我們的構想中，週期 T 是一個漸趨無限大的數，因此 $w_n=\dfrac{2n\pi}{T}$ 會趨近於零，而且對所有 n 來說間隔 $\Delta w_n=\dfrac{2\pi}{T}$ 也會趨向 0。因此 $f_T(x)$ 本身就具有黎曼積分的型式，事實上，代入這些符號並稍加整理會得到 $f_T(x)=\dfrac{1}{2\pi}\sum\limits_{n=-\infty}^{\infty}\{[\int_{-\frac{T}{2}}^{\frac{T}{2}}f(\tau)e^{-iw_n\tau}d\tau]e^{iw_nx}\}\Delta w_n$，則

$$f(x)=\lim_{T\to\infty}f_T(x)=\lim_{T\to\infty}\frac{1}{2\pi}\sum_{n=-\infty}^{\infty}\{[\int_{-\frac{T}{2}}^{\frac{T}{2}}f(\tau)e^{-iw_n\tau}d\tau]\,e^{iw_nx}\}\Delta w_n=\frac{1}{2\pi}\int_{-\infty}^{\infty}[\int_{-\infty}^{\infty}f(\tau)e^{-iw\tau}d\tau]\,e^{iwx}dw。$$

定義 9-3-1　複數型傅立葉積分

我們稱 $\dfrac{1}{2\pi}\int_{-\infty}^{\infty}\int_{-\infty}^{\infty}f(\tau)\,e^{-iw(\tau-x)}d\tau dw$ 爲 $f(x)$ 的**傅立葉積分複數型**。

傅立葉積分是一個瑕積分，故有存在性的問題，下面的定理保證了收斂性。

定理 9-3-1　傅立葉積分的收斂性

若函數若 $f(x)$ 滿足：$\begin{cases}(1)\ \int_{-\infty}^{\infty}|f(x)|dx \text{存在} \\ (2)\ f(x), f'(x) \text{為片段連續函數}\end{cases}$，則

$$\frac{1}{2\pi}\int_{-\infty}^{\infty}\int_{-\infty}^{\infty} f(\tau)e^{-iw(\tau-x)}d\tau dw = \frac{1}{2}[f(x^+)+f(x^-)]，$$

即在連續點收斂到 $f(x)$，在斷點（不連續點）則收斂到中間值。

即便有上面定理的幫助，複數積分仍相對不好計算，事實上，仿照傅立葉積分的推導，在一般形式的傅立葉級數中令週期 T 趨近於無限大則可得下列公式

$$f(x) = \int_0^{\infty} A(w)\cos wx dw + \int_0^{\infty} B(w)\sin wx dw$$

其中 $A(w) = \frac{1}{\pi}\int_{-\infty}^{\infty} f(\tau)\cos w\tau d\tau$ 、 $B(w) = \frac{1}{\pi}\int_{-\infty}^{\infty} f(\tau)\sin w\tau d\tau$，稱為**全三角傅立葉積分**。這對我們是相對友善的算法，一般函數為非奇非偶函數時會使用這種全三角傅立葉積分。

範例 2

$$f(x) = \begin{cases} e^{-x}, x>0 \\ 0, x\le 0 \end{cases}$$

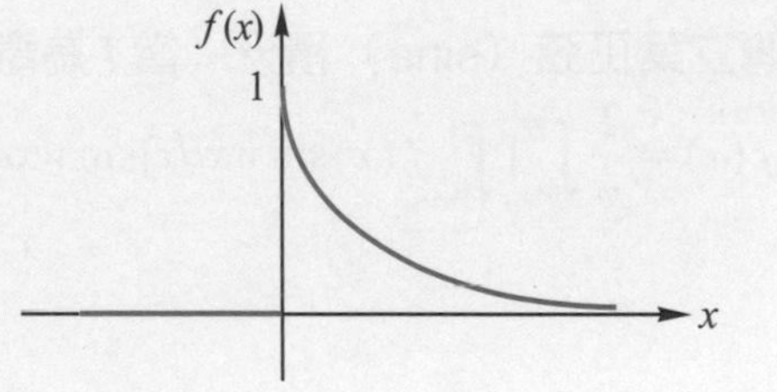

(1) 求 $f(x)$ 的傅立葉積分。

(2) 利用(1)之結果求 $\int_0^{\infty}\frac{\cos x}{1+x^2}dx$。

解 (1) 求 $f(x)$ 的傅立葉積分，由於 $f(x)$ 為非奇非偶函數，使用全三角傅立葉積分

$$f(x) = \int_0^{\infty}[A(\omega)\cos\omega x + B(\omega)\sin\omega x]d\omega，$$

其中 $A(\omega) = \frac{1}{\pi}\int_{-\infty}^{\infty} f(x)\cos\omega x dx = \frac{1}{\pi}\int_0^{\infty} e^{-x}\cos\omega x dx$

$$= \frac{1}{\pi}\cdot\frac{1}{1+\omega^2}[-(-1\cdot 1)] = \frac{1}{\pi(1+\omega^2)}\ ;$$

$$B(\omega) = \frac{1}{\pi}\int_{-\infty}^{\infty} f(x)\sin\omega x dx = \frac{1}{\pi}\int_0^{\infty} e^{-x}\sin\omega x dx$$

$$= \frac{1}{\pi}\cdot\frac{1}{1+\omega^2}[-e^{-x}\sin\omega x - e^{-x}\cdot\omega\cos\omega x]\Big|_0^{\infty} = \frac{\omega}{\pi(1+\omega^2)}，$$

$$\therefore f(x)=\int_0^{\infty}[A(\omega)\cos\omega x+B(\omega)\sin\omega x]d\omega$$

$$=\int_0^{\infty}[\frac{1}{\pi}\cdot\frac{1}{1+\omega^2}\cos\omega x+\frac{1}{\pi}\cdot\frac{\omega}{1+\omega^2}\sin\omega x]d\omega\text{ 。}$$

(2) 由(1)可知 $f(x)=\frac{1}{\pi}\int_0^{\infty}\frac{1}{1+\omega^2}\cdot[\cos\omega x+\omega\sin\omega x]d\omega$

$x=1\Rightarrow f(x)=e^{-1}=\frac{1}{\pi}\int_0^{\infty}\frac{1}{1+\omega^2}[\cos\omega+\omega\sin\omega]d\omega\cdots$①

$x=-1\Rightarrow f(x)=0=\frac{1}{\pi}\int_0^{\infty}\frac{1}{1+\omega^2}[\cos\omega-\omega\sin\omega]d\omega\cdots$②

①＋②得

$$e^{-1}=\frac{1}{\pi}\int_0^{\infty}\frac{2\cos\omega}{1+\omega^2}d\omega\Rightarrow\int_0^{\infty}\frac{\cos\omega}{1+\omega^2}d\omega=\frac{\pi}{2}e^{-1}=\frac{\pi}{2e}\Rightarrow\int_0^{\infty}\frac{\cos x}{1+x^2}dx=\frac{\pi}{2e}$$

Q.E.D.

若 f 爲奇函數，則 $A(w)=\frac{1}{\pi}\int_{-\infty}^{\infty}f(\tau)\cos w\tau d\tau=0$；反之，若 f 爲偶函數，則 $B(w)=\frac{1}{\pi}\int_{-\infty}^{\infty}f(x)\sin wxdx=0$，此時全三角積分退化成下列兩種情形：

1. **傅立葉餘弦（cosine）積分（當 f 為偶函數）**

$$f(x)=\frac{2}{\pi}\int_0^{\infty}[\int_0^{\infty}f(x)\cos wxdx]\cos wxdw$$

2. **傅立葉正弦（sine）積分（當 f 為奇函數）**

$$f(x)=\frac{2}{\pi}\int_0^{\infty}[\int_0^{\infty}f(x)\sin wxdx]\sin wxdw$$

範例 3

$$f(x)=\begin{cases}1+x, -1\le x\le 0\\ -(x-1), 0<x\le 1\\ 0, \text{others}\end{cases}$$

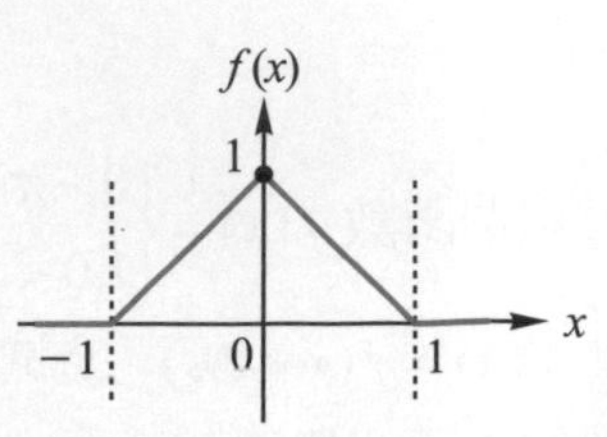

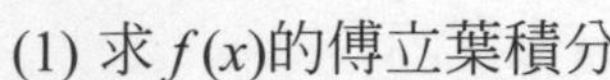
(1) 求 $f(x)$的傅立葉積分

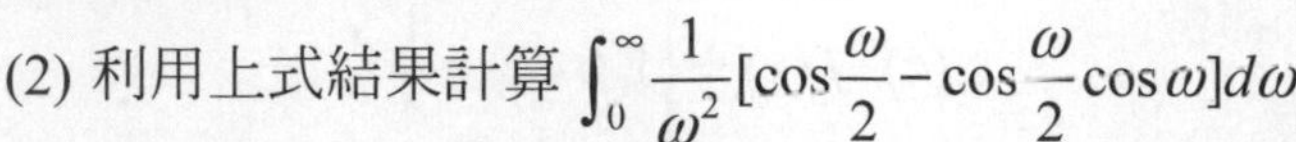
(2) 利用上式結果計算 $\int_0^\infty \frac{1}{\omega^2}[\cos\frac{\omega}{2}-\cos\frac{\omega}{2}\cos\omega]d\omega$

解 (1) $f(x)$為偶函數，$\therefore f(x)$的傅立葉積分為傅立葉餘弦積分為 $f(x)=\int_0^\infty A(\omega)\cos\omega x d\omega$

其中 $A(\omega)=\frac{2}{\pi}\int_0^\infty f(x)\cos\omega x dx=\frac{2}{\pi}\int_0^1(-x+1)\cos\omega x dx$

$$=\frac{2}{\pi}\cdot[\frac{1}{\omega}(-x+1)\sin\omega x-\frac{1}{\omega^2}\cos\omega x]\Big|_0^1=\frac{2}{\pi}(\frac{1-\cos\omega}{\omega^2})$$

$$\therefore f(x)=\int_0^\infty\frac{2}{\pi}\cdot(\frac{1-\cos\omega}{\omega^2})\cos\omega x d\omega\cdots①$$

(2) $x=\frac{1}{2}$ 代入①

$$\Rightarrow\frac{1}{2}=\int_0^\infty\frac{2}{\pi}\cdot(\frac{1-\cos\omega}{\omega^2})\cos\frac{\omega}{2}d\omega$$

$$\Rightarrow\int_0^\infty\frac{1}{\omega^2}\cdot[\cos\frac{\omega}{2}-\cos\frac{\omega}{2}\cos\omega]d\omega=\frac{\pi}{4}$$

Q.E.D.

9-3 習題演練

基礎題

1. 令週期函數 $f(x)=\begin{cases}0,-\pi<x<0\\1,0<x<\pi\end{cases}$（$f(x)=f(x+2\pi)$），試求 $f(x)$的複數型傅立葉級數。

2. 令 $f(x)=\begin{cases}0,2\pi<x\\4,\pi<x<2\pi\\0,x<\pi\end{cases}$，求其傅立葉積分表示式（傅立葉全三角積分）。

3. 令 $f(x)=\begin{cases}0,\ |x|>2\\1,\ |x|<2\end{cases}$，求其傅立葉餘弦或正弦積分（先判斷 $f(x)$爲奇或偶函數）。

4. 令 $f(x)=\begin{cases}0,\ |x|>\pi\\x,\ |x|<\pi\end{cases}$，求其傅立葉餘弦或正弦積分（先判斷 $f(x)$爲奇或偶函數）。

5. 令 $f(x)=e^{-kx}\,(k>0,x>0)$，求其傅立葉正弦與餘弦積分。

6. (1) 設 $f(x)=\begin{cases}0,|x|>1\\1,|x|<1\end{cases}$，求 $f(x)$的傅立葉積分表示式。

(2) 由前小題之結果計算 $\int_0^\infty \frac{\sin\omega}{\omega}d\omega$

進階題

1. 求下列各函數在已知區間之複數型傅立葉級數 $f(x)=\sum_{n=-\infty}^{\infty}c_n e^{i\frac{2n\pi}{T}x}$

(1) $f(t)=\begin{cases}e^{-2t},t>0\\e^{3t},t<0\end{cases}$

(2) $f(x)=\begin{cases}1,0<x<2\\-1,-2<x<0\end{cases}$

(3) $f(x)=\begin{cases}1,1<x<2\\0,0<x<1\end{cases}$

(4) $f(x)=\begin{cases}0,\frac{1}{4}<x<\frac{1}{2}\\1,0<x<\frac{1}{4}\\0,-\frac{1}{2}<x<0\end{cases}$

(5) $f(t)=e^{-a|t|}$ ； $a>0$

2. 求下列各函數之傅立葉積分表示式(傅立葉全三角積分)

(1) $f(x)=\begin{cases}0,x>3\\x,0<x<3\\0,x<0\end{cases}$

(2) $f(x)=\begin{cases}0,x>\pi\\\sin x,0<x<\pi\\0,\ x<0\end{cases}$

(3) $f(x)=\begin{cases}e^{-x},0<x\\0,x<0\end{cases}$

3. 求下列各函數之傅立葉餘弦或正弦積分

(1) $f(x)=\begin{cases}0,x>1\\5,0<x<1\\-5,-1<x<0\\0,x<-1\end{cases}$

(2) $f(x)=\begin{cases}0,|x|>\pi\\|x|,|x|<\pi\end{cases}$

4. 求 $f(x)$之傅立葉餘弦與正弦積分：$f(x)=e^{-x}\cos x, x>0$

5. (1) 設 $f(x)=e^{-a|x|},a>0$，求 $f(x)$的傅立葉積分表示式。

(2) 由前小題之結果計算 $\int_0^\infty \frac{\cos 2x}{x^2+4}dx$

9-4 傅立葉轉換

在很多訊號處理時會用到傅立葉轉換，它可以將原來難以處理訊號（例如不連續的訊號，具有突強特徵的訊號），轉換為許多正、餘弦波的疊合，並透過累加方式來計算該訊號中不同弦波訊號的頻率、振幅和相位，了解原始訊號是由那些主要的弦波訊號所組成，可以深入了解複雜之原始訊號的眞正內涵。

數學上，傅立葉轉換與拉式轉換之間有一些關係，尤其在很多轉換公式上也很像，本節將詳細說明。

9-4-1　指數型的傅立葉轉換（Complex form of the Fourier transform）

回顧傅立葉積分公式 $f(x)=\dfrac{1}{2\pi}\int_{-\infty}^{\infty}\int_{-\infty}^{\infty}f(\tau)e^{-iw(\tau-x)}d\tau dw$，靠內側的積分提供了一個函數轉換：$f\mapsto\int_{-\infty}^{\infty}f(x)e^{-iwx}dx$ 稱爲**複數型的傅立葉變換**，以符號

$$\mathscr{F}\{f(x)\}=F(w)=\int_{-\infty}^{\infty}f(x)e^{-iwx}dx$$

表示（或可定成 $\dfrac{1}{\sqrt{2\pi}}\int_{-\infty}^{\infty}f(x)e^{-iwx}dx$）。因此傅立葉積分可改寫爲：$f(x)=\dfrac{1}{2\pi}\int_{-\infty}^{\infty}F(w)e^{iwx}dw$ 得複數型傅立葉反轉換 $\mathscr{F}^{-1}\{F(w)\}=\dfrac{1}{2\pi}\int_{-\infty}^{\infty}F(w)e^{iwx}dw$（或可定成 $\dfrac{1}{\sqrt{2\pi}}\int_{-\infty}^{\infty}f(x)e^{iwx}dx$），$f(x)$的奇偶性亦會影響到傅立葉轉換，因爲根據尤拉公式：$\int_{-\infty}^{\infty}f(x)e^{-iwx}dx=\int_{-\infty}^{\infty}f(x)\cos wxdx-i\int_{-\infty}^{\infty}f(x)\sin wxdx$ 所以我們有：

1. $f(x)$為偶函數

$$\text{則}\ \mathscr{F}\{f(x)\}=F(w)=2\int_{0}^{\infty}f(x)\cos wxdx$$

2. $f(x)$為奇函數

$$\text{則}\ \mathscr{F}\{f(x)\}=F(w)=-2i\int_{0}^{\infty}f(x)\sin wxdx$$

定理 9-4-1 傅立葉轉換存在的定理（充分非必要條件）

若 $\int_{-\infty}^{\infty}|f(x)|dx$ 存在，則 $f(x)$ 的傅立葉轉換存在。

範例 1

求下列函數之傅立葉轉換

$$f(x)=\begin{cases}-1, -1<x<0\\ 1, 0<x<1\\ 0, \text{其他}\end{cases}$$

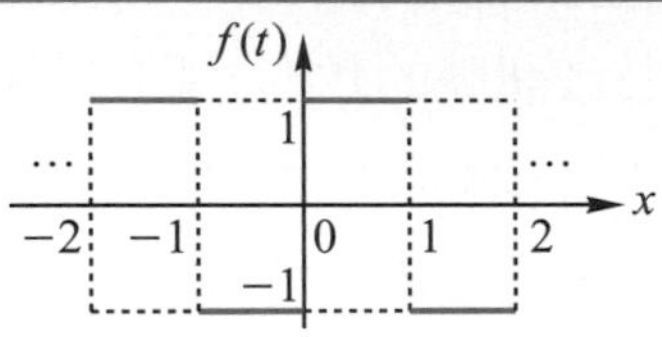

解 傅立葉轉換（反轉換）分別爲：$\mathscr{F}\{f(x)\}=\int_{-\infty}^{\infty}f(x)\,e^{-iwx}dx=F(w)$

$$\mathscr{F}^{-1}\{F(w)\}=\frac{1}{2\pi}\int_{-\infty}^{\infty}F(w)\,e^{iwx}dw=f(x)$$

所以 $$\mathscr{F}\{f(x)\}=\int_{-\infty}^{\infty}f(x)\,e^{-iwx}dx=\int_{-1}^{0}(-1)\,e^{-iwx}dx+\int_{0}^{1}1\cdot e^{-iwx}dx$$

$$=(-1)\cdot\frac{1}{(-iw)}e^{-iwx}\Big|_{-1}^{0}+\frac{1}{(-iw)}e^{-iwx}\Big|_{0}^{1}=\frac{1}{iw}\cdot[1-e^{iw}]-\frac{1}{iw}\cdot[e^{-iw}-1]$$

$$=\frac{1}{iw}[1-e^{iw}-e^{-iw}+1]=\frac{1}{iw}[2-(e^{iw}+e^{-iw})]$$

$$=\frac{1}{iw}\cdot(2-2\cos w)$$ [3]

Q.E.D.

---

[3] 因為 $f(x)$ 為奇函數，所以範例 1 之 $f(x)$ 的傅立葉轉換亦可寫成

$$\mathscr{F}\{f(x)\}=-2i\int_{0}^{\infty}f(x)\sin wx dx=-2i\int_{0}^{1}1\cdot\sin wx dx=\frac{2i}{w}\cos wx\Big|_{0}^{1}=\frac{2i}{w}(\cos w-1)=\frac{1}{iw}(2-2\cos w)$$

範例 2

求下列函數的傅立葉轉換

(1) $f(t)=e^{-a|t|}, a>0$　(2) $f(t)=\begin{cases} e^{-2t}, t>0 \\ e^{3t}, t<0 \end{cases}$

解 $f(t)=e^{-a|t|}, a<0$ 爲偶函數

$$\therefore \quad \mathscr{F}\{f(t)\}=\int_{-\infty}^{\infty} f(t)\, e^{-iwt}dt=\int_{-\infty}^{\infty} e^{-a|t|}[\cos wt - i\sin wt]dt = 2\int_0^{\infty} e^{-at}\cos wtdt$$

$$=\frac{2}{a^2+w^2}\cdot[(-a)e^{-at}\cos wt - e^{-at}(-w)\sin wt]\Big|_0^{\infty}$$

$$=\frac{2}{a^2+w^2}\cdot[-(-a)]=\frac{2a}{a^2+w^2}$$ [4]

上述的傅立葉轉換在 $a=0.5$ 下的原函數與傅立葉轉換圖形如下：

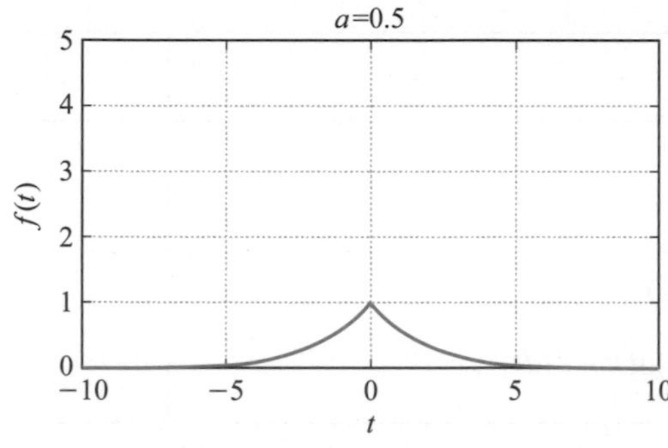

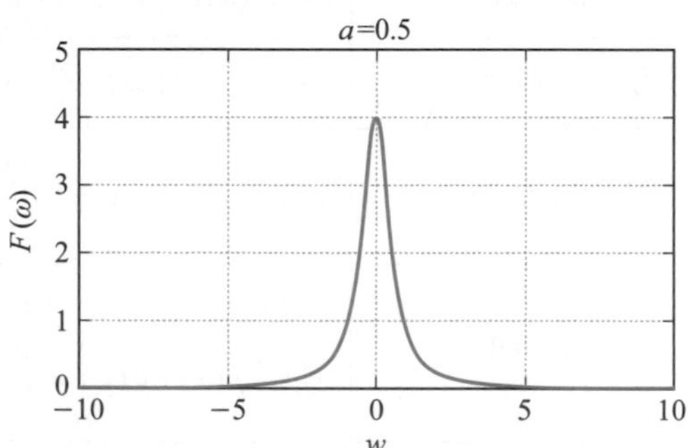

(2) $f(t)=\begin{cases} e^{-2t}, t>0 \\ e^{3t}, t<0 \end{cases}$，爲非奇非偶函數

$$\therefore \mathscr{F}\{f(t)\}=\int_{-\infty}^{\infty} f(t)\cdot e^{-iwt}dt=\int_{-\infty}^{0} e^{3t}\cdot e^{-iwt}dt+\int_0^{\infty} e^{-2t}\cdot e^{-iwt}dt$$

$$=\int_{-\infty}^{0} e^{(3-iw)t}dt+\int_0^{\infty} e^{-(2+iw)t}dt=\frac{1}{3-iw}e^{(3-iw)t}\Big|_{-\infty}^{0}+\frac{1}{-(2+iw)}e^{-(2+iw)t}\Big|_0^{\infty}$$

$$=\frac{1}{3-iw}[1-0]-\frac{1}{2+iw}[0-1]=\frac{1}{3-iw}+\frac{1}{2+iw}$$

Q.E.D.

---

4 因為 $f(x)$ 為偶函數，所以

$$\mathscr{F}\{f(t)\}=2\int_0^{\infty} f(t)\cos wtdt=2\int_0^{\infty} e^{-at}\cos wtdt=2\mathscr{L}\{\cos wt\}\big|_{s\to a}=2\frac{a}{a^2+w^2}$$

即對於很多由 0 到無窮大的積分只要內含有指數項，就要想到用拉氏轉換求解。

9-4-2 傅立葉轉換的性質

傅立葉轉換的重要公式如表 2，每個公式我們都先看實際的例子後，再以一般符號來做公式推導。

▼表 2

<table>
<tr><th colspan="2">性質</th><th>公式</th><th>對應範例</th></tr>
<tr><td colspan="2">線性運算</td><td>$\mathscr{F}\{cf(x)+dg(x)\}=cF(w)+dG(w)$</td><td rowspan="2">3</td></tr>
<tr><td colspan="2">尺度變換</td><td>$\mathscr{F}\{f(ax)\}=\frac{1}{|a|}F(\frac{w}{a})$</td></tr>
<tr><td rowspan="2">平移性質</td><td>變數 x</td><td>$\mathscr{F}\{f(x-\xi)\}=e^{-iw\xi}F(w)$</td><td>4</td></tr>
<tr><td>變數 w</td><td>$\mathscr{F}\{e^{iw_0x}f(x)\}=F(w-w_0)$</td><td>5</td></tr>
<tr><td colspan="2">對稱性質</td><td>$\mathscr{F}\{F(x)\}=2\pi f(-w)$</td><td></td></tr>
<tr><td colspan="2">微分後轉換</td><td>$\mathscr{F}\{f^{(n)}(x)\}=(iw)^nF(w)$</td><td>5</td></tr>
<tr><td colspan="2">轉換後微分</td><td>$\mathscr{F}\{(-ix)^nf(x)\}=\frac{d^nF(w)}{dw^n}$</td><td></td></tr>
<tr><td colspan="2">摺積定理</td><td>$\mathscr{F}\{f(x)*g(x)\}=F(w)G(w)$，
其中 $f(x)*g(g)=\int_{-\infty}^{\infty}f(\tau)g(x-\tau)d\tau$</td><td>7</td></tr>
</table>

範例 3

(1) 設 $f(x)=\begin{cases}1-|x|, |x|\le 1\\ 0, |x|>1\end{cases}$，試求 $\mathscr{F}\{f(x)\}$。

(2) 若 $g(x)=\begin{cases}1-|7x|, |x|\le 1/7\\ 0, |x|>1/7\end{cases}$，試求 $\mathscr{F}\{g(x)\}$。

解 (1) $\mathscr{F}\{f(x)\}=2\int_0^1(1-x)\cos\omega x dx=2[(1-x)\frac{\sin\omega x}{\omega}-\frac{\cos\omega x}{\omega^2}]\Big|_0^1=\frac{2(1-\cos\omega)}{\omega^2}=\mathscr{F}(\omega)$

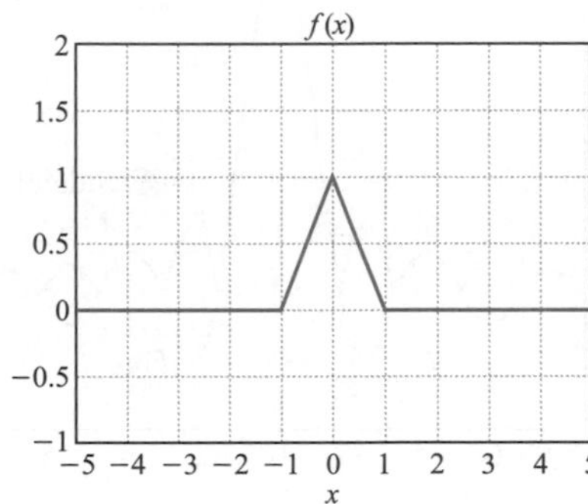

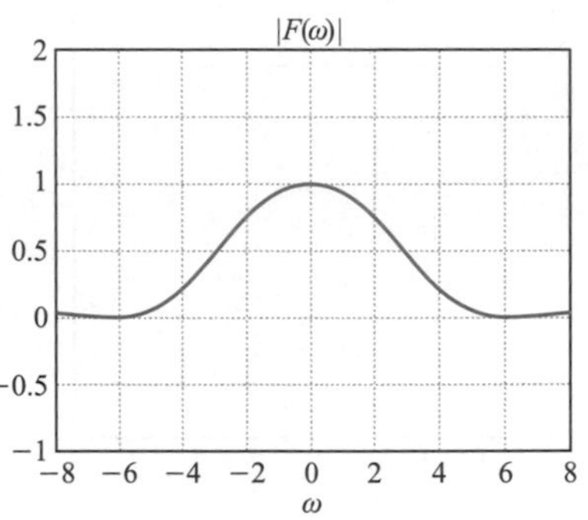

(2) $\mathscr{F}\{g(x)\}=\mathscr{F}\{f(7x)\}=\frac{1}{7}\mathscr{F}(\frac{\omega}{7})=\frac{14(1-\cos\frac{\omega}{7})}{\omega^2}=G(\omega)$ [5]

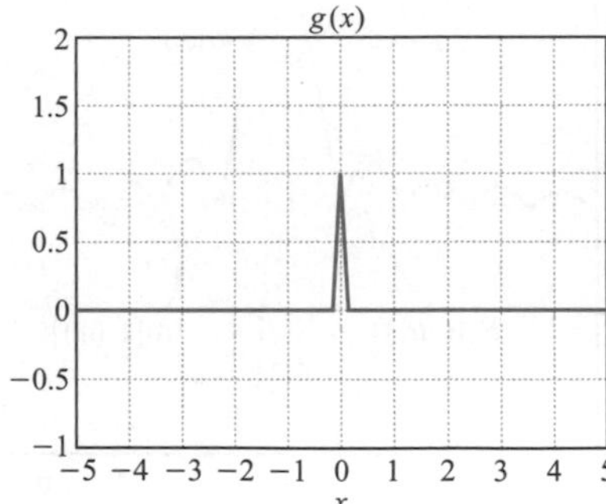

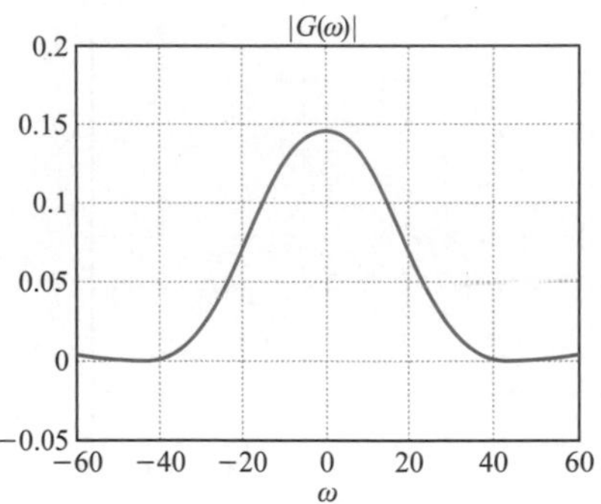

Q.E.D.

---

[5] 從範例 3 可知：尺度變換公式在 $a>0$ 的情形，表示若將 $f(x)$ 的圖形沿 x 軸方向壓縮 a 倍，則其傅立葉轉換之圖形為原圖形沿著 w 軸方向伸展 a 倍寬，同時高度變為原來的 $1/a$。反之若 $a<0$，則轉換後的圖形為原圖形相對縱軸做鏡射。

範例 4

(1) 若 $f(x)=\begin{cases}6, -2\le x\le 2\\ 0, |x|>2\end{cases}$，試求 $\mathscr{F}\{f(x)\}$。

(2) 若 $g(x)=\begin{cases}6, 3\le x\le 7\\ 0, x<3 \text{ and } x>7\end{cases}$，試求 $\mathscr{F}\{g(x)\}$。

解 (1) $\mathscr{F}\{f(x)\}=2\int_0^2 6\cdot\cos wx\,dx=12\dfrac{\sin 2w}{w}$

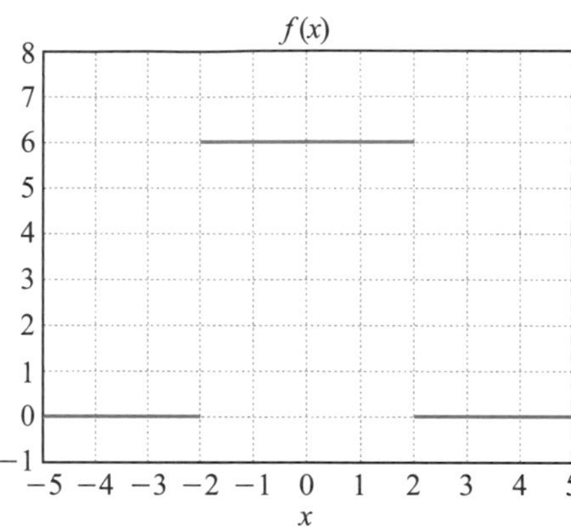

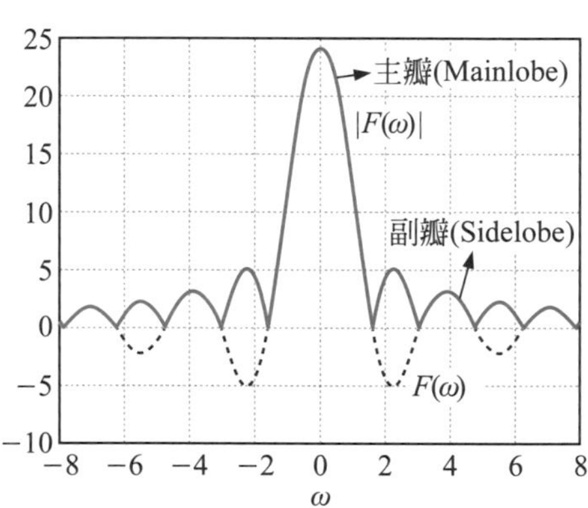

(2) $\mathscr{F}\{g(x)\}=\mathscr{F}\{f(x-5)\}=12e^{-5iw}\dfrac{\sin 2w}{w}=G(w)$

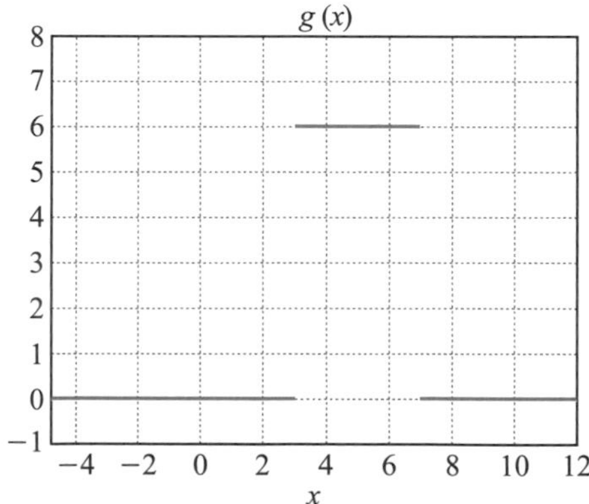

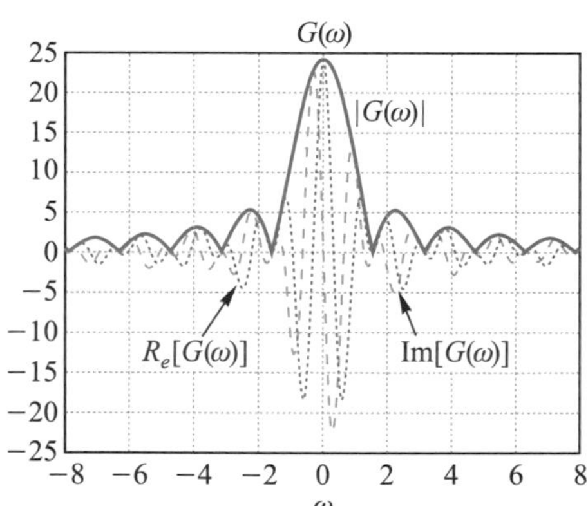

Q.E.D.

1. x 平移公式 $\mathscr{F}\{f(x-\xi)\}=e^{-iw\xi}\mathscr{F}(w)$ 的證明

根據定義 $\mathscr{F}\{f(x-\zeta)\}=\int_{-\infty}^{\infty}f(x-\zeta)\,e^{-iwx}dx$，做變數變換 $x-\zeta=\tau$，$dx=d\tau$，則

$$\mathscr{F}\{f(\tau)\}=\int_{-\infty}^{\infty}f(\tau)e^{-iw(\tau+\zeta)}d\tau=\int_{-\infty}^{\infty}f(\tau)\,e^{-iw\tau}e^{-iw\zeta}d\tau=e^{-iw\zeta}\int_{-\infty}^{\infty}f(\tau)e^{-iw\tau}d\tau$$

$$=e^{-iw\zeta}\mathscr{F}\{f(x)\}=e^{-iw\zeta}\mathscr{F}(w)\text{。}$$

2. **w 平移公式 $\mathscr{F}\{e^{iw_0x}f(x)\}=F(w-w_0)$ 的證明**

根據定義 $\mathscr{F}\{e^{iw_0x}f(x)\}=\int_{-\infty}^{\infty}f(x)e^{iw_0x}e^{-iwx}dx=\int_{-\infty}^{\infty}f(x)e^{-i(w-w_0)x}dx=F(w-w_0)$。

3. **對稱性 $\mathscr{F}\{F(x)\}=2\pi f(-w)$ 的證明**

將傅立葉積分 $f(x)=\dfrac{1}{2\pi}\int_{-\infty}^{\infty}F(w)e^{iwx}dw$ 中的 x 與 w 互調，則

$f(w)=\dfrac{1}{2\pi}\int_{-\infty}^{\infty}F(x)e^{iwx}dx\Rightarrow\int_{-\infty}^{\infty}F(x)e^{iwx}dx=2\pi f(w)$。令 $w=-w$

$\Rightarrow\int_{-\infty}^{\infty}F(x)e^{-iwx}dx=2\pi f(-w)\Rightarrow\mathscr{F}\{F(x)\}=2\pi f(-w)$。我們舉個例子說明一下對稱性。由 $\mathscr{F}\{e^{-|x|}\}=\dfrac{2}{1+w^2}$，由對稱性可知 $\mathscr{F}\{\dfrac{2}{1+x^2}\}=2\pi e^{-|-w|}=2\pi e^{-|w|}$ 接下來我們看如何利用傅立葉變換解 ODE

範例 5

利用傅立葉轉換求解： $y'(x)-4y(x)=e^{-4x}u(x),\ -\infty<x<\infty$

解 對 ODE 取傅立葉轉換 $\mathscr{F}\{y'(x)\}-4\mathscr{F}\{y(x)\}=\mathscr{F}\{e^{-4x}\cdot u(x)\}$，

因 $\mathscr{F}(e^{-4x}\cdot u(x))=\int_{-\infty}^{\infty}e^{-4x}\cdot 1\cdot e^{-ixw}dx=\int_{-\infty}^{\infty}e^{-(4x+iw)x}dx=\dfrac{1}{4+iw}$，

$\therefore iwY(w)-4Y(w)=\dfrac{1}{4+iw}\Rightarrow Y(w)=-\dfrac{1}{(4-iw)(4+iw)}=-\dfrac{1}{16+w^2}$，

又 $\mathscr{F}\{e^{-a|x|}\}=\dfrac{2a}{a^2+w^2}$，所以 $\mathscr{F}^{-1}\{\dfrac{1}{a^2+w^2}\}=\dfrac{1}{2a}e^{-a|x|}$，

則 $y(x)=\mathscr{F}^{-1}\{Y(w)\}=-\mathscr{F}^{-1}\{\dfrac{1}{4^2+w^2}\}\Rightarrow y(x)=-\dfrac{1}{8}e^{-4|x|}$。 Q.E.D.

4. **先微分再轉換的公式推導： $\mathscr{F}\{f^{(n)}(x)\}=(iw)^nF(w)$**

若 $f(x)\in C$, $f'(x)\in C_p$（片段連續），且 $f(\pm\infty)$ 有界 $\to 0$，則

$$\mathscr{F}\{f'(x)\}=\int_{-\infty}^{\infty}f'(x)e^{-iwx}dx=f(x)e^{-iwx}\Big|_{-\infty}^{\infty}+iw\int_{-\infty}^{\infty}f(x)e^{-iwx}dx$$

$$=iw\int_{-\infty}^{\infty}f(x)e^{-iwx}dx=iwF(w)\text{。}$$

若 $f(x)$, $f'(x)$, $f''(x)$, $\cdots f^{(n-1)}(x)\in C$, $f^{(n)}(x)\in C_p$，且 $f(\pm\infty)$, $f'(\pm\infty)$, $f''(\pm\infty)$, $\cdots$, 有界 $\to 0$ 則重複套用 $n=1$ 的結果會得到

$$\mathscr{F}\{f^{(n)}(x)\}=(iw)^nF(w)$$

接下來看如何利用先轉換再微分的公式來求解複合型函數的傅立葉轉換

5. **先轉換再微分的公式推導**：$\mathscr{F}\{(-ix)^n f(x)\}=\dfrac{d^nF(w)}{dw^n}$

$\mathscr{F}\{f(x)\}=F(w)=\int_{-\infty}^{\infty}f(x)e^{-iwx}dx$，

$$\frac{dF(w)}{dw}=\int_{-\infty}^{\infty}\frac{\partial}{\partial w}f(x)(-ix)e^{-iwx}dx=\int_{-\infty}^{\infty}f(x)(-ix)e^{-iwx}dx$$

$$=\int_{-\infty}^{\infty}[(-ix)f(x)]e^{-iwx}dx=\mathscr{F}\{(-ix)f(x)\}$$

$\Rightarrow\mathscr{F}\{(-ix)f(x)\}=\dfrac{dF(w)}{dw}$ 或 $\mathscr{F}\{x(f(x)\}=i\dfrac{dF(w)}{dw}$，重複使用此結論得一般公式

$$\mathscr{F}\{(-ix)^n f(x)\}=\frac{d^nF(w)}{dw^n}$$

範例 6

$f(x)=4x^2e^{-3|x|}$ 試求 $\mathscr{F}\{f(x)\}=$?

解 $\mathscr{F}\{e^{-3|x|}\}=2\int_0^{\infty}e^{-3x}\cos wx\,dx=\dfrac{6}{w^2+9}$

所以 $\mathscr{F}\{4x^2e^{-3|x|}\}=-4\dfrac{d^2}{dw^2}(\dfrac{6}{w^2+9})=-24[\dfrac{8w^2}{(w^2+9)^3}-\dfrac{2}{(w^2+9)^2}]$ Q.E.D.

6. **摺積定理的證明**

根據褶積定義 $f(x)*g(x)=\int_{-\infty}^{\infty}f(\tau)g(x-\tau)d\tau$，因此再根據傅立葉變換的定義：

$$\mathscr{F}\{[f(x)*g(x)]\}=\int_{-\infty}^{\infty}[f(x)*g(x)]e^{-iwx}dx=\int_{-\infty}^{\infty}[\int_{-\infty}^{\infty}f(\tau)g(x-\tau)d\tau]e^{-iwx}dx$$

做變數變換，令 $x-\tau=u\Rightarrow x=u+\tau$， $dx=du$ ，則上方重積分變成

$$\int_{-\infty}^{\infty}[\int_{-\infty}^{\infty}f(\tau)g(u)d\tau]e^{-iw(u+\tau)}du=\int_{-\infty}^{\infty}f(\tau)e^{-iw\tau}d\tau\int_{-\infty}^{\infty}g(u)e^{-iwu}du$$

$$=\mathscr{F}\{f(x)\}\mathscr{F}\{g(x)\}$$

$$=F(w)G(w)$$

得證。接下來是摺積定 $\mathscr{F}\{f(x)*g(x)\}=\mathscr{F}(w)\mathscr{G}(w)$ 的應用。

範例 7

設 $f(t)=e^{-|t|}$，$g(t)=\begin{cases}1, -1\le t\le 1\\ 0, \text{ 其他}\end{cases}$，若 $y(t)=f(t)*g(t)$，求 $\mathscr{F}\{y(t)\}$

解 $\mathscr{F}\{f(t)\}=2\int_0^{\infty}e^{-t}\cos wt\,dt=\dfrac{2}{w^2+1}$，$\mathscr{F}\{g(t)\}=2\int_0^{1}1\cos wt\,dt=\dfrac{2}{w}\sin w$，

$\mathscr{F}\{y(t)\}=\mathscr{F}\{f(t)*g(t)\}=\mathscr{F}\{f(t)\}\mathscr{F}\{g(t)\}=\dfrac{2}{w^2+1}\times\dfrac{2}{w}\sin w=\dfrac{4}{w(1+w^2)}\sin w$ Q.E.D.

9-4-3 帕塞瓦爾（Parserval）定理及頻譜能量

我們利用傅立葉轉換來分析一個訊號，但不論如何，其轉換前後應該維持能量守恆的特性，這個觀念可由帕塞瓦爾定理來呈現，帕塞瓦爾定理（等式）表示函數 $f(x)$ 在 x 軸上累積的總能量與其傅立葉轉換在頻域所累積的總能量相等，具體來說，若 $\mathscr{F}\{f(x)\}=F(w)$，則

$$\int_{-\infty}^{\infty}|f(x)|^2\,dx=\frac{1}{2\pi}\int_{-\infty}^{\infty}|F(w)|^2\,dw$$

利用帕塞瓦爾定理可用來求解一些原本不易求解之瑕積分，如下範例。

範例 8

(1) 設 $f(t)=\begin{cases}1, -1\le t\le 1\\ 0, \text{其他}\end{cases}$，求 $\mathscr{F}\{f(t)\}$。

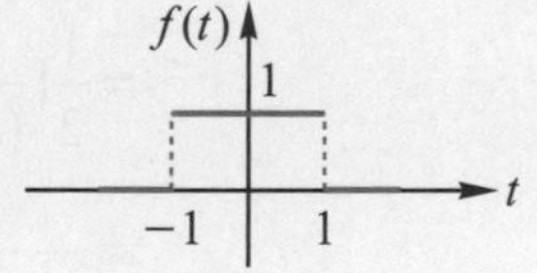

(2) 利用帕塞瓦爾定理計算 $\int_{-\infty}^{\infty}\dfrac{\sin^2 x}{x^2}dx$。

解 (1) $\mathscr{F}\{f(t)\}=2\int_0^{1}1\cos wtdt=\dfrac{2}{w}\sin w$

(2) 由帕塞瓦爾定理可知 $\int_{-\infty}^{\infty}|f(x)|^2\,dx=\dfrac{1}{2\pi}\int_{-\infty}^{\infty}|F(w)|^2\,dw$

所以 $\int_{-1}^{1}1^2\,dx=\dfrac{1}{2\pi}\int_{-\infty}^{\infty}\left|\dfrac{2\sin w}{w}\right|^2dw$，

$2=\dfrac{2}{\pi}\int_{-\infty}^{\infty}\dfrac{\sin^2 w}{w^2}dw\Rightarrow\int_{-\infty}^{\infty}\dfrac{\sin^2 w}{w^2}dw=\pi$

故 $\int_{-\infty}^{\infty}\dfrac{\sin^2 x}{x^2}dx=\pi$ Q.E.D.

表 3 爲常見的傅立葉轉換

▼表 3

$f(x)$	$\delta(x)$	$\delta(x-x_0)$	1	$u(x)$	$\text{sgn}(x)$	$\begin{cases}1, \lvert x\rvert < a\\0, \lvert x\rvert > a\end{cases}$
$F(w)$ $=\mathscr{F}\{f(x)\}$	1	e^{-iwx_0}	$\pi\delta(w)+\dfrac{1}{iw}$	$\pi\delta(w)+\dfrac{1}{iw}$	$\dfrac{2}{iw}$	$\dfrac{2\sin aw}{w}$
$f(x)$	e^{iw_0x}	$\cos w_0x$	$\sin w_0x$	e^{-ax^2}	$e^{-a\lvert x\rvert}$	$e^{-ax}u(x)$
$F(w)$ $=\mathscr{F}\{f(x)\}$	$2\pi\delta(w-w_0)$	$\pi[\delta(w-w_0)+\delta(w+w_0)]$	$i\pi[\delta(w+w_0)-\delta(w-w_0)]$	$\sqrt{\dfrac{\pi}{a}}e^{-\frac{w^2}{4a}}$；$a>0$	$\dfrac{2a}{a^2+w^2}$；$a>0$	$\dfrac{1}{a+iw}$；$a>0$

其中 $\delta(x)$ 爲脈衝函數，而 $u(x)$爲單位步階函數，$\text{sgn}(x)$爲符號函數。

範例 9

求 $\mathscr{F}\{f(x)\}$，其中 $f(x)=e^{-ax}\cos(w_0x)u(x)$，其中 $a>0$，且 $u(x)$爲單位步階數。

解 $\mathscr{F}\{e^{-ax}u(x)\}=\int_0^\infty e^{-ax}e^{-iwx}dx=\dfrac{1}{a+iw}$；$a>0$

$$\mathscr{F}\{e^{-ax}\cos(w_0x)u(x)\}=\mathscr{F}\{e^{-ax}u(x)\frac{1}{2}(e^{iw_0x}+e^{-iw_0x})\}$$

$$=\frac{1}{2}[\frac{1}{a+i(w-w_0)}+\frac{1}{a+i(w+w_0)}]$$

$$=\frac{1}{2}[\frac{1}{(a+iw)-iw_0}+\frac{1}{(a+iw)+iw_0}]$$

$$=\frac{a+iw}{(a+iw)^2+w_0{}^2}$$

Q.E.D.

9-4-4　週期函數的傅立葉轉換與傅立葉積分

傅立葉積分的上界是 $\int_{-\infty}^{\infty}|f(x)|dx$，這也作爲檢驗函數 $f(x)$ 的存在性條件。一般週期函數的函數值可以恆正或恆負，因此上述積分發散，自然也不清楚其傅立葉轉換的存在性。是故，先將 $f(x)$ 展開成複數型傅立葉級數 $f(x)=\sum_{n=-\infty}^{\infty}c_n e^{i\frac{2n\pi}{T}x}$ 後對其做傅立葉變換，因爲傅立葉變換是線性的，因此

$$\mathscr{F}\{f(x)\}=\mathscr{F}\{\sum_{n=-\infty}^{\infty}c_n e^{i\frac{2n\pi}{T}x}\}=\sum_{n=-\infty}^{\infty}c_n\mathscr{F}\{e^{i\frac{2n\pi}{T}x}\}=\sum_{n=-\infty}^{\infty}c_n 2\pi\delta(w-\frac{2n\pi}{T})$$

接著再用一次反轉換得**週期函數傅立葉積分：**

$$f(x)=\frac{1}{2\pi}\int_{-\infty}^{\infty}\sum_{n=-\infty}^{\infty}c_n 2\pi\delta(w-\frac{2n\pi}{T})e^{iwx}dw$$

範例 10

設 $f(x)=\begin{cases}1,\ 0\le x\le 1\\ 0,\ 1\le x\le 2\end{cases}$，且

$f(x)=f(x+2)$，$-\infty<x<\infty$

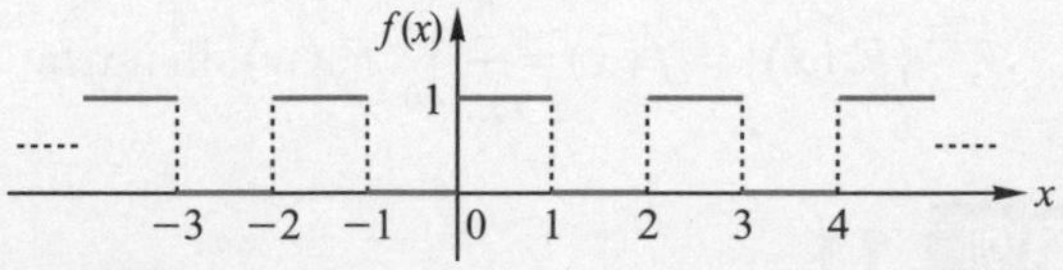

(1) 求 $f(x)$ 的傅立葉轉換。　(2) 求 $f(x)$ 的傅立葉積分。

解 先將 $f(x)$ 展成複數型的傅立葉級數 $f(x)=\sum_{n=-\infty}^{\infty}c_n e^{i\frac{2n\pi}{2}x}=\sum_{n=-\infty}^{\infty}c_n e^{in\pi x}$，

其中
$$n\neq 0\Rightarrow c_n=\frac{1}{2}\int_0^2 f(x)e^{-in\pi x}dx=\frac{1}{2}\int_0^1 1\cdot e^{-in\pi x}dx=\frac{1}{2in\pi}\cdot(1-e^{-in\pi x})$$

$$n=0\Rightarrow c_0=\frac{1}{2}\int_0^2 f(x)\cdot 1dx=\frac{1}{2}\int_0^1 1\cdot 1dx=\frac{1}{2}$$

(1) $\mathscr{F}\{f(x)\}=\mathscr{F}\{\sum_{n=-\infty}^{\infty}c_n\cdot e^{in\pi x}\}=\sum_{n=-\infty}^{\infty}c_n\cdot\mathscr{F}\{e^{in\pi x}\}=\sum_{n=-\infty}^{\infty}2\pi c_n\cdot\delta(w-n\pi)$

(2)
$$f(x)=\frac{1}{2\pi}\int_{-\infty}^{\infty}F(w)\cdot e^{iwx}dw$$
$$=\frac{1}{2\pi}\int_{-\infty}^{\infty}\sum_{n=-\infty}^{\infty}2\pi\cdot c_n\cdot\delta(w-n\pi)e^{iwx}dw$$
$$=\int_{-\infty}^{\infty}\sum_{n=-\infty}^{\infty}c_n\cdot\delta(w-n\pi)e^{iwx}dw$$

Q.E.D.

9-4-5 傅立葉餘弦與傅立葉正弦轉換

回想我們藉由觀察傅立葉積分 $f(x)=\dfrac{1}{2\pi}\int_{-\infty}^{\infty}[\int_{-\infty}^{\infty}f(x)e^{-wx}dx]e^{iwx}dw$ 內、外層的形式，定出了傅立葉變換；相同道理，參照正、餘弦傅立葉積分也可定出正、餘弦傅立葉變換，具體來說，參照傅立葉餘弦積分 $f(x)=\dfrac{2}{\pi}\int_0^{\infty}[\int_0^{\infty}f(x)\cos wxdx]\cos wxdw$，傅立葉正弦積分 $f(x)=\dfrac{2}{\pi}\int_0^{\infty}[\int_0^{\infty}f(x)\sin wxdx]\sin wxdw$，可得傅立葉正（餘）弦轉換。

1. **傅立葉餘弦轉換（反轉換）**

$$\mathscr{F}_c\{f(x)\}=\int_0^{\infty}f(x)\cos wxdx=F_c(w)\text{（或}\mathscr{F}_c\{f(x)\}=\sqrt{\frac{2}{\pi}}\int_0^{\infty}f(x)\cos wxdx\text{）}$$

$$\mathscr{F}_c^{-1}\{F_c(x)\}=f(x)=\frac{2}{\pi}\int_0^{\infty}F_c(w)\cos wxdw\text{（或}\mathscr{F}_c^{-1}\{F_c(w)\}=\sqrt{\frac{2}{\pi}}\int_0^{\infty}F_c(w)\cos wxdw\text{）}$$

2. **傅立葉正弦轉換（反轉換）**

$$\mathscr{F}_s\{f(x)\}=\int_0^{\infty}f(x)\sin wxdx=F_s(w)\text{（或}\mathscr{F}_s\{f(x)\}=\sqrt{\frac{2}{\pi}}\int_0^{\infty}f(x)\sin wxdx\text{）}$$

$$\mathscr{F}_s^{-1}\{F_s(x)\}=f(x)=\frac{2}{\pi}\int_0^{\infty}F_s(w)\sin wxdw\text{（或}\mathscr{F}_s^{-1}\{F_s(w)\}=\sqrt{\frac{2}{\pi}}\int_0^{\infty}F_s(w)\sin wxdw\text{）}$$

範例 11

若 $f(x)=\begin{cases}1, 0<x\le a\\ 0, x>a\end{cases}$

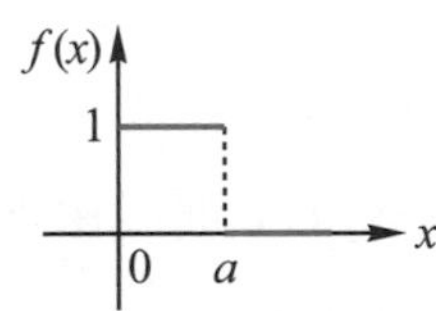

(1) 求 $f(x)$的傅立葉餘弦轉換 (2) 計算 $\int_0^{\infty}\dfrac{\sin 2ax}{x}dx$

解 (1) $\mathscr{F}_c\{f(x)\}=\int_0^{\infty}f(x)\cos wxdx=F_c(w)$、$\mathscr{F}_c^{-1}\{F_c(w)\}=\dfrac{2}{\pi}\int_0^{\infty}F_c(w)\cos wxdw=f(x)$

$$\therefore \mathscr{F}_c\{f(x)\}=\int_0^{a}1\cdot\cos wxdx=\frac{1}{w}\sin wx\Big|_0^a=\frac{\sin wa}{w}$$

(2) $f(x)=\mathscr{F}_c^{-1}\{F_c(w)\}=\mathscr{F}_c^{-1}\{\dfrac{\sin wa}{w}\}=\dfrac{2}{\pi}\int_0^{\infty}\dfrac{\sin wa}{w}\cdot\cos wxdw$，又 $f(x)$在 a 處為不連續點，故 $x=a$ 處 $f(x)$收斂至 $\dfrac{1}{2}[f(x^+)+f(x^-)]=\dfrac{1}{2}$，代入 $x=a$

可得 $\dfrac{2}{\pi}\int_0^{\infty}\dfrac{\sin wa}{w}\cos wadw=\dfrac{1}{2}$

即 $\int_0^{\infty}\dfrac{\sin 2wa}{w}dw=\dfrac{\pi}{2}$，所以 $\int_0^{\infty}\dfrac{\sin 2ax}{x}dx=\dfrac{\pi}{2}$ Q.E.D.

接下來我們看一階與二階導數的正（餘）弦傅立葉轉換，若用在微分有規律性的函數上，則有便利性。其常見公式如表 4：

▼表 4

性質	公式	對應範例
一階導數的轉換	$\mathscr{F}_c\ \{f'(x)\}=wF_s\{f(x)\}-f(0)$ $\mathscr{F}_s\ \{f'(x)\}=-wF_c\{f(x)\}$	12
二階導數的轉換	$\mathscr{F}_c\ \{f''(x)\}=-f'(0)-w^2F_c\{f(x)\}$ $\mathscr{F}_s\ \{f''(x)\}=-wf(0)+w^2F_s\{f(x)\}$	

範例 12

若 $f(x)=e^{-ax}$，$a>0$，利用二階導數的轉換，求 $f(x)$ 傅立葉正弦與餘弦轉換

解 $f(x)=e^{-ax}$，$f''(x)=a^2e^{-ax}=a^2f(x)$，又 $f(0)=1$，$f'(0)=-a$，

則由 $\mathscr{F}\{kf(x)\}=k\mathscr{F}\{f(x)\}$

(1) $\mathscr{F}_s\{f''(x)\}=-w^2\mathscr{F}_s\{f(x)\}+wf(0)=a^2\mathscr{F}_s\{f(x)\}$，得 $\mathscr{F}_s\{f(x)\}=\dfrac{w}{a^2+w^2}$。

(2) $\mathscr{F}_c\{f''(x)\}=-w^2\mathscr{F}_c\{f(x)\}-f'(0)=a^2\mathscr{F}_c\{f(x)\}$，得 $\mathscr{F}_c\{f(x)\}=\dfrac{a}{a^2+w^2}$。　Q.E.D.

有關傅立葉餘弦與正弦轉換之應用，將會在第十章用其來求解偏微分方程。

3. 一階導數後轉換的公式證明

假設 $f(x)\in C$，$f'(x)\in C_p$，且 $f(\pm\infty)$ 有界 $\to 0$，則由傅立葉轉換的定義得

$$\mathscr{F}_c\{f'(x)\}=\int_0^\infty f'(x)\cos wx dx=\cos wx\cdot f(x)\Big|_0^\infty+\int_0^\infty f(x)w\cdot\sin wx dx$$

$$=-f(0)+w\int_0^\infty f(x)\sin wx dx=w\mathscr{F}_s\{f(x)\}-f(0)$$

$$\mathscr{F}_s\{f'(x)\}=\int_0^\infty f'(x)\sin wx dx=\sin wx\cdot f(x)\Big|_0^\infty-\int_0^\infty w\cdot f(x)\cos wx dx$$

$$=-w\int_0^\infty f(x)\cos wx dx=-w\mathscr{F}_c\{f(x)\}$$

4. **二階導數後轉換的公式證明**

假設 $f(x)$， $f'(x)\in C$ ，且 $f''(x)\in C_p$ ， $f(\infty)=0$ ， $f'(\infty)=0$

$$\mathscr{F}_c\{f''(x)\}=\int_0^{\infty}f''(x)\cos wxdx=\cos wx\cdot f'(x)\Big|_0^{\infty}+w\sin wx\cdot f(x)\Big|_0^{\infty}-w^2\int_0^{\infty}f(x)\cos wxdx$$

$$=-f'(0)-w^2\mathscr{F}_c\{f(x)\}$$

$$\mathscr{F}_s\{f''(x)\}=\int_0^{\infty}f''(x)\cdot\sin wx\,dx=\sin wx\cdot f'(x)\Big|_0^{\infty}-w\cos wx\cdot f(x)\Big|_0^{\infty}-w^2 f(x)\sin wxdx$$

$$=wf(0)-w^2\mathscr{F}_s\{f(x)\}$$

9-4 習題演練

基礎題

在下列 1～2 題中，求所設函數 $f(x)$ 的傅立葉轉換

1. $f(t)=\begin{cases} e^{-t}, t>0 \\ 0, t<0 \end{cases}$。

2. $f(t)=\begin{cases} 1, |t|<1 \\ 0, \text{其他} \end{cases}$。

3. 試求 $f(t)=e^{-t}$ 的傅立葉正弦轉換與傅立葉餘弦轉換。

4. 試求下列函數的傅立葉餘弦與正弦轉換：$f(t)=\begin{cases} k, 0<t<a \\ 0, t>a \end{cases}$

進階題

1. 若傅立葉轉換定義為 $\mathscr{F}\{f(t)\}=\int_{-\infty}^{\infty} f(t)\cdot e^{-iwt}dt$，求下列各函數的傅立葉轉換

(1) $f(t)=e^{-a|t|}$

(2) $f(t)=e^{-at}\cdot u(t)$

(3) $f(t)=te^{-at}\cdot u(t)$

(4) $f(t)=e^{-at}\sin(w_0 t)\cdot u(t)$

2. 若傅立葉轉換定義為 $\mathscr{F}\{f(t)\}=\int_{-\infty}^{\infty} f(t)\cdot e^{-iwt}dt$，求下列各函數的傅立葉轉換

(1) $f(t)=10\cdot e^{-3|t+1|}$

(2) $f(t)=\begin{cases} k\cos w_0 t, -a<t<a \\ 0, \text{其他} \end{cases}$

(3) $f(t)=\begin{cases} 1+e^{t}, 0<t<1 \\ 0, \text{其他} \end{cases}$

(4) $\begin{cases} e^{-at}, t\ge 0 \\ 0, t<0 \end{cases}$，$a>0$

(5) $f(t)=3e^{-4|t+2|}$

(6) $f(t)=\dfrac{1}{a^2+t^2}$

(7) $f(t)=\dfrac{t}{4+t^2}$

3. 計算下列函數之傅立葉轉換

$$f(x)=\begin{cases} 1+x, 0\le x\le 1 \\ 1-x, -1\le x\le 0 \\ 0, \text{其他} \end{cases}$$

4. 計算下列函數之傅立葉轉換

$$f(x)=\begin{cases} x, -1\le x\le 1 \\ 0, \text{其他} \end{cases}$$

5. 已知 $\mathscr{F}[f(x)]=\dfrac{1}{\sqrt{2\pi}}\int_{-\infty}^{\infty} f(x)\, e^{-iwx}dx$；

$\mathscr{F}[e^{-ax^2}]=\dfrac{1}{\sqrt{2a}}e^{-w^2/4a}$，且

$\mathscr{F}[\dfrac{1}{x^2+a^2}]=\sqrt{\dfrac{\pi}{2}}\dfrac{e^{-a|w|}}{a}$；

$\mathscr{F}[e^{-ax}u(x)]=\dfrac{1}{\sqrt{2\pi}(a+iw)}$，$a>0$ 求

(1) $\int_{-\infty}^{\infty}\dfrac{\cos 6x}{x^2+9}$

(2) $\int_{-\infty}^{\infty}\exp[-4x-x^2]dx$

6. 週期函數 $f(t)$ 在一週期內之定義如下，求其傅立葉轉換。

$$f(t)=\begin{cases} 0, -\pi<t<0 \\ \sin t, 0\le y<\pi \end{cases}$$

7. 利用傅立葉轉換求解

ODE $y''-2y=e^{-2t}\cdot u(t), -\infty<t<\infty$

其中 $u(t)$ 為單位步階函數。

8. 利用傅立葉轉換求解
ODE $\ddot{x}+2\dot{x}+2x=f(t)$，
$f(t)=\begin{cases}1, 0<t<1\\ 0, \text{其他}\end{cases}$

9. 利用傅立葉轉換求解
ODE $y''+6y'+5y=\delta(t-3),\ -\infty<t<\infty$
其中 $\delta(t)$ 為脈衝函數。

10. 試證帕塞瓦爾(Parserval)定理
$\int_{-\infty}^{\infty}|f(x)|^2\,dx=\frac{1}{2\pi}\int_{-\infty}^{\infty}|F(w)|^2\,dw$ 其中
$\mathscr{F}[f(x)]=F(w)$

11. $f(x)=\sum_{n=-\infty}^{\infty}\delta(x-kT)$，如圖所示求 $f(x)$ 的傅立葉轉換與傅立葉積分

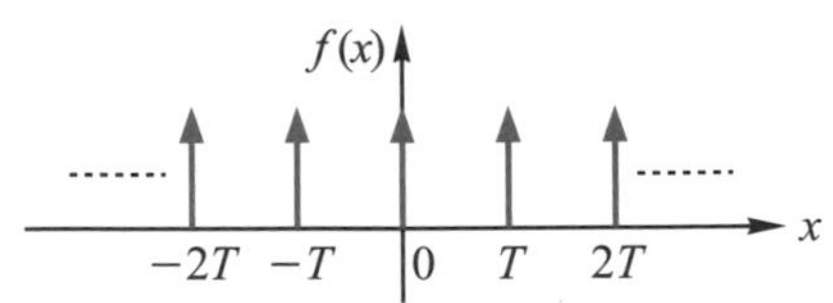

偏微分方程

範例影音

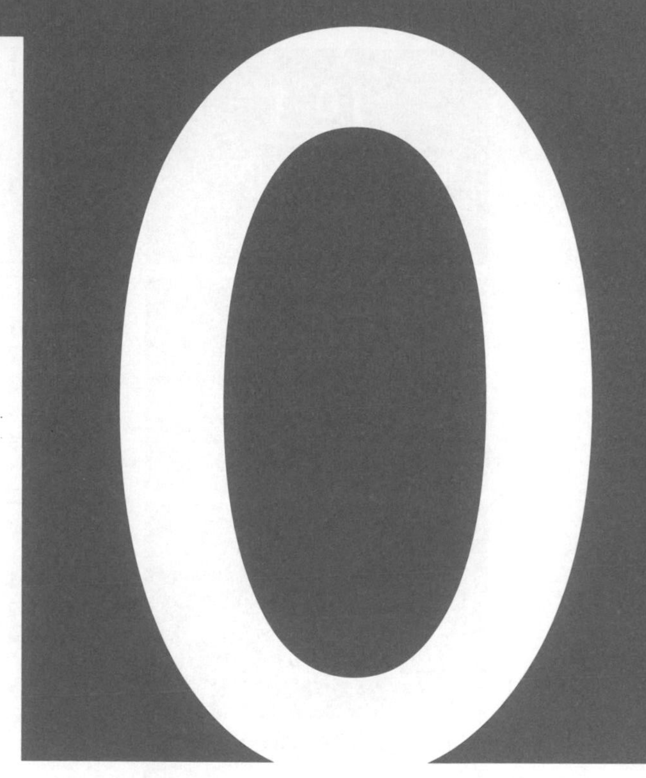

達朗貝爾
（D’Alembert, 1717～1783, 法國）

對偏微分方程有重要貢獻的數學家很多，除了在第九章所提到的傅立葉與萊歐維爾外，法國數學家達朗貝爾（Jean d’Alembert）於 1747 年發表的論文《拉緊弦的震動所形成曲線研究》（Recherches sur la courbe que forme unecorde tendue mise en vibration），首度引進偏導數的概念以作為弦振動的數學描述，更被視為偏微分方程研究的開端。

學習目標

10-1 偏微分方程（PDE）概論	10-1-1－認識波方程的推導：從弦的震動 10-1-2－認識二階 PDE 的分類： 雙曲型、拋物線型、橢圓型； Dirichlet、Neumann、Robin 10-1-3－掌握一維二階 PDE 的求解： 齊性解、特解、逐項積分法 10-1-4－掌握一維二階拉普拉斯PDE 的求解：結合變數法
10-2 分離變數法求解二階PDE	10-2-1－掌握一維二階波方程的解法：分離變數法 10-2-2－進一步掌握分離變數法流程 10-2-3－掌握一維二階熱傳導 PDE 的求解：分離變數法 10-2-4－掌握二維二階拉普拉斯 PDE 的求解：分離變數法 10-2-5－整理拉普拉斯方程的通解
10-3 非齊性偏微分方程求解	10-3-1－掌握非齊性 PDE 的解法：特徵函數展開法 10-3-2－掌握非齊性 PDE 的解法：暫態解、穩態解 10-3-4－掌握非齊性邊界條件的修正法：差值函數
10-4 積分轉換求解PDE	10-4-1－掌握積分轉換求解二階 PDE ：拉氏轉換 10-4-2－掌握積分轉換求解二階 PDE ：傅立葉轉換

以熱的流動為例，若要描述一個教室中不同座位同學所感受到的室內溫度，可以觀察冷氣剛開時，大家都覺得很熱，一段時間後大家開始覺得涼爽，而且進冷氣口的位置同學開始加上外套，已經覺得冷了，表示教室內的溫度分布跟時間及位置有關，也就是 $T(x, t)$，而描述這個函數行為的方程自然要同時納入 $\dfrac{\partial}{\partial x}$ 及 $\dfrac{\partial}{\partial t}$（見熱傳導方程式），這便是從直觀上 PDE 的來由，熱傳導方程是由傅立葉在 1822 首先提出，並利用分離變數法求得其級數解。

本章從物理問題起頭，逐步導入不同型態的 PDE 並介紹相應解法，過程中不時會參考當初如何解 ODE：如冪級數解、積分變換、傅立葉分析等等；設法將 PDE 降解為 ODE 也是背後重要思路。PDE 在工程上大量被使用，特別是在流體力學、單元操作、熱傳導與電磁學上尤其重要。

10-1 偏微分方程（PDE）概論

ODE 解的型態單由係數函數與 source fuction 來決定，PDE 由於牽涉兩個以上變數，哪些偏微分混合項出現在方程裡變得至關重要。本節以描述弦波起頭，引出二階 PDE 一般形式，並介紹第一類解常係數二階 PDE 的方法：透過限制到定義域上的直線將 PDE 降爲可以常係數 ODE 來處理，而後再談到一些例外情形。

第二類解法則是透過一個過渡函數將 PDE 降爲可以積分因子來求解的一階 ODE，這部份則以範例說明。

10-1-1 波方程

考慮一條弦（string）的波動（wave），如圖 10-1 所示。並做相關假設：

1. 弦的單位質量爲ρ，位移函數以 $u(x, t)$表示
2. 弦爲完全彈性體，(bending)
3. 重力影響不計
4. 只考慮縱向運動(u 方向)

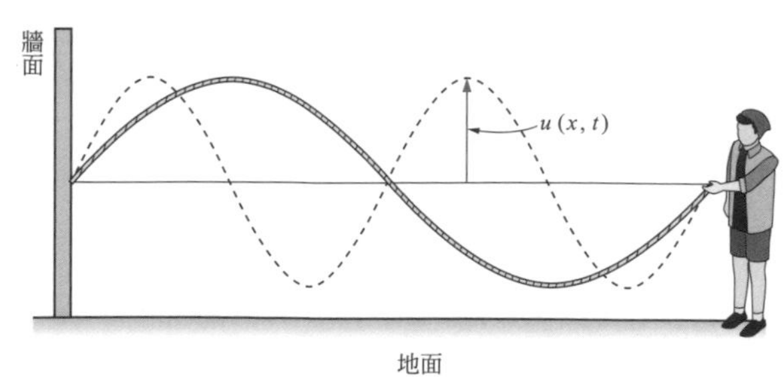

▲圖 10-1　弦之波動力平衡示意圖

現在做力學分析：圖 10-2(b)中的一小段細弦在 x 方向的力平衡為 $T_2\cos\beta = T_1\cos\alpha = T$（常數），而在 u 方向的合力為 $T_2\sin\beta - T_1\sin\alpha$，故由牛頓第二運動定律 $\Sigma F = ma$ 知 $T_2\sin\beta - T_1\sin\alpha = (\rho\Delta x)\dfrac{\partial^2 u}{\partial t^2}$ 兩式相除得 $\dfrac{T_2\sin\beta}{T_2\cos\beta} - \dfrac{T_1\sin\alpha}{T_1\cos\alpha} = (\dfrac{\rho\Delta x}{T})\dfrac{\partial^2 u}{\partial t^2}$

$\Rightarrow \tan\beta = \tan\alpha = (\dfrac{\rho\Delta x}{T})\dfrac{\partial^2 u}{\partial t^2}$，故 $\lim\limits_{\Delta x\to 0}\dfrac{\left.\dfrac{\partial u}{\partial x}\right|_{x+\Delta x} - \left.\dfrac{\partial u}{\partial x}\right|_{x}}{\Delta x} = \dfrac{\rho}{T}\dfrac{\partial^2 u}{\partial t^2}$（因 $\tan\beta$、$\tan\alpha$ 分別代表在 $x+\Delta x$ 及 x 的切線斜率），即可得

$$\frac{\partial^2 u}{\partial x^2} = \frac{1}{\alpha^2}\frac{\partial^2 u}{\partial t^2}$$

其中 $\alpha^2 = \dfrac{T}{\rho}$。這個描述一維波動的方程式，是一個二階偏微分方程。此類方程式在物理系統中很常見，以下將介紹其分類與求解。

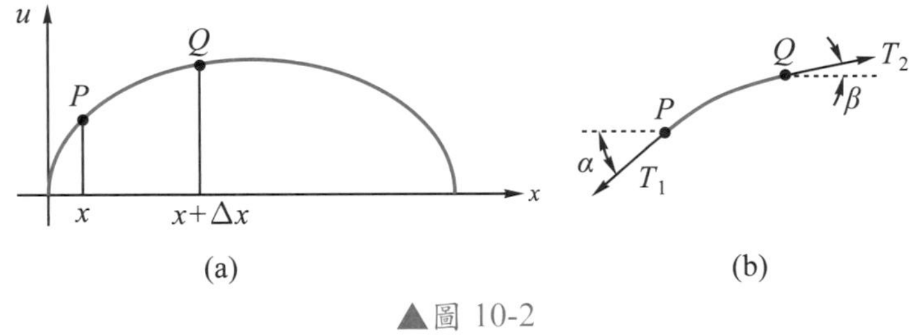

▲圖 10-2

10-1-2 二階偏微分方程分類

常見之二階線性偏微分方程之形式為：

$$A\frac{\partial^2 u}{\partial x^2} + B\frac{\partial^2 u}{\partial x\partial y} + C\frac{\partial^2 u}{\partial y^2} = f(x,y)\cdots①$$

其中 A, B, C, D 為 $x, y, u, \dfrac{\partial u}{\partial x}, \dfrac{\partial u}{\partial y}$ 之函數。若令 $\Delta = B^2 - 4AC$，則二階偏微分方程可以分類為

1. $\Delta > 0 \Rightarrow$ **雙曲線型** PDE(Hyperbolic)

2. $\Delta = 0 \Rightarrow$ **拋物線型** PDE(Parabolic)

3. $\Delta < 0 \Rightarrow$ **橢圓型** PDE(Elliptic)

表 1 列出本章會遇到的例子：

▼表 1

波動方程式（Wave equation）	$\frac{\partial^2 u}{\partial x^2}=\frac{1}{c^2}\frac{\partial^2 u}{\partial t^2}$	$A=1, B=0,\ C=-\frac{1}{c^2}$ ；$\Delta=0^2-4\cdot1\cdot\frac{(-1)}{c^2}=\frac{4}{c^2}>0$ ；雙曲線型
熱傳導方程式（Heat equation）	$\frac{\partial^2 u}{\partial x^2}=\frac{1}{\alpha^2}\frac{\partial u}{\partial t}$	$A=1, B=0, C=0$ ；$\Delta=0^2-4\times1\times0=0$ ；抛物線型
拉普拉斯方程式（Laplace equation）	$\frac{\partial^2 u}{\partial x^2}+\frac{\partial^2 u}{\partial y^2}=0$	$A=1, B=0, C=1$ ；$\Delta=0^2-4\times1\times1=-4<0$ ；橢圓型

二階 PDE 亦可以依照邊界條件（BC）的不同分成以下三類，設 u 爲 PDE 中的待求解，依照其邊界給定値的方式可分爲：

1. $u\big|_{邊界上}=u_0$ 稱爲 Dirichlet condition
2. $\left.\frac{\partial u}{\partial n}\right|_{邊界上}=u_1$ 稱爲 Neumann condition
3. $\left.[\frac{\partial u}{\partial n}+hu]\right|_{邊界上}=u_3$ 稱爲 Robin（mixed）condition（其中 h 爲常數）

其中 $\frac{\partial u}{\partial n}$ 爲邊界法向量方向上的方向導數。

當 $B\neq0$，上述方程式①爲變係數二階偏微分方程式，其求解相當不容易，一般都要用電腦進行數值解，很難有解析解，但若所有係數均爲常數，則其求解將相對容易很多，接著將介紹如何求解二階常係數 PDE。

10-1-3　求解二階常係數 PDE

對一般形式 $A\frac{\partial^2 u}{\partial x^2}+B\frac{\partial^2 u}{\partial x\partial y}+C\frac{\partial^2 u}{\partial y^2}=f(x,y)$。稱 $f=0$ 時爲齊性方程，$f\neq0$ 時爲非齊性方程。此類 PDE 之解法與二階常係數 ODE 之解法類似，必須先求齊性解 u_h，再求一特解 u_p，則其通解爲 $u(x,y)=u_h+u_p$ 。

1. **齊性解**

此時 $f(x, y) = 0$，即 $A\dfrac{\partial^2 u}{\partial x^2}+B\dfrac{\partial^2 u}{\partial x\partial y}+C\dfrac{\partial^2 u}{\partial y^2}=0$。考慮 u 限制在一條直線上，即令 $u=\varphi(y+mx)=\varphi(g)$，其中 $g(x,y)=y+mx$。則由鏈鎖律得：

$$\begin{cases}\dfrac{\partial u}{\partial x}=\dfrac{d\varphi}{dg}\dfrac{\partial g}{\partial x}=m\cdot\dfrac{d\varphi}{dg},\text{同理}\dfrac{\partial^2 u}{\partial x^2}=m^2\dfrac{d^2\varphi}{dg^2}\\ \dfrac{\partial u}{\partial y}=\dfrac{d\varphi}{dg}\dfrac{\partial g}{\partial y}=\dfrac{d\varphi}{dg},\text{同理}\dfrac{\partial^2 u}{\partial y^2}=\dfrac{d^2\varphi}{dg^2}\\ \dfrac{\partial^2 u}{\partial x\partial y}=m\cdot\dfrac{d^2\varphi}{dg^2}\end{cases}$$

帶入原 PDE 整理得 $Am^2\dfrac{d^2\varphi}{dg^2}+Bm\dfrac{d^2\varphi}{dg^2}+C\dfrac{d^2\varphi}{dg^2}=(Am^2+Bm+C)\dfrac{d^2\varphi}{dg^2}=0$，但 $\dfrac{d^2\varphi}{dg^2}\neq 0$，所以 $Am^2+Bm+C=0$ 稱爲**輔助方程式**、另稱 $\Delta=b^2-4ac$ 爲**判別式**。因此，根據輔助方程解的情況，有下列兩種分類：

(1) $\Delta\neq 0,\ m=m_1, m_2$（**兩相異根**）
則齊性解爲 $u_h(x,y)=\phi(y+m_1x)+\varphi(y+m_2x)$

(2) $\Delta=0,\ m=m_0, m_0$（**重根**）
則齊性解爲 $u_h(x,y)=\varphi(y+m_0x)+x\varphi(y+m_0x)$

以上求解此類 PDE 齊性解之求法稱爲 D'Alembert 解，以下用一個例子說明。

範例 1

求解下列偏微分方程式之一組波動之 D' Alembert 解，其中微分方程式爲 $\dfrac{\partial^2 u}{\partial x^2}=\dfrac{1}{c^2}\dfrac{\partial^2 u}{\partial t^2}$ 初始條件爲 $u(x,0)=F(x)$，$u_t(x,0)=G(x)$，且 $-\infty<x<\infty$。

解 (1) 令 $u=f(x+mt)\therefore\begin{cases}\dfrac{\partial^2 u}{\partial x^2}=f''(x+mt)\\ \dfrac{\partial^2 u}{\partial t^2}=m^2f''(x+mt)\end{cases}$，代入微分方程中

得 $f''(x+mt)=\dfrac{m^2}{c^2}f''(x+mt)\Rightarrow(1-\dfrac{m^2}{c^2})f''=0$

其輔助方程式：$1-\dfrac{m^2}{c^2}=0$，$\therefore m=\pm c$

$\therefore\quad u(x,t)=f(x+ct)+g(x-ct)$

(2) $u(x,t)=f(x+ct)+g(x-ct)$、$u_t(x,t)=cf'(x+ct)-cg'(x-ct)$，由 $u(x,0)=F(x)$

$\Rightarrow f(x)+g(x)=F(x)$；

由 $u_t(x,0)=G(x)\Rightarrow cf'(x)-cg'(x)=G(x)\Rightarrow f'(x)-g'(x)=\dfrac{1}{c}G(x)$

$\Rightarrow \int_a^x[f'(\tau)-g'(\tau)]d\tau=\int_a^x\dfrac{1}{c}G(\tau)d\tau\Rightarrow f(x)-f(a)-[g(x)-g(a)]=\dfrac{1}{c}\int_a^x G(\tau)d\tau$，

因此得　$f(x)-g(x)=\dfrac{1}{c}\int_a^x G(\tau)d\tau+f(a)-g(a)$

(3) $\begin{cases} f(x)+g(x)=F(x) \\ f(x)-g(x)=\dfrac{1}{c}\int_a^x G(\tau)d\tau+f(a)-g(a) \end{cases}$

$\Rightarrow f(x)=\dfrac{1}{2}F(x)+\dfrac{1}{2c}\int_a^x G(\tau)d\tau+\dfrac{1}{2}[f(a)-g(a)]$

$\Rightarrow g(x)=\dfrac{1}{2}F(x)-\dfrac{1}{2c}\int_a^x G(\tau)d\tau-\dfrac{1}{2}[f(a)-g(a)]$

$\therefore f(x+ct)=\dfrac{1}{2}F(x+ct)+\dfrac{1}{2c}\int_a^{x+ct} G(\tau)d\tau+\dfrac{1}{2}[f(a)-g(a)]$

$g(x-ct)=\dfrac{1}{2}F(x-ct)-\dfrac{1}{2c}\int_a^{x-ct} G(\tau)d\tau-\dfrac{1}{2}[f(a)-g(a)]$

$$\therefore u(x,t)=f(x+ct)+g(x-ct)=\frac{1}{2}F(x+ct)+\frac{1}{2}F(x-ct)+\frac{1}{2c}\int_{x-ct}^{x+ct}G(\tau)d\tau$$

$$=\frac{1}{2}[F(x+ct)+F(x-ct)]+\frac{1}{2c}\int_{x-ct}^{x+ct}G(\tau)d\tau$$

上式稱為波動方程式的 D'Alembert 解。　Q.E.D.

2. 特解

對於 $f(x, t) =$ 常數、e^{mx+ny}、$\cos(mx+ny)$、$\sin(mx+ny)$、$x^m y^n$，我們可參考表 2 提供的假設，以待定係數法求特解。若 u_p 的型式與齊性解相同時，則必須乘上 x^k 來修正，其中 k 為使 u_p 與 u_h 不同之最小正整數。

▼表 2

$f(x, y)$	k	e^{mx+ny}	$\cos(mx+ny)$	$\sin(mx+ny)$	$x^m y^n$
$u_p(x, y)$ 之假設	$ax^2+bxy+cy^2$	$A\cdot e^{mx+ny}$	$A\cdot\cos(mx+ny)$	$A\cdot\sin(mx+ny)$	x, y 之$(m+n+1)$次的齊次多項式

範例 2

求解偏微分方程 $\dfrac{\partial^2 u}{\partial x^2}-\dfrac{\partial^2 u}{\partial y^2}=x-y$ 。

解 (1) 求齊性解：因 $\dfrac{\partial^2 u}{\partial x^2}-\dfrac{\partial^2 u}{\partial y^2}=0$，得輔助方程式為 $m^2-1=0$，得 $m=\pm 1$，

故 $u_h(x,y)=\phi(y+x)+\varphi(y-x)$

(2) 求特解：$f(x,y)=x-y$ 為多項式，由假設表 2 知可令 $u_p=ax^3+bx^2y+cxy^2+dy^3$，

代入 PDE 中

得 $6ax+2by-2cx-6dy=x-y\Rightarrow(6a-2c)x+(2b-6d)y=x-y$

$\therefore\begin{cases}6a-2c=1\\2b-6d=-1\end{cases}$，令 $\begin{cases}c=0\\b=0\end{cases}\Rightarrow\begin{cases}a=\dfrac{1}{6}\\d=\dfrac{1}{6}\end{cases}$，

$\therefore\quad u_p=\dfrac{1}{6}(x^3+y^3)$

(3) 故 $u(x,y)=u_h(x,y)+u_p(x,y)=\phi(y+x)+\varphi(y-x)+\dfrac{1}{6}x^3+\dfrac{1}{6}y^3$ Q.E.D.

3. **逐項積分法**

若特解無法直接用上述的方法來假設，則可試著利用逐項直接積分法求解二階常係數線性 PDE，範例如下：

範例 3

求解下列偏微分方程如下：

$\dfrac{\partial^2 u}{\partial x^2}=xe^y$，$\begin{cases}u(0,y)=y^2\\u(1,y)=\sin y\end{cases}$。

解 (1) $\dfrac{\partial}{\partial x}(\dfrac{\partial u}{\partial x})=xe^y$，令 $\dfrac{\partial u}{\partial x}=v$，$\therefore\dfrac{\partial v}{\partial x}=xe^y\Rightarrow v(x,y)=\dfrac{1}{2}x^2e^y+f(y)$

$\therefore\dfrac{\partial u}{\partial x}=\dfrac{1}{2}x^2e^y+f(y)\Rightarrow u=\dfrac{1}{6}x^3e^y+x\cdot f(y)+g(y)$

(2) 由 $u(0,y)=y^2\Rightarrow g(y)=y^2$

$u(1,y)=\sin y\Rightarrow\dfrac{1}{6}e^y+f(y)+y^2=\sin y\Rightarrow f(y)=-\dfrac{1}{6}e^y-y^2+\sin y$

$\therefore u(x,y)=\dfrac{1}{6}x^3e^y+x\cdot(-\dfrac{1}{6}e^y-y^2+\sin y)+y^2$ Q.E.D.

10-1-4　結合變數法求解二階熱傳導 PDE

針對二階熱傳導 PDE，數學家研究了一種比較容易之解法，稱爲結合變數法，以下將用一個範例說明如下。

範例 4

求解下列熱傳導偏微分方程式 $\frac{\partial u}{\partial t}=D\frac{\partial^2 u}{\partial x^2}$，

邊界條件爲 $u(0,t)=c_0$，$u(\infty,t)=c_\infty$；初始條件爲 $u(x,0)=c_\infty$，$0\le x<\infty,\ 0\le t<\infty$

解 (1) 令 $u(x,t)=V(g)=V(\frac{x}{2\sqrt{Dt}})$，其中 $g=\frac{x}{2\sqrt{Dt}}$（結合變數的變數變換），

則由鏈鎖律發現

$$\begin{cases}\frac{\partial u}{\partial t}=\frac{dV}{dg}\cdot\frac{\partial g}{\partial t}=-\frac{x}{4\sqrt{D}}t^{-\frac{3}{2}}\cdot\frac{dV}{dg}=-\frac{x}{4\sqrt{Dt}}\cdot\frac{1}{t}\cdot\frac{dV}{dg}=-\frac{x}{4t\sqrt{Dt}}\cdot\frac{dV}{dg}\\ \frac{\partial u}{\partial x}=\frac{dV}{dg}\frac{\partial g}{\partial x}=\frac{1}{2\sqrt{Dt}}\cdot\frac{dV}{dg}\\ \frac{\partial^2 u}{\partial x^2}=\frac{1}{4Dt}\frac{d^2V}{dg^2}\end{cases}$$

代入 PDE 中整理得 $\frac{d^2V}{dg^2}+2g\frac{dV}{dg}=0$（透過變數變換，PDE 降解爲 ODE）而邊界條件變爲 $u(0,t)=c_0\Rightarrow V(g=0)=c_0$，且 $\begin{cases}u(\infty,t)=c_\infty\\ u(x,0)=c_\infty\end{cases}\Rightarrow V(g=\infty)=c_\infty$。

(2) 由 $\begin{cases}\frac{d^2V}{dg^2}+2g\frac{dV}{dg}=0\\ V(0)=c_0,V(\infty)=c_\infty\end{cases}$（二階變係數 ODE），

令 $\frac{dV}{dg}=H\Rightarrow\frac{dH}{dg}+2gH=0$（降階數），

令 $I(g)=e^{\int 2gdg}=e^{g^2}$（積分因子）$\Rightarrow(H\cdot e^{g^2})'=0\Rightarrow H\cdot e^{g^2}=c_1\Rightarrow H=c_1e^{-g^2}$，

$\therefore\quad \frac{dV}{dg}=H=c_1e^{-g^2}\Rightarrow V=c_1\int_0^g e^{-z^2}dz+c_2$

$\therefore\quad V=c_3\cdot\frac{2}{\sqrt{\pi}}\int_0^g e^{-z^2}dz+c_2\Rightarrow V=c_3erf(g)+c_2$

（其中誤差函數定義爲 $erf(g)=\frac{2}{\sqrt{\pi}}\int_0^g e^{-\mu^2}d\mu$）

接下來帶入邊界條件：因 $erf(0)=0$，$erf(\infty)=1$，故 $V(0)=c_0 \Rightarrow c_2=c_0$；

$V(\infty)=c_\infty \Rightarrow c_3\cdot 1+c_0=c_\infty \Rightarrow c_3=c_\infty-c_0$

$\therefore \quad V(g)=(c_\infty-c_0)erf(g)+c_0$

(3) 帶回 $g=\dfrac{x}{2\sqrt{Dt}}$ 還原變數

得解 $\quad u(x,t)=V(g)=(c_\infty-c_0)erf(\dfrac{x}{2\sqrt{Dt}})+c_0$ Q.E.D.

10-1 習題演練

基礎題

試決定下類偏微分方程之類型為雙曲線型、拋物線型或橢圓型。

1. $\dfrac{\partial^2 u}{\partial x^2}+\dfrac{\partial^2 u}{\partial x\partial y}+3\dfrac{\partial^2 u}{\partial y^2}=0$
2. $\dfrac{\partial^2 u}{\partial x^2}+4\dfrac{\partial^2 u}{\partial x\partial y}+3\dfrac{\partial^2 u}{\partial y^2}=0$
3. $\dfrac{\partial^2 u}{\partial x^2}+4\dfrac{\partial^2 u}{\partial x\partial y}+4\dfrac{\partial^2 u}{\partial y^2}=0$
4. $\dfrac{\partial^2 u}{\partial x^2}=4\dfrac{\partial^2 u}{\partial y^2}$
5. $\dfrac{\partial^2 u}{\partial x\partial y}-4\dfrac{\partial^2 u}{\partial y^2}+3\dfrac{\partial u}{\partial x}=0$
6. $\dfrac{\partial^2 u}{\partial x^2}+\dfrac{\partial^2 u}{\partial y^2}=u$
7. $\dfrac{\partial^2 u}{\partial x^2}=\dfrac{\partial u}{\partial t}$

進階題

1. 利用直接積分法求解下列偏微分方程
   $\dfrac{\partial^2 u}{\partial x\partial y}=x^2 y$，$\begin{cases} u(x,0)=x^2 \\ u(1,y)=\cos y \end{cases}$
2. 偏微分方程式為 $\dfrac{\partial^2 u}{\partial t^2}=\dfrac{\partial^2 u}{\partial x^2}$，初始條件為 $u(x,0)=F(x)=\begin{cases} \cos x, -\pi\le x\le\pi \\ 0, \text{其他} \end{cases}$，
   $\dfrac{\partial u}{\partial t}(x,0)=0$ 且 $-\infty<x<\infty$
   (1) 求解下列偏微分方程式之一組波動之 D' Alembert 解。
   (2) 求 $u(x,t)$在 $t=3$ 的解。
3. 求解下列常係數 PDE：
   $\dfrac{\partial^4 u}{\partial x^4}+2\dfrac{\partial^4 u}{\partial x^2\partial y^2}+\dfrac{\partial^4 u}{\partial y^4}=0$
4. 求解下列常係數 PDE：$\dfrac{\partial^2 u}{\partial x^2}=\dfrac{\partial^2 u}{\partial t^2}+12t^2$
5. 求解下列熱傳導偏微分方程式
   $\dfrac{\partial T}{\partial t}=\alpha\dfrac{\partial^2 T}{\partial x^2}$，初始條件為 $T(x,0)=0$，
   邊界條件為 $T(0,t)=1$，$T(\infty,t)=1$，
   $0\le x<\infty$，$0\le t<\infty$

10-2 分離變數法求解二階 PDE

未知函數中的自變數之間，在適當的邊界條件下可以進行解耦，其中最常見的條件是邊界條件爲齊性（一般爲 0），本節要處理的 PDE 以算子 $\Delta=\nabla^2$ 如表 3：

▼表 3

波動方程式（Wave equation）	$\nabla^2 u=\frac{1}{c^2}\frac{\partial^2 u}{\partial t^2}$	一維 $\frac{\partial^2 u}{\partial x^2}=\frac{1}{c^2}\frac{\partial^2 u}{\partial t^2}$ 三維 $\frac{\partial^2 u}{\partial x^2}+\frac{\partial^2 u}{\partial y^2}+\frac{\partial^2 u}{\partial z^2}=\frac{1}{c^2}\frac{\partial^2 u}{\partial t^2}$
熱傳導方程式（Heat equntion）	$\nabla^2 u=\frac{1}{\alpha^2}\frac{\partial u}{\partial t}$	一維 $\frac{\partial^2 u}{\partial x^2}=\frac{1}{\alpha^2}\frac{\partial u}{\partial t}$ 三維 $\frac{\partial^2 u}{\partial x^2}+\frac{\partial^2 u}{\partial y^2}+\frac{\partial^2 u}{\partial z^2}=\frac{1}{\alpha^2}\frac{\partial u}{\partial t}$
拉普拉斯方程式（Laplace equation）	$\nabla^2 u=0$	二維 $\nabla^2 u=\frac{\partial^2 u}{\partial x^2}+\frac{\partial^2 u}{\partial y^2}=0$

10-2-1　分離變數法求解波動方程

我們在前一小節推導了一條弦的波動方程式，其可以用來描述小提琴之琴弦的波動狀態，接著我們將說明如何利用分離變數法來求解它。此波動方程式之未知函數 $u(x,t)$表示不同位置的琴弦在不同時間之振動位移（撓度），在此我們只考慮一維（x 方向）之位置，其方程式爲 $\frac{\partial^2 u}{\partial x^2}=\frac{1}{c^2}\frac{\partial^2 u}{\partial t^2}$ ，$c^2=\frac{T}{\rho}$，若弦的兩端在 $x=0$ 與 $x=l$ 處爲固定（綁住），則我們可得其邊界條件爲 $u(0,t)=u(l,t)=0$，另外弦的運動有賴於初始的位移及速度，我們可以假設其初始位移$(t=0)$爲 $f(x)$，而其初始速度爲 $\frac{\partial u}{\partial t}(x,0)=g(x)$，則描述琴弦的波動方程式爲：

$$\begin{aligned}
&\text{DE}：\frac{\partial^2 u}{\partial x^2}=\frac{1}{c^2}\frac{\partial^2 u}{\partial t^2}(0<x<l,t>0)\\
&\text{BC}：u(0,t)=u(l,t)=0\\
&\text{IC}：u(x,0)=f(x),u_t(x,0)=g(x)
\end{aligned}$$

接著將利用分離變數法求解，我們假設 $u(x, t)$之自變數 x 與 t 可分離成 $F(x)$與 $H(t)$ 即令 $u(x,t)=F(x)H(t)$，代入微方方程 DE 中，則原式變成 $F''(x)H(t)=\frac{1}{c^2}F(x)H''(t)$，左右兩側同除 $F(x)H(t)$得 $\frac{F''(x)}{F(x)}=\frac{1}{c^2}\frac{H''(t)}{H(t)}$，由於等號左右兩側分別為 x 與 t 的函數，若要相等，則勢必要為常數函數，即 $\frac{F''(x)}{F(x)}=\frac{1}{c^2}\frac{H''(t)}{H(t)}=-\lambda$（常數），因此可得兩個 ODE 為 $\begin{cases}F''(x)+\lambda F(x)=0\\H''(t)+c^2\lambda H(t)=0\end{cases}$，再由 PDE 的 BC 告訴我們：$u(0, t) = F(0)H(t) = 0$，則 $F(0) = 0$、$u(l, t) = F(l)H(t) = 0$，則 $F(l) = 0$，故由自變數 x 可得其 ODE 可形成邊界值問題為 $\begin{cases}F''(x)+\lambda F(x)=0\\F(0)=F(l)=0\end{cases}$，針對此邊界值問題可分三種情況討論。假設 BVP 中的特徵值為 λ：

1. **$\lambda<0$**

   $\lambda=-p^2\ \ (p>0)$，$F''-p^2F=0$，$\therefore F(x)=c_1\cosh px+c_2\sinh px$，又 $F(0)=0\Rightarrow c_1=0$
   $F(l)=0\Rightarrow c_2\sinh px=0\Rightarrow c_2=0$，

   則　　$F(x)=0$

   此種解由 DE 中即可看出，其不是我們所要的，此種解亦稱為當然解。

2. **$\lambda=0$**

   $F''(x)=0\ \therefore F(x)=c_1+c_2x$，又 $F(0)=0\Rightarrow c_1=0$，$F(l)=0\Rightarrow c_2=0$

   則　　$F(x)=0$

   $\Rightarrow$ 零解，亦為當然解。

3. **$\lambda>0$**

   $\lambda=p^2(P>0)\Rightarrow F''(x)+p^2F=0$，$F(x)=c_1\cos px+c_2\sin px$，又 $F(0)=0\Rightarrow c_1=0$，
   $F(l)=0\Rightarrow c_2\sin pl=0$，若 $c_2\neq 0$，$\therefore \sin pl=0$，$\therefore p=\frac{n\pi}{l}$，$n=1, 2, 3,\cdots$

   則　　$F(x)=c_2\sin\frac{n\pi}{l}x$，$\lambda=(\frac{n\pi}{l})^2, n=1, 2, 3,\cdots$

   此為非零解，由於解與 n 有關，我們可以寫成 $F_n(x)=c_2\sin\frac{n\pi}{l}x$，$n=1, 2, 3,\cdots$

因此將 3.中的 $\lambda=(\frac{n\pi}{l})^2$ 代入 $H''(t)+c^2\lambda H(t)=0$ 中得 $H''+(\frac{cn\pi}{l})^2 H=0$，

$\therefore H_n(t)=d_1\cos\frac{cn\pi}{l}t+d_2\sin\frac{cn\pi}{l}t$，所以可得 $F(x)$與 $H(t)$之解為

$$\begin{cases} F_n(x)=c_2\sin\frac{n\pi}{l}x,\ n=1,2,3,\cdots \\ H_n(t)=d_1\cos(\frac{cn\pi}{l}t)+d_2\sin(\frac{cn\pi}{l}t),\ n=1,2,3,\cdots \end{cases}$$

，因此對自然數 n，我們有

$u_n(x,t)=F_n(x)\cdot H_n(t)=[A_n\cos(\frac{cn\pi}{l}t)+B_n\sin(\frac{cn\pi}{l}t)]\sin\frac{n\pi}{l}x$，$n=1,2,3,\cdots$，這些函數稱為振動弦的**特徵函數**，而 $\lambda_n=(\frac{n\lambda}{l})^2$ 稱為**特徵值**，而 $\{\lambda_1,\lambda_2,\lambda_3,\cdots\}$ 稱為弦的**振動頻譜**。由於 $n=1,2,3,\cdots$所對應之特徵函數均為其解，則以重疊原理可知其通解為

$u(x,t)=\sum_{n=1}^{\infty}[A_n\cos(\frac{cn\pi}{l}t)+B_n\sin(\frac{cn\pi}{l}t)]\cdot\sin(\frac{n\pi}{l}x)$，計算 $\frac{\partial}{\partial t}$ 得

$u_t(x,t)=\sum_{n=1}^{\infty}[-A_n\frac{cn\pi}{l}\sin(\frac{cn\pi}{l}t)+B_n\frac{cn\pi}{l}\cos(\frac{cn\pi}{l}t)]\sin(\frac{n\pi}{l}x)$，因此帶入初始條件得：

$u(x,0)=f(x)\Rightarrow f(x)=\sum_{n=1}^{\infty}A_n\sin(\frac{n\pi}{l}x)$；$u_t(x,0)=g(x)\Rightarrow g(x)=\sum_{n=1}^{\infty}B_n\frac{cn\pi}{l}\sin(\frac{n\pi}{l}x)$，

因此利用特徵函數的正交性得通解中所需係數如下：

$$\begin{cases} A_n=\dfrac{\langle f(x),\sin\frac{n\pi}{l}x\rangle}{\langle\sin\frac{n\pi}{l}x,\sin\frac{n\pi}{l}x\rangle}=\dfrac{2}{l}\int_0^l f(x)\sin\frac{n\pi}{l}xdx \\ B_n\dfrac{cn\pi}{l}=\dfrac{2}{l}\int_0^l g(x)\sin\frac{n\pi}{l}xdx\Rightarrow B_n=\dfrac{2}{cn\pi}\int_0^l g(x)\sin\frac{n\pi}{l}xdx \end{cases}$$

定理 10-2-1　波動方程的解

在 BC：$u(0,t)=u(l,t)=0$ 及 IC：$u(x,0)=f(x)$，$u_t(x,0)=g(x)$ 的限制下，波動方程式 $\frac{\partial^2 u}{\partial x^2}=\frac{1}{c^2}\frac{\partial^2 u}{\partial t^2}$ $(0<x<l,\ t>0)$的通解為：

$$u(x,t)=\sum_{n=1}^{\infty}[A_n\cos(\frac{cn\pi}{l}t)+B_n\sin(\frac{cn\pi}{l}t)]\cdot\sin(\frac{n\pi}{l}x)$$

其中 $A_n=\frac{2}{l}\int_0^l f(x)\sin\frac{n\pi}{l}xdx$，$B_n=\frac{2}{cn\pi}\int_0^l g(x)\sin\frac{n\pi}{l}xdx$。

例如，當 $\ell=\pi$，$c=5$，$f(x)=\sin 2x$，$g(x)=\pi-x$ 時代入上述 A_n、B_n 的公式得 $A_2=1$、$B_n=\dfrac{2}{5n^2}$，故 $u(x,t)=\cos(10t)\sin(2x)+\sum_{n=1}^{\infty}\dfrac{2}{5n^2}\sin(5nt)\sin(nx)$。經過以上由分離變數法求解波動方程的計算過程，我們可以將分離變數法解 PDE 的方法與流程整理如下一小節。

10-2-2 分離變數法求解 PDE 之方法與流程

Step1 透過假設變數可分離將 PDE 化成數個聯立的 ODE。例如：令 $u(x, t) = F(x)H(t)$代入 PDE 中，可以分離成兩類 ODE 為 $\begin{cases}\text{位置函數}F(x)\ \text{ODE}\\ \text{時間函數}H(t)\ \text{ODE}\end{cases}$

Step2 利用位置函數 $F(x)$的積分因子結合邊界值問題，求出特徵函數及特徵值。

Step3 將 $F(x)$的特徵值代入時間函數 $H(x)$的 ODE 中，解出時間函數。

Step4 根據重疊原理寫下 PDE 之通解。

Step5 由初始條件配合傅立葉級數（有限域）或傅立葉積分（無窮域）求出 $u(x, t)$中之待定參數。

接下來，我們將討論當此弦的長度非常長時，例如像跨海大橋的鐵纜線，此時可以視為半無窮域的波動方程式，其求解過程中會用到傅立葉積分，我們可以利用下列範例來說明。

範例 1

求解下列 PDE：

DE：$\dfrac{\partial^2 u}{\partial t^2}=c^2\dfrac{\partial^2 u}{\partial x^2}$, $0<x<\infty$（此為半無窮域）, $t>0$

BC：$u(0, t) = 0$, $u(\infty, t)$有界（由於物理系統之振動位移雖然在無窮遠處可能無法量測，但可設為有限值）

IC：$u(0, t) = f(x)$, $u_t(x, 0) = g(x)$

解 (1) 令 $u(x, t) = F(x)H(t)$代入 DE 中 $\Rightarrow FH''=c^2F''H$ 左右同除

$$c^2FH \Rightarrow \frac{H''}{c^2H}=\frac{F''}{F}=-\lambda \Rightarrow \begin{cases}F''+\lambda F=0\\ H''+\lambda c^2H=0\cdots①\end{cases}$$

由 BC：$u(0, t) = F(0)H(t) = 0 \Rightarrow F(0) = 0$；$u(\infty, t) = F(\infty)H(t)$有界，$\therefore F(\infty)$有界

(2) 由 $F''+\lambda F=0$, $F(0)=0$, $F(\infty)$有界形成半無窮域邊界值問題，此解討論如下：

① $\lambda<0$，

$\lambda=-w^2(w>0)\Rightarrow F''-w^2F=0$，$\therefore F(x)=c_1e^{wx}+c_2e^{-wx}$ 在求解時，無窮域使用指數，有限域用 $\sinh x$, $\cosh x$ 比較容易，由 $F(0)=0\Rightarrow c_1+c_2=0$，$F(\infty)$有界 $\Rightarrow c_1=0$，$\therefore c_2=0$ 故 $F(x)=0\Rightarrow$ 爲零解（當然解，不是我們想要的）

② $\lambda=0\Rightarrow$

$F''=0$，$\therefore F(x)=c_1+c_2x$ 由 $F(0)=0\Rightarrow c_1=0$，$F(\infty)$有界 $\Rightarrow c_2=0$ $\therefore F(x)=0$ 爲零解，亦爲當然解，也不是我們想要的

③ $\lambda=w^2>0$（$0<w<\infty$），

$F''+w^2F=0$，$\therefore F(x)=c_1\cos wx+c_2\sin wx$，由 $F(0)=0\Rightarrow c_1=0$，$F(\infty)$有界 $\Rightarrow F(\infty)=c_2\sin wx$ 有界，$\therefore F(x)=c_2\sin wx$，$0<w<\infty$，$\lambda=w^2$，$0<w<\infty$，$\therefore$將 $\lambda=w^2$ 代入①中 $\Rightarrow H''+c^2w^2H=0$，$\therefore H_w(t)=d_1\cos cwt+d_2\sin cwt$ 可得 $F(x)$與 $H(t)$之通解

爲 $\begin{cases}F_w(x)=c_2\sin wx,\ 0<w<\infty\\ H_w(t)=d_1\cos cwt+d_2\sin cwt,\ 0<w<\infty\end{cases}$

(3) $u_w(x,t)=F_w(x)\cdot H_w(t)=(A_w\cos cwt+B_w\sin cwt)\cdot\sin wx$，其中 $0<x<\infty$，因爲是連續系統，由重疊原理可知：

$$u(x,t)=\int_0^\infty u_w(x,t)dw=\int_0^\infty[A_w\cos cwt+B_w\sin cwt]\sin wxdw\cdots②$$

$$u_t(x,t)=\int_0^\infty[-cwA_w\sin cwt+cwB_w\cos cwt]\sin wxdw$$

(4) 由初始條件可知：$u(x,0)=f(x)\Rightarrow f(x)=\int_0^\infty A_w\cdot\sin wxdw$（傅立葉正弦積分）

$$\therefore\quad A_w=\frac{2}{\pi}\int_0^\infty f(x)\sin wxdx$$

$$u_t(x,0)=g(x)\Rightarrow g(x)=\int_0^\infty cw\cdot B_n\cdot\sin wxdw\Rightarrow cw\cdot B_n=\frac{2}{\pi}\int_0^\infty g(x)\sin wxdx$$

$\therefore\quad B_w=\dfrac{2}{cw\pi}\displaystyle\int_0^\infty g(x)\sin wxdx$，將 A_w 與 B_w 代入②中可得 $u(x,t)$　Q.E.D.

由本題之求解，我們得到半無窮域之邊界值問題，其中常見之半無窮域的邊界值問題述爲表 4 中的兩種，我們在範例中已經介紹了第一種，第二種可由讀者自行練習。

▼表 4

	DE	BC	特徵函數與特徵值
(1)	$y''+\lambda y=0$	$y(0)=0$, $y(\infty)$有界	$\sin wx$, $\lambda=w^2$, $0<w<\infty$
(2)	$y''+\lambda y=0$	$y'(0)=0$, $y(\infty)$有界	$\sin wx$, $\lambda=w^2$, $0\le w<\infty$

10-2-3 分離變數法求解熱傳導方程

我們在前面一小節推導了弦的波動方程式，而在物理系統還有另外一個也是很常見的偏微分方程，其即爲熱傳導方程式，或是濃度擴散方程式。考慮一個如圖 10-3 之圓鐵棒，其截面積爲 A，且長度在 $x \in [0, l]$區間爲均勻的鐵棒。爲了方便物理系統的推導，我們假設

(1) 鐵棒內只有 x 方向有熱傳導。

(2) 鐵棒週邊的圓柱面爲絕熱，即熱不會由曲面散失。

(3) 鐵棒內無熱源產生。

(4) 鐵棒爲均質，其密度（單位體積之質量）爲ρ（常數）。

(5) 鐵棒之材質的比熱爲 r，熱傳導係數 k 爲常數。

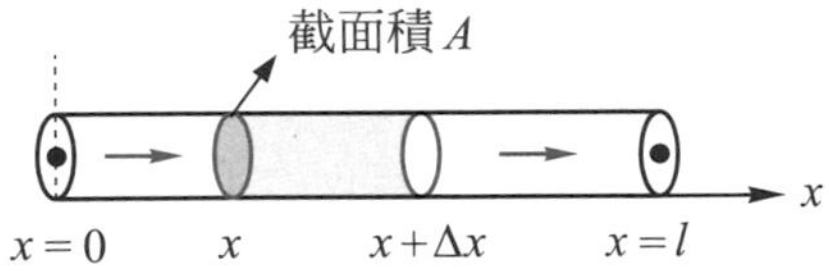

截面積 A

$x=0$　x　$x+\Delta x$　$x=l$　x

▲圖 10-3

則在質量爲 m 之元素中的熱量 Q 爲 $Q=rmu$，其中 $u(x,t)$爲鐵棒之溫度分佈，由於截面的熱傳導率 Q_t與截面積 A 及溫度 $u(x,t)$對 x 的偏導數成正比，則$Q_t=-kA\dfrac{\partial u}{\partial x}$（稱式①）其中負號表示熱傳導是由高溫到低溫之遞減方向，由 x 與 $x+\Delta x$ 爲非常接近之截面，其溫度可均視爲 $u(x,t)$，則$Q=r\rho A(u\cdot\Delta x)$，其中 $m=\rho(A\Delta x)$ 爲此微小 Δx 變化內之鐵棒質量。此外當熱傳導是沿著正 x 方向，則式①等號右邊在 Δx 內的變化可以寫成：

$$-kAu_x(x,t)-[-kAu_x(x+\Delta x,t)]=kA[u_x(x+\Delta x,t)-u_x(x,t)]$$

由$Q=r\rho A(u\cdot\Delta x)$對 t 取偏微分可得：$Q_t=r\rho A(\Delta x)\cdot\dfrac{\partial u}{\partial t}$

$\therefore r\rho A(\Delta x)\dfrac{\partial u}{\partial t}=kA[u_x(x+\Delta x,t)-u_x(x,t)]$，即$\dfrac{k}{r\rho}\dfrac{u_x(x+\Delta x,t)-u_x(x,t)}{\Delta x}=\dfrac{\partial u}{\partial t}$，取 $\Delta x\to 0$，可得：$\dfrac{k}{r\rho}\dfrac{\partial^2 u}{\partial x^2}=\dfrac{\partial u}{\partial t}$。令$\dfrac{k}{r\rho}=c^2$爲一常數，其稱爲熱傳導（擴散）率，則熱傳導方程式可以寫成$\dfrac{\partial^2 u}{\partial x^2}=\dfrac{1}{c^2}\dfrac{\partial u}{\partial t}$，若是在兩端的鐵棒溫度爲 0，且鐵棒之初始溫度爲$f(x)$，則我們可以將其描述如下列 PDE，並進行分離變數法求解。

DE：$\dfrac{\partial^2 u}{\partial x^2}=\dfrac{1}{c^2}\dfrac{\partial u}{\partial t}, 0<x<l, t>0$

BC：$u(0,t)=u(l,t)=0$

IC：$u(x,0)=f(x)$

求解

我們假設溫度分佈函數 $u(x, t)$中變數 x 與 t 可分離，則

(1) 令 $u(x, t) = F(x)H(t)$代入 DE 中 $\Rightarrow F''H = \frac{1}{c^2}F\dot{H}$ ，同除 FH $\Rightarrow \frac{F''}{F} = \frac{1}{c^2}\frac{\dot{H}}{H} = -\lambda$ （常數）

$\Rightarrow \begin{cases} F'' + \lambda F = 0 \\ \dot{H} + c^2\lambda H = 0 \cdots ① \end{cases}$ 現在由 BC

可得 BVP $\begin{cases} F'' + \lambda F = 0 \\ F(0) = F(l) = 0 \end{cases}$ 。

(2) 同範例 1 的作法，先求得特徵函數後分別寫下 $F_n(x)$、$H_n(t)$：

$F_n(x) = c_2 \sin(\frac{n\pi}{l}x)$ ，$\lambda = (\frac{n\pi}{l})^2$ ，$n = 1, 2, 3, \cdots$ 。將 $\lambda = (\frac{n\pi}{l})^2$ 代入①中

$\Rightarrow \dot{H} + (\frac{cn\pi}{l})^2 H = 0$ ，$H_n(t) = d_1 \cdot \exp[-(\frac{cn\pi}{l})^2]t$

$\therefore \quad \begin{cases} F_n(x) = c_2 \sin(\frac{n\pi}{l}x), n = 1, 2, 3, \cdots \\ H_n(t) = d_1 e^{-(\frac{n\pi c}{l})^2 t}, n = 1, 2, 3, \cdots \end{cases}$

(3) 特徵函數 $u_n(x, t) = F_n(x) \cdot H_n(t) = A_n \cdot e^{-(\frac{cn\pi}{l})^2 t} \cdot \sin(\frac{n\pi}{l}x)$ ，$n = 1, 2, 3, \cdots$ ，由重疊原理

可知： $u(x, t) = \sum_{n=1}^{\infty} A_n \cdot e^{-(\frac{cn\pi}{l})^2 t} \cdot \sin(\frac{n\pi}{l}x) \cdots ①$

(4) 由初始條件：$u(x, 0) = f(x) \Rightarrow f(x) = \sum_{n=1}^{\infty} A_n \cdot \sin(\frac{n\pi}{l}x)$

$\therefore \quad A_n = \frac{2}{l}\int_0^l f(x)\sin(\frac{n\pi}{l}x)dx$

將 A_n 代入②中可得 $u(x, t)$

定理 10-2-2　熱傳導方程的解

在 BC：$y(0, t) = u(l, t) = 0$ 及 IC：$u(x, 0) = f(x)$的限制下，熱傳導方程式 $\frac{\partial^2 u}{\partial x^2} = \frac{1}{c^2}\frac{\partial^2 u}{\partial t^2}$

$(0 < x < l, t > 0)$的通解爲：$u(x, t) = \sum_{n=1}^{\infty} A_n e^{-(\frac{cn\pi}{\ell})^2} \sin(\frac{n\pi}{l}x)$ ，其中

$A_n = \frac{2}{l}\int_0^l f(x)\sin(\frac{n\pi}{l}x)dx$ 。

在實際應用上，若 $l=80$，初始溫度 $u(x,0)=f(x)=100\sin(\frac{\pi}{80}x)$，則

$u(x,t)=\sum_{n=1}^{\infty}A_n\cdot e^{-(\frac{cn\pi}{80})^2t}\cdot\sin(\frac{n\pi}{80}x)$，由 $u(x,0)=f(x)=100\cdot\sin(\frac{\pi}{80}x)=\sum_{n=1}^{\infty}A_n\cdot\sin(\frac{n\pi}{80}x)$（只有在 $n=1$ 時有值）$\Rightarrow n=1$ 時 $\Rightarrow A_1=100$；$n\neq 1$ 時 $\Rightarrow A_n=0$

$\therefore u(x,t)=A_1\cdot e^{-(\frac{c\pi}{80})^2t}\cdot\sin(\frac{\pi}{80}x)=100\cdot e^{-(\frac{c\pi}{80})^2t}\cdot\sin(\frac{\pi}{80}x)$

我們在前面是假設鐵棒在兩端（$x=0$ 與 $x=\ell$）之溫度為 0，但是在我們常用的保溫裝置中，會出現兩端絕熱的情形，即在 $x=0$ 與 $x=l$ 存在 $\frac{\partial u}{\partial x}(0,t)=\frac{\partial u}{\partial x}(l,t)=0$ 之情形，其求解如以下範例。

範例 2

求解下列 PDE

DE：$\frac{\partial^2 u}{\partial x^2}=\frac{1}{c^2}\frac{\partial u}{\partial t}, 0<x<l, t>0$；BC：$u_x(0,t)=u_x(l,t)=0$（兩端絕熱）；

IC：$u_x(x,0)=f(x)$

解 (1) 令 $u_x(x,t)=F(x)H(t)$ 代入 DE 中 $\Rightarrow F''H=\frac{1}{c^2}F\cdot\dot{H}$，同除

$FH\Rightarrow\frac{F''}{F}=\frac{1}{c^2}\frac{\dot{H}}{H}=-\lambda\Rightarrow\begin{cases}F''+\lambda F=0\\ \dot{H}+c^2\lambda H=0\end{cases}$，由

BC 得 $u_x(0,t)=F'(0)H(t)=0\Rightarrow F'(0)=0$

$u_x(l,t)=F'(l)H(t)=0\Rightarrow F'(l)=0$

(2) 解 $\begin{cases}F''+\lambda F=0\\ F'(0)=F'(l)=0\end{cases}$：

① 令 $\lambda<0$，$\lambda=-p^2\left(p>0\right)\Rightarrow F''-p^2F=0$，$\therefore F(x)=c_1\cosh px+c_2\sinh px$

$\Rightarrow F'(x)=c_1p\sinh px+c_2p\cosh px$，

由 $F'(0)=0\Rightarrow c_2=0$，$F'(l)=0\Rightarrow c_1=0$，$\therefore F(x)=0$ 為零解

② $\lambda=0$，$\therefore F(x)=c_1+c_2x$，$F'(x)=c_2$，又 $F'(0)=0=F'(l)\Rightarrow c_2=0$，

$\therefore F(x)=c_1$，特徵函數 $F_0(x)=c_1\cdot 1$

③ $\lambda>0$, $\lambda=p^2\,(p>0)\Rightarrow F''+p^2F=0\Rightarrow F(x)=c_1\cos px+c_2\sin px$

$\Rightarrow F'(x)=-c_1p\sin px+c_2p\cos px$

又 $F'(0)=0\Rightarrow c_2=0$，$F'(l)=0\Rightarrow c_1p\sin pl=0$，若 $c_1\neq 0$，$\therefore\sin pl=0$，

$\therefore\ pl=n\pi,\ \ p=\frac{n\pi}{l}, n=1,2,3,\cdots$，$\therefore F(x)=c_1\cos(\frac{n\pi}{l}x), n=1,2,3,\cdots$，

$$\therefore F_n(x)=\begin{cases} c_1,\lambda=0,n=0 \\ c_1\cos(\frac{n\pi}{l}x),\lambda=(\frac{n\pi}{l})^2,n=1,2,3,\cdots \end{cases}$$ ，將 $\lambda=(\frac{n\pi}{l})^2$ 代入

$\dot{H}+c^2\lambda H=0$ 中 $\Rightarrow \dot{H}+(\frac{cn\pi}{l})^2 H=0$ ，

$$\therefore \quad H_n(t)=d_1 e^{-(\frac{cn\pi}{l})^2 t},n=1,2,\cdots$$

且 $$F_n(x)=\begin{cases} c_1,n=0 \\ c_1\cos(\frac{n\pi}{l}x),n=1,2,3,\cdots \end{cases}$$

(3) $u_n(x,t)=F_n(x)H_n(t)=A_0+A_n e^{-(\frac{cn\pi}{l})^2 t}\cdot\cos(\frac{n\pi}{l}x)$ ，由重疊原理可知：

$$u(x,t)=A_0+\sum_{n=1}^{\infty}A_n e^{-(\frac{cn\pi}{l})^2 t}\cdot\cos(\frac{n\pi}{l}x)\cdots①$$

(4) 由初始條件：$u(x,0)=f(x)\Rightarrow f(x)=A_0+\sum_{n=1}^{\infty}A_n\cos(\frac{n\pi}{l}x)$（傅立葉餘弦級數）

故得 $$\begin{cases} A_0=\frac{1}{l}\int_0^l f(x)dx \\ A_n=\frac{2}{l}\int_0^l f(x)\cdot\cos(\frac{n\pi}{l}x)dx \end{cases}$$

將 A_0 與 A_n 代入①中，可得 $u(x,t)$　Q.E.D.

10-2-4　分離變數法求解穩態二維熱傳導問題

接著我們討論穩態二維熱傳導問題，對於熱傳導方程式 $\nabla^2 u=\frac{1}{c^2}\frac{\partial u}{\partial t}$ ，若系統熱傳導達到穩態，則其溫度 u 與時間 t 無關，則我們可得 $\frac{\partial u}{\partial t}=0$ ，即 $\nabla^2 u=0$ ，若我們考慮二維的熱傳導方程式，則可得 $\nabla^2 u=\frac{\partial^2 u}{\partial x^2}+\frac{\partial^2 u}{\partial y^2}=0$ ，此稱爲拉普拉斯方程（Laplace 方程式）。

若令此時的溫度分佈 $u=T(x,t)$，且其溫度分佈在 xy 平面之區域 R（$0\le x\le a$，$0\le y\le b$）存在 $T(0,y)=T(a,y)=0$，$T(x,0)=0$，且 $T(x,b)=f(x)$，則其可描述爲下列 PDE，我們亦可用分離度數法求解此 Laplace 方程式。

DE：$\frac{\partial^2 T}{\partial x^2}+\frac{\partial^2 T}{\partial y^2}=0$

BC：$T(0,y)=T(a,y)=0=T(x,0)=0$

$T(x,b)=f(x)$

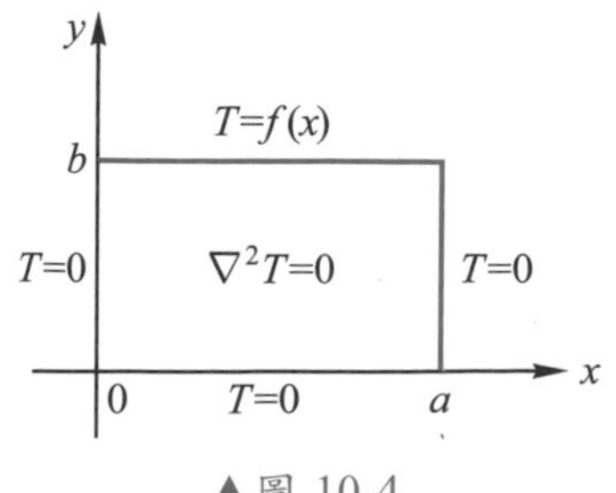

▲圖 10-4

求解

STEP1 令 $T(x,y)=F(x)Q(y)$ 代入 DE 中 $\Rightarrow F''Q+FQ''=0\Rightarrow F''Q=-FQ''$，同除 FQ

$\Rightarrow \dfrac{F''(x)}{F(x)}=-\dfrac{Q''(y)}{Q(y)}=-\lambda\Rightarrow\begin{cases}F''(x)+\lambda F(x)=0\\ Q''(y)-\lambda Q(y)=0\end{cases}$。接下來代入 BC 後發現：

$T(0,y)=F(0)Q(y)=0\Rightarrow F(0)=0$；$T(a,y)=F(a)Q(y)=0\Rightarrow F(a)=0$；

$T(x,0)=F(x)Q(0)=0\Rightarrow Q(0)=0$

因此得齊性 BVP $\begin{cases}F''+\lambda F=0\\ F(0)=F(a)=0\end{cases}$

抽象的說，x 方向為齊性，故用 x 方向展開。

STEP2 接下來求特徵函數：

(1) $\lambda=-p^2(p>0)\Rightarrow$ 零解；(2) $\lambda=0\Rightarrow$ 零解；

(3) $\lambda=p^2\ (p>0)\Rightarrow F''+p^2F=0$，$F(x)=c_1\cos px+c_2\sin px$，

由 $F(0)=0\Rightarrow c_1=0$；$F(a)=0\Rightarrow c_2\sin pa=0$，又 $c_2\neq 0$，

$\therefore \sin pa=0\Rightarrow pa=n\pi$，故 $p=\dfrac{n\pi}{a}$，

$\therefore F_n(x)=c_2\sin(\dfrac{n\pi}{a}x),\ n=1,2,3,\cdots$，$p^2=\lambda=(\dfrac{n\pi}{a})^2$，將 λ 代入

$Q''-\lambda Q=0\Rightarrow Q''(y)-(\dfrac{n\pi}{a})^2Q(y)=0$，$\therefore Q(y)=d_1\sinh(\dfrac{n\pi}{a}y)+d_2\cosh(\dfrac{n\pi}{a}y)$。

由 $Q(0)=0\Rightarrow d_2=0$，

$$\therefore\quad Q_n(y)=d_1\sinh(\frac{n\pi}{a}y)=d_3\frac{\sinh(\frac{n\pi}{a}y)}{\sinh(\frac{n\pi}{a}b)}$$

STEP3 $T_n(x,y)=F_n(x)Q_n(y)=A_n\cdot\dfrac{\sinh(\frac{n\pi}{a}y)}{\sinh(\frac{n\pi}{a}b)}\cdot\sin(\dfrac{n\pi}{a}x),\ n=1,2,3,\cdots$，故由重疊原理

可知 $$T(x,y)=\sum_{n=1}^{\infty}A_n\cdot\frac{\sinh(\frac{n\pi}{a}y)}{\sinh(\frac{n\pi}{a}b)}\cdot\sin(\frac{n\pi}{a}x)\cdots①$$

STEP4 由 $T(x,b)=f(x)=\sum_{n=1}^{\infty}A_n\cdot\sin(\dfrac{n\pi}{a}x)$，

$$A_n=\frac{2}{a}\int_0^a f(x)\sin(\frac{n\pi}{a}x)dx$$

將 A_n 代入①中可得 $T(x,y)$

定理 10-2-3 拉普拉斯方程的解

在 BC：$T(0, y) = T(a, y) = T(x, 0) = 0, T(x, b) = f(x)$的限制下，拉普拉斯方程 $\dfrac{\partial^2 T}{\partial x^2} + \dfrac{\partial^2 T}{\partial y^2} = 0$ 的通解為：

$$T(x, y) = \sum_{n=1}^{\infty} A_n \frac{\sinh(\frac{n\pi}{a} y)}{\sinh(\frac{n\pi}{a} b)} \cdot \sin(\frac{n\pi}{a} x)$$，

其中 $A_n = \dfrac{2}{a} \displaystyle\int_0^a f(x) \sin(\frac{n\pi}{a} x) dx$ 。

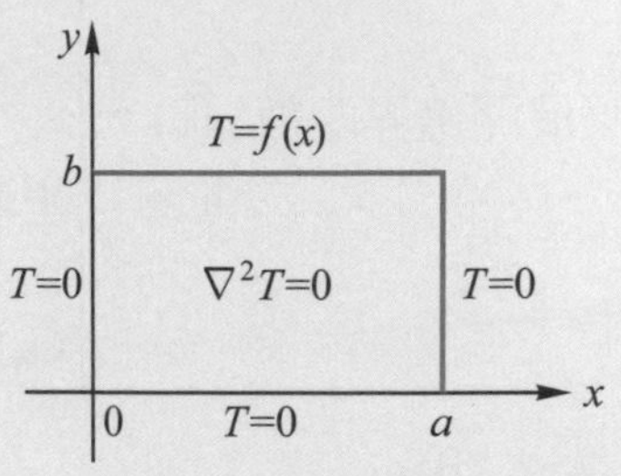

10-2-5 拉普拉斯方程式的解法整理

常見之拉普拉斯方程式包含以下四類：

1. DE：$\dfrac{\partial^2 u}{\partial x^2} + \dfrac{\partial^2 u}{\partial y^2} = 0$ ；BC：$u(0, y) = u(a, y) = u(x, 0) = 0$ 、$u(x, b) = f(x)$

傅立葉展開邊界函數 $f(x)$：

$$\begin{cases} u(x, y) = \displaystyle\sum_{n=1}^{\infty} A_n \cdot \frac{\sinh(\frac{n\pi}{a} y)}{\sinh(\frac{n\pi}{a} b)} \cdot \sin(\frac{n\pi}{a} x) \\ A_n = \dfrac{2}{a} \displaystyle\int_0^a f(x) \sin(\frac{n\pi}{a} x) dx \end{cases}$$

2. DE：$\dfrac{\partial^2 u}{\partial x^2} + \dfrac{\partial^2 u}{\partial y^2} = 0$ ；BC：$u(0, y) = u(a, y) = u(x, b) = 0$ 、$u(0, x) = f(x)$

傅立葉展開邊界函數 $f(x)$：

$$\begin{cases} u(x) = \displaystyle\sum_{n=1}^{\infty} B_n \cdot \frac{\sinh[\frac{n\pi}{a}(b - y)]}{\sinh(\frac{n\pi}{a} b)} \cdot \sin(\frac{n\pi}{a} x) \\ f(x) = \displaystyle\sum_{n=1}^{\infty} B_n \sin(\frac{n\pi}{a} x) \\ B_n = \dfrac{2}{a} \displaystyle\int_0^a f(x) \sin(\frac{n\pi}{a} x) dx \end{cases}$$

3. DE：$\dfrac{\partial^2 u}{\partial x^2}+\dfrac{\partial^2 u}{\partial y^2}=0$；BC：$u(0,y)=0$，$u(a,y)=g(y)$、$u(x,0)=u(x,b)=0$

傅立葉展開邊界函數 $g(y)$：
$$\begin{cases} u(x,y)=\displaystyle\sum_{n=1}^{\infty}C_n\cdot\frac{\sinh(\frac{n\pi}{b}x)}{\sinh(\frac{n\pi}{b}a)}\sin(\frac{n\pi}{b}y) \\ g(y)=\displaystyle\sum_{n=1}^{\infty}C_n\cdot\sin(\frac{n\pi}{b}y) \\ C_n=\dfrac{2}{b}\displaystyle\int_0^b g(y)\sin(\frac{n\pi}{b}y)dy \end{cases}$$

4. DE：$\dfrac{\partial^2 u}{\partial x^2}+\dfrac{\partial^2 u}{\partial y^2}=0$；BC：$u(0,y)=g(y)$、$u(a,y)=u(x,0)=u(x,b)=0$

傅立葉展開邊界函數 $g(y)$：
$$\begin{cases} u(x,y)=\displaystyle\sum_{n=1}^{\infty}D_n\frac{\sinh[\frac{n\pi}{b}(a-x)]}{\sinh(\frac{n\pi}{b}a)}\sin(\frac{n\pi}{b}y) \\ g(y)=\displaystyle\sum_{n=1}^{\infty}D_n\sin(\frac{n\pi}{b}y) \\ D_n=\dfrac{2}{b}\displaystyle\int_0^b g(y)\sin(\frac{n\pi}{b}y)dy \end{cases}$$

下面範例將說明如何將一個拉普拉斯方程式，在非齊性邊界條件（一般為 0）不只一個時，如何利用重疊原理進行求解。

範例 3

求解下列 PDE：

DE：$\dfrac{\partial^2 u}{\partial x^2}+\dfrac{\partial^2 u}{\partial y^2}=0$

BC：$u(0, y), u(a, y)=g(y)$

$u(x, 0)=0, u(x, b)=f(x)$

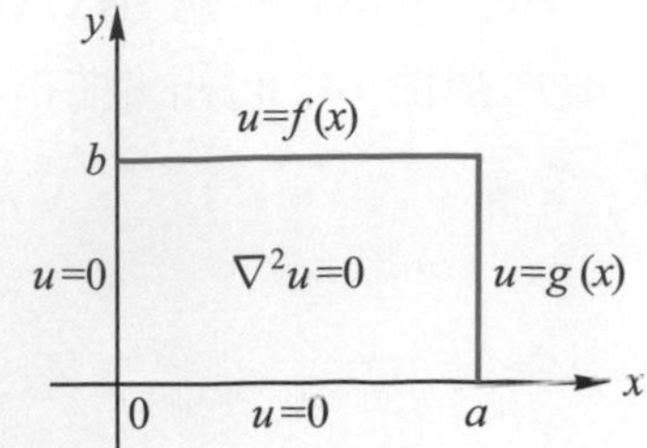

解 在 x、y 方向皆非齊性，所以不能直接使用分離變數，但拉普拉斯方程式為線性，故我們拆解 BC 如下，等號右邊兩圖均為齊性 BC，而後依據重疊原理，這些解可相加出原非齊性 BVP 的解。

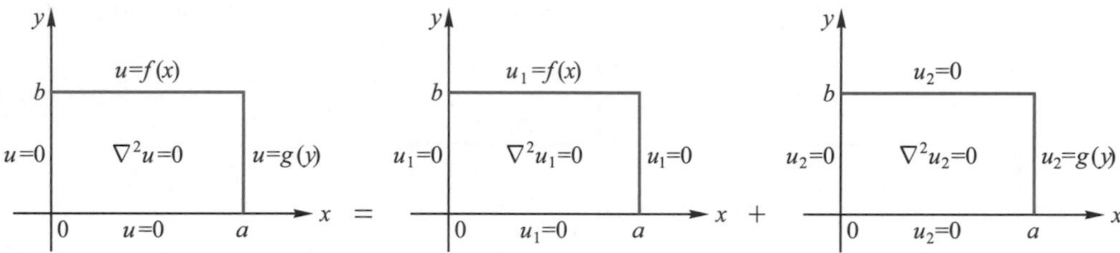

(1) 由定理 10-2-3 已知 u_1（分離變數法）：

$$u_1(x, y)=\sum_{n=1}^{\infty} A_n \frac{\sinh(\frac{n\pi}{a}y)}{\sinh(\frac{n\pi}{a}b)}\sin(\frac{n\pi}{a}x)\text{，}A_n=\frac{2}{a}\int_0^a f(x)\sin(\frac{n\pi}{a}x)dx$$

(2) 交換 x、y 求 $u_2(x, y)$：

$$\begin{cases} u_2(x, y)=\displaystyle\sum_{n=1}^{\infty} B_n \frac{\sinh(\frac{n\pi}{b}x)}{\sinh(\frac{n\pi}{b}a)}\cdot\sin(\frac{n\pi}{b}y) \\ g(y)=\displaystyle\sum_{n=1}^{\infty} B_n\sin(\frac{n\pi}{b}y) \\ B_n=\dfrac{2}{b}\displaystyle\int_0^b g(y)\sin(\frac{n\pi}{b}y)dy \end{cases}$$

(3) 由重疊原理可知：$u(x, y)=u_1(x, y)+u_2(x, y)$　Q.E.D.

範例 4

依 BVP 爲線性，試將附圖所代表的非齊性 BC 拆解爲齊性 BC 的和，並指出一般解的形式。

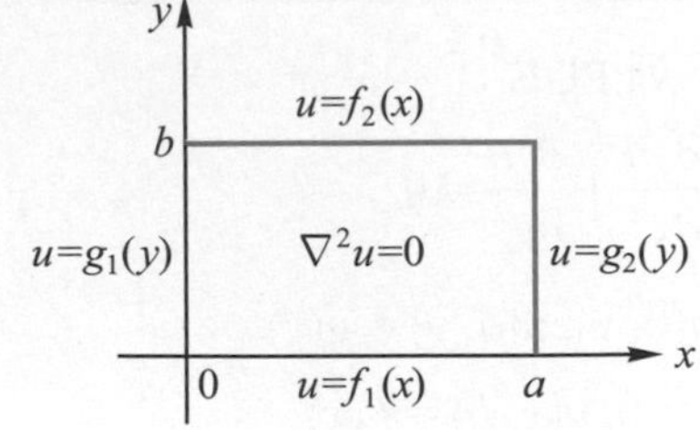

解

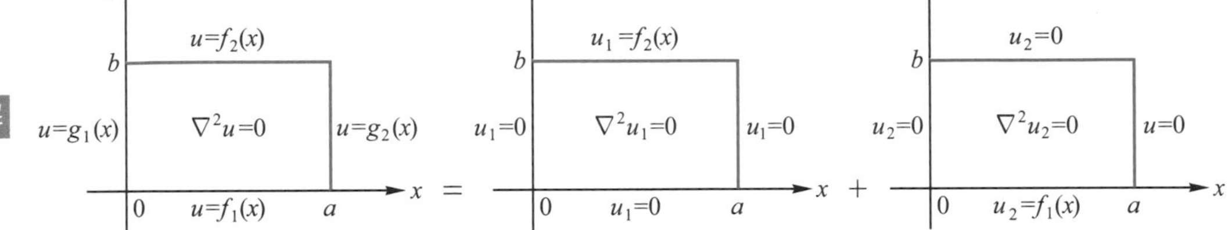

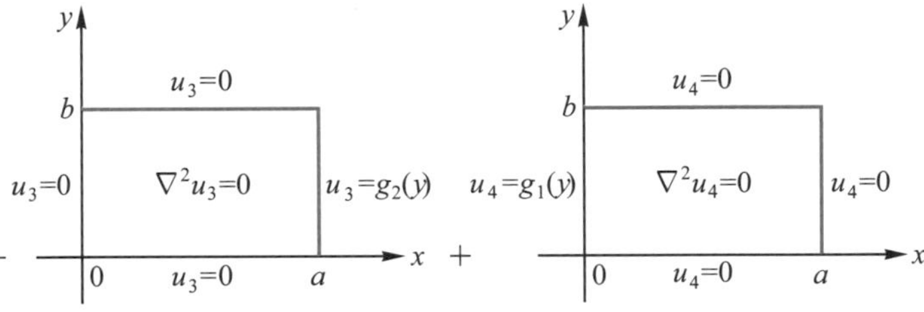

因此根據重疊原理，解爲 $u = u_1 + u_2 + u_3 + u_4$ Q.E.D.

我們在前面介紹的是矩形坐標系（xy 坐標）的拉普拉斯方程式，接下來將介紹在圓柱坐標（極坐標）之拉普拉斯方程式的求解，其中在極坐標 (r, θ) 下之拉普拉斯方程式爲 $\nabla^2 u = \dfrac{\partial^2 u}{\partial r^2} + \dfrac{1}{r}\dfrac{\partial u}{\partial r} + \dfrac{1}{r^2}\dfrac{\partial^2 u}{\partial \theta^2} = 0$，以下範例介紹如何利用分離變數法求解。

範例 5 極坐標型式拉普拉斯 PDE，*u* 的定義域在圓內

求解下列 PDE：

DE：$\nabla^2 u = \dfrac{\partial^2 u}{\partial r^2} + \dfrac{1}{r}\dfrac{\partial u}{\partial r} + \dfrac{1}{r^2}\dfrac{\partial^2 u}{\partial \theta^2} = 0$

BC：$\begin{cases} u(r,\theta) = u(r,\theta+2\pi) \\ u_\theta(r,\theta) = u_\theta(r,\theta+2\pi) \end{cases}$

$u(\rho,\theta) = f(\theta)$，$u(0,\theta)$ 有界，$0 \le r \le \rho$

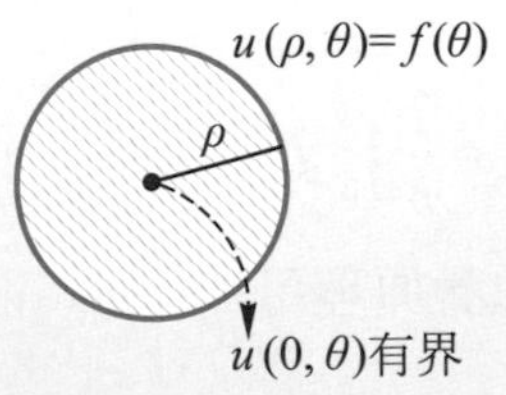

解 (1) 令 $u(r,\theta) = R(r)Q(\theta)$ 代入 DE 中 $\Rightarrow R''Q + \dfrac{1}{r}R'Q + \dfrac{1}{r^2}RQ'' = 0$

$\Rightarrow r^2R''Q + rR'Q + RQ'' = 0$，同除 RQ：$\Rightarrow -\dfrac{r^2R'' + rR'}{R} = \dfrac{Q''}{Q} = -\lambda$

$\Rightarrow \begin{cases} Q'' + \lambda Q = 0 \\ r^2 R'' + rR' - \lambda R = 0 \end{cases}$（稱①式）

故得　$u(r,\theta) = u(r,\theta + 2\pi) \Rightarrow Q(\theta) = Q(\theta + 2\pi)$，

$u_\theta(r,\theta) = u_\theta(r,\theta + 2\pi) \Rightarrow Q'(\theta) = Q'(\theta + 2\pi)$。

(2) 由 $\begin{cases} Q'' + \lambda Q = 0 \\ Q(\theta) = Q(\theta + 2\pi),\ Q'(\theta) = Q'(\theta + 2\pi) \end{cases}$

① $\lambda = -p^2 < 0$，$p > 0 \Rightarrow$ 零解

② $\lambda = 0 \Rightarrow Q'' = 0 \Rightarrow Q(\theta) = c_1$，將 $\lambda = 0$ 代入①中 $r^2 R'' + rR' = 0$（等維 ODE），令

$r = e^t$，$t = \ln r$，$D \triangleq \dfrac{d}{dt} \Rightarrow [D(D-1) + D]R = 0 \Rightarrow D^2 R = 0 \Rightarrow m = 0, 0$，

$\therefore R = d_1 + d_2 t$，$\therefore R_0(r) = d_1 + d_2 \ln r$

$\therefore$　$u_0 = R_0(r) \cdot Q_0(\theta) = a_0 + b_0 \ln r$（其中 $\lambda = 0$）

(3) $\lambda = p^2 > 0 (p > 0)$，$Q'' + p^2 Q = 0$，$Q(\theta) = c_1 \cos p\theta + c_2 \sin p\theta$

由 $\begin{cases} Q(\theta) = Q(\theta + 2\pi) \\ Q'(\theta) = Q'(\theta + 2\pi) \end{cases} \Rightarrow p = n$，$n = 1, 2, 3, \cdots$。將 $\lambda = p^2 = n^2$ 代入①中

$\Rightarrow r^2 R'' + rR' - n^2 R = 0$（等維 ODE），令 $r = e^t$，$t = \ln r$，$D \stackrel{\Delta}{=} \dfrac{d}{dt}$

$\Rightarrow [D \cdot (D-1) + D - n^2]R = 0 \Rightarrow [D^2 - n^2]R = 0$，$\therefore m = \pm n$，$\therefore R_n(r) = d_3 r^n + d_4 r^{-n}$，

得　$\theta_n(\theta) = c_1 \cos p\theta + c_2 \sin p\theta,\ n = 1, 2, 3, \cdots$。

(4) $u_n(r,\theta) = R_n(r) \cdot Q_n(\theta) = (a_n r^n + b_n r^{-n}) \cos n\theta + (c_n r^n + d_n r^{-n}) \sin n\theta$，由重疊原理

可知　$u(r,\theta) = a_0 + b_0 \ln r + \sum_{n=1}^{\infty} (a_n r^n + b_n r^{-n}) \cos n\theta + (c_n r^n + d_n r^{-n}) \sin n\theta$

(5) 由 $u(0,\theta)$ 有界可得 $b_0 = 0$，$b_n = 0$，$d_n = 0$

$\Rightarrow u(r,\theta) = a_0 + \sum_{n=1}^{\infty} a_n r^n \cos n\theta + c_n r^n \sin n\theta$（稱②式），由 $u(\rho,\theta) = f(\theta)$

$\Rightarrow f(\theta) = a_0 + \sum_{n=1}^{\infty} a_n \rho^n \cos n\theta + c_n \rho^n \sin n\theta$（傅立葉級數）

$\therefore$　$a_0 = \dfrac{1}{2\pi} \int_0^{2\pi} f(\theta) d\theta$

$a_n \rho^n = \dfrac{1}{\pi} \int_0^{2\pi} f(\theta) \cos n\theta d\theta$

$c_n \rho^n = \dfrac{1}{\pi} \int_0^{2\pi} f(\theta) \sin n\theta d\theta$

求出 a_0, a_n, c_n 代入②中可得 $u(r,\theta)$　Q.E.D.

10-2 習題演練

基礎題

1. 求解波動方程：

DE：$\dfrac{\partial^2 u}{\partial x^2}=\dfrac{\partial^2 u}{\partial t^2}$ （$0<x<l, t>0$）

IC：$u(x,0)=\begin{cases}\dfrac{2}{l}x, & 0<x<\dfrac{l}{2}\\ \dfrac{2}{l}(l-x), & \dfrac{l}{2}<x<l\end{cases}$，

$\dfrac{\partial u}{\partial t}(x,0)=0$

BC：$u(0,t)=u(l,t)=0$

2. 求解熱傳導方程式：

DE：$\dfrac{\partial^2 T}{\partial x^2}=\dfrac{1}{\alpha^2}\dfrac{\partial T}{\partial t}$

（$0<x<l, t>0, \alpha>0$）

IC：$T(x,0)=100\cdot\sin(\dfrac{\pi x}{l})$,

BC：$T(0,t)=T(l,t)=0$

3. 求解拉普拉斯方程式：

DE：$\dfrac{\partial^2 u}{\partial x^2}+\dfrac{\partial^2 u}{\partial y^2}=0$,

（$1<x<3, 1<y<3, t>0$）

BC：$u(x,1)=u(x,3)=0$

$u(1,y)=u(3,y)=0$

4. 假設有一個雙變數函數 $u(x,y)$ 定義在某圓之外（如附圖所示），同時知道其滿足下列 DE 及 BC：

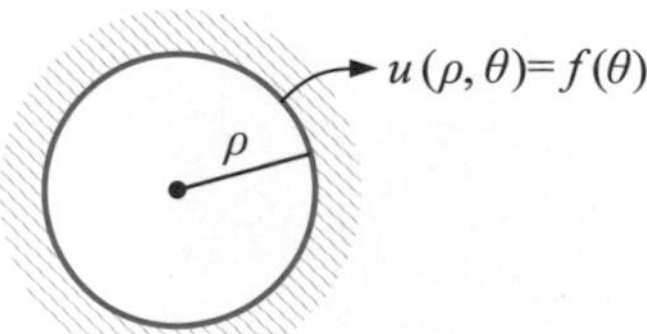

DE：$\nabla^2 u=\dfrac{\partial^2 u}{\partial r^2}+\dfrac{1}{r}\dfrac{\partial u}{\partial r}+\dfrac{1}{r^2}\dfrac{\partial^2 u}{\partial\theta}=0$；

$\rho\le r\le\infty$

BC：$\begin{cases}u(r,\theta)=u(r,\theta+2\pi)\\ u_\theta(r,\theta)=u_\theta(r,\theta+2\pi)\end{cases}$；

$u(\rho,\theta)=f(\theta)$；$u(\infty,\theta)$ 有界，

試求解此偏微分方程式。

進階題

1. 求解下列波動方程式

DE：$4\dfrac{\partial^2 u}{\partial x^2}=\dfrac{\partial^2 u}{\partial t^2}$ $(-\infty<x<\infty, t>0)$

IC：$u(x,0)=0,\ \dfrac{\partial u}{\partial t}(x,0)=\delta(x)$，

其中 $\delta(x)$ 為脈衝函數，

BC：$u(\pm\infty,t)$有界。

2. 求解下列熱傳導方程式

(1) DE：$k\dfrac{\partial^2 u}{\partial x^2}=\dfrac{\partial u}{\partial t}, k>0$

$(0<x<2, t>0)$

IC：$u(x,0)=\begin{cases}x, 0<x<1\\ 0, 1<x<2\end{cases}$

BC：$u_x(0,t)=u_x(2,t)=0$

(2) DE：$\dfrac{\partial^2 u}{\partial x^2}=\dfrac{\partial u}{\partial t}, -\pi<x<\pi, t>0$

IC：$u(x,0)=f(x)=x+x^2$

BC：$u(-\pi,t)=u(\pi,t)=0$

3. 求解下列拉普拉斯方程式

DE：$\dfrac{\partial^2 u}{\partial x^2}=\dfrac{\partial^2 u}{\partial y^2}=0$，

$(0<x<a, 0<y<b, t>0)$

BC：$u(x,0)=0$,

$u(x,b)=(a-x)\sin(x)$，

$u(0,y)=u(a,y)=0$

10-3 非齊性偏微分方程求解

當 PDE 出現不等於零的 source function 時，單純假設變數可分離無法降成 ODE 問題。但好在我們現在有了傅立葉級數（見第 9 章）、並同時參照解 ODE 冪級數解（第 4 章）的經驗，便形成這節要介紹的第一個方法：特徵函數展開法。

第二部分我們會遇到邊界條件非齊性二階 PDE，此時參考電路學中系統狀態的概念，假設解爲暫態與穩態的和，從數學角度來說，我們是在透過外加函數設法降解邊界條件。結果是，原 PDE 變爲一個常係數 ODE 與邊界齊性 PDE 的聯合方程，而兩者我們都已掌握解法。

第三部分則進一步談到 PDE 與其 BC 均非齊性的情況，此時則參考數值分析中插值法的觀念將原 PDE 修正爲 BC 齊性，便可又回到特徵函數展開法可處理的情況。

10-3-1 特徵函數展開法（Eigenfunction expansion）

自史特姆-萊歐維爾邊界值問題所得之特徵函數是正交基底，可以用來表示在該區間的任一解函數，下表中列出常見的正交坐標函數，及對應的展開形式。惟須特別注意：特徵函數展開求解 PDE，邊界一定要滿足「史特姆-萊歐維爾」邊界值問題之齊性邊界條件。

▼表 5

邊界條件	特徵函數	展開的形式
$u(0, t) = u(l, t) = 0$	$\{\sin\frac{n\pi}{l}x\}_{n=1}^{\infty}$	$\begin{cases} u(x,t)=\sum_{n=1}^{\infty}a_n(t)\sin(\frac{n\pi}{l}x) \\ a_n(t)=\frac{2}{l}\int_0^l u(x,t)\sin(\frac{n\pi}{l}x)dx \end{cases}$
$u_x(0, t) = u_x(l, t) = 0$	$\{\cos\frac{n\pi}{l}x\}_{n=0}^{\infty}$ 或 $\{1, \cos\frac{n\pi}{l}x\}_{n=1}^{\infty}$	$\begin{cases} u(x,t)=a_0 1+\sum_{n=1}^{\infty}a_n(t)\cos(\frac{n\pi}{l}x) \\ a_0=\frac{1}{l}\int_0^l u(x,t)dx \\ a_n(t)=\frac{2}{l}\int_0^l u(x,t)\cos\frac{n\pi}{l}xdx \end{cases}$

邊界條件	特徵函數	展開的形式
$u(0, t) = u_x(l, t) = 0$	$\{\sin\frac{(n-\frac{1}{2})\pi}{l}x\}_{n=1}^{\infty}$	$\begin{cases} u(x,t)=\sum_{n=1}^{\infty}a_n(t)\sin\frac{(n-\frac{1}{2})\pi}{l}x \\ a_n(t)=\frac{2}{l}\int_0^l u(x,t)\sin\frac{(n-\frac{1}{2})\pi}{l}xdx \end{cases}$
$u_x(0, t) = u(l, t) = 0$	$\{\cos\frac{(n-\frac{1}{2})\pi}{l}x\}_{n=1}^{\infty}$	$\begin{cases} u(x,t)=\sum_{n=1}^{\infty}a_n(t)\cdot\cos\frac{(n-\frac{1}{2})\pi}{l}x \\ a_n(t)=\frac{2}{l}\int_0^l u(x,t)\cos\frac{(n-\frac{1}{2})\pi}{l}xdx \end{cases}$
$u(x, t) = u(x + T, t)$ $u_x(x, t) = u_x(x + T, t)$ （BC 具週期性）	$\{1, \sin\frac{2n\pi}{T}x, \cos\frac{2n\pi}{T}x\}_{n=1}^{\infty}$	$u(x,t)$ $=a_0 1+\sum_{n=1}^{\infty}[a_n(t)\cos\frac{2n\pi}{T}x+b_n(t)\sin\frac{2n\pi}{T}x]$ $\begin{cases} a_0=\frac{1}{T}\int_0^T u(x,t)dx \\ a_n(t)=\frac{2}{T}\int_0^T u(x,t)\cos\frac{2n\pi}{T}xdx \\ b_n(t)=\frac{2}{T}\int_0^T u(x,t)\sin\frac{2n\pi}{T}xdx \end{cases}$

從表 5 建議的正交基底，我們可簡化求解 PDE 原則如下：

1. $\left.\begin{array}{l}\text{DE齊性}\\ \text{BC齊性}\end{array}\right\}$ 可用分離變數法，也可用特徵函數展開法。

2. $\left.\begin{array}{l}\text{DE非齊性}\\ \text{BC齊性}\end{array}\right\}$ 分離變數無法使用，但可用特徵函數展開法（∵BC 齊性）。

以下將用幾個例子來說明如何利用特徵函數展開法求解 PDE。

範例 1

利用特徵函數展開求解下列 PDE：

(1) DE：$\dfrac{\partial^2 u}{\partial t^2}=c^2\dfrac{\partial^2 u}{\partial x^2}$, $0<x<l$, $t>0$

BC：$u(0,t)=u(l,t)=0$

IC：$u(x,0)=f(x)$，$u_t(x,0)=g(x)$

(2) DE：$\dfrac{\partial^2 u}{\partial t^2}=c^2\dfrac{\partial^2 u}{\partial x^2}+p(x,t)$, $0<x<l$, $t>0$

BC：$u(0,t)=u(l,t)=0$

IC：$u(x,0)=f(x)$，$u_t(x,0)=g(x)$

解 (1) ① 由 $u(0,t)=u(l,t)=0$，可得特徵函數 $\{\sin\dfrac{n\pi}{l}x\}_{n=1}^{\infty}$ 爲函數坐標基底。

令 $u(x,t)=\sum_{n=1}^{\infty}a_n(t)\cdot\sin\dfrac{n\pi}{l}x$（①式）代入原 DE 中

$$\Rightarrow\sum_{n=1}^{\infty}a_n''(t)\sin(\frac{n\pi}{l}x)=c^2\cdot\sum_{n=1}^{\infty}a_n(t)\cdot[-(\frac{n\pi}{l})^2]\cdot\sin(\frac{n\pi}{l}x)$$

$$\Rightarrow\sum_{n=1}^{\infty}[a_n''(t)+(\frac{cn\pi}{l})^2a_n(t)]\sin(\frac{n\pi}{l}x)=0\Rightarrow a_n''(t)+(\frac{cn\pi}{l})^2a_n(t)=0$$

$$\Rightarrow a_n(t)=A_n\cos(\frac{cn\pi}{l}t)+B_n\sin(\frac{cn\pi}{l}t)\text{ 代入①中}$$

$$\therefore u(x,t)=\sum_{n=1}^{\infty}[A_n\cos(\frac{cn\pi}{l}t)+B_n\sin(\frac{cn\pi}{l}t)]\cdot\sin\frac{n\pi}{l}x\cdots②$$

$$u_t(x,t)=\sum_{n=1}^{\infty}[-\frac{cn\pi}{l}A_n\sin(\frac{cn\pi}{l}t)+\frac{cn\pi}{l}B_n\cos(\frac{cn\pi}{l}t)]\cdot\sin\frac{n\pi}{l}x$$

② 由 $u(x,0)=f(x)\Rightarrow f(x)=\sum_{n=1}^{\infty}A_n\cdot\sin(\dfrac{n\pi}{l}x)$，其中 $A_n=\dfrac{2}{l}\int_0^l f(x)\sin(\dfrac{n\pi}{l}x)dx$，

由 $u_t(x,0)=g(x)\Rightarrow g(x)=\sum_{n=1}^{\infty}\dfrac{cn\pi}{l}B_n\sin\dfrac{n\pi}{l}x$

$$\frac{cn\pi}{l}B_n=\frac{2}{l}\int_0^l g(x)\cdot\sin\frac{n\pi}{l}xdx\Rightarrow B_n=\frac{2}{cn\pi}\int_0^l g(x)\cdot\sin(\frac{n\pi}{l}x)dx$$

將 A_n, B_n 代入②中，可得 $u(x,t)$

(2) ① 由 $u(0,t)=u(l,t)=0$，可得特徵函數 $\{\sin\dfrac{n\pi}{l}x\}_{n=1}^{\infty}$，令 $u(x,t)=\sum_{n=1}^{\infty}a_n(t)\cdot\sin\dfrac{n\pi}{l}x$，

且 $p(x,t)=\sum_{n=1}^{\infty}q_n(t)\sin\dfrac{n\pi}{l}x$，其中 $q_n(t)=\dfrac{2}{l}\int_0^l p(x,t)\cdot\sin\dfrac{n\pi}{l}xdx$，

將 $u(x,t)$與 $p(x,t)$代入原 DE 中

$$\Rightarrow\sum_{n=1}^{\infty}a_n''(t)\sin\frac{n\pi}{l}x=c^2\cdot\sum_{n=1}^{\infty}a_n(t)\cdot[-(\frac{n\pi}{l})^2\cdot\sin\frac{n\pi}{l}x]+\sum_{n=1}^{\infty}q_n(t)\sin\frac{n\pi}{l}x$$

$\Rightarrow \sum_{n=1}^{\infty}[a_n''(t)+(\frac{cn\pi}{l})^2 a_n - q_n(t)]\sin\frac{n\pi}{l}x = 0$ ，$\therefore a_n''(t)+(\frac{cn\pi}{l})^2 a_n(t)-q_n(t)=0$

$\Rightarrow a_n''(t)+(\frac{cn\pi}{l})^2 a_n(t)=q_n(t)$ ，$a_{nh}(t)=A_n\cos\frac{n\pi}{l}t+B_n\sin\frac{cn\pi}{l}t$ ；

$a_{np}(t)=\frac{1}{D^2+(\frac{cn\pi}{l})^2}\cdot q_n(t)$ ，令 $\zeta(t)=a_{np}(t)$

$\therefore a_n(t)=a_{nh}(t)+a_{np}(t)=A_n\cos\frac{cn\pi}{l}t+B_n\sin\frac{cn\pi}{l}t+\zeta(t)$

$\therefore u(x,t)=\sum_{n=1}^{\infty}[A_n\cos\frac{cn\pi}{l}t+B_n\sin\frac{cn\pi}{l}t+\zeta(t)]\cdot\sin(\frac{n\pi}{l}x)\cdots$③

得 $u_t(x,t)=\sum_{n=1}^{\infty}[-\frac{cn\pi}{l}A_n\sin\frac{cn\pi}{l}t+\frac{cn\pi}{l}B_n\cos\frac{cn\pi}{l}t+\zeta'(t)]\cdot\sin\frac{n\pi}{l}x$

② 由 $u(x,0)=f(x)\Rightarrow f(x)=\sum_{n=1}^{\infty}[A_n+\zeta(0)]\sin\frac{n\pi}{l}x$

$\therefore A_n+\zeta(0)=\frac{2}{l}\int_0^l f(x)\cdot\sin\frac{n\pi}{l}xdx$

$\Rightarrow \quad A_n=-\zeta(0)+\frac{2}{l}\int_0^l f(x)\sin\frac{n\pi}{l}xdx$

由 $u_t(x,0)=g(x)\Rightarrow g(x)=\sum_{n=1}^{\infty}[\frac{cn\pi}{l}B_n+\zeta'(0)]\sin\frac{n\pi}{l}x$

$\therefore \frac{cn\pi}{l}B_n+\zeta'(0)=\frac{2}{l}\int_0^l g(x)\cdot\sin\frac{n\pi}{l}xdx$

$\Rightarrow \quad B_n=\frac{l}{cn\pi}[-\zeta'(0)+\frac{2}{l}\int_0^l g(x)\sin\frac{n\pi}{l}xdx]$

將 A_n, B_n 代入③中，可得 $u(x,t)$ Q.E.D.

範例 2 DE 非齊性，BC 齊性

特徵函數展開求解下列 PDE

DE：$\dfrac{\partial^2 u}{\partial t^2}=\dfrac{\partial^2 u}{\partial x^2}-6x$, $t>0, 0<x<1$；BC：$u(0,t)=u(1,t)=0$；IC：$u(x,0)=u_t(x,0)=0$

解 (1) 由 $u(0,t)=u(1,t)=0$，可得特徵函數 $\{\sin n\pi x\}_{n=1}^{\infty}$，令 $u(x,t)=\sum_{n=1}^{\infty}a_n(t)\cdot\sin n\pi x$，

且 $-6x=\sum_{n=1}^{\infty}q_n(t)\sin n\pi x$，

$$\therefore \quad q_n(t)=\frac{2}{1}\int_0^1(-6x)\cdot\sin n\pi x dx=2\cdot[\frac{6x}{n\pi}\cos n\pi x]\Big|_0^1=(-1)^n\cdot\frac{12}{n\pi}\text{。}$$

將 $u(x,t)$與$-6x$ 之特徵函數展開代入原 DE 中

$$\Rightarrow\sum_{n=1}^{\infty}a_n''(t)\sin n\pi x=\sum_{n=1}^{\infty}a_n(t)[-(n\pi)^2]\cdot\sin n\pi x+\sum_{n=1}^{\infty}(-1)^n\frac{12}{n\pi}\sin n\pi x$$

$$\Rightarrow\sum_{n=1}^{\infty}[a_n''(t)+(n\pi)^2a_n-(-1)^n\frac{12}{n\pi}]\sin n\pi x=0\text{，}\therefore a_n''+(n\pi)^2a_n-(-1)^n\frac{12}{n\pi}=0$$

$$a_n(t)=A_n\cos n\pi t+B_n\sin n\pi t+\frac{1}{D^2+(n\pi)^2}\cdot(-1)^n\cdot\frac{12}{n\pi}$$

$$\Rightarrow a_n(t)=A_n\cos n\pi t+B_n\sin n\pi t+(-1)^n\cdot\frac{12}{(n\pi)^3}$$

$$\therefore u(x,t)=\sum_{n=1}^{\infty}[A_n\cos n\pi t+B_n\sin n\pi t+(-1)^n\cdot\frac{12}{(n\pi)^3}]\cdot\sin n\pi x\cdots①$$

$$u_t(x,t)=\sum_{n=1}^{\infty}[-n\pi A_n\sin n\pi t+n\pi B_n\cos n\pi t]\cdot\sin n\pi x$$

由 $u(x,0)=0\Rightarrow\sum_{n=1}^{\infty}[A_n+(-1)^n\cdot\frac{12}{(n\pi)^3}]\sin n\pi x=0\Rightarrow A_n+(-1)^n\cdot\frac{12}{n^3\pi^3}=0$，

所以 $A_n=-(-1)^n\cdot\frac{12}{n^3\pi^3}$，由 $u_t(x,0)=0\Rightarrow[\sum_{n=1}^{\infty}n\pi B_n]\sin n\pi x=0$，$\therefore B_n=0$，

$$\therefore \quad u(x,t)=\sum_{n=1}^{\infty}[-(-1)^n\cdot\frac{12}{n^3\pi^3}\cos n\pi t+(-1)^n\cdot\frac{12}{n^3\pi^3}]\cdot\sin n\pi x$$

$$=\sum_{n=1}^{\infty}(-1)^n\cdot\frac{12}{n^3\pi^3}[1-\cos n\pi t]\sin n\pi x$$

Q.E.D.

範例 3

求解下列 PDE

DE：$\frac{\partial u}{\partial t}=\frac{\partial^2 u}{\partial x^2}+\sin\pi x$ ；BC：$u(0, t) = 0, u(1, t) = 0$；IC：$u(x, 0) = \sin 2\pi x$，

$0 \le x \le 1, t > 0$

解 (1) 由 $u(0, t) = u(1, t)$可得特徵函數 $\{\sin n\pi x\}_{n=1}^{\infty}$，令 $u(x,t)=\sum_{n=1}^{\infty}a_n(t)\cdot\sin n\pi x$（稱①式）；

$\sin\pi x=\sum_{n=1}^{\infty}q_n(t)\cdot\sin n\pi x$（稱②式），其中 $q_n(t)=\begin{cases}1, n=1\\ 0, 其它\end{cases}\Rightarrow\begin{cases}q_1=1\\ q_n=0, n\neq 1\end{cases}$，

將①式與②式代入 DE 中

$$\Rightarrow\sum_{n=1}^{\infty}a_n'(t)\sin n\pi x=\sum_{n=1}^{\infty}a_n(t)\cdot[-(n\pi)^2]\sin n\pi x+\sum_{n=1}^{\infty}q_n(t)\cdot\sin n\pi x$$

$$\Rightarrow\sum_{n=1}^{\infty}[a_n'(t)+(n\pi)^2\cdot a_n(t)-q_n(t)]\sin n\pi x=0\Rightarrow\begin{cases}a_1'(t)+\pi^2a_1(t)-1=0\\ a_n'(t)+(n\pi)^2a_n(t)=0\ ,\ n\neq 1\end{cases},$$

將 $a_1(t)$、$a_n(t)$代入 $u(x, t)$的正交函數展開中

$$\Rightarrow\begin{cases}a_1(t)=c_1e^{-\pi^2t}+\frac{1}{\pi^2}, n=1\\ a_n(t)=c_ne^{-(n\pi)^2t}\quad , n\neq 1\end{cases}$$

得 $$u(x,t)=(c_1e^{-\pi^2t}+\frac{1}{\pi^2})\sin\pi x+\sum_{n=2}^{\infty}c_n\cdot e^{-(n\pi)^2t}\cdot\sin n\pi x$$

(2) 由 $u(x,0)=\sin 2\pi x\Rightarrow 1\cdot\sin 2\pi x=(c_1+\frac{1}{\pi^2})\sin\pi x+\sum_{n=2}^{\infty}c_n\cdot\sin n\pi x$

$$\Rightarrow\begin{cases}c_1+\frac{1}{\pi^2}=0\to c_1=-\frac{1}{\pi^2}\\ c_2=1\\ c_n=0, n=3,4,5,\cdots\end{cases}$$

∴ $$u(x,t)=[-\frac{1}{\pi^2}e^{-\pi^2t}+\frac{1}{\pi^2}]\sin\pi x+e^{-4\pi^2t}\cdot\sin 2\pi x$$

Q.E.D.

10-3-2　設暫態解與穩態解求解 PDE

如同前言所述，非齊性 BC 若與時間無關，則我們可以假設通解爲**暫態解**（Transient state solution）與**穩態解**（Steady state solution）的和：

$$u(x,t)=\underbrace{\phi(x,t)}_{\text{暫態解}}+\underbrace{v(x)}_{\text{穩態解}}$$

目的是將非齊性 BVP 轉換爲齊性以便求解，以下以一個範例來說明。

範例 4

利用分離變數法求解下列 PDE：

DE：$\dfrac{\partial u}{\partial t}=c^2\dfrac{\partial^2 u}{\partial x^2}$；BC：$u(0,t)=u_1, u(l,t)=u_2, u_1, u_2$ 爲常數；IC：$u(x,0)=f(x)$

解 (1) 令 $u(x,t)=\phi(x,t)+v(x)$ 代入 DE 中得 $\dfrac{\partial\phi}{\partial t}=c^2(\dfrac{\partial^2\phi}{\partial x^2}+v'')$，令 $v''=0$，又

$u(0,t)=\phi(0,t)+v(0)=u_1\Rightarrow\begin{cases}\phi(0,t)=0\\ v(0)=u_1\end{cases}$；$u(l,t)=\phi(l,t)+v(l)=u_2\Rightarrow\begin{cases}\phi(l,t)=0\\ v(l)=u_2\end{cases}$；

則可以將原系統化成一個二階常係數線性 ODE $\begin{cases}v''=0\\ v(0)=u_1\,,\,v(l)=u_2\end{cases}$，與一個邊界齊性之二階可用分離變數法之 PDE $\begin{cases}\dfrac{\partial\phi}{\partial t}=c^2\dfrac{\partial^2\phi}{\partial x^2}\\ \phi(0,t)=\phi(l,t)=0\end{cases}$

(2) 求解穩態解：$v''=0$，$v(x)=c_1+c_2x$，由 $v(0)=u_1\Rightarrow c_1=u_1$，

$v(l)=c_1+c_2l=u_2\Rightarrow c_2=\dfrac{u_2-u_1}{l}$，$\therefore v(x)=u_1+\dfrac{u_2-u_1}{l}x$

(3) 求暫態解 $\phi(x,t)$：$\begin{cases}\dfrac{\partial\phi}{\partial t}=c^2\dfrac{\partial^2\phi}{\partial x^2}\\ \phi(0,t)=\phi(l,t)=0\end{cases}$，

由分離變數法可以求出：$\phi(x,t)=\sum\limits_{n=1}^{\infty}[A_n\cdot e^{-(\frac{cn\pi}{l})^2t}]\cdot\sin\dfrac{n\pi}{l}x\cdots①$

(4) 通解 $u(x,t)=\phi(x,t)+v(x)$：由 IC：$u(x,0)=f(x)\Rightarrow f(x)=\phi(x,0)+v(x)$

$\Rightarrow\phi(x,0)=f(x)-v(x)=\sum\limits_{n=1}^{\infty}[A_n]\cdot\sin\dfrac{n\pi}{l}x$，其中 $A_n=\dfrac{2}{l}\int_0^l[f(x)-v(x)]\sin(\dfrac{n\pi}{l}x)dx$

將 A_n 帶入①中可得 $\phi(x,t)$ 則非齊性 PDE 之解爲 $\Rightarrow u(x,t)=\phi(x,t)+v(x)$　Q.E.D.

範例 5

DE：$\frac{\partial^2 u}{\partial x^2}=a^2\frac{\partial u}{\partial t}$，$a$ 爲常數；BC：$u(0,t)=0, u(l,t)=100$；IC：$u(x,0)=100$, $0\le x\le l, t>0$

解 (1) 令 $u(x,t)=\phi(x,t)+v(x)$ 代入 DE 中 $\Rightarrow \frac{\partial^2\phi}{\partial x^2}+v''(x)=a^2\frac{\partial\phi}{\partial t}$，

令 $v''=0\Rightarrow \frac{\partial^2\phi}{\partial x^2}=a^2\frac{\partial\phi}{\partial t}$，

由 $u(0,t)=\phi(0,t)+v(0)=0\Rightarrow \begin{cases}\phi(0,t)=0\\ v(0)=0\end{cases}$；

由 $u(l,t)=\phi(l,t)+v(l)=100\Rightarrow \begin{cases}\phi(l,t)=0\\ v(l)=100\end{cases}$，

又 $u(x,0)=\phi(x,0)+v(x)=100\Rightarrow \phi(x,0)=100-v(x)$

$\therefore \begin{cases}v''=0\\ v(0)=0, v(l)=100\end{cases}\Rightarrow v(x)=\frac{100}{l}x$

(2) $\begin{cases}\text{DE}: \frac{\partial^2\phi}{\partial x^2}=a^2\frac{\partial\phi}{\partial t}\\ \text{BC}: \phi(0,t)=\phi(l,t)=0\\ \text{IC}: \phi(x,t)=100-v(x)\end{cases}$，由特徵函數展開法可以求出 $\phi(x,t)$：

$$\phi(x,t)=\sum_{n=1}^{\infty}[A_n\cdot e^{-(\frac{n\pi}{al})^2 t}]\cdot\sin\frac{n\pi}{l}x\Rightarrow \phi(x,0)=100-\frac{100}{l}x=\sum_{n=1}^{\infty}[A_n]\cdot\sin\frac{n\pi}{l}x,$$

$$A_n=\frac{2}{l}\int_0^l(100-\frac{100}{l}x)\sin(\frac{n\pi}{l}x)dx=\frac{200}{n\pi},\quad \phi(x,t)=\sum_{n=1}^{\infty}[\frac{200}{n\pi}\cdot e^{-(\frac{n\pi}{al})^2 t}]\cdot\sin\frac{n\pi}{l}x,$$

$\therefore u(x,t)=\phi(x,t)+v(x)$ Q.E.D.

10-3-3 非齊性 BVP

下面我們考慮 BC 及 DE 均非齊性的 BVP，即 DE：$\frac{\partial u}{\partial t}=\alpha^2\frac{\partial^2 u}{\partial x^2}+p(x,t)$；BC：$u(0,t)=A(t)$，$u(l,t)=B(t)$；IC：$u(x,0)=f(x)$, $0\le x\le l, t>0$，首先考慮 $A(t)$ 與 $B(t)$ 的插值函數 $A(t)(1-\frac{x}{l})+B(t)\frac{x}{l}$；同時考慮如同暫態解 $\varphi(x,t)$ 修正 BC 的想法，令通解 $u(x,t)=A(t)(1-\frac{x}{l})+B(t)\frac{x}{l}+\varphi(x,t)$ 帶入 DE 得 $A'(t)(1-\frac{x}{l})+B'(t)\frac{x}{l}+\frac{\partial\varphi}{\partial t}=\alpha^2\frac{\partial^2\varphi}{\partial x^2}+p(x,t)$

另一方面，原 BC 帶入 $u(x,t)$得新的 BC：$\varphi(0,t)=0$；$\varphi(l,t)=0$，而 IC 則轉為 $\varphi(x,0)=f(x)$。因此原 BVP 變為如下形式：

$$\begin{cases}\dfrac{\partial\varphi}{\partial t}=\alpha^2\dfrac{\partial^2\varphi}{\partial x^2}+p(x,t)-A'(t)(1-\dfrac{x}{l})-B'(t)\dfrac{x}{l}\\ \varphi(0,t)=0\,,\varphi(l,t)=0\\ \varphi(x,0)=f(x)\end{cases}\quad\cdots(\text{A})$$

接下來利用「特徵函數展開法」求解上述 PDE 即可。以下以一個範例來說明此解法。

範例 6

求解 PDE：$\dfrac{\partial T(x,t)}{\partial t}=\dfrac{\partial^2 T(x,t)}{\partial x^2}+W(x,t),\ 0<x<1,\ 0<t$

$T(0,t)=a(t),\ 0<t$；$T(1,t)=b(t),\ 0<t$；$T(x,0)=f(x),\ 0<x<1$

解 將 DE 中對應的資訊帶入上文的式(A)後得：

$$\begin{cases}\dfrac{\partial\phi}{\partial t}=\dfrac{\partial^2\phi}{\partial x^2}+W(x,t)-\{b'(t)-a'(t)\}x-a'(t)\cdots① \\ \text{BC}\ :\ \phi(0,t)=0,\ \phi(1,t)=0\\ \text{IC}\ :\ \phi(x,0)=f(x)-\{b(0)-a(0)\}x+a(0)\end{cases}$$

因 $\phi(0,t)=\phi(1,t)=0$，故對應特徵函數為 $\{\sin(n\pi x)\}_{n=1}^{\infty}$，由特徵函數展開法可知 $\phi(x,t)=\sum\limits_{n=1}^{\infty}a_n(t)\sin n\pi x$（稱②式）及 $W(x,t)-\{b'(t)-a'(t)\}x-a'(t)=\sum\limits_{n=1}^{\infty}b_n\sin n\pi x$（稱③式）其中 $b_n(t)=2\int_0^1\{W(x,t)-[b'(t)-a'(t)]x-a'(t)\}\sin n\pi x dx$，將②式與③式代回①式中

可得 $$\sum_{n=1}^{\infty}a_n'(t)\sin n\pi x=\sum_{n=1}^{\infty}a_n(t)(-n^2\pi^2)\sin n\pi x+\sum_{n=1}^{\infty}b_n\sin n\pi x$$

即 $\sum\limits_{n=1}^{\infty}\{a_n'(t)+n^2\pi^2a_n(t)-b_n(t)\}\sin n\pi x=0$，故 $a_n'(t)+n^2\pi^2a_n(t)=b_n(t)$

可解得 $a_n(t)=[A_n+\int_0^t e^{n^2\pi^2\tau}b_n(\tau)d\tau]e^{-n^2\pi^2t}$，

因此 $\phi(x,t)=\sum\limits_{n=1}^{\infty}\{[A_n+\int_0^t e^{n^2\pi^2\tau}b_n(\tau)d\tau]e^{-n^2\pi^2t}\}\sin n\pi x$，

再由 $\phi(x,0)=f(x)-\{b(0)-a(0)\}x+a(0)=\sum\limits_{n=1}^{\infty}A_n\sin n\pi x$，

可得 $A_n=2\int_0^1\{f(x)-\{b(0)-a(0)\}x+a(0)\}\sin n\pi x dx$，

得所求解 $u(x,t)=\phi(x,t)+\{b(t)-a(t)\}x+a(t)$　Q.E.D.

10-3 習題演練

進階題

1. 利用特徵函數展開法求解下列 PDE

$$\frac{\partial^2 u}{\partial t^2}=c^2\frac{\partial^2 u}{\partial x^2}, t>0, 0<x<l$$

$u(0,t)=u_x(l,t)=u_t(x,0)=0$；

$u(x,0)=\dfrac{x}{l}$

2. 利用特徵函數展開求解

DE：$3\dfrac{\partial^2 u}{\partial x^2}=\dfrac{\partial u}{\partial t}$；$0\le x\le 2$，$t>0$

IC：$u(x,0)=2[1-\cos(\pi x)]$，

BC：$u(0,t)=0, u(2,t)=0$

3. 利用特徵函數展開求解

DE：$\dfrac{\partial u}{\partial t}=4\dfrac{\partial^2 u}{\partial x^2}+1$

BC：$u(0,t)=0, u(\pi,t)=0$

IC：$u(x,0)=0$　$0\le x\le \pi$，$t>0$

進階題

1. 利用特徵函數展開法求解下列 PDE

$$4\frac{\partial^2 u}{\partial t^2}=\frac{\partial^2 u}{\partial x^2}, t>0, 0<x<\pi$$

$u(0,t)=u(\pi,t)=u(x,0)=0$；

$u_t(x,0)=\sin 2x-\sin 3x$

2. 利用特徵函數展開求解

DE：$\dfrac{\partial^2 u}{\partial x^2}=\dfrac{\partial u}{\partial t}$；$0\le x\le 2$，$t>0$

IC：$u(x,0)=8\cos\dfrac{3\pi x}{4}-6\cos\dfrac{9\pi x}{4}$，

BC：$u_x(0,t)=0, u(2,t)=0$

3. 利用特徵函數展開求解

DE：$c^2\dfrac{\partial^2 u}{\partial x^2}=\dfrac{\partial u}{\partial t}$；$a$=constant.

IC：$u(x,0)=100$,　$0\le x\le l$，$t>0$

BC：$u(0,t)=100, u(l,t)=0$

4. 利用特徵函數展開求解

DE：$\dfrac{\partial u}{\partial t}=\dfrac{\partial^2 u}{\partial x^2}+\sin x$

BC：$u(0,t)=0, u(\pi,t)=\pi$

IC：$u(x,0)=\sin x$　$0\le x\le \pi$，$t>0$

10-4 積分轉換求解 PDE

在常微分方程中，我們利用拉氏轉換將 ODE 化成代數方程來求解。而在 PDE 中，我們除了利用拉氏轉換外，亦可利用傅立葉積分轉換來求解，因為這兩個積分是對其中一個變數作積分，消除了一個變因，因此一方面將問題轉為我們熟悉的 ODE，一方面又能利用逆變換來處理代數方程，兩相配合得原式通解。這也再次凸顯出積分變換的強大處。

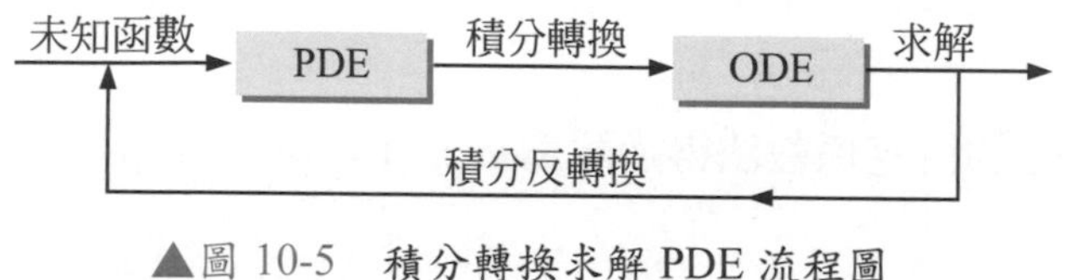

▲圖 10-5　積分轉換求解 PDE 流程圖

10-4-1　拉氏轉換求解 PDE

設 $\hat{u}(x,s)=\mathscr{L}\{u(x,t)\}=\int_0^\infty u(x,t)e^{-st}dt$，轉換後 $\hat{u}(x,s)$ 只剩下單一個自變數 x 之未知函數，則

$$\mathscr{L}\{\frac{\partial u}{\partial t}\}=s\hat{u}(x,s)-u(x,0)$$

$$\mathscr{L}\{\frac{\partial^2 u}{\partial t^2}\}=s^2\hat{u}(x,s)-su(x,0)-u_t(x,0)$$

$$\mathscr{L}\{\frac{\partial u}{\partial x}\}=\int_0^\infty \frac{\partial u}{\partial x}e^{-st}dt=\frac{\partial}{\partial x}\int_0^\infty u\cdot e^{-st}dt=\frac{\partial \hat{u}}{\partial x}=\frac{d\hat{u}}{dx}$$

$$\mathscr{L}\{\frac{\partial^2 u}{\partial x^x}\}=\frac{\partial^2 \hat{u}}{\partial x^2}=\frac{d^2\hat{u}}{dx^2}$$

透過這些變換，我們可以將具有兩個變數 x 與 t 之 PDE 轉為只有一個變數 x 的 ODE，以下以幾個例子來說明如何利用拉氏轉換求解 PDE。

範例 1

利用拉氏轉換求解下列 PDE

DE：$\dfrac{\partial^2 u(x,t)}{\partial x^2}=\dfrac{\partial u(x,t)}{\partial t}$；BC：$u(0, t) = 1, u(1, t) = 1$；IC：$u(x, 0) = 1 + \sin \pi x$, $0<x<1, t>0$

解 (1) 令 $\mathscr{L}\{u(x,t)\}=\hat{u}(x,s)$，對 DE 及 BC 取拉式轉換得 ODE

$$\frac{d^2\hat{u}}{dx^2}-s\hat{u}(x,s)=-(1+\sin\pi x)\text{，}\hat{u}(0,s)=\frac{1}{s}\text{、}\hat{u}(1,s)=\frac{1}{s}$$

(2) 從二階 ODE 的待定係數法得通解爲 $\hat{u}(x,s)=c_1e^{\sqrt{s}x}+c_2e^{-\sqrt{s}x}+\dfrac{1}{s}+\dfrac{1}{s+\pi^2}\sin\pi x$

再由邊界條件：$\hat{u}(0,s)=\dfrac{1}{s}\Rightarrow c_1+c_2+\dfrac{1}{s}=\dfrac{1}{s}$；$\hat{u}(1,s)=\dfrac{1}{s}\Rightarrow c_1e^{\sqrt{s}}+c_2e^{-\sqrt{s}}+\dfrac{1}{s}=\dfrac{1}{s}$，

得 $\begin{cases}c_1=0\\c_2=0\end{cases}$，因此 $\hat{u}(x,s)=\dfrac{1}{s}+\dfrac{1}{s+\pi^2}\sin\pi x$

(3) 最後一步以拉式逆變換推回原函數：

$$u(x,t)=\mathscr{L}^{-1}\{\hat{u}(x,s)\}=\mathscr{L}^{-1}\{\frac{1}{s}+\frac{1}{s+\pi^2}\sin\pi x\}=1+e^{-\pi^2t}\sin\pi x$$

Q.E.D.

範例 2

利用拉式轉換求解下列 PDE

DE：$\dfrac{\partial G(x,t)}{\partial t}=\dfrac{\partial^2 G(x,t)}{\partial x^2}$，$x>0$，$t>0$；BC：$G(0,t)=\begin{cases}1, 0<t\le 1\\0, t>1\end{cases}$，$G(\infty, t)$爲有界；

IC：$G(x, 0) = 0$【提示】$\mathscr{L}\{erf_c(\dfrac{a}{2\sqrt{t}})\}=\dfrac{1}{s}e^{-\sqrt{s}a}$

解 (1) 令 $\mathscr{L}\{G(x,t)\}=\widehat{G}(x,s)$，對 DE 及 BC 取拉氏轉換得

$$\frac{d^2\widehat{G}}{dx^2}-s\widehat{G}(x,s)=0\text{；}\widehat{G}(0,s)=\frac{1}{s}-\frac{1}{s}e^{-s}$$

(2) 首先由二階 ODE 齊性解可假設 $\widehat{G}(x,s)=c_1e^{\sqrt{s}x}+c_2e^{-\sqrt{s}x}$，又 $G(\infty, t)$有界，即 $\widehat{G}(\infty,s)$ 亦有界，$\therefore c_1=0\Rightarrow\widehat{G}(x,s)=c_2e^{-\sqrt{s}x}$。而由邊界條件

$$\widehat{G}(0,s)=\frac{1}{s}-\frac{1}{s}e^{-s}\Rightarrow c_2=\frac{1}{s}-\frac{1}{s}e^{-s}$$

$$\therefore\quad \widehat{G}(x,s)=(\frac{1}{s}-\frac{1}{s}e^{-s})e^{-\sqrt{s}x}=\frac{1}{s}e^{-\sqrt{s}x}-\frac{1}{s}e^{-s}e^{-\sqrt{s}x}$$

(3) 現在因爲 $\mathscr{L}^{-1}\{\frac{1}{s}e^{-\sqrt{s}a}\} = erf_c(\frac{a}{2\sqrt{t}})$

$$\therefore G(x,t) = \mathscr{L}^{-1}\{\widehat{G}(x,s)\} = \mathscr{L}^{-1}\{\frac{1}{s}e^{-\sqrt{s}x} - \frac{1}{s}\cdot e^{-\sqrt{s}x}\cdot e^{-s}\}$$

$$= erf_c(\frac{x}{2\sqrt{t}}) - erf_c(\frac{x}{2\sqrt{t-1}})\cdot H(t-1)$$

其中 $H(t-1) = \begin{cases} 1, t \ge 1 \\ 0, \text{其他} \end{cases}$，爲單位步階函數。 Q.E.D.

範例 3 一階 PDE

利用拉式轉換求解下列 PDE

DE：$\frac{\partial u}{\partial x} + x\frac{\partial u}{\partial t} = 0$；IC：$u(x, 0) = 0$；BC：$u(0, t) = 4t$

解 (1) 令 $\mathscr{L}\{u(x,t)\} = \hat{u}(x,s)$，對 DE 及 BC 取拉氏轉換

得 $\frac{d\hat{u}}{dx} + sx\hat{u} = 0$；$\hat{u}(0,s) = \frac{4}{s^2}$

由積分因子 $I = e^{\int sxdx} = e^{\frac{1}{2}sx^2}$ 得 $\frac{d}{dx}(\hat{u}e^{\frac{1}{2}sx^2}) = 0$，即存在一常數 c_1

使得 $\hat{u}(x,s) = c_1 e^{-\frac{1}{2}sx^2}$。

再由邊界條件得 $c_1 = \frac{4}{s^2}$，

故得 $\hat{u}(x,s) = \frac{4}{s^2}e^{-\frac{1}{2}x^2 s}$

(2) 接下來作拉式逆變換得原式通解：

$$u(x,t) = \mathscr{L}^{-1}\{\hat{u}(x,s)\} = \mathscr{L}^{-1}\{\frac{4}{s^2}e^{-\frac{1}{2}x^2 s}\} = 4(t-\frac{1}{2}x^2)H(t-\frac{1}{2}x^2)$$

其中 $H(t-\frac{1}{2}x^2) = \begin{cases} 1, t \ge \frac{1}{2}x^2 \\ 0, t < \frac{1}{2}x^2 \end{cases}$。 Q.E.D.

10-4-2 傅立葉轉換求解 PDE

我們在前面利用拉氏轉換求解 PDE 時，是將變數 t 轉成 s，所以原來的雙變數 $u(x, t)$ 變成單變數 $\hat{u}(x, s)$，而接下來利用傅立葉轉換求解 PDE 時，則是將雙變數 $u(x, t)$轉成 $u^*(w, t)$變成單變數 t 之未知函數 $u^*(w, t)$，亦可跟拉氏轉換一樣將 PDE 化簡成 ODE 求解，以下將分成半無窮域與全無窮域兩個類型討論。

1. **半無窮域**（Semi-Infinite）：$0 \le x \le \infty$

分爲以下兩種 BC 的型態

(1) $u(0, t) = A(t)$，且 $u(\infty, t)$有界：此時對通解作傅立葉正弦轉換

$\mathscr{F}_s\{u(x,t)\} = \int_0^\infty u(x,t)\sin wx dx = u^*(w,t)$；

$\mathscr{F}_s^{-1}\{u^*(w,t)\} = \dfrac{2}{\pi}\int_0^\infty u^*(w,t)\cdot \sin wx dw = u(x,t)$。

對於二階方程，由常用公式 $\mathscr{F}_s\{f''(x)\} = -w^2F(w) + wf(0)$，

得 $\mathscr{F}_s\{\dfrac{\partial^2 u}{\partial x^2}\} = -w^2u^*(w,t) + wu(0,t)$，因此得 $\begin{cases} \mathscr{F}_s\{\dfrac{\partial u}{\partial t}\} = \dfrac{du^*(w,t)}{dt} \\ \mathscr{F}_s\{\dfrac{\partial^2 u}{\partial t^2}\} = \dfrac{d^2u^*(w,t)}{dt^2} \end{cases}$，後再代入原方程以 ODE 技巧求解。

(2) $\dfrac{\partial u}{\partial x}(0,t) = B(t)$ 且 $u(\infty, t)$有界：改用傅立葉餘弦轉換

$\mathscr{F}_c\{u(x,t)\} = \int_0^\infty u(x,t)\cos wx dx = u^*(w,t)$；

$\mathscr{F}_c^{-1}\{u^*(w,t)\} = \dfrac{2}{\pi}\int_0^\infty u^*(w,t)\cos wx dw = u(x,t)$。

因此得 $\begin{cases} u(x,t) \text{ 拉氏轉換爲 } \hat{u}(x,s) \Rightarrow t \to s \\ u(x,t) \text{ 傅立葉轉換爲 } u^*(w,t) \Rightarrow x \to w \end{cases}$

以下用一個範例來說明。

範例 4

利用傅立葉轉換求解下列 PDE

DE：$\frac{\partial u}{\partial t}=c^2\frac{\partial^2 u}{\partial x^2}$；BC：$u(0,t)=0$；IC：$u(x,0)=f(x)=\begin{cases}\pi-x, 0<x\le\pi\\ 0, x>\pi\end{cases}$ $0<x<\infty, t>0$

解 (1) 令 $\mathscr{F}_s\{u(x,t)\}=\int_0^\infty u(x,t)\cdot\sin wxdx=u^*(w,t)$，對 DE 及 IC 取傅立葉轉換

$$\Rightarrow \frac{du^*}{dt}=c^2\cdot[-w^2\cdot u^*+wu(0,t)]，\therefore \frac{du^*}{dt}+c^2w^2u^*=0\cdots①$$

又 $\mathscr{F}_s\{u(x,0)\}=u^*(w,0)=\int_0^\infty u(x,0)\sin wxdx$

$$\Rightarrow u^*(w,0)=\int_0^\pi(\pi-x)\sin wxdx=[-\frac{\pi-x}{w}\cos wx-\frac{1}{w^2}\sin wx]\Big|_0^\pi=\frac{\pi}{w}-\frac{1}{w^2}\sin w\pi$$ 。

(2) 由①$\Rightarrow u^*(w,t)=ke^{-c^2w^2t}$，又 $u^*(w,0)=\frac{\pi}{w}-\frac{1}{w^2}\sin w\pi$，$\therefore k=\frac{\pi}{w}-\frac{1}{w^2}\sin w\pi$，

$$\therefore u^*(w,t)=(\frac{\pi}{w}-\frac{1}{w^2}\sin w\pi)\cdot e^{-c^2w^2t}$$ 。

(3) $\mathscr{F}_s^{-1}\{u^*(w,t)\}=\frac{2}{\pi}\int_0^\infty u^*(w,t)\sin wxdw=u(x,t)$，

$$\therefore u(x,t)=\frac{2}{\pi}\int_0^\infty(\frac{\pi}{w}-\frac{1}{w^2}\sin w\pi)e^{-c^2w^2t}\sin wxdw$$ 。

Q.E.D.

2. **全無窮域（All-Infinite）：$-\infty<x<\infty$**

參考實際應用問題，假設通解有界，則 $u(\pm\infty,t)\to 0$，對通解作傅立葉指數型轉換：

$$\begin{cases}\mathscr{F}\{u(x,t)\}=\int_{-\infty}^\infty u(x,t)e^{-iwx}dx=u^*(w,t)\\ \mathscr{F}^{-1}\{u^*(w,t)\}=\frac{1}{2\pi}\int_{-\infty}^\infty u^*(w,t)e^{iwx}dw=u(x,t)\end{cases}$$

常用公式：$\mathscr{F}\{\frac{\partial^2 u}{\partial x^2}\}=-w^2u^*(w,t)$

範例 5

利用傅立葉轉換求解下列 PDE

DE：$k\dfrac{\partial^2 u}{\partial x^2}=\dfrac{\partial u}{\partial t}, -\infty < x < \infty, t > 0$；BC：$u(\pm\infty, t)$ 有界；IC：$u(x,0)=f(x)=e^{-x^2}$

【提示】 $\mathscr{F}\{e^{-\frac{x^2}{4p^2}}\}=2\sqrt{\pi}\,pe^{-p^2w^2}$

解 (1) 令 $\mathscr{F}\{u(x,t)\}=\int_{-\infty}^{\infty}u(x,t)\cdot e^{-iwx}dx=u^*(w,t)$，

對 DE 及 BC 作傅立葉轉換得二階 ODE

$$\begin{cases}\dfrac{du^*}{dt}+kw^2u^*=0\\[2ex] u^*(w,0)=f^*(w)=\sqrt{\pi}e^{-\frac{w^2}{4}}\end{cases}$$

(2) 由二階 ODE 齊次解得 $u^*(w,t)=c_1e^{-kw^2t}$，並帶入邊界條件得 $c_1=f^*(w)$，得通解 $u^*(w,t)=f^*(w)e^{-kw^2t}$ 。

(3) 最後執行傅立葉逆變換得通解函數

$$u(x,t)=\mathscr{F}^{-1}\{u^*(w,t)\}=\frac{1}{2\pi}\int_{-\infty}^{\infty}f^*(w)e^{-kw^2t}e^{iwx}dw=\frac{1}{2\pi}\int_{-\infty}^{\infty}\sqrt{\pi}e^{-\frac{w^2}{4}}e^{-kw^2t}\cdot e^{iwx}dw$$

Q.E.D.

10-4 習題演練

基礎題

1. 利用拉氏轉換求解下列 PDE

$\frac{\partial u}{\partial x}+2x\frac{\partial u}{\partial t}=2x$；$u(x, 0)=1$

$u(0, t)=1$

2. 利用拉氏轉換求解下列 PDE

$c^2\frac{\partial^2 u(x,t)}{\partial x^2}=\frac{\partial u(x,t)}{\partial t}$，

$0<x<\infty$，$t>0$

$u(x, 0)=0$，$\frac{\partial u(x,0)}{\partial t}=0$

$u(0, t)=f(t)$，$u(\infty, t)=$ 有界

進階題

1. 利用拉氏轉換求解下列 PDE

$\frac{\partial u(x,t)}{\partial x}=\frac{\partial^3 u(x,t)}{\partial t^3}$，$0<x<\infty$，$t>0$

$u(x, 0)=0$，$\frac{\partial u(x,0)}{\partial t}=0$，

$\frac{\partial^2 u(x,0)}{\partial t^2}=e^{8x}$

$u(\infty, t)=$ 有界

2. 利用拉氏轉換求解下列 PDE

$a^2\frac{\partial^2 u(x,t)}{\partial x^2}-g=\frac{\partial^2 u(x,t)}{\partial t^2}$

$0<x<\infty$，$t>0$

$u(x,0)=\frac{\partial u(x,0)}{\partial t}=0$

$u(0,t)=0$，$\lim_{x\to\infty}\frac{\partial u(x,t)}{\partial x}=0$

3. 利用傅立葉轉換求解下列 PDE

$\frac{\partial u(x,t)}{\partial t}=\frac{\partial^2 u(x,t)}{\partial x^2}$，$0<x<\infty$，$t>0$

$u(0, t)=g(t)$

$u(x, 0)=0$，$u(x, t)$有界

4. 利用傅立葉轉換求解下列 PDE

$\frac{\partial^2 u(x,y)}{\partial x^2}+\frac{\partial^2 u(x,y)}{\partial y^2}=0$

$0<x<\infty$，$0<y<\infty$，$u(0, y)=0$，

$u(x,0)=F(x)=\begin{cases} x, 0\le x\le 2 \\ 0, x>0 \end{cases}$

$u(x, y)$有界

5. 利用傅立葉轉換求解下列 PDE

$\frac{\partial u(x,t)}{\partial t}-\frac{\partial^2 u(x,t)}{\partial x^2}+tu(x,t)=0$

$0<x<\infty$，$t>0$

$\frac{\partial u}{\partial x}(0,t)=0$，$u(x,0)=xe^{-x}$

$\frac{\partial u}{\partial t}(0,t)=0$

6. 利用傅立葉轉換求解下列 PDE

$\frac{\partial^2 u(x,t)}{\partial t^2}=4\frac{\partial^2 u(x,t)}{\partial x^2}$

$-\infty<x<\infty$，$t>0$

$u(x, 0)=0$

$\frac{\partial u}{\partial t}(x,0)=\delta(x)$ 為一脈衝函數

NOTE

複變分析

範例影音

11

柯西
（Cauchy, 1789～1857, 法國）

柯西（Cauchy，1789～1857）是法國數學家、物理學家與天文學家，其研究領域非常廣泛，重要研究為在 1821 年提出了 $\varepsilon-\delta$ 之極限定義，對微積分的理論研究貢獻卓越，而此概念亦引入複變函數中，創立了複變函數的微積分，為後來複變函數在流體力學、熱力學、電磁學及通訊系統等研究的應用奠定重大基礎。

學習目標

11-1 複數的基本概念

11-1-1－認識複數系：基本運算、範數、共軛
11-1-2－認識複數的極式：定義、幅角的計算
11-1-3－認識棣美弗定理
11-1-4－熟練複數 n 次方根的計算

11-2 複變函數

11-2-1－認識複變數函數與分類：多值函數、單值函數
11-2-2－掌握由分支線拆解多值函數為單值函數：對數函數
11-2-3－熟悉常見初等函數：
多項式、有理函數、指數、
（反）三角、（反）雙曲

11-3 複變函數的微分

11-3-1－認識複變函數的極限與連續性
11-3-2－熟悉複變函數的導數：運算規則、羅畢達法則
11-3-4－熟悉可解析的條件：
柯西-黎曼方程；與應用：完全函數
11-3-5－認識奇異點及分類：
極點、零點、分支點、可去奇點、本性奇點

11-4 複變函數積分

11-4-1－認識複變函數的積分：基本性質、ML 定理
11-4-2－認識複數版的格林定理
11-4-3－掌握柯西積分定理：基本推論與圈線變形原理
11-4-4－熟悉柯西積分公式
11-4-5－掌握極大（小）模定理、幅角定理

11-5 泰勒展開式與洛朗展開式

11-5-1－認識複變函數冪級數：泰勒展開式
11-5-2－認識複變函數冪級數：
洛朗展開式；與孤立奇點的關係

11-6 留數（殘值）定理

不分節－透過洛朗展開式熟悉留數的計算：
留數（殘值）定理

11-7 實變函數的定積分

11-7-1－掌握利用留數定理求實變瑕積分：三角函數型
11-7-2－掌握利用留數定理求實變瑕積分：有理函數型
11-7-3－掌握利用留數定理求實變瑕積分：
複立葉轉換（積分）型
11-7-4－掌握利用留數定理求實變瑕積分：拉氏反轉換型

複變函數的理論起源於 18 世紀末期，在 1774 年由數學家尤拉首先考慮了複變函數的積分。到了 19 世紀，柯西和黎曼兩位物理學家在研究流體力學時，對複數函數做了更深入的研究，產生了柯西-黎曼方程式，而後複變函數進入了全面發展，成為微積分以外的一大數學理論分支。自 20 世紀以來，複變函數大量被使用在航空動力學、電磁學與工程機率等方面，是一門非常重要的數學分析工具。

本章將由複數運算介紹起，然後進入複變函數的微積分，並引入留數(殘值)概念，然後利用此概念來計算在微積分上很難求解的一些定積分。

11-1 複數的基本概念

一元二次方程式 $ax^2+bx+c=0$ 的判別式 $\Delta=b^2-4ac<0$ 時，公式解 $\dfrac{-b\pm\sqrt{\Delta}}{2a}$ 在實數系中變的無意義。數學家引入 $\sqrt{-1}=i$ 的虛數觀念後，加入原本的實數系得到集合 $C=\{x+yi\mid x,y\in R\}$，現稱爲複數系，或複數平面（Complex plane），如圖 11-1 所示。當集合中的**虛部** y 爲 0 時，C 退化成由**實部** x 所組成的實數系 R。由複數平面的幾何直觀來看，複數系的代數結構自然仿照 R^2 來定義即可。

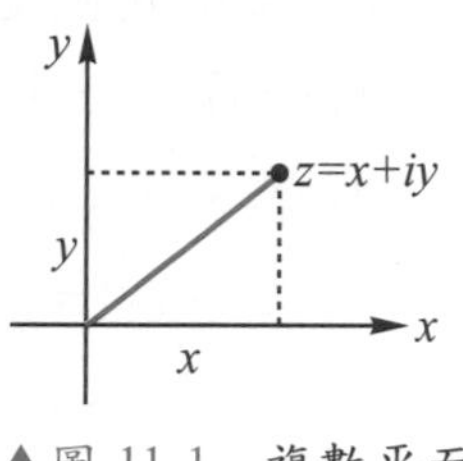

▲圖 11-1　複數平面

11-1-1　複數平面的代數運算

1. **加、減法**

$$z_1\pm z_2=(a_1\pm a_2)+i(b_1\pm b_2)$$

2. **乘法**

$$z_1\cdot z_2=(a_1+ib_1)\cdot(a_2+ib_2)=(a_1a_2-b_1b_2)+i(a_1b_2+b_1a_2)$$

3. **除法**

$$\frac{z_1}{z_2}=\frac{a_1+ib_1}{a_2+ib_2}=\frac{(a_1+ib_1)(a_2-ib_2)}{(a_2+ib_2)(a_2-ib_2)}=\frac{(a_1a_2+b_1b_2)+i(a_2b_1-a_1b_2)}{a_2^2+b_2^2}$$

4. **相等**

$z_1=a_1+ib_1$，$z_2=a_2+ib_2$，若 $z_1=z_2$，則 $a_1=a_2$、$b_1=b_2$

範例 1

若 $z_1 = 4+3i$、$z_2 = 2-5i$，請計算：(1) $z_1 \cdot z_2 = ?$　(2) $\frac{z_1}{z_2} = ?$

解 (1) $z_1 \cdot z_2 = (4+3i)\cdot(2-5i) = (8+15)+i(-20+6) = 23-14i$。

(2) $\frac{z_1}{z_2} = \frac{4+3i}{2-5i} = \frac{(4+3i)(2+5i)}{(2-5i)(2+5i)} = \frac{-7+26i}{29} = -\frac{7}{29}+\frac{26}{29}i$。

Q.E.D.

5. **範數**（norm）

對 $z = x+iy$，定義範數 $|z| = \sqrt{x^2+y^2}$。有時我們也稱 $|z|$ 爲複數的絕對值。這可視爲實數平面上距離觀念的複數版本，因此，實數平面上常用的距離性質也可搬到複數平面上，讀者可依定義自行推導。

(1) $|z|$ 表示 z 平面上，z 與原點 O 的距離。

(2) 若 $z_1 = x_1+iy_1$、$z_2 = x_2+iy_2$，則

$|z_1 - z_2| = \sqrt{(x_1-x_2)^2+(y_1-y_2)^2}$ 表 z_1 到 z_2 間距離。

(3) $|z - z_1| = r \Rightarrow$ 表示 z 平面上以 z_1 爲圓心，r 爲半徑之圓。

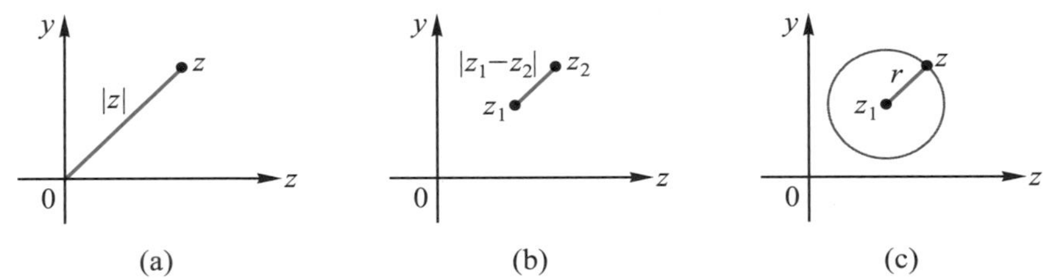

▲圖 11-2　複數平面的距離

(4) $|z_1 z_2 \cdots z_n| = |z_1||z_2|\cdots|z_n|$。

(5) $\left|\frac{z_1}{z_2}\right| = \frac{|z_1|}{|z_2|}$。

(6) $|z_1|-|z_2| \le |z_1| \le |z_1|+|z_2|$。

6. **共軛數**（Complex conjugate numbers）

定義 $z = x + iy$ 的共軛爲 $\overline{z} = x - iy$，在複數平面上共軛是對著實部軸鏡射的結果。如圖 11-3 所示。共軛滿足以下性質：

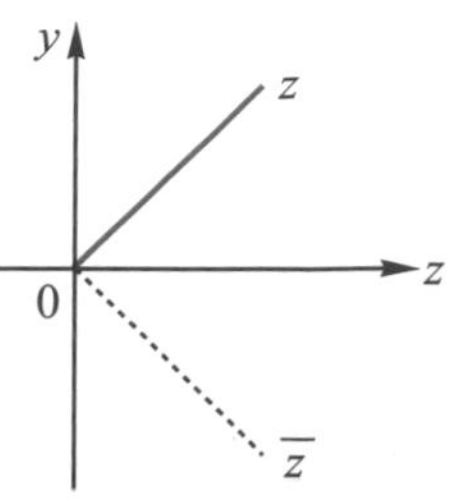

▲圖 11-3　複數共軛圖

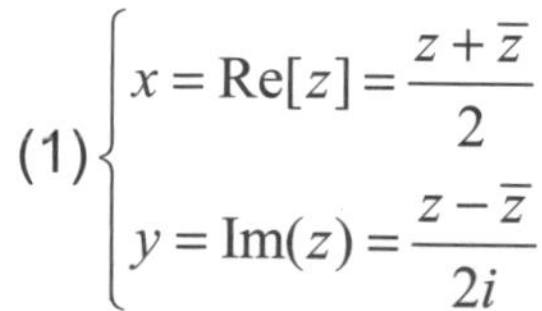

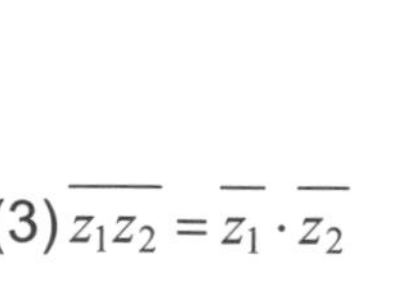

(1) $\begin{cases} x = \text{Re}[z] = \dfrac{z + \overline{z}}{2} \\ y = \text{Im}(z) = \dfrac{z - \overline{z}}{2i} \end{cases}$　(2) $\overline{(\overline{z})} = z$　(3) $\overline{z_1 z_2} = \overline{z_1} \cdot \overline{z_2}$

(4) $\overline{\left(\dfrac{z_1}{z_2}\right)} = \dfrac{\overline{z_1}}{\overline{z_2}}$　(5) $|z| = |\overline{z}|$　(6) $z \cdot \overline{z} = |z|^2$

範例 2

若 $z_1 = 7 + 24i, z_2 = 3 - 4i$，請計算：(1) $|z_1|$　(2) $|z_1 \cdot z_2^2|$

解 (1) $|z_1| = |7 + 24i| = \sqrt{7^2 + 24^2} = 25$。

(2) $|z_1 \cdot z_2^2| = |(7 + 24i)(3 - 4i)^2| = |7 + 24i| \cdot |3 - 4i|^2 = 25 \times 5^2 = 25 \times 25 = 625$。　Q.E.D.

11-1-2　複數的極式（Polar form of a complex number）

透過極坐標 $\begin{cases} x = r\cos\theta \\ y = r\sin\theta \end{cases}$，得 $z = x + iy = r[\cos\theta + i\sin\theta]$，且知 $r = |z|$。$\theta = \tan^{-1}(\dfrac{y}{x})$ 稱爲 z 的幅角（Argument），通常以符號 $\theta = \arg(z)$ 表示。

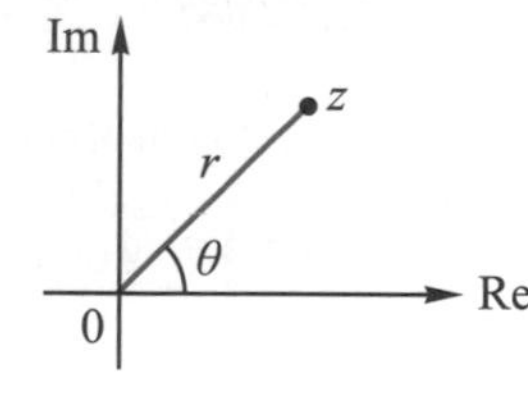

▲圖 11-4

從正切函數定義知道 $\theta = \arg(z) = \tan^{-1}(\dfrac{y}{x}) = \begin{cases} 2n\pi + \tan^{-1}(\dfrac{y}{x}), x > 0 \\ (2n+1)\pi + \tan^{-1}(\dfrac{y}{x}), x < 0 \end{cases}$，其中 $n = 0, \pm 1, \pm 2, \cdots$ 且 $-\dfrac{\pi}{2} < \tan^{-1}(\dfrac{y}{x}) < \dfrac{\pi}{2}$。若 $-\pi < \theta \leq \pi$，則稱 $\theta = \text{Arg}(z)$ 爲 z 之主幅角（Principal value）；主幅角亦可取 $0 \leq \theta \leq 2\pi$。

例如複數$1+i=\sqrt{2}[\cos\frac{\pi}{4}+i\sin\frac{\pi}{4}]=\sqrt{2}[\cos(\frac{9}{4}\pi)+i\sin\frac{9}{4}\pi]$

$$=\sqrt{2}[\cos(\frac{\pi}{4}+2n\pi)+i\sin(\frac{\pi}{4}+2n\pi)]\text{ ; } n=0,\pm1,\pm2,\cdots$$

則幅角$\arg(1+i)=\frac{\pi}{4}+2n\pi$；主幅角$\text{Arg}(1+i)=\frac{\pi}{4}$。利用幅角表達一個複數，最著名的莫過尤拉公式，事實上。這公式在許多計算上扮演了關鍵角色：$e^{i\theta}=\cos\theta+i\sin\theta$

證明方面，由指數函數、三角函數的泰勒展開式得：

$$e^{i\theta}=\sum_{n=0}^{\infty}\frac{(i\theta)^n}{n!}=\sum_{n=0}^{\infty}\frac{(i\theta)^{2n}}{(2n)!}+\sum_{n=0}^{\infty}\frac{(i\theta)^{2n+1}}{(2n+1)!}=\sum_{n=0}^{\infty}\frac{(-1)^n\theta^{2n}}{(2n)!}+i\sum_{n=0}^{\infty}\frac{(-1)^n\theta^{2n+1}}{(2n+1)!}=\cos\theta+i\sin\theta\text{ ,}$$

且$|e^{i\theta}|=\sqrt{\cos^2\theta+\sin^2\theta}=1$；進一步改寫得$\begin{cases}\cos\theta=\dfrac{e^{i\theta}+e^{-i\theta}}{2}\\ \sin\theta=\dfrac{e^{i\theta}-e^{-i\theta}}{2i}\end{cases}$，故由極坐標得

$z=r(\cos\theta+i\sin\theta)=re^{i\theta}$，稱爲$z$的複數極式。

定理 11-1-1　複數的極式

若複數$z=x+iy$的幅角爲θ，且$r=|z|$，則$z=r(\cos\theta+i\sin\theta)=re^{i\theta}$。

由複數極式可推出下方定理 11-1-2。

定理 11-1-2　幅角性質

(1) $\arg(z_1z_2)=\arg(z_1)+\arg(z_2)$，但$\text{Arg}(z_1z_2)\neq\text{Arg}(z_1)+\text{Arg}(z_2)$。

(2) $\arg(z_1/z_2)=\arg(z_1)-\arg(z_2)$。

(3) $\text{Arg}(z_1/z_2)\neq\text{Arg}(z_1)-\text{Arg}(z_2)$。

重要性質

(1) ① $e^{i2k\pi}=\cos 2k\pi+i\sin 2k\pi=1$；$k=0,\pm1,\pm2,\cdots$。

② $e^{i(2k+\frac{1}{2})\pi}=i$、$e^{i(2k+1)\pi}=-1$、$e^{i(2k+\frac{3}{2})\pi}=-i$。

(2) $z=(x_0+r\cos\theta)+i(y_0+r\sin\theta)=z_0+re^{i\theta}$，其中 $r=|z-z_0|$、$\theta=\arg(z-z_0)$。

(3) $z_1=r_1e^{i\theta_1}$、$z_2=r_2e^{i\theta_2}$ 我們有（如圖 11-5 所示）

① $z_1z_2=r_1r_2\,e^{i(\theta_1+\theta_2)}$　② $\frac{z_1}{z_2}=\frac{r_1}{r_2}e^{i(\theta_1-\theta_2)}$。

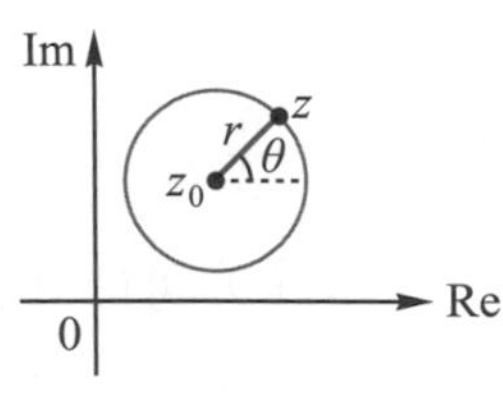

▲圖 11-5

下面的三題範例列舉了尤拉公式的不同應用

範例 3

若 $z_1 = i$、$z_2 = 1-\sqrt{3}i$，求(1) $\arg(\frac{z_1}{z_2})$ (2) $\arg(z_1 \cdot z_2)$

解 $z_1 = i = e^{i(\frac{\pi}{2}+2m\pi)} \Rightarrow \arg(z_1) = \frac{\pi}{2} + 2m\pi,\ m = 0, \pm 1, \pm 2, ...$；

$z_2 = 1-\sqrt{3}i = 2e^{i(-\frac{\pi}{3}+2n\pi)} \Rightarrow \arg(z_2) = -\frac{\pi}{3} + 2n\pi,\ n = 0, \pm 1, \pm 2, ...$，

(1) $\arg(\frac{z_1}{z_2}) = \arg(z_1) - \arg(z_2) = \frac{5}{6}\pi + 2k\pi, k = 0, \pm 1, \pm 2, ...$。

(2) $\arg(z_1 \cdot z_2) = \arg(z_1) + \arg(z_2) = \frac{1}{6}\pi + 2l\pi, l = 0, \pm 1, \pm 2, ...$。 Q.E.D.

範例 4

$(\sqrt{2i}-1)^{1001}$ 為何？

(1) 0 (2) 1 (3) i (4) $1+i$ (5) $1000-1000i$。

解 $\sqrt{2i} = (2e^{\frac{\pi}{2}i})^{\frac{1}{2}} = \sqrt{2}e^{\frac{\pi}{4}i} = \sqrt{2}(\cos\frac{\pi}{4} + i\sin\frac{\pi}{4}) = (1+i)$，

故 $(\sqrt{2i}-1) = (1+i-1) = i$，因此 $(\sqrt{2i}-1)^{1001} = i^{1001} = i^{1000}i = (i^2)^{500}i = i$。 Q.E.D.

範例 5

若 $z = x+iy = re^{i\theta}$，$i = \sqrt{-1}$，求證 $\sin^2 z + \cos^2 z = 1$

解 因 $\sin z = \frac{1}{2i}(e^{iz} - e^{-iz})$、$\cos z = \frac{1}{2}(e^{iz} + e^{-iz})$，

故 $\sin^2 z + \cos^2 z = \{\frac{1}{2i}(e^{iz} - e^{-iz})\}^2 + \{\frac{1}{2}(e^{iz} + e^{-iz})\}^2$

$$= -\frac{1}{4}(e^{2iz} - 2 + e^{-2iz}) + \frac{1}{4}(e^{2iz} + 2 + e^{-2iz}) = 1$$。 Q.E.D.

11-1-3 隸美弗（De Moiver's）定理

1. 若 $z_1 = r_1(\cos\theta_1 + i\sin\theta_1)$、$z_2 = r_2(\cos\theta_2 + i\sin\theta_2)$，

   則① $z_1 z_2 = r_1 r_2[\cos(\theta_1+\theta_2) + i\sin(\theta_1+\theta_2)]$。

   ② $\dfrac{z_1}{z_2} = \dfrac{r_1}{r_2}[\cos(\theta_1-\theta_2) + i\sin(\theta_1-\theta_2)]$。

2. 若 $z = r[\cos\theta + i\sin\theta]$，

   則 $z^n = r^n[\cos\theta + i\sin\theta]^n = r^n[\cos n\theta + i\sin n\theta]$

   $\Rightarrow [\cos\theta + i\sin\theta]^n = \cos n\theta + i\sin n\theta$。

從 $z = r(\cos\theta + i\sin\theta) = re^{i\theta}$ 可直接代入驗證棣美弗定理，此處留給讀者自行練習。下面我們看看範例。

範例 6

將 $z = 1+\sqrt{3}i$ 表示成複數極式，並求 z^3。

解 (1) $z = 1+\sqrt{3}i = x+iy$，$x=1$、$y=\sqrt{3}$，$r=\sqrt{x^2+y^2}=2$，

$\theta = \tan^{-1}(\frac{y}{x}) = \tan^{-1}(\sqrt{3}) = \frac{\pi}{3}$，故 $z = re^{(2n\pi+\theta)i} = 2e^{(2n\pi+\frac{\pi}{3})i}$, $n = 0, \pm1, \pm2, \cdots$。

(2) $z^3 = (2e^{(2n\pi+\frac{\pi}{3})i})^3 = 2^3 e^{(6n\pi+\pi)i} = -8$。

Q.E.D.

範例 7

求證 $\cos 5\theta = 16\cos^5\theta - 20\cos^3\theta + 5\cos\theta$。

解 $[\cos 5\theta + i\sin 5\theta] = (\cos\theta + i\sin\theta)^5$

$$= C_0^5\cos^5\theta + C_1^5\cos^4\theta(i\sin\theta) + C_2^5\cos^3\theta(i\sin\theta)^2$$
$$+ C_3^5\cos^2\theta(i\sin\theta)^3 + C_4^5\cos\theta(i\sin\theta)^4 + C_5^5(i\sin\theta)^5$$
$$= \cos^5\theta - 10\cos^3\theta\sin^2\theta + 5\cos\theta\sin^4\theta$$
$$+ i(5\cos^4\theta\sin\theta - 10\cos^2\theta\sin^3\theta + \sin^5\theta)$$，

所以 $\cos^5\theta = \cos^5\theta - 10\cos^3\theta\sin^2\theta + 5\cos\theta\sin^4\theta$

$$= \cos^5\theta - 10\cos^3\theta(1-\cos^2\theta) + 5\cos\theta(1-2\cos^2\theta+\cos^4\theta)$$
$$= 16\cos^5\theta - 20\cos^3\theta + 5\cos\theta$$。

Q.E.D.

11-1-4　複數根（Complex roots）

在 11-1，我們定義了複數的加減乘除，並且也利用複數特有的幅角，來進一步簡化這些運算的要點。複數作爲一個體，自然能在上面考慮方程式，於是就有複數方程求根的問題（這與 $x^2+1=0$ 在實數軸上無解從而發明複數 i 不同，切勿混淆），下面我們來談談如何求複數根，其基本也是尤拉公式的應用。

n 次方根

設 $w^n=z$，則稱 w 爲 z 之 n 次方根，記作 $w=z^{\frac{1}{n}}$。若 $z=r(\cos\theta+i\sin\theta)=re^{i\theta}=re^{i(\theta+2k\pi)}$；$\theta$ 爲主幅角（定義在 $[-\pi,\pi]$ 上），則

$$w=z^{\frac{1}{n}}=[re^{i(\theta+2k\pi)}]^{\frac{1}{n}}=r^{\frac{1}{n}}\cdot e^{i(\frac{\theta}{n}+\frac{2k}{n}\pi)}=r^{\frac{1}{n}}[\cos(\frac{\theta+2k\pi}{n})+i\sin(\frac{\theta+2k\pi}{n})]$$，$k=0, 1, 2, \cdots, (n-1)$，表示在原本複數平面的 z，經過 $w=f(z)=z^{\frac{1}{n}}$ 映射到另一個複數平面 w 上時，會形成 n 個對應點 $(w_1, w_2, \cdots, w_n)$，如圖 11-6 所示。

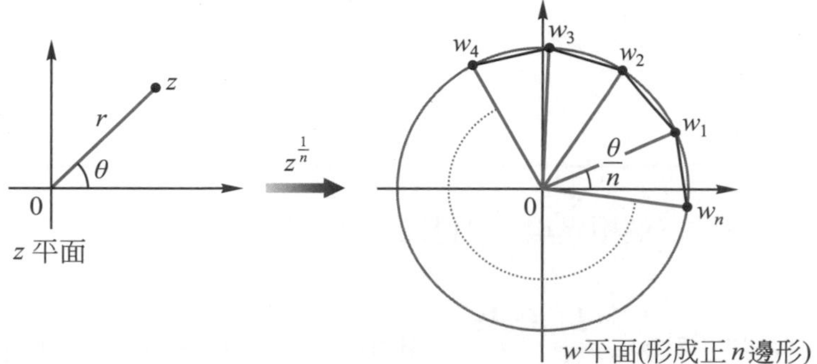

▲圖 11-6　複數根示意圖

若 $w^n=1$，則稱 w 爲 1 的 n 次方根，更具體的來說：

(1) $k=0$；$w_1=r^{\frac{1}{n}}(\cos\frac{\theta}{n}+i\sin\frac{\theta}{n})=r^{\frac{1}{n}}e^{i(\frac{\theta}{n})}$。

(2) $k=1$；$w_2=r^{\frac{1}{n}}(\cos\frac{\theta+2\pi}{n}+i\sin\frac{\theta+2\pi}{n})=r^{\frac{1}{n}}e^{i(\frac{\theta+2\pi}{n})}$。

⋮

(3) $k=n-1$；$w_n=r^{\frac{1}{n}}(\cos\frac{\theta+2(n-1)\pi}{n}+i\sin\frac{\theta+2(n-1)\pi}{n})=r^{\frac{1}{n}}e^{i[\frac{\theta+2(n-1)\pi}{n}]}$。

參照圖 11-6，你會發現 $w_1, w_2,\cdots, w_n$ 在以半徑爲 $r^{\frac{1}{n}}$ 的圓上會形成一個正 n 邊形。

範例 8

求 $(8-8\sqrt{2}i)^{\frac{1}{4}}$ 的所有根

解 令 $w=(8-8\sqrt{2}i)^{\frac{1}{4}} \Rightarrow w^4=8-8\sqrt{2}i=8\sqrt{3}(\frac{1}{\sqrt{3}}-\frac{\sqrt{2}}{\sqrt{3}}i)=8\sqrt{3}\cdot e^{i\theta}$ 其中 $\theta=-\tan^{-1}(\sqrt{2})$，

取 $-\pi\le\theta\le\pi$，則 $w=(8\sqrt{3})^{\frac{1}{4}}\cdot e^{i(\frac{\theta+2k\pi}{4})}$；$k=0, 1, 2, 3$，故得

$w_1=(8\sqrt{3})^{\frac{1}{4}}\cdot e^{i\frac{\theta}{4}}$、$w_2=(8\sqrt{3})^{\frac{1}{4}}\cdot e^{i(\frac{\theta}{4}+\frac{\pi}{2})}$、$w_3=(8\sqrt{3})^{\frac{1}{4}}\cdot e^{i(\frac{\theta}{4}+\pi)}$、$w_4=(8\sqrt{3})^{\frac{1}{4}}\cdot e^{i(\frac{\theta}{4}+\frac{3}{2}\pi)}$

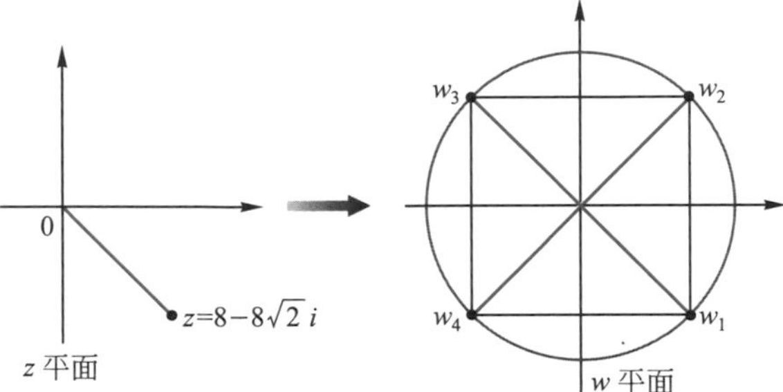

Q.E.D.

範例 9

若 $z\neq0$，(1)求 $w=z^{\frac{1}{n}}$ 之 n 個相異根　(2)求 27 的 3 次方根。

解 (1) $w=z^{\frac{1}{n}}=[re^{i(\theta+2k\pi)}]^{\frac{1}{n}}=r^{\frac{1}{n}}e^{i(\frac{\theta+2k\pi}{n})}$，其中取 $-\pi\le\theta\le\pi$，$k=0, 1, 2,\cdots n-1$。

(2) 27 的 3 次方根 $\Rightarrow w=(3^3\cdot e^{i2k\pi})^{\frac{1}{3}}=3e^{i\frac{2k\pi}{3}}$，$k=0, 1, 2$。

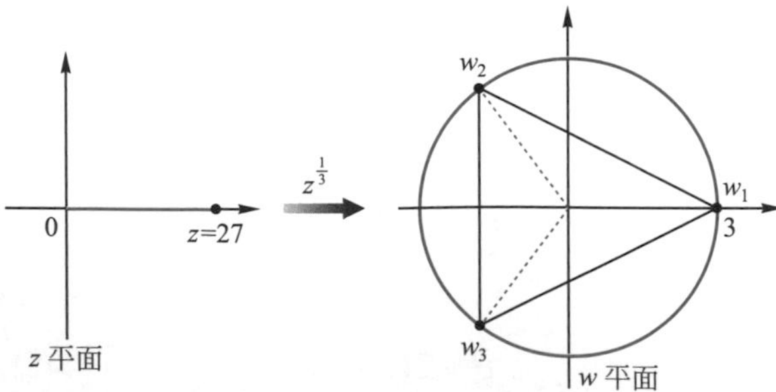

Q.E.D.

範例 10

$z=x+iy, i=\sqrt{-1}$，求解複數方程式 $z^2+(2i-3)z+5=0$。

解 對 $z^2+(2i-3)z+5=0$，$z=\dfrac{-(2i-3)\pm\sqrt{(2i-3)^2-4(5-i)}}{2}=\dfrac{-(2i-3)\pm\sqrt{-15-8i}}{2}$，

令 $-15-8i=17e^{i\theta}$，$\theta=\pi+\tan^{-1}\dfrac{8}{15}$，

所以
$$\sqrt{-15-8i}=\sqrt{17}e^{i\frac{\theta}{2}}=\sqrt{17}(\cos\frac{\theta}{2}+i\sin\frac{\theta}{2})$$
$$=\sqrt{17}[-\sin(\frac{1}{2}\tan^{-1}\frac{8}{15})+i\cos(\frac{1}{2}\tan^{-1}\frac{8}{15})]$$
$$=-1+4i，$$

故
$$z=\frac{-(2i-3)\pm\sqrt{-15-8i}}{2}=\frac{1}{2}\big[(3-2i)\pm(-1+4i)\big]=1+i,\ 2-3i$$ 。

Q.E.D.

11-1 習題演練

基礎題

1. 設 $z=\dfrac{2+i}{1-i}$，$i=\sqrt{-1}$，則 z 之共軛複數 $\bar{z}=$？
2. 設 $i=\sqrt{-1}$，若 $z=\dfrac{2+3i^{13}}{2i^{15}-i^{20}}$，則 z 的共軛複數爲？
3. 計算 $(2+3i)(4-5i)=$？
4. 將 $\dfrac{(4+3i)}{(3+4i)}$ 化爲 $a+bi$ 的型式，a、b 爲實數，i 爲虛數單位。
5. $\left|\dfrac{(4-3i)^2(1-i)^3}{(3+4i)^2(1+i)}\right|=$？

進階題

1. $[\dfrac{1}{2}-\dfrac{\sqrt{3}}{2}i]^8=$？
2. 求 $(1-i)^{\frac{1}{3}}$ 的所有根？
3. 求 $z^5+32=0$ 的五個根？
4. 求 $(-1+\sqrt{3}i)$ 的所有六次方根？
5. $z=x+iy, i=\sqrt{-1}$，求解複數方程式 $z^2-(i+5)z+(8+i)=0$。
6. $z=x+iy, i=\sqrt{-1}$，求解複數方程式 $z^6+8z^3-9=0$。
7. $(\sqrt{2}i-1)^{2013}$ 爲下列何者？
   (1) 0　(2) 1　(3) i　(4) π
   (5) $2013-2013i$

11-2 複變函數

11-2-1 定義與分類

在實數的世界，函數不可能有一對多，但在複數的世界這是可以的；例如 11-1 節中取方根函數 $w = f(z) = z^{\frac{1}{2}}$，問的是誰的平方等於複數 z，當把 f 限制到單位圓 $|e^{i\theta}| = 1$ 時，會發現不只一個單位圓上的複數滿足 $z^2 = i$，事實上 $e^{i(\frac{\pi}{4}+2k\pi)}$ 全都是解，如圖 11-7 所示。有這種多值型態的複變函數稱爲**多值函數**，反之則稱爲**單值函數**，例如 $f(z) = z^2$。當然，這違反幾何直觀，稍後將會用分支線（Branch line）的概念來處理這個問題。

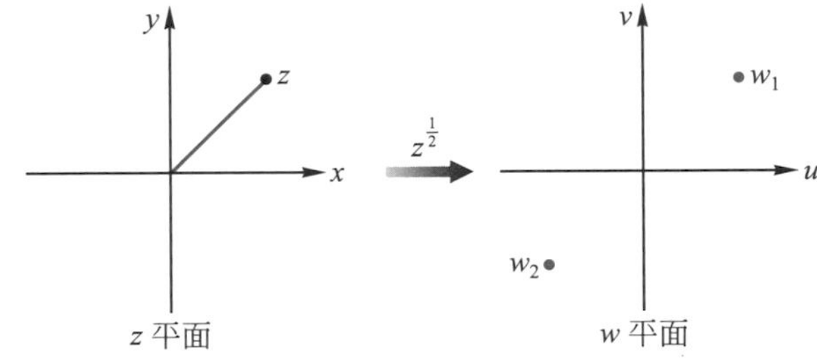

▲圖 11-7　複數函數二次方根示意圖

反函數 f^{-1} 仍然與實變時定義相同，即滿足 $f^{-1}f = f f^{-1} = 1$，但需留意，複變函數的反函數並非一定要在 f 一對一時才存在。例如 $w = f(z) = z^2$、$z = f^{-1}(w) = w^{1/2}$，就是一組很好的反例。另外重要的是，單值複變函數可形式上用符號 $u + iv = f(x + iy)$ 來表示，換句話說 $\begin{cases} u = u(x, y) \\ v = v(x, y) \end{cases}$，其在幾何上可以表示將 z 平面（xy 平面）上的區域 R 經由 $w = f(z)$ 映射到 w 平面的區域 R^*，如圖 11-8 所示。這個符號在往後談到解析函數時會派上用場。

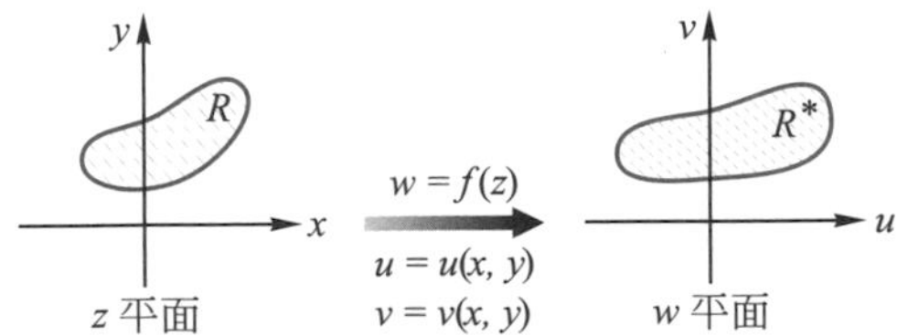

▲圖 11-8　複數平面上圖形映射

11-2-2　多值函數之分支點與分支線（Branch point & Branch line）

我們從多值函數 $f(z)=(z-\alpha)^{1/3}$ 開始，首先從尤拉公式：

$z-\alpha=r\cdot e^{i\theta}$；$0<r$。設在下圖中之 A 點，$f(z)=(z-\alpha)^{\frac{1}{3}}=r^{\frac{1}{3}}\cdot e^{i\frac{\theta}{3}}$，

則可分兩種情形：

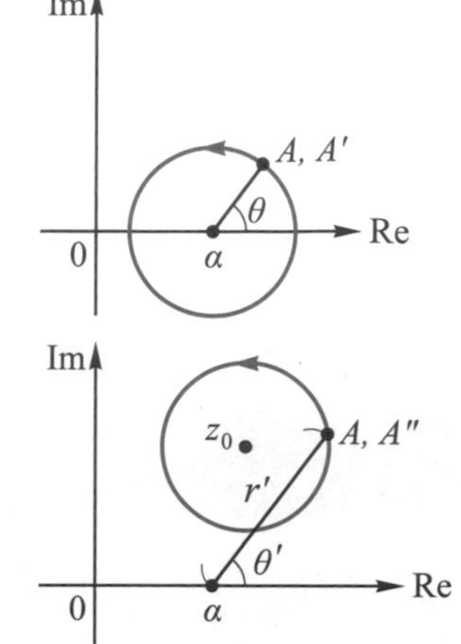

▲圖 11-9　複數平面上圖形映射

1. 逆時針繞 $z=\alpha$ 一圈為 A' 點，在 A' 點上
$f(z)=r^{\frac{1}{3}}e^{i\frac{\theta+2\pi}{3}}=r^{\frac{1}{3}}\cdot e^{i\frac{\theta}{3}}\cdot e^{i\frac{2\pi}{3}}$，其中 $e^{i\frac{2\pi}{3}}\neq 1$，則在 A 與 A' 點上的函數值 $f(A)\neq f(A')$，產生多值。

2. 逆時針繞 $z=z_0$ 一圈，但不含 α 點為 A''。在 A'' 點上
$f(z)=r'^{\frac{1}{3}}e^{i\frac{\theta'}{3}}$，即在 A 與 A'' 點上之函數值 $f(A)=f(A'')$，為單值如圖 11-9 所示。

由此可見同樣是繞行一圈，但因為軌跡的差異，就會形成多值或單值，所以對於多值函數，適當選取繞行軌跡，可將多值函數限制成單值函數。為了在幾何上能合理解釋多值函數，我們在產生多值的地方將函數「剪開」：

定義 11-2-1　分支點與分支線

(1) **分支點**（Branch point）
若連續函數 $f(z)$ 繞某一固定點 z_0 一圈後，其函數值會變，則稱 $z=z_0$ 為一分支點。

(2) **分支線**（Branch line）
人為的一條直線或線段，其目的乃是將多值函數 $f(z)$ 變成單值函數，當 z 的幅角取 $-\pi<\theta<\pi$（或 $0<\theta<2\pi$）時，稱此時 $f(z)$ 的函數值為「主值」（Principal value）。經由適當選取分支線，可以將多值函數化成單值。

1. **分支切割（Brarch cut）**

藉由分支線，多值函數變爲單值（取法有無限多種，因爲分支線的取法有無窮多種），常用的取法有以下兩種：

(1) $\begin{cases} z-\alpha = re^{i\theta} \\ 0<r<\infty \\ -\pi<\theta<\pi \end{cases}$，如圖 11-10 所示。

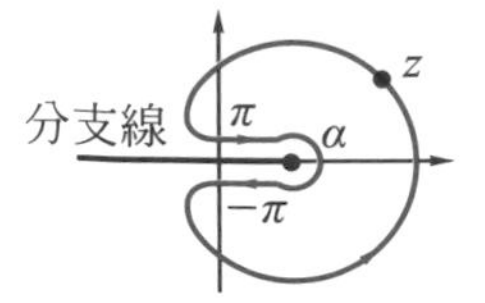

▲圖 11-10　分支線取法

(2) $\begin{cases} z-\alpha = re^{i\theta} \\ 0<r<\infty \\ 0<\theta<2\pi \end{cases}$，如圖 11-11 所示。

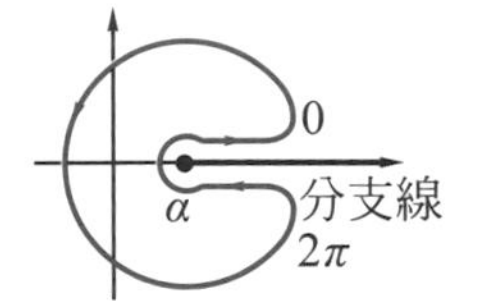

▲圖 11-11　分支線取法

定理 11-2-1　多項式函數單多值的判斷

在 $f(z)=(z-\alpha)^{\beta}$ 繞 $z=\alpha$ 的過程中，隨著 β 的不同，會產生單值或多值，討論如下。

$f(z)=(z-\alpha)^{\beta}=r^{\beta}e^{i\beta\theta}$，逆時針繞含 $z=\alpha$ 一圈得 $f(z)=r^{\beta}\cdot e^{i2\pi\beta}$：

(1) $\beta=$整數，$e^{i2\pi\beta}=1$，則 $f(z)$ 爲單值。

(2) $\beta\neq$整數，$e^{i2\pi\beta}\neq 1$，則 $f(z)$ 爲多值，α 爲分支點。

2. **對數函數（Complex logarithm function）**

複數版本的對數函數是分支切割最典型的例子之一，與實數對數函數的想法不同，我們乃用指數來取對數值。若 $z=re^{i(\theta+2k\pi)}$，$\theta=\mathrm{Arg}(z)$ 爲主幅角，$k=0,\pm1,\pm2,\cdots$，則定義

$$\ln z=\ln r+i(\theta+2k\pi)$$

若取主幅角，則所得 $\ln z=\ln|z|+i\mathrm{Arg}(z)$ 稱爲 $\ln z$ 的主值，此時 $\ln(z)$爲單值函數，記作 $\mathrm{Ln}(z)$。

3. **性質**

(1) $z^{a}=e^{a\ln z}$；$\ln(z)^{\alpha}=\alpha\ln(z)$。

(2) $\ln(z_1\cdot z_2)=\ln z_1+\ln z_2$，$\ln(z_1/z_2)=\ln z_1-\ln z_2$，但 $\mathrm{Ln}(z_1\cdot z_2)\neq\mathrm{Ln}(z_1)+\mathrm{Ln}(z_2)$。

(3) $e^{\ln z}=z$、$\ln(e^{z})=\ln(e^{z+i2k\pi})=z+i2k\pi\neq z$。

注意在性質 3.中，對數的多值特性，讓我們只有單向的反函數可使用，這是與實數對數函數的最大不同。現在回頭來看看分支線的問題，取 $z-\alpha=re^{i\theta}$，則取對數 $w=\ln(z-\alpha)=\ln(r)+i\theta$，逆時針繞 $z=\alpha$ 一圈得 $w=\ln(r)+i(\theta+2\pi)$，則對數函數的分支線取法如圖 10-12 所示。則 $w=\ln(z-\alpha)=\ln(r)+i\theta$。更多例子見接下來範例。

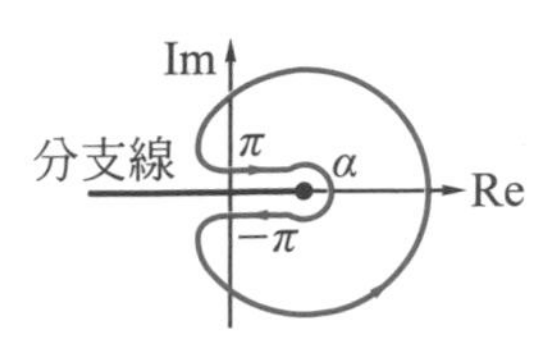

▲圖 10-12　ln(z)分支圖

範例 1

若 $(z^2-1)^{\frac{1}{3}}(z-3)^{\frac{1}{3}}$，求分支點與分支線。

解 (1) 分支點 $z=\pm1$、3。

(2) 分支線：由分支點往外畫之射線，即為分支線如圖為其中一種畫法。

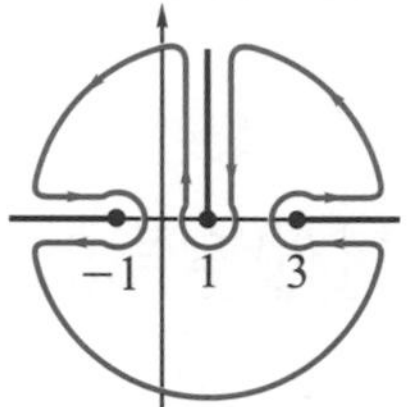

Q.E.D.

範例 2

試作下列推導：

(1)化 i^i 為複數極式。　(2)依定義展開 $\ln(1+i)$。

解 (1) $i^i=e^{i\ln i}=e^{i(2n\pi+\frac{\pi}{2})i}=e^{-(2n\pi+\frac{\pi}{2})}$　$(n=0,\ \pm1,\ \pm2\cdots)$。

(2) $\ln(1+i)=\ln\{\sqrt{2}e^{(2n\pi+\frac{\pi}{4})i}\}=\ln\sqrt{2}+(2n\pi+\dfrac{\pi}{4})i$　$(n=0,\pm1,\pm2\cdots)$。

Q.E.D.

範例 3

求 $\ln(1-i\sqrt{3})$ 的主值（principal value），並將其表示為 $a+ib$ 的形式。

解 因 $1-i\sqrt{3}=2e^{(-\frac{\pi}{3}+2n\pi)i}$，故 $\ln(1-i\sqrt{3})$ 的主值為（取 $n=0$）：

$\mathrm{Ln}(1-i\sqrt{3})=\mathrm{Ln}(2e^{-\frac{\pi}{3}i})=\ln 2-\dfrac{\pi}{3}i$。

Q.E.D.

範例 4

求以下各複數之主值（principal value）

(1) $(1+i)^{2i}$ (2) $(1+i)^{1-i}$

解 (1) $w=(1+i)^{2i}=e^{2i\ln(1+i)}=e^{2i[\ln\sqrt{2}+i\frac{\pi}{4}]}=e^{2i\ln\sqrt{2}}\cdot e^{-2\cdot\frac{\pi}{4}}=e^{i\ln 2}\cdot e^{-\frac{\pi}{2}}$

$=e^{-\frac{\pi}{2}}[\cos(\ln 2)+i\sin(\ln 2)]$ 爲 $(1+i)^{2i}$ 的主值。

(2) $w=(1+i)^{1-i}=e^{(1-i)\ln(1+i)}=e^{(1-i)[\ln\sqrt{2}+i\frac{\pi}{4}]}=e^{(\ln\sqrt{2}+\frac{\pi}{4})+i(\frac{\pi}{4}-\ln\sqrt{2})}$

$=\sqrt{2}\cdot e^{\frac{\pi}{4}}\cdot[\cos(\frac{\pi}{4}-\ln\sqrt{2})+i\sin(\frac{\pi}{4}-\ln\sqrt{2})]$ 爲 $(1+i)^{1-i}$ 的主值。 Q.E.D.

11-2-3 其他常見的初等函數

1. **多項式函數（Polynomial functions）**

$P(z)=a_n z^n+a_{n-1}z^{n-1}+\cdots+a_1 z+a_0$，其中 $a_n\neq 0$， $a_{n-1},\cdots,a_1,a_0$ 爲複數

2. **有理函數（Rational functions）**

$f(z)=\dfrac{P(z)}{Q(z)}$，（$P(z)$、$Q(z)$ 均爲 z 之多項式）。

例：$f(z)=\dfrac{z-1}{z^2+1}$。

3. **指數函數（Exponential function）**

$f(z)=e^z=e^{x+iy}=e^x\cdot[\cos y+i\sin y]$ [1]。

4. **三角函數（Trigonometric function）**

$\sin z=\dfrac{e^{iz}-e^{-iz}}{2i}$、$\cos z=\dfrac{e^{iz}+e^{-iz}}{2}$、$\tan z=\dfrac{\sin z}{\cos z}$、

$\cot z=\dfrac{\cos z}{\sin z}$、$\sec z=\dfrac{1}{\cos z}$、$\csc z=\dfrac{1}{\sin z}$。

---

[1] 由定義可知：對所有複數 z，都有 $e^z\neq 0$。

定理 11-2-2　初等函數的性質

我們可從上述定義驗證下列性質：

(1) $\sin(-z)=-\sin z$ 、 $\cos(-z)=\cos z$ 、 $\tan(-z)=-\tan z$ 。

(2) $\sin^2 z+\cos^2 z=1$ 、 $1+\tan^2 z=\sec^2 z$ 。

(3) $\sin(z_1\pm z_2)=\sin z_1\cos z_2\pm\cos z_1\sin z_2$ 、 $\cos(z_1\pm z_2)=\cos z_1\cos z_2\pm\sin z_1\sin z_2$ 。

(4) $\sin(iz)=i\sinh z$ 、 $\sinh(iz)=i\sin z$ 、 $\cos(iz)=\cosh z$ 、 $\cosh(iz)=\cos z$ 。

(5) $\begin{cases}\sin(z)=0\Leftrightarrow z=0,\pm\pi,\pm2\pi,\cdots\\ \cos(z)=0\Leftrightarrow z=\pm\dfrac{\pi}{2},\pm\dfrac{3}{2}\pi,\cdots\end{cases}$，即根在實軸上。

5. **雙曲線函數（Hyperbolic function）**

$$\sinh(z)=\frac{e^z-e^{-z}}{2}\text{ 、 }\cosh(z)=\frac{e^z+e^{-z}}{2}\text{ 、 }\tanh(z)=\frac{\sinh(z)}{\cosh(z)}\text{ 、}$$

$$\coth(z)=\frac{\cosh(z)}{\sinh(z)}\text{ 、 }\operatorname{sech}(z)=\frac{1}{\cosh(z)}\text{ 、 }\operatorname{csch}(z)=\frac{1}{\sinh(z)}\text{ 。}$$

定理 11-2-3　雙曲函數的根

$\begin{cases}\sinh(z)=0\Leftrightarrow z=0,\pm i\pi,\pm2i\pi,\cdots\\ \cosh(z)=0\Leftrightarrow z=\pm i\dfrac{\pi}{2},\pm i\dfrac{3\pi}{2},\cdots\end{cases}$，即雙曲函數的根在虛軸上，如圖 11-13、圖 11-14 所示。另外雙曲函數和三角函數間有類似和角公式的關係：設 $z=x+iy$，則 $w=\sin z=\sin x\cosh y+i\cos x\sinh y$ 、 $\cos z=\cos(x+iy)=\cos x\cosh y-i\sin x\sinh y$ 。

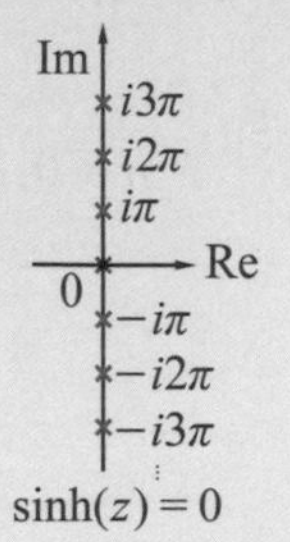

▲圖 11-13　sinh(z) = 0 的根

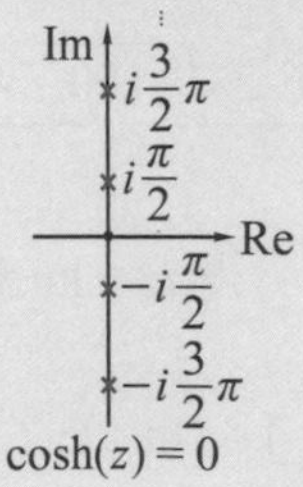

Im
$i\frac{3}{2}\pi$
$i\frac{\pi}{2}$
Re
$-i\frac{\pi}{2}$
$-i\frac{3}{2}\pi$
cosh(z) = 0

▲圖 11-14　cosh(z) = 0 的根

6. 反三角函數與反雙曲（Inverse trigonometric and hyperbolic functions）

類似解方程式，將三角函數依照定義展開求解指數函數（取主值），則會得到反正弦函數。若 $z=\sin w$，則反正弦函數以 $w=\sin^{-1}z$ 表示。下面我們用一個例題詳細了解過程。[2]

範例 5

試證 $\sin^{-1}z=\dfrac{1}{i}\ln(iz+\sqrt{1-z^2})$。

解 由 $z=\sin w=\dfrac{e^{iw}-e^{-iw}}{2i}\Rightarrow e^{iw}-2iz-e^{-iw}=0\Rightarrow e^{2iw}-2ize^{iw}-1=0$

$$\Rightarrow e^{iw}=\frac{2iz\pm\sqrt{(2iz)^2+4}}{2}=iz\pm\sqrt{1-z^2}\Rightarrow iw=\ln(iz+\sqrt{1-z^2})\text{，}$$

取主幅角不加 $2k\pi$，且根號前取「＋」，$w=\sin^{-1}z=\dfrac{1}{i}\ln(iz+\sqrt{1-z^2})$。 Q.E.D.

同理可得其他三角與雙曲函數的反函數：

(1) $\cos^{-1}z=\dfrac{1}{i}\mathrm{Ln}(z+\sqrt{z^2-1})$。 (2) $\sinh^{-1}z=\mathrm{Ln}(z+\sqrt{z^2+1})$。

(3) $\cosh^{-1}z=\mathrm{Ln}(z+\sqrt{z^2-1})$。

範例 6

求 $\sin^{-1}5$ 所有的值。

解 令 $z=\sin^{-1}5$，故 $\sin z=5$，$\dfrac{e^{iz}-e^{-iz}}{2i}=5$，則 $e^{2iz}-10ie^{iz}-1=0$，

解之得 $e^{iz}=\dfrac{10i\pm\sqrt{-100+4}}{2}=5i\pm2\sqrt{6}i=(5\pm2\sqrt{6})e^{(2n\pi+\frac{\pi}{2})i}$ （$n=0,\pm1,\pm2\cdots$），

兩端取對數，可得 $iz=\ln(5\pm2\sqrt{6})+(2n\pi+\dfrac{\pi}{2})i$，

故 $z=(2n\pi+\dfrac{\pi}{2})-i\ln(5\pm2\sqrt{6})$ （$n=0,\pm1,\pm2\cdots$）。 Q.E.D.

---

[2] 對 $\sqrt{1-z^2}=(1-z^2)^{1/2}$；令 $1-z^2=r\cdot e^{i(\theta+2k\pi)}$，則 $\sqrt{1-z^2}=\sqrt{r}\cdot e^{i(\frac{\theta}{2}+k\pi)}=(-1)^k\sqrt{r}\cdot e^{i\frac{\theta}{2}}$。取 $k=0$ 為主值，則 $\sqrt{1-z^2}=\sqrt{r}\cdot e^{i\frac{\theta}{2}}$，其中 $(-1)^k$ 會產生(±)與根號前的(±)對消。

範例 7

(1) 求證 $\sin z=\sin x\cosh(y)+i\cos x\sinh(y)$。　(2) 求 $\sin z=\cosh(4)$ 的解。

解 (1) $\sin z=\sin(x+iy)=\sin x\cos(iy)+\sin(iy)\cos x=\sin x\cosh(y)+i\cos x\sinh(y)$。

(2) $\sin z=\cosh(4)\Rightarrow\sin x\cosh(y)+i\cos x\sinh(y)=\cosh(4)$

$$\Rightarrow\begin{cases}\sin x\cosh(y)=\cosh(4)\\ \cos x\sinh(y)=0\Rightarrow\sinh(y)=0 \text{ 或 } \cos x=0\end{cases}$$

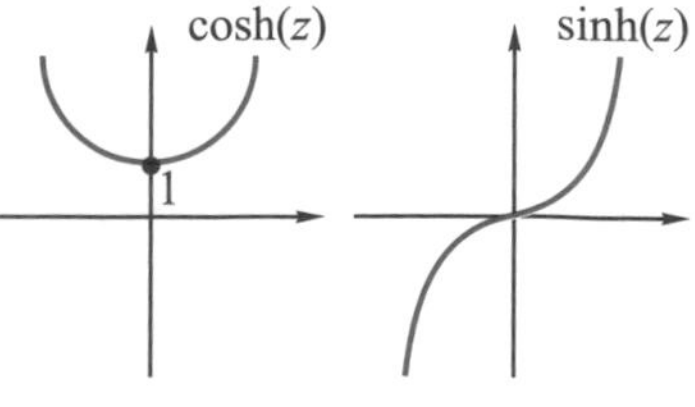

① 當 $\sinh(y)=0\Rightarrow y=0\Rightarrow\sin x=\cosh(4)>1$ 不合。

② 當 $\cos x=0\Rightarrow x=(n+\frac{1}{2})\pi$，$n=0,\pm1,\pm2,\cdots$，

則 $(-1)^n\cosh y=\cosh 4\Rightarrow n=0\ ,\pm2,\pm4,\cdots$，$y=\pm4$，

故 $z=x+iy=(n+\frac{1}{2})\pi+i(\pm4)$；$n=0,\pm2,\pm4,\cdots$。　Q.E.D.

範例 8

設 $z=a+ib$，且方程式爲 $e^z=i$

(1) 求解所有 a、b 滿足上述方程式。　(2) 求 z 的大小與幅角 $\arg(z)$。

解 (1) 因 $e^z=i$，故 $z=\ln(i)=\ln(\exp\{(2k\pi+\frac{\pi}{2})i\})=(2k\pi+\frac{\pi}{2})i$，($k=0,\pm1,\pm2,\cdots$)。

(2) 令 $z=re^{\theta i}$，故 $r=|z|=(2k\pi+\frac{\pi}{2})$，($k=0,\pm1,\pm2,\cdots$) 爲 z 的大小，且 z 的幅角爲

$\theta=\arg z=2m\pi+\frac{\pi}{2}$，($m=0,\pm1,\pm2,\cdots$)。　Q.E.D.

11-2 習題演練

基礎題

1. 求解複數方程式 $z^2 = 1 + i$。

2. 求 $(3 + 4i)^{1/3}$ 的主值。

3. 求 $(1 - i)^{1+i}$ 之所有的值。

4. 求 $(2i)^{3i}$ 之所有的值。

5. 求 $(1 + i)^{2-i}$ 之所有的值。

進階題

1. 求所有的 z 滿足 $\sin z = \sqrt{2}$ 。

2. 求所有的 z 滿足 $\cos z = 20$。

3. 求所有的 z 滿足 $e^z = 1$。

4. 將 $\sin(i\sin i)$ 化成 $a + ib$ 形式。

5. 求 $\sin(\frac{\pi}{2} + \sqrt{2}i)$ 。

6. $f(z) = \cos z$，$z = x + iy$，則 $|f(z)| = ?$

7. 求 $\sin^{-1} 3$ 。

8. 若 $\cos z = 2$，求 $\cos 3z$。

11-3 複變函數的微分

接下來將介紹複變函數的微分。因爲是在複數平面上操作，其概念與定義在實數平面上函數之微分類似，所以這裡的微分經常會遇到存在性的問題，讀者需特別注意。

11-3-1　極限（Limit）

定義 11-3-1　極限

設 $f(z)$爲定義在 $z=z_0$之某δ鄰域（可不含 z_0）的單值函數。若對任一$\varepsilon>0$，恒存在一實數$\delta>0$，使得$|z-z_0|<\delta$時滿足$|f(z)-l|<\varepsilon$，則稱 $z\to z_0$時，$f(z)$具有極限 l。記作 $\lim\limits_{z\to z_0} f(z)=l$。

從複數平面的直觀來看，定義便是在說無論 z 用任何方式與方向接近 $z=z_0$時，$f(z)$均都接近於 l，所以只要存在極限值與逼近路徑有關，則極限不存在。如圖 11-15 所示。若遇到有多值現象（參照上節）的函數，直接取極限值會有 well-defined 的問題，因此要討論多值函數的極限值，必須限定其幅角在某一個 2π 的範圍內，將其化爲單值才可。舉例來說：設 $f(z)=z^{\frac{1}{2}}$，且$-\pi<\arg z\le\pi$，則$\lim\limits_{z\to i} z^{\frac{1}{2}}=\lim\limits_{z\to e^{i\pi/2}} z^{\frac{1}{2}}=e^{i\frac{\pi}{4}}=\frac{\sqrt{2}}{2}+i\frac{\sqrt{2}}{2}$。

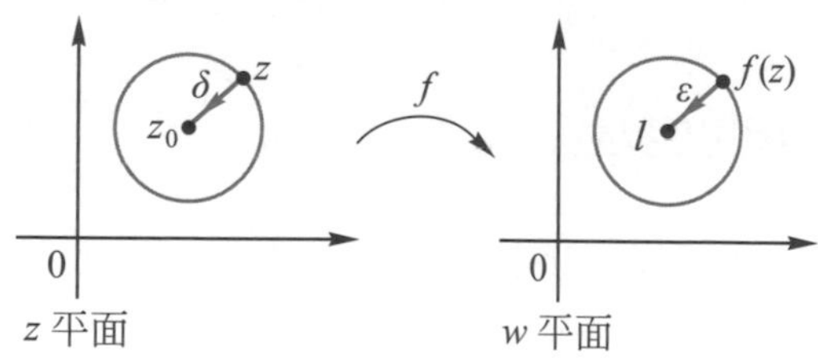

▲圖 11-15　複數極限示意圖

接下來兩個定理則是定義的直接推論。

定理 11-3-1　極限定理

設 $f(z)=u(x,y)+iv(x,y)$、$z_0=x_0+iy_0$，且 $w_0=u_0+iv_0$，

則 $\lim\limits_{z\to z_0} f(z)=w_0$ 若且唯若 $\lim\limits_{(x,y)\to(x_0,y_0)} u(x,y)=u_0$、$\lim\limits_{(x,y)\to(x_0,y_0)} v(x,y)=v_0$。

定理 11-3-2 極限的運算規則

設 $\lim_{z\to z_0} f(z)=A$ 、 $\lim_{z\to z_0} g(z)=B$ ，則

(1) $\lim_{z\to z_0}[f(z)\pm g(z)]=A\pm B$ 。

(2) $\lim_{z\to z_0} f(z)g(z)=AB$ 。

(3) $\lim_{z\to z_0}\dfrac{f(z)}{g(z)}=\dfrac{A}{B}$ ，$(B\neq 0)$ 。

11-3-2 連續（Continuity）

有了極限的定義後，就像實變函數的微積分一樣，我們也要討論複變函數的連續性，對複變函數若下列三者成立，則稱複變函數 $f(z)$在 $z=z_0$ 處連續。

1. $f(z)$在 $z=z_0$ 有定義 $\Rightarrow f(z_0)$存在。
2. $\lim_{z\to z_0} f(z)=l$ 存在。
3. $\lim_{z\to z_0} f(z)=f(z_0)$ 。

定理 11-3-3 連續定理

$f(z)=u+iv$ 在 R 內連續，則 u, v 在 R 內必連續。

11-3-3 導數（Derivative）

了解複變函數的極限與連續後，接著討論複變函數的導數與微分，設 $f(z)$爲定義在以 $z=z_0$ 爲中心之某 δ 鄰域的單值函數，則 $f(z)$在 $z=z_0$ 處的導數 $f'(z_0)$ 定義爲：

$$f'(z_0)=\lim_{z\to z_0}\frac{f(z)-f(z_0)}{z-z_0}=\lim_{\Delta z\to 0}\frac{f(z_0+\Delta z)-f(z_0)}{\Delta z}$$

若極限 $f'(z_0)$ 存在，則稱 $f(z)$在 z_0 處可微分。

一般 z 的函數中，只要含有 $\bar{z}$ （z 的共軛數），一般而言其導數皆不存在，在實數系不可微的函數，在複變函數中皆不可微，見範例 1、2。而複變函數導數的運算性質，可以整理如下。

1. **導數的運算**

設 $f(z)$、$g(z)$均為可微分，則

(1) $\frac{d}{dz}[af(z)\pm bg(z)]=a\frac{df(z)}{dz}\pm b\frac{dg(z)}{dz}$ 。

(2) $\frac{d}{dz}[f(z)g(z)]=f(z)\frac{dg(z)}{dz}+g(z)\frac{df(z)}{dz}$ 。

(3) $\frac{d}{dz}[\frac{f(z)}{g(z)}]=\frac{g(z)\frac{df(z)}{dz}-f(z)\frac{dg(z)}{dz}}{g^2(z)}$，其中 $g(z)\neq 0$。

(4) $w=f(\xi)$ 、 $\xi=g(z)$ ，則 $\frac{dw}{dz}=\frac{dw}{d\xi}\frac{d\xi}{dz}=f'(\xi)\frac{d\xi}{dz}=f'(\xi)g'(z)$ 。

(5) $w=f(z)$，則 $z=f^{-1}(w)\Rightarrow\frac{dw}{dz}=\frac{1}{\frac{dz}{dw}}$ 。

2. **羅必達法則**（L'Hospital rule）

在實變函數的微積分中若出現 $\frac{0}{0}$ 之不定型的極限時，會用到羅必達法則，而此法則在複變函數中仍成立。設 $f(z)$、$g(z)$在包含 $z=z_0$ 之某區域 R 內任意階導數存在，且 $f(z_0)=g(z_0)=0$，但 $g'(z_0)\neq 0$ ，則

$$\lim_{z\to z_0}\frac{f(z)}{g(z)}=\lim_{z\to z_0}\frac{f'(z)}{g'(z)}=\frac{f'(z_0)}{g'(z_0)}$$

範例 1

求 $\lim_{z\to 0}\frac{\overline{z}}{z}$ 。

解 $\lim_{z\to 0}\frac{\overline{z}}{z}=\lim_{(x,y)\to(0,0)}\frac{x-iy}{x+iy}$

① 先由 x 軸逼近、再由 y 軸逼近。$\lim_{z\to 0}\frac{\overline{z}}{z}=\lim_{y\to 0}\lim_{x\to 0}\frac{x-iy}{x+iy}=\lim_{y\to 0}\frac{-iy}{iy}=-1$ ；

② 由 y 軸逼近，再由 x 軸逼近，

$\lim_{z\to 0}\frac{\overline{z}}{z}=\lim_{x\to 0}\lim_{y\to 0}\frac{x-iy}{x+iy}=\lim_{x\to 0}\frac{x}{x}=1$ ，

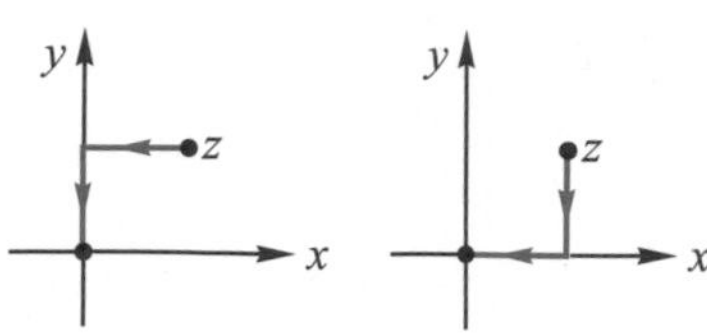

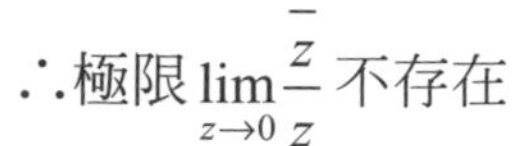

$\therefore$極限 $\lim_{z\to 0}\frac{\overline{z}}{z}$ 不存在

Q.E.D.

範例 2

求 $\lim\limits_{z\to 0}\dfrac{z^2}{|z|^2}$。

解 $f(z)=\dfrac{(x+iy)^2}{x^2+y^2}$，$\lim\limits_{z\to 0}f(z)=\lim\limits_{\substack{x\to 0\\ y\to 0}}\dfrac{(x+iy)^2}{x^2+y^2}$，令 $y=mx$，

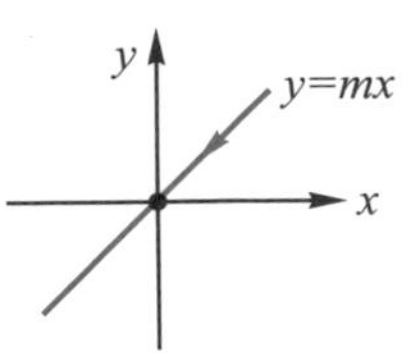

$\lim\limits_{z\to 0}f(z)=\lim\limits_{x\to 0}\dfrac{(x+imx)^2}{x^2+m^2x^2}=\dfrac{(1+im)^2}{1+m^2}$ 與 m 有關

$\Rightarrow$ 不同斜率 m，其極限值不同 $\Rightarrow\therefore\ \lim\limits_{z\to 0}\dfrac{z^2}{|z|}$ 不存在。

Q.E.D.

11-3-4 解析函數（Analytic function）

若 $f(z)$於 R 內的每一點均可微，則稱 $f(z)$於 R 內爲解析。特別的，若存在 $\delta>0$，且 $\delta\to 0^+$，使得 $f(z)$於 $|z-z_0|<\delta$ 內可微分，則稱 $f(z)$於 z_0 爲解析，如圖 11-16 所示。複數平面上的極限如果存在，則與趨近可微分點的路線無關，這個路徑的獨立性則導出一組方程，作爲判斷可解析與否的工具。

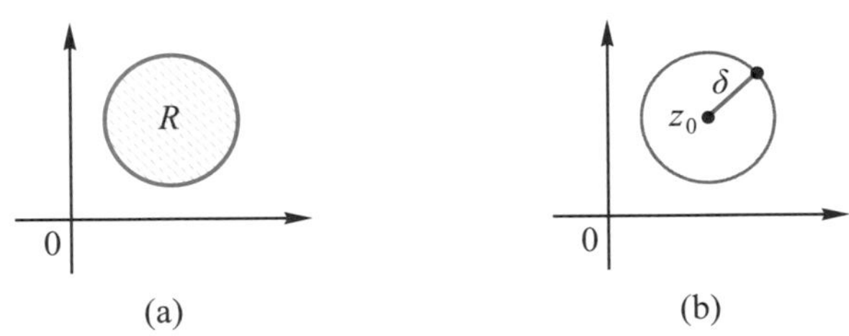

▲圖 11-16 解析區域圖

定理 11-3-4 柯西-黎曼方程（Cauchy-Riemann Equation）

設 $f(z)=u(x,y)+iv(x,y)$ 在 $z=z_0\equiv x_0+iy_0$ 之某 δ 鄰域內爲連續，則

$$f'(z_0)\text{ 存在若且惟若}\begin{cases}\dfrac{\partial u}{\partial x}=\dfrac{\partial v}{\partial y}\\[2ex]\dfrac{\partial u}{\partial y}=-\dfrac{\partial v}{\partial x}\end{cases}$$

上列敘述中的方程組稱爲**柯西-黎曼方程式**。

證明

根據微分定義，我們有下式：

$$f'(z_0)=\lim_{\substack{\Delta x\to 0\\ \Delta y\to 0}}\frac{[u(x_0+\Delta x,y_0+\Delta y)-u(x_0,y_0)]+i[v(x_0+\Delta x,y_0+\Delta y)-v(x_0,y_0)]}{\Delta x+i\Delta y}$$

根據前提條件，此極限存在，所以無論從何方向逼近結果都相同。

1. 先 $\Delta y\to 0$，後 $\Delta x\to 0$：

$$f'(z_0)=\lim_{\Delta x\to 0}\{\frac{u(x_0+\Delta x,y_0)-u(x_0,y_0)}{\Delta x}+i\frac{v(x_0+\Delta x,y_0)-v(x_0,y_0)}{\Delta x}\}$$
$$=\left.\frac{\partial u}{\partial x}\right|_{(x_0,y_0)}+i\left.\frac{\partial v}{\partial x}\right|_{(x_0,y_0)}$$

2. 先 $\Delta x\to 0$，後 $\Delta y\to 0$：

$$f'(z_0)=\lim_{\Delta y\to 0}\frac{u(x_0,y_0+\Delta y)-u(x_0,y_0)}{i\Delta y}+i\frac{v(x_0,y_0+\Delta y)-v(x_0,y_0)}{i\Delta y}$$
$$=\frac{1}{i}\left.\frac{\partial u}{\partial y}\right|_{(x_0,y_0)}+\left.\frac{\partial v}{\partial y}\right|_{(x_0,y_0)}=\left.\frac{\partial v}{\partial y}\right|_{(x_0,y_0)}-i\left.\frac{\partial u}{\partial y}\right|_{(x_0,y_0)}$$

故 $\begin{cases}\dfrac{\partial u}{\partial x}=\dfrac{\partial v}{\partial y}\\ \dfrac{\partial u}{\partial y}=-\dfrac{\partial v}{\partial x}\end{cases}$，得證。

接下來是一些常用的定理，其基本都是科西－黎曼方程論述的變形，讀者可自行練習證明。

定理 11-3-5　可解析性

$f(z)=u(x,y)+iv(x,y)$ 在所有 $z\in R$ 處一階偏導數存在且連續，若且惟若 f 在 R 上可解析（見如下定理 11-3-7～11-3-8）。

定理 11-3-6　在某點上可解析的條件

設 $f(z)=u(x,y)+iv(x,y)$ 且 $z=z_0\equiv x_0+iy_0$，

則 $f(z)=u+iv$ 在 $z=z_0$ 可微分 $\Leftrightarrow\begin{cases}\dfrac{\partial u}{\partial x}=\dfrac{\partial v}{\partial y}\\ \dfrac{\partial u}{\partial y}=-\dfrac{\partial v}{\partial x}\end{cases}$。

定理 11-3-7 函數可解析的條件

設 $f(z)=u(x,y)+iv(x,y)$ 在 z 平面某 R 區域內一階偏導數存在且連續

則 $f(z)$於 R 內為解析函數 $\Leftrightarrow \begin{cases} \dfrac{\partial u}{\partial x}=\dfrac{\partial v}{\partial y} \\ \dfrac{\partial u}{\partial y}=-\dfrac{\partial v}{\partial x} \end{cases}$。

定理 11-3-8 常數函數

設 $f(z)$在 R 內解析且對 R 內每一個 z 恒有 $f'(z)=0$，則 $f(z)$在 R 內為一常數函數

證明

設 $f(z)=u(x,y)+iv(x,y)$，$\because f(z)$在 R 內解析，$\therefore$對 R 內任一點 $f'(z)$恒存在且

$$f'(z)=\frac{\partial u}{\partial x}+i\frac{\partial v}{\partial x}=\frac{\partial v}{\partial y}-i\frac{\partial u}{\partial y}=0 \Rightarrow \frac{\partial u}{\partial x}=\frac{\partial v}{\partial x}=\frac{\partial v}{\partial y}=\frac{\partial u}{\partial y}=0，$$

故 u,v 均為常數 $\Rightarrow f(z)$為常數函數。

定理 11-3-9 極坐標的柯西-黎曼方程式

設 $f(z)=u(r,\theta)+iv(r,\theta)\in C'$ 在 $z=z_0\neq 0$，則 $f'(z_0)$存在 $\Leftrightarrow \begin{cases} \dfrac{\partial u}{\partial r}=\dfrac{1}{r}\dfrac{\partial v}{\partial \theta} \\ \dfrac{\partial v}{\partial r}=-\dfrac{1}{r}\dfrac{\partial u}{\partial \theta} \end{cases}$。

上式稱為極坐標形式的柯西-黎曼方程式。

範例 3

設 $f(z)=\begin{cases}\dfrac{(\overline{z})^2}{z}, z\neq 0\\ 0, z=0\end{cases}$，試證 f 在 $z=0$ 處不可微。

解 $f'(0)=\lim\limits_{z\to 0}\dfrac{f(z)-f(0)}{z}=\lim\limits_{z\to 0}\dfrac{\dfrac{(\overline{z})^2}{z}-0}{z}=\lim\limits_{z\to 0}\dfrac{(\overline{z})^2}{z^2}=\lim\limits_{\substack{x\to 0\\ y\to 0}}\dfrac{(x-iy)^2}{(x+iy)^2}$，

取 $y=mx$，則 $f'(0)=\lim\limits_{x\to 0}\dfrac{(1-im)^2}{(1+im)^2}=\dfrac{(1-im)^2}{(1+im)^2}$，

與 m 值有關 $\Rightarrow f'(z)\big|_{z=0}$ 不存在 $\Rightarrow f(z)$ 在 $z=0$ 不可微。 Q.E.D.

範例 4

設 $f(z)=e^x(x\cos y-y\sin y)+ie^x(y\cos y+x\sin y)$

(1) 求證 $f(z)$ 爲可解析。

(2) 決定 $f'(z)$ 在何處會存在，並求其值。

解 (1) $\begin{cases}u=e^x(x\cos y-y\sin y)\\ v=e^x(y\cos y+x\sin y)\end{cases}$，$f(z)=u+iv$，則 u、v 在複數平面上一階偏導數存在且連續，

又 $\dfrac{\partial u}{\partial x}=e^x(x\cos y-y\sin y+\cos y)$；$\dfrac{\partial v}{\partial y}=e^x(\cos y-y\sin y+x\cos y)$；

$\dfrac{\partial u}{\partial y}=e^x(-x\sin y-\sin y-y\cos y)$；$\dfrac{\partial v}{\partial x}=e^x(y\cos y+x\sin y+\sin y)$；

可得 $\dfrac{\partial u}{\partial x}=\dfrac{\partial v}{\partial y}$、$\dfrac{\partial u}{\partial y}=-\dfrac{\partial v}{\partial x}$，$\therefore f(z)$ 在複數平面上解析。

(2)
$$\begin{aligned}f'(z)&=\frac{\partial u}{\partial x}+i\frac{\partial v}{\partial x}=e^x(x\cos y-y\sin y+\cos y)+ie^x(x\sin y+\sin y+y\cos y)\\&=e^x[x(\cos y+i\sin y)+(\cos y+i\sin y)+y(i\cos y-\sin y)]\\&=e^x[x\cdot e^{iy}+e^{iy}+iy\cdot e^{iy}]\\&=e^x\cdot e^{iy}[x+iy+1]=e^{x+iy}(x+iy+1)\\&=e^z(z+1)\text{。}\end{aligned}$$

Q.E.D.

解析函數的應用很多，此種概念只有在複變函數才有的特殊定義，其與一般微積分之定義不同，以下介紹其幾個常見的應用。

1. **完全函數（Entire function）**
   $f(z)$在 C^2 上每一點均解析，則稱 $f(z)$爲完全函數，例如 $\sin z$, z^2 , e^z ,… 均爲完全函數。
   劉維爾定理（Liouville theorem）表明：完全函數如果有界，則爲常函數。另外，下列定理也很具代表性：

定理 11-3-10 諧（調）和函數（Harmonic function）

設 $\varphi(x, y)$ 之二階偏導數存在連續在 R^2 中，且 $\nabla^2\varphi=\dfrac{\partial^2\varphi}{\partial x^2}+\dfrac{\partial^2\varphi}{\partial y^2}=0$ 則稱 $\varphi(x, y)$ 爲 R^2 內之諧和函數，更進一步：設 $f(z)=u(x, y)+iv(x, y)$ 在 C 內解析，則 u, v 必爲 R^2 內之諧和函數，即

$$\nabla^2 u=\frac{\partial^2 u}{\partial x^2}+\frac{\partial^2 u}{\partial y^2}=0 \text{ 、 } \nabla^2 v=\frac{\partial^2 v}{\partial x^2}+\frac{\partial^2 v}{\partial y^2}=0$$

證明

因爲 $f(z)=u(x, y)+iv(x, y)$ 在 R^2 內解析，所以柯西－黎曼方程表明 $\begin{cases}\dfrac{\partial u}{\partial x}=\dfrac{\partial v}{\partial y}\\[2mm] \dfrac{\partial u}{\partial y}=-\dfrac{\partial v}{\partial x}\end{cases}$ ，再分別對兩等式取偏微分得 $\dfrac{\partial^2 u}{\partial x^2}=\dfrac{\partial^2 u}{\partial x\partial y}$ 、 $\dfrac{\partial^2 u}{\partial y^2}=-\dfrac{\partial^2 u}{\partial y\partial x}$ ，又 $u\in C(R^2)^2$ 在 R^2

$\Rightarrow \dfrac{\partial^2 u}{\partial x\partial y}=\dfrac{\partial^2 u}{\partial y\partial x}\Rightarrow \dfrac{\partial^2 u}{\partial x^2}+\dfrac{\partial^2 u}{\partial y^2}=0\Rightarrow \nabla^2 u=0$ ，同理 $\nabla^2 v=0$ [3]。

換句話說，解析函數的實部、虛部提供拉普拉斯方程 $\dfrac{\partial^2\varphi}{\partial x^2}+\dfrac{\partial^2\varphi}{\partial y^2}=0$ 的解。

---

[3] 設 u, v 均為 R 內之諧和函數且滿足柯西-黎曼（Cauchy-Riemann）方程式。

即 $\begin{cases}\dfrac{\partial u}{\partial x}=\dfrac{\partial v}{\partial y}\\[2mm] \dfrac{\partial u}{\partial y}=-\dfrac{\partial v}{\partial x}\end{cases}$ ，則稱 v 為 u 在 R 中之諧和共軛函數（harmonic conjugate）。

2. **階層曲線之正交性（Orthogonal of familities of curves）**

設 $f(z)=u(x,y)+iv(x,y)$ 爲一單值函數。則 z 平面上之曲線族 $u(x,y)=c$ 與 $v(x,y)=d$ 均稱爲 $f(z)$ 之階層曲線（u、v 的等高線）。有趣的是，解析函數的實部、虛部互相正交，見下方定理 11-3-11。

定理 11-3-11　正交曲線

設 $f(z)=u(x,y)+iv(x,y)$ 爲解析函數，則其階層曲線 $u(x,y)=c$ 與 $v(x,y)=d$ 在 $f'(z)\neq 0$ 處爲正交曲線族如圖 11-17 所示。

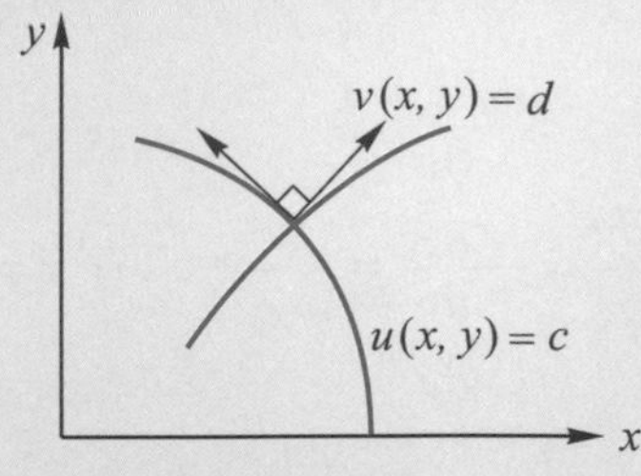

▲圖 11-17　階層曲線正交示意圖

證明

視 y 爲 x 的函數，對 $u(x,y)=c$ 兩端對 x 取偏微分：$\dfrac{\partial u}{\partial x}+\dfrac{\partial u}{\partial y}\dfrac{dy}{dx}=0$，得斜率

$m_1=\dfrac{dy}{dx}=-\dfrac{\frac{\partial u}{\partial x}}{\frac{\partial u}{\partial y}}$；同理 $v(x,y)=d$ 之斜率 $m_2=\dfrac{dy}{dx}=-\dfrac{\frac{\partial v}{\partial x}}{\frac{\partial v}{\partial y}}$，另一方面由科西-黎曼方程：

$\Rightarrow u_x=v_y$、$v_x=-u_y$，$\therefore\ m_1m_2=-1$，故兩曲線族正交。

定理 11-3-12　解析函數與 $\bar{z}$ 之關係

設 w 爲 z 之解析函數，則 $\dfrac{\partial w}{\partial \bar{z}}=0$（$w$ 和 $\bar{z}$ 無關），即 w 恒爲 z 之顯函數[4]。

以下幾個例子將引用前面解析函數的應用觀念，學習後有助於讀者了解解析函數的特色。

---

[4] 若 $w(z,\bar{z})$ 在區域 R 中一階偏導數連續，則 $\dfrac{\partial w}{\partial \bar{z}}=0\Leftrightarrow\begin{cases}\dfrac{\partial u}{\partial x}=\dfrac{\partial v}{\partial y}\\ \dfrac{\partial u}{\partial y}=-\dfrac{\partial v}{\partial x}\end{cases}\Leftrightarrow w(z,\bar{z})$ 在 R 中解析。

範例 5

設 $f(z)=z^2=(x^2-y^2)+i2xy$，求證 $f(z)$ 之階層曲線 $u=x^2-y^2=c_1$ 與 $v=2xy=c_2$（其中 $c_1, c_2 \neq 0$）為正交。

解 在 $u=x^2-y^2=c_1$ 之曲線上 $\dfrac{dy}{dx}=-\dfrac{\frac{\partial u}{\partial x}}{\frac{\partial u}{\partial y}}=\dfrac{x}{y}$；在 $v=2xy=c_2$ 之曲線上

$\dfrac{dy}{dx}=-\dfrac{\frac{\partial v}{\partial x}}{\frac{\partial v}{\partial y}}=-\dfrac{y}{x}$，∴在 $x\neq 0$、$y\neq 0$ 之點，

有 $\left(\left.\dfrac{dy}{dx}\right|_{u=c_1}\right)\cdot\left(\left.\dfrac{dy}{dx}\right|_{v=c_2}\right)=-1$，故 $u=x^2-y^2=c_1$ 與 $v=2xy=c_2$ 正交。 Q.E.D.

範例 6

(1) 請驗證 $u=x^2-y^2-y$ 為一諧和函數（harmonic function）。

(2) 若 u 為調和函數，請求其諧和共軛函數（conjugate harmonic function）。

解 (1) 因 $\nabla^2 u=\dfrac{\partial^2 u}{\partial x^2}+\dfrac{\partial^2 u}{\partial y^2}=2-2=0$，故 $u(x,y)$ 為諧和函數。

(2) 令 $v(x,y)$ 為 $u(x,y)$ 的諧和共軛函數，

則 $\begin{cases}\dfrac{\partial v}{\partial y}=\dfrac{\partial u}{\partial x}=2x\\ \dfrac{\partial v}{\partial x}=\dfrac{-\partial u}{\partial y}=2y+1\end{cases}\Rightarrow\begin{cases}v(x,\ y)=2xy+f(x)\\ v(x,\ y)=2xy+x+g(y)\end{cases}$，比較可得 $v(x,y)=2xy+x+c$，

其中 c 為任意常數。 Q.E.D.

範例 7

請驗證 $f(z)=z^*$ 是否為可解析函數，其中 z^* 為 z 的共軛。

解 $\dfrac{\partial f}{\partial z^*}=1\neq 0$，所以 $f(z)$ 為不可解析函數。 Q.E.D.

11-3-5　奇異點（Singularity）

若 $\lim\limits_{z\to z_0}\dfrac{f(z)-f(z_0)}{z-z_0}$ 不存在，則稱 z_0 為 $f(z)$之**奇異點**（Singularity）。而若在某一圓內（例如$|z-z_0|<\delta$）除 z_0 外 $f(z)$均解析，則稱 z_0 為 $f(z)$之**孤立奇異點**（Isolated Singular Point），例如：$f(z)=\dfrac{1}{z-1}$，則 $z=1$ 為 $f(z)$的孤立奇異點，如圖 11-18 所示，一般來說我們會需要處理的奇異點都是孤立的。

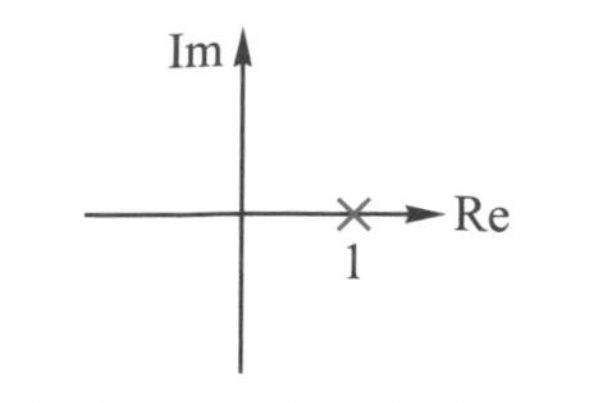

▲圖 11-18　孤立奇異點 $z=1$

1. **極點（Pole）**

   奇異點若可用多項式乘上原函數 $f(z)$消去的觀念，則稱為**極點**（Pole），具體來說，若存在 m 為正整數，使得 $\lim\limits_{z\to a}(z-a)^m f(z)$ 存在且不等於零，則稱 $z=a$ 為 $f(z)$之 m **階極點**（Pole of order m）。極點在複變積分的計算中尤為緊要，需特別注意。

2. **零點（Zero）**

   設 $f(z)=(z-a)^m g(z)$，又 $g(z)$在 $z=a$ 解析且 $g(a)\neq 0$，則稱 $z=a$ 為 $f(z)$之 m **階零點**（Zero of multiplicites m）。當 m 階零點 $z=a$ 出現在最簡有理分式 $f(z)=\dfrac{P(z)}{Q(z)}$ 的分母時，則根據定義，$z=a$ 變成 $f(z)$的 m 階 Pole；而分子 $P(z)$的零點則為 $f(z)$的零點（Zero）。

範例 8

試分類 $f(z)=\dfrac{z^3+2}{z(z-1)^2(z^2+1)^3}$ 中的奇異點與極點。

解 $z=0\Rightarrow 1$ 階極點（孤立）。

$z=1\Rightarrow 2$ 階極點（孤立）。

$z=\pm i\Rightarrow 3$ 階極點（孤立）。

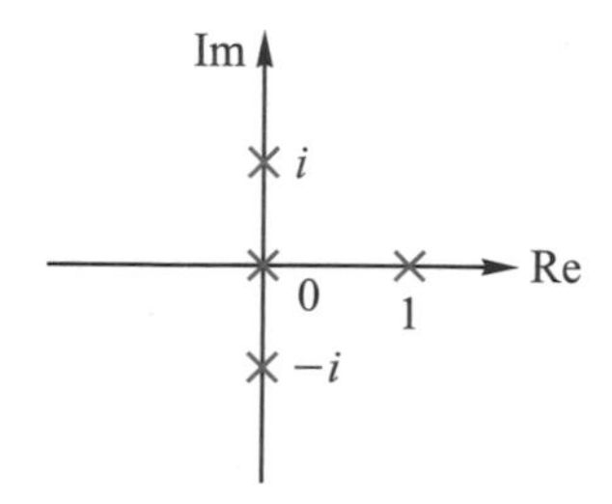

Q.E.D.

3. **分支點（Branch point）**

多值函數的奇點中，產生多值的關鍵點，稱爲分支點。

範例 9

$$f(z)=\frac{\ln(z-2)}{(z^2+2z+2)^4}$$

解 $\begin{cases} z=2 \Rightarrow \text{分支點} \\ z=-1\pm i \Rightarrow 4\text{ 階極點} \end{cases}$。

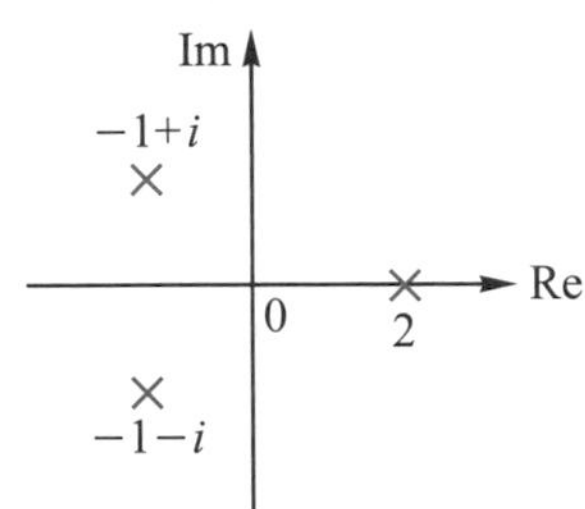

Q.E.D.

4. **可去奇點（Removable singularity）**

設 $f(a)$ 不存在，但 $\lim_{z\to a} f(z)$ 存在，則 $z=a$ 稱爲 $f(z)$ 之可去奇點。

範例 10

證明 $z=0$ 爲 $f(z)=\frac{\sin z}{z}$ 的可去奇點。

解 $\because f(0)$ 不存在，但 $\lim_{z\to 0}\frac{\sin z}{z}=1$，

$\therefore z=0$ 爲 $f(z)$ 的可去奇點。

Q.E.D.

5. **本性奇點（Essential singularity）**

設 $z=a$ 爲 $f(z)$ 之奇點，但不爲極點、分支點、可去奇點，則稱 $z=a$ 爲 $f(z)$ 之本性奇點。例如：在 $f(z)=e^{\frac{1}{z}}$ 中，不可能乘上任何一個階數的多項式 z^m 會使的極限 $\lim_{z\to 0} z^m e^{\frac{1}{z}}$ 存在、同時也不可能是分支點或可去奇點，故 $z=0$ 爲 $f(z)$ 的本性奇點。

11-3 習題演練

基礎題

試在下列 1～3 題中指出下列函數奇異點的位置與種類

1. $f(z)=\dfrac{1}{(z-1)(z+2)}$。
2. $f(z)=\dfrac{1}{(z+3)^3(z+4)^2}$。
3. $f(z)=\dfrac{1}{z^2-1}$。
4. 若$u(x,y)=2x-x^3+3xy^2$爲調和函數，
   (1) 求其調和共軛函數 $v(x, y)$。
   (2) 對解析函數 $f(z)=u(x,y)+iv(x,y)$，求 $f'(z)$。
5. 若$u(x,y)=e^x\cos y$爲調和函數，求一函數 $v(x,y)$，使得 $f(z)=u+iv$ 爲可解析函數。
6. 若 $u=3xy^2-x^3$ 爲調和函數，求一函數 $v(x,y)$，使得 $f(z)=u+iv$ 爲可解析函數。
7. 請證明 $f(z)=(2x^2+y)+i(y^2-x)$ 其中 $z=x+iy$ 爲一複數，在複數平面任一點皆爲不可解析。
8. 請確認下列函數是否在複數平面爲可解析函數？$(z=x+iy)$
   (1) $f(z)=x^2+y^2$。
   (2) $f(z)=e^{x-iy}$。
   (3) $f(z)=(x^2-y^2)+i2xy$。

進階題

1. 試說明下列各函數奇異點的位置與種類：
   (1) $f(z)=\dfrac{2z}{(z^2-4)^2}$。
   (2) $f(z)=\dfrac{\ln(z-2)}{(z^2-4)\cdot z^2}$。
   (3) $f(z)=e^{\frac{1}{z-3}}$。
2. 試說明下列各函數奇異點的位置與種類：
   (1) $f(z)=\dfrac{1}{z-\sin z}$。
   (2) $f(z)=\dfrac{z}{1-\cos z}$。
3. 若 $f(z)=u(x,y)+iv(x,y)$爲可解析函數，求出下列小題所缺的？
   (1) $u(x,y)=x^3-3xy^2$，
   $v(x,y)=$？　$f(z)=$？
   (2) $v(x,y)=e^x\sin y$，
   $u(x,y)=$？　$f(z)=$？
4. 求 $f(z)=2x-x^3-xy^2+i(x^2y+y^3-2y)$ 在何處可微，在何處解析？
5. 將下列各函數之奇異點求出，並將其分類。
   (1) $f(z)=\dfrac{z+1}{(z-2)(z^2+1)}$。
   (2) $f(z)=\dfrac{1}{\sin(\frac{1}{z})}$。
   (3) $f(z)=\dfrac{\sin\sqrt{z}}{\sqrt{z}}$。

11-4 複變函數積分

本節中將介紹複變函數的積分，其概念與向量中的平面線積分與二重積分觀念相似。

11-4-1 複變函數積分（Line Integral in the Complex Plane）

我們透過黎曼和來定義實數函數 $f(x)$ 的積分，複數平面上，則仿照類似的概念，只是現在定義域是複數平面，所以會有類似定義線積分時所用的形式。

定義 11-4-1 積分的定義

設 $f(z)$ 在平滑的曲線 C 上為連續函數，

則 $\int_C f(z)dz = \lim\limits_{\substack{n\to\infty \\ \max|\Delta z_i|\to 0}} \sum_{i=1}^{n} f(\xi_i)\Delta z_i$，如圖 11-19 所示。

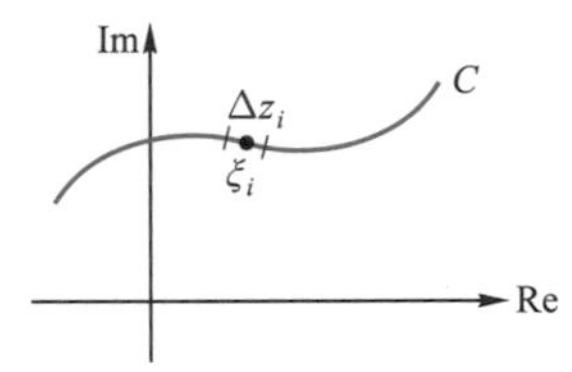

▲圖 11-19 複數平面線積分

從定義可以知道：若設 $f(z) = u(x, y) + iv(x, y)$，則由 $dz = dx + idy$ 可得 $\int_C f(z)dz = \int_C (u+iv)(dx+idy) = \int_C (udx - vdy) + i\int_C (vdx+udy)$。以下性質可依照定義直接推導：

1. **積分的運算**

以下性質可依照定義直接推導：

(1) $\int_C [\alpha f(z) + \beta g(z)]dz = \alpha\int_C f(z)dz + \beta\int_C g(z)dz$。

(2) $\int_A^B f(z)dz = -\int_B^A f(z)dz$，此處 A、B 為某曲線 C 的兩端點。

(3) $\int_{C_1+C_2} f(z)dz = \int_{C_1} f(z)dz + \int_{C_2} f(z)dz$。

定理 11-4-1 ML 定理

設在曲線 C 上 $|f(z)|\le M$ 且曲線 C 之長度為 L，則 $\left|\int_C f(z)dz\right|\le ML$。

證明

$$\left|\int_C f(z)dz\right| = \lim_{\substack{n\to\infty \\ \max\{\Delta z_i\}\to 0}} \left|\sum_{i=1}^{n} f(\xi_i)\Delta z_i\right| \le \lim_{\substack{n\to\infty \\ \max\{\Delta z_i\}\to 0}} \sum_{i=1}^{n} |f(\xi_i)||\Delta z_i|$$

$$= \int_C |f(z)||dz| \le M\int_C |dz| = ML\text{，}$$

其中 $|dz| = |dx + idy| = \sqrt{(dx)^2+(dy)^2} = ds \Rightarrow \int_C |dz| = L$。

範例 1

沿下列(1)、(2)所給的曲線 C，計算 $\int_C \bar{z}\,dz$，由 $z=0$ 至 $z=4+2i$ 的線積分。

(1) C：$z = t^2 + it$。

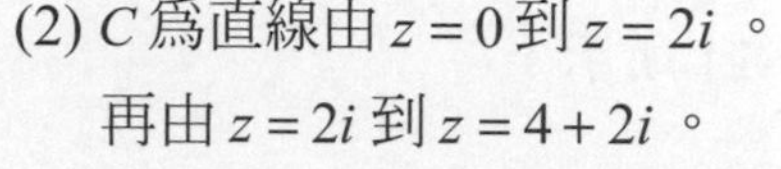
(2) C 為直線由 $z=0$ 到 $z=2i$。
再由 $z=2i$ 到 $z=4+2i$。

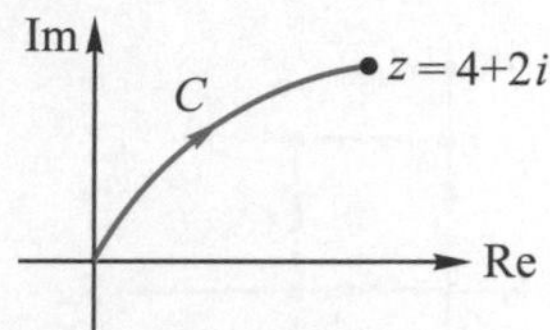

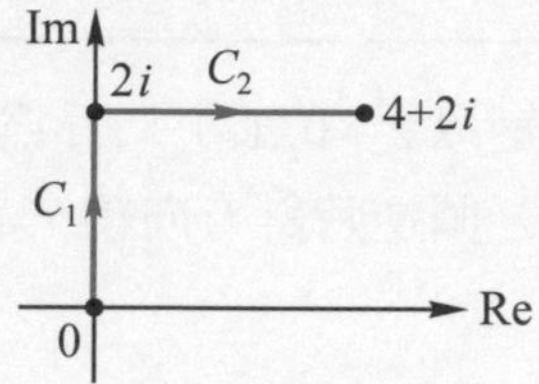

解 (1) $z = t^2 + it \Rightarrow \begin{cases} x = t^2 \\ y = t \end{cases}, t\in[0,2]$

$$\int_C \bar{z}dz = \int_C (x-iy)(dx+idy) = \int_C (xdx+ydy) + i(xdy - ydx)$$

$$= \int_0^2 (2t^3+t)dt + i\int_0^2 (t^2-2t^2)dt = 10 - \frac{8}{3}i\text{。}$$

(2) C_1：$\begin{cases} x = 0 \\ y = t \end{cases}, t\in[0,2]$；$C_2$：$\begin{cases} x = t \\ y = 2 \end{cases}, t\in[0,4]$，$\int_{C_1} \bar{z}dz = \int_0^2 (-it)\cdot(idt) = \int_0^2 tdt = 2$；

$$\int_{C_2} \bar{z}dz = \int_{C_2} (t-2i)\cdot dt = \int_0^4 (t-2i)dt = 8-8i\text{，}$$

$$\therefore \int_C \bar{z}dz = \int_{C_1} \bar{z}dz + \int_{C_2} \bar{z}dz = 10 - 8i$$ [5]。

Q.E.D.

[5] 由範例 1 可知，一般複變函數之線積分與路徑相關。

11-4-2 格林（Green's）定理的複數式

回顧一下第 8 章所提到的實變函數之格林定理：設 $P(x, y)$、$Q(x, y)$ 在區域 R 中及其邊界 C 之一階偏導數存在連續則：$\iint_R [\frac{\partial Q}{\partial x} - \frac{\partial P}{\partial y}]dxdy = \oint_C Pdx + Qdy$，其中 R 為 xy 平面之單（複）連通區域，C 為 R 之邊界，且相對 R 逆時針方向繞，如圖 11-20 所示。

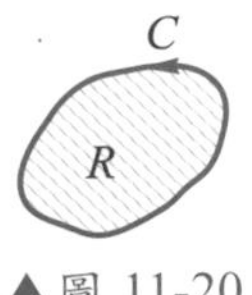

▲圖 11-20

1. **複數版格林定理**

設 $F(z,\bar{z})$ 在 z 平面上之某 R 區域內及其邊界 C 上連續，且一階偏導數 $\frac{\partial F}{\partial z}, \frac{\partial F}{\partial \bar{z}} \in C$，則有下列公式

$$\oint_C F(z,\bar{z})dz = 2i\iint_R \frac{\partial F}{\partial \bar{z}} dxdy$$

如圖 11-21 所示。

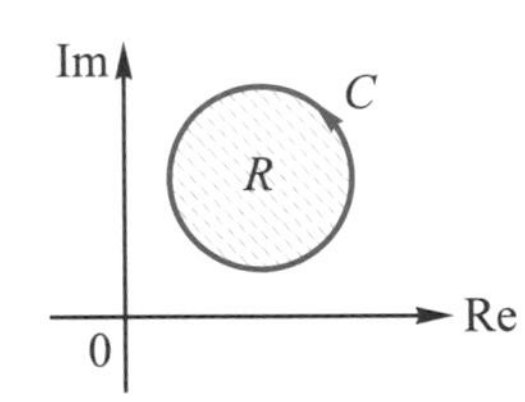

▲圖 11-21　複數平面區域 R

範例 2

設封閉曲線 C 是以 $z = 0, 1, 1 + i, i$ 為頂點之正方形邊界
如果曲線 C 為一個逆時針方向繞，計算 $\oint_C \pi \cdot e^{(\pi\bar{z})} dz$

解 $F(z,\bar{z}) = \pi \cdot e^{\pi\bar{z}}$，則 $\frac{\partial F}{\partial \bar{z}} = \pi^2 e^{\pi\bar{z}}$

$$\therefore \oint_C \pi e^{\pi\bar{z}} dz = 2i\int_0^1\int_0^1 \pi^2 e^{\pi\bar{z}} dxdy = 2i\pi^2 \int_0^1\int_0^1 e^{\pi x} \cdot e^{-i\pi y} dxdy$$

$$= 2i\pi \int_0^1 e^{-i\pi y}(e^{\pi} - 1)dy = 2i\pi(e^{\pi} - 1) \cdot \frac{1}{-i\pi} e^{-i\pi y}\Big|_0^1$$

$$= -2(e^{\pi} - 1) \cdot [e^{-i\pi} - e^0] = -2(e^{\pi} - 1) \cdot (-1 - 1) = 4(e^{\pi} - 1)$$

Q.E.D.

範例 3

求 $\oint_C \mathrm{Re}(z)dz$，其中 C 如右圖爲複數平面上半徑爲 1 的右半圓邊界。【提示：$\mathrm{Re}(z)=\frac{1}{2}(z+\overline{z})$】

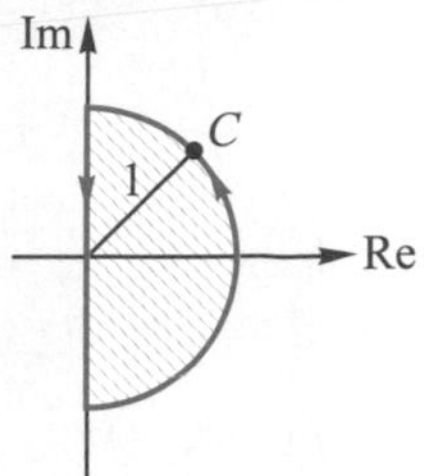

解 $\oint_C \mathrm{Re}(z)dz=\oint_c \frac{1}{2}(z+\overline{z})dz=2i\iint_R \frac{\partial}{\partial \overline{z}}[\frac{1}{2}(z+\overline{z})]dxdy=i\iint_R 1\cdot dxdy=\frac{\pi}{2}i$。 Q.E.D.

11-4-3 柯西（Cauchy）積分定理

接下來，我們來談談可以說在複變函數理論中最重要的科西積分定理，除了從它可直接導出複變函數在奇異點的值（留數定理）之外，複數版本的泰勒展開式與勞倫茲展開，也是科西積分定理的一大推論。我們對複變函數有眞正的了解，以及往後在如有理函數的瑕積分等等應用，都是從柯西定裡開始的，讀者務必熟悉。

定理 11-4-2 柯西積分定理

設 $f(z)$ 在某簡單封閉曲線 C 及其內部 R（單連通）內解析，且 $f'(z)$ 爲連續，則 $\oint_C f(z)dz=0$，如圖 11-22 所示。

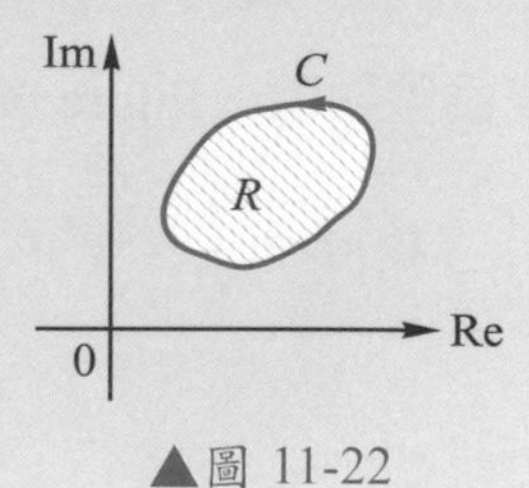

▲圖 11-22

在此可稍作觀察：因爲 $f(z)$ 爲可解析函數，所以 $\frac{\partial f}{\partial \overline{z}}=0$，則格林定理告訴我們 $\oint_C f(z)dz=2i\iint_R(\frac{\partial f}{\partial \overline{z}})dxdy=0$；另一方面，若去除 $f'(z)$ 在 R 中連續之條件，則 $\oint_C f(z)dz=0$，稱爲柯西-高塞德定理（Cauchy-Goursat 定理）。

我們在討論實數平面上的格林定理時，若存在一函數 F 使得 $Pdx+Qdy=dF$，則 $\oint_C Pdx+Qdy=\oint_C dF$ 與 C 的形狀無關，從而簡化了計算。在複數平面上也有類似的現象：

定理 11-4-3 柯西（Cauchy）積分定理的重要推論

如圖 11-23 所示，設 D 為一連通區域，

若 $f(z)$ 於 D 內連續，則下列四個敘述等價。

(1) 對 D 內任一簡單封閉曲線 C，

有 $\oint_C f(z)dz = 0$。

(2) 對 D 內任兩點 z_1, z_2，$\int_{z_1}^{z_2} f(z)dz$

與路徑無關。

(3) 於 D 內存在 $F(z)$，使得

$F'(z) = f(z) \Rightarrow \int_{z_1}^{z_2} f(z)dz = F(z)\Big|_{z_1}^{z_2}$。

(4) $f(z)$ 於 D 內為解析函數。

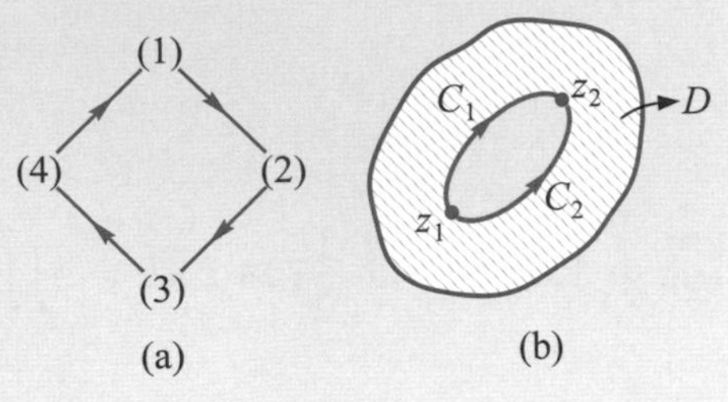

▲圖 11-23

範例 4

計算 $\int_C f(z)dz$，其中 $f(z) = e^z$，

C 為由 1 到 $1 + i\dfrac{\pi}{2}$ 之直線

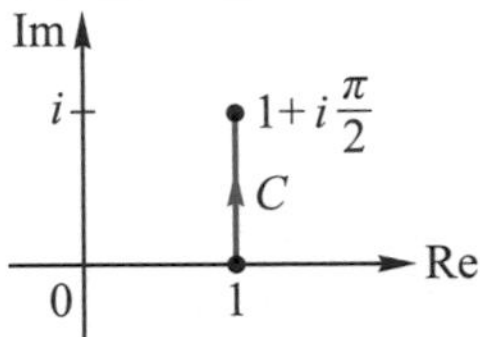

解 $\because e^z$ 為整函數（Entire function）必可解析，則 $(e^z)' = e^z$，

$$\therefore \int_C f(z)dz = \int_1^{1+i\frac{\pi}{2}} e^z dz = e^z\Big|_1^{1+i\frac{\pi}{2}} = e^{1+i\frac{\pi}{2}} - e = e(i-1)$$ 。

Q.E.D.

2. **複連通區域上的積分**

當積分區域上有「洞」的時候，柯西積分定理告訴我們外部邊界上的積分值等於內部邊界積分值的總和，換句話說，要計算在某一個很大的複連通區域上積分，實際上只要專注於在「洞」邊界上的積分值就可以了，我們從只有一個「洞」的情況開始看：

定理 11-4-4　複連通的科西積分定理

設 $f(z)$在兩非交疊曲線 C 與 C'上及其所圍區域 R 解析，則 $\oint_C f(z)dz + \oint_{C'} f(z)dz = 0$ 其中 C, C'均相對 R 正向繞（繞行時斜線區域都在左手邊，稱爲正向繞，圖中 C 爲逆時針，而 C' 爲順時針），如圖 11-24 所示。

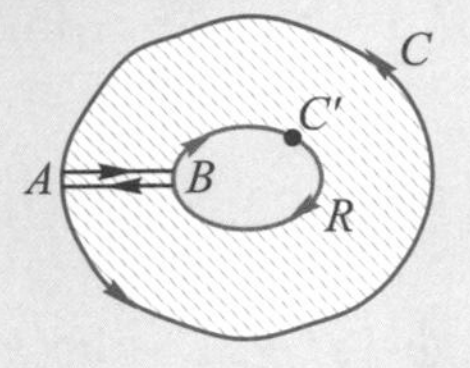

▲圖 11-24　複連通區域

證明

$$\oint_{C+\overline{AB}+C'+\overline{BA}} f(z)dz = 0$$

$$\Rightarrow \int_C f(z)dz + \int_{\overline{AB}} f(z)dz + \int_{C'} f(z)dz + \int_{\overline{BA}} f(z)dz = 0$$

$$\Rightarrow \int_C f(z)dz + \int_{C'} f(z)dz = 0 \text{。}$$

由證明可以知道，若 C' 爲逆時針方向繞，則$\oint_C f(z)dz = \oint_{C'} f(z)dz$ 。

定理 11-4-5　圈線變形原理

設 $f(z)$在非交疊曲線 $C, C_1, C_2, \cdots, C_k$，及其所圍區域 R 上解析，則 $\oint_C f(z)dz + \sum_{i=1}^{k}\int_{C_i} f(z)dz = 0$ ，其中 $C, C_1, C_2, \cdots, C_k$均相對 R 正向繞。進一步來說，若 $C_1, C_2, \cdots, C_k$均爲逆時針方向繞，則

$$\oint_C f(z)dz = \oint_{C_1} f(z)dz + \oint_{C_2} f(z)dz + \cdots + \oint_{C_k} f(z)dz \text{ 。}$$

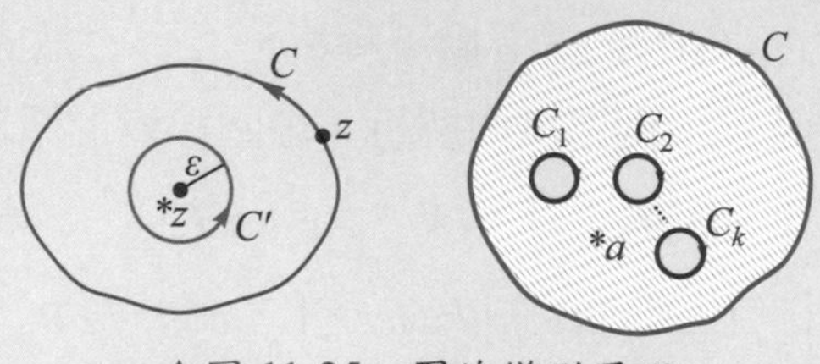

▲圖 11-25　圈線變形原理

範例 5

計算 $\oint_C[z^2+2z^5+\text{Im}(z)]dz$，其中 C 為以 $0, -2i, 2-2i, 2$ 為頂點之正方形曲線。

解 $\because z^2+2z^5$ 為整函數（Entire function）必可解析，則 $\oint_C(z^2+2z^5)=0$，所以

$$\oint_C[z^2+2z^5+\text{Im}(z)]dz=\oint_C \text{Im}(z)dz=2i\iint_R(\frac{\partial \text{Im}(z)}{\partial \bar{z}})dxdy$$

$$=2i\iint_R(\frac{\partial(\frac{z-\bar{z}}{2i})}{\partial \bar{z}})dxdy=-2^2=-4\text{。}$$

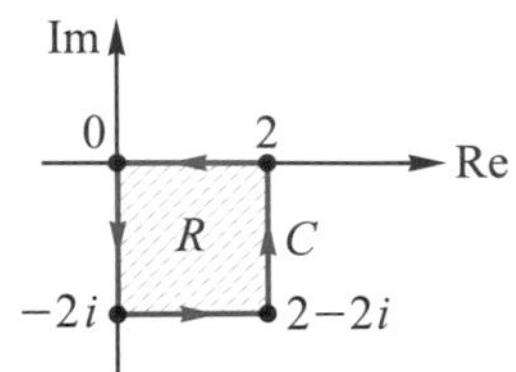

【另法】

$$\oint_C[z^2+2z^5+\text{Im}(z)]dz=\oint_C \text{Im}(z)dz=\oint_C y(dx+idy)=\oint_C ydx+i\oint_C ydy$$

$$=0+\int_0^2(-2)dx+0+\int_2^0 0dx+i[\int_{y=0}^{-2}ydy+0+\int_{y=-2}^{0}ydy+0]$$

$$=-4+i[\frac{1}{2}y^2\Big|_0^{-2}+\frac{1}{2}y^2\Big|_{-2}^{0}]=-4$$

Q.E.D.

範例 6

求證 $\oint_C(z-a)^n dz=\begin{cases}0, n\neq -1\\ 2\pi i, n=-1\end{cases}$，

其中 C 為任意包含 $z=a$ 在內部之簡單封閉曲線。

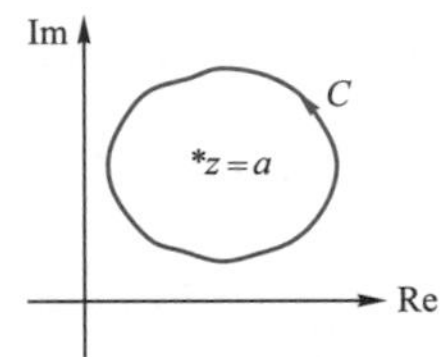

解 ① $n=0, 1, 2,\cdots$，$\because (z-a)^n$ 為 n 次多項式，$\therefore$其必在 C 上及其內部解析，故由柯西積分定理 $\Rightarrow \oint_C(z-a)^n=0$。

② $n=-1, -2,\cdots$，$\because (z-a)^n$ 在 $z=a$ 處不解析，$\therefore$令 C' 為 C 內之 $|z-a|=\varepsilon$ 之圓，則 $(z-a)^n$ 在 C, C' 上及其所圍區域內解析。由圍線變形原理可知

$\oint_C(z-a)^n dz=\oint_{C'}(z-a)^n dz$，在 C' 上，$z=a+\varepsilon\cdot e^{i\theta}$，$\theta\in[0, 2\pi]$，$dz=i\varepsilon e^{i\theta}d\theta$，

$$\therefore \oint_{C'}(z-a)^n dz=\int_0^{2\pi}(\varepsilon e^{i\theta})^n i\varepsilon e^{i\theta}d\theta=i\varepsilon^{n+1}\int_0^{2\pi}e^{i(1+n)\theta}d\theta$$

$$=\begin{cases}\frac{\varepsilon^{1+n}}{(1+n)}e^{i(1+n)\theta}\Big|_0^{2\pi}, n=-2, -3, \cdots\\ 2\pi i, n=-1\end{cases}$$

$$=\begin{cases}0, n=-2, -3, \cdots\\ 2\pi i, n=-1\end{cases}\text{。}$$

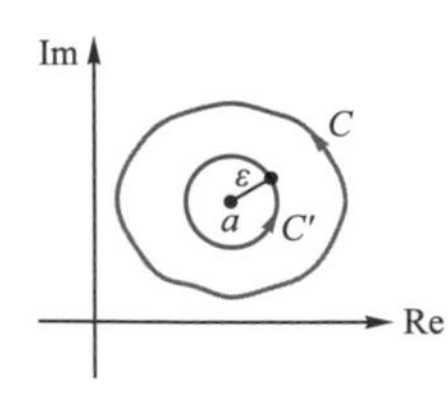

$$\therefore \oint_C(z-a)^n dz=\begin{cases}0, n\neq -1\\ 2\pi i, n=-1\end{cases}\text{。}$$

Q.E.D.

必須注意的是，科西定理的逆敘述是錯的：$\oint_C f(z)dz=0$ 不能推得 $f(z)$ 在 C 的內部可解析。例如：$f(z)=\dfrac{1}{(z-a)^2}$，雖然 $f(z)$ 在 $z=0$ 處不可解析，但 $\oint_C f(z)dz=0$。要保證可解析，必須 $f(z)$ 在 C 上及其所圍內部連續才可。

11-4-4　柯西（Cauchy）積分公式

定理 11-4-6　柯西積分公式

設 $f(z)$ 在某簡單封閉曲線 C 上及其內部解析，且 $z=a$ 爲 C 內之一點，則 $\oint_C \dfrac{f(z)}{(z-a)}dz=2\pi i f(a)$。

證明

因爲 $\dfrac{f(z)}{z-a}$ 在 C 內只有 $z=a$ 一個奇點，令 C' 爲 C 內以 $z=a$ 爲圓心，半徑 $\varepsilon\to 0^+$ 則 $\dfrac{f(z)}{z-a}$ 在 C, C' 上及兩者所圍的中間區域解析。由圍線變形原理可知

$$\oint_C \frac{f(z)}{z-a}dz=\oint_{C'}\frac{f(z)}{z-a}dz$$

因此我們專注在 C' 上的積分即可：令 $z=a+\varepsilon e^{i\theta}$，$\theta\in[0,2\pi]$，$dz=i\varepsilon e^{i\theta}d\theta$，

則 $\oint_{C'}\dfrac{f(z)}{z-a}dz=\int_0^{2\pi}\dfrac{f(a+\varepsilon e^{i\theta})}{\varepsilon e^{i\theta}}i\varepsilon e^{i\theta}d\theta=i\int_0^{2\pi}f(a+\varepsilon e^{i\theta})d\theta$，

故得

$$\oint_C \frac{f(z)}{z-a}dz=i\int_0^{2\pi}f(a+\varepsilon e^{i\theta})d\theta=i\lim_{\varepsilon\to 0}\int_0^{2\pi}f(a+\varepsilon e^{i\theta})d\theta$$

$$=i\int_0^{2\pi}f(a)d\theta=2\pi i f(a)\text{。}$$

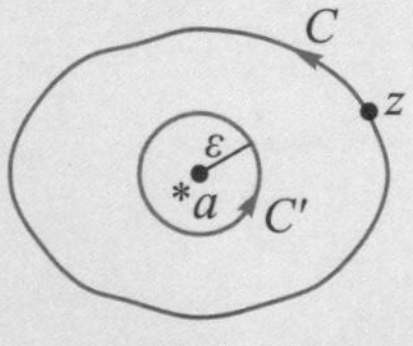

▲圖 11-26

定理 11-4-7　廣義柯西積分公式

若 $f(z)$ 在 z 平面上，某簡單封閉曲線 C 上及其內部解析，且 $z=a$ 爲 C 內之一點，則 $f^{(n)}(a)=\dfrac{n!}{2\pi i}\oint_C\dfrac{f(z)}{(z-a)^{n+1}}dz$；$n=0, 1, 2,\cdots$。

廣義柯西積分公式告訴我們：設 $f(z)$ 在某區域 R 內解析，則其各階導數亦在 R 內解析；同樣地，設 $f(z)$ 在某點 z_0 解析，則 $f(z)$ 之各階導數在 z_0 亦解析[6]。

6　「$f(z)$ 存在 $\Leftrightarrow f^{(n)}(z)$ 存在」在實變數函數中不一定成立。

範例 7

在下列(1)～(2)的曲線中，利用柯西積分公式求 $\int_C \frac{z^2}{(z-2)(z-6)}dz$ 。

(1) 當 C：$|z|=1$，C 為任意方向繞。

(2) 當 C 包含 $|z|=4$ 正方向繞及 $|z|=3$ 負方向繞。

(3) 當 C：$|z-2|=1$ 正方向繞。

解

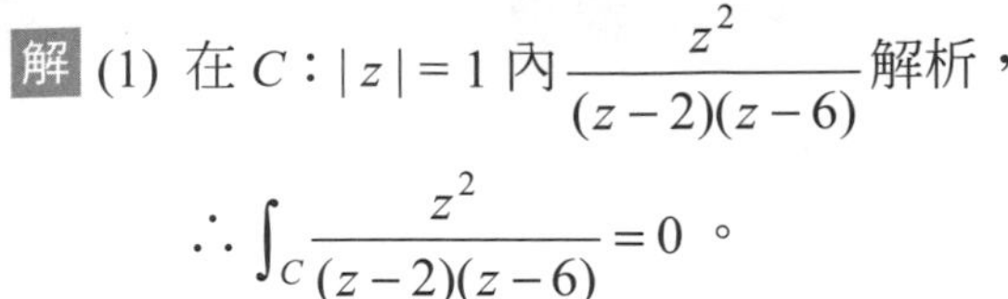

(1) 在 C：$|z|=1$ 內 $\frac{z^2}{(z-2)(z-6)}$ 解析，

$\therefore \int_C \frac{z^2}{(z-2)(z-6)} = 0$ 。

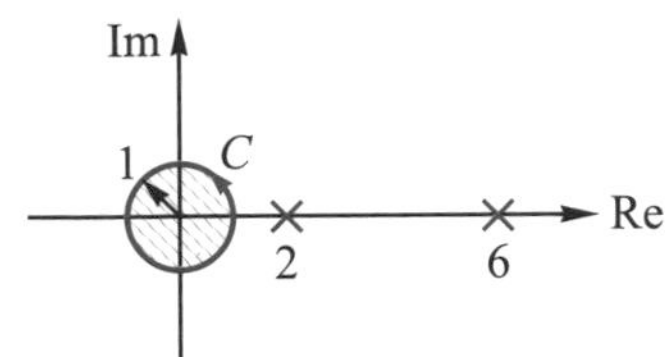

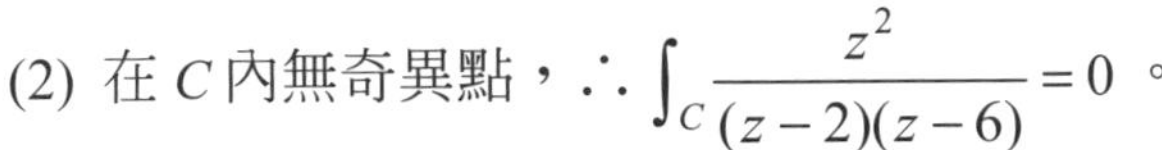

(2) 在 C 內無奇異點，$\therefore \int_C \frac{z^2}{(z-2)(z-6)} = 0$ 。

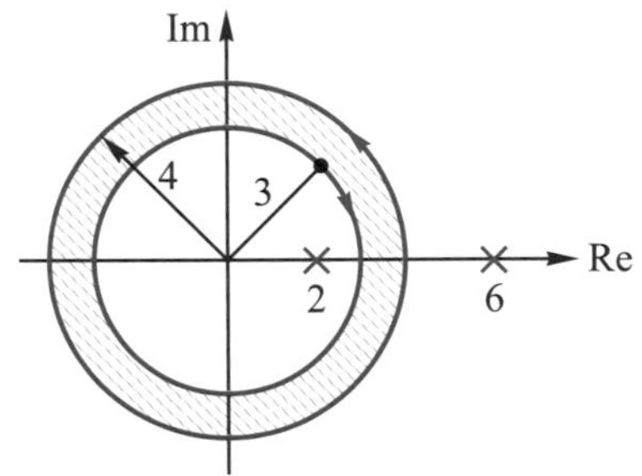

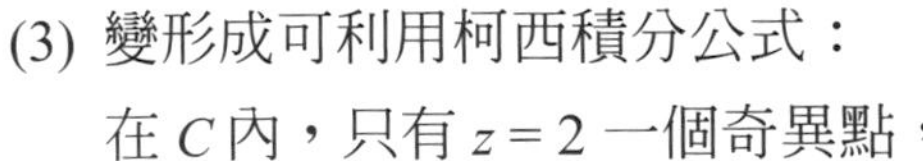

(3) 變形成可利用柯西積分公式：

在 C 內，只有 $z=2$ 一個奇異點，

$$\therefore \int_C \frac{z^2}{(z-2)(z-6)}dz = \int_C \frac{\frac{z^2}{z-6}}{(z-2)}dz$$

$$= 2\pi i \cdot \left(\frac{z^2}{z-6}\right)\Big|_{z=2}$$

$$= 2\pi i \cdot \frac{4}{-4}$$

$$= -2\pi i \text{ 。}$$

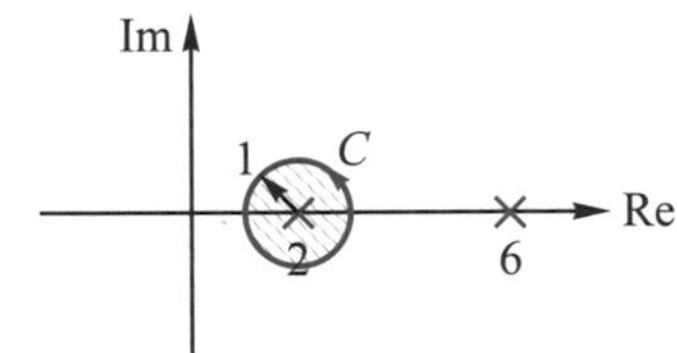

Q.E.D.

範例 8

計算 $\oint_C \frac{e^{2z}}{(z+1)^4}dz$ ，C：$|z|=3$ 正向繞。

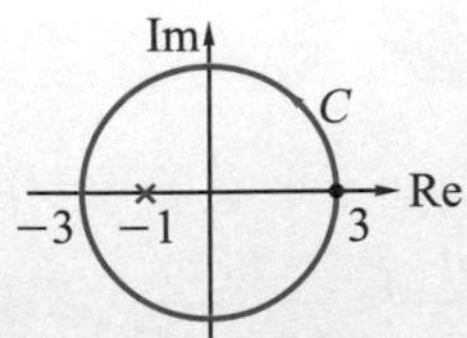

解 由柯西積分公式可知，令 $f(z)=e^{2z}$ 為完全函數，則 $\oint_C \frac{f(z)}{(z-a)^{n+1}}dz = \frac{2\pi i}{n!}f^{(n)}(a)$ ，

其中 $n=3, a=-1$， $f'''(a)=8e^{2z}\Big|_{z=-1}=8e^{-2}$ ，$\therefore \oint_C \frac{e^{2z}}{(z+1)^4}dz = \frac{2\pi i}{3!}8e^{-2} = \frac{8\pi i}{3}e^{-2}$ 。

Q.E.D.

11-4-5　相關定理（選讀）

柯西積分公式給了我們奇異點上取值的方法，事實上，包含奇異點的開球本身也是一個連通區域，兩者聯集則又形成一個完整的連通區域，這個「挖洞」的方法於是告訴我們連通區域上，函數極值落於何處。

1. **極大（小）模定理**（Maximum and minimum modulus theorem）

(1) **極大模定理**：

設 $f(z)$在簡單封閉曲線 C 上及其內部解析，且 $f(z)$不是常函數，則$|f(z)|$之最大值在 C 上。

(2) **極小模定理**：

設 $f(z)$在簡單封閉曲線 C 上及其內部解析，且於 C 內 $f(z) \neq 0$，則$|f(z)|$之最小值在 C 上。

範例 9

$f(z)=e^{1-2z}$，求$|f(z)|$在區域

D：$|\text{Re}(z)|+|\text{Im}(z)| \leq 4$ 之最大值與最小值。

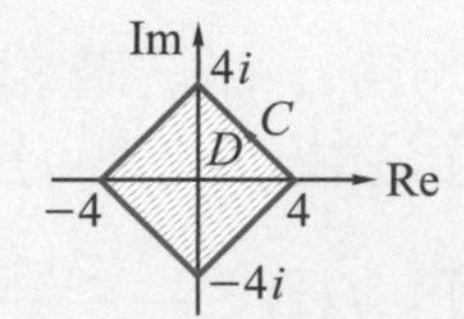

解　$f(z)=e^{1-2z}$ 不爲常數亦不爲 0，由最大模與最小模定理可知 $|f(z)|$ 的最大值與最小值必出現在區域 D 之邊界 C 上，又 $z=4$，$|f(z)|=|e^{1-2z}|=e^{1-2\text{Re}(z)}=e^{-7}$ 爲最小在 C 上且 $z=-4$，$|f(z)|=|e^{1-2z}|=e^{1-2\text{Re}(z)}=e^{9}$ 爲最大在 C 上。　Q.E.D.

2. **幅角定理**（Argument theorem）

複變函數可使用到自動控制理論中，其中很好用的一個原理就是幅角原理，此原理可以做爲奈奎斯特（Nyquist）穩定判斷的理論依據，其定理如下。

定理 11-4-8 幅角定理

設 $f(z)$在簡單封閉曲線 C 上解析，且在 C 內除了若干個極點 $a_1, a_2, \cdots, a_m$ 外亦均解析，則 $\frac{1}{2\pi i}\oint_C \frac{f'(z)}{f(z)}dz = N - P$ 其中 N 爲 $f(z)$在 C 內之零數（零點的階數和）；P 爲 $f(z)$在 C 內之極數（極點的階數和）。

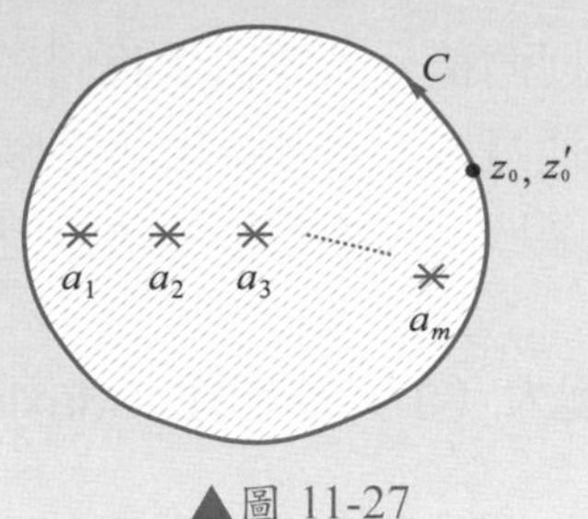

▲圖 11-27

範例 10

設 $f(z) = \dfrac{(z^2+1)^3}{(z^2+2z+2)^2}$，求 $\oint_C \dfrac{f'(z)}{f(z)}dz$，$C:|z|=4$。

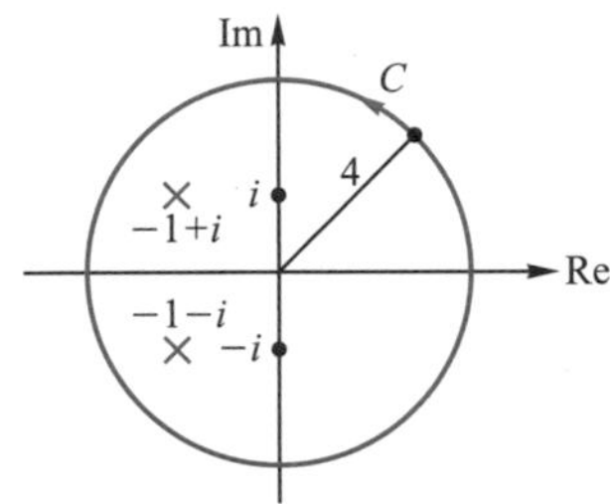

解 $z=\pm i$ 均爲 $f(z)$的三階零點，$z=-1\pm i$ 均爲 $f(z)$的二階極點，

【法一】：由幅角定理可知：原式 $= 2\pi i\cdot(N-P) = 2\pi i(6-4) = 4\pi i$

【法二】：$f(z) = \dfrac{(z+i)^3(z-i)^3}{(z+1-i)^2(z+1+i)^2}$，將兩側取對數後微分

得 $$\frac{f'(z)}{f(z)} = \frac{3}{z+i} + \frac{3}{z-i} - \frac{2}{z+1-i} - \frac{2}{z+1+i}$$

則 $$\oint_c \frac{f'(z)}{f(z)}dz = 3\cdot 2\pi i + 3\cdot 2\pi i - 2\cdot 2\pi i - 2\cdot 2\pi i$$

$$= (3+3-2-2)\cdot 2\pi i = 4\pi i$$

Q.E.D.

11-4 習題演練

基礎題

1. 設 $z=x+iy$，請沿著拋物線 C：$y=x^2$，z 由 0 到 $3+9i$ 計算積分 $\int_C \bar{z}dz$ 。

2. 設 $z=x+iy$，且 $f(z)=x^2+iy^2$，請沿著曲線 C：$y=\cos(x)$，x 由 0 到 $\frac{\pi}{2}$，計算積分 $\int_C f(z)dz$ 。

3. 設 $z=x+iy$，且 $\bar{z}=x-iy$ 為 z 的共軛複數，請計算 $\left|\int_C (e^z-\bar{z})dz\right|$，其中 C 為以 $3i$，-4, 0 為頂點之逆時針繞之三角形。

4. 積分 $\int_{-\pi}^{1+\frac{\pi}{2}i} \cosh(z)\,dz=$？

5. 積分 $\int_C \mathrm{Re}(z)dz=$？，其中 C 為 $1+i$ 到 $6+6i$ 之最短路徑。

6. 計算積分 $\int_C [z-\mathrm{Re}(z)]dz$ ，其中 C 為 $z=0$ 為圓心，半徑是 2 的正向繞圓。

7. 設 $z=x+iy$，且 $\bar{z}=x-iy$ 為 z 的共軛複數，請計算積分 $\int_C [z^2+\mathrm{Im}(z)]dz$，其中 C 為 $z=0$ 為圓心，半徑是 1 的正向繞圓。

8. 利用柯西積分公式計算 $\oint_C \frac{\cos z}{z^3}dz$，其中 C 為以 $z=0$ 為圓心之半徑 1 的逆時針繞的圓。

進階題

1. 利用柯西積分公式計算 $\oint_C \frac{\sin \pi z^2+\cos \pi z^2}{(z-1)(z-2)}dz$，其中 C 為以 $z=0$ 為圓心之半徑 3 的逆時針繞的圓。

2. 利用柯西積分公式計算 $\oint_C \frac{1-e^{2z}}{z^2}dz$，其中 C 為逆時針繞之圓如下
   (1) $|z|=1$。
   (2) $|z|=2$。
   (3) $|z-2|=1$。

3. $f(z)=z^2-z$，求 $|f(z)|$ 在區域 D：$|z|\le 1$ 之最大值與最小值。

4. C 為逆時針繞之圓 $|z|=2$，利用柯西積分公式求下列積分：
   (1) $\oint_C \frac{1}{z^2-4z+3}dz$ 。
   (2) $\oint_C \frac{1}{z^2-1}dz$ 。

5. 請證明格林定理的複數式：
   $\oint_C F(z,\bar{z})\,dz=2i\iint_R \frac{\partial F}{\partial \bar{z}}dxdy$ 。

6. 證明幅角定理：$\frac{1}{2\pi i}\oint_C \frac{f'(z)}{f(z)}dz=N-P$，其中 $f(z)$ 在 C 內除了若干個極點外可解析，且 $\begin{cases} N: f(z)\text{在 } C \text{ 內之零數} \\ P: f(z)\text{在 } C \text{ 內之極數} \end{cases}$ 。

11-5 泰勒展開式與洛朗展開式

微積分中，針對可解析的點可以展成泰勒級數，而複變函數在可解析點可作泰勒展開式，在奇異點處則可以作洛朗展開式（基本上可想成次冪數的泰勒展開）。這個級數的存在性主要通過柯西積分公式及中學就學過的幾何級數來實現。

11-5-1 泰勒（Taylor）展開式（只可對常點展開）

定理 11-5-1 泰勒展開式

如圖 11-28 所示，設 $f(z)$ 在以 $z=a$ 為圓心，R 為半徑之圓 C 上及其內部解析，則對 C 內任一點 z，$|z=a|<R$ 恒有 $f(z)=\sum_{n=0}^{\infty}a_n(z-a)^n$，其中

$$a_n=\frac{1}{2\pi i}\oint_C\frac{f(w)}{(w-a)^{n+1}}dw=\frac{f^{(n)}(a)}{n!}$$

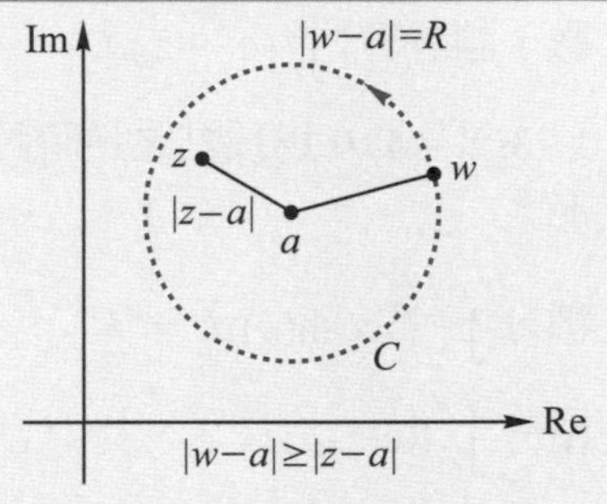

▲圖 11-28 泰勒展開區域

證明

首先，柯西積分公式表明 $\frac{1}{2\pi i}\oint_C\frac{f(w)}{(w-a)^{n+1}}dw=\frac{f^{(n)}(a)}{n!}$。推導公式方面，我們則從 $n=1$ 的情況 $f(z)=\frac{1}{2\pi i}\oint_C\frac{f(w)}{w-z}dw$ 開始，其中 $C:|w-a|=R$。現在因為公比 $\left|\frac{z-a}{w-a}\right|<1$，被積分項可利用幾何級數改寫為：

$$\frac{1}{w-z}=\frac{1}{(w-a)-(z-a)}=\frac{1}{w-a}\left[\frac{1}{1-(\frac{z-a}{w-a})}\right]=\frac{1}{w-a}\sum_{n=0}^{\infty}\frac{(z-a)^n}{(w-a)^n}=\sum_{n=0}^{\infty}\frac{(z-a)^n}{(w-a)^{n+1}},$$

代入柯西積分公式得：

$$f(z)=\frac{1}{2\pi i}\oint_C f(w)\left\{\sum_{n=0}^{\infty}\frac{(z-a)^n}{(w-a)^{n+1}}\right\}dw=\sum_{n=0}^{\infty}\left[\frac{1}{2\pi i}\oint_C\frac{f(w)}{(w-a)^{n+1}}dw\right](z-a)^n$$

取 $a_n=\frac{1}{2\pi i}\oint_C\frac{f(w)}{(w-a)^{n+1}}dw$，得所要的展開式，這同時告訴我們泰勒展開式是唯一的。

1. **在無窮遠點臨域内之泰勒展開**

若存在一正數 $R>0$，使得 $f(z)$在 $|z|>R$ 之區域（包含 $z=\infty$）內，每一點均可微，則稱 $f(z)$在無窮遠處之鄰域內解析。這種情況下，通過變數變換 $z=\frac{1}{t}$；同時取 $f(t)=f(\frac{1}{z})$，則 $g(t)$又回到我們熟悉的情況。

2. **常見的馬克勞林級數**（Maclaurin's）

根據前面的泰勒展開式，我們可以得到常見函數在 $z=0$ 處的泰勒展開式，我們稱爲馬克勞林級數，如下：

(1) $e^z=\sum_{n=0}^{\infty}\frac{z^n}{n!}=1+\frac{z}{1!}+\frac{z^2}{2!}+\cdots$，$\forall|z|<\infty$。

(2) $\sin z=\sum_{n=0}^{\infty}\frac{(-1)^n}{(2n+1)!}z^{2n+1}=z-\frac{z^3}{3!}+\cdots$，$\forall|z|<\infty$。

(3) $\cos z=\sum_{n=0}^{\infty}\frac{(-1)^n}{2n!}z^{2n}=1-\frac{z^2}{2!}+\frac{z^4}{4!}\cdots$，$\forall|z|<\infty$。

(4) $\frac{1}{1-z}=\sum_{n=0}^{\infty}z^n=1+z+z^2+\cdots$，$\forall|z|<1$。

(5) $\frac{1}{1+z}=\sum_{n=0}^{\infty}(-1)^n z^n=1-z+z^2+\cdots+(-1)^n z^n+\cdots$，$\forall|z|<1$。

(6) $\ln(1+z)=\sum_{n=0}^{\infty}\frac{(-1)^n}{n+1}z^{n+1}=z-\frac{1}{2}z^2+\frac{1}{3}z^3\cdots$，$\forall|z|<1$。

因爲泰勒展開是唯一的，在很多時候我們並非一定要透過積分來算出係數，條件若許可，直接以幾何級數寫下展開式，其也就是我們要的泰勒展開了；見如下範例。

範例 1

設 $f(z)=\dfrac{z-1}{z+1}$，求對下列點展開之泰勒級數：(1)對 $z=0$ 展開　(2)對 $z=1$ 展開

解 (1) 利用幾何級數在 $z=0$ 展開：$f(z)=\dfrac{z-1}{z+1}=1-\dfrac{2}{z+1}$，

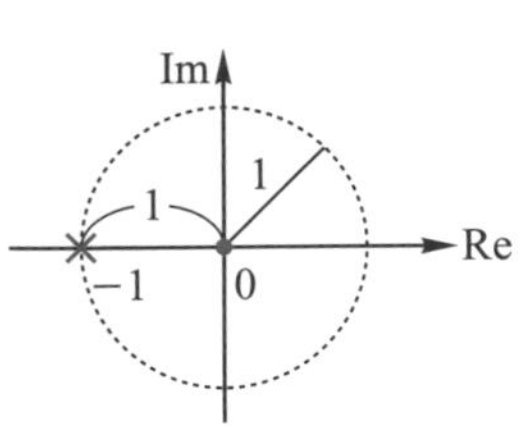

在 $|z|<1$ 有 $\dfrac{1}{1+z}=\sum_{n=0}^{\infty}(-1)^n z^n=1-z+z^2-z^3+\cdots$，

$\therefore f(z)=1-2\sum_{n=0}^{\infty}(-1)^n z^n=-1-2\sum_{n=1}^{\infty}(-1)^n z^n$，其中 $|z|<1$。

(2) 對 $z=1$ 展開：令 $u=z-1$，$f(u)=\dfrac{u}{2+u}=1-\dfrac{2}{2+u}=1-\dfrac{1}{1+\dfrac{u}{2}}$，

在 $|\dfrac{u}{2}|<1\Rightarrow|u|<2\Rightarrow|z-1|<2$，

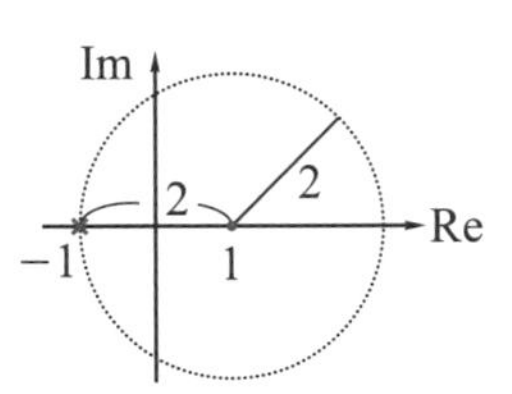

此時 $f(u)=1-\sum_{n=0}^{\infty}(-1)^n(\dfrac{u}{2})^n=1-\sum_{n=0}^{\infty}\dfrac{(-1)^n}{2^n}u^n$，

$\therefore f(z)=1-\sum_{n=0}^{\infty}\dfrac{(-1)^n}{2^n}(z-1)^n$，其中 $|z-1|<2$。

Q.E.D.

範例 2

試求 $f(z)=\dfrac{1}{5-3z}$，以 $z=1$ 爲中心的泰勒展開式，並討論收斂範圍。

解 (1) 令 $t=z-1$，則

$f(z)=\dfrac{1}{5-3(t+1)}=\dfrac{1}{2-3t}=\dfrac{1}{2(1-\dfrac{3}{2}t)}=\dfrac{1}{2}\dfrac{1}{1-\dfrac{3}{2}t}$，

在 $|\dfrac{3}{2}t|<1\Rightarrow|t|<\dfrac{2}{3}$，故

$$f(z)=\frac{1}{2}\cdot\sum_{n=0}^{\infty}(\frac{3}{2}t)^n=\frac{1}{2}[1+\frac{3}{2}t+(\frac{3t}{2})^2+\cdots]=\frac{1}{2}\{1+\frac{3}{2}(z-1)+[\frac{3}{2}(z-1)]^2+\cdots\}$$

$$=\frac{1}{2}+\frac{3}{4}(z-1)+\frac{9}{8}(z-1)^2+\cdots$$

其中，$|z-1|<\dfrac{2}{3}$。

(2) 由比值審斂法可知：$\lim_{n\to\infty}\left|\dfrac{\frac{1}{2}[\frac{3}{2}(z-1)]^{n+1}}{\frac{1}{2}[\frac{3}{2}(z-1)]^n}\right|=|\dfrac{3}{2}(z-1)|<1\Rightarrow|z-1|<\dfrac{2}{3}$ 爲其收斂範圍。

E.D.

11-5-2　洛朗（Laurent）展開式

當複變函數的定義域有「洞」時，我們透過「分支線」回到「沒有洞」的情況，此時柯西積分公式告訴我們：

$$f(a)=\frac{1}{2\pi i}\oint_{C_1}\frac{f(w)}{w-a}dw-\frac{1}{2\pi i}\oint_{C_2}\frac{f(w)}{w-a}dw$$

分別將兩個被積分項改寫成如同推導泰勒展開時所使用的幾何級數，便會得到更一般的洛朗展開，若想知道嚴格證明，讀者可參考複變函數的專論書。

定理 11-5-2　洛朗展開式

設 $f(z)$ 在以 $z=a$ 為圓心，R_1, R_2 為半徑之圓 C_1, C_2 上及其所界中間區域 D 內解析，則對 D 內任一點 z，恆有

$$f(z)=\sum_{n=-\infty}^{-1}a_n(z-a)^n+\sum_{n=0}^{\infty}a_n(z-a)^n\text{，}R_1<|z-a|<R_2\text{，其中}$$

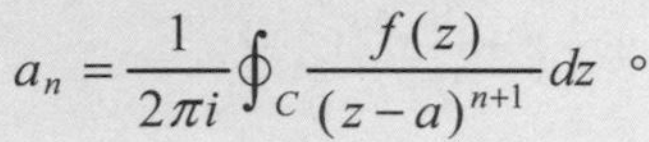

$$a_n=\frac{1}{2\pi i}\oint_C\frac{f(z)}{(z-a)^{n+1}}dz\text{。}$$

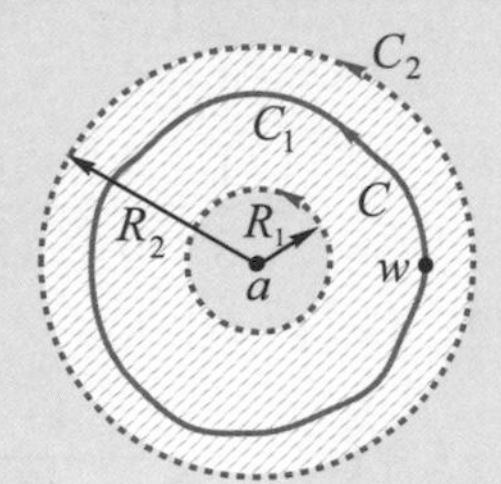

▲圖 11-29　洛朗展開區域

在洛朗展開式 $f(z)=\sum_{n=-\infty}^{-1}a_n(z-a)^n+\sum_{n=0}^{\infty}a_n(z-a)^n$ 中，定義正則部（Regular part）為 $\sum_{n=0}^{\infty}a_n(z-a)^n$，收斂範圍為 $|z-a|<R_2$；主部（Principal part）為 $\sum_{n=-\infty}^{-1}a_n(z-a)^n$，收斂範圍為 $|z-a|>R_1$。

1. 性質

(1) 若 $f(z)$ 在 $|z-a|<R_1$ 內亦解析，則主部為零，此時洛朗級數與泰勒級數相同。

(2) 在相同的展開範圍內，洛朗級數具有唯一性（對同一函數），但展開的範圍不同，其洛朗級數亦不同。

(3) 若 $f(z)$ 在 $|z-a|<R_1$ 內除 $z=a$ 外均解析，則洛朗展開之收斂範圍可擴充為：$0<|z-a|<R_2$。

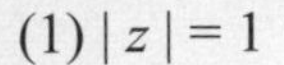

範例 3

若 $f(z)=\dfrac{1}{(z-1)(z-3)}$，求 $f(z)$ 對 $z=0$ 的洛朗級數，

在下列(1)～(4)範圍中：

(1) $|z|=1$。　(2) $1<|z|<3$。

(3) $3<|z|<\infty$。　(4) $0<|z-3|<2$。

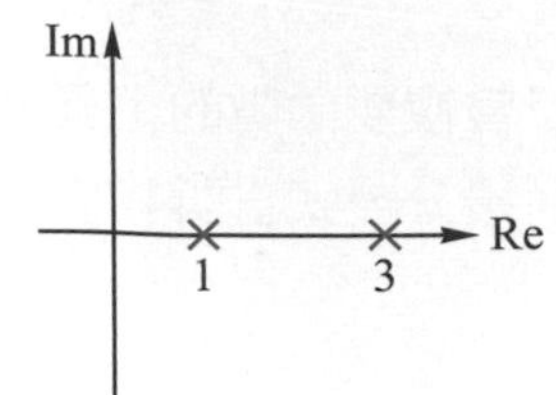

解 $f(z)=-\dfrac{1}{2}\dfrac{1}{z-1}+\dfrac{1}{2}\dfrac{1}{z-3}$，

(1) $|z|<1$，

$$f(z)=\frac{1}{2}\frac{1}{1-z}-\frac{1}{6}\frac{1}{1-\frac{z}{3}}=\frac{1}{2}[1+z+z^2+\cdots]-\frac{1}{6}[1+\frac{z}{3}+\frac{1}{9}z^2+\cdots]$$

$$=\frac{1}{3}+\frac{4}{9}z+\frac{13}{27}z^2+\cdots$$ 。如圖(a)所示

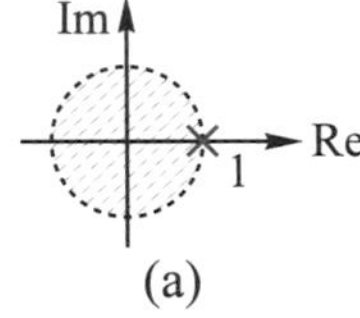

(a)

(b)

(2) $1<|z|<3$，

$$f(z)=-\frac{1}{2z}\frac{1}{1-\frac{1}{z}}+\frac{1}{-6}\frac{1}{1-\frac{z}{3}}=-\frac{1}{2z}(1+\frac{1}{z}+\frac{1}{z^2}+\cdots)-\frac{1}{6}[1+\frac{1}{3}z+\frac{1}{9}z^2+\cdots]$$

$$=-\frac{1}{2z}\sum_{n=0}^{\infty}(\frac{1}{z})^n-\frac{1}{6}\sum_{n=0}^{\infty}(\frac{1}{3}z)^n=-\frac{1}{2}\sum_{n=0}^{\infty}(\frac{1}{z})^{n+1}-\frac{1}{6}\sum_{n=0}^{\infty}(\frac{1}{3}z)^n$$ 。如圖(b)所示

(3) $3<|z|<\infty$，

$$f(z)=-\frac{1}{2z}\frac{1}{1-\frac{1}{z}}+\frac{1}{2z}\frac{1}{1-\frac{3}{z}}=-\frac{1}{2z}(1+\frac{1}{z}+\frac{1}{z^2}+\cdots)+\frac{1}{2z}(1+\frac{3}{z}+\frac{9}{z^2}+\cdots)$$

$$=-\frac{1}{2z}\sum_{n=0}^{\infty}(\frac{1}{z})^n+\frac{1}{2z}\sum_{n=0}^{\infty}(\frac{3}{z})^n$$ 。如圖(c)所示

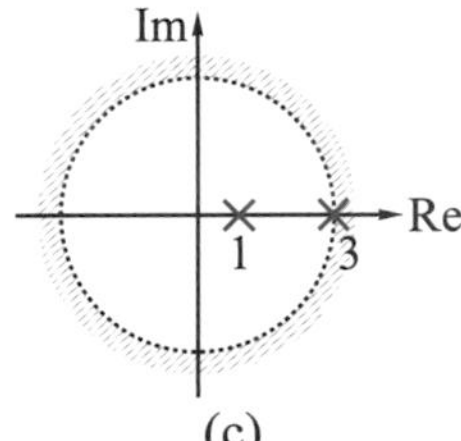

(c)

(4) $0<|z-3|<2$，令 $t=z-3\Rightarrow 0<|t|<2$

$$f(z)=\frac{-1}{2}\frac{1}{t+2}+\frac{1}{2}\frac{1}{t}=\frac{1}{2t}-\frac{1}{4}\frac{1}{1+\frac{t}{2}}=\frac{1}{2t}-\frac{1}{4}\sum_{n=0}^{\infty}(-1)^n(\frac{t}{2})^n$$

$$=\frac{1}{2t}-\frac{1}{4}[1-\frac{t}{2}+\frac{t^2}{4}-\frac{t^3}{8}+\cdots]$$

$$=\frac{1}{2}\cdot\frac{1}{z-3}-\frac{1}{4}[1-\frac{1}{2}(z-3)+\frac{1}{4}(z-3)^2-\frac{1}{8}(z-3)^3+\cdots]$$

$$=\frac{1}{2}\frac{1}{z-3}-\frac{1}{4}\sum_{n=0}^{\infty}(-1)^n(\frac{z-3}{2})^n$$ 。如圖(d)所示

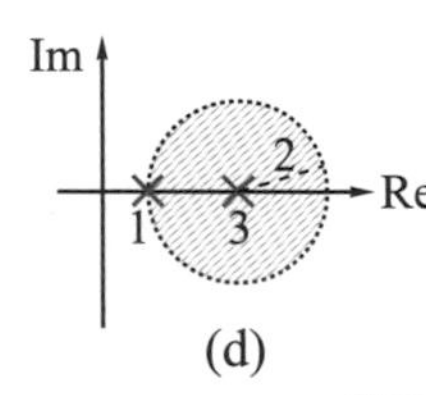

(d)

Q.E.D.

範例 4

將下列函數展成洛朗級數，在 $0<|z|<R$ 之範圍內並決定其收斂區域：

(1) $\dfrac{1}{z(1+z^2)}$ 。　(2) $z\cos(\dfrac{1}{z})$ 。

解 (1)

$$\frac{1}{z(z^2+1)}=\frac{1}{z}+\frac{-\frac{1}{2}}{z-i}+\frac{-\frac{1}{2}}{z+i}=\frac{1}{z}-\frac{1}{2}\cdot\frac{1}{i}\frac{1}{\frac{z}{i}-1}-\frac{1}{2i}\frac{1}{1+\frac{z}{i}}=\frac{1}{z}+\frac{1}{2i}\frac{1}{1-\frac{z}{i}}-\frac{1}{2i}\frac{1}{1+\frac{z}{i}}$$

$$=\frac{1}{z}+\frac{1}{2i}\{1+\frac{z}{i}+(\frac{z}{i})^2+\cdots\}-\frac{1}{2i}\{1-\frac{z}{i}+(\frac{z}{i})^2\cdots\}$$

$$=\frac{1}{z}+\frac{1}{i^2}\times z+\frac{1}{i^4}\times z^3+\frac{1}{i^6}\times z^5+\cdots ,$$

故 $0<|z|<1$ 時級數收斂

【另法】

$$\frac{1}{z(z^2+1)}=\frac{1}{z}\cdot\frac{1}{1+z^2}=\frac{1}{z}\cdot[1-z^2+z^4-z^6+\cdots]=\frac{1}{z}-z+z^3-z^5+\cdots 。$$

(2)

$$z\cdot\cos\frac{1}{z}=z\cdot\{1-\frac{1}{2!}\frac{1}{z^2}+\frac{1}{4!}\frac{1}{z^4}-\frac{1}{6!}\frac{1}{z^6}+\cdots\}=z-\frac{1}{2!}\frac{1}{z}+\frac{1}{4!}\frac{1}{z^3}-\frac{1}{6!}\frac{1}{z^5}+\cdots ,$$

因此取 $0<|z|<\infty$ 時級數收斂。　Q.E.D.

2. **孤立奇點與洛朗的關係**

我們在 11-3 節定義了各種不同的奇異點，其實這些奇異點也可利用洛朗級數定義如下：

定義 11-5-1 奇異點分類

若$f(z)$於$0<|z-\alpha|<\rho$上有洛朗展開：$f(z)=\cdots+\dfrac{a_{-1}}{z-\alpha}+a_0+a_1(z-\alpha)+\cdots$，$0<|z-\alpha|<\rho$ 則稱α爲 $f(z)$之一**孤立奇點**（Isolated singular point），並根據主部（Principal part）的情形，有以下分類：

1. 若主部爲零，即$f(z)=a_0+a_1(z-\alpha)+a_2(z-\alpha)^2+\cdots$，$0<|z-\alpha|<\rho$，則稱$z=\alpha$爲$f(z)$之一**可去奇點**（Removable singularity）。
2. 若主部最高次爲 n 階，即若 $f(z)=\dfrac{a_{-n}}{(z-\alpha)^n}+\cdots+\dfrac{a_{-1}}{z-\alpha}+a_0+\cdots$，則稱$z=\alpha$爲$f(z)$的 n **階極點**（Pole of order m）。
3. 若主部爲無窮級數，即$f(z)=\cdots+\dfrac{a_{-n}}{(z-\alpha)^n}+\cdots+\dfrac{a_{-1}}{(z-\alpha)}+a_0+\cdots$，則$z=\alpha$爲$f(z)$之一**本性奇點**（Essential singularity）。

範例 5

試求下列函數之洛朗級數，並說明該奇異點之種類：

(1)$\dfrac{e^{2(z-2)}}{(z-4)^2}$，對$z=4$。 (2)$\dfrac{1-\cos 2z}{z^3}$，對$z=0$。

解 (1) 令$t=z-4$，

$$\therefore f(z)=\frac{e^{2(t+2)}}{t^2}=\frac{e^4}{t^2}\cdot e^{2t}=\frac{e^4}{t^2}[1+2t+\frac{1}{2!}(2t)^2+\cdots]=\frac{e^4}{t^2}+\frac{2e^4}{t}+\cdots$$

$$=\frac{e^4}{(z-4)^2}+\frac{2e^4}{(z-4)}+\cdots$$，$\therefore z=4$ 爲 2 階極點。

(2) $$f(z)=\frac{1-\cos 2z}{z^3}=\frac{1}{z^3}[1-(1-\frac{1}{2!}(2z)^2+\frac{1}{4!}(2z)^4\cdots)]=\frac{2}{z}-\frac{16z}{4!}+\cdots$$，

$\therefore z=0$ 爲 1 階極點。

Q.E.D.

範例 6

試判別下列函數奇異點之種類：

(1) $f(z)=\dfrac{\sin z}{z}$。　(2) $e^{\frac{1}{z}}$。

解 (1) $z=0$ 為 $f(z)$的奇異點，又

$$f(z)=\frac{\sin z}{z}=\frac{z-\frac{z^3}{3!}+\frac{z^5}{5!}-\frac{z^7}{7!}+\cdots}{z}=1-\frac{1}{3!}z^2+\frac{1}{5!}z^4-\frac{1}{7!}z^6+\cdots,$$

沒有洛朗級數主部，所以 $z=0$ 為可去奇點。

(2) $z=0$ 為 $f(z)$的奇異點，又

$$f(z)=e^{\frac{1}{z}}=1+\frac{1}{1!}\frac{1}{z}+\frac{1}{2!}\left(\frac{1}{z}\right)^2+\frac{1}{3!}\left(\frac{1}{z}\right)^3+\cdots,$$

洛朗級數主部為無窮多項，所以 $z=0$ 為本性奇點。 Q.E.D.

11-5 習題演練

基礎題

1. 設 $f(z)=\dfrac{1}{(z-1)(z-2)}$，在下列範圍(1)～(2)求此函數之洛朗級數，
   (1) $|z|<1$。
   (2) $|z|>1$。

2. 設 $f(z)=\dfrac{1}{z(z-1)}$，求此函數在下列範圍(1)～(2)之洛朗級數，
   (1) $|z|>1$。
   (2) $0<|z-1|<1$。

3. 設 $f(z)=\dfrac{1}{z^2(z+2i)}$，求此函數在 $0<|z|<2$ 之洛朗級數。

4. 設 $f(z)=\dfrac{5}{(z+2)(z-3)}$，求此函數在 $z=3$ 之洛朗級數及收斂區域。

5. 設 $f(z)=\dfrac{1}{z(z-1)(z-2)}$，求此函數在 $z=0$ 且收斂區域在 $1<|z|<2$ 之洛朗級數。

進階題

1. 設 $f(z)=\dfrac{z^2-2z+2}{(z-2)}$，求此函數在 $|z-1|>1$ 之洛朗級數。

2. 設 $f(z)=\dfrac{(\sin z)\cdot(\cos 2z)}{z^3}$，求此函數在 $z=0$ 之前三項非 0 之洛朗級數，並判別 $z=0$ 之奇異點性質。

3. 設 $f(z)=\dfrac{2i}{4+iz}$，求此函數在 $z=-3i$ 之洛朗級數。

4. 設 $f(z)=\dfrac{1}{z-\sin z}$，則 $z=0$ 之奇異點特性為何？

5. 指出 $f(z)=\dfrac{1}{z(e^z-1)}$ 具有何種奇異點？

11-6 留數（殘值）定理

一個複變函數的洛朗級數作環線積分時，只會有某些項留下，此概念被大量用在複數函數環線積分中，接下來將透過 11-5 節所學的極點等概念，系統化的闡述此現象。

定義 11-6-1　留數（殘值）(Residue)

若單值函數 $f(z)$有孤立奇點 $z=a$，則 $\frac{1}{2\pi i}\oint_C f(z)dz$ 稱 $f(z)$在 $z=a$ 之留數（Residue），並以符號 $\text{Res}\, f(a)$表示。

1. 留數的計算

$f(z)$在其孤立奇點 $z=a$ 之鄰域 $0<|z-a|<R$，洛朗展開式可寫爲：

$f(z)=\sum_{n=-\infty}^{\infty} a_n(z-a)^n$ ，$0<|z-a|<R$，兩端積分，再根據 11-4 節範例 6 可知：

$$\oint_C f(z)dz=\oint_C[\cdots+\frac{a^2}{(z-a)^2}+\frac{a_{-1}}{z-a}+a_0+a_1(z-a)+\cdots]dz=2\pi i\cdot a_{-1}$$

因此，留數的計算分別對應下列算法：

定理 11-6-1　留數的求法

(1) 若 $z=a$ 爲 $f(z)$之可去奇點，則 $\text{Res}\, f(a)=0$

(2) 若 $z=a$ 爲 $f(z)$之本性奇點，則 $\text{Res}\, f(a)=a_{-1}$，在即 $z=a$ 展洛朗級數後得 a_{-1}。

(3) 若 $z=a$ 爲 $f(z)$之 m 階 pole：

① 階數 m 較大時，在 $z=a$ 上作洛朗展開得 a_{-1}。

② 階數 $m=1$、2 時，代公式 $\lim_{z\to a}\frac{1}{(m-1)!}\frac{d^{m-1}}{dz^{m-1}}(z-a)^m f(z)$。

範例 1

求下列函數在 $z=0$ 處的留數：

(1) $\dfrac{z-\sin z}{z}$。 (2) $\dfrac{\cot z}{z^4}$。 (3) $\dfrac{\sinh z}{z^4(1-z^2)}$。 (4) $z^2e^{\frac{1}{z}}$。

解 (1) $f(z)=\dfrac{1}{z}(z-\sin z)=\dfrac{1}{z}[z-(z-\dfrac{1}{3!}z^3+\dfrac{1}{5!}z^5\cdots)]=\dfrac{1}{6}z^2-\dfrac{1}{120}z^4+\cdots$，

$\therefore \text{Res}\, f(0)=0$。

(2) $f(z)=\dfrac{1}{z^4}\dfrac{\cos z}{\sin z}=\dfrac{1}{z^4}\cdot\dfrac{1-\dfrac{1}{2}z^2+\dfrac{z^4}{4!}\cdots}{z-\dfrac{1}{6}z^3+\dfrac{1}{120}z^5\cdots}$

經由長除法可得 $f(z)=\dfrac{1}{z^4}[\dfrac{1}{z}-\dfrac{1}{3}z-\dfrac{1}{45}z^3+\cdots]=\dfrac{1}{z^5}-\dfrac{1}{3}\dfrac{1}{z^3}-\dfrac{1}{45}\dfrac{1}{z}+\cdots$，

$\therefore \text{Res}\, f(0)=-\dfrac{1}{45}$。

(3) $\sin(iz)=i\sinh z \Rightarrow \sinh z=\dfrac{1}{i}\sin(iz)=\dfrac{1}{i}[(iz)-\dfrac{1}{6}(iz)^3+\dfrac{1}{120}(iz)^5\cdots]$

$=z+\dfrac{1}{6}z^3+\dfrac{1}{120}z^5+\cdots$；

$f(z)=\dfrac{\sinh z}{z^4(1-z^2)}=\dfrac{1}{z^4}\dfrac{z+\dfrac{1}{6}z^3+\dfrac{1}{120}z^5+\cdots}{1-z^2}$

經由長除法可得 $f(z)=\dfrac{1}{z^4}[z+\dfrac{7}{6}z^3+\cdots]=\dfrac{1}{z^3}+\dfrac{7}{6}\dfrac{1}{z}+\cdots$，

$\therefore \text{Res}\, f(0)=\dfrac{7}{6}$。

(4) $f(z)=z^2e^{\frac{1}{z}}=z^2(1+\dfrac{1}{z}+\dfrac{1}{2}\dfrac{1}{z^2}+\dfrac{1}{6}\dfrac{1}{z^3}+\cdots)=z^2+z+\dfrac{1}{2}+\dfrac{1}{6}\dfrac{1}{z}+\cdots$，

$\therefore \text{Res}\, f(0)=\dfrac{1}{6}$。

Q.E.D.

2. 無窮遠處的留數

想要對無窮遠點的留數有一個合理的定義，不妨考慮一個退化的情形，C_R 爲 $|z|=R(R\to\infty)$ 且方向爲順時針，如圖 11-30 所示。則再一次由柯西定理得知 $\oint_{C_R} z^n dz=\begin{cases}0, n\neq -1\\ -2\pi i, n=-1\end{cases}$。令 $z=\dfrac{1}{w}$ 代入 $f(z)$ 的洛朗展開 $f(z)=a_0+a_1\dfrac{1}{w}+a_2\dfrac{1}{w^2}+\cdots+a_{-1}w+a_{-2}w^2+\cdots$

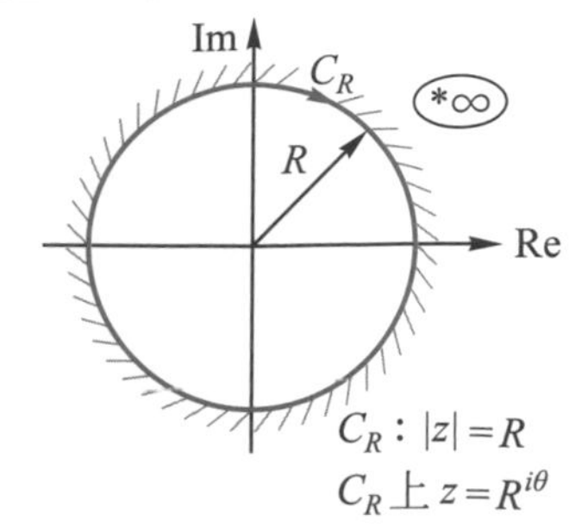

▲圖 11-30　無窮遠處的留數示意圖

則可得 $f(z)$ 在 $z=\infty$ 的洛朗級數。故

$\int_{C_R} f(z)dz=\oint_{C_R}(a_0+a_1z+\cdots+\dfrac{a_{-1}}{z}+\dfrac{a_{-2}}{z^2}+\cdots)=\oint_{C_R}\dfrac{a_{-1}}{z}dz=-2\pi i a_{-1}$，換句話說：

定義 11-6-2　無窮遠處的留數

無窮遠處的留數 $\dfrac{1}{2\pi i}\oint_{C_R} f(z)dz=-a_{-1}$。

範例 2

求函數 $f(z)$ 在 $z=\infty$ 處的留數，其中 $f(z)=\dfrac{1}{\sin(\frac{1}{z})}$。

解 令 $z=\dfrac{1}{w}$，則 $z\to\infty$，$w\to 0$，

$$f(z)=f(\frac{1}{w})=\frac{1}{\sin w}=\frac{1}{w-\frac{1}{3!}w^3+\cdots}=\frac{1}{w}+\frac{1}{6}w+\frac{7}{360}w^3+\cdots=z+\frac{1}{6z}+\frac{7}{360z^3}+\cdots,$$

$\therefore \operatorname{Res} f(\infty)=-a_{-1}=-\dfrac{1}{6}$

Q.E.D.

定理 11-6-2 留數（殘值）定理（Residue theorem）

在單連通區域上，設 $f(z)$ 在某簡單封閉曲線 C 上解析，且在 C 內除了若干個孤立奇點 $a_1, a_2, \cdots, a_m$ 外亦均解析，這時候積分與留數的關係可用下列恆等式表之

$$\oint_C f(z)dz = 2\pi i\sum_{k=1}^{m}\operatorname{Res} f(a_k)$$

證明

令 C_k 為 C 內之只含 a_k 一個奇點在內之簡單封閉線則 $f(z)$ 在 $C_1, C_2, \cdots, C_m$ 及 C 所界中間區域解析

∴由圍線變形原理可知，

$$\oint_C f(z)dz = \sum_{k=1}^{m}\oint_{C_k} f(z)dz = 2\pi i\sum_{k=1}^{m}\operatorname{Res} f(a_k)$$

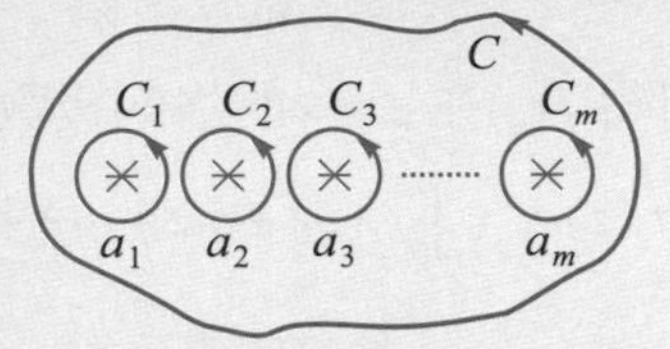

▲圖 11-31 單連通區域留數定理

3. **推廣**

同上，若 $f(z)$ 在 C 上具有若干個一階極點，$b_1, b_2, \cdots, b_l$ 則

$$\oint_C f(z)dz = 2\pi i\sum_{k=1}^{m}\operatorname{Res} f(a_k) + 2\pi i\sum_{k=1}^{l}\operatorname{Res} f(b_k)$$

範例 3

試依路徑：(1) $C：|z|=1$ (2) $C：|z|=3$ 求 $I=\oint_C \dfrac{\cos z}{z^2(z-2)}dz$。

解 (1) $C：|z|=1$，在 C 內只有 $z=0$ 一個二階極點，

$$\therefore \operatorname{Res} f(0) = \lim_{z\to 0}\frac{d}{dz}[z^2\frac{\cos z}{z^2(z-2)}] = \lim_{z\to 0}\frac{-\sin z\cdot(z-2)-\cos z}{(z-2)^2} = -\frac{1}{4}，$$

$$\therefore I = 2\pi i\cdot(-\frac{1}{4}) = -\frac{\pi}{2}i。$$

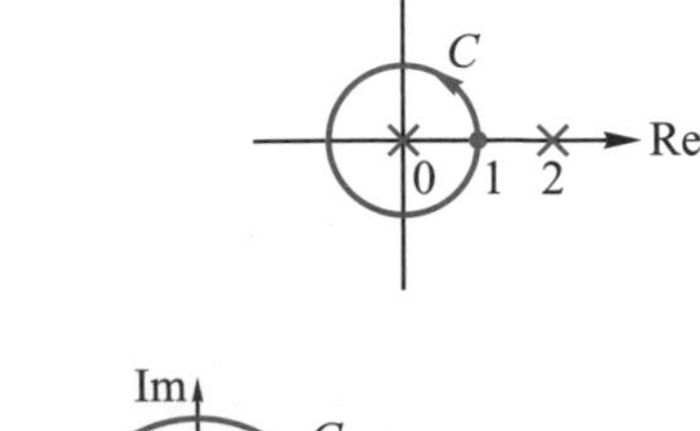

(2) $C：|z|=3$，則在 C 內有 $z=0, 2$ 兩個奇點，

且 $z=0$ 為二階極點，$z=2$ 為一階極點。

又 $\operatorname{Res} f(2) = \lim_{z\to 2}(z-2)\dfrac{\cos z}{z^2(z-2)} = \dfrac{1}{4}\cos 2$，

$$\therefore I = 2\pi i[\operatorname{Res} f(0) + \operatorname{Res} f(2)]$$

$$= 2\pi i(-\frac{1}{4}+\frac{1}{4}\cos 2) = \frac{1}{2}\pi i(\cos 2 - 1)。$$

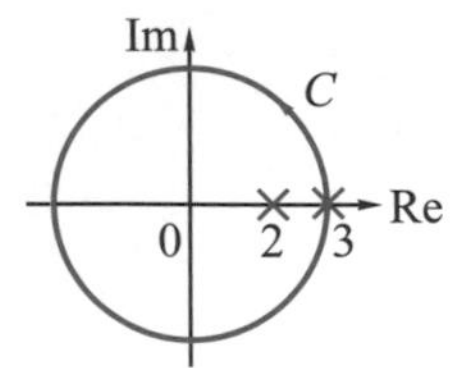

Q.E.D.

範例 4

C：$9x^2+y^2=9$（逆時針方向繞）

求 $I=\oint_C [\frac{z\cdot e^{\pi z}}{z^2-16}+z\cdot e^{\pi/z}]dz$ ；其中 $z=x+iy$，

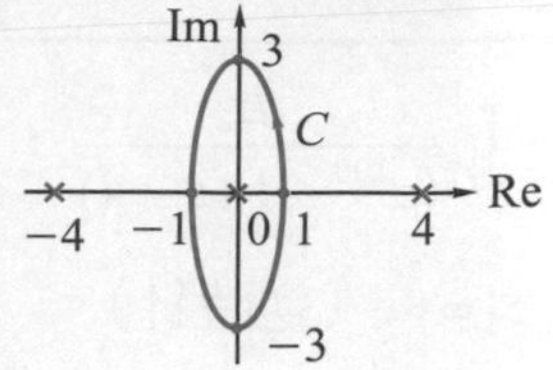

解 在 C 內，只有 $z=0$ 為本性奇點，$\therefore I=\oint_C [\frac{ze^{\pi z}}{z^2-16}+z\cdot e^{\pi/z}]dz=\oint_C z\cdot e^{\pi/z}dz$ ，

又 $z\cdot e^{\pi/z}=z\cdot(1+\frac{\pi}{z}+\frac{1}{2}(\frac{\pi}{z})^2+\cdots)=z+\pi+\frac{1}{2}\pi^2\frac{1}{z}+\cdots$ ；$a_{-1}=\frac{1}{2}\pi^2$ ，

$\therefore I=2\pi i\cdot\frac{1}{2}\pi^2=i\pi^3$ 。　Q.E.D.

4. **與 Res $f(\infty)$ 的關係**

設 $f(z)$ 在 C：$|z|=R$ 上解析，且在 C 內有 n 個奇異點，C 外有 m 個奇點，同時 $n>>m$，則透過考慮積分區域為 C 以外，我們有

$$\oint_C f(z)dz=2\pi i[\sum_C \text{Res}\, f(z)]=-2\pi i[\sum_{C外(含z在\infty)} \text{Res}\, f(z)]$$
$$=-2\pi i[\text{Res}\, f(\infty)+\sum_C \text{Res}\, f(z)]$$

如圖 11-32 所示。

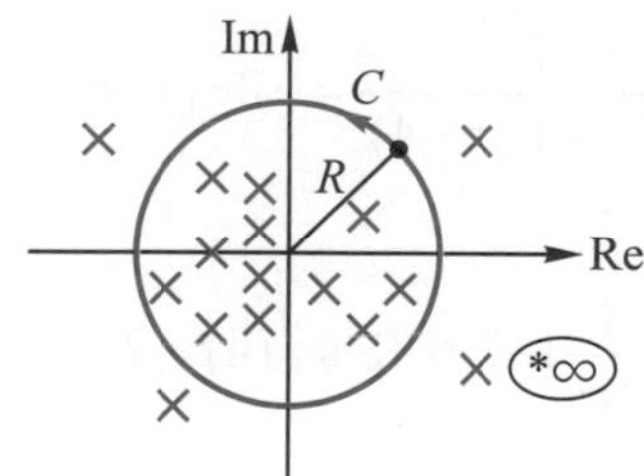

▲圖 11-32　與無窮遠處留數關係

範例 5

計算 $\frac{1}{2\pi i}\int_C \frac{dz}{(z^{100}+1)(z-4)}$，其中 C 爲以下(1)～(2)中的路徑：

(1) C：$|z|=\infty$（逆時針）。 (2) C：$|z|=3$（逆時針）。

解 (1) 設 C_R 爲 $|z|=R$ 之圓，當 $R\to\infty$，$C_R\to C$，

在 C_R 上，$z=\mathrm{Re}^{i\theta}$，$dz=i\mathrm{Re}^{i\theta}\,d\theta$，$\theta:0\sim 2\pi$，

$$\therefore \int_C \frac{dz}{(z^{100}+1)(z-4)} = \lim_{R\to\infty}\int_{C_R}\frac{i\mathrm{Re}^{i\theta}\,d\theta}{(R^{100}e^{i100\theta}+1)(\mathrm{Re}^{i\theta}-4)},$$

$$\because \lim_{R\to\infty}\left|\int_0^{2\pi}\frac{i\mathrm{Re}^{i\theta}\,d\theta}{(R^{100}e^{i100\theta}+1)(\mathrm{Re}^{i\theta}-4)}\right| \le \lim_{R\to\infty}\int_0^{2\pi}\frac{|i\mathrm{Re}^{i\theta}|\,d\theta}{|R^{100}e^{i100\theta}+1||\mathrm{Re}^{i\theta}-4|}$$

$$\le \lim_{R\to\infty}\int_0^{2\pi}\frac{M}{R^{100}}d\theta = \lim_{R\to\infty}\frac{2\pi M}{R^{100}}=0$$ （ML 定理，M 爲常數），

故 $\frac{1}{2\pi i}\int_C \frac{dz}{(z^{100}+1)(z-4)}=0$。

【另解】

$$\frac{1}{2\pi i}\int_{C_R}\frac{dz}{(z^{100}+1)(z-4)} = -\mathrm{Res}\,f(\infty)$$

又 $f(z)=\frac{1}{(z^{100}+1)(z-4)}=\frac{1}{z^{101}-4z^{100}+z-4}=\frac{1}{z^{101}}+\frac{4}{z^{102}}+\cdots$，

$\mathrm{Res}\,f(\infty)=0$，故 $\frac{1}{2\pi i}\oint_C\frac{dz}{(z^{100}+1)(z-4)}=-\mathrm{Res}\,f(\infty)=0$。

(2) C：$|z|=3$，

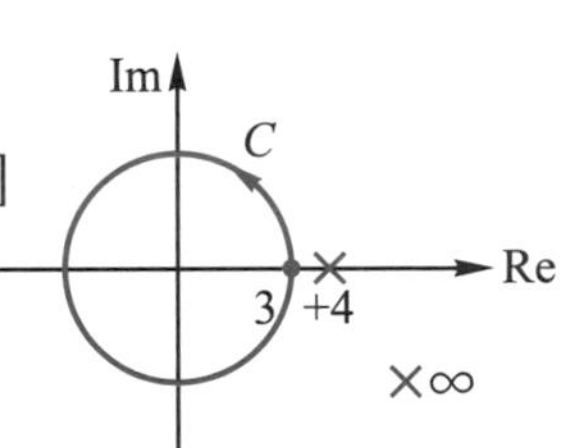

$$\frac{1}{2\pi i}\int_C\frac{dz}{(z^{100}+1)(z-4)} = \frac{1}{2\pi i}[-2\pi i\ \mathrm{Res}\,f(4)-2\pi i\ \mathrm{Res}\,f(\infty)]$$

又 $\mathrm{Res}\,f(4)=\lim_{z\to 4}(z-4)\cdot\frac{1}{(z^{100}+1)(z-4)}=\frac{1}{4^{100}+1}$，

$$\therefore \frac{1}{2\pi i}\int_C\frac{dz}{(z^{100}+1)(z-4)} = -\frac{1}{4^{100}+1}。$$

Q.E.D.

11-6 習題演練

基礎題

1. 請計算下列積分 $\oint_C \frac{dz}{z^2+4}$，C 代表 $|z-2i|=1$ 的圓。

2. 試針對下列條件，計算 $\oint_C \frac{z+i}{z-3i}dz$ 之積分，其中

(1) C：$|z-i|=1$

(2) C：$|z-i|=3$

3. 求 $\oint_C \frac{1}{z^2+1}dz$，其中

(1) C：$|z+i|=1$，逆時針，

(2) C：$|z-i|=1$，逆時針。

4. C：$|z+i|=4$，逆時針，

求 $\oint_C \frac{1}{(z^2+1)(z-2i)^2}dz$。

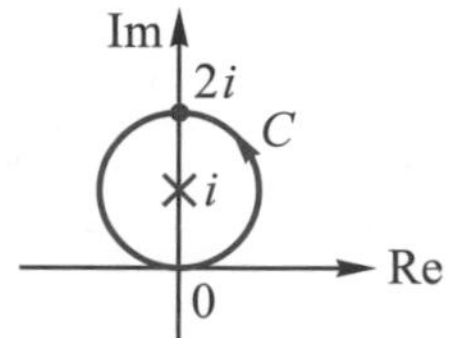

進階題

1. C：$|z-1|=4$，順時針，求

$\oint_C \frac{2z^3+z^2+4}{z^4+4z^2}dz$。

2. C：$|z-\frac{1}{2}|=1$，逆時針，求

$\oint_C \frac{1}{z^2\sin z}dz$。

3. C：$|z|=2$，逆時針，求 $\oint_C \frac{e^z}{z^4+5z^3}dz$。

4. C：$|z|=1$，順時針，求 $\oint_C \tan\pi z dz$。

5. C：$|z|=3$，逆時針，求 $\oint_C \frac{z^3 e^{\frac{1}{z}}}{1+z^3}dz$。

6. C：$|z|=0.5$，逆時針，求 $\oint_C \frac{e^{\frac{1}{z}}}{1+z}dz$。

7. C：$|z-i|=1$，求

(1) $\oint_C \frac{\sin(1+z^2)}{1+z^2}dz$。

(2) $\oint_C \frac{\sin(1+z^2)}{(1+z^2)^2}dz$。

(3) $\oint_C \frac{1}{\sin(\frac{1}{z-i})}dz$。

11-7 實變函數的定積分

學習複變函數的一個重要用途，就是用來求解某些在微積分上不易求解之實變函數定積分（Real integrals），本節所介紹的計算法，在小細節上略有不同，但策略上都是先對奇點作分類，然後再使用留數定理。以下 1～4 爲本節要討論的積分：

(1) $\int_0^{2\pi} f(\cos\theta, \sin\theta)d\theta$ 三角函數型。

(2) $\int_{-\infty}^{\infty} F(x)dx$ 有理函數型。

(3) $\int_{-\infty}^{\infty} F(x)e^{imx}dx$ 傅立葉轉換（積分）型。

(4) Laplace 反轉換型。

11-7-1 三角函數型 $I = \int_0^{2\pi} F(\cos\theta, \sin\theta)d\theta$

策略是：轉成複數平面上的極坐標，限制在$|z|=1$ 之單位圓 C 上積分。如圖 11-33 所示，令 $C：|z|=1$，在 C 上，$z=e^{i\theta}$，$z^{-1}=e^{-i\theta}$，$dz=ie^{i\theta}d\theta=izd\theta$，$\theta：0\sim 2\pi$，同時從尤拉公式得$\begin{cases} \cos\theta = \dfrac{e^{i\theta}+e^{-i\theta}}{2} = \dfrac{z+z^{-1}}{2} \\ \sin\theta = \dfrac{e^{i\theta}-e^{-i\theta}}{2i} = \dfrac{z-z^{-1}}{2i} \end{cases}$，因此得到原式的變數變換$\int_c f(z)dz = \int_0^{2\pi} F(\cos\theta, \sin\theta)d\theta = \oint_c F(z, z^{-1})\dfrac{dz}{iz}$，

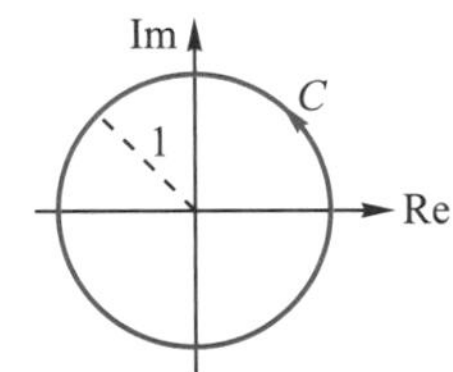

▲圖 11-33　複數平面上單位圓

因此形式上可得：

> **定理 11-7-1**
>
> 複變函數 $f(z)$的積分 $\int_c f(z)dz = 2\pi i\sum_{C內}\text{Res}\, f(z) + \pi i\sum_{C上}\text{Res}\, f(z)$，其中
>
> $f(z)=\dfrac{F(z,z^{-1})}{iz}$，$\cos\theta=\dfrac{z+z^{-1}}{2}, \sin\theta=\dfrac{z-z^{-1}}{2i}$ 且 $f(z)$在單位圓 C 上之奇異點只能是單極點（一階 pole）。

範例 1

求 $\int_0^{2\pi}\frac{d\theta}{a+b\sin\theta}$，其中 $a>|b|$。

解 (1) 令 $C:|z|=1$，則在單位圓 C 上，

$z=e^{i\theta}$，$z^{-1}=e^{-i\theta}$，$dz=ie^{i\theta}d\theta=izd\theta$，

$\theta:0\sim2\pi$，$\sin\theta=\frac{z-z^{-1}}{2i}$。

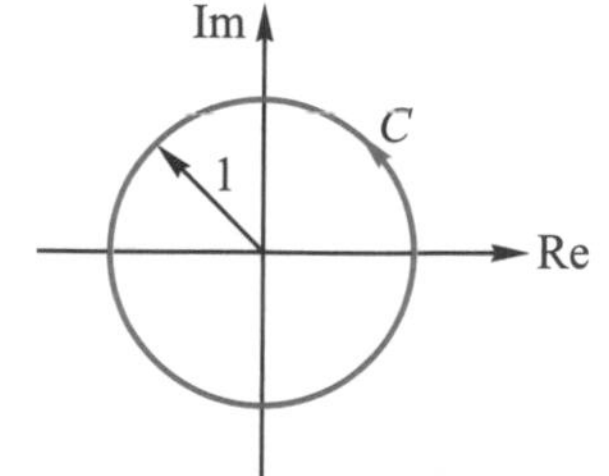

(2) $I=\oint_C\frac{\frac{1}{iz}dz}{a+b\cdot(\frac{z-z^{-1}}{2i})}=\oint_C\frac{2dz}{bz^2+2iaz-b}$。

(3) 由 $bz^2+2aiz-b=0\Rightarrow z=\frac{-a\pm\sqrt{a^2-b^2}}{b}i$，只有 $z=\alpha=\frac{-a+\sqrt{a^2-b^2}}{b}i$ 一個奇點，

且 $\text{Res}\,f(\alpha)=\lim_{z\to\alpha}(z-\alpha)\frac{2}{bz^2+2iaz-b}=\lim_{z\to\frac{-a+\sqrt{a^2-b^2}}{b}i}\frac{2}{2bz+2ia}$

$=\frac{2}{2b(\frac{-a+\sqrt{a^2-b^2}}{b}i)+2ia}=\frac{1}{i\sqrt{a^2-b^2}}$。

(4) $\therefore I=\oint_C\frac{2dz}{bz^2+2aiz-b}=2\pi i\cdot\frac{1}{i\sqrt{a^2-b^2}}=\frac{2\pi}{\sqrt{a^2-b^2}}$[7]。　Q.E.D.

11-7-2　有理函數瑕積分（Improper integral）：$I\equiv\int_{-\infty}^{\infty}F(x)dx$

在複變裡我們稱瑕積分 $\int_{-\infty}^{\infty}F(x)dx=\lim_{R\to\infty}\int_{-R}^{R}F(x)dx$ 爲柯西主値（Cauchy principle value）。但這麼定義自然有存在性的問題。因此定義：柯西主值存在如果 $\int_{-\infty}^{0}F(x)dx=\lim_{R\to\infty}\int_{-R}^{0}F(x)dx$、$\int_{0}^{\infty}F(x)dx=\lim_{R\to\infty}\int_{0}^{R}F(x)dx$ 同時存在。

---

7 (1) $a>|b|$，$a>0$，又 $a^2>b^2$，$\therefore\sqrt{a^2-b^2}>0$，故 $|\frac{-a-\sqrt{a^2-b^2}}{b}|>1$ 在 C 外。

(2) $\int_0^{2\pi}\frac{1}{5+3\sin\theta}d\theta=\frac{2\pi}{\sqrt{5^2-3^2}}=\frac{\pi}{2}$。

當被積分函數爲有理函數，則進行積分的關鍵問題便是分母的零根發生於何處，這些點造成有理函數不連續，從而使積分變成瑕積分。現在，用洛朗展開式的觀點來看，這些不連續點在複數平面上則成爲有理函數的奇異點，這麼一來就讓柯西積分公式有了發揮的空間，從而將瑕積分歸納到留數的計算。

1. 實軸上無奇異點的主值（P.V.）計算

定理 11-7-2　函數有界則瑕積分為零

若 C_R 爲以 $z=0$ 爲圓心，R 爲半徑之圓弧，如圖 11-34 所示。若於 C_R 上 $|F(z)|\le\dfrac{M}{R^k}$（其中 $k>1$，M 爲常數），則 $\lim\limits_{R\to\infty}\int_{C_R}F(z)dz=0$。

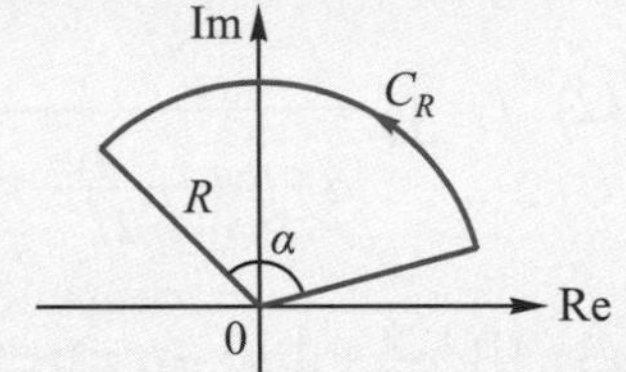

▲圖 11-34　複數平面上的圓弧

證明

根據 ML 定理可知 $\left|\int_{C_R}F(z)dz\right|\le\dfrac{M}{R^k}\cdot\alpha R=\dfrac{\alpha M}{R^{k-1}}$，其中 α 爲 C_R 之弧長所繞之角度。取極限得 $\lim\limits_{R\to\infty}\left|\int_{C_R}F(z)dz\right|\le\lim\limits_{R\to\infty}\dfrac{\alpha M}{R^{k-1}}=0$（$\because k-1>0$），得證。

定理 11-7-3　留數的應用

設 $F(x)=\dfrac{P(x)}{Q(x)}$ 爲 x 之有理函數，若 $Q(x)$ 之次數比 $P(x)$ 之次數多 1 次以上，且 $Q(x)=0$ 沒有實根，則 $\int_{-\infty}^{\infty}F(x)dx=2\pi i\sum\limits_{\text{im}(z)>0}\text{Res}[F(z)]=-2\pi i\sum\limits_{\text{im}(z)<0}\text{Res}[F(z)]$，其中 $\text{Im}(z)>0$ 表示複數平面的上半面，而 $\text{Im}(z)<0$ 則爲下半面。

證明

爲了利用留數，我們先構造內部包含奇異點的積分路徑 $C=C_R+\Gamma$，其中 C_R：$z=Re^{i\theta}$、$\Gamma:[-R,R]$，如圖 11-35 所示。

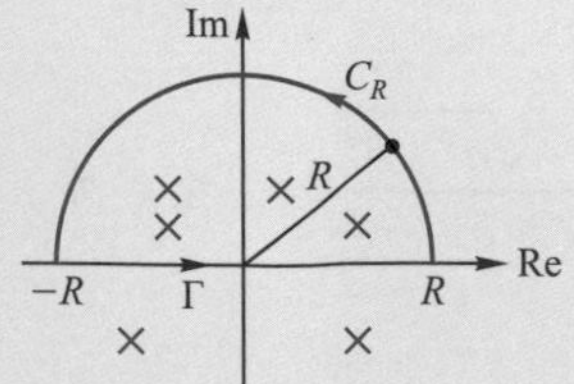

▲圖 11-35　複數平面上半面無窮半圓

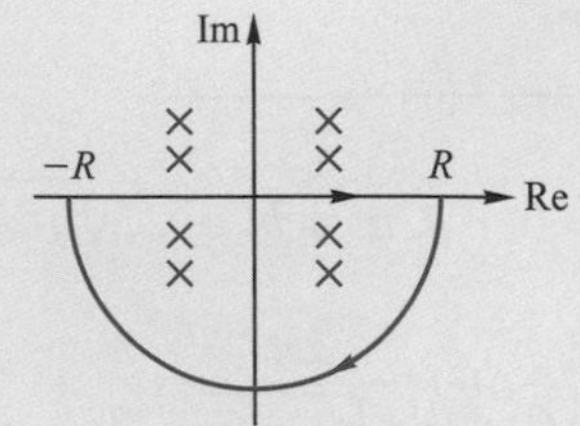

▲圖 11-36　複數平面下半面無窮半圓

則 $dz = iRe^{i\theta}d\theta$，$\theta\in[0,\pi]$、$\Gamma$：$z=x$，$dz=dx$，$x\in[-R,R]$。先觀察在圓弧上的積分在 R 趨近無限大的結果：

$$\begin{aligned}\lim_{R\to\infty}\left|\int_0^{\pi}F(Re^{i\theta})iRe^{i\theta}d\theta\right| &\le \lim_{R\to\infty}\int_0^{\pi}|F(Re^{i\theta})||iRe^{i\theta}|d\theta\\ &\le \lim_{R\to\infty}\int_0^{\pi}\left|\frac{P(Re^{i\theta})}{Q(Re^{i\theta})}\right|Rd\theta \le \lim_{R\to\infty}\int_0^{\pi}\frac{M}{R^{k+1}}Rd\theta\quad (k>0)\\ &= \lim_{R\to\infty}\frac{M\pi}{R^k}=0\end{aligned}$$

因此 $\lim\limits_{R\to\infty}\int\limits_C f(z)dz = \lim\limits_{R\to\infty}\int_0^{\pi}F(Re^{i\theta})iRe^{i\theta}d\theta + \int_{-\infty}^{\infty}F(x)dx = \int_{-\infty}^{\infty}F(x)dx$。現在由留數定理可知 $\int_{-\infty}^{\infty}F(x)dx = 2\pi i\sum\limits_{\mathrm{im}(z)>0}\mathrm{Res}F(z)$，得證。同理可得在下半平面的公式[8]。

範例 2

利用留數（殘値）定理計算 $\int_0^{\infty}\dfrac{dx}{1+x^4}$。

解 (1) $I=\int_0^{\infty}\dfrac{dx}{1+x^4}=\dfrac{1}{2}\int_{-\infty}^{\infty}\dfrac{1}{1+x^4}dx$（$\because \dfrac{1}{1+z^4}$ 爲偶函數），令 $F(z)=\dfrac{1}{1+z^4}$，

由 $1+z^4=0\Rightarrow z=e^{i\frac{\pi}{4}}$，$e^{i\frac{3\pi}{4}}$，$e^{i\frac{5\pi}{4}}$，$e^{i\frac{7\pi}{4}}$ 爲一階極點，其中只有 $z=e^{i\frac{\pi}{4}}$，$e^{i\frac{3\pi}{4}}$ 位在上半平面。

(2) $\mathrm{Res}\,f(e^{i\frac{\pi}{4}})=\lim\limits_{z\to e^{i\frac{\pi}{4}}}(z-e^{i\frac{\pi}{4}})\cdot\dfrac{1}{(z^4+1)}=\dfrac{1}{4}e^{-i\frac{3\pi}{4}}$，

$\mathrm{Res}\,f(e^{i\frac{3\pi}{4}})=\lim\limits_{z\to e^{i\frac{3\pi}{4}}}(z-e^{i\frac{3\pi}{4}})\cdot\dfrac{1}{(z^4+1)}=\dfrac{1}{4}e^{-i\frac{9\pi}{4}}$，

Im

$e^{i\frac{3}{4}\pi}\times$　$\times e^{i\frac{\pi}{4}}$

Re

$e^{i\frac{5}{4}\pi}\times$　$\times e^{i\frac{7}{4}\pi}$

所以 $\int_0^{\infty}\dfrac{dx}{1+x^4}=\dfrac{1}{2}\cdot 2\pi i\cdot(\dfrac{1}{4}e^{-i\frac{3\pi}{4}}+\dfrac{1}{4}e^{-i\frac{9\pi}{4}})=\dfrac{\pi i}{4}(e^{-i\frac{1\pi}{4}}-e^{i\frac{\pi}{4}})=\dfrac{\pi i}{4}\cdot 2i\cdot\dfrac{e^{-i\frac{1\pi}{4}}-e^{i\frac{\pi}{4}}}{2i}$

$=\dfrac{\pi}{2}\cdot\sin\dfrac{\pi}{4}=\dfrac{\sqrt{2}}{2}\times\dfrac{\pi}{2}=\dfrac{\sqrt{2}}{4}\pi$。

Q.E.D.

---

[8] (1) $\deg[Q(x)]>\deg[P(x)]+1\Rightarrow\dfrac{P(x)}{Q(x)}=\dfrac{a_m x^m+a_{m-1}x^{m-1}+\cdots}{x^{n-m}(b_m x^m+b_{m-1}x^{m-1}+\cdots)}=\dfrac{a_m+a_{m-1}x^{-1}+\cdots}{x^{n-m}(b_m+b_{m-1}x^{-1}+\cdots)}$

$\Rightarrow|F(z)|\le\dfrac{M}{R^{k+1}}$，$k>0$，當 $R\to\infty$ 時。

(2) 曲線 C 亦可改成下半圓，即得 $\int_{-\infty}^{\infty}F(x)dx=-2\pi i\sum\mathrm{Res}$ 在下半平面。

2. 實數軸上有奇異點

設 $f(x)$在 $x\in(a,b)$ 上具有若干個奇點為 $x_1, x_2, \cdots, x_n$（相異）且 $a<x_1<x_2<\cdots<x_n<b$，如圖 11-37 所示，則 $f(x)$於$[a, b]$上的柯西積分主值（Principle Values，簡寫為 P.V.）定義為：

▲圖 11-37　路徑繞開奇異點

$$\text{P.V.}\int_{-\infty}^{\infty}f(x)dx=\lim_{\varepsilon\to 0}\left[\int_{a}^{x_1-\varepsilon}f(x)dx+\int_{x_1+\varepsilon}^{x_2-\varepsilon}f(x)dx+\cdots+\int_{x_n+\varepsilon}^{b}f(x)dx\right]$$

3. 合併計算實數軸上的留數

若 $F(z)$在實軸上，具有若干個一階極點，則柯西積分主值為：

$$\text{P.V.}\int_{-\infty}^{\infty}F(x)dx=2\pi i(\sum\text{Res在上半平面})+(\pi i\sum\text{Res在}x\text{軸})$$

$$=-2\pi i(\sum\text{Res在下半平面})-\pi i(\sum\text{Res在}x\text{軸})$$ 。

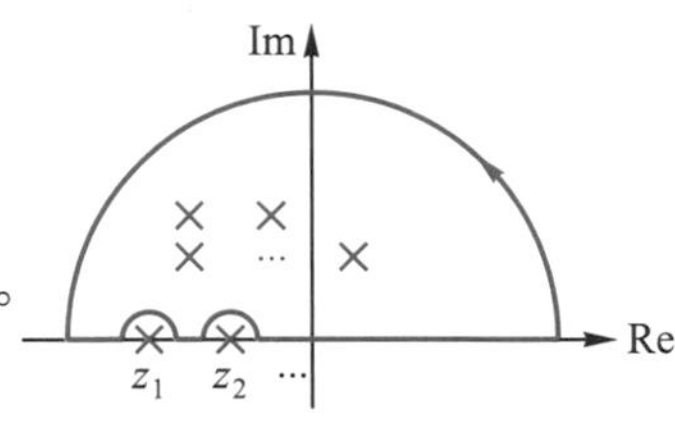

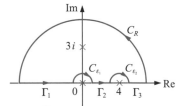

▲圖 11-38　路徑繞開奇異點

範例 3

計算 $\int_{-\infty}^{\infty}\frac{3x+2}{x(x-4)(x^2+9)}dx$ 。

解 (1) 令 $f(z)=\frac{3z+2}{z(z-4)(z^2+9)}$ 取積分路徑如右圖所示

$C=C_R+\Gamma_1+C_{\varepsilon_1}+\Gamma_2+C_{\varepsilon_2}+\Gamma_3$ 。

(2) 由留數定理可得

$$\int_{-\infty}^{\infty}\frac{3x+2}{x(x-4)(x^2+9)}dx=2\pi i\,\text{Res}\,f(3i)+\pi i\left[\text{Res}\,f(0)+\text{Res}\,f(4)\right]$$ 。

又 $\text{Res}\,f(3i)=\lim_{z\to 3i}(z-3i)\cdot\frac{3z+2}{z(z-4)(z^2+9)}=\frac{9i+2}{3i(3i-4)\cdot 6i}$

$$=-\frac{1}{18}\cdot\frac{(9i+2)(3i+4)}{-25}=\frac{1}{450}(-27+36i+6i+8)=-\frac{19}{450}+\frac{7}{75}i$$ ，

$\text{Res}\,f(0)=-\frac{2}{36}=-\frac{1}{18}$ ，$\text{Res}\,f(4)=\frac{14}{4\cdot 25}=\frac{7}{50}$ 。

(3) $$PV\int_{-\infty}^{\infty}\frac{3x+2}{x(x-4)(x^2+9)}dx=2\pi i(-\frac{19}{450}+\frac{7}{75}i)+\pi i(-\frac{1}{18}+\frac{7}{50})$$

$$=-\frac{38\pi i}{450}-\frac{14\pi}{75}-\frac{\pi i}{18}+\frac{7\pi i}{50}$$

$$=\frac{-76\pi i}{900}-\frac{168\pi}{900}-\frac{50\pi i}{900}+\frac{126\pi i}{900}=\frac{-14\pi}{75}\pi$$ 。

Q.E.D.

11-7-3　傅立葉轉換（積分）（Fourier transform (integrals)）型

$$\int_{-\infty}^{\infty} F(x)e^{imx}dx$$

我們在第九章學習很多的傅立葉積分跟轉換的計算，而這些積分有很多不容易求解，但可以利用複變函數的留數定理來求解，介紹如下。

定理 11-7-4　傅立葉轉換（積分）計算

設 $F(x)=\dfrac{P(x)}{Q(x)}$ 爲有理函數，且 $P(x)$、$Q(x)$ 不具實根。若 $\deg[Q(x)]>\deg[P(x)]$，

則 $\begin{cases}(1)m>0\Rightarrow \int_{-\infty}^{\infty}F(x)e^{imx}dx=2\pi i\sum \text{Res 在上半平面} \\ (2)m<0\Rightarrow \int_{-\infty}^{\infty}F(x)e^{imx}dx=-2\pi i\sum \text{Res 在下半平面}\end{cases}$。

證明

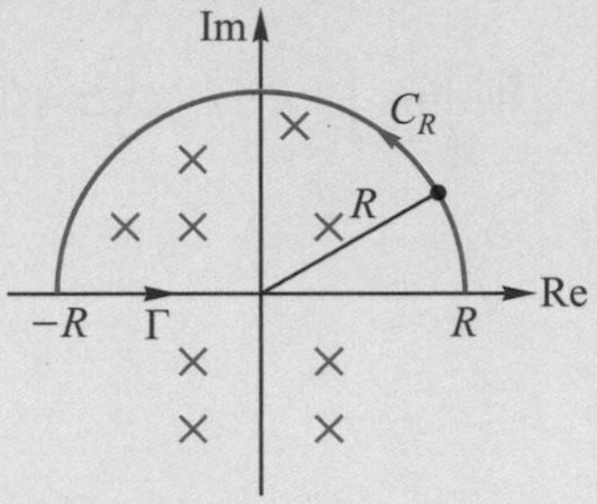

取積分路徑 $C=C_R+\Gamma$，如圖 11-39 所示。則

① 在圓弧上 C_R：$z=Re^{i\theta}$，$dz=iRe^{i\theta}d\theta$，$\theta\in[0,2\pi]$；

② 在直徑中 Γ：$z=x$，$dz=dx$，$x\in[-R,R]$

▲圖 11-39　上半面無窮半圓圖

因此線積分可拆解爲 $I=\oint_C F(z)e^{imz}dz=\int_{C_R}F(z)e^{imz}dz+\int_\Gamma F(z)e^{imz}dz$。

我們先觀察圓弧 C_R 上的積分在 R 趨近無窮大時的表現：

$$\begin{aligned}\lim_{R\to\infty}\int_{C_R}F(Re^{i\theta})e^{imRe^{i\theta}}iRe^{i\theta}d\theta &\le \lim_{R\to\infty}\left|\int_0^\pi e^{imRe^{i\theta}}F(Re^{i\theta})iRe^{i\theta}d\theta\right| \\ &\le \lim_{R\to\infty}\int_0^\pi |e^{imRe^{i\theta}}||F(Re^{i\theta})||iRe^{i\theta}|d\theta \\ &\le \lim_{R\to\infty}\frac{M}{R^{k-1}}\int_0^\pi e^{-mR\sin\theta}d\theta \quad (k\ge 0) \\ &= \lim_{R\to\infty}\frac{2M}{R^{k-1}}\int_0^{\pi/2}e^{-mR\sin\theta}d\theta \le \lim_{R\to\infty}\frac{2M}{R^{k-1}}\int_0^{\pi/2}e^{-mR(\frac{2\theta}{\pi})}d\theta \\ &= \lim_{R\to\infty}\frac{\pi M}{mR^k}\left(-e^{-mR\frac{2\theta}{\pi}}\Big|_0^{\pi/2}\right)=\lim_{R\to\infty}\frac{\pi M}{mR^k}(1-e^{-mR})=0\text{，}\end{aligned}$$

$\therefore \lim_{R\to\infty}\int_0^\pi e^{imRe^{i\theta}}F(Re^{i\theta})iRe^{i\theta}d\theta=0$，因此

$$\lim_{R\to\infty}\oint_c F(z)e^{imz}dz=\lim_{R\to\infty}\int_{C_R}F(Re^{i\theta})e^{imz}iRe^{i\theta}d\theta+\int_\Gamma F(x)e^{imx}dx=\int_{-\infty}^{\infty}F(x)e^{imx}dx\text{，}$$

故由留數定理可知：$\lim_{R\to\infty}\int_{-R}^{R}F(x)e^{imx}dx=\lim_{R\to\infty}I=2\pi i\sum \text{Res}$ 在上半平面。

本定理中，C_R為以 $z=0$ 為圓心，R 為半徑之圓弧，因 $|F(z)|\le \dfrac{M}{R^k}(k>0)$，我們有 $|e^{imz}|=e^{-mR\sin\theta}$，這表示：

(1) $m>0$；若 C_R為 I、II 象限內圓弧($0\le\theta\le\pi$)，
則 $\lim\limits_{R\to\infty}\int_{C_R}F(z)e^{imz}dz=0$，如圖(a)所示。

(2) $m<0$；若 C_R為 III、IV 象限內圓弧($\pi\le\theta\le 2\pi$)，
則 $\lim\limits_{R\to\infty}\int_{C_R}F(z)e^{imz}dz=0$，如圖(b)所示。

(3) $m>0$；若 C_R為 II、III 象限內圓弧($\dfrac{\pi}{2}\le\theta\le\dfrac{3\pi}{2}$)，
則 $\lim\limits_{R\to\infty}\int_{C_R}e^{mz}F(z)dz=0$，如圖(c)所示。

(4) $m<0$；若 C_R為 IV、I 象限內圓弧($-\dfrac{\pi}{2}\le\theta\le\dfrac{\pi}{2}$)，
則 $\lim\limits_{R\to\infty}\int_{C_R}e^{mz}F(z)dz=0$，如圖(d)所示。

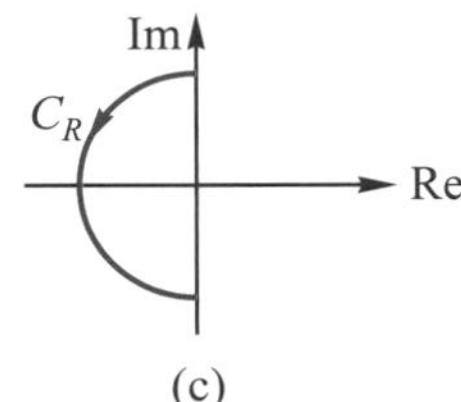

(a)

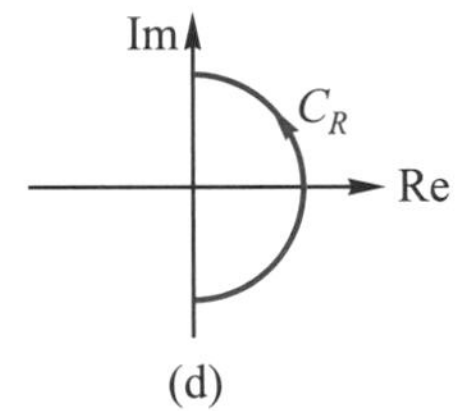

(b)

Im
C_R
Re
(c)

Im
C_R
Re
(d)

▲圖 11-40　上、下、左、右無窮半圓

定理 11-7-5　實數軸上有單極點的傅立葉轉換（積分）計算

同定理 1，若 $F(z)$在 x 軸上具有若干個一階極點，則

(1) $m>0$，$P.V.\int_{-\infty}^{\infty}F(x)e^{imx}dx=2\pi i\sum$Res 在上半平面$+\pi i\sum$Res 在 x 軸。

(2) $m<0$，$P.V.\int_{-\infty}^{\infty}F(x)e^{imx}dx=-2\pi i\sum$Res 在下半平面$-\pi i\sum$Res 在 x 軸。

又因為 $\mathrm{Re}[e^{imx}]=\cos mx$，$\mathrm{Im}[e^{imx}]=\sin mx$，可推廣出下列定理。

定理 11-7-6　傅立葉正（餘）弦轉換（積分）計算

(1) $\int_{-\infty}^{\infty}F(x)\cdot\cos mxdx=\mathrm{Re}[\int_{-\infty}^{\infty}e^{imx}F(x)dx]$。

(2) $\int_{-\infty}^{\infty}F(x)\cdot\sin mxdx=\mathrm{Im}[\int_{-\infty}^{\infty}e^{imx}F(x)dx]$。

範例 4

計算 $\int_0^{\infty}\frac{\cos 2x}{4x^4+13x^2+9}dx=?$

解 (1) $\int_0^{\infty}\frac{\cos 2x}{4x^4+13x^2+9}dx=\frac{1}{2}\int_{-\infty}^{\infty}\frac{\cos 2x}{4x^4+13x^2+9}dx=\frac{1}{2}\text{Re}\int_{-\infty}^{\infty}\frac{e^{i2x}}{4x^4+13x^2+9}dx$

令 $f(z)=\frac{e^{i2z}}{4z^4+13z^2+9}$，考慮其積分路徑如右圖所示，

其中只有 $z=i$、$\frac{3}{2}i$ 兩個一階極點在 C 內且 $C=C_R+\Gamma$。

Im
C_R
$\frac{3}{2}i$
i
$-R$
Γ
R
Re

(2) 由留數定理可知：

$\int_{-\infty}^{\infty}\frac{e^{i2x}}{4x^4+13x^2+9}dx=2\pi i[\text{Res}\,f(i)+\text{Res}\,f(\frac{3}{2}i)]$，

又 $\text{Res}\,f(i)=\lim_{z\to i}(z-i)\cdot\frac{e^{i2z}}{4z^4+13z^2+9}=\frac{e^{-2}}{10i}$；

$\text{Res}\,f(\frac{3}{2}i)=\lim_{z\to\frac{3}{2}i}(z-\frac{3}{2}i)\cdot\frac{e^{i2z}}{4z^4+13z^2+9}=-\frac{e^{-3}}{15i}$，

$\therefore\int_{-\infty}^{\infty}\frac{e^{i2x}}{4x^4+13x^2+9}dx=2\pi i(\frac{e^{-2}}{10i}-\frac{e^{-3}}{15i})=2\pi(\frac{e^{-2}}{10}-\frac{e^{-3}}{15})$。

(3) $\therefore\int_0^{\infty}\frac{\cos 2x}{4x^4+13x^2+9}=\frac{1}{2}\text{Re}\int_{-\infty}^{\infty}\frac{e^{i2x}}{4x^4+13x^2+9}dx=\pi[\frac{e^{-2}}{10}-\frac{e^{-3}}{15}]$。 Q.E.D.

範例 5

計算 $\int_{-\infty}^{\infty}\frac{\sin x}{x(x^2-2x+2)}dx$ 之柯西積分主值。

解 (1) $PV\int_{-\infty}^{\infty}\frac{\sin x}{x(x^2-2x+2)}dx=\text{Im}[\int_{-\infty}^{\infty}\frac{e^{ix}}{x(x^2-2x+2)}dx]$，

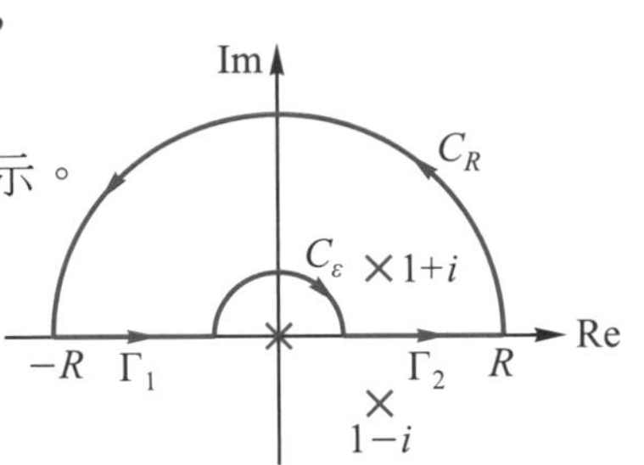

令 $f(z)=\frac{e^{iz}}{z(z^2-2z+2)}$，考慮積分路徑 C 如右圖所示。

其中只有 $1+i$ 在 C 內爲一階極點，

而 $z=0$ 爲在 C 上之單極點。

(2) 由留數定理可知：

$$\int_{-\infty}^{\infty}\frac{e^{ix}dx}{x(x^2-2x+2)}=2\pi i\,\text{Res}\,f(1+i)+\pi i\,\text{Res}\,f(0)，$$

$$\text{Res}\,f(1+i)=\lim_{z\to 1+i}[z-(1+i)]\frac{e^{iz}}{z(z^2-2z+2)}=\frac{e^{i(1+i)}}{(1+i)2i}$$

$$=\frac{e^{-1}(\cos 1+i\sin 1)(1-i)}{4i}=\frac{e^{-1}[(\cos 1+\sin 1)+i(\sin 1-\cos 1)]}{4i}，$$

$$\text{Res}\,f(0)=\frac{1}{2}，$$

$$\therefore \int_{-\infty}^{\infty}\frac{e^{ix}}{x(x^2-2x+2)}dx=\frac{\pi}{2}e^{-1}[(\cos 1+\sin 1)+i(\sin 1-\cos 1)]+\frac{\pi}{2}i$$

$$=\frac{\pi}{2}e^{-1}(\cos 1+\sin 1)+i\frac{\pi}{2}e^{-1}(\sin 1-\cos 1)+\frac{\pi}{2}i\ 。$$

(3) $PV\int_{-\infty}^{\infty}\frac{\sin x}{x(x^2-2x+2)}dx=\frac{\pi}{2}e^{-1}(\sin 1-\cos 1)+\frac{\pi}{2}$ 。

Q.E.D.

11-7-4 拉氏（Laplace）反轉換型

回顧在拉普拉斯變換中，若 $F(s)=\mathscr{L}\{f(t)\}=\int_0^{\infty}e^{-st}f(t)dt$

則 $f(t)=\frac{1}{2\pi i}\int_{a-i\infty}^{a+i\infty}e^{st}F(s)ds$ ，$t>0$，如圖 11-41 所示。

此處實數 a 之選擇原則爲使 $F(z)$ 在複數平面上之所有奇異點留在 $z=a$ 之左側，積分路徑取 $C=C_R+C_1$，以下以一個例子來說明。

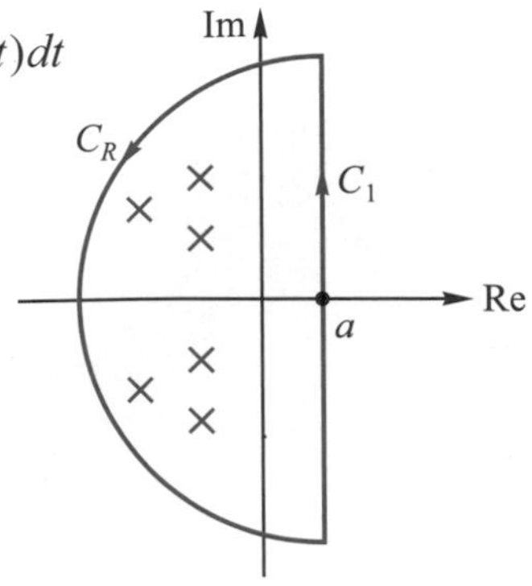

▲圖 11-41　拉氏反轉換積分路徑圖

範例 6

利用留數定理計算 $\mathscr{L}^{-1}\{\frac{1}{(s+2)^2(s+3)}\}$。

解 (1) $\mathscr{L}^{-1}\{\frac{1}{(s+2)^2(s+3)}\}=\frac{1}{2\pi i}\int_{a-i\infty}^{a+i\infty}\frac{e^{st}}{(s+2)^2(s+3)}ds$

令 $F(z)=\frac{e^{zt}}{(z+2)^2(z+3)}$，則 $\oint_C F(z)dz=\int_{C_1}F(z)dz+\int_{C_R}F(z)dz$，

其中 $\int_{C_R}F(z)dz=\lim_{R\to\infty}\int_{\theta_0}^{2\pi-\theta_0}\frac{e^{Re^{i\theta}t}}{(Re^{i\theta}+2)^2(Re^{i\theta}+3)}iRe^{i\theta}d\theta$

$\le\lim_{R\to\infty}\int_{\theta_0}^{2\pi-\theta_0}\frac{|e^{Re^{i\theta}t}|}{R^2}Md\theta=0$，

$\therefore\oint_C F(z)dz=\int_{C_1}F(z)dz=\int_{a-i\infty}^{a+i\infty}\frac{e^{zt}}{(z+2)^2(z+3)}dz$。

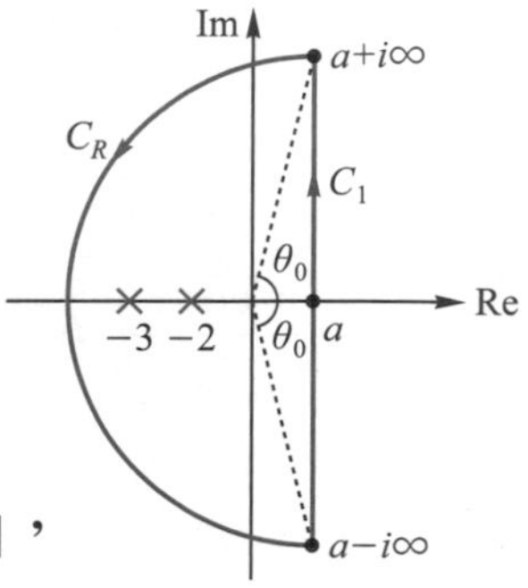

(2) 由留數定理可知：$\oint_C F(z)dz=2\pi i[\text{Res}F(-3)+\text{Res}F(-2)]$，

$\text{Res}F(-3)=\lim_{z\to-3}(z+3)\frac{e^{zt}}{(z+2)^2(z+3)}=e^{-3t}$，

$\text{Res}F(-2)=\lim_{z\to-2}\frac{d}{dz}[(z+2)^2\frac{e^{zt}}{(z+2)^2(z+3)}]=te^{-2t}-e^{-2t}$，

$\therefore\int_{a-i\infty}^{a+i\infty}\frac{e^{zt}}{(z+2)^2(z+3)}=2\pi i(te^{-2t}-e^{-2t}+e^{-3t})$。

(3) $\mathscr{L}^{-1}\{\frac{1}{(s+2)^2(s+3)}\}=\frac{1}{2\pi i}\cdot2\pi i(te^{-2t}-e^{-2t}+e^{-3t})=te^{-2t}-e^{-2t}+e^{-3t}$。 Q.E.D.

11-7 習題演練

基礎題

1. 計算三角積分 $\int_0^{2\pi} \frac{d\theta}{5+3\sin\theta}$ 。

2. 計算三角積分 $\int_0^{\pi} \frac{d\theta}{5+3\cos\theta}$ 。

3. 求積分 $\int_{-\infty}^{\infty} \frac{dx}{(x-1)(x^2+3)}$ 。

4. 求積分主值 $\int_{-\infty}^{\infty} \frac{dx}{x^4-1}$ 。

5. 求 $\int_{-\infty}^{\infty} \frac{x\cdot\cos x}{x^2-3x+2}dx$ 。

進階題

1. 計算三角積分 $\int_0^{2\pi} \frac{\cos\theta d\theta}{3+\sin\theta}$ 。

2. 計算三角積分 $\int_0^{\pi} \frac{2\sin^2\theta d\theta}{5-4\cos\theta}$ 。

3. 計算三角積分 $\int_0^{2\pi} \frac{1d\theta}{(2+\cos\theta)^2}$ 。

4. 計算三角積分
$I=\int_0^{\pi} \frac{\cos\theta}{1-2a\cos\theta+a^2}d\theta$ ，
$a\in R$ 且 $|a|\neq 1$ 。

5. 求積分 $\int_{-\infty}^{\infty} \frac{dx}{(x^2+1)(x^2+9)}$ 。

6. 求積分 $\int_0^{\infty} \frac{x^2}{x^6+1}dx$ 。

7. 求積分主值 $\int_{-\infty}^{\infty} \frac{dx}{(x^2-3x+2)(x^2+1)}$ 。

8. 求積分主值 $\int_{-\infty}^{\infty} \frac{\sin x}{x(x^2+1)}dx$ 。

9. 求積分主值 $\int_{-\infty}^{\infty} \frac{\cos mx}{x^4-1}dx$ 。

10. 求積分主值 $\int_{-\infty}^{\infty} \frac{1}{x(x^2-4x+5)}dx$ 。

11. 求 $\int_0^{\infty} \frac{x\cdot\sin x}{x^2+4}dx$ 。

12. 求 $\int_{-\infty}^{\infty} \frac{\cos 3x}{x^2+9}dx$ 。

13. 求 $\int_{-\infty}^{\infty} \frac{x\sin ax}{x^4+4}dx$ ，$a>0$。

附錄

附錄一 參考文獻

1. **Erwin Kreyszig**, Advanced Engineering Mathematics. 8th Edition, John Wiley & Sons. Inc., 1999.
2. **Peter V. O'Nell.** Advanced Engineering Mathematics, 5th Edition, Brooks/Cole-Thomson Learning, Inc., 2003.
3. **Pennis G. Zill & Warren S. Wright**, Advanced Enginearing Mathematics. 5th Edition, Jones & Bartlett Karning, Octaber 1, 2012.
4. **Michael D. Greenberg**, Advanced Engineering Mathematics, second Edition, Prentice-Hall, Inc., 1998.
5. **C. Ray Wylie**, Advanced Engineering Mathematics, 6th Edition, McGraw-Hill, Inc., 1995.
6. **Dennis G. Zill & Micharel R. Cullen**, Differential Equation with Boundary Value Problems. 4th edition, Brooks/Cole-Thomson Learning, Inc., 1997.
7. **Mary L. Boas**, Mathematical Methods in the Physical Sciences, 2nd edition, John Wiley & Sons, Inc., 1983.
8. **William E. Boyce & Richard C. DiPrima**, Elementary Differential Equation and Boundary Value Problems, 5th edition, John Wiley & Sons, Inc., 1992.
9. **R. Kent Nagle & Edward B. Saff**, Fundamentals of Differential Equation, Benjarnin/Cummings Publishing Company, Inc., 1986.
10. **Murray R. Spiegel**, Schaum's Outline Series of Theory and Problems of Advanced Mathematics for Engineers and Scientists, McGraw-Hill, Inc., 1971.
11. **C. H. Edwards, Jr. & David E. Penney**, Elementary Differential Equation with Boundary Value Problems, Prentice-Hall. Inc., 1993.
12. **D. V. Widder**, The Laplace Transform, Princeton University Press, Princeton, N, J., 1941.
13. **Grossman Derrick**, 廖東成、吳嘉祥譯，高等工程數學(上)、(下)，台北圖書有限公司，1990。
14. 圖立編譯館部定大學用書編審委員會主編，朱越生編著，部定大學用書工程數學(上)、(下)，圖立編譯館主編，正中書局印行，民國 61 年。

附錄二

附錄三

附錄四

附錄五

歡迎加入 全華會員

● 會員獨享

會員享購書折扣、紅利積點、生日禮金、不定期優惠活動…等。

● 如何加入會員

掃 QRcode 或填妥讀者回函卡直接傳真（02）2262-0900 或寄回，將由專人協助登入會員資料，待收到 E-MAIL 通知後即可成為會員。

如何購買 全華書籍

1. 網路購書

全華網路書店「http://www.opentech.com.tw」，加入會員購書更便利，並享有紅利積點回饋等各式優惠。

2. 實體門市

歡迎至全華門市（新北市土城區忠義路 21 號）或各大書局選購。

3. 來電訂購

(1) 訂購專線：(02) 2262-5666 轉 321-324
(2) 傳真專線：(02) 6637-3696
(3) 郵局劃撥（帳號：0100836-1　戶名：全華圖書股份有限公司）
※ 購書未滿 990 元者，酌收運費 80 元。

OpenTech 全華網路書店 .com.tw

全華網路書店 www.opentech.com.tw
E-mail: service@chwa.com.tw

※ 本會員制如有變更則以最新修訂制度為準，造成不便請見諒。

廣　告　回　信
板橋郵局登記證
板橋廣字第540號

行銷企劃部　收

23671 新北市土城區忠義路 21 號
全華圖書股份有限公司

（請由此線剪下）

讀者回函卡

掃 QRcode 線上填寫 ▶▶▶

姓名：＿＿＿＿　生日：西元＿＿年＿＿月＿＿日　性別：□男 □女

電話：（　）＿＿＿＿　手機：＿＿＿＿

e-mail：（必填）＿＿＿＿

註：數字零，請用 Φ 表示，數字 1 與英文 L 請另註明並書寫端正，謝謝。

通訊處：□□□□□＿＿＿＿

學歷：□高中・職　□專科　□大學　□碩士　□博士

職業：□工程師　□教師　□學生　□軍・公　□其他

學校／公司：＿＿＿＿　科系／部門：＿＿＿＿

・需求書類：

□ A. 電子 □ B. 電機 □ C. 資訊 □ D. 機械 □ E. 汽車 □ F. 工管 □ G. 土木 □ H. 化工 □ I. 設計

□ J. 商管 □ K. 日文 □ L. 美容 □ M. 休閒 □ N. 餐飲 □ O. 其他

・本次購買圖書為：＿＿＿＿　書號：＿＿＿＿

・您對本書的評價：

封面設計：□非常滿意　□滿意　□尚可　□需改善，請說明＿＿＿＿

內容表達：□非常滿意　□滿意　□尚可　□需改善，請說明＿＿＿＿

版面編排：□非常滿意　□滿意　□尚可　□需改善，請說明＿＿＿＿

印刷品質：□非常滿意　□滿意　□尚可　□需改善，請說明＿＿＿＿

書籍定價：□非常滿意　□滿意　□尚可　□需改善，請說明＿＿＿＿

整體評價：請說明＿＿＿＿

・您在何處購買本書？

□書局　□網路書店　□書展　□團購　□其他＿＿＿＿

・您購買本書的原因？（可複選）

□個人需要　□公司採購　□親友推薦　□老師指定用書　□其他＿＿＿＿

・您希望全華以何種方式提供出版訊息及特惠活動？

□電子報　□ DM　□廣告（媒體名稱＿＿＿＿）

・您是否上過全華網路書店？（www.opentech.com.tw）

□是　□否　您的建議＿＿＿＿

・您希望全華出版哪方面書籍？＿＿＿＿

・您希望全華加強哪些服務？＿＿＿＿

感謝您提供寶貴意見，全華將秉持服務的熱忱，出版更多好書，以饗讀者。

填寫日期：　/　/

2020.09 修訂

親愛的讀者：

感謝您對全華圖書的支持與愛護，雖然我們很慎重的處理每一本書，但恐仍有疏漏之處，若您發現本書有任何錯誤，請填寫於勘誤表內寄回，我們將於再版時修正，您的批評與指教是我們進步的原動力，謝謝！

全華圖書　敬上

勘　誤　表

書　號		書　名		作　者	
頁　數	行　數	錯誤或不當之詞句		建議修改之詞句	

我有話要說：（其它之批評與建議，如封面、編排、內容、印刷品質等・・・）